水泵与泵站
流动分析方法

王福军 著

中国水利水电出版社
www.waterpub.com.cn
·北京·

内 容 简 介

本书系统地介绍了水泵与泵站流动理论、分析方法和最新研究成果。内容包括水泵与泵站黏性流动基本解法、三维造型和网格生成技术、瞬态流动与多相流动计算模型、流固耦合理论和分析方法。本书内容实用、重点突出、结构新颖、图文并茂。所有成果均来自于作者多年从事水泵与泵站教学和科研实践，算例全部选自实际泵站工程。对指导水泵设计、优化泵站结构、评估现有泵站性能具有重要参考价值。

本书适合于流体机械、水利工程、城市给排水工程、化工工程、能源动力工程等领域的工程技术人员参考，也适合作为高等院校水利类和流体机械类专业本科生和研究生的教学参考书。

图书在版编目（CIP）数据

水泵与泵站流动分析方法 / 王福军著. -- 北京：
中国水利水电出版社，2020.1
ISBN 978-7-5170-7992-7

Ⅰ．①水… Ⅱ．①王… Ⅲ．①水泵－分析方法②泵站
－分析方法 Ⅳ．①TV675

中国版本图书馆CIP数据核字(2019)第197467号

书　　名	水泵与泵站流动分析方法 SHUIBENG YU BENGZHAN LIUDONG FENXI FANGFA
作　　者	王福军　著
出版发行	中国水利水电出版社 （北京市海淀区玉渊潭南路1号D座　100038） 网址：www. waterpub. com. cn E - mail：sales@ waterpub. com. cn 电话：(010) 68367658（营销中心）
经　　售	北京科水图书销售中心（零售） 电话：(010) 88383994、63202643、68545874 全国各地新华书店和相关出版物销售网点
排　　版	中国水利水电出版社微机排版中心
印　　刷	北京瑞斯通印务发展有限公司
规　　格	184mm×260mm　16开本　30印张　730千字
版　　次	2020年1月第1版　2020年1月第1次印刷
印　　数	0001—2000册
定　　价	**98.00元**

前 言

作为给水增加能量的流体机械，水泵广泛应用于水利、石化和电力等领域；作为输水工程的心脏，泵站在调水工程、供水工程、灌溉工程和排水工程中发挥着关键作用。对水泵与泵站流动规律的认识，过去主要依赖于物理模型试验和现场测试，而近年快速发展的计算流体动力学（CFD）理论与技术，为全面认识和掌握水泵与泵站流动规律、优化水泵与泵站水力设计提供了新的手段。

作者在多年从事水力机械与 CFD 教学科研的基础上编写了本书。本书力求体现如下 3 个特点：一是内容实用，本书紧密结合我国水泵与泵站特点和作者研究经验，深入浅出地解释 CFD 理论与应用过程中最本质、最基础的内容，以实例方式系统介绍应用 CFD 开展水泵与泵站流动分析的方法和步骤；二是重点突出，本书针对我国量大面广的离心泵、轴流泵和相应的泵站型式，介绍发展成熟、应用广泛的 CFD 分析方法，并给出了典型泵型速度场和压力场分布规律，着重分析了水泵瞬态特性及流固耦合特性；三是结构新颖，作为国内第一本系统介绍 CFD 理论和方法在水泵与泵站领域应用的著作，本书将较为理性的 CFD 理论融入水泵与泵站工程实践，每个算例都是一个实际工程，大部分图片都直接从 CFD 软件截屏，使读者在掌握水泵与泵站流动分析方法的同时，还可认识典型水泵与泵站流动规律。

全书共分 13 章，第 1 章介绍水泵与泵站流动分析的基础知识，第 2 章介绍水泵与泵站流动分析基本方法和过程，第 3 章介绍湍流模型及近壁区处理模式，第 4 章和第 5 章介绍水泵与泵站三维造型方法和网格生成技术，第 6 章介绍叶轮旋转参考系模型，第 7 章介绍瞬态流动计算模型和分析方法，第 8 章介绍旋转分离流动计算模型和分析方法，第 9 章介绍多相流与空化计算模型和分析方法，第 10 章和第 11 章介绍泵站进水系统与出水系统流动计算模型和分析方法，第 12 章介绍蝶阀与管道流动计算模型和分析方法，第 13 章介绍水泵与泵站流固耦合、振动、疲劳、模态理论与分析方法。

本书除作者的学术贡献外，还吸收了作者指导的博士生丛国辉、杨敏、马佳媚、高江永、杨正军、瞿丽霞、姚志峰、周佩剑、冷洪飞、张自超、王玲、陶然、邹志超、资丹、汤远、王超越、赵浩儒及硕士生白绵绵、杨真艺、何玲艳、马亚飞、柳旭、侯亚康、王本宏等人的研究成果。参阅了国内外很多著作和论文，在参考文献中尽可能地列出，并在正文中予以标注，但令作者感到不安的是，书中引用的部分内容，特别是少量来自网站和公众号的内容，因信息不全面而无法出现在参考文献中，只能在此致谢并表示歉意。在本书编写过程中，得到了国家自然科学基金项目（50779070、51079151、51139007、51621061、51779258 和 51836010）、北京市自然科学基金项目（3071002、3182018）、国家科学技术学术著作出版基金和中国水利水电出版社等单位的支持，得到了作者同事、海内外朋友的帮助。作者对这些宝贵支持和帮助表示感谢。

本书得以出版，离不开我的父母、妻子和女儿的坚定支持和默默奉献。感谢家人对我的关怀和呵护。

由于作者水平有限，书中错误和不足之处在所难免，恳请读者批评指正（Email：wangfujun@tsinghua.org.cn）。

王福军

2018 年 10 月于北京

目 录

第1章 绪　　论

1.1　水泵与泵站流动特点

1.1.1　水泵流动特点

水泵是给流体增加能量的机械设备，其内部流动属于三维黏性非定常湍流，具有强旋转和大曲率近壁流的特点，有时还伴随有空化和泥沙等多相流属性。

（1）三维黏性湍流。具体来讲，水泵内部流动具有显著的三维特性，即所有流动参数都是空间坐标系三个方向变量的函数。正是这个特点使得水泵的流动分析方法曾长期停留在基于两类相对流面理论的准三元层面。

黏性流体是相对于理想流体而言的。水泵所抽送的各类介质几乎都具有黏性，这也是水泵内部存在水力损失的原因所在。黏性通常用黏度（也称黏性系数）来表示。黏度将流体的切应力与剪切速度变化率联系在一起[1]：

$$\tau = \mu \frac{\partial u}{\partial n} \tag{1.1}$$

式中：μ 为黏度；τ 为流体切应力；u 为流体速度；n 为垂直于速度方向的法向坐标。

黏度实质上是流体在运动时抗剪切的能力，因此在许多文献中将黏度称为动力黏度。在标准大气压、温度 20℃时，水的黏度为 $1.005 \times 10^{-3} \mathrm{N \cdot s/m^2}$。除此之外，还可采用运动黏度来表征流体的黏性：

$$\nu = \frac{\mu}{\rho} \tag{1.2}$$

式中：ν 为运动黏度；ρ 为密度。

由于没有动力学中力的因次，只具有运动学的要素，所以称 ν 为运动黏度。在标准大气压、温度 20℃时，水的运动黏度为 $1.007 \times 10^{-6} \mathrm{m^2/s}$。

运行中的水泵，其内部流态都是湍流。与层流不同，湍流的速度和压力等指标均是时间相关的脉动量。在流动分析时，除考虑其平均值外，还应考虑其脉动值。这也是湍流计算要比层流计算复杂得多的原因所在。

（2）非定常特性。水泵在某一固定流量下运行时，整体上看，流动是定常的，但观察叶轮局部流动，压力和流速都是与时间相关的，随着叶轮转动而周期性变化。因此，无论在什么工况下，泵内的流动总是非定常的。导致这一现象的原因是泵内动静耦合作用的存在。动静耦合作用可以理解为：随着叶轮旋转，转动的叶片出口周期性地从静止的蜗壳隔舌（或导叶入口边）掠过，这就造成叶轮出口流动在圆周方向上并非完全一致，而是存在周期性特征。

除了动静耦合作用外，叶轮加工误差、电动机转速波动、来流条件扰动及输水系统水锤波等因素，都可能造成流场的非定常特性。泵内存在的流动分离现象，如叶道涡、卡门涡、进水流道涡带和空化等也是造成非定常流动的水力因素。

水泵非定常特性的典型表现是压力脉动，压力脉动是引起噪声、振动，乃至疲劳破坏的主要原因。

（3）强旋转和大曲率近壁流。叶轮中的流体同时存在牵连运动和相对运动，且叶轮旋转速率比较大，流动分离作用比较明显，强旋转特性使得泵内流态变得更加复杂。在流动计算时，除了要引入多重坐标系处理旋转之外，还需要针对强旋转的特点，在计算模型中引入旋转修正项，从而准确反映泵内复杂流动现象。

大曲率近壁流是指过流部件壁面曲率大、数量多，壁面影响比较突出的一种流动。也就是说，整个水泵流场中受大曲率壁面影响的区域占整个流场的比例非常高。在这种流动中，壁面上速度为 0，靠近壁面的流动属于低雷诺数流动，而远离壁面的流动属于高雷诺数流动，从壁面到流动核心区需要经历黏性底层、层流区、缓冲区和湍流核心区，因此流动结构相对复杂；大曲率作用导致近壁区流动存在较大流场梯度，诱导流动提早分离。这种大曲率近壁流对流动计算模型的要求更高。

1.1.2　泵站流动特点

泵站是指由水泵机组、进水系统、出水系统及输水管道（渠道）组成的综合性提水工程。进水系统一般包括前池、进水池、进水流道（进水管道）等，出水系统一般包括出水流道（出水管道）和出水池等。进水系统中存在的旋涡，如表面旋涡、附壁涡和附底涡等不良流态对水泵的运行稳定性、效率和空化性能有直接影响；出水系统中因水泵蜗壳或导叶出口水流环量并未完全消失，使得流动的对称性比较差，压力脉动大，水力损失比较高[2]。

泵站流动总体上与泵内流动类似，但不具有强旋转和大曲率近壁流的特点。无论是进水系统还是出水系统，其流动主要表现为三维、黏性、多相等特点。泵站结构不同，输送的介质不同，运行条件不同，各特点的表现程度会有所不同。前池、进水池和出水池表面通常是水和空气的分界面，因此此处的流动属于自由界面流，也是一种气液两相流。

此外，在前池和进水池中，通常存在尺度较大的旋涡，因此，一般需要设置除涡装置，如隔墩和消涡板等，否则不仅带来水力损失，还可能影响到水泵吸入喇叭口处流动均匀性，使水泵运行稳定性变差。在出水池中，因水面旋滚作用，也同样存在较大尺度的旋涡，有时也需要加以控制，以减小水力损失，以及旋涡对池壁的冲刷作用。

泵站系统的核心是水泵，因此泵站进水系统和出水系统流动的优劣，主要以水泵进出口边界条件是否能够保证水泵良好运行为最终判别依据。因此，泵站流动与泵内流动紧密联系在一起，有时需要将二者耦合起来进行分析。

1.2 水泵与泵站流动分析方法概述

1.2.1 水泵流动分析方法

根据发展的先后次序，水泵流动分析方法分为 3 类：通流理论方法、两类相对流面分析方法和三维黏性流动分析方法。也有的文献将前面两类方法统称为通流计算方法[3,4]。

1. 通流理论方法

通流理论方法是指在流体无黏性、不可压缩、叶片无穷薄、流动轴对称假设条件下，对泵内流场进行理论计算的若干简单方法的统称[4]。在这类方法中，最具代表性的是速度三角形理论，即采用牵连速度、相对速度和绝对速度所构建的速度三角形来分析叶轮内任意一点的流动，从而可以得到整个叶轮内速度场的大致分布。

基于通流理论，引入动量定理所得到的叶轮欧拉方程是指导水泵设计与分析的基本方程[5]：

$$H_t = \frac{1}{g}(u_2 v_{u2} - u_1 v_{u1}) \tag{1.3}$$

式中：H_t 为叶轮理论扬程；g 为重力加速度；u 为叶轮旋转圆周速度；v_u 为流体绝对速度的圆周分速度；下标 1 和 2 分别代表叶片进口和出口；叶片进口处的 v_u 可根据水泵所采用的吸水室型式确定，通常接近于 0；叶片出口处的 v_u 可根据水泵的几何参数和工况，借助速度三角形确定。

在借助通流理论方法获得叶轮内速度和理论扬程等参数后，可通过经验公式修正因流体黏性和叶片数有限等带来的影响，从而得到与实际情况相接近的流动计算结果。

通流理论方法虽然精度较低，但简单易行，可以用来快速评估水泵水力性能或水力设计结果。直至现在，还是水泵水力设计和水泵性能预测的主要手段之一。

2. 两类相对流面分析方法

两类相对流面分析方法是指将叶轮机械三维流动问题简化为 S_1 和 S_2 两簇相对流面上的比较简单的二维流动问题，然后通过迭代求解方式分别求解两个流面上的二维流动问题，从而得到三维流动问题的近似解[6]。该方法是由吴仲华[7]于 20 世纪 50 年代创立的。

S_1 流面是由通过叶片前缘指定半径的圆周线上的流体质点在叶道内相对运动的流线所组成的曲面[8]，其空间形状如图 1.1 所示。对于离心泵叶轮来讲，S_1 流面近似为喇叭面，叶轮前盖板内表面和后盖板内表面都是 S_1 流面；对于轴流泵叶轮来讲，S_1 流面近似为球面或圆柱面。

S_2 流面是由通过叶片前缘指定径向线上的流体质点在叶道内相对运动的流线所组成的面[8]，其空间形状如图 1.2 所示。叶片压力面和吸力面都是 S_2 流面。

按此定义的两簇相对流面，S_1 流面接近于回转曲面，主要显示叶型型线对流动的影响；S_2 流面接近于叶片中位面，即叶片压力面与吸力面中间的叶片骨面，主要显示轴面流道型线对流动的影响。

两类相对流面的流动之间是相互关联的。例如，由 S_1 流面上的一条流线可确定一个 S_2 流面；反过来，由 S_2 流面上的一条流线可确定一个 S_1 流面。为确定流场的三维解，

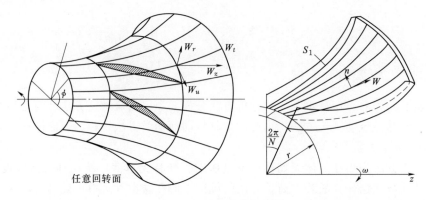

图 1.1 S_1 流面的空间形状

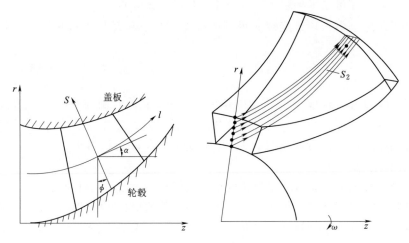

图 1.2 S_2 流面的空间形状

S_1 和 S_2 流面采用迭代算法,通常首先计算 S_2 流面,其结果为 S_1 流面的形成和 S_1 流面的流动计算提供必要的数据;S_1 流面的计算又为新一轮 S_2 流面的形成和计算提供数据,如此反复,直到解收敛为止。两类流面交线就是三维流动的流线,而流动参数对于三维流线而言是唯一的,因此两类相对流面理论是通过两类相对流面之间的迭代计算使三维问题转化为两个二维问题而最终得到准三维的解。这是一种较前面所述的通流理论方法更精确、更有普遍意义的流动分析方法,在水泵流动分析的历史上曾发挥过重要作用。在有些文献中,特别是在压气机等流体机械文献中,将此方法归入通流理论方法。

两类相对流面方法依据流动是定常的、不可压缩、无黏、质量力有势且只受重力作用等基本假定。在两类流面上的二维流动求解方法主要包括流函数法、流线曲率法和有限元法等[4]。流线曲率法直到现在仍然在一定范围内被使用,主要用来快速评估水泵初步设计结果。在 ANSYS TurboSystem 中,Vista TF 和 Vista CPD 模块的求解器就采用了这种方法[9]。

3. 三维黏性流动分析方法

三维黏性流动分析方法是指借助对流体黏性影响进行模化的湍流模型直接求解三维黏

性控制方程的流动解法[10]。从 20 世纪 80 年代开始，计算机技术有了飞速发展，特别是 PC 成为常用计算工具后，三维黏性流动分析方法走向成熟，无须再引入无黏、轴对称、定常等假定，这样得到的计算结果也更符合实际，过去不能求解的瞬态问题也有了突破。这种方法是计算流体动力学理论与技术的工程应用，也称为计算流体动力学方法，是目前求解绝大多数流体流动问题的基本方法。本书将全面介绍这种方法在水泵与泵站流动分析中的应用。

1.2.2　泵站流动分析方法

泵站前池、进水池、进水流道、出水流道及出水池的流态，不仅关系到系统的水力损失，还会直接影响水泵的安全稳定运行。泵站流动分析方法可以划分为统计分析方法和三维黏性流动分析方法两类[2]。

1. 统计分析方法

统计分析方法是指以大量实测及经验数据为基础所形成的经验公式为基础，对泵站进水系统和出水系统进行流态分析和水力损失计算的方法。例如，对于泵站前池和进水池，通过秒换水系数来评估容积及流态是否合理；对于肘形进水流道，通过流道型线预估流道水力损失；对于出水池，通过旋滚区长度判断流态；对于泵站引渠，通过达西公式及修正的损失系数计算水力损失。《泵站设计规范》（GB 50265）[11]基本是依据这种方法来建立的设计准则。统计分析方法具有简单易用的特点，但往往很难定量反映泵站复杂流态。

2. 三维黏性流动分析方法

三维黏性流动分析方法是计算流体动力学理论与技术在泵站流场分析中的具体应用，包括进水系统分析、出水系统分析和进出水系统与泵段的耦合分析等不同分析模式。进水系统分析和出水系统分析是指分别以进水系统和出水系统为研究对象、构造三维计算域、划分网格，并进行计算的分析过程；进出水系统与泵段的耦合分析是指将进水系统、出水系统与泵段三部分耦合在一起进行流场分析的过程[12]。

无论是哪种分析，均考虑了水的黏性和流场的三维效应，有时还考虑了进水池自由表面空气与水的相互作用，既可以得到全流场范围的速度、压力、流线分布，又可以得到局部旋涡等流场细节，还可以得到任意两个断面之间的水力损失。在评估不同泵站进出水系统的结构型式、不同机组的组合运行方案等方面，三维黏性流动分析方法可以提供非常全面的流动细节，在近几年泵站建设中发挥了重要作用。

1.3　三维黏性流动分析方法概述

三维黏性流动分析实质上是计算流体动力学在水泵与泵站工程中的实际应用。利用这种方法，可以在不进行物理模型或现场试验的条件下，只通过数值计算就获得水泵与泵站流道内三维流态，即得到空间每一个位置在任意时刻的速度、压力值及水力损失等，可以获得比物理试验更多的流动细节。该方法不仅可以用于评估现有泵站，还可用于对正在设计的泵站进行结构优化。

1.3.1　计算流体动力学理论与方法简介

计算流体动力学（computational fluid dynamics，CFD）就是通过计算机数值计算和图像显示，对包含有流体流动和热传导等相关物理现象的系统所做的分析。CFD 的基本思想可以归结为[13]：把原来在时间域及空间域连续的物理场，如速度场和压力场，用一系列有限个离散点上的变量值的集合来代替，通过一定原则和方式建立起关于这些离散点上场变量之间关系的代数方程组，然后求解代数方程组获得场变量的近似值。

CFD 可以看作是在流动基本方程（质量守恒方程、动量守恒方程、能量守恒方程）控制下对流动的数值模拟[14]。通过这种数值模拟，可以得到极其复杂流场内各个位置上的基本物理量（如速度、压力、温度、浓度等）的分布，得到这些物理量随时间的变化情况，确定旋涡分布特性、空化特性及脱流区等。还可据此算出相关的其他物理量，如水泵转矩、水力损失和效率等。此外，与 CAD 联合，还可进行结构优化设计等。

CFD 方法与传统的理论分析方法、实验测量方法组成了研究流体流动问题的完整体系[15]。理论分析方法的优点在于所得结果具有普遍性，各种影响因素清晰可见，是指导实验研究和验证新的数值计算方法的理论基础。但是，它往往要求对计算对象进行抽象和简化，才有可能得出理论解。对于非线性情况，只有少数流动才能给出解析结果。实验测量方法所得到的实验结果真实可信，它是理论分析和数值方法的基础，其重要性不容低估。然而，实验往往受到模型尺寸、流场扰动、人身安全和测量精度的限制，有时可能很难通过试验方法得到结果。此外，实验还会遇到经费投入、人力和物力的巨大耗费及周期长等许多困难。而 CFD 方法恰好克服了前面两种方法的弱点，在计算机上实现一个特定的计算，就好像在计算机上做一次物理实验。例如，泵站进水流道内的流动，通过计算并将其计算结果在屏幕上显示，可以看到流场的各种细节，如流速分布，涡的生成与传播，流动分离、压力分布、受力大小及其随时间的变化等。数值模拟可以形象地再现流动情景，与做实验几乎没有区别。

采用 CFD 方法对水泵与泵站流动进行数值模拟，通常包含以下步骤[13,16]：

（1）建立反映工程问题或物理问题本质的数学模型。具体来说就是要建立反映问题各物理量之间关系的微分方程及相应的定解条件，这是数值模拟的出发点。没有正确完善的数学模型，数值模拟就无从谈起。流体的基本控制方程通常包括质量守恒方程、动量守恒方程、能量守恒方程以及这些方程相应的定解条件。

（2）寻求高效率、高准确度的计算方法。也就是说要建立针对控制方程的数值离散化方法，如有限差分法、有限元法、有限体积法等。这里的计算方法不仅包括微分方程的离散化方法及求解方法，还包括贴体坐标的建立、边界条件的处理等。这些内容可以说是 CFD 的核心内容。

（3）编制程序和进行计算。这部分工作包括计算网格划分、初始条件和边界条件的输入、控制参数的设定等。这是整个工作中花时间最多的部分。由于求解的问题比较复杂，比如 Navier-Stokes 方程本身就是一个非线性方程，数值求解方法在理论上不是绝对完善，所以需要通过实验来加以验证。正是从这个意义上讲，数值模拟又叫数值试验。应该指出这部分工作不是轻而易举就可以完成的。借助商用 CFD 软件，可免去编制程序的麻烦，但诸如计算网格划分、初始条件和边界条件输入、控制参数设定等工作，还是必不可少的。

（4）显示计算结果。计算结果一般通过图表等方式显示，这对检查和判断分析质量和结果有重要参考意义。

1.3.2　常用 CFD 软件

为了完成水泵与泵站流动分析工作，需要编制专门的 CFD 计算程序或者使用现成的商用软件或开源软件。一般情况下，商用软件和开源软件基本可以满足水泵与泵站流动分析需要。

商用软件包括通用软件和专用软件两种，通用软件主要有 ANSYS 公司的 Fluent 与 CFX、CD-Adapco 公司的 STAR CCM＋等；专用软件主要有专用于泵阀压缩机的 PumpLinx、NUMECA 等。开源 CFD 软件以 OpenFOAM 为代表。

上述软件基本上都是求解器软件，即主要功能是流场计算。除了求解器软件之外，还有一些专门的前处理软件和后处理软件。前处理软件主要任务是三维造型和网格划分。三维造型软件有 Pro/Engineer、Unigraphics NX、SolidWorks、CATIA 等。网格划分软件有 ICEM CFD、Pointwise、Gridgen、GridPro、GAMBIT 等。后处理软件是要对流场计算结果进行显示输出，如 Tecplot、Ensight，以及开源后处理软件 ParaView 等。

各个 CFD 软件的工作过程和使用方法大同小异，本书重点以 Fluent 和 CFX 为主来介绍开展水泵与泵站 CFD 计算的方法。读者可参考其理论手册和使用手册，通过仔细学习和不断实践来提高 CFD 应用水平。

第2章 流动分析基本方法

水泵与泵站流动分析可以看做是采用 CFD 手段对水泵与泵站计算域内三维流动进行求解的过程。本章首先介绍 CFD 基本理论和解法，然后介绍流动分析的基本流程，接着就基本流程中的相关环节，包括计算方案制订、计算前处理、计算后处理、计算原则与技巧等分别进行介绍。本章介绍的内容属于流动分析的基础知识，更加深入的内容将在后续各章以专题形式进行介绍。

2.1 流动分析原理与数值解法

2.1.1 流动控制方程

水泵与泵站中的流动，无论流速大小，总受基本物理守恒定律支配，相应的控制方程包括连续方程、动量方程和能量方程。

1. 连续方程

连续方程是质量守恒定律的表现形式，要求单位时间内流体微元体中质量的增加等于同一时间间隔内流入该微元体的净质量。连续方程可写为[1]

$$\frac{\partial \rho}{\partial t} + \frac{\partial (\rho u_i)}{\partial x_i} = 0 \tag{2.1}$$

式中：$i=1$，2，3 为哑指标，即重复指标；u_i 为坐标 x_i 方向上的流体速度分量；ρ 为流体密度；t 为时间。

这是采用张量指标符号形式所表示的直角坐标系下的连续方程，遵从张量指标的相关约定，如某项中两个相同重复指标代表各分量求和。

通常情况下，水可近似看成不可压缩流体，式（2.1）可简化为

$$\frac{\partial u_i}{\partial x_i} = 0 \tag{2.2}$$

在某些文献中，式（2.1）也常写成张量的整体形式[17]：

$$\frac{\partial \rho}{\partial t} + \nabla \cdot (\rho \boldsymbol{u}) = 0 \tag{2.3}$$

式中：∇ 为散度符号，即 $\nabla \cdot \boldsymbol{a} = \partial a_i / \partial x_i$；$\boldsymbol{u}$ 为流体速度矢量。

2. 动量方程

动量方程也称 Navier-Stokes 方程，是动量守恒定律的具体表现形式，也可看做是牛

顿第二定律的具体表现形式，要求微元体中流体动量对于时间的变化率等于外界作用在该微元体各种力之和。动量方程可写为[1,14]

$$\frac{\partial(\rho u_i)}{\partial t} + \frac{\partial(\rho u_i u_j)}{\partial x_j} = -\frac{\partial p}{\partial x_i} + \frac{\partial \tau_{ij}}{\partial x_j} + S_{mi} \tag{2.4}$$

式中：p 为静压强，常简称压力；S_{mi} 为动量方程的广义源项，包括重力、多相流相间作用力等，有时也称为自定义源项，在一部分文献中这一项常简化为 0；τ_{ij} 为应力张量，是因分子黏性作用而产生的作用在微元体表面的应力，对于牛顿流体按下式定义：

$$\tau_{ij} = \mu\left(\frac{\partial u_i}{\partial x_j} + \frac{\partial u_j}{\partial x_i}\right) - \frac{2}{3}\mu\frac{\partial u_k}{\partial x_k}\delta_{ij} \tag{2.5}$$

式中：μ 为流体动力黏度；δ_{ij} 为 Kronecker 符号，当 $i=j$ 时，$\delta_{ij}=1$，当 $i\neq j$ 时，$\delta_{ij}=0$。

式（2.4）也常写成张量整体形式[17]：

$$\frac{\partial(\rho \boldsymbol{u})}{\partial t} + \nabla \cdot (\rho \boldsymbol{u}\boldsymbol{u}) = -\nabla p + \nabla \cdot \boldsymbol{\tau} + \boldsymbol{S}_m \tag{2.6}$$

式中：$\boldsymbol{u}$ 为流体速度矢量；$\boldsymbol{S}_m$ 为体力矢量的广义源项，或称自定义源项；$\boldsymbol{u}\boldsymbol{u}$ 为由两个矢量并积后形成的二阶张量，表示动量通量；$\nabla \cdot (\rho \boldsymbol{u}\boldsymbol{u})$ 为一阶张量，即矢量，表示动量通量的散度，在有的文献中，将此项表示为 $\rho(\boldsymbol{u} \cdot \nabla)\boldsymbol{u} + \boldsymbol{u}\nabla \cdot (\rho \boldsymbol{u})$ 或其他等价形式；$\boldsymbol{\tau}$ 为应力张量，对于牛顿流体，按下式定义：

$$\boldsymbol{\tau} = \mu\left[\nabla \boldsymbol{u} + (\nabla \boldsymbol{u})^T - \frac{2}{3}(\nabla \cdot \boldsymbol{u})\boldsymbol{I}\right] \tag{2.7}$$

式中：$\nabla \boldsymbol{u}$ 为速度矢量 $\boldsymbol{u}$ 的梯度，是一个二阶张量；$\boldsymbol{I}$ 为单位二阶张量。

对于不可压缩流体，如常温条件下的水，根据连续方程可知，在式（2.5）中 $\partial u_k/\partial x_k=0$，在式（2.7）中 $\nabla \cdot \boldsymbol{u}=0$，因此，动量方程变为

$$\left.\begin{aligned}\frac{\partial(\rho u_i)}{\partial t} + \frac{\partial(\rho u_i u_j)}{\partial x_i} &= -\frac{\partial p}{\partial x_i} + \frac{\partial}{\partial x_j}\left[\mu\left(\frac{\partial u_i}{\partial x_j} + \frac{\partial u_j}{\partial x_i}\right)\right] + S_{mi} \\ \frac{\partial(\rho \boldsymbol{u})}{\partial t} + \nabla \cdot (\rho \boldsymbol{u}\boldsymbol{u}) &= -\nabla p + \nabla \cdot \left[\nabla \boldsymbol{u} + (\nabla \boldsymbol{u})^T\right] + \boldsymbol{S}_m\end{aligned}\right\} \tag{2.8}$$

3. 能量方程

能量方程是能量守恒定律的具体表现形式，要求微元体中能量的增加率等于进入微元体的净热流量，再加上外力对微元体所做的功。该定律实际是热力学第一定律。

流体比焓 h、总比焓 h_{tot}、内能 e、机械动能 K、总能 E 和温度 T 等均可用来表示能量，因此有多种不同形式的能量方程。其中，使用比较广泛的是类似于 CFX 软件中针对总比焓 h_{tot} 建立的能量方程[18]：

$$\frac{\partial(\rho h_{tot})}{\partial t} - \frac{\partial p}{\partial t} + \frac{\partial\left[u_i(\rho h_{tot})\right]}{\partial x_i} = \frac{\partial}{\partial x_i}\left(k_{eff}\frac{\partial T}{\partial x_i}\right) + \frac{\partial}{\partial x_i}(u_j\tau_{ij}) + S_h \tag{2.9}$$

$$h_{tot} = h + \frac{u_i u_i}{2}, \quad h = e + \frac{p}{\rho} \tag{2.10}$$

式中：h_{tot} 为总比焓（常简称总焓），可表示为比焓和机械动能之和；h 为比焓（常简称焓）；e 为内能；k_{eff} 为有效热传导系数（$k_{eff}=k+k_t$，k 为流体的热传导系数；k_t 为湍流热传导系数，根据所用的湍流模型来确定）；T 为温度；S_h 为能量方程的广义源项，包括了化学反应热及其他用户定义的体积热源项；方程右端前两项分别代表了因热传导和黏性耗

散所做的功,即能量传递。

Fluent 采用的是针对总能 E 的能量方程。在不考虑多组分间扩散前提下,能量方程为[17]

$$\frac{\partial(\rho E)}{\partial t} + \frac{\partial[u_i(\rho E + p)]}{\partial x_i} = \frac{\partial}{\partial x_i}\left(k_{eff}\frac{\partial T}{\partial x_i}\right) + \frac{\partial}{\partial x_i}(u_j\tau_{ij}) + S_h \tag{2.11}$$

式中:E 为流体微团的总能,可表示为内能和机械动能之和,即

$$E = e + \frac{u_i u_i}{2} = h - \frac{p}{\rho} + \frac{u_i u_i}{2} \tag{2.12}$$

能量方程可分别写成张量整体形式如下:

$$\left.\begin{array}{l} \frac{\partial(\rho h_{tot})}{\partial t} - \frac{\partial p}{\partial t} + \nabla\cdot(\rho \boldsymbol{u} h_{tot}) = \nabla\cdot(k_{eff}\nabla T) + \nabla\cdot(\boldsymbol{\tau}\cdot\boldsymbol{u}) + S_h \\[3mm] \frac{\partial(\rho E)}{\partial t} + \nabla\cdot[\boldsymbol{u}(\rho E + p)] = \nabla\cdot(k_{eff}\nabla T) + \nabla\cdot(\boldsymbol{\tau}\cdot\boldsymbol{u}) + S_h \end{array}\right\} \tag{2.13}$$

尽管能量方程是流动问题的基本方程,但对于水泵与泵站流场中的不可压缩流动,可忽略热交换,即不考虑能量方程。

2.1.2 控制方程离散方法

控制方程是计算域内连续的微分方程,理论上存在精确解或解析解,但因所处理的问题自身的复杂性,实际上很难获得精确解,因此,就需要通过一定的方法把计算域内有限数量的位置,也就是网格节点上的因变量值当作基本未知量来处理。然后建立一组关于这些未知量的代数方程,接着通过求解所建立的代数方程组来得到这些节点未知量的值,计算域内其他位置上的值则根据已经得到的节点位置的值来插值确定。这一过程的重点在于将偏微分方程转化为代数方程组,这一过程称为离散[13]。

离散是 CFD 计算中非常关键的环节。离散主要包含计算网格生成与控制方程离散化两个主要步骤。计算网格生成将在第 5 章专门介绍,这里只介绍控制方程离散化。

控制方程离散化过程涉及离散方法选择及离散格式确定两个方面。对于瞬态问题,还需要在时间域对控制方程进行离散,涉及时间离散格式及时间步长选择。

1. 离散方法

离散方法是指将在连续的空间域上分布的物理量转化为离散的空间节点上的物理量的方法,目前主要包括有限差分法、有限元法和有限元体积法等典型方法,其中有限体积法具有编程方便、计算效率高、适应性强等特点,在 CFD 领域应用最为广泛。

有限体积法的基本思路是[16]:①首先构造满足要求的计算网格,并使每个网格点周围有一个互不重复的控制体,在此称控制体为单元,网格点为单元中心;②将微分型式的控制方程对每一个控制体积分,得到积分形式的控制方程,得到的控制方程组数量与单元数量相同;③用单元界面上的物理量表示单元上的积分,形成离散化的非线性方程组;④引入插值格式,将单元界面上的物理量用单元中心的物理量表示,从而将控制方程转化为线性代数方程组。关于有限体积法的详细介绍,请参见文献 [13]。

2. 离散格式

在使用有限体积法建立离散方程时,需要将控制体积界面上的物理量及其导数通过节

点物理量插值求出。插值方式就是离散格式，不同的离散格式将产生不同的离散结果。常用的离散格式包括中心差分格式、一阶迎风格式、二阶迎风格式、乘方格式和 QUICK 格式等[16]。在某些 CFD 软件中，还针对特定场合提供了一些专用离散格式，例如 Fluent[17]中的有界中心差分格式，可用于采用 LES 或 DES 湍流模型，且网格级为细密的流动模型；修正的 HRIC 离散格式，可用于多相流的 VOF 模型。

其中，一阶迎风格式是最为简单的一种离散格式。该离散格式规定某个物理量在单元界面上的值等于上游节点（即迎风侧节点）的值。因为这种迎风格式具有一阶截差，所以被称作一阶迎风格式。而中心差分格式与此不同，取上、下游节点的算术平均值作为当前节点的值，具有二阶精度。读者可参考文献［15］和文献［16］了解各种离散格式的区别。

总体而言，高阶格式所给出的计算结果精度更高，但也很可能会导致计算收敛性降低。一阶格式的计算精度较低，但计算效率高，计算更容易收敛。在实际 CFD 计算时，要根据所选择的求解器格式、控制方程性质及物理量的不同选择相应的离散格式。

当流动方向与网格走势相接近时，例如，采用四边形或六面体网格时，建议优先选择一阶格式；当流动与网格的排列不一致时，例如，对于复杂流动或者对于三角形网格和四面体网格，二阶格式往往能够提高计算精度。对于水泵与泵站流动计算，我们可先尝试选择二阶格式，如果遇到收敛性问题，可尝试更换为一阶格式。或者，先采用一阶格式计算若干迭代步后，再改换二阶格式。

一般来讲，二阶格式可以满足绝大多数流动计算要求，但对于高速泵内部的强旋转流动，QUICK 格式和三阶 MUSCL 格式有可能提供比二阶格式更精确的计算结果，但需要注意的是，QUICK 格式只适用于四边形或六面体网格，而 MUSCL 格式可用于各种类型的网格。

3. 时间域离散

对于瞬态问题，控制方程中多了时间相关项，因此，在进行瞬态问题求解时，除了要对控制方程进行空间域离散外，还要在时间域离散。在时间域离散后，可以方便地在每个时间步上对差分方程中的每一项进行时间积分。

时间离散所采用的离散格式主要包括一阶时间离散格式和二阶时间离散格式两种[15]。一阶时间离散格式根据本时间步和前一个时间步的参数来差值计算物理量的值；而二阶时间离散格式还需要增加比前一个时间步更早的时间步的参数，才能计算物理量的值。

在进行物理量的时间积分时，除了阶数之外，还涉及显式与隐式两种积分策略。隐式时间积分，是指借助新值（下个时间步的待求值）、当前值（当前时间步的已知值）和旧值（前一个时间步的已知值）来估计某个物理量的值。由隐式方案所确定的离散方程组，各未知量是耦合在一起的。在每个时间步上都需要解耦合的线性方程组，才能求出当前时间步上的物理量的值。显式时间积分，是指只借助当前值和旧值来估计某个物理量的值。显式方案不需要求解耦合方程组，因此，计算效率高，但时间步长受到限制，不像隐式方案那样稳定。隐式方案理论上是无条件稳定性的，无论时间步长多大。隐式方案可以用于各种计算条件。显式方案只能用于密度基求解器。也就是说，对于水泵与泵站这类不可压缩流体的计算问题，只能选择隐式时间积分方案。

11

在隐式时间积分方案中,Fluent 还提供了有界二阶隐式时间积分方案。该方案引入了前后共 5 个时间步(部分为半个时间步)的计算结果来计算当前时间步物理量的值,比隐式时间积分方案多了两个时间步的值。相比于普通的二阶时间积分方案,有界二阶隐式时间积分方案使算法变得更加稳定,这是在流场计算时应该优先采用的。但这种方案只用于压力基求解器,不能用于密度基求解器。在求解多相流时,包括空化流动时,这种方案也受到诸多限制,最好不要选择。

无论是隐式方案还是显式方案,都需要给定时间步长。时间步长不仅与时间离散格式有关,还与所求解的物理问题有关,将在 2.3 节进行具体介绍。

2.1.3 控制方程求解方法

在不考虑能量方程前提下,控制方程只包括动量方程和连续方程。如果将速度和压力作为基本未知量进行求解,则形成压力基求解器;如果引入状态方程,用密度取代压力作为基本未知量进行求解,则形成密度基求解器[17]。又由于在离散化后的控制方程组中,压力与速度是耦合在一起的,如果同时求解动量方程与连续方程组成的方程组,则对应于耦合式解法;如果按先后次序分开求解动量方程和连续方程,则对应于分离式解法。现就控制方程求解过程中涉及的相关问题介绍如下。

1. 压力基求解器

压力基求解器是以压力和速度为基本变量的求解控制方程的解法[17]。它通过连续方程导出压力和速度耦合算法,或者说是一种压力修正算法,通常适合于求解低速不可压流体。水泵与泵站流动分析一般采用这种求解器。

压力基求解器包含分离式和耦合式两种解法,如图 2.1 所示。分离式解法是顺序地、逐一地求解各方程。该解法先在全部网格上解出一个动量方程,再解另外的动量方程,接着解压力修正方程(连续方程)。待压力与速度等全部更新后,再顺序求解能量方程、组分方程、湍动能等其他标量方程。由于控制方程是非线性的且相互之间是耦合的,因此,在得到收敛解之前,要经过多轮迭代。耦合式解法是求解一个耦合的方程组,方程组由动量方程和基于压力的连续方程组成。得到速度与压力解后,再顺序求解能量方程、组分方程、湍湍方程等其他标量方程。耦合式解法同样需要迭代处理。

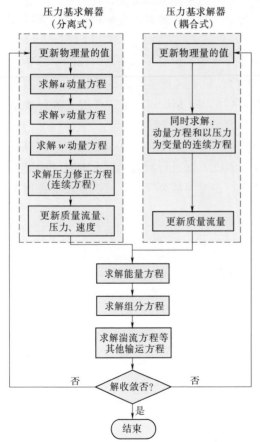

图 2.1 压力基求解器工作流程图

Fluent 在默认情况下使用分离式解法。对于高速可压流动及由强体积力导致的强耦合流动，需要考虑使用耦合式解法。耦合式解法耦合了动量方程和连续方程，收敛较快，但所需内存约是分离式解法的 1.5～2 倍。读者可根据所求解的物理问题及计算机容量来权衡选择某种解法。对于水泵流场模拟，一般因规模较大，故大多选择分离式解法。

压力基求解器求解的基本对象，除了动量方程中的速度之外，就是由连续方程和动量方程导出的压力方程或压力修正方程中的压力。众所周知，速度和压力同时出现在动量方程中，因此，压力和速度是耦合的。虽然上述耦合解法可以直接求解耦合方程组，但解法需要的计算机内存较大，在一般的计算机上，求解问题的规模受到限制，这样，分离式解法在某种条件下是一种比较受欢迎的解法。而分离式解法需要将压力与速度间的耦合分解开来，这就出现了不同的压力-速度耦合算法。常用的压力-速度耦合算法包括 SIMPLE、SIMPLEC、PISO、FSM 和 Coupling 等[13]。其中，Coupling 算法就是上述耦合式解法，这里不再讨论。SIMPLE、SIMPLEC、PISO 和 FSM 算法只用于分离式解法，都用到了预报-修正方法。

2. 密度基求解器

密度基求解器是以压力和密度为基本变量的求解控制方程的解法[17]。它借助流体的状态方程来确定压力值。原来主要是为求解可压缩流体而设计的。目前虽然也可用于不可压缩流体的计算，但仍然主要用于高速气体流动场合。在水泵与泵站一般流动分析中，应用不多。

密度基求解器同时求解连续方程、动量方程、能量方程及组分输运方程的耦合方程组，然后再按照上述分离式解法逐一求解湍动能等标量方程。在这种求解器中，压力是通过状态方程得到的。由于控制方程是非线性的且相互之间是耦合的，因此，在得到收敛解之前，同样要经过多轮迭代。与压力基求解器不同，密度基求解器只使用耦合式解法。这里的耦合式解法又包括耦合显式与耦合隐式两类方案。在隐式方案中，单元内的未知量用邻近单元的已知和未知值来进行计算。这样，每一个未知量会出现在不止一个方程中，这些方程必须同时求解才能解出所有未知量的值，Fluent 使用高斯-赛德尔方法求解所有变量。在显式方案中，每个单元内的未知量用只包含已知值的关系式来计算，这样，未知量只出现在一个方程中，在每个单元内只需要求解一次未知量方程就可得到未知量的值，Fluent 使用多步龙格库塔显式积分法来进行计算。

对于高速可压流动，如浮力或者旋转力等强体积力导致的强耦合流动，需要考虑密度基求解器。密度基求解器常常很快便可以收敛，但密度基求解器所需内存比较大。在进行耦合隐式计算的时候，如果计算机内存不够，就可以改为压力基求解器或密度基显式计算，当然收敛性也相应差一些。

在采用压力基求解器时，可以通过设置欠松弛因子来控制求解过程的稳定性与收敛速度，而在采用密度基求解器时，则是通过设置 Courant 数来控制求解过程的稳定性与收敛速度。

2.1.4 流动分析基本流程

利用 CFD 技术开展水泵与泵站流动分析，主要包括 4 个阶段[13,14]：计算方案制订、

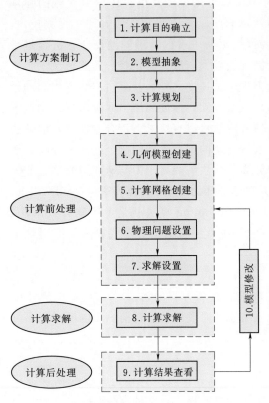

计算前处理、计算求解和计算后处理。视计算结果，中间可能存在迭代过程。CFD 工作流程如图 2.2 所示。

计算方案制订包括计算目的确立、模型抽象和计算规划。计算方案制订的目的是在 CFD 计算之前明确所研究问题性质、计算目标、引入的假设、计算域大小、边界条件、初始条件、计算基本方法等，也就是对所研究的问题进行定义。一个合理的计算方案，是 CFD 计算成功的基础。

计算前处理包括几何模型创建、计算网格创建、物理问题设置（多相流特性、空化特性、湍流模型、材料属性、域属性、边界条件、网格界面等的设置）、求解设置（求解器格式、离散格式、时间推进格式、收敛控制参数等的定义）。前处理的目的是生成满足计算要求的计算模型。前处理是 CFD 计算中最为耗时、最难于掌握的环节，但前处理对最终计算结果影响非常关键。

计算求解是指按照前处理所生成的计算模型，对控制方程进行迭代求解。对于普通用户而言，如果采用商用软件计算，流场迭代计算是一个自动完成的过程，中间不需要干预。但是，你必须掌握流动迭代计算的基本原理和过程，否则，可能因对迭代计算方法选择不合理、计算参数设置不合理而导致计算结果不准确。

图 2.2　CFD 工作流程图

计算后处理是指计算结果查看，以及视计算结果对计算模型进行修改并重新计算的过程。后处理是准确全面地呈现计算结果的必要环节，对于我们深入认识水泵与泵站内部流动结构具有重要帮助，需要花更多的时间来学习和掌握。后处理可以在 CFD 软件内部完成，也可借助第三方软件或自编程序在外部完成。

2.2　计算方案制订

计算方案制订包括计算目的确立、模型抽象和计算规划。计算规划包括计算域选择、参考压力及浮力选择、边界条件选择、初始条件选择及瞬态问题时间步长选择等。计算方案制订的目的是在 CFD 计算之前明确所研究问题的性质、计算目标、引入的假设、计算域大小、边界条件、初始条件、计算基本方法等。

2.2.1　计算目的确立

计算目的确立是指提出要解决的问题。从现实世界中提出要解决的问题，是比解决问题本身更重要的事情。提出的问题必须是清晰具体的。比如，要研究水泵不稳定运行特性，提出的问题不能是"水泵为什么会产生压力脉动？"这问题不方便进一步考虑，如果问题是"水泵运行时的压力脉动主频和幅值多大？"则更方便进行下一步的研究工作。

计算目的确立需要良好的理论背景作支撑，准确抓住物理现象背后的力学模型，找到流体问题求解的目标，是利用 CFD 开展工程分析的基础。在这一步工作中，需要对问题进行简化，保留重要特征，忽略不重要的细节。

一般而言，需要明确的问题如下：

（1）要算什么？有哪些物理量可以用来描述计算目标？

（2）这些物理量是否可以直接计算获取？若不能直接获取，是否可以用间接物理量进行替代？

（3）当物理模型过于复杂时，是否可以进行一些简化，忽略一些不重要的特征？

（4）CFD 是否适合解决此问题？

（5）CFD 是否能够解决此问题？如果不能，是否需要在算法上进行改进？

具体到水泵与泵站流动分析，通常无外乎有两类目的，一是利用 CFD 软件解决水泵与泵站工程问题，例如预估水泵扬程；二是针对现有 CFD 算法进行改进或补充，使之更好地适应水泵与泵站 CFD 需要。这里重点讨论第一类目标，而第二类目标放到第 6 章之后讨论。

从工程角度出发，水泵 CFD 计算目的可能包括以下几种：

（1）能量特性分析：水泵扬程计算、效率计算、轴向力和径向力计算。

（2）空化特性分析：水泵空化余量计算、空化区位置及面积计算。

（3）压力脉动特性及流固耦合特性分析：水泵压力脉动计算、水泵动态流固耦合计算、水泵失速特性计算、水泵噪声与振动特性分析。

（4）泥沙磨损分析：泥沙浓度分布计算、泥沙颗粒速度分布、过流部件壁面磨损计算。

（5）泵内局部流态分析：叶片进口区域旋涡分布、叶轮出口射流尾迹结构分析、蜗壳隔舌区域的流态分析等。

（6）水泵结构参数及运行工况分析：不同叶片安放角、不同蜗壳喉部面积等几何参数，以及不同流量工况等条件下，水泵外特性和内特性的变化情况。

从工程角度出发，泵站 CFD 计算目的可能包括以下几种：

（1）水力损失分析：泵站前池、进水池、进水流道（进水管道）、出水流道（出水管道）的水力损失计算。

（2）旋涡分析：前池及进水池表面旋涡、附壁涡、附底涡的位置、尺寸和强度的分析，消涡装置的水力学性能分析等。

（3）流动均匀性分析：进水流道流线分析、水泵吸水喇叭口的流动均匀度分析。

（4）自由水面波动分析：在水泵启动、停机及正常运行工况下，前池及进水池水面波动变化情况。

（5）泥沙分析：前池及进水池泥沙浓度分布、泥沙淤积特性分析，冲沙廊道冲沙效果分析。

（6）泵站水力尺寸及运行条件分析：前池扩散角、进水池容积、进水流道底板高程、水泵倒灌高度、吸水喇叭口悬空高度、前池水位等参数，以及机组组合方式、变速或变角运行方式等对流态的影响。

（7）泵站进出水系统与泵段的匹配分析：研究不同的进水流道、出水流道与特定泵段的匹配关系，分析水泵进口及出口的流态，优化流道尺寸。

2.2.2　模型抽象

找到问题求解目标之后，下一步的工作是建立流体力学模型，将物理现象以数学语言进行描述。利用流体力学理论建立适合自己问题的控制方程。这里包括：基于哪些物理基础？进行了哪些假设？

生成一个好的物理模型，取决于此物理现象背后的理论研究工作。在考虑物理模型时，要谨防量变引起质变的情况，很常见的如相变模型等。只有在对物理现象有深刻理解的前提下，才有可能正确地选择物理模型。尤其是对于复杂的物理现象，常常需要抓住问题的本质，忽略不必要的细节特征。

对于水泵与泵站流动分析，可能涉及的流体力学模型如下：

（1）基本流动模型。仅仅求解连续方程和动量方程，不包括传热现象，即不考虑流场温度变化。这类问题在水泵与泵站流场分析中经常会遇到。基本流动问题又分为稳态求解和瞬态求解两类。

（2）多组分传输模型。这类问题涉及组分扩散。最常见的是关于化学反应，特别是在水污染分析领域应用较广，在水泵与泵站流动分析中一般较少应用。

（3）多相流及离散相模型。主要用于空化计算、空气与水的自由界面计算、进水池吸入空气分析，以及泥沙磨损问题分析等。这类问题比基本流动问题复杂，但在水泵与泵站流动分析中比较常见。

（4）动网格及旋转坐标系模型。主要涉及动边界，特别是旋转边界的处理问题，包括计算方法、动网格参数设置等。例如，水泵叶轮的旋转问题就属于旋转坐标系问题，离心泵启动时泵后蝶阀开启过程，就属于动网格问题。

在进行水泵与泵站 CFD 分析时，通常包括以上一个或多个模型组合。在对复杂物理现象进行仿真计算之前，必须同时对物理问题本身及 CFD 软件工具有比较深刻和全面的认识。只有这样，才能有效建立后续计算模型，取得符合实际需要的计算结果。

2.2.3　计算域选择

计算域是指为完成 CFD 计算而特别指定的区域，在该区域上将进行流体流动控制方程的离散和求解。计算域分为流体、固体和多孔介质。在常规水泵计算时，计算域一般特指流体域。如果需要考虑壁面传热、流固耦合或动网格，则需要引入固体计算域。如果需要分析闭式水泵试验台空化罐和稳压罐中稳流栅前后的流态，需要分析落叶或杂物对泵站进水池水面及水下水力性能的影响，则需要引入多孔介质计算域。

1. 水泵 CFD 计算域

在选择水泵流动分析的计算域时，主要面对如下 3 个问题：

（1）选择单通道还是全通道作为计算域？

（2）除了叶轮区域外，是否需要加进导叶、蜗壳等其他区域？

（3）主计算域是否需要向外延伸？

对于第（1）个问题，主要根据研究对象、研究目的和采用的旋转模型来定。所谓的单通道，既可指单纯的叶轮单通道，也可能指由叶轮和导叶组成的单通道，而全流道是指由全部过流部件的整体组成的计算域，通常包括吸水室、叶轮、压水室（导叶和蜗壳）和出水段等。叶轮单通道是指水泵叶轮两个相邻叶片与叶轮进口边、出口边所转成的流道，或者包含一个叶片、由叶轮进口、出口及两侧周期性边界组成的计算域；泵的单通道是指除了叶轮单通道外，还包括与之相连接的导叶单通道及吸水室的一部分。单通道计算域通常为整体计算域的 $1/Z$（Z 为叶片数）。

当一台水泵自身具有明显的轴对称特征，或者说虽然整体不具有明显轴对称特征，但所关心的重点区域具有明显轴对称特征时，可以选择单通道作为计算域。例如，轴流泵的泵段，通常可选择单通道进行流动分析。带有导叶的离心泵，也可以按单通道来处理。

如果研究的重点在于水泵叶轮，或者研究的目的主要是水泵进口的空化特性，则选择叶轮单通道模型会比全流道模型显著提高计算效率。如果水泵叶轮的旋转采用 SRF 或 MPM 进行处理，则一般选择单通道模型；如果采用 MRF、SMM 或 DMM，则一般选择全流道模型，详见第 6 章。当然，这并不绝对化。

对于第（2）个问题，在计算时是否考虑导叶、蜗壳等区域，取决于流动计算的目的和泵的型式。如果流动计算的目的是水泵空化性能预测，则一般可只考虑叶轮模型，而不考虑导叶和蜗壳等区域。如果主要关心叶轮出口的尾迹效应，或者关心叶轮与蜗壳隔舌的相互作用，则必须同时考虑叶轮区域和压水室区域。如果水泵为直锥形吸水室，则计算域中可不考虑吸水室；如果是半螺旋形吸水室，则需要考虑吸水室。

对于第（3）个问题，计算域是否需要向外延伸，主要取决于水泵结构和进出口的边界条件。多数情况下，将水泵出口边沿着流动方向向后延伸一段距离后，可以较好地应用自由出流边界条件，避免在出口前的区域人为地强制产生回流；将水泵进口边向前推进一段距离，可以更好地设置均匀速度进口边界条件。在单通道模型设置上，适当将计算域在进口区域向前、在出口区域向后延伸一段距离，也是有利于提高流动核心区域的计算精度的。当然，延伸只是在进口或出口进行，不能在由多个区域组成的计算域中间进行，即不能改变各区域（各过流部件）之间的相对位置。

2. 泵站 CFD 计算域

在进行泵站 CFD 分析时，需要根据以下原则进行计算域选择：

（1）计算域减半。对于对称结构，可以沿对称面分开，选择其中的一部分流体域作为计算域。例如，南水北调中线工程惠南庄泵站安装了 8 台水泵机组，左边 4 台机组并联到一根出水管，右边 4 台并联到一根出水管，前池和进水池是左右对称结构。这时，可将泵站的左右两部分沿中间对称面分开，取整体的一半作为计算域，在中间对称面上施加对称边界条件。这样，可简化计算工作量，提高计算效率。当然，这种做法对稳态计算是有效的，对于瞬态计算，有时可能得不到与实际相符的结果。

（2）计算域剪切。对于安装有多台水泵机组的大型泵站，如果将整体结构作为计算域，则计算量势必很大；如果取一半为计算域，虽然整体结构具有对称性，但由于开机运行的机组分布不具有对称性，因此，也不合理。这时，可直接取一台机组，连同前后进出水流道（或进出水管道）作为计算域。如果进水池中有隔墩将两台机组分开，则这种选取计算域的方法更加合理。

（3）计算域简化。对于泵站流动分析，当没有水泵的木模图时，也就是说不知道水泵的水力尺寸时，可将水泵作为一个"黑箱"来处理，即将其简化为一个 FAN 模型，流体通过此 FAN 边界时，能量跃升一个指定值。这时，实际流场中的水泵可用一个与水泵进出口直径相等的圆管代替，在圆管中间设置 FAN 边界。

（4）计算域减少。对于泵站进水池的流动分析，水面是自由边界，理论上应该将水面上的空气引入计算域，即取包含一定空气所占区域的较大计算域。但是，实际计算时，如果水面基本稳定、且不关心水面波动情况，可将自由面看成是一个刚性的光滑壁面，这样，采用对称面性质的"刚盖假定"使计算得到简化。

（5）计算域分解。对于大型低扬程泵站，为了明确研究重点，减小计算量，可分别选择前池和进水池、进水流道、出水流道等作为单独的计算域，也就是将整个泵站按流动结构分解为若干个计算域。这时，需要慎重设置边界条件，以免在边界上给出不切实际的边界条件，有时还需要按"计算域延伸"原则，适当对分块之后的计算域进行处理。

（6）计算域延伸。同水泵流场计算一样，在进口或出口设置流速、压力或自由出流等边界条件时，通常需要将实际的进口位置前移、出口位置后移，从而形成一个较实际控制范围更大的计算域。

2.2.4　参考压力和浮力选择

1. 参考压力

参考压力是指用于计算绝对压力的基准压力。绝对压力 p_{abs}、相对压力 $p_{relative}$、参考压力 $p_{reference}$ 的关系如下：

$$p_{abs} = p_{reference} + p_{relative} \tag{2.14}$$

在边界条件和初始条件中指定的压力值（包括总压中的压力值）均是相对于此参考压力值的。流场计算得到的压力值，也都是相对于参考压力的。参考压力的设置将直接影响计算得到的流场压力分布。引入参考压力的目的有两个：①对于不含有压力边界条件（包括静压和总压边界）的问题，提供流场压力的基准值；②避免采用绝对压力进行计算时存在的截断误差大的问题。

在 CFX 和 Fluent 中，虽然参考压力的本质是相同的，但定义方式并不完全相同。在 CFX 中，只要求设置参考压力，并不要求设置参考压力的位置。这时的参考压力是指环境压力，并不是某个特定位置的压力。此后，无论是边界条件和初始条件中设置的压力值，还是计算得到的压力值，均是相对于这个参考压力来度量的。为了使用这个参考压力，在边界条件设置时，CFX 还需要给定至少一个边界包含压力值（无论是静压还是总压），以便将流场中的压力与"环境"相联系。在 Fluent 中，要求同时设置参考压力的值和位置。当所使用的边界条件中不含压力边界（包括总压力和静压边界）时，Fluent 将使用这个指定位置的参考压力值来度量其他位置的相对压力值。如果所使用的边界条件中有压力边界（包括总压力和静压边界）时，则 Fluent 忽略这个参考压力的位置坐标，这与 CFX 中的处理方式是一样的。

参考压力的设置，必须符合泵的实际运行条件，特别是在空化计算时，尤其重要。对于在 Fluent 中不含有压力边界条件的计算问题，如给定水泵进口速度、出口自由出流边界条件的流场计算，最好将参考压力的位置设置于流场内，如设在水泵进口处或其他可根据水泵实际运行环境（如进水池水面压力、水泵安装高程、管道直径和流量）可确定具体压力值的位置。这样，在流动计算过程上，流场内其他位置的压力自然地按相对于此处的压力推算，所得到的压力分布结果也更加直观。默认情况下，Fluent 将参考压力的位置设置于坐标原点，如果坐标原点不在流场内，则 Fluent 会将与坐标原点最接近的计算域内的位置视为参考压力的位置。

2. 浮力

当重力施加在具有不同密度的流体区域上时，将产生浮力。浮力将使动量方程的源项有所变化，出现如下附加项 $S_{m,\text{buoy}}$：

$$S_{m,\text{buoy}} = (\rho - \rho_{\text{ref}})g \tag{2.15}$$

式中：ρ_{ref} 为参考密度，是所有密度估算的基准值。

在此基础上得到各种流体的密度值，可能为正，也可能为负。通常来讲，在水泵流场分析时，可将水的密度 1000kg/m^3 设置为参考密度。

除了参考密度外，还需要指定浮力计算方法，即如何根据 $(\rho - \rho_{\text{ref}})$ 来计算浮力。通常包括两种方法：全浮力模型和 Boussinesq 模型[18]。通常选择全浮力模型即可。对水泵流动计算而言，只是在多相流情况下需要考虑这个问题。

2.2.5 边界条件选择

为了准确地建模并完成流动计算，合理的边界条件与初始条件设置异常重要。边界条件有两个问题需要关注：边界位置；边界值。如果边界位置选择不恰当，会影响计算收敛过程，甚至会影响计算结果的正确性。边界值的正确与否，会直接影响结果的正确性。边界位置常选择在边界值容易获取的位置，并且边界位置尽量远离计算域内存在扰动的区域。

水泵与泵站流动计算涉及的边界条件主要包括：进口、出口、壁面、周期性边界、界面、开放边界等。由于界面边界条件（如滑移网格界面）是与所采用的旋转模型密切相关的，故这部分内容在第 6 章介绍。

通常来讲，在进行水泵流动分析时，计算工况应该是已知的，也就是说泵的流量是已知的，因此，设置速度边界条件是合理的。对于不可压缩流动，如水泵流动，建议水泵进口设置来流速度边界，即根据流量和断面面积计算出的速度作为进口条件，在出口设置自由出流边界条件。而对于如风机内的可压缩流动，则不允许设置速度进口条件。另外一种方式是，根据水泵装置情况在水泵计算域的进口设置总压边界条件，出口设置速度或压力（静压）边界条件。这两种边界条件设置方式，均可保证计算过程收敛。

当然，有时水泵的流量是未知的，需要通过流动计算而得到。这时，可以根据水泵装置的实际情况，进口给定总压、出口给定静压。

CFX 与 Fluent 在参考压力的指定方式上有所不同，因此，二者在与压力有关的边界条件设置方面也有所不同。CFX 不需要指定参考压力位置，但必须至少有一个边界被指定压力值（无论是静压还是总压），除非系统是封闭的。此外，总压边界条件不能用于出口边界，因为这种边界条件肯定会导致计算不稳定。在风机流场计算中，因风机出口直接连接大气，故经常在出口设置静压为 0，而水泵与此不同，一般不能在水泵出口设置静压值。但是，对于泵后有出水管连接开敞式出水池的场合，如果出水管道包含在计算域内，则管道出口处可设置静压为 0。

在上述进口和出口边界条件设置过程中，一定保证进口边界和出口边界处的流态是均匀的，至少没有回流或其他混乱流态。当然，利用 UDF 等方式给定的特殊速度断面分布除外。

在计算域的进口，通常还要求设置水力直径、湍动能、湍流强度、湍流长度尺度、湍动能耗散率、比耗散率和湍流黏度比等参数。当已知来流速度时，可先计算出雷诺数 Re，然后按如下一组公式粗略估算相关参数[17,19,20]。

水力直径：

$$D_h = \frac{4A}{x} \tag{2.16}$$

式中：D_h 为水力直径，对于圆形管道即为其直径；A 为通流面积；x 为湿周长度。

雷诺数：

$$Re = \frac{\rho u D_h}{\mu} \tag{2.17}$$

式中：Re 为雷诺数；u 为平均速度；μ 为动力黏度。

湍流强度：

$$I = 0.016\, Re^{-1/8} \tag{2.18}$$

式中：I 为湍流强度，表征速度脉动量的均方根与平均速度的比值，在 CFD 计算时，设置湍流强度为 1%、5% 或 10%，通常分别表示低、中、高湍流强度[21]。

湍动能：

$$k = \frac{3}{2}(u \cdot I)^2 \tag{2.19}$$

式中：k 为湍动能；I 为湍流强度。

湍流长度尺度：

$$l = \frac{0.07L}{C_\mu^{3/4}} \tag{2.20}$$

式中：l 为湍流长度尺度；L 为特征尺寸，常取水力直径作为特征尺寸；C_μ 为湍流模型常数，常取 0.09。

耗散率 ε：

$$\varepsilon = \frac{k^{3/2}}{l} \tag{2.21}$$

式中：k 为湍动能；l 为湍流长度尺度。

比耗散率 ω：

$$\omega = \frac{k^{1/2}}{C_\mu l} \tag{2.22}$$

湍流黏度比 μ_t/μ：

$$\frac{\mu_t}{\mu} = \frac{C_\mu \sqrt{\frac{3}{2}}\, u I l}{\mu} \tag{2.23}$$

如果采用更简单的方式，可按 $1\%\sim5\%$ 的数值设置湍流强度，水泵流场可采用默认的湍流强度值 0.037，即 3.7％[22]。

如果选择单通道模型，还必须在通道的两个侧面设置周期性边界条件。需要注意的是，周期性边界条件有时可能会屏蔽某些特殊流动现象，使用单通道模型时要慎重。

如果涉及进水池流动，可以在进水池表面设置对称边界条件。

对于流场中的所有壁面，如叶片表面、盖板表面、蜗壳表面，除了设置为无滑移壁面边界条件外，有时还需要考虑表面粗糙度的影响。

无论如何，所设置的边界条件一定要保证物理上的合理性，即一定要充分考虑水泵实际运行时的情况，不能设置一些违背水泵运行基本规律的边界条件。

水泵与泵站 CFD 分析时，边界条件设置原则如下：

（1）水泵进口。水泵的流场计算，多数情况下是在指定流量工况下进行的，即给定水泵流量，然后计算流场、扬程、效率等。这就如同进行水泵试验时的条件是一样的。因此，往往直接给定速度进口边界条件。在某些时候，如果进口连接的是进水池，而进水池水位不变，水泵工况不明确，则可以采用进口总压边界条件，即给定速度头和压力头之和。

（2）水泵出口。水泵出口接出水管道，因此，一般在出口边界设置自由出流（outflow）边界条件，即在此断面上，沿着流动方向速度和压力均没有梯度变化。某些情况下，如水泵出水连接出水池，出口静压为已知，也可以给定出口压力条件，但这时进口条件也必须是进口压力条件，当然，进口压力条件一般指总压条件，这与出口压力条件是不同的。个别时候，也可给定出口速度，即选择速度进口，但设置负的数值，这时进口往往给定总压条件。

（3）泵站前池或进水池进口、吸水管出口。对于泵站流场计算，同样是经常指定流量工况，即首先指定当前运行的水泵台数、机组编号、泵站总流量（机组流量与运行台数之积），因此，一般在计算域进口设置流速进口或总压进口边界条件。同时，在水泵吸水管出口设置自由出流或压力边界条件。也可按进口总压、出口速度来给定边界条件。

（4）壁面。凡是流场中的所有壁面，均设置为无滑移的壁面。如果壁面处于水力光滑区，则不必考虑壁面粗糙度的影响，否则，必须考虑壁面粗糙度的影响。

（5）内部表面。在两个相邻区域的界面上，如随叶轮一起旋转的流体区域与周围非旋转流体区域之间的界面，需要通过内部界面边界将两个区域隔开。

（6）前池、进水池与出水池水面。如果水面波动较小，特别是在稳态流场分析时，则可以将水面设置为对称面。该边界条件也称为"刚盖假定"，也就是说假定自由水面是一个可水平移动的刚性盖，在这个刚盖上各物理量的法向分量为零。它只适用于自由水面波动很小的情况，对于自由液面波动较大的水流，例如泵站启动或停机时的瞬态流场分析，"刚盖"假定不再适用。此外，此方法的使用前提是必须事先已知自由水面的位置。如果需要考虑水面的波动，则需要将水面上空气所占据的区域引入到计算域，利用 VOF 两相流模型设置空气的进口和出口边界，而水面则按水和空气的初始体积分数进行初始化。对此，详见第 10 章的讨论。

（7）参考压力。参考压力是指设置在某个固定位置、压力值为已知的边界条件。参考压力的指定，对流场中各处的压力绝对值有影响，对压力相对值和速度分布没有影响。通常，可根据前池水位、水泵安装高程和来流速度等条件，提前估算出前池进口或水泵进口处的压力，以此压力作为参考压力进行设置。关于 Fluent 和 CFX 对参考压力的不同定义，见 2.2.4 节。

（8）动态边界条件。某些边界条件并不是一个固定值，可能随着某个参数在变化，例如，前池进口的速度随着水深成线性增长，这时，需要采用 CFD 软件的自定义功能，如 Fluent 中的 UDF 功能，编写用户程序来设置边界条件。这类情况多出现于瞬态问题。后续章节将提供这方面的实例。

2.2.6　初始条件选择

对于某些问题，如动静耦合分析、压力脉动分析、旋转失速分析、水泵启动过程转子受力分析、进水池表面吸入涡分析等，属于与时间相关的瞬态问题。对这类问题的计算，不仅需要设置边界条件，还需要设置初始条件。初始条件是指各物理量在初始时刻的值，即初值。初值通常包括流场中初始的压力场、速度场、温度场、湍动参数分布等。

初值往往需要根据计算经验给定。有时，可能需要先进行一段时间的稳态模拟计算，然后将稳态计算结果作为瞬态计算的初值使用。后续瞬态问题分析的算例，将具体说明初始条件的选择。

2.3　瞬态计算的时间步长

时间步长对瞬态问题的计算精度和计算效率都有直接影响，一般而言，在不考虑模型误差，且计算稳定前提下，时间步长的选取存在一个恰当值，过大或过小的时间步长都会影响模拟结果的准确性。在具体数值模拟中，最好结合已有实验数据或其他准确结果作为验证资料来评估时间步长。

2.3.1　隐式时间积分方案下的时间步长

隐式时间积分方案是水泵与泵站流动分析中使用较多的一种时间积分方案。虽然隐式方案是无条件稳定的，但收敛速度与计算精度（截断误差）与时间步长大小直接相关，因此，必须高度重视时间步长的选择。通常有 3 种方式给定时间步长：固定时间步长、自适应时间步长和变时间步长。

1. 固定时间步长

固定时间步长是指在瞬态问题计算期间是固定不变的，由用户直接给定。在给定时间步长时，应保证所选时间步长小于所求解问题最小时间常数的一个量级，换句话说，比特征长度（如管道长度）除以特征速度（如流动平均速度）的结果小一个量级。

也有的文献认为这样确定的时间步长过小，计算量过大，建议采用最小网格长度 Δx_{cell} 除以流速 v 来确定时间步长 Δt：

$$\Delta t = C \frac{\Delta x_{cell}}{v} \qquad (2.24)$$

式中：C 是库朗数（Courant number），可近似取 1。

判断时间步长是否合适的最好方法，是观察 CFD 软件在每个时间步内达到收敛时的迭代次数。理想迭代次数应为每个时间步内 5～10 次[23]。如果 CFD 软件需要较多的迭代次数，则说明所选择的时间步长过大。

一种检验时间步长是否合理的方法是，在计算完成后调用中间数据记录绘制整个计算域内的库朗数分布云图。对于一个稳定、高效的 CFD 计算，在瞬态特性比较强的绝大部分计算域内库朗数应该不超过 20～40。Fluent 等软件的后处理模块基本都提供了绘制库朗数等值线的功能。

对于周期性流动，可根据周期性的时间尺度来选择时间步长。对于水泵瞬态流动计算，可将每个叶轮叶片通过周期用 10～30 个时间步来计算。例如，叶轮叶片数是 5，按 20 个时间步来考虑，叶轮旋转一周可用 100 个时间步来模拟。再比如，对于周期性的涡脱落模拟，可将每个周期用 20 个时间步来模拟。

对于隐式时间积分方案，在给定时间步长后，还需要设置每个时间步内最大的迭代次数。对于该值的设定，应该纵观全局，一般设置为 20 即可。如果达到最大迭代次数前计算已经收敛，系统会自动进入下一时间步。原则上，必须保证每个时间步内结果收敛。如果不收敛，则所得结果很可能是不真实的。如果计算中发现达不到收敛的要求，建议不要盲目增加最大迭代次数，可以尝试适当减小时间步长来达到收敛标准。

除了上述两个参数设置外，还需要设置总的模拟持续时间，即时间步数。对于水泵叶轮的周期性旋转，一般需要模拟 3 个以上的旋转周期才可能得到非定常的稳定流动周期状态。

2. 自适应时间步长

自适应时间步长是指让 CFD 软件根据计算的进程自动修正时间步长。该方式借助一个与时间积分方案相关的预报-修正算法来估算每个时间步的截断误差，据此来决定所采用的时间步长。如果截断误差小于指定的允许值，则自动增加时间步长；反之，则减小时间步长。

在使用该方式确定时间步长时，需要首先指定截断误差允许值，该值一般在 0.01 左右。增大该值，将会增大时间步长，并降低计算精度；反之亦然。此外，还需要指定最大/最小时间步长。这是为了避免系统自动确定的时间步长过小或过大。

在对瞬态问题进行计算的刚开始的几个时间步内，有时因离散格式误差的原因，可能导致时间步长的计算出现错误。为了避免这种情况的发生，可以让系统每隔若干个时间步来更新一次时间步长。这也是这种方式的选项之一。

在这种方式中，在前处理界面中指定的时间步长将被用作初始时间步长。在 CFD 计算过程中，实际采用的时间步长大小将被显示在当前任务窗口。

自适应时间步长方式可以用于压力基求解器和隐式密度基求解器，不能用于显式密度基求解器，也不能与离散相模型、二阶时间积分格式、欧拉-欧拉多相流模型或用户自定义的标量输运方程一起使用。

3. 变时间步长

变时间步长是针对瞬态气液两相流的显式 VOF 计算而设立的，特别是在气液界面快速变化的场合，采用这种时间步长设置方式比较有效。其输入参数与自适应时间步长方式类似。

2.3.2　显式时间积分方案下的时间步长

在显式时间积分方案下，每一个迭代步就是一个时间步，因此，时间步长不能太大，否则，将出现算法稳定性问题。具体来讲，显式方案的稳定性受 Courant-Fredrichs-Lewy 条件的限制[17]，即

$$\Delta t = \frac{2CV}{\sum_f \lambda_f^{\max} A_f} \tag{2.25}$$

式中：Δt 为时间步长；C 为库朗数；V 为网格单元体积；A_f 为单元第 f 面的面积；$\lambda_f^{\max}$ 为单元第 f 面的局部特征值中的最大值。

在 CFD 软件中，可以选择直接输入瞬态计算的时间步长，也可选择输入库朗数来让系统自动计算时间步长。两种方法本质上是一致的。如果用户直接输入时间步长，则系统会根据式（2.25），并取 $C=1$ 来计算出最大时间步长的上限值。如果指定的时间步长大于这个上限值，则系统可能会显示警告信息。

显式时间积分方案只能用于密度基求解器，因此在以不可压缩流体为工作介质的水泵与泵站流动计算中，一般用不到显式时间积分格式。

2.3.3　关于时间步长的一般考虑

1. 基本原则

无论是隐式时间积分方案，还是显式时间积分方案，都需要充分利用库朗数来调节和保证时间步长的合理性，同时，还需要注意适当修正计算网格。库朗数实际上是指时间步长和空间步长的相对关系。在某些特殊情况下，如存在尖锐外形的计算域局部流速过大或者压差过大时，系统可能会自动减小库朗数。如果这时调节时间步长不奏效，可把局部网格加密再试一下。

一般来说，库朗数变大后，收敛速度会提高，但稳定性可能会降低。针对具体问题，在计算过程中最好把库朗数从比较小的值开始设置，然后看迭代残差收敛情况。如果收敛速度较慢且比较稳定的话，可以适当增大库朗数。根据自己的具体问题，找出一个比较合适的库朗数，既保证收敛速度足够快，又保证计算稳定。

2. 强瞬态计算的时间步长

对于水泵内部流动的瞬态问题，通常采用滑移网格模型 SMM（在 CFX 中称为

Transient Rotor-Stator 模型）来进行计算，按上述原则确定时间步长即可。例如，按照"每个叶道通过周期用 10～30 个时间步来计算"的原则，如果叶片数是 5，在一般工况下叶轮旋转一周可用 100 个时间步来模拟，即每个通道对应 20 个时间步。而对于瞬态性非常突出的极端工况，如分离流动起支配地位的失速工况，当选择 LES 进行模拟时，叶轮旋转一周可用 360 个时间步来模拟。

3. 准稳态计算的时间步长

水泵在固定转速下的流动，特别是接近设计工况时的流动，可看成准稳态流动。对于这类流动分析，一般采用多参考系模型 MRF（在 CFX 中称为 Frozen Rotor 模型）、混合面模型 MPM（在 CFX 中称为 Stage 模型）、单参考系模型 SRF 等按稳态流动进行模拟。为了加快收敛，常引入伪瞬态（pseudo transient）模式，即采用耦合式压力基求解器中的伪瞬态算法。该算法在求解方程中增加了一个非稳态项，以利于求解过程的稳定和收敛。该选项被激活后，同样需要指定时间步长。如果时间步长由系统自动确定，则需要选择 "Conservative" 作为长度尺度方法，并将时间尺度因子设置为 1；如果时间步长由用户指定，可直接按 $0.1/\omega \sim 1.0/\omega$ 选取[21]。其中 ω 为水泵旋转角速度，单位是 rad/s。当由系统自动确定时间步长时，CFX 软件[18,22] 按 $0.2/\omega$ 来处理。例如，当转速 $n = 1500$r/min 时，$\omega = 157$rad/s，按 $0.2/\omega$ 计算，则时间步长为 $0.2/157 = 0.0012$s，相当于叶轮旋转一周用 33 个时间步来模拟。可以看到，准稳态计算的时间步长比瞬态计算可大一些。实际上，对于一些完全稳态问题，为了加快收敛，也可以启用伪瞬态模式，可直接将时间步长取为 $1/\omega$。

2.4　计 算 前 处 理

前处理的目的是生成满足计算要求的计算模型，包括几何模型创建、计算网格划分、物理问题设置、求解设置等。其中，物理问题设置包括控制方程与求解器选择、计算模型选择、流体属性设置、边界条件设置等，求解设置包括求解参数设置、流场初始化等。前处理是 CFD 计算中最为耗时、最难于掌握的环节，但前处理对最终计算结果影响非常关键。

几何模型创建和计算网格划分两个环节，将分别在第 4 章和第 5 章专门介绍。

2.4.1　几何模型创建与计算网格划分

1. 几何模型创建

CFD 计算的实质是采用数值方法求解控制方程，而这一求解是在将计算域离散后的空间节点上进行的，因此需要先创建代表计算域的几何模型，也就是说创建流体域的几何模型。需要注意的是，这里的流体域几何模型与水泵或泵站设计时构建的三维几何模型是不一样的，二者是互斥的。以水泵为例，凡是存在水泵部件结构的空间区域，就没有流体；凡是流体存在的区域，就不会有结构部件。

对于简单的几何模型，可直接在 CFD 软件中利用专用模块（如 ICEM-CFD）来创建。对于复杂模型，需要利用专门的三维造型软件来完成，目前可供使用的三维造型软件比较丰富，如 Pro/Engineer、CATIA、UG、SolidWorks 等。可以根据水泵木模图、泵站流道几何尺寸，构建出计算域的三维实体模型。在造型时，一般针对过流部分，分块进行三维造型，然后进行组合。这样，不仅简化造型过程，还可利用块与块之间的边界，设置内部边界，设置供后处理用的显示物理量的面。几何模型创建的详细方法，在第 4 章介绍。

2. 计算网格划分

计算网格划分的目的是针对所生成的计算域几何模型，构建离散的空间单元与节点，从而为控制方程的离散化创造条件。

不同问题所需要的网格形式也不同。对于二维问题，常用网格单元主要是三角形和四边形；对于三维问题，常用网格单元包含四面体、六面体、三棱柱体等多种形式。在整个计算域上，网格通过节点联系在一起。

在瞬态计算中，网格数量越多，网格尺寸越小，则要求的时间步长越小，进一步增加了资源消耗，延长计算时间。在动网格计算中，网格越小则更容易出现负网格，不利于计算。通常认为网格越密计算精度越高，然而当网格密集到一定程度后，网格数量的增加对于精度的贡献非常小，此时可以认为计算结果已经独立于网格之外。因此，在网格创建方面，要学会进行网格质量和网格无关性检查。

高质量的网格是获取准确计算结果的必要条件。目前有多种网格生成工具可供选择，如 ICEM-CFD 等。第 5 章将专门针对典型泵型，介绍网格生成方法。

3. 计算网格导入

在 Fluent 或 CFX 中进行水泵流场计算，需要先导入前面利用其他软件生成的计算网格模型，并对网格进行检查和光顺。在这一过程中，需要注意以下几点：

（1）设置网格尺寸单位。在 GAMBIT 等软件中，为了方便，生成网格时使用的长度单位可能是毫米（mm）、厘米（cm）或其他单位，而在 Fluent 中默认长度单位是米（m），这就需要对计算域进行缩放，以符合真实尺寸要求。

（2）选择角速度单位。考虑到水泵叶轮是旋转部件，因此，需要设置角速度单位，这也是为了后续定义转动参考系作准备。通常可选择角速度的单位为 rpm。

（3）检查网格。检查网格是保证计算不出问题的必要环节，通常需要检查计算域大小，确定其是否符合所要进行分析的物理尺寸；查看总的体单元数量、面单元数量等。还要留意最小体积参数，确保该值为正数，否则无法进行计算，必须重新划分网格。

（4）光顺网格与交换单元面。该操作主要是为了改善网格质量，多数 CFD 软件要求对三角形和四面体网格进行此操作。该操作通常是在用户发出具体指令后自动完成的，往往需要重复进行，直到 CFD 软件报告没有需要交换的面为止。这一步操作对于非结构网格非常重要。

（5）网格显示。计算网格往往包含多个流体区域，每个区域内还有定义该区域的边界和区域名称。因此，在 CFD 计算开始前及计算结束后，经常需要查看网格，以便于分析计算结果。CFD 软件提供的网格和轮廓显示选项通常包含了修改网格颜色、显示轮廓线等重要特征。如果需要在网格显示中区别个别的面或单元，或者希望扩大两个邻接面或单元间的距离，可以通过某些特定的命令实现。例如，在 Fluent 中，收缩系数默认值为 0，显示过程中邻接的面或单元的边发生重叠，而当此值为 1 时，会出现相反的情况：每一个面或单元都被一个点代替，而其之间存在相当大的距离。一个很小的值，如 0.01，就可以将邻接的面或单元区分开来。

2.4.2　物理问题设置

1. 求解器选择

物理问题不同，所采用的求解器也不一样。可供选择的求解器有两大类：压力基求解器和密度基求解器。压力基求解器包含分离式和耦合式两种解法。有关求解器的特性及选择方法，详见 2.1 节。

在选择求解器的同时，还需要设定与求解器有关的计算环境：指定计算是稳态还是瞬态，速度计算采用相对值还是绝对值，是否考虑重力等。对于水泵常规外特性分析，可选择稳态计算。对于压力脉动、失速等分析，可选择瞬态计算。水泵叶轮内流体区域在整体计算域中所占比例较大，通常选择相对速度，在泵体流道的流场分析时，建议选择绝对速度。水泵的流动计算是应该考虑重力的，需要在合适的坐标方向上设定重力加速度。

2. 计算模型设置

计算模型包括多相流模型、能量模型、黏性模型和离散相模型等。计算模型设置是指对所计算的物理问题进行上述模型的定义，也就说提前告诉 CFD 软件在计算过程中是否包含多相流，是否考虑传热，是否存在化学组分变化等。在默认情况下，CFD 软件通常只进行流场求解，不求解能量方程，不存在多相流等。在进行计算模型设置时，不仅指明是否激活这些模型，还要输入相应的计算参数。

（1）多相流模型。多相流是指工作介质中含有除水外的其他介质，如气泡、沙粒等。在如下情况下必须考虑多相流问题，即需要激活相应的多相流模型：水中含有泥沙或气泡、进水池水面空气吸入涡、水面波动、空化特性分析。详细分析见第 9 章。

（2）能量模型。能量模型也叫做热交换模型。对于任何一个流动，CFD 都要求解连续方程和动量方程，但是否需要求解能量方程，这要看用户的需要。对于水泵与泵站流动分析，如果不需要考虑热交换或温度变化，则不需要选择能量方程。

（3）黏性模型与近壁区处理模式。水泵与泵站中的流动，绝大多数情况下属于湍流，因此必须在计算中引入湍流模型与近壁区处理模式。这部分内容详见第 3 章。

（4）辐射模型。辐射模型是热交换模拟中的一种模型，当计算域中存在大的温差需要考虑辐射效应时需要激活此模型。在水泵与泵站流动分析时，一般不需要使用此模型。

（5）热交换器模型。该模型是针对热交换器所引入的专用模型，可避免为复杂的热交换器结构进行造型，从而简化计算。在水泵流动分析中，一般不需要激活这个模型，但在带有热交换器的大型水泵机组的整体分析，以及泵房通风降温计算时，需要激活此模型。

（6）组分模型。当需要模拟组分扩散或化学反应时需要设置此模型。该模型在河道污染物扩散模拟时较为常用，但在水泵与泵站流动分析中一般不需要激活此模型。

（7）离散相模型。该模型用于模拟计算域中的稀薄颗粒运动轨迹。在水中含有泥沙颗粒时，可以考虑使用这种模型进行流动分析。对其与多相流模型之间的关系，以及如何选择这种模型，将在第 9 章介绍。

（8）凝固融化模型。这种模型主要用于模拟材料固液相变过程。在水泵与泵站流动分析中，一般不需要此模型。

（9）气动声学计算。这种模型主要用于模拟流体流动过程中的气动噪声问题。在水泵振动和噪声分析时，这种模型是可以发挥作用的。

（10）欧拉液膜模型。这种模型用来分析固壁表面上的液体薄膜流动问题。在水泵与泵站流动分析中，一般用不到这种模型。

3. 流体属性设置

在 CFD 软件中，流体和固体的物理属性都用"材料"这个名称来一并表示。我们需要为每个参与计算的区域指定一种材料。材料数据库中通常已经提供了如"空气"和"液体水"等一些常用材料，可直接使用或修改后使用，当然还可创建新材料。创建新材料时，一般需要指定材料的密度、黏度，以及比热系数、热传导系数等。一旦这些材料被定义好以后，便可使用下一小节要介绍的区域和边界条件设置过程将材料分配给相应的边界区域。

如果只进行以水为单一介质的流动分析，则材料属性变得非常简单，可以直接从材料库中复制即可。如果进行多相流和空化分析，则需要指定每一种介质的材料属性，包括密度、黏度等参数。

4. 区域条件设置

区域是指由若干单元组成的计算区域，有时也称单元域或简称为域。在 Fluent 新版本中，区域边界也被视为区域的一种，而老版本中被看成常规边界。需要分别为每个区域指定类型，同时设置此区域的运动特性、网格运动、多孔介质区域、源项、多相流等参数。所有的流动模拟，必须设置区域条件。常用的区域条件包括流体和固体两类区域，其中固体区域只用于热交换条件下的计算，多孔介质按流体区域对待。

对于水泵而言，整个计划域至少分为吸水室、叶轮、压水室 3 个区域，有时还包括进水管、导叶和出水管等区域，这是在网格划分时便确定下来的。通常情况下，由于水泵叶轮需要采用多重参考系或其他方式来处理旋转，因此，需要指定叶轮区域为 MRF 区域；其他区域为非旋转区域，一般不需要进行专门设置。

5. 边界条件设置

（1）边界条件设置。边界条件通常有 3 类：流动进口和出口边界条件；壁面、重复和轴类边界；内部面边界。其中，内部面边界是在区域面上定义的，在这些没有厚度的面上存在流动物理量的阶跃。例如，在泵站整体模拟中，水泵的尺寸相对比较小，可以忽略，这时可将水泵看做是一个 FAN 模型，在其所在的面上有能量阶跃。内部面边界中的内分界面，不需要你输入任何信息。

有些边界条件是互斥的，不能同时使用，例如，当在水泵进口设置了压力参考值后，就不能再使用压力出口条件。对于水泵流场分析，通常是在给定的流量工况下进行的，因此，较常用的边界条件组合是：速度进口、自由出流、壁面、内部界面。

针对某个流量工况，我们在延伸后的进口断面上设置速度进口，在延伸后的出口断面上指定自由出流边界条件，即认为泵内流动在出口部分已经达到充分发展的状态。

叶轮为旋转部件，采用旋转坐标系，将其速度设置为与转速相同。

（2）网格界面设置。网格界面是在采用多重参考系方法、混合界面方法和滑移网格方法等进行流动分析时必须进行设置的内容。在对水泵进行 CFD 分析时，通常至少有吸水室、叶轮、压水室等 3 个区域，需要对每两个相连接的区域设置网格界面，以便 CFD 软件能够跨越此界面对流动方程进行求解。关于网格界面设置方法，详见第 6 章 6.5 节。

2.4.3 求解设置

为了控制 CFD 求解过程，还需要对求解过程进行某些设置，包括求解方法设置、求解控制设置、求解过程监视设置等[13]。

1. 求解方法设置

求解方法主要涉及压力-速度耦合方案和空间离散格式两大方面。

由于压力场和速度场是耦合在一起的，在求解控制方程时，尽管可以直接求解耦合方程组，但一般还是采用解耦的方式处理。这里，供选择的压力-速度耦合方案有 SIMPLE、SIMPLEC 和 PISO 等。考虑到 SIMPLEC 的欠松弛特性可加速收敛，因此在多数情况下可选择 SIMPLEC 算法。PISO 算法主要用于瞬态问题的模拟，当使用较大时间步长时这种算法优势较明显。当然，在网格高度变形的情况下，也可选择 PISO 用于稳态计算。注意，对于 LES 模拟来说，因 LES 需要小的时间步长，因此，PISO 算法并不合适。对于动量及压力方程来讲，取 1.0 的欠松弛因子，PISO 可保持计算的稳定。

对于各变量在空间的离散方式，通常有中心差分、一阶迎风、二阶迎风等多种格式。在选择某种格式时，即要考虑精度，又要考虑稳定性。当流动与六面体网格方向对齐时，使用一阶格式是可行的，但当流动方向比较紊乱，特别是有回流时，一阶格式将产生明显的离散误差，这里应该使用二阶格式，特别是使用三角形及四面体网格时更是如此。考虑到一阶格式具有收敛快的特点，可先在一阶格式下进行初步计算，然后再转到二阶精度格式下进行后续计算。对于强旋转及大曲率有旋流的情况，建议优先选用三阶 QUICK 格式。乘方格式也属于一阶精度的离散格式。中心差分格式多用于大涡模拟，且要求网格比较精细。

2. 求解控制设置

求解控制主要通过欠松弛因子来实现。欠松弛因子是分离式求解器所使用的一个加速收敛的参数，用于控制每个迭代步内所计算的场变量的更新。CFD 软件提供的欠松弛因子默认值一般可以保证求解过程的合理性，但为加速收敛，也可在计算初始阶段采用默认值，在迭代计算若干次（如 20 次）后，查看残差变化情况，如果残差是增大的，则减小欠松弛因子；如果残差减小，则保持或适当增大欠松弛因子。

3. 求解过程监视设置

在求解过程中，通过检查变量的残差、统计值、力、面积分和体积分等的变化情况，可以动态监视计算的收敛性和当前计算结果。为此，可启动监控选项，在控制台上输出监控结果。此外，还要设置各个方程的计算结果残差要满足的收敛标准。它的值越小，表示计算的精度要求越高。如果每个方程的残差都达到了所设定的标准，则认为收敛，计算停止。对于连续方程，设置收敛精度可为 10^{-6}，对于速度、湍动能和耗散率的收敛精度，可设置的低一些，如 10^{-4}。

为了监视计算结果的收敛性，一般还需要监视计算过程中通过某一截面的压力或流量的变化。为此，可选定水泵出口作为监视对象，在设置表面监视中选择流量，当 Fluent 运行结束后，主要计算步骤下的流量值将记录在指定的文件中。

4. 流场初始化

在开始对流场进行求解之前，必须提供对流场的初始猜测值。该初始值对解的收敛性有重要的影响，与最终的实际解越接近越好。Fluent 提供了标准初始化、混合初始化、FMG 初始化、UDF 初始化等多种方式。

标准初始化方式是 Fluent 较早采用的初始化方式。它有两种方法来初始化流场的解：①用相同的场变量值初始化整个流场中的所有单元；②在选定的单元区域里给选择的流场变量赋一个值或函数。如果想用第二种方法，也要先对整个流场初始化为具有相同的场变量值，然后再利用"补丁"功能对选中的单元用新值覆盖初始值。因此，第二种方法也常被秒为 Patch 方法。如果求解的问题包括了运动参考系或者滑动网格，可以在对话框中说明为速度指定的值是相对速度值还是绝对速度值。如果计算域中大多数区域是旋转的，使用相对方式可能比绝对方式更好一些。

混合初始化方式是一种"自动"初始化方式，不需要指定任何参数，软件通过读取用户设定的边界参数自动估算初始值。在这一过程中，软件根据设定的边界条件，先求解 Laplace 方程，生成一个与计算域相吻合的速度场，以及一个平滑连接高压和低压值的压力场，而其他变量（如温度、湍动能、组分等）将按整场平均值进行处理。当混合初始化计算不收敛时，可以通过 More Settings… 打开参数设置对话框，增大 Number of Iterations 参数值。

FMG 初始化方式是利用一种特殊的多级网格技术来获得流场初始值。它先利用标准初始化方式获得一个比较均匀的流场解，然后再利用网格技术，在比较粗的网格上求解得到流场解。这种方法可以获得更好的初始条件，因此，可以使求解时间更短，获得的流场解更完美，在求解水泵等旋转机械流场时，具有一定优势。但是，它只能用于定常流动，而不能用于非定常流动，同时也不能用于多相流分析。Fluent 并未提供 GUI 方式进行 FMG 初始化，要在 Fluent 中启用 FMG 初始化，需要采用 TUI 命令：solve→initialize→fmg-initialization。

UDF 初始化是对标准初始化中 Patch 功能的一种补充，相当于对非规则的几何区域进行 Patch 操作，可以利用 DEFINE _ INIT 宏来指定。

2.5　计　算　求　解

2.5.1　计算求解准备

1. 算例设置合理性检查

在进行了前面各项设置以后，理论上便可开始流场计算求解。但是，除非是一个非常有经验的用户，否则很难保证各项设置的合理，特别是网格、模型、边界条件、区域划分、材料特性、求解器设置等之间的相容性。为此，需要在计算开始之前，让 CFD 软件对算例设置进行一次全面检查，提出需要修改的建议。

例如，在 Fluent 中，如果算例设置被检查出问题，系统会按网格、模型、边界和区域、材料和求解器分别给出问题所在，并给出具体的修改建议。可以选择让 Fluent 自动修改这些问题，也可手动逐一修改。在手动修改时，每一项问题的旁边，会给出修改的参考意见及需要查看的文档。

2. 迭代参数设置

在每次迭代计算之前，需要设置迭代次数、报告输出间隔、UDF 函数更新间隔等。

计算收敛前所需要的迭代次数和模型求解的难易程度、网格细密程度、使用的算法、收敛判据等有很大的关系。如果求解器在未达到指定的迭代次数前就已收敛，则自动停止计算。可根据经验设定一个稍大的迭代次数。注意，许多 CFD 软件初次对模型进行计算时，则从第一个迭代步开始计算；如果先前进行过计算，则从最后一个迭代步接着计算，这时如果一定要从第一个迭代步开始计算，则需要重新进行流场初始化。

默认情况下，CFD 软件在每次迭代后都更新收敛监视窗口中的内容。如果我们将报告输出间隔的值改为 5，则每 5 次迭代检查一次收敛判据，同时每隔 5 次迭代才输出一次监视信息。

2.5.2 对计算求解的人为控制

1. 迭代计算

完成上述准备工作后，可让 CFD 软件开始进行迭代计算。在计算过程中，系统将在监视窗口显示残差等监视信息变化情况。

2. 人为控制

在迭代计算过程中，可以通过设置一些特定的操作来人为控制迭代计算，这样有可能加速收敛，或者保存一些特定的信息。对于这些特定操作的设置，可以安排在流场初始化之前、之后或者迭代计算过程中。

例如，可以通过一定设置在迭代计算过程中每隔一定的迭代步保存相关数据文件，输出瞬态计算结果，或者输出瞬态计算时粒子轨迹数据，以便后期生成流动迹线。再比如，可要求在 100 步迭代计算后进行一个梯度自适应操作，即根据某一变量（如压力）梯度分布，在梯度较大的区域采用自适应技术加密计算网格。

3. 生成动画信息

CFD 软件可生成由一个接一个的静止画面组成的连续动画进程，创建具有指定帧数的多媒体画面。动画可包括等值线、速度矢量、二维 XY 曲线的变化情况，还可以是残差、体积力、流量的动态监视结果，或者是动网格变化情况等。在迭代计算开始前，需要指定要在动画中显示的变量及绘制的方式，以及希望保存组成动画每一帧信息的间隔是多少。一旦迭代计算结束，可以回看这些动画。

2.5.3 计算过程中的残差

在对离散控制方程进行迭代计算的过程中，将每一迭代步得到的计算结果代入守恒方程后，都会产生不平衡量，该值被称为残差。残差经常被用来判断计算的精度和收敛性。在 Fluent 中，可以对残差进行折算处理，从而生成全局折算残差和局部折算残差。还可对残差进行标准化处理，即把残差除以刚一开始的若干迭代步中最大残差值，从而得到标准化未折算残差和标准化折算残差。而在 CFX 中，残差分为最大残差和均方根残差。现以 Fluent 为例，针对压力基求解器，介绍各种残差的定义及计算方法。

对于一个广义变量 ϕ，在单元 P 上的离散守恒方程可写为[17,23]

$$a_P \phi_P = \sum_{nb} a_{nb} \phi_{nb} + b \tag{2.26}$$

式中：a_P 为中心系数；ϕ_P 为单元 P 上变量值；a_{nb} 为相邻单元的影响系数；b 为 $S = S_C + S_P \phi$ 中源项 S_C 常数部分的贡献及边界条件的贡献。

其中，a_P 为

$$a_P = \sum_{nb} a_{nb} - S_P \tag{2.27}$$

残差 R^ϕ 是对所有计算单元 cells 汇总得到的方程（2.26）中的不平衡量，也叫做未折算残差（unscaled residuals）：

$$R^\phi = \sum_{cells} \left| \sum_{nb} a_{nb} \phi_{nb} + b - a_P \phi_P \right| \tag{2.28}$$

通常来讲，采用未折算残差 R^ϕ 很难直接判断计算是否收敛，特别是在一个封闭空间内没有流体流入的自然对流分析，如泵房内的温度场分析更是如此。因此，Fluent 使用两类折算系数来对残差进行折算，分别对应全局折算（global scaling）和局部折算（local scaling）。

全局折算残差定义如下：

$$R^\phi = \frac{\sum_{cells} \left| \sum_{nb} a_{nb} \phi_{nb} + b - a_P \phi_P \right|}{\sum_{cells} |a_P \phi_P|} \tag{2.29}$$

例如，对于动量方程，式（2.29）中的 $a_P \phi_P$ 被 $a_P v_P$ 替换，v_P 是单元 P 上的速度值。

局部折算残差定义如下：

$$R^\phi = \frac{\sqrt{\sum_{cells} \left(\frac{1}{n}\right) \left[\dfrac{\sum_{cells} a_{nb} \phi_{nb} + b - a_P \phi_P}{a_P} \right]^2}}{(\phi_{\max} - \phi_{\min})_{\text{domain}}} \tag{2.30}$$

对于多数流动计算问题，折算残差更适合用于收敛判断。默认情况下，Fluent 采用全局折算残差。

对于连续方程，基于压力基求解器的未折算残差定义如下：

$$R^C = \sum_{cells} \dot{m}_p \tag{2.31}$$

式中：$\dot{m}_p$ 为单元 P 中质量增加率。

连续方程的局部折算残差的计算方式与动量方程等其他方程相同，而全局折算残差按下式计算：

$$R^C = \frac{R^C_{\text{iteration}N}}{R^C_{\text{iteration}5}} \tag{2.32}$$

式中：分母为前 5 次迭代计算过程中连续性残差的最大绝对值；分子为前 N 次迭代计算

过程中连续性残差的最大绝对值。

折算残差可以较好地判断随着迭代计算的进行残差减少的程度。在此基础上，Fluent还提供了针对所有方程的标准化折算残差（normalized scaled residuals）的计算方式：

$$R^{\phi} = \frac{R^{\phi}_{\text{iteration}N}}{R^{\phi}_{\text{iteration}M}} \tag{2.33}$$

式中：分母为前 M 次迭代计算过程中连续性残差的最大绝对值，迭代次数 M 由用户指定。

以这种方式进行标准化处理之后，可以保证所有方程的初始残差都是 $O(1)$ 量级，可比较方便地用于收敛判断。

2.5.4 计算收敛的判断

判断计算是否收敛，没有通用方法。对某些问题来讲，可通过查看残差变化来判断，而这在个别情况下可能并不能说明收敛性，正确的做法是在考察残差变化的同时还要监视相关变量的变化情况，检查流入与流出的物质是否守恒、能量是否守恒，通过综合情况来判断计算是否收敛。为此，可按下列方法进行收敛判断[23-25]。

1. 监视残差值，检查残差是否满足收敛标准

在迭代计算过程中，当各个物理变量的残差值都小于收敛标准值时，可认为计算收敛。在 Fluent 中，可通过 Residual Monitors 对话框来设置所要监视的残差以及收敛标准值。

在 Fluent 中，如果打算使用全局折算残差进行收敛判断，则需要激活 Scale 选项，不激活 Compute Local Scale 选项，或者在激活 Compute Local Scale 选项的同时，选择 global scaling 进行报告输出。对于大多数水泵与泵站流动分析问题，能量方程全局折算残差收敛标准值（absolute criteria）可设置为 10^{-6}，其他所有方程为 10^{-3}。如果打算使用局部折算残差进行收敛判断，则需要激活 Scale 选项，同时激活 Compute Local Scale 选项，并选择 local scaling 进行报告输出。此时，所有方程的局部折算残差收敛标准值可设置为 10^{-5}。Fluent 默认使用全局折算残差进行收敛判断。需要说明的是，激活 Compute Local Scale 选项意味着 Fluent 计算并存储局部折算残差和全局折算残差，否则只使用全局折算残差。

除对残差进行折算处理外，还可对残差（包括折算残差和未折算残差）进行标准化（normalization）处理，即把残差除以一个系数，以更加有利于收敛判断。默认情况下，Fluent 不使用标准化处理。如果打算使用标准化处理，则需要激活 Normalize 选项，并指定标准化因子（normalization factor）。Fluent 用标准化因子去除残差值，相当于进行式（2.33）的操作，标准化因子相当于式中的分母。默认情况下，Normalization Factor 中的值是前 5 次迭代计算完成之后的最大残差值。如果需要指定其他迭代次数内的最大残差值，则在 Iterations 编辑框中输入具体数值，相当于式（2.33）中的 M 值。在某些情况下，最大残差可能出现在迭代计算 M 次的过程内，因此，需要单击 Renormalize 来为所有变量设置标准化因子。此外，还可为某些变量直接输入特定的标准化因子。

如果打算让 Fluent 报告非标准化、非折算后的原始残差，不激活 Normalize 和 Scale

选项。注意，无论是否激活 Normalize 和 Scale 选项，非标准化、非折算后的原始残差总是被保存在数据文件中。

在收敛标准（convergence criterion）方面，除了使用绝对标准外，对于瞬态计算还可使用相对标准。对于稳态计算，残差收敛标准只能是 absolute 或 none。选择 absolute 意味着将对每个迭代步中每个方程的残差（折算残差或标准化残差）与用户指定的收敛标准值进行对比，如果残差小于用户指定值，则认为收敛；选择 none 意味着不检查收敛性。对于瞬态计算，残差收敛标准可以是 absolute、none、relative 或者 relative or absolute。选择 absolute 意味着将对一个时间步内每次迭代的残差都与用户指定的收敛标准值进行对比；选择 none 意味着不检查收敛性；选择 relative 意味着将一个时间步内每次迭代的残差与该时间步开始时的残差进行对比；选择 relative or absolute 意味着一旦 relative 方式下的残差满足收敛要求或 absolute 方式下的残差满足收敛要求，则认为计算收敛。本小节前面提到的全局折算残差和局部折算残差收敛标准设定值，均是针对 absolute 收敛标准做出的。如果选择 relative 收敛标准，则全局折算残差收敛标准值（Relative Criteria）对湍动能和耗散率等湍流附加方程外的所有方程可设置为 0.01，湍动能和耗散率方程可设置为 0.05，局部折算残差收敛标准值对所有方程均可设置为 0.05。对于许多瞬态计算，选择 absolute 可能意味着过于苛刻的收敛要求，可能导致一个时间步内的迭代次数过多。例如，连续方程的残差折算是基于前五步迭代计算的连续性残差，如果初始的连续性残差比较小，则折算系数也会比较小，导致折算残差很难满足用户指定的收敛标准值。而选择 relative 会缓解上述收敛压力。对于某些方程残差在一个时间步开始时就已经比较小的瞬态计算，其残差变化量不可能再是数量级上的降低，因此选择 relative or absolute 是比较理想的收敛标准。

需要注意，只有采用 Monitor 选项激活某个方程的残差监视功能后，才能对该方程进行残差监视，只有所有被监视的方程残差都满足要求时，才认为计算是收敛的。当然，还可通过激活某个方程后面的 Check Convergence 选项，来决定是否对该方程进行收敛性检查。

在 CFX 中，残差分为最大（MAX）残差和均方根（RMS）残差。对于多数流动分析问题，可选择 RMS 残差，将 RMS 残差收敛标准值设置为 10^{-4} 可以满足多数工程应用的需要。如果需要更高的收敛精度，也可选择 10^{-5}。MAX 残差通常比 RMS 残差大 10 倍左右，因此可设置 MAX 残差收敛标准值为 10^{-5}。在某些情况下，如流场中个别部位存在流动分离时，MAX 残差可能比 RMS 残差大 100 倍，这时，可以将 MAX 残差特别大的局部区域隔离，通过整体 MAX 残差分布来判断计算是否收敛。

2. 监视残差值，让残差减小到某一特定值

有时候因为收敛标准设置得不合适，物理量的残差值在迭代计算过程中始终无法满足收敛标准值要求。例如，如果你对流场的初始猜测很好，初始的连续性残差会很小，从而导致连续方程的折算残差很大。再比如，对于湍动能 k 或耗散率 ε 方程，较差的初始猜测可能会造成较高的折算因子，在这种情况下，折算残差最开始会很小，随后会呈非线性增长，最后减小。因此，在这种情况下就要从残差变化的行为而不仅仅是残差值本身来判断收敛性。一般来讲，应该确保在迭代若干步（如 $50\sim70$ 步）的过程中，非折算残差不断减小或保持较低值，认为是收敛的。

判断收敛性的另一个方法是要求未折算残差减小三阶量级，也即标准化未折算残差（normalized unscaled residuals，NUR）下降到 10^{-3}。当然，这种要求在很多情况下可能是不合适的，例如，如果你提供了较好的初始猜测，NUR 可能不会降到三阶量级。又比如，如果控制方程中包括的非线性源项在计算开始时是零，但在计算过程中缓慢增加，NUR 是不会降到三阶量级的。此外，如果所感兴趣的变量在所有的地方都接近零，NUR 不会降到三阶量级。在初始化非常糟糕的流场中，如果初始残差很大，残差下降三阶量级也不能保证计算是收敛的，尤其对于 k 和 ε 方程更是如此，因为很难给定比较理想的初始化值。此时，最好通过下面的方法检查所感兴趣的物理量的整体积分量来判断计算是否收敛。

3. 计算结果不再随着迭代的进行发生变化

无论是对残差值的监视，还是对残差下降趋势的监视，当残差不能达到收敛要求时，可通过在迭代过程中监视某些代表性的流动变量（如阻力等积分量）来判断收敛性。当这些流动变量的值不再随着迭代进行而发生变化时，可以认为计算收敛。因此，可设几个监视点，比如出流或参数变化较大的地方，若这些地方的参数变化很小，就可以认为是收敛了，尽管此时残值曲线还没有降下来。

4. 整个系统的质量、动量、能量都守恒

在 CFD 软件的通量报告界面中，检查流入和流出整个系统的质量、动量、能量是否守恒。如果都守恒，则计算收敛。当不平衡误差小于 0.1% 时，也可以认为计算是收敛的。例如，在 Fluent 中，通过 report→flux→mass flow rate，把所有进出口边都选上，单击 compute，可以看到流量的不平衡量，如果该值小于总进口流量的 0.1%，并且其他检测量在继续迭代之后不会发生波动，也可以认为解是收敛的。

2.5.5 解决收敛问题的方法

决定收敛性的因素很多，特别是网格单元多、欠松弛因子较小以及流动现象比较复杂时，更容易出现不收敛问题。对于一些病态问题，如网格质量较低或选择了不合适的求解器设置，都可能出现数值不稳定现象，如残差曲线上扬或不下降，这就意味着发散，即守恒方程的不平衡量非但没有减小反而增加。因此，需要通过一些办法来强化收敛性。

当遇到收敛问题时，一般需要采用步步为营的试探性方法，逐步加以解决。在水泵与泵站 CFD 计算时可以尝试的方法如下：

（1）首先应该确保问题是物理合理的。对于 CFD 的初学者而言，许多收敛性问题经常是不合理的物理设置造成的。例如，出现了单位制错误，以 mm 为单位生成的网格，在以 m 为单位的求解器中被忽略了单位制的转换。

（2）保证边界条件是合理的。例如，对于一台水泵而言，设置了压力出口，又在某个位置设置了参考压力值。或者，在一个距离叶轮较近的压水室断面上设置了 outflow 边界条件，实际上，这个区域存在较大回流。再比如，边界条件虽然合理，但数值不对。

（3）改变流场初始值。流场初始值对收敛性影响很大，可试着改变初值，尝试不同的初始化。或者，在某种初始化条件下，先用一阶格式（如一阶迎风格式）计算一个初场，然后用此作为初始化结果，改为二阶或更高阶离散格式后，接着进行计算。

（4）修改网格。网格质量也是造成不收敛的原因之一。因此，可尝试重新生成网格或加密质量差的网格。

（5）修改多重网格求解器或多级网格求解器设置。当遇到收敛性问题时，可利用 Fluent 提供的多重网格技术来定位或规避收敛性问题。如果使用的是密度基求解器，还可通过修改多级求解器的参数来控制 Fluent 的运行。

（6）通过修正计算结果来使用差质量网格。如果网格中存在差质量的单元，如高度扭曲单元和高度非正交单元，可能会造成计算不收敛。除了修改网格解决这一问题外，Fluent 还允许不修改网格，而是在迭代计算过程中对中间计算结果进行某种"修正"来获得收敛的解。具体方法是，Fluent 不直接对差质量单元进行求解，而是采用近似于插值的策略，根据周边单元的解应用到这些差质量单元，从而得到单元的"修正"解。这种修正，可以是 0 阶、1 阶或 2 阶。如果是 0 阶修正，则直接将周边高质量单元的解赋值给差质量单元。如果是 1 阶修正，则采用类似于线性插值的方法，通过周边高质量单元确定差质量单元的解。对于 2 阶修正，方法类似，只是插值精度更高一些。很明显，0 阶修正所给出的计算稳定性最高，收敛性最好，计算效率高，但精度低。一般来讲，建议优先选择 1 阶修正，这是因为可以在计算精度和稳定性之间获得一种比较理想的平衡。默认状态下，Fluent 不会自动打开这一功能，需要先确定网格中是否存在差质量单元。实际上，在 Fluent 读入包含差质量单元的网格时，可以看到关于这些单元的警告信息；或者，可以直接检查是否存在差质量单元。此外，Fluent 还允许通过文本命令对差单元进行分组标记，然后通过特殊处理保持整体上的计算收敛性。

（7）选择待解方程的子集。可以通过降低求解问题的规模（方程数量）来定位收敛问题。例如，对于湍流计算，可先从层流算起，即屏蔽掉湍动能 k 或耗散率 ε 方程。Fluent 在 Solution Controls→equations…面板中提供了某些模型的开关功能。可以关闭湍流有关的方程，还可关闭动量方程和连续方程，即只进行能量方程求解。

（8）减小松弛因子。对于压力基求解器，在确定是哪个方程发散后，可减小发散方程的松弛因子。一般来讲，先以默认的松弛因子开始计算，然后根据计算发散情况，适当减小动量方程的松弛因子，这样有助于收敛。但是，这可能会增加迭代计算时间。合适的松弛因子只能通过大量的算例经验获得。

（9）减小 Courant 数。对于密度基求解器，可以尝试减少 Courant 数，经常有助于收敛。

（10）控制计算步数。检查计算发散前几步的结果，特别是查看压力分布，看不出来的话，再算几步。对于有一定经验的人来说，应该可以看出问题大概出在那个区域。明确位置后，应该不难分析出问题所在。

2.5.6　提高计算精度的建议

收敛的结果不一定是正确的，特别是在预测的水泵性能曲线与实验测得的结果比较吻合时，也不应该简单地认为计算是合理的，因为这时可能隐藏着正负抵消后偏差为 0 的情况。因此，当一个 CFD 计算结束后，不仅要检查收敛性，还要检查结果的可信程度。一般来讲，需要利用其他数据或物理知识对结果进行检查和评价。如果流场结果看起来不合理，需要重新考虑更换物理模型、边界条件、初始值，还需要检查网格质量，如有必要，可能要重新划分网格。

由于数值误差和网格梯度及网格面上插值相关，因此，为了保证计算结果具有较高的计算精度，需要遵从以下建议[24]：

（1）使用高阶离散格式。在对控制方程进行空间离散时，在保证收敛的前提下，应该尽量选取二阶迎风等高阶离散格式。

（2）保持网格和流动方向一致。这样做的目的是减少伪扩散。

（3）保证网格质量。首先，对有突变、旋转、分离流动，要保证网格密度足够；其次，对于非均匀网格，尺寸变化不要太大；再者，要减小网格扭曲度和长细比，避免使用长细比大于5的网格（边界层网格除外），六面体网格要尽量保证接近正交，四面体网格要尽量使各边长度接近。

（4）要进行网格无关性检查。所谓网格无关性，是指当进一步加密网格时，结果不再改变。为了达到这种要求，需要采用网格生成软件手动生成一个新的、更密的网格，或者，也可采用 Fluent 提供的动态网格自适应功能创建自适应网格，对原网格进行插值得到更密的网格。然后利用新网格重新进行计算，直到收敛。接着比较两次计算结果。如果相差较大，说明网格还不足够密，仍然需要进一步加密，直到计算结果与网格基本无关。

（5）采用网格自适应技术。在每次计算结果出来后，都应该对网格做一次合理性检查，即通过"细化"和"粗化"的手段，根据新的计算结果判断网格是否合理。一般来讲，对于一个水泵流场的模拟，特别是瞬态流动计算，经验再丰富的人，不通过检查也不能保证使用的网格是合理的。特别地，网格与计算工况（流量）是有直接关系的，一套在设计工况下合理的网格，到了小流量工况就不一定是合理的。网格问题一般表现在两方面：一是所采用的 y^+ 值不合理，可能导致壁面函数给出错误结果；二是网格无关性条件没有得到满足，特别是在压力梯度大的区域（尤其是有脱流的区域）网格密度不够，导致结果精度过低，或者没有捕捉到特殊的湍流特征。Fluent 提供了网格自适应功能，可根据用户指定条件，对网格自动进行局部或全局细化或粗化，以便满足计算精度要求。主要的自适应功能包括边界自适应、梯度自适应、等参值自适应、区域自适应、体积自适应、y^+/y^* 自适应等。其中，在水泵流场计算过程中，使用最多的是 y^+/y^* 自适应和梯度自适应。详见第5章中的相关介绍。

（6）建议用户参照文献［26］所规定的流程，对 CFD 计算模型进行检验，保证其合理性。

2.6　计　算　后　处　理

计算后处理是对流场计算结果的生动再现，可有效观察和分析计算结果，掌握水泵与泵站内部流态，预测水泵与泵站性能。

2.6.1　流场物理量的表示

1. 面的创建

计算后处理操作多是在面上进行的。面可以是平面，也可以是曲面。有些面，如计算域进口面和壁面，可能已经存在，在对计算结果进行后处理时可直接使用，但多数情况下，为了达到对空间任意位置上的某些变量的观察、统计及制作 XY 散点图，需要创建新的面。CFD 软件提供了多种方法，用以生成各种类型的面。在生成这些面后，面的信息存储在 case 文件中。读者可参考 CFD 用户手册学习常用面的创建方法。

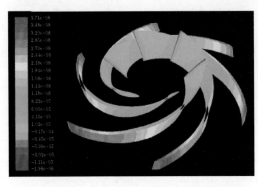

图 2.3　水泵叶片表面压力云图

2. 等值线图与轮廓线图绘制

等值线图是在物理区域上由同一变量的多条等值线组成的图形，有线条图形和云图两种类型。轮廓图是将等值线沿一个参考向量并按一定比例投影到某个面上形成的。图 2.3 是水泵叶片表面压力云图。

在生成等值线和轮廓图时，需要指定打算显示哪个变量的等值线，显示哪个面上的值，以及等值线或轮廓线的数目等。当然还可以选择是否以填充方式显示，是否同时显示网格等。当采用色彩填充方式显示时，即形成云图。为了光滑显示效果，可以调整光源，并选择一个适合的光线插值方法。这其中涉及光源、着色、渲染等操作，请参见有关手册来进行。

在绘制等值线/轮廓线时，可以选择是以计算得到的单元中心的值还是节点的值进行显示。采用节点值绘制的云图将按颜色的层次进行光滑显示，而使用单元中心值绘制的云图则会显示出一个单元到其邻接单元颜色的显著变化。在绘制带有多孔介质或含有水泵的流场等值线时，由于物理量的值有阶跃，应该采用单元中心值。如果在该情况下使用节点值，不连续效果将会由于节点的平均而不会在图像中清晰显示。

3. 速度矢量图绘制

速度矢量图是反映速度变化、旋涡、回流等的有效手段。在速度矢量图中，用箭头表示矢量的方向，用箭头长度和颜色表示矢量的大小。在绘制速度矢量图时，需要指定要显示哪个面的速度矢量，显示哪种速度（绝对速度或相对速度），根据什么变量（如压力、速度、湍动能等）的值来显示颜色，以及该变量所对应的分量或类别。图 2.4 是流场速度矢量图实例[21]。

矢量的大小是以其长度表示的。默认状态下，为避免各矢量箭头重叠与交叉，保持显示的合理，矢量被自动地进行了缩放。实际上，缩放系数是可以任意指定的。此外，默认状态下一个矢量的长度和它的速度大小成正比，如果希望所有的矢量以相同的长度进行显示，则可直接指定。

4. 流线和迹线绘制

流线（streamline）是同一时刻不同流体质点所组成的曲线，给出该时刻不同流体

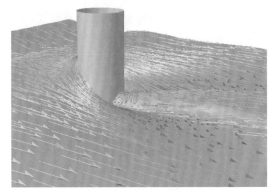

图 2.4　流场速度矢量图实例

质点的速度方向。迹线（pathline）是指一个流体粒子在流场中的运动轨迹，是在不同时刻形成的曲线。在非定常流动中，流线与迹线是不会重合的，但在定常流动中二者是重合的。

Fluent 提供了绘制迹线的工具，而 CFD-Post 提供了绘制流线的工具。这两个工具本质上是一致的，所绘制的曲线均是零质量的粒子穿过流体区域时的路径。在生成路径之前，需要选择要释放粒子的位置，定义用于计算粒子在下一个位置的长度间隔、一个粒子能够前进的最大步数，两者的乘积应约等于计算域的长度。在创建路径时，即使是瞬态模拟，也采用稳态流动假设，因此所得结果虽然是迹线，但也同时是流线，这也是大家经常将 Fluent 或 CFD-Post 生成的迹线称为流线的理由，甚至 CFD-Post 直接将该工具命名为 Streamline。如果要绘制瞬态流动在不同时刻的流线，可分别绘制指定时间步的流线，然后将多时间步的流线合成为动画即可。需要注意的是，无论是迹线还是流线，都是针对单相流或多相流中的基本相（液相）来创建的，如果要创建离散相模型中的固体颗粒轨迹，则需要使用 Particle track 工具。

在绘制流线的过程中，可同时显示出流线和流场网格，可根据不同物理的值来给流线着色，还可控制流线的疏密程度，通过脉冲模式生成动画。此外，还可沿着一条流线生成某一变量的 XY 曲线图。图 2.5 是一个轴流泵的流线图实例。

5. 流量报告

虽然水泵流场计算大多是以给定进口流量（流速）为边界条件的，但在计算过程中或计算结束后，经常需要检查某一断面，特别是出口断面上通过的流量，以确定连续方程是否得到满足。此外，还经常需要检查如叶轮出口若干个叶片通道的流量。为此，可利用 Fluent 提供的 Flux Reports 功能来完成这一任务。该功能不仅可以报告流量，还可报告热通量。对于流量而言，是以质量流量方式而不是体积流量方式给出的。

打开 Flux Reports 对话框后，选择所要计算流量的边界面（如水泵出口）之后，系统将自动计算流量，并显示出来。注意，不仅可显示流过一个面的流量，还可显示通过多个面的流量。如果所要选择的面较多，

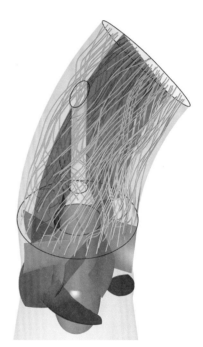

图 2.5 轴流泵流线图

可通过指定边界面的类型，或使用通配符查找的方式进行选择。不仅可以显示流量，还可将输出参数保存起来，以便进行多方案下的计算结果对比。

2.6.2 力、力矩和功率的计算

1. 力和力矩的计算方法

在水泵流场分析中，经常需要知道某个方向上的力或转矩，如叶轮的轴向力、径向力和叶轮转矩等。为此，可利用 Fluent 提供的 Forces on Boundary 功能来完成这一任务。

在 Fluent 中，由于每个单元表面上受到的压力和黏性剪切力是不同的，因此，某个壁面区域上所承受的力通过下式计算：

$$F_a = \sum_{i=1}^{n} (\boldsymbol{a} \cdot \boldsymbol{F}_p) + \sum_{i=1}^{n} (\boldsymbol{a} \cdot \boldsymbol{F}_v) \tag{2.34}$$

式中：F_a 为所要计算的力；$\boldsymbol{a}$ 为用于计算力的方向矢量；$\boldsymbol{F}_p$ 为壁面单元面上的压力矢量；$\boldsymbol{F}_v$ 为壁面单元面上的黏性力（剪切力）矢量；n 为所选择的壁面上的单元数。其中，如果要计算叶轮上的轴向力，可将矢量 $\boldsymbol{a}$ 取为旋转轴（通常是 z 坐标轴）方向。

为了减小计算时的截断误差，在计算压力时，需要指定一个参考压力，这样，壁面上的总压力可表达为

$$\boldsymbol{F}_p = \sum_{i=1}^{n} (p - p_{\text{ref}}) A\hat{n} \tag{2.35}$$

式中：$\boldsymbol{F}_p$ 为壁面上的压力矢量；p 为壁面单元面上的压力值；p_{ref} 为指定的参考压力；A 为单元面的面积；$\hat{n}$ 为垂直于单元面的单位法向矢量。

除了力的计算外，Fluent 还可进行力矩（转矩）计算。对于二维问题，当输入一个力矩中心点坐标后，Fluent 报告指定壁面上各单元的压力和黏性力对该点的力矩；对于三维问题，还可指定一条用于计算力矩的轴线，Fluent 报告指定壁面上各单元的压力和黏性力对该转轴的力矩。力矩的计算与力的计算类似，都是先计算各单元面上压力和黏性力的力矩，再针对所有单元求和。在水泵中，可以据此计算出叶轮作用力矩。

在得到叶轮作用力矩后，便可手工计算叶轮功率。假定叶轮作用力矩为 M，叶轮转动角速度为 ω，则水泵叶轮功率 P' 为

$$P' = M\omega \tag{2.36}$$

严格地说，式（2.36）得到的叶轮功率应称为转子消耗功率。这是因为，需要指定所有旋转壁面均参与力矩计算，也就是说除了叶片（工作面和背面）、轮毂和盖板（里侧和外侧）外，还应该包括泵轴、叶轮螺母和口环等所有与水流接触的旋转部件表面。

需要说明的是，P' 与水泵轴功率比较接近，但并不完全相等。这是因为 P' 只考虑了水流对转子（包括叶轮和泵轴）的力矩作用，而水泵轴功率还包括轴承及轴封的摩擦作用。关于轴承及轴封的摩擦作用力矩和功率，可通过试验的方法或经验公式来估算。

2. 力的计算步骤

现以水泵转子轴向力为例，说明在 Fluent 中开展力的计算的步骤。

（1）打开 Force Reports 对话框。

（2）选择 Forces，即指定进行力的统计计算。

（3）指定一个向量，表示所计算的力的方向。假定卧式泵的旋转轴与 X 坐标轴重合，则在 X、Y、X 编辑框中分别输入 1、0、0。

（4）选择壁面。选中所有旋转部件的壁面，包括叶轮的所有壁面、泵轴（轴套）、叶轮螺母等所有与水相接触的旋转部件壁面。

（5）显示输出转子轴向力大小。

需要说明的是，在输出轴向力的结果时，既有总的轴向力，也有各个壁面上的轴向力；既统计了合力，还统计了压力、黏性力的分量大小；既有力的大小，也有以力系数方

式表示的结果。力系数 C_F 的定义如下：

$$C_F = \frac{F}{\frac{1}{2}\rho v^2 A} \tag{2.37}$$

式中：ρ 为密度；F、v 和 A 分别为单元表面的力、速度和面积。

对于压力系数 C_P，有

$$C_P = \frac{p}{\frac{1}{2}\rho v^2 A} \tag{2.38}$$

此外，还可利用 Fluent 的这一功能，来检查叶轮上的径向力，特别是当一台运行一段时间的水泵，检修后发现口环各个方位磨损量不一致时，更有必要进行径向力的计算。为此，可选择几个典型的半径方向，分别计算径向力，然后比较各个方向的径向力，确定口环磨损是否与泵的水力设计有关。

3. 力矩的计算步骤

若在 Force Reports 对话框中选择 Moments，则意味着进行力矩计算。仍然假定泵轴与 X 坐标轴重合，在 Moment Center 和 Moment Axis 栏输入相同的矢量：X、Y、X 分别为 1、0、0，然后在 Wall Zones 列表栏中选中所有旋转部件的壁面，包括叶片工作面和背面、轮毂和盖板的正反面、泵轴（轴套）、叶轮螺母等所有与水相接触的旋转部件壁面，然后，单击 Print 按钮，则直接显示各个壁面上的力矩（包括压力、黏性力、合力的转矩）和总力矩值。此外，Fluent 还给出了力矩系数的大小，力矩系数在水泵行业一般不用。

在计算得到叶轮作用力矩 M 后，便可利用式（2.36）计算叶轮功率。

2.6.3 水泵扬程计算

1. 压力计算原理

在考察一台水泵的外特性时，经常需要知道水泵出口压力。在 CFD 软件中，利用表面积分功能可实现此功能。不仅如此，还可计算指定面的面积、流量、热量等，计算某个参量在指定面上的分布均匀度。CFD 计算的基本思想是化整为零，在每个单元面上确定速度、压力等物理量，然后通过积分而得到整体值。

这里涉及一个如何根据各个单元上的参量数值确定表面整体参量值的问题，也就是说，如何确定单个单元的权重。常用的方式有 3 种：简单平均、面积加权平均和质量加权平均。例如，在水泵出口压力计算时，3 种方式得到的结果如下：

$$p = \frac{1}{n}\sum_{i=1}^{n} p_i \quad \text{（简单平均）} \tag{2.39}$$

$$p = \frac{1}{A}\int p \mathrm{d}A = \frac{1}{A}\sum_{i=1}^{n} p_i |A_i| \quad \text{（面积加权平均）} \tag{2.40}$$

$$p = \frac{\int p\rho |v \cdot \mathrm{d}A|}{\int \rho |v \cdot \mathrm{d}A|} = \frac{\sum_{i=1}^{n} p_i\rho_i |v_i \cdot A_i|}{\sum_{i=1}^{n} \rho_i |v_i \cdot A_i|} \quad \text{（质量加权平均）} \tag{2.41}$$

式中：p 为压力值；n 为所选择的面上的单元数；ρ 为密度；v 和 A 分别为速度和面积。

在实际应用中，对于水泵某个断面上的平均压力计算，采用质量加权平均的做法更合理。

2. 压力计算步骤

（1）打开 Surface Integrals 对话框。

（2）选择 Pressure，指定 Static Pressure 用于计算压力。如果指定 Total Pressure，则意味着计算扬程（后续介绍）。

（3）选择 Mass-Weighted Average，这意味着采用质量加权方式来计算压力。

（4）指定一个面，如水泵出口断面。

（5）系统自动进行表面积分并显示指定面上的压力值。

3. 扬程计算原理及步骤

水泵扬程是指水泵出口断面与水泵进口断面之间的能量差。在得到水泵进出口断面的压力值后，可采用下式计算扬程 H：

$$H = \left(\frac{p_2}{\rho g} + \frac{v_2^2}{2g} + z_2 \right) - \left(\frac{p_1}{\rho g} + \frac{v_1^2}{2g} + z_1 \right) \tag{2.42}$$

式中：p、v 和 z 分别为压力、速度和纵坐标；下标 1 和 2 分别代表水泵进口和出口。

前面明确了断面上压力 p 的计算方法，代表动能的 v^2 也可采用同样方法得到，然后可手工计算出水泵扬程。但是，Fluent 可直接通过"总压"来计算扬程，一般不必单独计算动能项。针对不可压缩流体，总压 p_{total} 的定义：

$$p_{\text{total}} = p + \frac{1}{2}\rho v^2 \tag{2.43}$$

泵的扬程就可按下式计算：

$$H = (p_{\text{total2}} - p_{\text{total1}}) + (z_2 - z_1) \tag{2.44}$$

如果在进行流场计算时未考虑重力，则式（2.44）中第二项应该忽略，第一项可通过在 Surface Integrals 对话框中选择 Total Pressure 直接得到。

在泵站系统中，除了水泵扬程外，还有水泵装置扬程和泵站扬程等。这些扬程都可按上述方法计算得出，只需注意选择合理的出口断面和进口断面位置。

2.6.4　水泵效率计算

在得到水泵流量、扬程、叶轮功率后，便可通过下式计算水泵的水力效率 η_h：

$$\eta_h = \frac{\rho g Q H}{p'} \tag{2.45}$$

需要说明的是，这里的水力效率与水泵教科书[5,27]上的水力效率定义并不完全等同。在水泵教科书和水泵设计手册[28]上，将水泵盖板与水流的摩擦损失称为圆盘摩擦损失，归入到机械损失的范畴，由此给出的水力效率就与式（2.45）有所区别，这是需要引起注意的。

在得到式（2.45）所示的水力效率后，通过下式估算水泵总效率 η：

$$\eta = \eta_h \eta_m' \eta_v \tag{2.46}$$

式中：η_m' 和 η_v 分别为机械效率和容积效率。

机械效率 η_m 是仅考虑轴承和轴封的摩擦损失的效率，不包括圆盘摩擦损失，与教科书上的定义有所不同。因此，在利用传统公式计算机械效率时，要考虑到这一区别。为解决这个问题，可通过水泵不带水的空载试验来测出实际水泵的 η'_m，然后根据统计结果建立 η'_m 的计算公式。根据经验，该值一般为 $1\% \sim 10\%$，大功率泵取小值，反之取大值。这在许多文献中有所介绍，这里从略。

关于容积效率 η_v，如果在 CFD 几何模型中考虑了实际口环间隙及其他间隙（如用于平衡离心泵轴向力的平衡孔或平衡盘的孔隙），并引入适当的间隙模型对流场做了精确模拟，则可直接计算出当前工况下口环和平衡孔等处的泄漏量的，进而按下式计算出容积效率：

$$\eta_v = \frac{\Delta q}{Q} \tag{2.47}$$

式中：Δq 为水泵口环、平衡孔等处的泄漏量。

为了避免因单元长细比不合理造成收敛问题，多数水泵 CFD 计算在造型时不考虑口环处的间隙，因此，也就无法计算容积效率。这时，可按经验公式估算容积效率[27,28]：

$$\eta_v \approx \frac{1}{1 + 0.68 n_s^{-2/3}} \tag{2.48}$$

式中：n_s 为水泵比转速。

注意，式（2.48）对叶轮直接在 500mm 以下的小型离心泵有效。随着水泵尺寸增大，实际的容积效率会比该式计算值更高一些，为此，可按相关图表[28]进行修正。

2.6.5 水泵空化余量计算

水泵装置空化（汽蚀）余量是指水泵进口处流体的能量与汽化压力的差值，用 $NPSH_a$ 表示。当水泵处于初生空化状态时，即泵内最低压力 p_{min} 等于水的汽化压力 p_v 时，恰好有 $NPSH_a = NPSH_i$。这里 $NPSH_i$ 为水泵初生空化余量，这是在水泵模型试验时，通过闪频仪观察到叶轮进口出现肉眼可见气泡时的装置空化余量。

与水泵物理试验不同，在进行 CFD 计算时，水泵进口压力的大小只影响泵内每一点压力的绝对值，不影响相对压力分布。在不启动空化模型的条件下，即使水流的压力低于汽化压力，水流仍然具有常规物理特性。这样，不必像水泵空化试验时为了使泵内最低压力恰好等于汽化压力而构造一种特定的水泵进口条件。只要获得流场压力分布，就可以确定出流场中压力最低点，假定为 p_{min}，进而便可由下式计算出水泵初生空化余量：

$$NPSH_i = \frac{p_s}{\rho g} + \frac{v_s^2}{2g} - \frac{p_{min}}{\rho g} = \frac{p_{total-s}}{\rho g} - \frac{p_{min}}{\rho g} \tag{2.49}$$

式中：p_s、v_s 为水泵进口（实为水泵进口法兰）处的平均压力和速度；p_{min} 为泵内压力最低点（通常位于叶片背面靠近进口边）的压力值；$p_{total-s}$ 为水泵进口处总压（可以直接从 Fluent 中读出）。

这样，可以利用 2.6.3 节介绍的面积分功能，直接让 Fluent 从流场中读出进口处总压和泵内最低压力，从而按式（2.49）计算出 $NPSH_i$。

在得到水泵初生空化余量 $NPSH_i$ 后，可得到水泵初生空化系数 σ_i：

$$\sigma_i = \frac{NPSH_i}{H} \qquad (2.50)$$

采用上述方法得到的 $NPSH_i$ 是水泵初生空化余量，该值比必须空化余量要大一些。如果要获得水泵扬程或效率下降 1‰ 时所对应的空化余量，即真正工程意义上的水泵必须空化余量 $NPSH_r$，则需要借助空化模型计算来实现。具体过程见第 9 章 9.8 节的水泵空化算例。

2.6.6　水泵性能曲线预测

为了获得水泵的性能曲线，可从零流量至水泵最大流量（通常可选择额定流量的 1.3 倍作为最大流量），选择 15 个左右的流量工况点，分别借助 CFD 软件计算相应工况下的水泵扬程、功率、效率。然后将所得到的 15 个工况下的扬程离散点连接起来，就得到了 H-Q 曲线。按同样过程得到 P-Q 曲线和 η-Q 曲线。CFD 计算过程与在水泵试验台上获取水泵性能曲线的过程是类似的。

图 2.6 是通过 CFD 计算得到的某台双吸离心泵性能曲线示例。在该图的生成过程中，总共进行了 5 个流量工况点的 CFD 计算。图中还给出了 CFD 计算结果与实测值的对比。总体来说，如果 CFD 计算模型调校准确，CFD 计算得到的水泵性能曲线与实际值的偏差小于 3%。

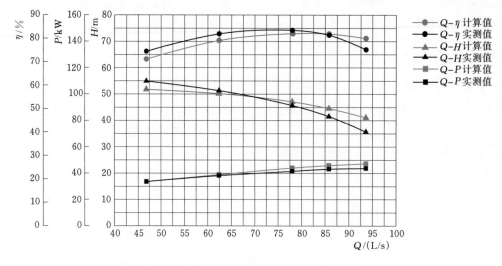

图 2.6　水泵性能曲线的计算值与实测值对比

第3章 湍流模型及近壁区处理模式

第 2 章给出了流动分析基本方法，但未涉及湍流的相关内容。实际上，水泵与水泵站中水流雷诺数通常在 10^5 以上，流动多处于湍流状态，因此，需要借助湍流模型才能对控制方程进行有效求解。本章介绍湍流的各种模化方法，并就与湍流模型相联系的近壁区处理模式进行分析。

3.1 湍流模型概述

3.1.1 湍流特征

流体试验表明，当雷诺数低于某临界值时，流动处于层流状态；当雷诺数大于该临界值时，流动特征会发生本质变化，流动呈无序混乱状态，速度等物理量随机变化，这种状态称为湍流[29]，如图 3.1 所示。湍流的特点之一是物理量的脉动性，如速度脉动、压力脉动等，这种现象对工程设计有直接影响，压力脉动增大了水泵及泵站的瞬时载荷，有可能引起结构共振；压力脉动最大负波峰还可能增加水泵发生空化的可能性[2]。

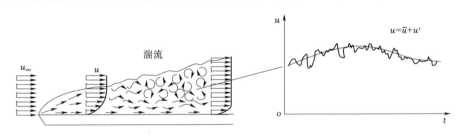

图 3.1 湍流及某个位置处的实测速度

观测表明，湍流带有旋转流动结构，即湍流由大大小小的湍流涡所组成。这些涡的大小及旋转轴的方向是随机分布的，大尺度涡由流动边界条件所决定，受惯性影响而存在，是造成流场低频脉动的主要原因；小尺度涡由黏性力所决定，其尺度可能只有流场尺度万分之一量级，是造成流场高频脉动的主要原因。

3.1.2 湍流数值模拟方法及湍流模型概述

一般认为，无论湍流运动多么复杂，瞬态的连续方程和 Navier-Stokes 方程对于湍流的瞬时运动仍然是适用的。也就是说，湍流的基本方程仍然是式（2.1）、式（2.4）和式（2.9）给出的连续方程、动量方程和能量方程。

湍流所具有的强烈瞬态性和非线性使得不可能用解析的方法精确描述湍流的全部三维时空细节，况且湍流的全部细节对于实际水泵与泵站工程来说也没有太大意义，因为最关心的是湍流所表现出的平均流场变化，即整体效果。这样，就派生出了不同的湍流简化处理方法。最原始、最基本的湍流简化处理方法是雷诺平均模拟方法。为了反映不同尺度的旋涡运动，研究者后来又发展了大涡模拟与直接数值模拟等方法。这些数值模拟方法引入了不同的湍流模型来描述湍流。

湍流数值模拟方法通常可以分为 3 类[10,13]：直接数值模拟、雷诺平均模拟和大涡模拟。在不同的方法下面发展了多种湍流模型，后来针对边界层由层流到湍流的过渡流动，出现了转捩模型。常用的湍流数值模拟方法及相应的湍流模型如图 3.2 所示。

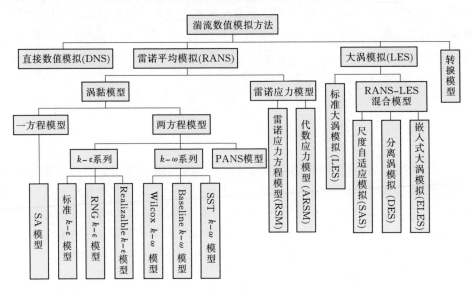

图 3.2 　常用的湍流数值模拟方法及相应的湍流模型

直接数值模拟方法（DNS）是直接求解瞬态 Navier-Stokes 方程，在这一求解过程中无需对湍流流动作任何简化或近似，不涉及任何湍流模型。由于在高雷诺数的湍流中湍流涡尺度可能从 $10\mu m$ 到 $100m$，湍流脉动频率也可能超过 $100kHz$，因此，DNS 对计算网格和时间步长的要求都极为苛刻，在现阶段尚无法用来分析实际工程，只能对低雷诺数的简单流动进行模拟。

雷诺平均模拟方法（RANS）是指在时间域上对流场物理量进行雷诺平均化处理，然后求解所得到的时均化控制方程。这种方法是一种计算效率高、工程应用早的方法，常用的 RANS 模型包括 Spalart-Allmaras 模型、k-ε 模型和 k-ω 模型等。这是水泵与泵站领域使用最为广泛的湍流数值模拟方法。

大涡模拟方法（LES）是指对流场中一部分湍流进行直接求解，其余部分通过数学模型来计算。LES 模型对分离流动优势明显，但对网格密度特别是近壁区网格密度要求高。为了克服 LES 的弱点，近年来出现了将 RANS 与 LES 结合在一起的模型，称为 RANS-LES 混合模型（hybrid RANS-LES），如尺度自适应模拟（SAS）、分离涡模拟（DES）和嵌入式大涡模拟（ELES）等。这些模型结合了 RANS 与 LES 各自的优势。

上述模型均是用于完全湍流分析的有效模型，但在实际流动中，壁面边界层常常并非完全湍流，而是存在由层流到湍流的过渡，这时如果采用湍流模型进行模拟，则会产生较大误差，因此出现了转捩模型。实际上，在如今的水泵模拟中，许多带有转捩的流动被错误地作为充分发展的湍流来计算，自然地过高估计了壁面剪切应力。由于转捩模型相对独立，故本章不讨论转捩相关内容，在第 7 章专门进行分析。

本章接下来将对常用湍流模型的特点进行介绍，详细内容参见文献 [13-16]。其中，由于 SST k-ω 模型、DES 模型在水泵瞬态流动分析中具有优势，将在第 7 章 7.2 节专门介绍这两类模型；由于转捩模型在水泵叶片绕流分析中具有较重要作用，在第 7 章 7.3 节专门介绍转捩模型；由于大涡模拟模型在水泵旋转分离流动中具有优势，在第 8 章专门介绍 LES 模型，并介绍几种服务于大涡模拟的 SGS 模型。

3.2 RANS 模型

雷诺平均模拟是指首先在时间域上对物理量进行某种平均化处理，然后求解所得到的时均化的控制方程，从而得到物理场的解。方法的核心是借助雷诺平均化模式对 Navier-Stokes 方程进行处理，即构建雷诺平均化 Navier-Stokes 方程（Reynolds-Averaged Navier-Stokes，RANS），因此这种方法常简称 RANS 方法。在该方法下面构建的各种湍流模型，被称为 RANS 模型。

3.2.1 雷诺平均化处理模式

在 RANS 方法中，瞬态物理量被分解为平均分量和脉动分量两部分[14]：

$$\varphi = \overline{\varphi} + \varphi'$$

（3.1）

式中：上划线符号"－"代表对时间的平均值；上标"'"代表脉动值。

例如，速度 u_i 可分解为

$$u_i = \overline{u_i} + u_i'$$

（3.2）

式中：$\overline{u_i}$ 和 u_i' 分别为平均速度和脉动速度分量（$i=1$，2，3）。

将采用形如式（3.1）表示的速度、压力代入瞬时连续方程（2.1）和动量方程（2.4），并对时间取平均，得到湍流平均流动控制方程：

$$\frac{\partial \rho}{\partial t} + \frac{\partial}{\partial x_i}(\rho u_i) = 0$$

（3.3）

$$\frac{\partial}{\partial t}(\rho u_i) + \frac{\partial}{\partial x_j}(\rho u_i u_j) = -\frac{\partial p}{\partial x_i} + \frac{\partial}{\partial x_j}\left[\mu\left(\frac{\partial u_i}{\partial x_j} + \frac{\partial u_j}{\partial x_i} - \frac{2}{3}\delta_{ij}\frac{\partial u_k}{\partial x_k}\right)\right]$$
$$+ \frac{\partial}{\partial x_j}(-\rho \overline{u_i' u_j'}) + S_{mi}$$

（3.4）

方程（3.3）和方程（3.4）被称为 RANS 方程，即雷诺平均 Navier-Stokes 方程。为使公式更容易阅读，除脉动值的时均值外，去掉了表示时均值的上划线符号"－"，例如，$\overline{\varphi}$ 用 φ 来表示。它们与瞬时连续方程（2.1）和动量方程（2.4）整体上具有相同的形式，只是现在的变量代表的是平均值。

可以看到，在时均化的动量方程（3.4）中多出了代表湍流影响的附加项 $-\rho\overline{u_i'u_j'}$。该项被定义为雷诺应力，即

$$\tau_{ij} = -\rho\overline{u_i'u_j'} \tag{3.5}$$

必须对 τ_{ij} 进行建模，以使方程（3.4）成为可解的封闭方程。在建模时，根据对雷诺应力作出的假定或处理方式不同，出现了两类不同的湍流模型：涡黏模型和雷诺应力模型。

涡黏模型的基本思想是引入湍动黏度 μ_t，然后根据 Boussinesq 假定[30]把雷诺应力表示成 μ_t 的函数[14]：

$$-\rho\overline{u_i'u_j'} = \mu_t\left(\frac{\partial u_i}{\partial x_j} + \frac{\partial u_j}{\partial x_i}\right) - \frac{2}{3}\rho k\delta_{ij} \tag{3.6}$$

其中

$$k = \frac{\overline{u_i'u_i'}}{2} = \frac{1}{2}(\overline{u'^2} + \overline{v'^2} + \overline{w'^2}) \tag{3.7}$$

式中：μ_t 为湍动黏度；u_i 为时均速度；k 为湍动能。

与流体动力黏度 μ 不同，湍动黏度 μ_t 不是物性参数，是空间坐标的函数，取决于流动状态。

在式（3.6）中，依据确定湍动黏度 μ_t 时所引入的微分方程数目，将涡黏模型分为零方程模型、一方程模型和两方程模型等 3 类。零方程模型只使用代数关系，不使用微分方程。一方程模型采用一个微分方程来计算 μ_t，目前应用最广泛的是 Spalart 和 Allmaras[31]于 1992 年提出的 Spalart-Allmaras 模型，简称 SA 模型。因 SA 模型计算效率高，计算精度尚可，在水泵与泵站领域得到了比较多的应用。两方程模型是指引入两个微分方程来计算 μ_t，计算效率和计算精度都比较高，是目前使用最广泛的涡黏模型，包括 $k-\varepsilon$ 和 $k-\omega$ 两大系列。

雷诺应力模型（RSM）是指针对雷诺应力张量的所有 6 个分量分别构造附加方程，从而形成时均化的 RANS 方程（包含 1 个连续方程和 3 个动量方程）、6 个雷诺应力附加方程、1 个湍动能方程和 1 个耗散率方程（或比耗散 ω 方程)[14]。RSM 的优势在于计算精度高，尤其适用于流线曲率大、旋转强度高的问题，但其计算量过大，水泵与泵站领域一般不使用该模型。

RANS 模型常用于模拟稳态流动，但也可用于模拟瞬态流动。用于瞬态流动模拟时，该模型要考虑瞬时脉动量的特殊影响，这时的雷诺平均模型被标记为 URANS 模型。第 7 章 7.1 节给出了分别采用 RANS 和 URANS 模拟圆柱绕流问题的不同结果，并对 RANS 和 URANS 进行了分析。

3.2.2　常用涡黏模型

1. $k-\varepsilon$ 模型

$k-\varepsilon$ 模型引入关于湍动能 k 和耗散率 ε 的输运方程，并通过 k 和 ε 来计算湍动黏度 μ_t，属于两方程涡黏模型。该模型最早于 1972 年由 Launder 和 Spalding[32]提出，后来被称为标准 $k-\varepsilon$ 模型。在该模型中，关于湍动能 k 和耗散率 ε 的输运方程如下（未考虑可压湍流中脉动扩张的贡献）：

$$\frac{\partial(\rho k)}{\partial t} + \frac{\partial(\rho k u_i)}{\partial x_i} = \frac{\partial}{\partial x_j}\left[\left(\mu + \frac{\mu_t}{\sigma_k}\right)\frac{\partial k}{\partial x_j}\right] + G_k + G_b - \rho\varepsilon + S_k \qquad (3.8)$$

$$\frac{\partial(\rho\varepsilon)}{\partial t} + \frac{\partial(\rho\varepsilon u_i)}{\partial x_i} = \frac{\partial}{\partial x_j}\left[\left(\mu + \frac{\mu_t}{\sigma_\varepsilon}\right)\frac{\partial\varepsilon}{\partial x_j}\right] + C_{1\varepsilon}\frac{\varepsilon}{k}(G_k + C_{3\varepsilon}G_b) - C_{2\varepsilon}\rho\frac{\varepsilon^2}{k} + S_\varepsilon \qquad (3.9)$$

式中：G_k 为由于平均速度梯度引起的湍动能 k 的产生项；G_b 为由于浮力引起的湍动能 k 的产生项；$C_{1\varepsilon}$、$C_{2\varepsilon}$ 和 $C_{3\varepsilon}$ 分别为经验常数；σ_k 和 σ_ε 分别为与湍动能 k 和耗散率 ε 对应的 Prandtl 数；S_k 和 S_ε 分别为用户自定义源项。

用湍动能 k 反映特征速度，用湍动耗散率 ε 反映特征长度尺度，用二者的函数关系来反映湍动黏度 μ_t：

$$\mu_t = \rho C_\mu \frac{k^2}{\varepsilon} \qquad (3.10)$$

式中：C_μ 为经验常数，通常取 0.09。

大量计算结果表明，该模型能够较好地用于模拟水泵及泵站中某些较为复杂的流动。但是，模型不能反映湍流的各向异性特性，在模拟大曲率、分离流动时精度较低。

RNG $k-\varepsilon$ 模型[33]使用了重正化群的统计技术来修正湍动黏度，这种修正考虑了平均流动中的旋转效应，从而使得 RNG $k-\varepsilon$ 模型可以比标准 $k-\varepsilon$ 更好地处理大曲率、强旋转及高应变率流动，在水泵叶轮模拟中展现出了优势。

Realizable $k-\varepsilon$ 模型[34]同样在湍动黏度中引入了与旋转和曲率有关的内容，湍动黏度计算式（3.10）中的系数 C_μ 不再是常数，而是与应变率联系起来，从而可以用来模拟旋转流、强剪切流、分离流等。丛国辉等[35]发现 Realizable $k-\varepsilon$ 模型可以更好地模拟泵站进水池中带有较强旋转特征的表面旋涡和次表面旋涡。

2. $k-\omega$ 模型

$k-\omega$ 模型是在 $k-\varepsilon$ 模型之后发展起来的另一类两方程涡黏模型。在该模型中，引入了比耗散率 ω，$\omega = \varepsilon C/k$，相当于 ε 与 k 的比值，单位是 1/s，因此也叫做湍动频率[14]。基于湍动能 k 和比耗散率 ω 的输运方程，形成了 $k-\omega$ 模型。相比于 $k-\varepsilon$ 模型，这种模型极大改进了近壁区低雷诺数流动的处理方式，不再需要构造非线性衰减函数，对第一层网格的要求也不再必须位于对数律层，因此，提高了湍流模型的适用性，可较理想地预测带有逆压梯度的流动分离现象[36]。目前可供选择的 $k-\omega$ 模型主要包括 Wilcox $k-\omega$ 模型、Baseline $k-\omega$ 模型和 SST $k-\omega$ 模型。

Wilcox $k-\omega$ 模型[37]也称标准 $k-\omega$ 模型，由 Wilcox 在 1986 年提出，在预测自由剪切流时取得较好效果，特别是在近壁区流动分析时，其性能比 $k-\varepsilon$ 模型有较大提高[17]。

然而，Wilcox $k-\omega$ 模型对自由来流的 ω 值非常敏感，Menter[38]在此基础上开发了两种新模型：Baseline $k-\omega$ 模型和 Shear Stress Transport $k-\omega$ 模型，前者简称 BSL $k-\omega$ 模型，后者简称 SST $k-\omega$ 模型。BSL $k-\omega$ 模型[38]通过混合函数将 Wilcox $k-\omega$ 模型与 $k-\varepsilon$ 模型结合在一起，在近壁区使用 Wilcox $k-\omega$ 模型，在近壁区之外使用标准 $k-\varepsilon$ 模型，从而保留了 Wilcox $k-\omega$ 模型在近壁区、$k-\varepsilon$ 模型在自由剪切层中各自的优势，又克服了 Wilcox $k-\omega$ 模型对自由来流 ω 值敏感的问题。

由于 BSL $k-\omega$ 模型没有考虑湍流剪切应力的传输效应，不能准确预测来自于光滑表面的流动分离起点位置及分离区大小，Menter 通过对涡黏系数的修正，提出了 SST $k\text{-}\omega$
模型[38]。SST $k\text{-}\omega$ 模型整体上与 BSL $k\text{-}\omega$ 模型类似，但考虑了逆压边界层中湍流剪切
应力传输效应，可以有效预测逆压梯度条件下流体分离点和分离区[18]，现已成为水泵及
泵站领域应用最为广泛的两方程模型。第 7 章 7.2 节将对 SST $k\text{-}\omega$ 模型的控制方程做详
细介绍。

3. 涡黏模型的修正

对流线曲率和系统旋转的不敏感性，是涡黏模型存在的共同弱点[39]，而水泵流场恰
好存在流线曲率大、系统旋转强的特点，因此需要对涡黏模型进行修正。这里推荐
Spalart 和 Shur 提出的修正公式[39,40]：

$$f_{\text{roration}} = (1 + c_{r1}) \frac{2r^*}{1 + r^*} [1 - c_{r3} \tan^{-1}(c_{r2} \widetilde{r})] - c_{r1} \tag{3.11}$$

式中：r^* 和 $\widetilde{r}$ 分别为系统旋转速度 Ω^{rot} 的函数；c_{r1}、c_{r2} 和 c_{r3} 分别为经验系数，可取 1.0、
2.0 和 1.0。

在具体应用时，将式（3.11）计算得到的 f_{roration} 作为一个乘数作用到湍流生成项，即

$$\left.\begin{array}{l} G_k \rightarrow G_k f_r \\[4pt] f_r = \max\{0, \ 1 + C_{\text{scale}}(\widetilde{f}_r - 1)\} \\[4pt] \widetilde{f}_r = \max\{\min(f_{\text{rotation}}, \ 1.25), \ 0\} \end{array}\right\} \tag{3.12}$$

式中：G_k 为湍流模型中的湍流生成项；C_{scale} 为考虑曲率影响而引入的尺度系数，缺省值
为 1。

函数 f_{roration} 的值被限制在 0～1.25 之间。0 代表凸曲率流动，1.25 代表凹曲率流动。
例如，对于没有湍流生成项的稳定流动，则 $f_{\text{roration}} = 0$，对于具有强化湍流生成项的流动，
$f_{\text{roration}} = 1.2$。

式（3.11）给出的修正公式可以用于修正 SA 模型、$k\text{-}\varepsilon$ 系列模型和 $k\text{-}\omega$ 系列模型，
但由于 RNG $k\text{-}\varepsilon$ 模型和 Realizable $k\text{-}\varepsilon$ 模型已经添加了考虑旋转和曲率效应的作用项，
因此对这两个模型的改善作用不明显[17]。

两方程模型存在的另一个弱点是在流动的驻点附近对湍流能量的过高估计，此问题可
通过对湍流方程中生成项加以限制来解决。一种解决方案是 Menter[38] 提出的，直接用
$\min(G_k, \ C_{\text{lim}}\rho\varepsilon)$ 来限制生成项 G_k；另一种解决方案是 Kato 和 Launder[41] 提出的，根据
涡度值 Ω 重新计算生成项 G_k。

3.2.3 局部时均化模型（PANS）

局部时均化模型（partially averaged Navier-Stokes model，PANS)[42] 是近年发展起
来的一种新的湍流求解模式。从本质上讲，这不属于一种新的湍流模型，而是一种桥接模
型，在湍流模化的部分与求解的部分之间寻求一个平衡点。PANS 通过修改 $k\text{-}\varepsilon$ 模型控
制方程而达到控制模化量与直接求解量之比的目的。模型有两个控制参数，一是未分解湍
动能与总湍动能的比率 f_k，二是未分解耗散与总耗散的比率 f_ε。通过调整这两个控制参
数，可使数值计算从雷诺平均模型过渡到直接数值模拟。例如，当这两个控制参均为 1
时，PANS 相当于 $k\text{-}\varepsilon$ 模型；当这两个参数均为 0 时，PANS 相当于 DNS。

PANS 模型最早由美国德克萨斯 A&M 大学的 Girimaji 等[42]于 2005 年提出，当时基于标准 $k-\varepsilon$ 模型而建立。随后，不同学者又开发出基于其他湍流模型的 PANS 模型。PANS 模型为分析水泵三维复杂旋转湍流提供了一种新途径。对此有需要的读者，请参见文献［10］和文献［43］。

3.3　LES 模型及 RANS – LES 混合模型

在使用 RANS 模型进行水泵流动模拟时，如果流场存在较大分离区，例如水泵失速流场，RANS 模型计算精度有限，当需要更多瞬态信息时，如流场引起的噪声谱分析，RANS 模型显得无能为力。在此情况下，出现了大涡模拟模型，流场中至少有一部分的湍流被直接求解。这种模型对于求解流场中包含不同尺寸分离涡的流动效果明显，但其需要较大网格密度、较小时间步长及大量中间数据，计算成本较高。为了解决 LES 存在的弱点，近些年出现了 RANS-LES 混合模型（hybrid RANS-LES），如尺度自适应模拟、分离涡模拟和嵌入式大涡模拟等，这些模型结合了 RANS 与 LES 的优点，在工程中得到快速应用。由于这类模型都需要对湍流的一部分进行直接求解，而不是像 RANS 那样进行全部建模，故在有些文献［44］中将这类模型统称为尺度解析模拟（scale-resolving simulation，SRS）。

3.3.1　大涡模拟模型

大涡模拟（large eddy simulation，LES）是用于求解瞬态流动的主要模型之一。它并不像 RANS 那样在时间域上对控制方程进行平均化处理，而是在空间域上对瞬态 Navier-Stokes 方程进行滤波处理。滤波过程可将小于滤波器宽度或计算网格尺度的小尺度涡过滤出去，从而形成关于大涡的控制方程。这样，在实际计算时，只对比滤波器宽度或网格尺度大的湍流运动通过 Navier-Stokes 方程直接计算，对于小尺度的涡则通过模型来进行描述。

相比于 RANS 方法，LES 方法所使用的网格更加精细，常规情况下 y^+ 在 1 的量级，对计算机内存及 CPU 速度要求较高，但在模拟压力脉动等瞬态特性时具有优势。

在 LES 方法中，通过使用滤波器函数将每个变量都分成两部分：大尺度分量和小尺度分量。大尺度部分是滤波后的变量，是在 LES 模拟时直接计算的部分；小尺度部分是需要通过模型来表征的。滤波处理后，瞬时状态下的 Navier-Stokes 方程包含了如下新的应力项[14,15]：

$$\tau_{ij} = \overline{\rho u_i u_i} - \rho \bar{u}_i \bar{u}_j \qquad (3.13)$$

式中：带有上划线的量为滤波后的场变量。

τ_{ij} 被定义为亚格子尺度应力（sub-grid-scale stress，SGS 应力），体现了小尺度涡的运动对所求解的运动方程的影响。τ_{ij} 是一个对称张量，其包含 6 个独立未知变量。对 τ_{ij} 进行不同的建模，就得到了不同的 SGS 模型。目前可供选择的 SGS 模型主要包括 Smagorinsky 模型[45]、Smagorinsky-Lilly 模型[17,46]、动态 Smagorinsky 模型[46,47]、壁面自适应局部涡黏模型（wall-adapting local eddy-viscosity，WALE）[48]、代数壁面建模 LES 模型（algebraic wall-modeled LES model，WMLES）[49]和动能传输模型（dynamic kinetic energy model，DKE)[50]等。

其中，Smagorinsky 模型[45]是最早出现的 SGS 模型，其他模型基本上都是在该模型基础上发展起来的。动态 Smagorinsky 模型[46,47]消除了 Smagorinsky 模型中需要选取经验常数的弊端，是目前使用最广泛的 SGS 模型。WALE[48]具有 DSM 的优点，但不需要二次滤波，计算简单，在层流到湍流的转捩计算方面具有优势。WMLES[49]避免了必须在近壁区垂直和平行于壁面方向划分细密网格的特殊要求，提高了计算效率[17]。DKE[50]采用类似于表示动能的速度二次方关系代替传统的速度一次方代数关系来表达 SGS 应力，从而提高了理论上的完备性，但该模型有待于实践的检验[17]。

随着 CFD 技术的发展，一批组合式 SGS 模型逐渐得到应用，如动态混合模型（dynamic mixed model，DMM)[51]和动态非线性模型（dynamic nonlinear model，DNM)[52,53]等。本书第 8 章将详述这些 SGS 模型的特点，并结合水泵旋转失速分析推荐一种动态混合非线性 SGS 模型。

3.3.2 RANS-LES 混合模型

虽然 LES 在工程上得到了比较广泛的应用，但它存在网格密度特别是近壁区网格密度要求高、计算效率低、成本高等问题，为此近年出现了针对 LES 方法的改进模型，其中比较典型的做法是构建 RANS-LES 混合模型（hybrid RANS-LES)[54,55]，即把 RANS 和 LES 结合在一起使用，发挥二者的优势，扬长补短。现对常用的 RANS-LES 混合模型作一简介。

1. 尺度自适应模拟模型

尺度自适应模拟（scale-adaptive simulation，SAS)[56]是一种 RANS-LES 混合模型，允许在流场的定常区域采用 RANS、在非定常区域采用 LES 同时进行求解。该模型是在 SST $k-\omega$ 模型的基础上发展而来的，在 ω 方程中添加了 SAS 源项 Q_{SAS}，也称作 SAS-SST 模型。在源项 Q_{SAS} 中包含了由速度二阶导数决定的长度尺度 L_{vk}，即冯卡门尺度。该尺度由流动本身决定，而不像 DES 模型那样使用固定网格尺度。此外，该尺度对稳态和非稳态特性的响应也完全不同。对于流场中的稳态部分，如主流区，L_{vk} 远大于模型尺度 L，从而 Q_{SAS} 为 0，SAS-SST 模型完全处于 RANS 模式，即成为 SST $k-\omega$ 模型；而在大分离湍流区，流动的强瞬态性使得 L_{vk} 减小至远小于 L，此时 Q_{SAS} 不为 0，SAS-SST 就转换为 LES 模式。该模型在计算大分离流动时表现良好。该模型还可结合边界层转捩模型 $\gamma-Re_{\theta t}$，实现高雷诺数条件下层流分离流动模拟。

2. 分离涡模拟模型

在将 LES 用于模拟高雷诺数流动时，在边界层附近要求在壁面法向和流向均采用极其细密的网格，有时因计算成本过高可能导致计算无法顺利进行。为了解决这一问题，Spalart 等[57]于 1997 年提出了分离涡模拟（detached eddy simulation，DES）模型。该模型将 RANS 和 LES 结合在一起，RANS 用于求解近壁区的贴合流动，LES 用于求解分离流动。DES 的计算成本低于 LES，但高于 RANS。DES 使用的 RANS 模型通常包括 Spalart-Allmaras 模型、Realizable $k-\varepsilon$ 模型、SST $k-\omega$ 模型、SST 转捩模型等。目前使用最广泛的是基于标准 SST $k-\omega$ 模型的 DES。

原始的 DES 模型存在模化应力损耗（MSD）及网格诱导分离（GIS）问题，Spalart 等[58]于 2006 年通过引入延迟函数，重新构造了 DES 长度尺度 l_{DES}，提出了 DDES 模型 （delayed detached eddy simulation）。随后，Shur 等[49]对 DDES 进行了改进，在 2008 年建立了 IDDES 模型（improved DDES），解决了 DDES 存在的对数层不匹配（log-layer mismatch，LLM）问题。

在水泵旋转分离流动中，DES 系列模型相比于 LES 和 RANS 具有突出优势，是进行水泵瞬态分离流动和压力脉动分析的优选模型。为此，本书第 7 章对 DES 系列模型的控制方程及其在水力机械中的应用特点进行详细介绍。

3. 嵌入式大涡模拟模型

嵌入式大涡模拟（embedded large eddy simulation，ELES）[17]也是为了解决 LES 在用于高雷诺数流动计算时因近壁区网格细密造成计算量过大的问题而提出的。虽然 DES 和 SAS 模型都可以在某种程度上解决这一问题，但这些模型只是在近壁区边界层内采用 RANS 求解、在大分离区采用 LES 求解。LES 求解区域的确定，依赖于系统自身出现的非常明显的湍流结构，而并不是所有流动都会由其自身展现出一个足够强的不稳定性而产生湍动结构。作为一种分域模型，ELES 允许用户在网格划分时就人为将流场划分为 RANS 和 LES 区域，而在区域的分界面上指定湍流转换机制。从理论上讲，对于 ELES 中的 RANS 模型，除零方程模型和一方程模型外的所有 RANS 模型都可用；对于 ELES 中的 LES 模型，除动能传输模型（DKE）外的所有代数形 SGS 模型都可用，但一般来讲，在 LES 区域使用 WALE 模型是一个比较合适的选择。

3.4　近壁区处理模式

3.4.1　近壁区流动特点

试验表明，对于有固体壁面的非充分发展湍流，沿壁面法线可将流动划分为近壁区和湍流核心区（或称外区、自由流动区）两部分。近壁区也称为壁面层或边界层，在这个区域，流体运动受壁面流动条件的影响比较明显，壁面区又可分为 3 个子层：黏性底层、缓冲层和对数律层，如图 3.3 所示。

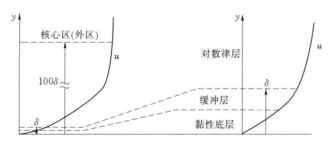

图 3.3　近壁区的流动

在壁面处，流体速度为 0。黏性底层是一个紧贴壁面的极薄层，其中黏性力在动量、热量及质量交换中起主导作用，湍流切应力可以忽略，所以流体速度沿壁面法线方向呈线性变化。缓冲层处于黏性底层的外面，其中黏性力与湍流切应力的作用相当，流动状况比较复杂，很难用一个公式或定律来描述。但好在缓冲层厚度极小，在工程计算中通常可将其归入至对数律层。对数律层中的黏性力影响并不明显，湍流切应力占主要地位，流动在该区域的最外部变为充分发展湍流，流速沿壁面法线方向呈对数律分布。在距离壁面更远的区域，流动转变为自由流动区。黏性底层和缓冲层非常薄，如果二者厚度为 δ，那么对数律层大约从壁面延伸至 100δ。图 3.4 给出了壁面区 3 个子层的划分与相应的速度分布[13]。

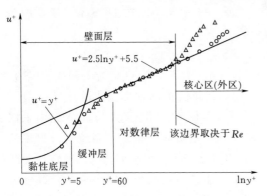

图 3.4　壁面区 3 个子层的划分与相应的速度分布

为了表征近壁区的流动，引入无量纲参数 u^+ 表示速度，无量纲参数 y^+ 表示近壁区某个位置（一般是第一层网格中心）到壁面的距离[17,18]：

$$u^+ = \frac{u_P}{u_\tau} \tag{3.14}$$

$$y^+ = \frac{\rho y_P u_\tau}{\mu} \tag{3.15}$$

$$u_\tau = \sqrt{\tau_w/\rho} \tag{3.16}$$

式中：u^+ 为无量纲的近壁面速度；u_τ 为壁面摩擦速度；u_P 为近壁区某个位置 P（一般是第一层网格中心）在切于壁面方向上的速度；y_P 为已知的 P 点到壁面的距离；y^+ 为从壁面起算的无量纲距离；ρ 为流体密度；μ 为流体动力黏度；τ_w 为壁面剪切应力。

在黏性底层，流动几乎是层流，流速与距离成正比：

$$u^+ = y^+ \tag{3.17}$$

在对数律层，流速分布接近对数律：

$$u^+ = \frac{1}{\kappa}\ln y^+ + C \tag{3.18}$$

式中：κ 为 Karman 常数，一般取 0.4187；C 为与壁面粗糙度有关的对数律层常数，对于光滑壁面，在 5.2～5.5 之间。

黏性底层的 $y^+ < 5$，而对数律层的 y^+ 值范围比较宽，下限一般在 11～60 之间，上限取决于流场整体雷诺数，对一台水泵而言，上限一般在 300 左右，有时可达 500[17]。

当流动拥有非平衡湍流边界层时，在边界层流动产生分离的位置，壁面流速 u_P 为 0，因此，采用 y^+ 表示的对数型流速关系式产生奇异。为了避免这个问题的发生，在许多 CFD 软件[17,18]中用一个尺度化速度 u^* 来代替 u_τ，用无量纲距离 y^* 代替 y^+：

$$u^* = C_\mu^{1/4} k_P^{1/2} \tag{3.19}$$

$$\tau_w = \rho u^* u_\tau \tag{3.20}$$

$$y^* = \frac{\rho u^* y_P}{\mu} \tag{3.21}$$

式中：u^* 为尺度化的速度；C_μ 为与湍流模型相关的经验系数；k_P 为近壁面节点 P 的湍动能；y^* 为采用 u^* 代替 u_τ 之后所定义的新的无量纲距离。

如此处理后，当 u_P 趋近于 0 时，尺度化速度 u^* 不会趋近于 0，y^* 也不会趋近于 0，这给后续计算带来很多好处。实际上，将式（3.19）代入式（3.21）可以看出，y^* 采用湍动黏度和湍动能来计算。

在采用上述替换后，表示对数律层的速度分布曲线方程，式（3.18）转化为[17]

$$U^* = \frac{1}{\kappa}\ln(Ey^*) \tag{3.22}$$

式中：U^* 为采用 u^* 代替 u_τ 之后所定义的新的无量纲平均速度；E 为经验常数，取 9.793。

$$U^* = \frac{u_P}{u_\tau} = \frac{u_P}{\tau_w/(\rho u^*)} = \frac{u_P C_\mu^{1/4} k_P^{1/2}}{\tau_w/\rho} \tag{3.23}$$

在 Fluent 中，当网格的 $y^* > 11.225$ 时，采用上述对数律公式（3.22）计算流速，当网格 $y^* < 11.225$ 时，采用层流应力应变关系，即

$$U^* = y^* \tag{3.24}$$

需要注意的是，在 Fluent 中，对于平均速度和温度而言，壁面定律，即式（3.22）和式（3.24）是基于 y^* 而不是基于 y^+ 的。实际上，在平衡性的湍流边界层中，即 k、ε 和 ω 在边界层是平衡的，y^* 与 y^+ 基本相等；对于存在逆压梯度、分离、回流和滞止的流动，湍流边界层属于非平衡的，y^* 和 y^+ 相差较大[17]。

3.4.2 近壁区处理模式概述

对近壁区流动的处理模式通常分为两类[16,17]：一类是壁面函数法；另一类是近壁模型法。壁面函数法是指并不直接对黏性影响比较明显的黏性底层和缓冲层进行求解，而是用一组半经验的公式（称为壁面函数）将壁面上的物理量与湍流核心区内的相应物理量联系起来。采用壁面函数法，不必为壁面的存在而修改湍流模型，计算效率高，但精度有限。近壁模型法是指通过修改湍流模型以使其能够求解近壁黏性影响区域，包括黏性底层和缓冲层。这时要求在壁面区划分比较细密的网格，越靠近壁面，网格越细。这种模式计算效率较低，但精度较高。

壁面函数法主要包括标准壁面函数、尺度化壁面函数、非平衡壁面函数和增强型壁面函数。其中，增强型壁面函数属于近壁模型法。近壁模型法主要包括 ε 近壁模型、ω 近壁模型和 LES 近壁模型等。

在 Fluent 的早期版本中，主要使用标准壁面函数，那时，沿壁面法向细化网格时，会导致数值结果恶化，特别是当 $y^+ < 15$ 时，会在壁面剪切力及热传递方面逐渐导致产生无界错误。Fluent 的新版本提供了尺度化壁面函数等多种新的壁面处理模式，允许网格细化而不产生数值计算结果恶化。基于 ω 的湍流模型，采用的是 y^+ 无关的格式，即采用近壁模型法来求计算近壁面黏性区域。基于 ε 的湍流模型，增强型壁面函数提供了相同的功能，即实质上是一种近壁模型法。同样，SA 模型所默认的，也是允许用户使其模型与近壁面 y^+ 求解无关，即形成事实上的近壁模型法。

只有当所有的边界层求解都达到要求时，才可能获得高质量的壁面边界层数值计算结果。这一要求比单纯的几个 y^+ 值达到要求更重要。

使用近壁模型法时，应该保证至少有 10 层边界层网格覆盖边界层，能够达到 20 层为

佳。对于非结构网格，建议划分 $10\sim20$ 层棱柱层网格以提高壁面边界层的预测精度。同时一定保证棱柱层总厚度大于边界层厚度，否则棱柱层会限制边界层增长。为了确认是否达到这一要求，可在计算完成后，查看边界层中心的最大湍动黏度来进行判断，该值的两倍位置即为边界层的边缘。

在实际应用时，需注意以下几点：①对于 ε 方程，使用增强型壁面函数；②对于基于 ε 方程的湍流模型，若使用壁面函数，最好使用尺度化壁面函数；③对于基于 ω 的湍流模型，默认使用增强型壁面函数；④对于 SA 模型，同样默认使用增强型壁面处理。

3.4.3 壁面函数法

1. 标准壁面函数

标准壁面函数（standard wall function）是 Launder 与 Spalding[59] 于 1974 年提出的，用于解决两个高雷诺数湍流模型——$k\text{-}\varepsilon$ 模型和 RSM 模型的近壁区处理问题。它曾经是使用最广泛的壁面处理模式，与 $k\text{-}\varepsilon$ 系列模型相配合，成功解决了许多工程实际问题，特别是对于平衡湍流边界层来说，对数型的函数关系应用效果非常好[17]。

但是，标准壁面函数的使用条件对 y^+ 的要求比较高，通常应为 $15\sim300$[17]，而 y^+ 是模拟完成后才知道的。此外，近壁区网格细化后，数值计算精度不仅没有提高反而还会降低，特别是当 $y^+<15$ 时，必然导致壁面剪切力和壁面热传导的计算结果存在极大偏差。而另一方面，近几年随着计算机处理能力的提高，为了提高流场计算精度，人们往往希望采用较细密的近壁区网格。这样，自然就出现了矛盾。为了解决这个矛盾，有些 CFD 软件，如 Fluent，对壁面函数法做了一定的限制性处理，当 $y^+>11.225$ 时，使用标准壁面函数法中的对数律公式计算平均速度，而当计算网络的 $y^+<11.225$ 时，则直接应用 $u^+=y^+$ 的层流应力应变关系来强制输出计算结果。当然，也有一些软件，如 CFX 5.4 及以后版本，干脆取消了标准壁面函数，直接用尺度化壁面函数代之。

需要说明的是，在最新的 CFD 软件中，多采用 y^* 来代替 y^+。y^* 的内容详见 3.4.1 节。

2. 尺度化壁面函数

尺度化壁面函数（scalable wall function）[17]本质上仍然是标准壁面函数，但是用 $\tilde{y}^* = \max(y^*, 11.225)$ 计算得到的 $\tilde{y}^*$ 代替标准壁面函数中的 y^*，这样无论网格如何细密，也总是调用对数律公式来计算平均速度。这样处理后，相当于所有网格节点位于黏性底层之外。即使对任意细密的网格，都不会出现问题。需要说明的是，这里采用 y^* 代替 y^+，目的是为了避免当边界层存在分离时对数律公式发生奇异[18]。当流动拥有非平衡湍流边界层时，在边界层流动产生分离的位置，靠近壁面的流速为 0，因此，采用 y^+ 表示的对数型流速关系式分母可能为 0。而用于计算 y^* 的速度值取决于湍动黏度和湍动能，从而不存在奇异问题。对于平衡湍流边界层，即 k、ε 和 ω 在边界层是平衡的，y^* 和 y^+ 的值基本相等。

尺度化壁面函数是 Fluent 新版本中增加的，是 CFX 中默认的湍流壁面函数。

3. 非平衡壁面函数

标准壁面函数和尺度化壁面函数仅对平衡湍流边界层有较好的计算效果，而对于非平衡湍流边界层，如边界层存在逆压梯度、分离、回流和滞止的流动，就需要调用非平衡壁面函数或采用其他近壁区处理模式。非平衡壁面函数（non-equilibrium wall function）[60]将近壁区分成两层看待，上下两层以黏性底层厚度为界。两层分别采用不同的方式来计算湍动能、耗散率、壁面剪切力等，而在这一计算过程中考虑了压力梯度对速度分布的影响，打破了湍动能的生成等于其破坏率的平衡关系[17]。这是与标准壁面函数和尺度化壁面函数的关键不同之处。对于分离流动、再附着流动等平均速度与压力梯度相关且变化迅速的复杂流动问题，使用这种壁面函数往往能够获得更好的效果。需要注意的是，非平衡壁面函数只适用于用 k-ε 模型与 Reynolds 应力模型求解的高雷诺流动问题。

标准壁面函数、尺度化壁面函数和非平衡壁面函数都只适用于 k-ε 系列模型和 RSM 模型。对于 k-ω 系列湍流模型，需要采用后续介绍的 ω 近壁模型，即在 Fluent 中调用 EWT-ω 模式，在 CFX 中调用自动壁面处理模式。

对于多数高雷诺数流动，使用标准壁面函数和尺度化壁面函数一般都能取得较好的模拟结果；对于包含较大压力梯度的流动，非平衡壁面函数的计算效果更好一些。对于间隙流动、高黏度流动、低雷诺数流动、大的压力梯度导致的强边界层分离流动、带有较强旋转作用的叶轮内流动，上述壁面函数的计算精度下降，这时需要采用近壁模型。

4. Werner-Wengle 壁面函数

这是一种用于 LES 的壁面函数。Werner 和 Wengle[61]利用一个近壁区速度分布幂法则进行积分来求解壁面剪切力。由于 LES 本身的算法特点决定了必须使用精细网格，特别是近壁区第一层网格应该满足 $y^+ \approx 1$ 的要求，因此，使用壁面函数并不是 LES 的合适选择。

如果需要强制 Fluent 采用 Werner-Wengle 壁面函数模式，则需要需要借助文本命令 define/models/viscous/nearwall-treatment/werner-wengle-wall-fn? 来激活。

3.4.4 近壁模型法

近壁模型法是指直接借助特殊的湍流模型来求解近壁黏性影响区域流动的一种做法，只是这里的特殊湍流模型往往是在原有常规湍流模型基础上修改而来的。由于近壁区的雷诺数较低，常把近壁模型看成是一种低雷诺数模型。近壁模型需要在近壁区划分比较细密的网格，一般要求 $y^+ < 5$，边界层内至少有 10 层网格，最好能够达到 20 层。近壁模型法的求解精度要明显高于壁面函数法。

1. ε 近壁模型

针对包含耗散率 ε 方程的湍流模型，增强型壁面处理（enhanced wall treatment，EWT）模式[17]是最典型的近壁模型。EWT-ε 模式将一个双层模型和一个增强型壁面函数结合在一起。其最大特点是适合于 y^+ 从 1 到 10 的各种情况。其中，双层模型适用于近壁区网格非常细密的情况，即第一个网格节点位于 $y^+ \approx 1$ 的位置；而增强型壁面函数适用于网格比较大的情况，即第一个网格节点位于黏性底层到缓冲层（$3 < y^+ < 10$）的情况。在双层模型中，需要根据由壁面距离确定的湍动雷诺数来对计算域分层，在完全湍流区调用 k-ε 模型或其他高雷诺数模型进行流动求解，在靠近壁面的黏性底层调用特殊的一方程模型[62]进行流动求解，从而实现对近壁区的完全求解。增强型壁面函数则通过混合方法，平滑地将近壁区的层流线性公式和对数律层的对数律公式有机结合在一起，形成

一个增强型函数，从而拓展了完全湍流模型，使高雷诺数湍流模型可以既适用于湍流核心区，又适用于近壁区。EWT-ε 不依赖于壁面法则，适合于各种流动，包括复杂的分离流动和低雷诺数流动等。

2. ω 近壁模型

由于 ω 方程含有解析表达式，因此，针对包含比耗散率 ω 方程的湍流模型，只利用 ω 方程自身便可直接构造出 ω 近壁模型，即实现在黏性底层的积分，从而直接将黏性底层公式和对数律层公式混合在一起，生成一个对 y^+ 或 y^* 不敏感的处理模式[18]。ω 近壁模型可以实现从壁面函数到低雷诺数模型的自动切换，即当近壁区网格比较细密时，自动切换为低雷诺数模型，而当近壁区网格比较粗时，自动调用壁面函数。这种近壁模型允许用户任意细化或粗化近壁区网格。

这种近壁模型在不同 CFD 软件中的名称不尽相同，如在 Fluent 中叫作 EWT-ω 模式[17]，在 CFX 中叫作自动壁面处理模式[18]。在 EWT-ω 中，并不需要借助双层模式就可在整个黏性底层对 ω 方程进行积分，因此，可直接将黏性底层公式与基于 y^* 的对数律公式结合在一起，形成增强型壁面函数。EWT-ω 可用于所有基于 ω 方程的湍流模型。

3. LES 近壁模型

与大涡模拟相对应的近壁模型，通常有两类[17]：一类是完全求解模式；另一类是 Werner-Wengle 壁面函数模式[61]。完全求解模式即在壁面层内部和外部都采用 LES 方法进行求解。在此模式中没有多余的建模等处理，原则上具有较高的计算精度。采用此模式必须满足两个条件：一是在壁面层内要求网格足够精细，壁面法向 $y^+ \approx 1$，流向 $x^+ \approx 50$，展向 $z^+ \approx 10$；二是合理处理壁面层内尤其是黏性底层和缓冲层内的非充分发展湍流，如果采用 Smagorinsky 模型进行计算，需要一个黏滞函数来满足湍流的近壁面行为，如果采用动态类模型（如 DSM 或 DMM），则模型自身会调整模型系数以适合近壁面湍流，无需额外的处理。Werner-Wengle 壁面函数模式[61]是利用一个近壁区速度分布幂法则进行积分来求解壁面剪切力。在第 8 章 8.3 节将采用实例方式对 LES 中的各种近壁模型进行对比分析。

在 Fluent 中应用 LES 时，并不需要单独指定近壁处理方法，Fluent 会采用如下模型自动处理[17]：当网格细到可以直接求解层流黏性底层时，调用层流应力应变关系来计算剪切力；当网格对于求解层流底层过粗时，假定近壁单元的中心落在对数律层，然后调用对数律公式进行计算。如果需要让 Fluent 强制采用 Werner-Wengle 壁面函数模式，则需要借助单独的文本命令来激活。

前面介绍的 RANS-LES 混合模型，如 DES 模型，也可看作是一种 LES 近壁模型。关于 DES 模型，详见第 7 章。

3.4.5　壁面粗糙度的处理

上述壁面处理模式，无论是壁面函数法还是近壁模型法均只适用于光滑壁面，即壁面粗糙凸起高度小于黏性底层，这时壁面阻力只与雷诺数有关而与壁面粗糙度无关。但实际上，水泵过流表面多数情况下不能当作光滑壁面来处理，因此，需要在 CFD 计算中体现壁面粗糙度的影响。

壁面粗糙度通常用轮廓算术平均偏差 Ra 表示。水泵叶轮盖板的外表面多为通过车削加工得到的表面，Ra 值一般为 $6.3\mu m$ 左右，叶轮进口密封环表面 Ra 值一般为 $3.2\mu m$ 左右，铸造件（如泵腔）表面 Ra 值一般为 $50\mu m$ 左右。一般而言，壁面粗糙度较大时，近壁区湍流度增大，这样将导致壁面剪切力和壁面热传导系数显著增加。壁面粗糙度增加了壁面剪切应力，并破坏了湍流中的黏性底层，使图 3.4 所示的对数律层速度分布曲线下移 ΔB，如图 3.5 所示。此时有[17,23]

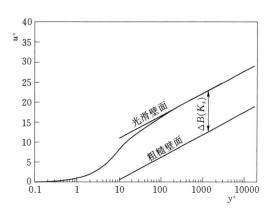

图 3.5　壁面粗糙时对数律层速度
分布曲线下移 ΔB

$$U^* = \frac{1}{\kappa}\ln(Ey^*) - \Delta B \qquad (3.25)$$

式中：ΔB 为对数律层速度分布曲线下移量，是粗糙度的函数，取决于粗糙形式和粗糙度厚度。

粗糙形式通常包括均匀砂粒、铆钉、螺纹、筋板和网状丝片等。对于水泵而言，粗糙形式多数情况下可选等效均匀砂粒。粗糙度厚度可用无量纲的粗糙度厚度表示[23]：

$$K_s^+ = \rho K_s u^* / \mu \qquad (3.26)$$

式中：K_s^+ 为等效砂粒的无量纲粗糙度厚度；K_s 为等效砂粒的实际粗糙度厚度，其物理含义如图 3.6 所示。

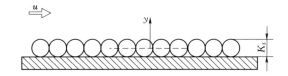

图 3.6　等效砂粒粗糙度示意图

根据式（3.26），可将近壁区的流动分成三类：

（1）水力光滑流动（$K_s^+ \leqslant 2.25$）。

（2）过渡流动（$2.25 < K_s^+ \leqslant 90$）。

（3）完全粗糙流动（$K_s^+ > 90$）。

对于三类不同流动，在 Fluent 中按下式计算 ΔB：

$$\left.\begin{array}{l} \Delta B = 0 \quad \text{水力光滑流动} \\[2mm] \Delta B = \dfrac{1}{\kappa}\ln\left(\dfrac{K_s^+ - 2.25}{87.75} + C_s K_s^+\right) \times \sin\left[0.4258(\ln K_s^+ - 0.811)\right] \quad \text{过渡流动} \\[2mm] \Delta B = \dfrac{1}{\kappa}\ln(1 + C_s K_s^+) \quad \text{完全粗糙流动} \end{array}\right\}$$

$$(3.27)$$

式中：C_s 为体现壁面粗糙形式的粗糙度系数，对于均匀砂粒的壁面，如水泵过流部件表面，通常可取 0.5。

在采用 Fluent 进行水泵和泵站 CFD 分析时，需要根据水泵和泵站过流部件的材料和加工方式输入粗糙度厚度 K_s 和粗糙度常数 C_s。K_s 与通常意义上的表面粗糙度 Ra 值基本相当，但二者并不完全相等，通常 K_s 可取 Ra 值的 $1.5\sim2$ 倍。例如，对于机械加工得到的叶轮盖板表面，Ra 值为 $12.5\mu m$，则 K_s 可取 $0.020mm$；对于铸造后抛光得到的泵体内表面，Ra 值为 $50\mu m$ 左右，则 K_s 可取 $0.080mm$。对泵站进水池的混凝土表面，K_s 可取 $0.3\sim2.0mm$。如果某个表面的粗糙度不是均匀分布的，需要采用 UDF 函数来给定 K_s 分布规律。由于水泵与泵站的表面可看成是砂粒均匀表面，故粗糙度系数 C_s 均可取为 0.5。

需要说明的是，CFX 的壁面粗糙度处理方式虽然在本质上与 Fluent 相同，但在形式上还是有一定区别的。CFX 采用 u_τ 而不是 u^* 来计算 K_s[18]：

$$K_s^+ = \rho K_s u_\tau / \mu \tag{3.28}$$

CFX 认为水力光滑流动的范围是 $K_s^+ \leqslant 5$，完全粗糙流动的范围是 $K_s^+ \geqslant 70$。同时，CFX 将体现壁面粗糙形式的粗糙度系数 C_s 直接设置成 0.3，不需要用户输入此值。

第4章 几 何 建 模

几何模型是开展 CFD 计算的基础，只有生成了以三维实体模型表示的几何模型后，才能划分网格并进行流动分析。本章介绍几何建模的基本方法，然后结合导叶式离心泵、双吸离心泵、轴流泵介绍常用泵型的几何建模过程。

4.1 几 何 建 模 概 述

4.1.1 几何建模要求

几何建模是指构造计算域内流体所占据空间的实体模型的过程。简而言之，几何建模就是要进行三维实体造型，即根据给定的水泵叶片木模图、叶轮结构图、吸水室和压水室水力单线图与结构图，以及所有与水流相接触部分的控制尺寸，借助三维造型软件，生成流体域的三维实体。

这里的三维造型是针对泵内流体所占据空间的三维造型，并不是针对水泵叶片、盖板、泵壳等零件结构的三维造型。这与水泵设计、加工或三维结构动力学分析时的三维造型是不同的，但二者是互补关系。要生成流体域三维模型，往往要先生成流体域内叶轮等结构的三维模型，然后通过布尔差运算，从处于完全充填状态的流体空间内去除叶轮等结构体所占空间后生成流体域三维实体模型。

几何建模时要满足以下要求[13]：

（1）在空间结构和几何尺寸方面，忠实于原设计，与叶片木模图、吸水室和压水室水力单线图、零件图相吻合。造型时需要抓住主要矛盾，将典型几何特征呈现出来，个别倒角、焊点、裂纹等细部结构，如果对流动影响不大，完全可以忽略。

（2）造型时，除了针对具体研究对象进行空间构造之外，还要考虑 CFD 计算施加边界条件的特殊要求，例如，将计算域向来流反方向或顺流方向进行适当延伸。还需要注意结合结构对称性、周期性特征，对几何模型进行切割。

（3）造型时，要考虑后续网格划分的需要，将不同组成部分用不同的块来构造，例如吸水室流体域与叶轮流体域则必须是两个完全分开的实体。

（4）为保证后续网格划分的成功，在各部件之间，例如叶片和盖板之间，绝对不能有"间隙"。虽然这种间隙可能只是由计算机运算时的截断误差所至，只有万分之一毫米的量级，但也必须避免，否则在划分网格时很可能失败。

4.1.2　几何建模软件与方法

一般的 CAD 软件，如 Pro/Engineer、CATIA、Unigraphics NX、SolidWorks，均提供三维造型功能，都可实现水泵三维造型，在功能和使用方法方面也大同小异。本章所介绍的水泵三维造型方法原则上适用于任何 CAD 软件。

CAD 软件提供的三维造型方法非常丰富，如拉伸、旋转、扫掠、混合、倒圆角、阵列、装配、布尔运算等。在进行水泵流体域的三维造型时，通常将各主要过流部件所占据的流体域分开，单独进行造型，然后再补充各部分之间的过渡连接区域，最后进行整体合成。

对于每个单独过流部件，例如叶轮，造型时需要采用自上而下（top-down）的方式，将部件分解为多个特征，通过构建单独的特征以及特征之间的布尔运算逐步得到完整准确的实体。在每一特征之内，需要采用自下而上（bottom-up）的方式造型，即首先取得点的数据，然后生成线，再由线生成面，最后生成体，从而完成每一步特征造型。通常将零件最主要或最大的部分作为基本特征，以搭积木的方式在基本特征的基础上，通过添加、去除和求交等布尔运算得到整个实体模型。关于造型软件的详细使用方法，请参见 CAD 方面的文献。

4.2　导叶式离心泵几何建模

图 4.1 是一台大型导叶式离心泵水力模型的三维流体域。该泵包括肘形吸水室、叶轮、导叶和螺旋形压水室。现以此为例，介绍使用 Unigraphics NX 软件进行三维造型方法和过程。

4.2.1　叶轮三维造型

该离心泵叶轮进口直径 233mm，出口直径 375mm，出口宽度 41mm，叶片数 6，叶片木模图如图 4.2 所示。现根据叶片木模图进行叶轮流体域的三维造型。

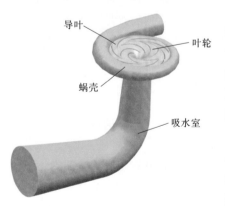

图 4.1　导叶式离心泵三维
实体图（流体域）

对于叶轮流体域的三维造型，需要视泵腔及滑移界面位置不同，生成不同形状的叶轮流体域。出于简化造型过程考虑，只是按照图 4.1 所示的叶轮流体域形状进行造型，不考虑泵腔流体域。关于泵腔流体域的造型，将在下一节给出的双吸离心泵造型实例中介绍。

对于叶片工作面和背面，生成方法有多种。如果叶片是圆柱形的，可以先生成其 2D 曲线，然后通过拉伸来生成叶片曲面。如果叶片是扭曲的，可以采用旋转法和散点法。两种方法的区别在于在 3D 空间构造叶片轴面截线的方法不同。旋转法的思想是先在 2D 平面内生成叶片轴面投影图及轴面截线，然后按轴面截线所在的轴面圆周角度旋转轴面截线，从而生成 3D 空间轴面截线，然后通过边界混合功能生成叶片曲面。散点法的思想是根据木模截线坐标表中的数据，直接在 3D 空间生成叶片轴面截线，然后通过边界混合功能生成叶片曲面。这里以散点法为例，介绍叶片曲面生成及叶轮三维造型方法和过程。

（1）生成叶片工作面控制点。根据图 4.2 给出的叶片工作面木模截线坐标表，将表中各点在 3D 空间表示出来，生成一系列离散的点，如图 4.3 所示。

（2）生成空间轴面截线。使用"艺术样条"功能将隶属于同一轴面截线的各点，用样条曲线连接起来，如图 4.4 所示。

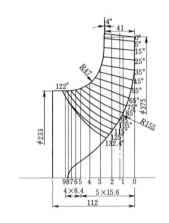
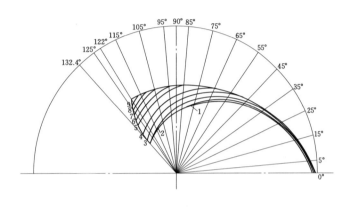

叶片背面坐标表

	0°	5°	15°	25°	35°	45°	55°	65°	75°	85°	95°	105°	115°	125°	Inlet	Hub	Shroud
Hub	187.50	181.49	169.13	156.58	143.46	130.43	117.97	106.35	95.77	86.40	78.06	70.59	63.84	57.54	53.13/132.4°		
1	189.12	183.06	170.58	158.22	145.73	133.34	121.08	108.96	97.22							87.23	
2	190.75	184.64	172.03	159.88	148.15	136.73	125.75	114.79	103.66	92.90	82.69	73.26	64.56			61.73	
3						140.39	130.56	120.94	111.09	100.93	90.97	81.16	72.59	64.15	58.69		144.45
4								118.94	110.00	100.42	91.16	82.27	73.68		69.47		126.33
5									111.17	101.84	93.07	84.62	81.76				119.30
6										108.43	99.31	90.88	88.82				117.48
7											116.47	106.64	97.75		96.54		116.61
8												112.07	102.54		102.10		116.50
9															108.84		116.50
Shroud	191.74	185.65	173.04	161.20	150.29	140.81	133.01	126.91	122.45	119.42	117.52	116.60	116.50	116.50	116.50/122°		

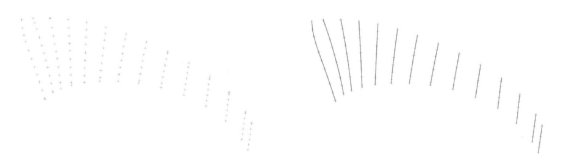

105°轴面

技术要求

1.叶片数为6片；
2.叶片等厚度，且进口边按图修圆；
3.从吸入口方向看，叶轮逆时针旋转。

图 4.2 叶片木模图

图 4.3 生成的叶片表面控制点

图 4.4 生成的叶片轴面截线

（3）生成叶片曲面。基于刚刚生成的各条空间曲线，使用"通过曲线组"功能生成叶片曲面，如图 4.5 所示。该曲面即为叶片工作面。

（4）生成叶片背面。根据图 4.2 给出的叶片背面木模截线坐标表，重复上述过程，即得到叶片背面，如图 4.6 所示。

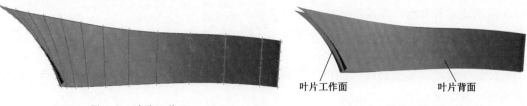

图 4.5　叶片工作面

图 4.6　叶片工作面和背面

（5）曲面延展。借助"延伸"功能，就刚刚生成的叶片工作面，分别选中除进口边之外的三条边，将曲面向外延伸 1mm。该操作的目的是为了在后续进行曲面合并时，叶片表面与前盖板、后盖板和叶轮出口曲面完全贴合，输入的 1mm 对最终造型结果没有影响，可视实际情况输入其他相近的数值，如果水泵尺寸较大，可输入更大一点的数值。这里之所以不对进口边延伸，是考虑到进口边并不与其他曲面有交集。

曲面延展操作，也可在进入 CAD 造型软件之前进行，即首先在叶片木模图上，将前盖板、后盖板和出口边分别向外延伸 1mm 左右，形成比实际叶片大一些的新叶片，并记录延伸之后所多出来的各离散点的数据，然后按扩充后的离散点数据生成叶片曲面。

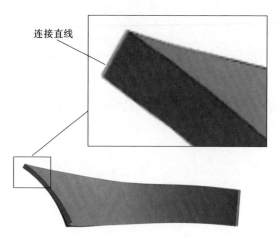

连接直线

图 4.7　叶片实体图

（6）生成叶片的边界曲面。为了使叶片的整个曲面封闭起来，除了工作面与背面外，还需要再生成周边的 4 个边界曲面。为此，在延展后的叶片表面 4 个角点处补充直线，即连接叶片工作面与背面对应点，如图 4.7 所示。然后使用"通过曲线网格"功能生成除工作面与背面之外的 4 个表面。最好使用"缝合"功能将补充的 4 个表面与叶片工作面、背面组合起来形成一个封闭曲面。

（7）生成叶片实体。接着，调用"实体化"功能，将上述封闭曲面转化为三维实体。

（8）叶片进口边修圆。叶片进口边修圆有两种方法：①变半径倒圆；②面倒圆。由于叶片头部的厚度沿着进口边往往是渐变的，所以在修圆时，可采用变半径倒圆的方法生成叶片头部。面倒圆操作较为简单，"面倒圆"功能会根据叶片厚度自动调整倒圆的半径，并保证叶片进口边的倒圆与工作面和背面相切，倒圆后的叶片进口边如图 4.8 所示。

（9）生成叶片阵列。借助"阵列复制"功能，将前面所得叶片实体按叶片数进行阵列复制，得到与实际叶片数目相符的叶片实体，如图 4.9 所示。

（10）生成叶轮实体域。基于木模图中的尺寸，绘制前盖板、后盖板、出口边和叶轮进口边组成的 2D 封闭曲线，即叶轮轴面图，然后将其旋转 360°，生成叶轮实体域，如图

4.10 所示。可以看到，该图包括了前期生成的叶片和刚刚生成的叶轮实体域。因前期对叶片进行了延展操作，故叶片超出叶轮前后盖板 1mm 左右的距离。

（11）生成叶轮流体域。借助"减去"功能，从叶轮实体域中去除叶片实体所占区域，得到叶轮流体域，如图 4.11 所示。

图 4.8　修圆后的叶片头部

图 4.9　全部叶片实体

图 4.10　叶轮实体域

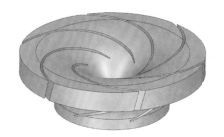

图 4.11　叶轮流体域

4.2.2　导叶三维造型

该离心泵导叶采用圆柱叶片，即直导叶形式，导叶进口直径 $D_3 = 408$mm，出口直径 $D_4 = 526$mm，叶片高度 $h = 43$mm，水力尺寸如图 4.12 所示。

由于 CFD 分析时需要在导叶与叶轮之间设置分界面（滑移界面），因此不能直接使用导叶进口直径 D_3 来造型，而是需要选择比 D_3 稍小的圆柱面作为导叶进口。至于将 D_3 缩小的数值，取决于滑移界面的位置，假定为 3mm。导叶外部是蜗壳，同样需要在导叶与蜗壳基圆之间设置分界面，分界面经常取在蜗壳基圆所在圆柱面，即把导叶出口直径 D_4 向外延伸一个小值，假定 2mm。造型过程如下：

（1）生成导叶叶片平面图。由于导叶一般是圆柱形叶片，即不扭曲的直叶片，因此首先在 2D 平面上生成其平面图，如图 4.13 所示。

（2）生成单个叶片实体。选定一个叶片 2D 图形，使用"拉伸"功能获得一枚叶片实体。为保证后续将导叶叶片所占体积从导叶流体域中去除时不出现偏差，拉伸的高度至少要超过导叶实际高度 1mm，如图 4.14 所示。

（3）阵列生成全部叶片。通过"阵列几何特征"功能，按照叶片数复制出其余导叶叶

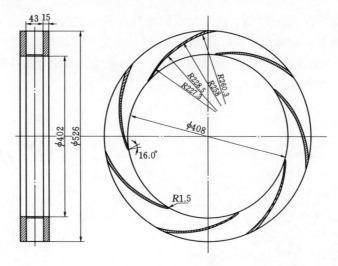

图 4.12　导叶水力尺寸

片实体，结果如图 4.15 所示。

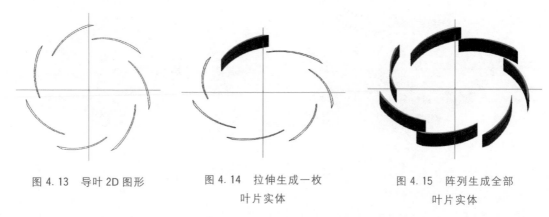

图 4.13　导叶 2D 图形　　　　图 4.14　拉伸生成一枚　　　　图 4.15　阵列生成全部
　　　　　　　　　　　　　　　　　　叶片实体　　　　　　　　　　　　叶片实体

　　（4）创建导叶实体域。基于导叶水力单线图，并依据滑界面或常规界面的位置，将导叶内圆/外圆所在圆柱面向内/向外分别延伸 3mm/2mm，绘制导流体域的 2D 封闭曲线，然后将其绕旋转轴旋转 360°，得到导叶实体域，如图 4.16 所示。

　　（5）生成导叶流体域。使用"减去"功能除去叶片所占体积，生成导叶流体域，如图 4.17 所示。

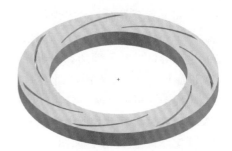

图 4.16　导叶实体域　　　　　　　　　　　　图 4.17　导叶流体域

4.2.3　蜗壳三维造型

本例中的导叶式离心泵蜗壳为圆形断面，采用焊接工艺制作。蜗壳基圆直径 546mm，蜗壳出口直径 185mm，从叶轮入口方向看到的蜗壳水力单线图如图 4.18 所示。

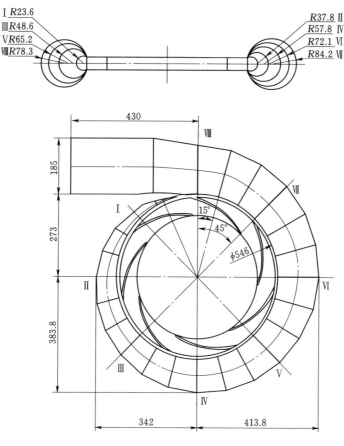

图 4.18　蜗壳水力单线图

1. 造型思路

圆形断面焊接蜗壳采用隔断式隔舌，也就是说将导叶的一枚叶片延长后占据隔舌位置，将原隔舌位置左右两侧隔断，如图 4.18 所示。如果是常规的铸造蜗壳，则隔舌处的结构型式要复杂一些，造型方法也与此不同，4.3 节的双吸离心泵造型将针对常规蜗壳介绍如何处理隔舌区域的造型问题。

圆形断面焊接蜗壳还有一个特点，即蜗壳是分段的，每段类似"直锥管"形式，各段之间有焊缝，造型时需要通过"直纹"功能将焊缝处的断面两两相连，这样形成的蜗壳流体域看起来在焊缝下并不光滑，但这对水力性能的影响并不大，而常规铸造蜗壳的流体域看起来是光滑的，如 4.3 节的双吸离心泵蜗壳所示。

此外，焊接蜗壳断面是圆形，而常规蜗壳断面可能是梯形等其他形状，但无论断面如何，蜗壳三维造型思路与过程几乎相同，区别只在于在 2D 平面上绘制断面形状时对应的几何形状不同。

　　蜗壳造型的思路是先初步创建蜗壳实体域，再对隔舌细部进行处理。创建蜗壳实体域一般通过先绘制断面再将断面连接成实体的方式来进行。

　　2. 造型过程

　　（1）绘制断面轮廓。使用"草图"功能在蜗壳各断面所在位置绘制断面 2D 轮廓线。为方便蜗壳隔舌处的处理，可在隔舌至第Ⅷ断面之间补充一个断面，结果如图 4.19 所示。

　　（2）生成蜗壳实体域。使用"直纹"功能将断面两两连接起来，生成蜗壳实体域，如图 4.20 所示。

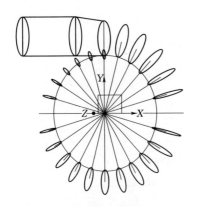

图 4.19　蜗壳断面轮廓图

图 4.20　蜗壳实体域

　　（3）处理蜗壳与导叶交界面。蜗壳与导叶之间存在一个交界面，根据交界面位置不同，蜗壳大小稍有不同。假定交界面位于蜗壳基圆处，使用"修剪体"功能，以基圆所在圆柱面为刀具，除去蜗壳在交界面内的多余部分。

图 4.21　蜗壳流体域造型

　　（4）隔舌处理。此例为隔断式蜗壳，即在蜗壳实体域中去除隔舌处加长导叶所占的体积即可得到。使用"减去"功能，完成隔舌位置的处理，得到最终的蜗壳流体域，如图 4.21 所示。

4.2.4　肘形进水流道三维造型

　　肘形进水流道主要有两种型式：混凝土浇筑流道和金属焊接流道。混凝土浇筑流道断面由矩形过渡到圆形；金属焊接流道的进口和出口断面都是圆形。断面面积从进口到出口逐渐收缩。对于这两种流道的造型，在画出不同位置的断面后，均可采用"通过曲线组"或"扫略"功能形成实体。

　　现有图 4.22 所示的金属焊接流道，各断面均为圆形，进口直径 450mm，出口直径233mm，叶轮中心线至流道底部的高度 1120mm。现将流体域三维造型过程介绍如下。

　　（1）创建流道平面草图。在 XZ 平面内，以叶轮中点为原点，按照图 4.22 所给出的

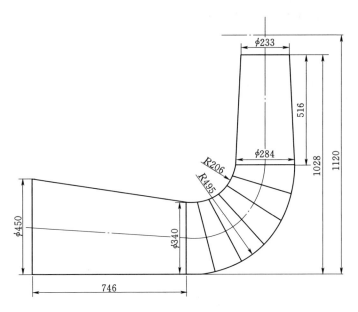

图 4.22　肘形进水流道水力图

尺寸绘制进水流道平面图，结果如图 4.23 所示。

　　（2）绘制断面轮廓。利用"基准平面"中"成一角度"命令，以 XZ 平面为"参考平面"，分别以各断面直径为"通过轴"，选择"角度"为 90°，创建各个断面的基准平面，然后分别在基准平面上创建草图，将进水流道圆形断面绘制出来，结果如图 4.24 所示。

　　（3）创建流体域。利用"扫略"命令，从进口截面至出口截面逐一进行扫略。在选择截面时应注意将两截面的方向保持一致，扫略过程中如果发生曲面扭曲情况，可在"扫略"命令下面的提示中选择"根据点"，通过指定相应点来调整表面光顺度。将扫略完成的各个实体进行"布尔求和"，得到肘形进水流道流体域，如图 4.25 所示。

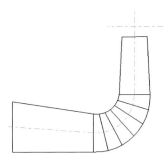

图 4.23　进水流道平面图

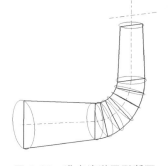

图 4.24　进水流道圆形断面

图 4.25　肘形进水流道流体域

4.3　双吸离心泵几何建模

　　双吸离心泵叶轮的三维造型与单吸离心泵叶轮三维造型方法和过程基本一样，只是需要通过 CAD 软件的"镜像"功能生成叶轮流体域的另一半实体。为此，本节不再重复叶轮造型过程，只介绍螺旋形压水室和半螺旋形吸水室的三维造型。

4.3.1　螺旋形压水室三维造型

螺旋形压水室由螺旋段、扩散管和隔舌 3 部分组成，造型时这 3 部分需要单独进行，然后再合成。假定螺旋形压水室的水力单线图如图 4.26 所示，图中包括压水室平面图、蜗室 I～VIII、9-9' 和 10-10' 断面图。压水室基圆直径 362.5mm，蜗室进口宽度 50mm，蜗壳出口断面为圆形，出口直径 200mm。

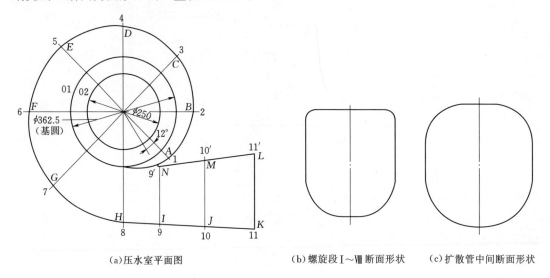

(a)压水室平面图　　　(b)螺旋段 I～VIII 断面形状　　(c)扩散管中间断面形状

图 4.26　压水室水力单线图

1. 螺旋段造型

压水室螺旋段是指从蜗室螺旋线起点至第 VIII 断面之间的区域。根据蜗室断面形状不同，可以采用拉伸造型和混合边界扫掠造型等多种方法，但适用性最广泛的方法是混合边界扫掠方法，在各种 CAD 软件中均可实现。其过程是首先在各断面的空间位置上绘制断面形状，然后绘制螺旋线，最后将各断面沿着螺旋线扫掠，则生成整个螺旋段。

由于隔舌部分比较特殊，需要单独创建，这里暂时将隔舌部分空出。

（1）断面导入。首先在 CAD 软件中设置草绘基准平面，然后根据压水室水力单线图中 I～VIII 断面形状、空间位置及尺寸，草绘生成各断面的二维线框图，如图 4.27 所示。

在图 4.27 中，除了绘制 I～VIII 断面外，还人为补充了一个 0 断面。0 断面位于 I 断面之前，靠近 VIII 断面。

（2）绘制引导线。为了后期根据各断面扫掠生成螺旋段，需要根据水力单线图中的蜗室螺旋线绘制螺旋段的外围螺旋线，以及连接 0～VIII 断面入口各点的两条圆弧（圆弧直径等于基圆直径），从而构成扫掠用的 3 条引导线，图 4.27 中可以看到这两条圆弧线，但未显示出外围螺旋线。

（3）扫掠生成螺旋段。利用 CAD 软件提供的混合边界"扫掠"命令（有的软件称为"扫描"），将图 4.27 中生成的各断面按顺序沿着 3 条引导线进行扫掠，直接生成螺旋段实体，如图 4.28 所示。

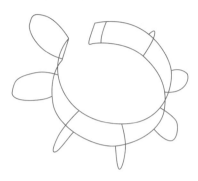

图 4.27 螺旋段Ⅰ～Ⅷ断面的绘制

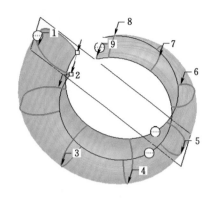

图 4.28 通过扫掠命令生成的螺旋段

2. 扩散管造型

扩散管的造型方法与螺旋段基本一致，也通过扫掠生成。首先，根据图 4.26 给出的扩散管尺寸及 9、10、11 三个断面的形状和尺寸，参照绘制螺旋段相同的方法，完成 9、10、11 三个断面的草绘；然后，根据扩散管尺寸绘制两条引导线，结果如图 4.29 所示。注意，图中的扩散管只给出了一半，另一半准备采取镜像方式完成；图中螺旋段只是为了更加清晰地表示扩散管相对位置才给出的，到目前为止隔舌部分实际上尚未创建。

最后，利用"扫掠"命令，将图 4.29 生成的各断面按顺序沿着两条引导线进行扫掠，生成扩散管实体，如图 4.30 所示。

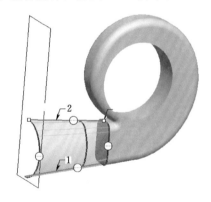

图 4.29 扩散管各断面及引导线绘制

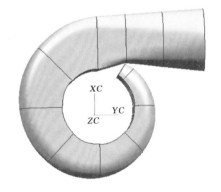

图 4.30 螺旋段和扩散管造型结果

3. 隔舌造型

隔舌部分是螺旋段与扩散管的连接部分，在连接处还有圆角过渡。隔舌部分造型要麻烦一些，需要先构建一系列曲面，封闭后进行实体化。而曲面的构造需要借助辅助块来完成。无论多么复杂的隔舌形状，均可通过辅助块制作、圆弧修补、隔舌体生成和基圆修剪等 4 个环节来完成造型。

（1）辅助块制作。为了获得隔舌曲面的边界曲线，需要先构造一个多面体辅助块。首先，在图 4.30 所示的实体中，从扩散管上去除一部分实体，得到图 4.31 所示结果。注意，这里可借助一个立方体及布尔差来完成去除操作。立方体的左边界与蜗室第Ⅷ断面重合，右边界与蜗室 0 断面最高点重合，上边界保证高出第Ⅷ断面最低点，距离约等于第Ⅷ

断面高度的 1/5，下边界与第Ⅷ断面底部平齐，立方体的厚度大于压水室出口直径即可。

接着，在刚才的空缺部位填补一个多面体。填补方法是，首先选中空缺区域的主要控制点和线框，建立多面体的线框，如图 4.32 所示；然后通过线框生成面，再把各个面缝合为实体，结果如图 4.33 所示。

（2）圆弧修补。圆弧修补是指构造蜗室螺旋段与压水室扩散管之间的过流圆角。首先，在刚才生成的多面体附近作两条圆弧，如图 4.34 所示。其中，小圆弧的半径和位置完全由隔舌处过渡圆角半径所决定；大圆弧的起点和终点分别为图 4.34 中的 B 点和 D 点，

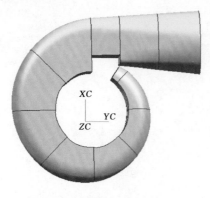

图 4.31　过渡段裁剪后的实体

其形状近似与小圆弧平行即可。

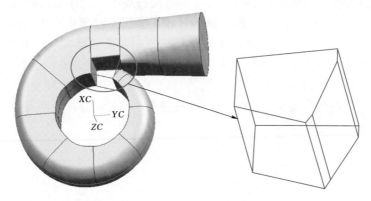

图 4.32　建立多面体网格线框

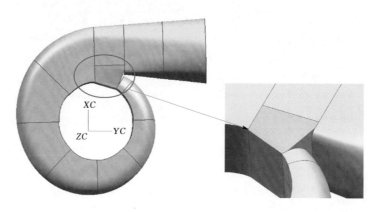

图 4.33　生成多面体

接着，将大圆弧端点 B、D 和圆心连接起来，形成图 4.35 所示扇形。将该扇形沿泵轴方向双向拉伸，拉伸长度保证扇形块超出刚才生成的多面体厚度即可。拉伸完成后，在多面体与扇形体之间，作布尔差运算，得到图 4.36 所示的结果。

（3）隔舌体生成。为了生成隔舌补充体，抽取扫掠用的两个截面和三条圆弧。两个截

面分别为扩散管和蜗室 0 断面上的部分区域，三条圆弧中的一条为图 4.34 中的小圆弧，另外两条是多面体剪裁后的两条圆弧，结果如图 4.37 所示。

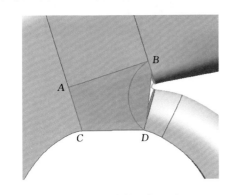

图 4.34　绘制两条圆弧

图 4.35　制作扇形

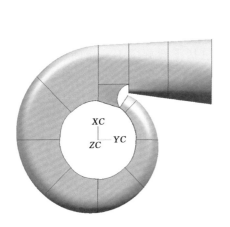

图 4.36　修剪后的结果

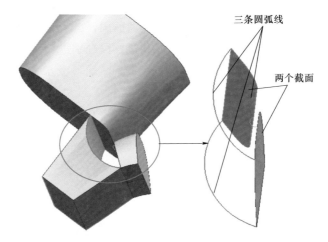

图 4.37　抽取扫掠用的两个截面和三条圆弧

　　将刚才生成的两个截面，沿着三条圆弧进行扫掠，生成隔舌体，如图 4.38 所示。将该隔舌体放到图 4.36 所示的压水室中，进一步做布尔求和运算后，得到压水室，如图 4.39 所示。

图 4.38　扫掠生成的隔舌体

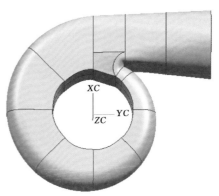

图 4.39　生成的压水室

（4）基圆修剪。上面得到的压水室，基圆还不够标准，同时，由于计算误差，个别部位可能出现"缺肉"的现象，需要做基圆修剪。为此，首先补充一个圆柱体，圆柱体的半径比基圆直径大 1mm 即可，圆柱体的厚度与蜗室 I ～ VIII 断面宽度相等；然后，将圆柱体与前面生成的压水室作布尔并操作；最后，再做一个新的直径为基圆直径的圆柱体，厚度大于刚才的圆柱体，在刚才生成的压水室中，差出新圆柱体，则得到了最终的压水室流体域，如图 4.40 所示。

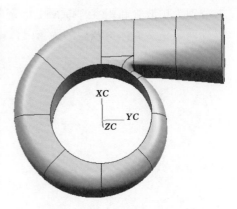

图 4.40　最终生成的压水室流体域

4.3.2　半螺旋形吸水室三维造型

双吸离心泵所采用的半螺旋形吸水室是各式吸水室中最为复杂的一种。吸水室水力单线图提供了进水段及螺旋段的断面图，二者之间却存在一个数据盲区。根据这一特点，吸水室造型按螺旋段、进水段和过渡段分别进行。

造型对象为图 4.41 所示的半螺旋形吸水室，其中包括了螺旋段 I ～ VIII 断面、0 断面和 IX 断面的形状和尺寸，还包括了进口段 X 断面和 XI 断面的形状和尺寸。吸水室进口断面是一个直径为 300mm 的圆，在螺旋段的 0 断面处有一个隔舌。水泵轴从吸水室中穿过，轴（套）直径是 40mm。吸水室的出口接水泵叶轮进口，是一个直径为 120mm 的圆。

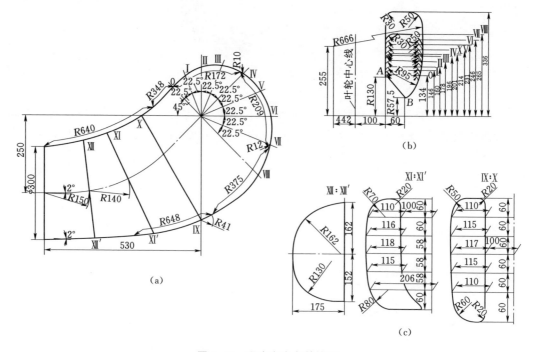

图 4.41　吸水室水力单线图

1. 螺旋段造型

吸水室螺旋段是指从隔舌所在的 0 断面到第Ⅷ断面之间的部分，对应圆周包角一般为 180°。但是，在有的吸水室水力设计图纸中，除了 0～Ⅷ断面外，还给出Ⅸ和Ⅹ断面，这样螺旋段的包角就增大到 270°，如图 4.41 所示。无论是哪种情况，螺旋段造型方法是一样的，主要采用基于各断面和引导线的混合边界扫掠造型手段来实现，与压水室螺旋段造型方法基本一致。

首先，创建安放各个断面图的基准平面，将各个断面草绘至相应平面上。注意，为了保证下一步构造轴孔方便，可以适当将各断面向泵轴方向扩展，并将断面用曲线封闭起来。然后，绘制三条用于曲面扫掠的引导线，其中一条是图 4.41（a）中的螺旋线，另外两条是与图 4.41（b）中 A、B 两点相对应的圆弧，结果如图 4.42 所示（未显示出最外一条轮廓线）。

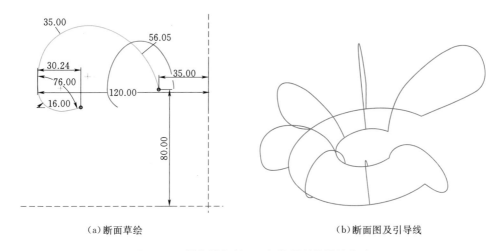

（a）断面草绘　　　　　　　　　　　（b）断面图及引导线

图 4.42　螺旋段各断面及扫掠用引导线的构建

接着，采用混合边界扫掠功能，将各截面沿引导线扫掠为螺旋段曲面，结果如图 4.43 所示。

上述构建完成了螺旋段曲面。如果希望构建螺旋段实体，可以在图 4.43 中先将各断面封闭，如同压水室螺旋段构造时那样，然后进行扫掠，则生成了实体。

2. 进水段造型

进水段是指从吸水室的进口（圆断面）到Ⅸ～Ⅹ断面之间的过流部分。注意，进水段中间由压水室外壁分隔成两部分。在造型时，可暂时先不考虑压水室所占据的空间。

（1）断面形状预处理。为了方便进行进水段的扫掠，一开始可暂不考虑压水室所占据的空间。因此，需要对各断面进行预处理，将图 4.41 中Ⅻ-Ⅻ′、Ⅺ-Ⅺ′和Ⅸ-Ⅹ断面进行镜像，并左右连通。例如，Ⅺ-Ⅺ′断面镜像如图 4.44 所示。

（2）断面草绘及引导线创建。参照上述生成螺旋段的方法，创建将要进行各断面草绘的基准面，并在相应平面上草绘各断面。根据图 4.41（a）生成两条进水段扫掠引导线，如图 4.45 所示。注意图中也同时显示出了螺旋段的断面图，主要是为了看清进水段的相对位置。

（3）进水段扫掠。采用混合边界扫掠功能，将各截面沿引导线扫掠为螺旋段曲面，结果如图 4.46 所示。

图 4.43　生成的螺旋段曲面

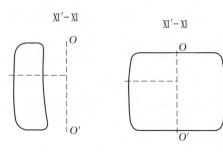

图 4.44　XI-XI′断面镜像结果

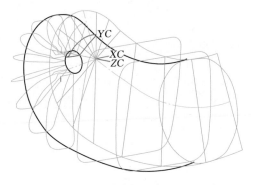

图 4.45　进水段各断面及扫掠用引导线的构建

图 4.46　进水段

（4）压水室空间去除。在上面生成的进水段中，需要将压水室占据的空间清除。为此，根据压水室螺旋段各断面的形状及相对位置，并考虑压水室段壁厚，采用扫掠方式构建压水室螺旋段，如图 4.47 所示。

然后，在二者之间做布尔差运算，得到去除压水室之后的吸水室进水段。接着，提取靠近进水段的螺旋段截面圆角半径，对刚才生成的进水段上缘和下缘进行边倒圆，结果如图 4.48 所示。

图 4.47　压水室外壁螺旋段

图 4.48　最后形成的进水段

3. 过渡段造型

过渡段是指进水段与螺旋段之间的过流部分。这部分是数据盲区，在吸水室水力单线图中一般没有专门定义，在螺旋段和进水段造型完成以后需要根据经验光滑过渡连接。

如果螺旋段的包角较大，过渡段区域较小，如图 4.49 所示，则可通过进水段和螺旋段现有曲面边界直接生成进水段曲面。其

图 4.49 小包角过渡段

主要操作方法是，首先绘制两组垂直的基准平面，得到基准点；然后进入草绘状态，绘制曲面框架曲线，保证曲线通过基准点，如图 4.50 所示；再根据框架曲线生成过渡段曲面，如图 4.51 所示。

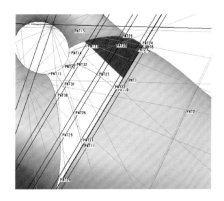

图 4.50 使用基准点绘制构架曲线

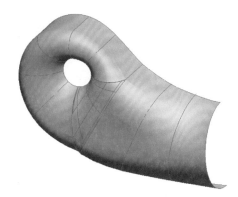

图 4.51 基于框架曲线生成过渡段

如果螺旋段包角小，过渡段区域较大，如图 4.52 所示，则上述生成过渡段的方法较难于应用。为此，可采用类似于压水室隔舌区的构造辅助块的方法进行造型。现叙述如下：

（1）过渡段扫掠体生成。可针对图 4.52 中的组成过渡段的两个螺旋段断面和一个过渡段断面提取出来，如图 4.53 所示。然后，参照图 4.41（a）中过渡段上下两条圆弧，绘

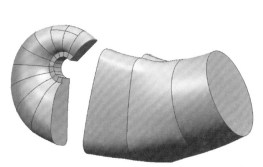

图 4.52 需要补充过渡段的吸水室

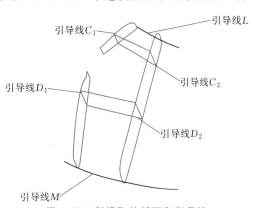

图 4.53 所提取的断面和引导线

77

制引导线 L 和 M，如图 4.53 所示。接着，选择螺旋段两个断面的中间部位，向着过渡段断面作两组引导线，分别近似平行于刚才生成的引导线 L 和 M，结果如图 4.53 所示。

将图 4.53 中的两个断面分别沿引导线扫掠，则生成了过渡段扫掠体，如图 4.54 所示。

（2）辅助块制作。参照压水室隔舌体制作过程，同样在图 4.54 所示区域制作一个如图 4.55 所示的辅助块。然后，将辅助块安放到过渡段中，如图 4.56 所示。

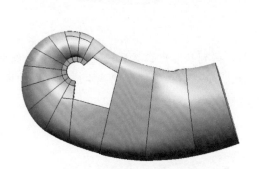

图 4.54　扫掠得到的过渡段实体

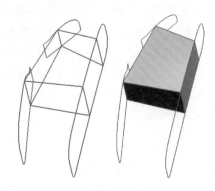

图 4.55　辅助块

（3）圆弧修补。参照压水室隔舌体制作过程，以辅助块左侧上下两个端点为端点创建圆弧，然后拉伸成扇形块，通过布尔差运算后，得到图 4.57 所示实体。

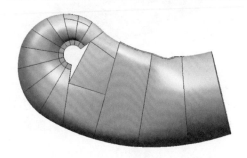

图 4.56　补充了辅助块的过渡段

图 4.57　对辅助块进行扇形修剪后的结果

（4）填充体制作。应用 CAD 软件中的抽取曲线功能，在图 4.58（a）中抽取两条边缘曲线，然后绘制两条空间圆弧，得到图 4.58（b）所示的填充体，将其转换成实体后，填入到图 4.57 所示过渡段，则生成了完整的吸水室，如图 4.59 所示。

4. 吸水室流体域生成

上述工作结束后，还有一些细节需要处理，主要包括吸水室出口凸台、轴孔、隔舌，以及螺旋段镜像等，下面逐个进行介绍。

（1）吸水室出口凸台创建。根据总装配图中吸水室与叶轮的配合关系，吸水室与叶轮之间通常有一个口环，这个口环区域内的流体是一个圆柱体或锥形体，如果将这部分流体域也一并归入吸水室进行造型的话，则相当于吸水室出口多出一个圆柱凸台。该凸台造型比较简单，可通过二维截面旋转而成，或通过圆平面拉伸而成，结果如图 4.60 所示。

(a) 抽取填充体边界线　(b) 构造填充体曲面

图 4.58　填充体的制作

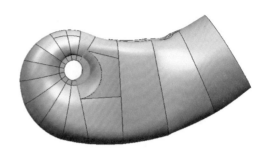

图 4.59　带有完整过渡段的吸水室

（2）轴孔创建。在吸水室造型过程中，图 4.59 中形成的轴孔直径比实际尺寸要小，因此，还需要根据总装配图中轴径（实际为轴套外径）给出轴孔。为此，可先按实际直径创建一个圆柱体，然后通过布尔差操作形成实际轴孔，如图 4.61 所示。

图 4.60　吸水室出口凸台

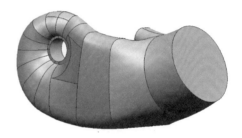

图 4.61　生成实际尺寸的轴孔

（3）隔舌生成。通常，吸水室在 0 断面处有一个隔舌，其主要作用是隔断水流在圆周方向的旋转，使水流顺畅导入到叶轮吸入口中。该隔舌形状和尺寸在图 4.41（b）中有明确定义。为此，可在 0 断面位置上，绘制一个扩大的隔舌，使隔舌外围超出隔舌实际控制区域即可，如图 4.62（b）所示。然后，沿法向拉伸得到扩展隔舌体（拉伸的厚度可在吸水室设计图中找到）。拉伸后结果如图 4.63 所示。然后，从吸水室实体中通过布尔差去除扩展隔舌体，便得到了带有隔舌的吸水室。

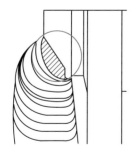 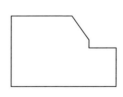

（a）隔舌形状和位置　（b）扩展隔舌面积

图 4.62　对隔舌进行扩展处理

图 4.63　构造完成的扩展隔舌体

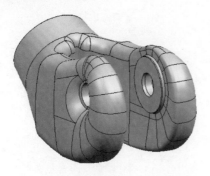

图 4.64　最终形成的吸水室流体域

（4）螺旋段和过渡段镜像。上述得到的吸水室并不完整，只有一侧带有螺旋段和过渡段。因此，将所生成的螺旋段和过渡段向中间平面镜像，便得到吸水室另一半的螺旋段和过渡段，即得到最终的吸水室流体域，如图 4.64 所示。

4.3.3　双吸离心泵整体模型的生成

在前面分别完成了叶轮、压水室、吸水室三部分流体域的造型后，还有两部分工作要做：①对泵腔内"剩余区域"进行三维造型；②将各部分进行整体合成。

1. 泵腔流体域生成

对于双吸离心泵而言，泵内未被造型的"剩余区域"是叶轮与泵体之间的泵腔区域，如图 4.65（a）所示。该区域属于回转体，只需要将二维图形绕泵轴旋转一周，则得到泵腔流体域实体，如图 4.65（b）所示。

需要注意的是，在造型时，建议将这一泵腔区域单独造型，并作为单独的计算域，通过交界面与叶轮和压水室连接。这样处理的好处是有利于网格划分，有利于在网格图上施加内部旋转边界条件，同时方便于流动分析结果的后处理。

2. 完全流体域的合成

在完成上述各部分造型后，将各部分组装到一起，就形成了双吸离心泵流体域的整体三维模型，如图 4.66 所示。

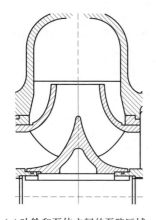

（a）叶轮和泵体之间的泵腔区域　　　（b）泵腔区域流体域造型结果

图 4.65　叶轮和泵体之间的泵腔流体域

图 4.66　双吸离心泵流体域

在后续开展 CFD 计算时，需要在水泵进口和出口施加特定边界条件。为保证边界条件施加的合理性，经常需要将进口或出口放置在流动平顺的位置，因此，需要向着来流的反方向延伸水泵进口段，向着出流方向延伸水泵出口段，最终结果如图 4.67 所示。

进口延伸段

出口延伸段

图 4.67　带有延伸段的双吸离心泵流体域

4.4　轴流泵几何建模

4.4.1　轴流泵几何建模方法

按照水流方向，轴流泵流道一般由 5 部分组成：进水喇叭管、叶轮、导叶、扩散管及弯管。轴流泵造型可分为自里向外和自下向上两种方式。

自里向外的造型过程是，先构建叶轮叶片、轮毂体、导叶叶片和导叶轮毂、泵轴、导水锥，形成内体；然后构建叶轮室、导叶腔、进水喇叭管、扩散管和出水弯管，形成外体；接着，从外体中差去内体，则形成轴流泵流体域实体。该造型过程简单、快速，比较方便于进行轴流泵整体流动分析。但是，若要观察某些动静耦合界面上的流动时，特别是需要在 CFD 计算中对泵轴和导水锥施加转动壁面边界条件时，有其不便之处。工程中更多采用自下向上的造型过程，即单独制作叶轮流体域、导叶流体域、进水喇叭管流体域、扩散管和出水弯管流体域，然后将各部分合成。自下向上形成的三维模型，包含了主要交界面，便于后期划分网格及施加边界条件。

现假定叶片半调节轴流泵（模型）如图 4.68 所示。水泵设计流量 350L/s，设计扬程 11.0m，额定转速 1450r/min。叶轮直径 300mm，叶片数 3，导叶叶片数 11。叶轮叶片木模图和导叶叶片木模图已知。叶轮叶片木模图包含叶片轴面投影、平面投影和 5 个圆柱截面（或球面）上的翼型截面图。作为翼型的一个代表，只给出了图 4.68（c）所示一个截面上的翼型尺寸。

现介绍针对该轴流泵的自下向上造型过程。

4.4.2　叶轮三维造型

为了完成叶轮流体域的造型，需要首先构造叶片的三维模型。通常情况下，叶片的几何形状是通过从轮毂到轮缘的约 5 个截面（圆柱面或球面）上所规定的翼型所确定的，每个截面上翼型形状、大小、安放角不尽相同。在三维空间生成对应的翼型截线后，采用混成曲面的方式，可生成叶片曲面。现叙述如下：

（1）导入翼型工作面坐标数据，并生成曲线。根据叶片木模图中每个翼型的截面图数据，以及该截面所在圆柱面（或球面）的空间位置，可生成一个表示叶片工作面的各点

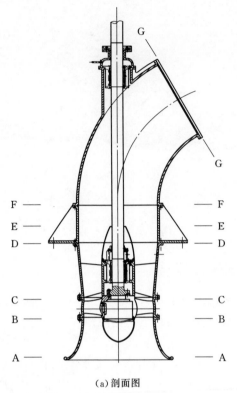

（a）剖面图

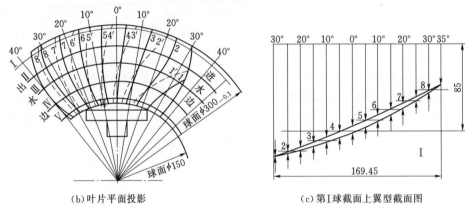

（b）叶片平面投影　　　　　　　（c）第I球截面上翼型截面图

图 4.68　轴流泵剖面图及叶片木模图（部分）

（轴面与工作面交点）的坐标数据表。数据表通常为圆柱坐标格式，如果需要，可转化为直角坐标形式。然后，可将其以数据文件方式导入到三维 CAD 造型软件。并调用样条曲线命令，可生成表示叶片工作面与截面交线的曲线图，如图 4.69 所示。

　　对于叶片可调式轴流泵的叶片安放角处于不同位置时，叶片轴面投影图会有所不同，但这不影响叶片形状，因此，通常以叶片安放角处于 0°的位置进行叶片造型。

　　（2）生成叶片工作面。用曲线将图 4.69 中各条截线的起点连接、终点连接，便生成叶片进口边和出口边。然后，可通过"通过曲线组"功能，生成由上述控制线组成的曲面，即叶片工作面。

（3）生成叶片背面。按照上述相同方法，可生成叶片背面，结果如图 4.70 所示。

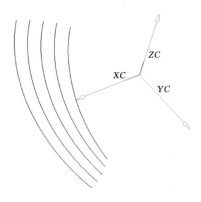

图 4.69 叶片工作面截线图

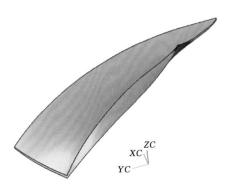

图 4.70 叶片工作面及背面

（4）生成叶片实体。在上述生成的叶片工作面与背面的基础上，用两个曲面的边线建立直纹面，然后缝合所生成的共 6 个曲面，形成叶片实体。

（5）延展叶片实体。前述生成的叶片实体，还需要分别向轮毂和轮缘延伸。为此，可采用偏置面命令将叶片延伸。在此过程中，如果偏置出现困难，可以借用一个圆柱面对要偏置的面进行适当裁剪，结果如图 4.71 所示。

（6）复制其他叶片。通过旋转阵列的方法，复制出其他叶片，阵列完成后如图 4.72 所示。

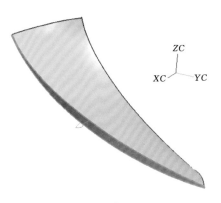

图 4.71 叶片实体

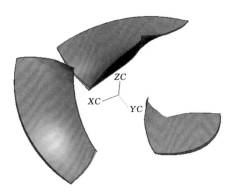

图 4.72 旋转阵列叶片实体

（7）生成叶轮流体域。在完成了叶片的造型之后，可以很方便地生成叶轮流体域。具体方法是：首先，根据轴面图（图 4.68）中叶轮室的高度，分别制作轮毂体的二维图形和叶轮室的二维图形；接着，通过旋转的方法分别生成轮毂体和叶轮室的三维模型；最后，采用布尔差运算从叶轮室三维模型中差去轮毂体和叶片三维模型，则得到了叶轮流体域，如图 4.73 所示。

4.4.3 导叶等部件的三维造型

1. 导叶流体域

导叶流体域的造型与上述叶轮流体域的造型方法相同。首先，按给定导叶叶片数，生成叶片，如图 4.74 所示；其次，生成导叶轮毂体和导叶室；最后，采用布尔差运算从导叶室三维模型中差去轮毂体和叶片三维模型，得到导叶流体域。

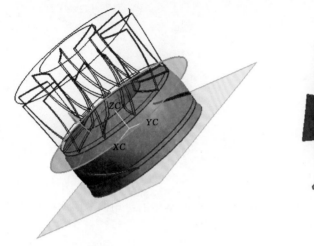

图 4.73 叶轮流体域

图 4.74 导叶叶片

2. 进水喇叭管流体域

进水喇叭管的造型比较简单，先用旋转二维图的方法生成实心的喇叭管实体，然后根据导水锥的轴面形状旋转生成导水锥三维实体，最后通过布尔差运算得到进水喇叭管流体域三维实体。需要注意的是，该实体的出口断面是叶轮流体域的入口断面。在后续施加边界条件时，进水喇叭管表面是固定壁面，而导水锥表面是旋转壁面。

3. 扩散管及弯管流体域

轴流泵导叶之后，接扩散管和弯管。扩散管用于回收一部分动能，弯管用于将水流导出到出水流道。为此，需要建立扩散管及弯管流体域。这部分造型方法与进水喇叭管相似，可采用旋转的方式生成扩散管实体，采用沿曲线拉伸的方法生成弯管实体，然后用布尔差的方法去除泵轴及扩散管内的泵轴支撑部分。

需要注意的是，如果泵轴外没有固定不动的轴套，则轴所在壁面是转动边界，而轴下部的导叶轮毂体结构是固定边界，这在后续 CFD 计算中需要设置不同的边界条件，因此，这就需要将扩散管分成两段来建模，两段的分界面就是泵轴从导叶轮毂体结构出来的位置，即图 4.68（a）中的 E－E 断面。

4.4.4 轴流泵整体模型的生成

在完成了上述各部分的三维造型后，将各部分组装到一起，就形成了轴流泵流体域的整体三维模型，如图 4.75 所示。为了更清楚地表示泵内叶片、导叶、转轴及轮毂体所占据的区域，图 4.76 给出了组合体结构图。

接下来，将在第 5 章中分别对进水喇叭管、叶轮、导叶体、扩散管和弯管区域进行网格划分，并施加不同的边界条件。

图 4.75 轴流泵流体域实体

图 4.76 轴流泵叶轮、导叶、主轴等的组合

第5章 网 格 划 分

网格质量对 CFD 计算精度和计算效率有重要影响，网格划分是 CFD 前处理过程中最耗时、最难掌控的环节。本章在第 4 章完成的导叶式离心泵、双吸离心泵、轴流泵三维流体域几何模型基础上，介绍基于 ICEM-CFD 的非结构网格和六面体网格划分方法。

5.1 网 格 概 述

5.1.1 网格分类

1. 网格单元类型

网格是控制方程空间离散化的基础。对于二维模型，常用的网格类型包括三角形网格和四边形网格。对于三维模型，常用的网格类型包括四面体网格、六面体网格、棱柱网格、金字塔网格和多面体网格。在整个计算域上，网格通过节点联系在一起。

对于三维水泵计算域，通常采用六面体和四面体网格单元来生成网格。此外，还常用棱柱网格对总体四面体网格中的边界层网格进行局部细化，或是在不同形状网格（六面体和四面体网格）交接处进行过渡。跟四面体网格相比，棱柱型网格形状更为规则，能够在边界层处提供较好的计算结果。

2. 结构网格（六面体网格）与非结构网格

根据网格形状和网格存储数据结构，网格分为结构网格与非结构网格[25]。

从网格形状方面看，结构网格是指网格区域内所有内部点都具有相同的毗邻单元，网格在空间上比较规范，成行成列分布，行线和列线比较明显。非结构网格是指网格区域的内部点不具有相同毗邻单元，不同内点连接的网格单元类型和数目可能不同，看不到明显的行线和列线。

从网格存储的数据结构方面看，结构网格是指网格节点间存在明确数学逻辑关系，相邻网格节点之间的关系是明确的，在网格数据存储过程中，只需要存储基础节点坐标而无需保存所有节点空间坐标，图 5.1 是一个典型二维结构网格示例，用 i 和 j 分别代表 x 和 y 方向的网格节点，只需保存 $i=1$、$j=1$ 位置的节点坐标以及 x、y 方向网格节点间距，就可得到整套网格中任意位置网格节点坐标。结构网格的网格间距可以不相等，但网格拓扑规则必须是明确的，如节点（4，5）与（4，6）是相邻节点。

从网格存储数据结构方面看，图 5.1 的网格也可以是非结构网格。如果在网格文件中存储的是所有节点的坐标及节点间连接关系的话，那么这套网格即非结构网格。因此所有的结构网格均可以转化为非结构网格，但并非所有非结构网格均能转化为结构网格，因为满足结构化的节点间拓扑关系不一定找得到。

因此，仅仅从网格形状来确定结构网格和非结构网格是不合适的，四边形网格和六面体网格可以是结构网格，也可以是非结构网格，这取决于它们的网格节点存储方式。因此，为避免出现误解，本书将这类网格称为分块六面体网格或六面体网格（在 2D 问题中称为分块四边形网格或四边形网格），而不使用"结构网格"一词。

CFD 计算需要知道每个节点的坐标及每个节点的所有相邻节点。对于结构网格来说，在数值离散过程中，需要通过网格节点间的拓扑关系获得所有节点的坐标；而对于非结构网格，由于节点坐标是显式存储在网格文件中，因此并不需要进行任何的解析工作。

非结构网格求解器只能读入非结构网格，结构网格求解器只能读入结构网格。因为非结

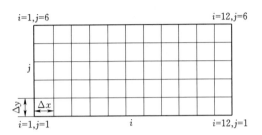

图 5.1　二维结构网格示例

构网格求解器缺少将结构网格的几何拓扑规则映射得到节点坐标的功能，而结构网格求解器无法读取非结构网格，则是由于非结构网格缺少节点间的拓扑规则。除了一些早期的有限差分求解器外，目前完全的结构网格求解器已经不多，大多数求解器是非结构网格求解器，因此在将网格导出时常常需要保存为非结构网格形式。具体输出什么类型的网格，取决于目标求解器支持什么类型的网格。

一般而言，结构网格在计算资源消耗和收敛速度方面具有优势。当计算资源不很充足、又希望获得较高分辨率的解时，尽量选择四边形网格或六面体网格，同时注意使网格走向尽量与流动方向一致。在网格生成效率方面，非结构网格占有优势，特别是对于一些复杂几何模型更是如此。当然，以上特点并不绝对化。要获得与结构网格相当的计算精度，非结构网格可以加大数量，虽然计算开销会增大。要提高流动计算精度，应注意保证网格质量，而不是单纯追求网格类型。

现有的结构网格生成方法可分为以下 4 类：代数生成方法、保角变换方法、偏微分方程方法和变分原理方法。现有的非结构网格生成方法基本都基于 Delaunay 原理，包括四叉树（二维）/八叉树（三维）方法、Delaunay 方法和阵面推进方法等。如果不是自己编写网格生成程序，而是采用商用网格生成软件，则可不关心这些网格生成方法。

3. 多面体网格

在非结构网格中有一种特殊的网格形式，即多面体网格，是指由多面体单元组成的网格。图 5.2 是一个轴流泵的多面体网格[12]。这类网格的最大优势在于其能大大减少网格数量。在拥有相同计算精度的同时，网格数量要远低于四面体网格。Fluent 支持多面体网格的转化及计算，可以将四面体、金字塔等非六面体网格转化为多面体网格，转换后的网格数量可降至原来的 1/5～1/3[20]。多面体网格还能够提供较好的几何适应性，具有良好的计算收敛性。其缺点也比较明显，应用了多面体网格的计算区域无法使用网格自适应技术，在动网格模型中也无法使用多面体网格。

多面体网格并非通用形式网格，只有一些特殊的网格生成器和求解器才能支持。

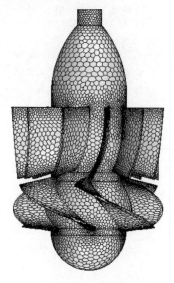

图 5.2　多面体网格

STAR CCM＋和 OpenFOAM 等可以生成并求解多面体网格，Fluent 支持将四面体网格转化为多面体网格，也可以求解多面体网格问题，而 ICEM-CFD 和 GAMBIT 等软件不支持多面体网格生成。

4. 六面体核心网格和混合网格

六面体核心网格是指首先生成四面体网格，然后通过一定算法，将大部分区域内的四面体网格破碎整合成六面体网格，只有在几何非常复杂或者边缘地带才会保留四面体网格。这样生成的网格集合了四面体网格和六面体网格的优势，既节省时间，又能够保证计算精度，还能在四面体网格的基础上减少约 60％网格数量，有利于充分利用计算机资源，加快计算时间。这是一种新兴的网格技术，ICEM-CFD 等软件都提供了这种技术。在第 11 章 11.6 节将给出一个基于六面体核心网格技术生成的斜式轴流泵装置应用实例。

混合网格是指在规则简单的区域使用结构网格划分，而另外的复杂区域采用非结构网格划分，两个区域利用 interface 联系起来，将各个部分的网格节点对齐。

六面体核心网格和混合网格都是为了兼顾数值计算效率和网格划分难易程度而提出的，在使用时需要特别注意两个单独划分网格的区域连接问题。

5.1.2　边界层网格

1. 边界层网格的作用与要求

靠近固体壁面的边界层内的流动分为 3 层：黏性底层、缓冲层和对数律层。边界层很薄，厚度是毫米级或微米级，若直接划分网格并利用数值方法求解的话，势必大大增加计算网格的数量，从而急剧增加计算量。因此，根据流场计算所采用的湍流模型不同，可以对边界层做不同的网格划分，也就带来不同的边界层网格。例如，如果流场采用 $k-\varepsilon$ 湍流模型计算，考虑到在黏性底层、缓冲层和对数律层内，速度分布可以通过经验公式直接计算得到，而无需划分网格，在这种情况下，可以将第一层网格节点放置在对数律层，边界层区域中的物理量分布采用壁面函数来计算完成。又如，如果流场采用 $k-\omega$ 湍流模型计算，边界层流动采用 NS 方程离散求解，即与湍流核心区求解方式一样，则这时就需要划分比较细致的边界层网格。

边界层网格要求在固体壁面法向的若干层具有较好正交性，如图 5.3 所示[25]。对于 2D 模型，边界层网格为四边形网格；对于 3D 模型，边界层网格为六面体网格或三棱柱网格。

2. 边界层网格的参数

在六面体网格和非结构网格中，边界层网格的形状和

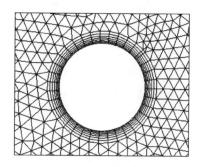

图 5.3　边界层网格

参数有所区别[25]。

（1）六面体网格。对于分块六面体网格，边界层网格也是六面体网格，Block 中的边界层是通过指定 Edge 上的节点分布来实现的。因此，边界层网格参数就是节点分布参数。ICEM-CFD[63] 提供了多种节点分布规律，其中最为常用的是 Bi-Geometric 和 Bi-Exponential，以及它们的变种 Geometric1、Geometric2、Exponential1、Exponential2。例如，对于 Bi-Exponential，包含两个参数：第一层网格高度 y 和网格增长率 R，节点分布采用下式计算：

$$s_i = yi\,e^{R(i-1)} \tag{5.1}$$

式中：s_i 为节点 i 到起点（壁面）的距离，当 $i=1$ 时，s_i 就变为第一层网格高度。

（2）非结构网格。对于非结构网格，边界层网格是棱柱层网格。棱柱层网格参数较多，这里只介绍全局棱柱层网格参数。首先是网格增长率，是指棱柱层网格高度变化规律，通常需要指定第一层网格高度以及高度增长率。ICEM-CFD 提供了 3 种网格增长率：Linear、Exponential 和 WB-Exponential。

例如，对于 Linear 增长率，网格层间的高度以线性形式增长，有

$$H_n = h\left[1 + (n-1)(r-1)\right] \tag{5.2}$$

式中：H_n 为第 n 层网格的高度；h 为初始高度（initial height）；r 为增长率（height ratio）；n 为网格层数。

对于 n 层网格，其总高度为

$$H_T = nh\frac{(n-1)(r-1)+2}{2} \tag{5.3}$$

再如，对于 Exponential 增长率，网格层间的高度以线性形式增长，有

$$H_n = hr^{n-1} \tag{5.4}$$

式中：h 为初始高度；r 为增长率；n 为网格层数。

（3）边界层网格参数。无论对哪种类型的网格，边界层的第一层高度极为重要，需要根据 y^+ 进行计算而得。总体而言，边界层参数一般包括以下几个：

1）第一层网格高度。这是边界层网格的最重要参数之一。在进行 CFD 计算时，根据所选择的湍流模型及相应的壁面处理模式不同，第一层网格高度也不同。

2）网格增长率。也称网格高度膨胀率，指定边界层内各层网格高度沿法向的分布规律，常用指数律方式。

3）层数或总厚度。指在边界层内需要划分的网格层数或网格总厚度，二者之间只需要指定一个即可。

3. 第一层网格高度的估算

在网格划分时，第一层网格高度 y 是需要提前给定的。在第 3 章，给出了第一层网格高度 y 与无量纲参数 y^+ 的关系式：

$$y = \frac{y^+ \mu}{\rho u_\tau} \tag{5.5}$$

$$u_\tau = \sqrt{\tau_w / \rho} \tag{5.6}$$

式中：μ 为流体动力黏度；ρ 为流体密度；u_τ 为壁面摩擦速度；τ_w 为壁面剪切应力。

只要给定 y^+，就可以计算出 y。实际上，CFD 网格划分也是通过控制 y^+ 来达到让第

一层网格满足相关要求的。一般来说，对于高雷诺数湍流模型（如 $k-\varepsilon$ 模型、雷诺应力模型等），需要满足 $30 \leqslant y^+ \leqslant 300$，一般以接近 30 为佳。对于低雷诺数湍流模型（如 $k-\omega$ 模型，SA 模型）和 LES 等，需要满足 $y^+ \approx 1$。因此，在估算第一层网格时，根据所选择的湍流模型不同，通常取 y^+ 为 30 或 1 进行计算。

式（5.5）不仅涉及几何参数、流体属性参数，还涉及流动参数，而流动参数在划分网格时是未知的，只有在流动计算完毕后才能得到，因此，一般的做法是先按下式估算壁面切应力 τ_w[23]：

$$\tau_w = C_f \times \frac{1}{2} \rho U^2 \tag{5.7}$$

$$C_f = [2 \lg Re - 0.65]^{-2.3} \tag{5.8}$$

$$Re = \frac{\rho U L_{bl}}{\mu} \tag{5.9}$$

式中：C_f 为摩擦系数；U 为近壁区当量流速；Re 为当量雷诺数；L_{bl} 为边界当量长度。

可以看出，给定当量流速 U、当量长度 L_{bl}，便可计算出 τ_w。然后，再根据期望的 y^+，由式（5.5）计算得到第一层网格厚度 y。

国内外许多专门机构，如 NASA、CFD-Online 和 Pointwise 等，将上述过程做成了 y^+ 计算器，可供选用。例如，输入 Pointwise 网址 http://www.pointwise.com/yplus/后，打开 y^+ 计算器页面，输入速度、密度、黏度、特征尺寸以及希望得到的 y^+ 后，系统会计算出第一层网格高度 y。

在 5.2.3 节中将给出水泵叶轮第一层网格高度的具体估算公式。

以估算得到的 y 作为近壁面网格第一层高度，可以得到一个网格初始方案。在此基础上，通过 CFD 初步计算，求得一个 y^+ 值，如果大于目标 y^+ 值，则进一步降低网格第一层高度；反之，增加网格第一层高度。最终，使得到的 y^+ 值与目标 y^+ 值比较接近。理论上这样生成的网格才能满足 CFD 计算模式的要求，但如此操作导致计算过于繁杂，实际工作中可适当放松对 y^+ 的要求。

5.1.3　网格质量

网格质量是决定 CFD 计算精度与收敛性的关键所在。不同网格生成软件的质量评价指标有所不同，而且不同求解器对于网格质量评价指标要求也有所不同。常用的质量评价指标如下：

（1）角度（angle）。度量网格边之间的夹角。这是一个使用比较广泛的质量评价指标，范围为 $0° \sim 90°$，$0°$ 表示质量差的单元退化网格，$90°$ 表示完美网格。一般要求该值大于 $18°$，个别情况下可放宽到 $14°$。

（2）最小角（minimum angle）。计算每个网格单元的最小内角。值越大表示网格质量越好。

（3）最大角（maximum corner angle）。计算每个网格单元的最大角度。该值越大表示网格越差。

（4）纵横比（aspect ratio）。该指标也称为长宽比，有多种定义方式，一般定义为单元最大边长度与最小边长度的比值。纵横比为 1 时为完美网格，越大表示网格质量越差。过大的纵横比可能引起计算发散。一般要求纵横比小于 20，只有边界层网格允许较大的纵横比。

此外，有的软件还采用构造矩形的方式来评价三角形网格或四边形网格的纵横比。例如，对于三角形网格，分别选中三角形网格的每个节点，将此节点与相对应网格边的中点相连形成第一条线，连接另外两条网格边的中点形成第二条线，从而构造出三个矩形，如图 5.4 所示，3 个矩形中最长边长度记为 L_1、最短边长度记为 L_2，则网格纵横比 A_S 定义为[20]

$$A_S = \frac{L_1}{L_2} \tag{5.10}$$

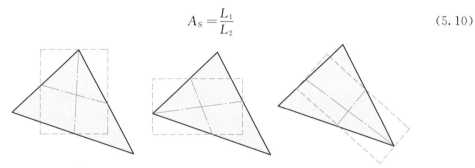

图 5.4　针对三角形网格构造的三个矩形

（5）歪斜度（skewness）。歪斜度是标识网格质量的最重要参数之一，用于评价网格趋近于理想的程度。该值范围为 0～1，值越大表示网格质量越差，歪斜度为 0 表示为理想网格。按下式定义：

$$S = \max\left[\frac{\theta_{max} - \theta_e}{180 - \theta_e}, \ \frac{\theta_e - \theta_{min}}{\theta_e}\right] \tag{5.11}$$

式中：θ_{max}、θ_{min} 分别为网格单元中的最大角度和最小角度；θ_e 为正多边形的角度，如三角形网格为 60°，矩形网格为 90°。

（6）行列式（determinant，$2 \times 2 \times 2$）。定义为最大雅克比矩阵行列式与最小雅克比矩阵行列式的比值。该指标应用较广泛。正常网格取值范围为 0～1。值为 1 时表示完美网格，值越小表示网格质量越差。负值表示存在负体积网格，不能被求解器接受。

（7）行列式（determinant，$3 \times 3 \times 3$）。该评价指标用于六面体。与 $2 \times 2 \times 2$ 不同，单元边上的中心点会被增加至雅克比矩阵行列式计算中。

（8）单元质量（element quality）。单元质量定义如下：

$$Q = C\frac{A}{\sum L^2} \quad （对于 2D 网格） \tag{5.12}$$

$$Q = C\frac{V}{\sqrt{(\sum L^2)^3}} \quad （对于 3D 网格） \tag{5.13}$$

式中：Q 为单元质量；A 为单元面积；V 为单元体积；L 为单元边长；C 为常数。单元质量取值范围为 0～1，1 表示完美网格。

（9）网格质量（mesh quality）。对于不同类型的网格，采用的衡量方式不同。对于三角形网格或四面体网格，计算高度与每一条边的长度比值，取小值作为网格质量，越接近于 1 质量越好。对于四边形网格，利用行列式 2×2×2 进行度量。对于六面体网格，利用三种度量方式（行列式 3×3×3、最大正交性、最大翘曲度）进行计算，取最小值作为网格质量。对于金字塔网格，采用行列式进行评判。对于棱柱网格，计算行列式与翘曲度，取最小值作为网格质量。

5.1.4　网格独立性验证

网格独立性验证，也称网格无关性验证，是体现网格数量对计算结果影响的一种临界状态。网格独立性验证的步骤是：做多套不同密度的网格，在相同工况条件下进行计算，观察相关物理量的变化率，当网格密度达到一定程度后，继续增加网格密度对于计算结果的影响非常小，此时可以认为网格数量的增加对于计算结果的影响可以忽略，后续的计算可以采用计算结果不再发生变化时的网格，则该网格被认为通过独立性验证[64]。实际上，就是在计算精度与计算时间之间进行一个折中而已。所谓的网格独立性，只是一个近似的说法，虽然从理论上讲，网格越多，网格模型越逼近实际物理计算域，CFD 计算精度也越高，但实际的数值计算，绝对不可能做到网格独立。而这里所说的计算结果不再发生变化，也取决于个人判断，变化量在 1% 以内可以认为是不变化，在 5% 以内也可以认为是不变化。

网格独立性验证要求计算网格疏密对计算结果的影响在可以接受的范围之内，但是如果计算资源充足的话，的确可以再提高网格的数量以增加精度。但要记住的一点是：增加网格数量不一定能提高计算精度，但是高精度的计算结果一定来自于高密度的网格。这是因为，影响计算结果精度的因素除了计算网格之外还有很多，如计算模型、边界条件、初始条件、残差标准等，因此网格数量的增加不一定就能够提高计算精度，但是如果网格数量过少，肯定得不到精确的计算结果。

除了网格数量外，还需要特别注意网格分布及网格质量。初学者划分的网格常常是均匀分布的，这其实是一种资源浪费。在流场计算过程中，只有一些物理量变化剧烈的场合才需要更精细的网格，或者说，只有压力或速度梯度大的区域才需要高密度的网格。因此在划分网格之前就需要对流体域内流动特征有一个初步的估计，在物理量梯度大的区域布置更加细密的网格，这是一个很重要的网格划分规则。同时，网格质量必须得到保证，否则会影响计算收敛过程，甚至导致错误的计算结果。也就是说，所谓网格独立性检查，是在保证网格质量的前提下，根据计算资源来考虑网格数量的做法。

另一个需要注意的问题是，在针对几套单元数量不同的网格进行网格独立性验证时，一定要保证这些网格的单元数量之间有足够的差异。例如，一个三维网格总量加倍，平分到一个方向只加密了 1.2599 倍，多出的 25.99% 的网格是否用到最需要的地方还不得而知，这点网格变化也就无法改变计算结果，因此，也就不能根据"200 万单元的网格与100 万单元的网格计算结果相当"来判断这个 100 万单元的网格已经够密。也就是说，网格太少时，根本就得不到可以变化的结果。所以，应该保证几套网格在单元数量方面有足够的差异，有时甚至可达一个数量级，即 10 倍的数量差异才能取得有效的结果。

除了采用上述方法进行网格独立性验证之外，还可采用基于理查德森外推法的 GCI准则[65]对网格进行收敛性分析，应用实例见 11.6 节。

5.2 网格划分方法

5.2.1 网格划分流程

网格划分流程如图 5.5 所示，主要包括几何处理和网格生成两大部分。几何处理包括几何创建或导入和几何清理，而网格生成包括网格划分策略制订、网格尺寸指定、网格生成、质量检查、网格编辑、网格输出。

（1）几何处理。几何处理包括几何模型创建或导入，以及几何清理。水泵与泵站的大部分几何模型需要借助外部 CAD 软件来完成，然后导入到 ICEM-CFD 等网格划分软件。但对于如吸水管、进水池等简单几何模型，可在 ANSYS Workbench 中通过DesignModeler 模块及 SCDM 模块来完成。这两个模块功能重合度很高，均能够完成几何创建、导入、清理、流体域创建等工作。

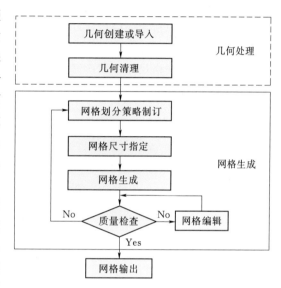

图 5.5　网格划分流程

在得到几何模型后，需要对几何模型进行检查，对模型存在的倒角、碎面等特征进行清理，以避免后续生成质量较差的网格。几何清理完毕后，还有可能需要根据计算域类型创建计算域，通常内流域需要抽取内部流体域几何，而外流域则需要创建外部区域，从而形成流场计算域。

（2）网格划分策略制订。网格划分策略主要包括网格类型选择、单元类型选择、边界层网格选择、流场网格区域组合，以及需要粗化及细化区域指定等。

一般情况下，四边形网格与六面体网格形状较为规则，计算过程中收敛性较好且精度较高，在工程应用中应优先选择。然而四边形网格与六面体网格几何适应性较差，对于复杂的工程几何模型，经常难以划分全四边形网格或六面体网格，此时可能需要采用三角形网格或四面体网格。另一种折中的方法是，在简单几何区域划分六面体网格，在复杂区域划分四面体网格，在它们之间采用金字塔网格进行过渡，这样既考虑了复杂区域的几何适应性问题，又兼顾了简单区域的收敛性及精度问题。对于精细流动模拟，根据选择的湍流模型不同，一般需要使用边界层网格。对于复杂流动，可能需要将整体流场的不同部分分别划分网格，然后再组装到一起使用。对于如叶片进口边、出口边等区别，还需要单独指定网格细化。

（3）网格尺寸指定。网格尺寸是网格划分过程中最重要的网格控制参数，通常包括最大网格尺寸和边界层网格尺寸。最大网格尺寸总体上受整个计算域大小及拟生成网格总数的支配，需要根据 CFD 计算结果通过多次试算确定。边界层网格尺寸需要根据最大网

尺寸及所采用的 y^+ 值共同确定。

在决定最大网格尺寸时，还涉及全局网格尺寸、体网格尺寸、面网格尺寸及线网格尺寸。一般的网格生成软件都会提供一个默认尺寸，当用户未指定任何网格尺寸时，软件会根据当前几何的尺寸，计算出一个较为合适的网格尺寸，该尺寸称为全局网格尺寸。体网格尺寸是指针对部件指定的网格尺寸。当计算域中只有一个几何体时，体网格尺寸等同于全局网格尺寸。面网格尺寸是指为某个面指定的网格尺寸。线网格尺寸是指为某条线指定的网格尺寸。一般网格划分软件对于用户指定的网格尺寸进行优先级排序，其基本规则为优先满足低级拓扑网格尺寸。例如，图 5.6（a）所示的几何体，其为边长 1m 的立方体，在划分网格过程中指定全局尺寸 0.1m，指定左侧一个面的网格尺寸 0.05m，同时还指定左上一条边的网格尺寸 0.01m，则形成的网格如图 5.6（b）所示。从图中看出，网格生成器优先满足边网格尺寸，其次满足面网格尺寸，最后才是全局尺寸。

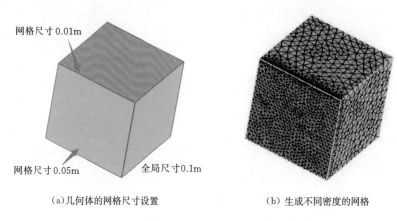

（a）几何体的网格尺寸设置　　　　　　　（b）生成不同密度的网格

图 5.6　为体、面、边设置不同的网格尺寸

在指定网格尺寸过程中，常常是从高级拓扑开始指定尺寸，逐层加密调整，最终形成满足要求的网格。

（4）网格生成与质量检查。在设定好网格尺寸后，网格生成是一个自动过程。对于生成的网格，需要按 5.1 节中的方法检查网格质量。不同类型的网格单元，检查的项目不同，但基本上都通过图 5.7 的方式给出网格单元质量分布图。

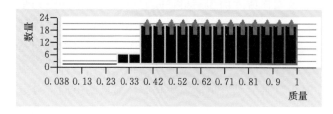

图 5.7　网格质量检查结果

如果网格质量较差的单元较多，则需要进行网格修改，然后重新生成网格并进行网格评价。除了利用图 5.7 评价网格质量外，还需要查看网格疏密分布，即根据所求解的问题，提前预测物理量分布，在梯度大的区域分布更密的网格。有时求解器提供的网格自适应功能也能提供较好的网格划分思路。

（5）网格编辑。当网格质量检查完毕后，若存在质量极差的网格，则需要对网格进行编辑修改。一般可采取两种方式：一是重新制定网格策略、修改网格尺寸并重新划分网格；二是找寻出网格质量极差的网格单元，采用手工编辑的形式提高网格质量。其中第一种方式适合于低质量网格非常多的情况，第二种方式则适合于低质量网格较少的情况。

（6）网格输出。通常情况下可输出为通用格式，如 Fluent 所支持的 msh 格式，可以被非常多的 CFD 软件所支持。

5.2.2 合并多个网格的方法

对于结构复杂的几何模型，一般是将几何体分割成多个部分，分别进行网格划分，然后对网格进行组装。现将基本方法简要介绍如下。

首先，需要保证各部分几何模型的几何坐标定位方面不存在问题，单位一致。然后，利用 ICEM-CFD 分别进行网格划分。网格可以是六面体网格，也可以是非结构网格，划分完成后分别保存为 uns 文件。接着，导入第一部分几何的网格文件，然后导入其他部分几何的网格文件。在导入后续每一部分几何的网格文件时，注意一定选择 Merge 方式将各部分网格合并起来。最后以常规方式导出网格即可。这里要提醒如下几点：

（1）将复杂几何模型拆解为若干个小模型，分别进行网格划分后再组装成完整网格模型的做法，需要用到 interface 功能，即通过 interface 将各部分网格联结起来，这在有些时候可能会牺牲一定的计算精度。因此，在划分网格过程中尽量保持 interface 两侧网格尺寸一致。

（2）如果不打算牺牲计算精度，则需要摒弃 interface，同时在重合面上进行网格节点合并。现以 2D 混合网格为例进行说明。假如已经生成图 5.8（a）所示的两部分网格，然后选择 Edit Mesh→Merge Nodes→Merge Tolerance 工具，选择要进行节点合并的两个 Part，设置一个较为合理的 Tolerance，激活 Only on Single Edges 选项，则完成节点合并，混合面上的网格节点如图 5.8（b）所示。可以看到，原来并不重合的网格节点已完全对应。

（3）不同的求解器对于 interface 的处理方式不同，ICEM-CFD 对 CFX 的支持非常好，直接将网格导出至 CFX，便能够识别出 interface 对，在 CFX-Pre 中设置 interface 就可以将区域联通了。而 Fluent 则不同，如果直接输出，所创建的面被识别成 interface，无法改成 interior，而由于只有一个面，无法构建 interface 对，区域无法联通。因此，需要在 ICEM-CFD 中对交界面进行设置，将其改成 interior。同时，为了在 Fluent 中正常使用这些网格，需要在 ICEM-CFD 中确定好边界名称、域名称等相应的 Part。

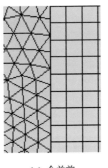 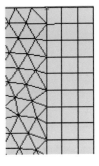

(a) 合并前　　　　(b) 合并后

图 5.8　合并 2D 混合网格节点

（4）由于在交界面上直接进行网格节点合并，所以极易导致低质量网格出现。为此，可以利用 ICEM-CFD 中的 Edit Mesh，通过网格光顺进行解决。

5.2.3 水泵 CFD 网格类型与网格尺寸

水泵属于涡轮机械的一种，对这类机械进行网格划分是 CFD 领域公认的最复杂和最具挑战性的工作之一。

1. 网格类型选择

网格类型的选择主要取决于几何的复杂程度以及想要研究的流动特性。为了获得较准确的泵内流场，最好采用高质量的分块六面体网格。与四面体网格相比，基于多块方法生成的六面体网格具有下列优势：①更少的网格单元数目；②更高的计算精度；③高解析度的边界层网格；④允许比非结构网格具有更大的纵横比；⑤当网格与流动方向对齐时，六面体网格可以显著减小计算误差。

当几何比较复杂时，六面体网格往往难以生成，可考虑采用六面体核心网格和混合网格。当采用这两种网格时，需要特别注意两类网格界面的处理。例如，叶轮采用六面体网格，蜗壳采用四面体＋棱柱层网格，在旋转域和静止域的交界面上可能产生非共形交界面（non-conformal interface），需要做特殊处理。

2. 周期性网格与全流道网格

叶片几何具有旋转周期性，因此在生成叶轮网格（或者导叶体网格）时，可先生成单流道的网格，然后通过圆周阵列方式生成整体流道网格，这比直接针对整体流道划分网格更省时间，也更能保证网格质量，尤其在生成六面体网格时更是如此。

构造周期性单流道的方式有两种：一是选择两个相邻叶片之间的流道作为单流道，如图 5.9（a）所示；二是选择包含一个完整叶片的周期性流道作为单流道，如图 5.9（b）所示。

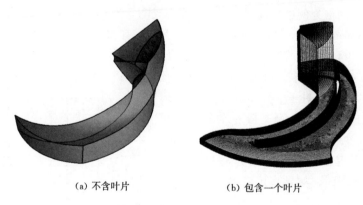

(a) 不含叶片　　　　　　　　　(b) 包含一个叶片

图 5.9　叶轮单流道构造方式

周期性单流道的构造方式不同，生成的单流道网格的物理意义和使用方式也不同。如果采用上述第一种方式构造单流道，所生成网格的一面为叶片工作面，另一面为叶片吸力面。这种网格并非严格意义上的周期性网格，需要阵列复制生成全流道网格后才能使用，即只能用于全流道的流动分析。如果采用上述第二种方式构造单流道，所生成的网格是真正意义上的周期性网格，网格的两个侧面具有周期性，这种网格可以直接用于单流道叶轮模拟，也可以在阵列复制后用于全流道叶轮的模拟。对于第二种方式构造的单流道，在划分网格时一定要保证周期面上网格节点一一对应。

选择周期性单流道网格进行叶轮分析，当叶轮外围没有蜗壳的限制性作用时是可行的，但实际水泵叶轮外围是有蜗壳的，蜗壳隔舌的非轴对称性造成叶轮出口流动并不具严格周期性特点，因此，对于带有蜗壳的水泵进行单流道模拟不可取，应该选择全流道进行分析。

3. 最大网格尺寸

对于一个给定计算域来讲，最大网格尺寸是与网格单元数目直接相关的参数，是由几何复杂度、流动复杂度、仿真模拟目的、所采用的湍流模型等决定。网格单元数目必须足够解析完整几何，并捕捉关键流动现象。

最大网格尺寸 M，总体上受整个计算域大小及拟生成网格总数的支配，需要根据 CFD 计算结果通过试算确定，同时还需要针对不同泵型、不同流场分布特点进行调整。有经验的 CFD 人员，可直接给定较为合理的值。而对于 CFD 初学者，这里给出一个参考方法：对于一个叶轮直径 $D=300mm$ 的离心泵，假定拟生成约 200 万单元的非结构网格，以叶轮直径为参考值，可按下述标准划分计算网格：吸水室和压水室最大网格尺寸取叶轮直径 D 的 1/10 左右，即 30mm；叶轮内的流态相对复杂，是关心的重点，最大网格尺寸取叶轮直径 D 的 1/20，即 15mm。泵腔的最大网格尺寸取叶轮直径 D 的 1/15，即 20mm。

对于六面体网格，网格最大尺寸可适当取得大一些。

根据经验，对于一般水泵的较精细流动分析，常采用下面的参考值来估算最大网格尺寸：

(1) 叶片表面（流向）：80～100 单元。

(2) 叶片到叶片方向（周向）：40～60 单元。

(3) 轮毂到轮缘（后盖板到前盖板）方向：10～30 单元（高比转速取大值）。

(4) 叶片进口边和出口边周围：15～30 单元。

4. 边界层网格尺寸

边界层网格，是 ICEM-CFD 特别提供的近壁区网格。在非结构网格和分块六面体网格中，边界层网格的形状和参数并不相同。

对于非结构网格，边界层网格是指在靠近壁面的一定距离内采用三棱柱体（prism）生成分层网格，图 5.10 是在离心泵叶片表面生成的边界层网格。边界层网格由若干层组成，主要参数包括第一层网格高度 y、总层数 N_{bl}、增长率 R_{bl}。边界层网格的各参数之间必须满足合理关系，才能保证网格尺寸合理过渡，从而生成高质量网格。

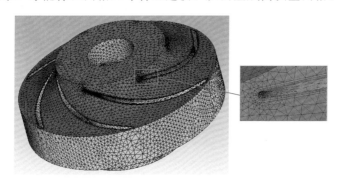

图 5.10　离心泵叶片边界层网格

（1）第一层网格高度。第一层网格高度 y 可按式（5.5）估算，而其中需要用到式（5.7）来计算壁面剪切应力。式（5.7）中的当量流速 U 可近似取叶轮进口平均流速：

$$U = \frac{Q}{\pi (R_{\mathrm{shroud}}^2 - R_{\mathrm{hub}}^2)} \tag{5.14}$$

式中：Q 为水泵流量；R_{shroud} 和 R_{hub} 分别为叶轮入口半径和轮毂半径。

当量长度 L_{bl} 可近似取为叶轮进口当量湿周长度：

$$L_{bl} = 2\pi \times \frac{1}{2}(R_{\mathrm{shroud}} + R_{\mathrm{hub}}) \tag{5.15}$$

（2）边界层总层数。边界层总层数 N_{bl} 一般应保证 $10 \sim 20$ 层，精细流动模拟应该达到 $30 \sim 40$ 层。如果选择壁面函数作为近壁区处理模式，则总层数可选为 $3 \sim 5$ 层。

（3）边界层网格增长率。边界层网格增长率 R_{bl} 一般应为 $1.1 \sim 1.3$，一般流动分析可取 1.25。在边界层外区增长率可以增大到 $1.3 \sim 1.5$，以确保整个计算域内网格尺寸不会突变。

对于分块六面体网格，边界层网格也是六面体网格，如果采用 Bi-Exponential 节点分布规律，则第一层网格高度 y 和网格增长率 R 的计算方法与上述非结构化网格基本相同。由于六面体网格可以采用相对更大一些的网格尺度，故也可在上述计算结果的基础上，适当放大。

5.3　双吸离心泵非结构网格划分

本节以一台双吸离心泵为例，介绍在 ICEM-CFD 中进行非结构网格划分的方法。水泵进口直径 300mm，叶轮进口直径 200mm，叶轮出口直径 314mm，设计流量 $800\mathrm{m}^3/\mathrm{h}$。

5.3.1　非结构网格划分流程

双吸离心泵计算域包含吸水室、叶轮、压水室及泵腔等 4 个组成部分，如图 5.11 所示。其中泵腔是泵体中包围叶轮的流体区域，图中未示出。

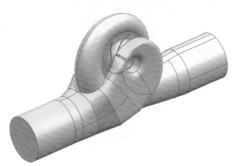

图 5.11　双吸离心泵计算域

对该计算域进行非结构网格划分时，上述几个组成部分是单独进行的。每一部分都需要经过如下几个步骤：

（1）三维实体模型导入与曲面修复。将流体域的三维实体模型导入 ICEM-CFD，并对模型进行曲面合并，确定模型的点、线、面参数。

（2）全局网格参数设定。对影响网格结果的全局参数进行设置，设置内容包括最大网格尺寸、边界层网格参数等。

（3）Part 创建。把需要单独定义网格尺寸的曲面（如需要加密处理的叶片进口边区域）及需要单独定义边界条件的曲面（如吸水室进口）明确标记出来，以便于后续操作。

（4）Part 网格参数设置。对各个 Part 的网格参数逐一进行设置，包括 Part 网格的常规参数，还要特别说明是否生成边界层网格。如果不对某个 Part 进行设置，则默认采用全局参数。

（5）网格生成。选择网格单元类型后，让 ICEM-CFD 按上述参数设置自动生成网格。一般情况下，网格类型多采用四面体网格，这是因为水泵流道复杂，四面体网格的适用性更强。

（6）网格质量检查及网格调整。在生成网格后，需要对网格质量进行检查，并根据检查结果对网格进行修改和调整。然后，便生成了最终网格。

下面具体介绍上述各操作步骤。

5.3.2　三维实体模型导入与曲面修复

采用 ICEM-CFD 进行网格划分的第一步，是将先前生成的离心泵各组成部分的三维流体域实体模型导入到 ICEM-CFD 中。图 5.12 是导入后的各组成部分三维流体域实体模型，包括吸水室、叶轮、压水室和泵腔 4 部分。

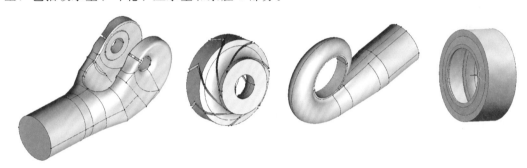

图 5.12　导入到 ICEM-CFD 的双吸离心泵各组成部分

导入完成后，可看到构成实体的点、线和面。这些点、线和面的信息是后续生成网格所必需的。

如果在三维造型时使用了辅助线或辅助面，则三维模型中的一个曲面可能由多个子面组成，同时存在多条用于定义子面的曲线。这时，如果这些子面及子面上的曲线不是人为故意生成并留给网格划分使用的，则需要对曲面进行合并，消除表征子面的曲线。否则，在后续划分网格时，体网格会沿着曲线进行划分，严重影响网格均匀性和质量。例如，在生成叶片进口边时，如果分两次进行曲面间的倒圆角操作，则在叶片进口边上留下两条曲线，如图 5.13（a）所示，这里，直接删除这两条曲线，则相应的子面被合并到较大的曲面，得到了单一的叶片头部曲面，如图 5.13（b）所示。当然，有时候不能删除这些子面及子面上的曲线，特别是在创建分块六面体网格时，这些子面很可能是分块的边界。是否删除，取决于 CFD 造型时的子面规划。

同样，对于叶轮流体域，如图 5.14（a）所示，仅就盖板而言，其上有很多曲线，如图 5.14（b）所示，说明盖板是由多个曲面组成。这时，就需要将这些曲面合并，消除这些曲线，结果如图 5.14（c）所示。

一般而言，在进行了曲面合并后，叶轮流体域应该只保留叶片头部、叶片压力面、叶

(a) 曲面合并前　　　　　　　　　　　(b) 曲面合并后

图 5.13　叶片头部曲面

(a) 三维模型　　　　　　　(b) 曲面合并前　　　　　　　(c) 曲面合并后

图 5.14　叶轮流体域

片吸力面、叶片出口边、左盖板圆弧面、右盖板圆弧面、轮毂曲面（有时分为左右两个曲面）、左进口、右进口、出口等组成部分。

5.3.3　全局网格参数设定

导入实体模型之后，需要指定全局网格参数，主要包括最大网格尺寸和边界层网格尺寸。

1. 最大网格尺寸

最大网格尺寸 M，总体上受整个计算域大小及拟生成网格总数的支配，需要根据 CFD 计算结果通过多次试算确定，同时还需要针对不同泵型、不同流场分布特点进行调整。在 5.2.3 节中给出了水泵网格划分所采用的最大网格尺寸 M 的推荐值。这里，按叶轮直径 314mm 计，拟生成约 200 万单元的网格，吸水室和压水室最大网格尺寸取叶轮直径的 1/10，即 31mm；叶轮最大网格尺寸取叶轮直径的 1/17，即 18mm；泵腔最大网格尺寸取叶轮直径的 1/15，即 21mm。

给计算域指定最大网格尺寸的操作方式为：Mesh → Global Mesh Setup → Global

Element Seed Size→Max Element。以叶轮区域为例，将最大网格尺寸设定为 18mm 后，可显示图 5.15 所示的最大网格单元示意图。

除了最大网格尺寸外，还可视需要指定最大体网格尺寸、面网格尺寸及线网格尺寸，相关规定见 5.2.1 节。

2．边界层网格尺寸

在非结构网格中，边界层网格是指在靠近壁面的一定距离内采用棱柱体（prism）生成的分层网格。例如，图 5.16 是在叶片表面生成的边界层网格（由靠近壁面的 5 层网格组成）。

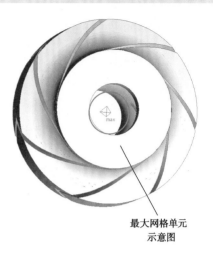

最大网格单元
示意图

图 5.15　叶轮区域最大网格
单元示意图

现采用 5.2.3 节给出的公式来确定边界层网格的具体参数。考虑到该泵流量为 800m³/h，叶轮入口半径和轮毂半径分别为 100mm 和 43.5mm，根据式（5.14）在 0.5 倍额定流量下计算得到当量流速 $U=2.18$m/s，根据式（5.15）计算得到当量长度 $L_{bl}=0.45$m。假定目标 y^+ 为 20，将当量流速和当量长度数值代入式（5.5）得到边界层第一层网格高度 $y=0.2$mm。考虑到该算例将采用 k-ε 湍流模型和壁面函数的处理方法，边界层总层数 N_{bl} 选择为 5 层。

按道理，边界层网格增长率应该满足 1.1～1.3 的要求，可从该范围中直接选取一个值，但由于这里边界层网格总层数已经确定为 5，如果据此选择增长率，则可能导致在第 5 层的网格与外部主流区网格尺寸不协调。在已经生成外域非结构网格，且网格最大尺寸确定为 $M=18$mm 的前提下，可按下式确定网格增长率 R_{bl}：

$$y(R_{bl})^{N_{bl}} \approx M/5 \tag{5.16}$$

式（5.16）相当于采用了 Exponential 方式的网格增长率。相当于让边界层一层（第 5 层）网格高度达到主流区最大网格高度 M 的 1/5。由该式计算得到的边界层网格增长率为 $R_{bl}=1.8$。按相同方法，可计算得到吸水室网格增长率为 1.9，压水室网格增长率为 1.9，泵腔网格增长率为 1.8。

上面得到的网格增长率均超过了 1.3 的上限，理论上应该根据计算目的、流场分布、主流区网格最大尺寸、边界层网格总层数等进行调整，使边界层网格增长率达到 1.1～

1.3 的范围。但实际上，这一工作量很大，从另一方面看，图 5.16 给出的实际网格分布还是比较合理的，边界层网格和主流区网格的平滑过渡还是可以接受的。考虑到本例只是为了说明网格划分方法和基本过程，故不再对边界层网格进行调整。

给计算域指定边界层网格尺寸的操作方式为：Mesh → Global Mesh Setup →

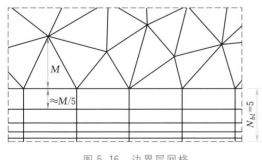

图 5.16　边界层网格

Prism Meshing Parameters。

5.3.4　Part 创建

设置了全局尺寸之后,需要在计算域中创建若干个 Part。Part 是可以单独对其划分特定网格(如局部网格加密)或对其设置特定边界条件的曲面。当然,也可不创建 Part,而是直接通过面网格命令指定 Part 所在区域(如叶片前缘)的网格密度。不创建 Part,看似简化了一些操作,但不如创建 Part 的方式显得网格结构更加清晰、操作更加直观。因此,多数情况下,对于较为复杂的过流部件,都需要创建 Part。创建 Part 的方法是:Model→Parts→右击 Create Parts→选择需要定义的面。

对于某个具体的过流部件,到底创建几个 Part,需要视整体结构、网格加密的要求及边界条件等确定。一般来讲,可按如下原则创建 Part。

在吸水室区域中,创建 6 个 Part:进口(inlet)、出口 1(outlet1)、出口 2(outlet2)、壁面(shell)、隔板(splitter)以及曲率较小处的局部加密(refine)。图 5.17 显示出了这 6 个 Part 的位置。其中,出口分为两个 Part,分别与叶轮的两侧进口形成计算域

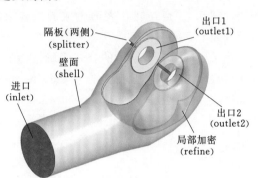

图 5.17　吸水室区域的 Part 划分

交接面;隔板虽然位于两侧,但划分为一个 Part 即可;局部加密的部位包含壁面倒圆角处和凸台圆角半径处等,也作为一个 Part 处理。如果需要单独对某些特定部位做特殊的网格加密处理,还可再细分出第 7 个或第 8 个 Part。

在叶轮区域中,创建 8 个 Part:进口 1(inlet1)、进口 2(inlet2)、出口(outlet)、叶片(blade)、盖板(shroud)、轮毂(hub)、叶片前缘(le)以及曲率较小的局部(需要加密处理的部分)(refine)。图 5.18 显示出了这 8 个 Part 的位置。其中,进口分为两个 Part,分

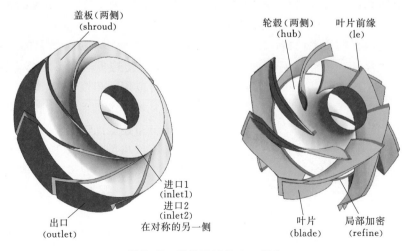

图 5.18　叶轮区域的 Part 划分

别与吸水室的两侧出口形成计算域交接面；叶
片有多个，且每个叶片包含工作面和背面，可
统一生成为一个 Part；盖板虽然有左右之分，
但生成一个 Part 即可；轮毂也同样生成为一个
Part；叶片前缘单独定义，以便后续网格做加
密处理；叶轮区域中需要加密的部分，如轮毂
隔板顶部圆角过渡处，则统一生成为一个 Part。

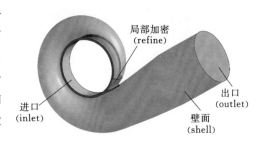

图 5.19　压水室区域的 Part 划分

在压水室区域中，创建 4 个 Part：进口
(inlet)、出口 (outlet)、壁面 (shell) 以及曲
率较小处的局部加密区 (refine)。图 5.19 显示出了这 4 个 Part 的位置。其中，局部加密
区域为隔舌处，该处曲率较小，需要加密使网格贴体。

在泵腔区域中，如图 5.20 所示，创建 5 个 Part：外壁 (wall _ out)、内壁 (wall _
in)、进口 (inlet)、出口 (outlet)、间隙环面 (ring)。其中间隙环面是指图 5.20 (a) 中
的最下部的端面。

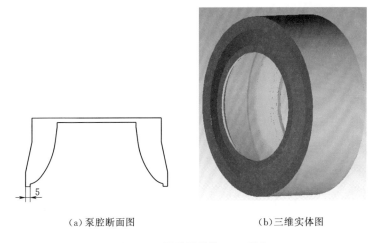

(a) 泵腔断面图　　　　　　(b) 三维实体图

图 5.20　泵腔区域的 Part 划分

5.3.5　Part 网格参数设置

在创建好 Part 后，需要对各 Part 的局部网格尺寸进行设置。由于各 Part 在 CFD 计
算中所处的地位不完全相同，特别是流道曲率半径较小的区域，如叶片进口边、压水室隔
舌等区域，往往需要较密的网格，因此，需要针对各 Part 指定不同的网格参数。例如，
对于叶片前缘，圆弧半径较小，往往只有 2mm 左右，流态在这里存在较大调整，因此，
为保证网格贴体性，需要进行面网格加密。这里，可选择面网格尺寸为叶片前缘圆弧半径
的 1/3～1/2，从而将面网格尺寸定为 0.9mm，网格类型为三角形。

如果不进行网格参数设置，则系统会默认采用全局网格尺寸。

此外，还需要针对每个 Part，指定是否使用边界层网格。当然，边界层网格只是对
壁面区域有效。

该操作可在 Mesh→Part Mesh Setup 界面中完成。表 5.1 给出了离心泵吸水室、叶轮、压水室 3 个区域中各 Part 的局部网格参数推荐表，可供离心泵 CFD 计算时参照使用。

表 5.1　　　　　　　　　　局部网格尺寸及边界层网格尺寸设置

区　域	Part	局部尺寸	尺寸值/mm	启用边界层网格	备　　注
吸水室	进口（inlet）	0.045D	14	否	
	出口 1（outlet1）	0.029D	9	否	与叶轮部分进口 1 区域交接，尺寸与其一致
	出口 2（outlet2）	0.029D	9	否	与叶轮部分进口 2 区域交接，尺寸与其一致
	壁面（shell）	0.045D	14	是	
	隔板（splitter）	0.009D	2.8	是	吸水室隔板处是流场速度梯度变化较大的区域，故网格应该密一些
	局部加密（refine）	0.015D	4.7	是	
叶轮	进口 1（inlet1）	0.029D	9	否	与吸水室部分出口 1 区域交接，尺寸与其一致
	进口 2（inlet2）	0.029D	9	否	与吸水室部分出口 2 区域交接，尺寸与其一致
	出口（outlet）	0.029D	9	否	与压水室部分进口区域交接，尺寸与其一致
	叶片（blade）	0.012D	3.8	是	叶片表面的流场是观察的重点，故网格应该适当加密
	盖板（shroud）	0.020D	6.3	是	
	轮毂（hub）	0.020D	6.3	是	
	叶片前缘（le）	0.003D	0.9	是	叶片前缘是流动调整最为剧烈的地区，故网格应该最为密集
	局部加密（refine）	0.003D	0.9	是	局部加密区域，采用了与叶片头部同样密集的网格
压水室	进口（inlet）	0.029D	9	否	与叶轮部分出口区域交接，尺寸与其一致
	出口（outlet）	0.045D	14	否	
	壁面（shell）	0.045D	14	是	
	局部加密（refine）	0.009D	2.8	是	压水室隔舌区的流动调整比较剧烈，故网格应该适当密一些

区　域	Part	局部尺寸	尺寸值 /mm	启用边界层 网格	备　　注
泵腔	外壁 （wall_out）	0.045D	14	否	
	内壁 （wall_in）	0.045D	14	否	
	进口 （inlet）	0.029D	9	否	与叶轮出口交接，尺寸与其一致
	出口 （outlet）	0.029D	9	否	与压水室进口交接，尺寸与其一致
	间隙环面 （ring）	0.009D	2.8	否	间隙环面尺寸较小、形状狭长、需要进行面网格加密

注　各 Part 局部网格尺寸，均以叶轮直径 D 为参考对象。

5.3.6　网格生成及网格质量检查

在进行了上述网格设置后，通过 Mesh→Compute Mesh 命令可进一步明确所使用的体网格类型，如四面体混合网格（Tetra/Mixed），然后便可直接生成所需要的网格，如图 5.21～图 5.24 所示。

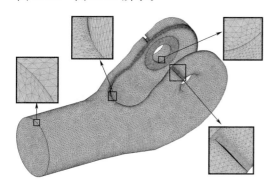

图 5.21　吸水室网格

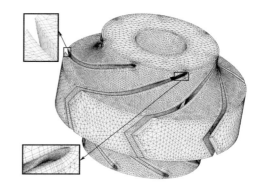

图 5.22　叶轮网格

上述网格的总单元数为 2809410 个，总节点数为 913641 个。各部分的网格单元数和节点数见表 5.2。经验证，在设计工况下，该网格对于外特性的模拟具有足够的精确度（满足网格无关性要求）；壁面 y^+ 位于 13.68～219.84 范围内，基本满足壁面函数的应用要求。

网格生成后，还要进行网格质量检查。检查的目的是发现低质量的网格，并对其进行调整，以保证后续 CFD 计算在更高收敛性和更高精度条件下顺利进行。网格检查命令是执行 Edit Mesh→Display Mesh Quality 操作，系统显示初步绘制的网格质量。如果低质量的网格数量较大，则需要对网格进行光顺或直接调整低质量的网格。一般来讲，不应该存在质量为 0.2 以下的低质量网格。

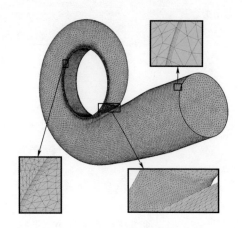

图 5.23　压水室网格

图 5.24　泵腔网格

表 5.2　　　　　　　　　　　　　离心泵网格数量

区　域	单元数/个	节点数/个	区　域	单元数/个	节点数/个
吸水室	751032	267253	泵腔	110023	21786
叶轮	1406621	451210	合计	2809410	913641
压水室	541734	173392			

　　在对网格满意后，可直接将网格输出为 CFD 求解器所接受的文件格式，用于后续 CFD 计算。

5.3.7　边界层网格对 y^+ 的影响

　　如前所述，不同湍流模式对壁面 y^+ 的要求是不一样的，而 ICEM-CFD 提供的边界层网格，为有效控制 y^+ 提供了便利。现以一实例，说明边界层网格对 y^+ 的影响。

　　假定采用基于壁面函数法的 k-ε 湍流模型对水泵内部流动进行求解，则要求的 y^+ 应该满足 $30 < y^+ < 300$ 条件（有时最大值可放宽到 500）。分别采用"不使用边界层网格"和"使用边界层网格"两种模式对叶轮流体域进行网格划分。划分的方法及整体网格参数设置基本相同，两种模式下生成的网格单元数量分别为 74 万和 78 万左右。其中，在第二种模式下使用了第一层网格 0.5mm、增长率 1.5、共 3 层边界层网格的工作模式。两种模式下所对应的叶片表面 y^+ 分布如图 5.25 所示。

　　从图 5.25（a）和图 5.25（b）的标尺可以看出，在不使用边界层网格模式下，叶片表面 y^+ 的范围为 38.1～1417.1，最大 y^+ 值远远超出了使用壁面函数的许可范围，而在使用边界层网格模式下，这一范围变为 21.5～367.8，整体而言，y^+ 基本在许可的 30～500 的范围内。这说明，只要边界层网格设置得当，可以较好地控制计算域中的 y^+，从而使网格具有高质量。

　　为了观察叶轮网格模式对其他过流部件网格的影响，图 5.26 给出了"不使用边界层

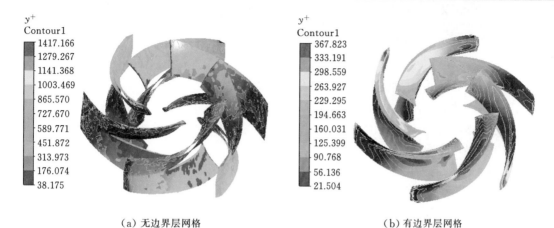

（a）无边界层网格　　　　　　　　　　（b）有边界层网格

图 5.25　不同网格生成模式下的叶片表面 y^+ 分布

（a）对应于叶轮无边界层网格

（b）对应于叶轮有边界层网格

图 5.26　在叶轮采用不同网格生成模式时的压水室表面 y^+ 分布

网格"和"使用边界层网格"两种叶轮网格模式下压水室表面的 y^+ 分布。

从图 5.26 可以看出，无论叶轮壁面采用哪种网格生成模式，压水室壁面的 y^+ 基本不变。同时可以看到，由于压水室没有采用边界层网格，壁面 y^+ 在 260～2500 之间，超出了许可范围 30～500。因此，压水室也应该划分边界层网格。

5.4 轴流泵非结构网格划分

在 ICEM-CFD 中对轴流泵流体域划分非结构网格，方法和过程与上一节介绍的双吸离心泵基本一致。所使用的轴流泵实例来自于第 4 章 4.4 节所生成的轴流泵流体域，分为叶轮、进水喇叭管、导叶和出水弯管等 4 个部分。下面分别介绍网格划分方法和过程，凡是与 5.3 节操作相同的部分，这里不再赘述。

5.4.1 叶轮网格划分

尽管轴流泵叶片安放角是能够调节的，但在进行 CFD 分析时，总是要将安放角固定在某个特定角度下开展流动计算，因此这里假定叶片与轮毂体是一个整体，统称为叶轮。

轴流泵叶轮网格划分方法与离心泵叶轮类似，可按下述过程进行。

（1）导入三维实体模型。将叶轮流体域的三维实体模型导入 ICEM-CFD，并调用系统提供的修复功能，对几何体进行修复，去除多余的辅助面。

（2）定义边界条件所需要的面。主要包括叶轮与进水管的交界面、叶轮与和导叶的交界面、叶片正面、叶片背面及其他壁面边界。当然，这部分工作也可移到 CFD 求解器软件中设置。此外，最好在这一步将这个流体域的名称也定义好，如 Impeller，便于后面引用。

（3）定义整体网格尺寸。整体网格尺寸中最为关键的是最大网格单元长度 M，通常可取为轴流泵叶轮直径 D 的 $1/30 \sim 1/20$。考虑到叶轮直径 D 约为 300mm，这里 M 取 10.0mm。如果需要，还可在这里设置边界层网格，这里从略，有需要的话，请参见 5.3 节关于双吸离心泵边界层网格生成的相关内容。

（4）Part 划分及 Part 参数设置。Part 是指需要细化计算网格的区域。在轴流泵叶轮中，叶片前缘和叶片尾部是两处压力梯度变化比较大的区域，可将这两处单独设置为 Part，并为其设置更细小的网格尺度。通常可将这两处区域的网格尺度设置为最大网格尺寸 M 的 $1/15 \sim 1/10$，这里取 1.0mm。实际上，还可以不创建 Part，直接通过 Mesh→Surface Mesh Setup 命令为叶片前缘和尾部设置最大尺寸为 1.0mm 的网格。

需要说明的是，在三维造型时，叶片前缘已经是一个单独的曲面，因此，可以在生成 Part 时直接被选中。否则，需要在 CAD 软件中造型时单独构建叶片前缘区域，然后才能表示为 Part。叶片尾部也如此。

（5）创建网格。按上述参数设置，通过 Mesh→Compute Mesh→Volume Mesh→Tetra/Mixed→Robust（Octree）操作可直接生成所需要的网格，结果如图 5.27 所示。

（6）检查网格质量。可通过 Edit Mesh→Check Mesh 检查网格质量，当网格质量较低时，可调用 Edit Mesh→Smooth Mesh

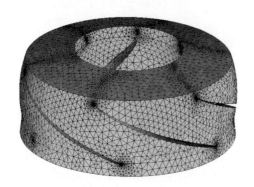

图 5.27 叶轮网格

Globally 对网格进行光顺处理，一般可显著提高网格质量。如果仍然不满足要求，直接对某个区域的网格进行修复，或者重新设置参数，并进行网格划分。

5.4.2 其他部件网格划分

1. 进水喇叭管网格划分

相比于叶轮网格划分，进水喇叭管结构比较简单，基本没有需要特殊加密的部位，因此，不需要划分 Part，在直接指定水泵进口、进水喇叭管与叶轮交界面、导水锥壁面（旋转壁面）及其他壁面（固定壁面）边界后，设置整体网格尺寸，就可以直接生成网格。整体网格尺寸比叶轮区域略大一些即可，可设置为叶轮直径 D 的 $1/20 \sim 1/15$，这里取 15.0mm。然后，就可直接创建网格。生成网格后再进行一次光顺处理，就可以得到质量比较高的网格。采用混合四面体单元生成的网格结果如图 5.28 所示。

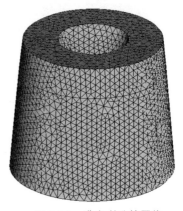

图 5.28 进水喇叭管网格

2. 导叶体及扩散管网格生成

在轴流泵结构中，按照水流方向，导叶体后面的过流部件是扩散管。为了更加有效地划分导叶叶片尾部的网格，一般将导叶体与扩散管放在一起进行网格划分。这里用导叶体代表导叶体及扩散管的组合。

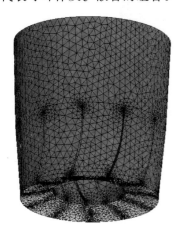

图 5.29 导叶体网格

在将三维几何模型导入 ICEM-CFD 后，先对导叶体进行修复，去除多余的辅助面，然后定义后续设置边界条件时所需要的面，主要由导叶与叶轮的交界面、导叶出口、轴孔壁面（旋转壁面）及其他壁面（固定壁面）等 4 组边界组成。接着，设置整体网格尺寸。整体网格尺寸比叶轮区域略大一些即可，可设置为叶轮直径 D 的 $1/20 \sim 1/15$，这里取 15.0mm。这一尺寸一般与进水喇叭管相同或接近。在局部尺寸加密方面，需要针对导叶叶片前缘及尾部设置更加细小的网格尺寸，一般可设置为最大网格尺寸的 $1/10 \sim 1/8$，这里取 2.0mm。然后，就可直接生成网格。生成网格后再进行一次光顺处理，就可以得到质量比较高的网格。采用混合四面体单元生成的网格结果如图 5.29 所示。

3. 出水弯管网格生成

出水弯管内部有泵轴穿过，因此，需要为此设置单独的边界条件，并适当加密。与叶轮相比，出水弯管网格划分的主要区别在于，整体网格尺度可适当大一些，可设置为叶轮直径 D 的 $1/15 \sim 1/10$，这里取 20.0mm。这一尺寸与导叶体的网格尺寸相近或略大。在局部尺寸加密方面，将轴孔的网格适当加密，取为与导叶体的整体网格尺寸相同即可，这里取 15.0mm。然后，就可直接生成网格。生成网格后再进行一次光顺处理，就可以得到质量比较高的网格。采用混合四面体单元生成的网格结果如图 5.30 所示。

4. 轴流泵网格合成

将上述生成的各组成部分网格合成后，便得到了轴流泵网格图，如图 5.31 所示。它包括了进水喇叭管、叶轮、导叶、扩散管和出水弯管部分。

在完成网格创建后，可将该网格按用户选定的求解器接受格式输出，如可保存为 Fluent 求解器接受的 axial_pump.msh 文件，供后续 CFD 计算使用。

图 5.30　出水弯管网格

图 5.31　轴流泵整体网格

5.5　导叶式离心泵六面体网格划分

在水泵与泵站流场分析中，六面体网格是应优先选用的网格类型。本节以 ICEM-CFD 软件为操作平台，介绍导叶式离心泵六面体网格划分方法。在 ICEM-CFD 中生成六面体网格，需要利用块（Block）的概念。块是一种为了方便六面体网格生成而出现的虚拟结构。通过操作虚拟块进行拓扑构建，将规则块上的数据映射至不规划的真实物理几何，完成贴体网格的划分。在 ICEM-CFD 中生成六面体网格，首先应该制订"自顶向下"或"自底向上"创建块的策略，并以 Part 的形式对各边界进行命名。然后根据所制订的分块策略，按以下过程进行网格划分：①创建块；②切割块；③关联块与几何；④设定网格尺寸；⑤预览网格；⑥检查网格质量；⑦修改网格。

现以 4.2 节所创建的导叶式离心泵流体域三维实体模型为例，介绍六面体网格划分方法和过程。

5.5.1　叶轮六面体网格划分

图 5.32（a）所示的离心泵叶轮流体域，进口直径 233mm，出口直径 375mm，叶

片数为 6。针对该叶轮，首先根据叶轮周期性取 1/6 作为单流道，在完成单流道网格划分后通过旋转阵列方式形成完整叶轮网格。单流道可采用两个叶片之间的自然流道（即第一个叶片的吸力面到下一个叶片压力面之间的通道），也可采用包含叶片的单流道。由于前者在块划分时相对简便，故本例采用前者，单流道流体域模型如图 5.32（b）所示。

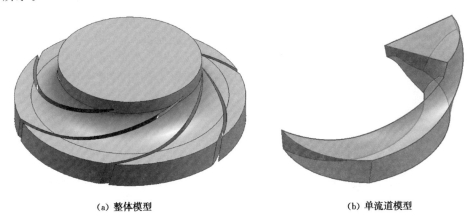

(a) 整体模型   (b) 单流道模型

图 5.32 叶轮流体域整体模型和单流道模型

本例采用"自底向上"的策略来创建块。将叶轮单流道几何分为两大部分：叶轮进口段和叶轮主流道，分别进行块的构建、切割和关联操作，最后合成整体网格。另外，对于这种单级单吸悬臂式离心泵，在创建叶轮六面体网格时，叶轮螺母所在区域还需用到块坍塌（Collapse）和 Y-Block 技术。具体步骤如下。

1. 导入叶轮流体域

导入叶轮单流道几何文件，构建其拓扑结构，如图 5.33 所示。图中曲面 F1 和 F2 为一对周期面，周期点 P1、P11、P9、P7、P5、P3、P2、P1 位于曲面 F1 上，周期点 P1、P12、P10、P8、P6、P4、P2、P1 位于曲面 F2 上。点 P1 为两个周期面的公共点，点 P11 对应点 P12，点 P9 对应点 P10，依此类推。

2. 指定 Part

为便于后续网格划分，特别是满足局部加密的需要，现将计算域中不同的几何域指定为相应的 Part。在单流道几何域中可创建为 7 个

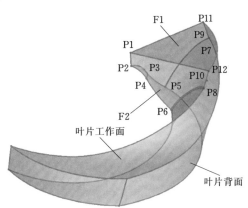

图 5.33 构建几何拓扑后的图形

Part，分别为进口（inlet）、出口（outlet）、叶片工作面（blade-pressure）、叶片背面（blade-suction）、盖板（shroud）、轮毂（hub）和叶片前缘（leading edge）。图 5.34 显示出了相关 Part 的位置。其中，进口为叶轮与吸水室出口的交界面、出口为叶轮与导叶进口的交界面；叶片前缘单独定义，以便后续网格做加密处理；叶轮区域中其余需要加密的部分可视要求再统一生成一个 Part。

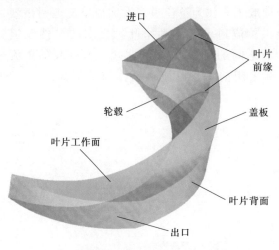

进口
叶片前缘
轮毂
盖板
叶片工作面
叶片背面
出口

图 5.34　叶轮域中指定的 Part

3. 定义周期性

以 Z 轴为旋转轴，利用 Mesh 标签页下的 Setup Periodicity 命令，输入旋转轴方向坐标（0，0，1）以及周期角 60°，即可完成旋转周期性设置。

4. 块的创建与关联

在本实例中，先针对主流道进行块的构建与关联，然后进行进口段的创建与关联。叶轮主流道可通过块的分割来实现。叶轮进口段可通过合并块顶点形成三棱柱块，然后通过 Y 切分来实现。现将此过程介绍如下：

（1）主流道分块。主流道按"自顶向下"方式进行块（Block）的创建与关联。首先利用 Blocking→Create Block 命令生成 3D Bounding Box 原始块，如图 5.35（a）所示。

然后，为适应流道弯曲变化，将主流道分割为 4 块，如图 5.35（b）所示。需要注意的是，在 ICEM-CFD 正式分块前，就应在流道几何体上构造"虚拟块"，即在几何体表面规划并剖分确定关联点、线的位置，这样便于 Block 直接与流道几何体对应。构造虚拟块时，块边界要尽可能与扭曲的几何表面正交，这样可使将来形成的 H 型网格相比周向关联形成的 J 型网格质量会大幅提高。主流道中后段相对"平直"，取 2～3 个块相对应即可。

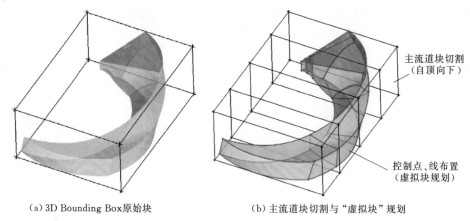

主流道块切割
（自顶向下）

控制点、线布置
（虚拟块规划）

（a）3D Bounding Box 原始块　　　　　（b）主流道块切割与"虚拟块"规划

图 5.35　叶轮单流道基本分块策略

（2）主流道 Vertice 关联。在完成 3D 原始块构建及块切割后，便可从主流道出口处开始进行 Vertice 关联，基本过程是：针对图 5.36（a），利用 Blocking→Associate→Associate Vertex 命令把块的顶点 V1、V2、V3、V4 对应关联到叶轮流道上的几何控制点 G1、G2、G3、G4，关联后结果如图 5.36（b）所示。

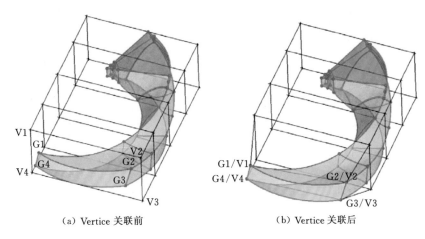

（a）Vertice 关联前　　　　　　　　（b）Vertice 关联后

图 5.36　第一个块顶点与叶轮几何对应点的关联

　　按照同样的方法可将块的其他顶点关联到叶轮流道的其他几何控制点。叶轮主流道整体关联后的结果如图 5.37 所示。在该图中，一共形成 20 对关联，关联后块已与整个主流道对应。

　　（3）进口段分块及 Vertice 关联。在完成主流道块分割与关联后，通过 Blocking→Create Block→Extrude Face 命令拉伸生成块，该块与进口段对应。由于泵轴并未完全穿过叶轮，叶轮进口段为三棱柱形状，因此需要将长方体的初始块转换为三棱柱体。为此，利用 Blocking→Merge Vertices 命令将顶点合并生成三棱柱块。为了在三棱柱中方便地生成六面体网格，利用 Convert Block Type 命令对进口段进行 Y 形剖分。然后，按照与主流道相同的方法进行 Vertice 关联，关联后的结果如图 5.38 所示。

　　（4）Edge 关联。Vertice 关联后即可进行 Edge 关联。过程是：针对图 5.39（a）所示的两组边界，利用 Blocking→Associate→Associate Edge to Curve 命令将块的边 E1、E2 与叶轮单流道的边界控制曲线 C1、C2 进行关联。需要注意的是，在导入几何模型前就需对边界控制线进行人为"虚拟块"剖分。按照同样方法，将块的其他边关联到叶轮单流道上对应的边界控制曲线，整体关联后如图 5.39（b）所示。

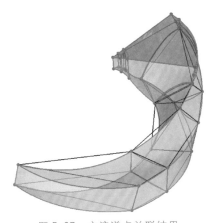

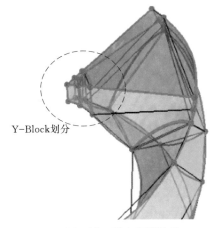

图 5.37　主流道点关联结果　　　　　　　　图 5.38　进口段点关联结果

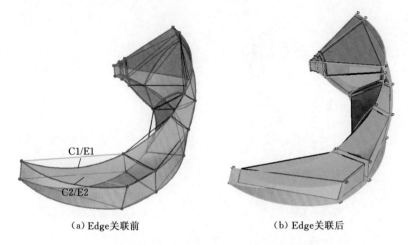

|(a) Edge 关联前|(b) Edge 关联后|

图 5.39　块的边与叶轮流道边线的关联

（5）块到叶轮几何的贴合。在完成关联之后，需要进行顶点对齐。为此，利用 Snap Project Vertices 命令，选中所有可见顶点，则所有顶点自动移动到叶轮几何体上。

（6）周期点与周期面处理。由于叶轮全流道需由单流道旋转复制而成，故需利用 Blocking→Edit Block→Periodic Vertices 命令将周向周期点对应起来。在本实例中，周向周期点共 7 对，分别为 P1 - P1、P2 - P2、P3 - P4、P5 - P6、P7 - P8、P9 - P10 和 P11 - P12。另外，还需利用 Blocking→Associate→Disassociate from Geometry 命令删除周期曲面 F1 和 F2，为下一步网格划分提供准确的块结构。

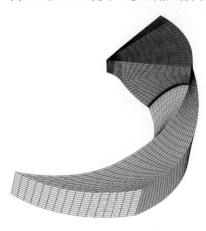

图 5.40　单流道网格初步生成结果

（7）设定网格参数。在完成上述块的创建与关联后，即可进行网格划分。首先利用 Mesh→Global Mesh Setup→Global Element Seed Size→Max Element 命令指定区域最大网格尺寸。相对于四面体非结构化网格，六面体网格能明显降低流体域网格总数，故最大网格尺寸的取值可适当减小。本例假定要生成叶轮整体网格为 150 万个左右，最大网格尺寸选择为叶轮直径 D 的 1/30，即 12.5mm。最大网格尺寸确定后，利用 Blocking→Meshing Parameters→Update Sizes 命令即可初步生成六面体网格，如图 5.40 所示。该结果有助于进一步检查点、线关联是否正确。

（8）边界层网格处理。上面生成的初步网格，虽然不存在大的问题，然而网格质量还是不够的，放大图形可以看到边界层上只有 1～2 层网格，还应使用参数设置对话框来进行边界层网格设置。选择 Blocking→Meshing Parameters→Edge Params，然后选择要进行边界层网格处理的边，在设置面板中进行网格分布规律及参数的设置。网格分布规律可选 Bi-Geometric、Bi-Exponential 等类型。本例选取 Bi-Exponential 类型，第一层网格高度和增长率可在 Spacing 和 Ratio 处调整，假定 $y^+ \approx 30 \sim 50$，根据 5.2.3 节给出的计算方法，第一层网格高度设置为 0.10mm，增长率设定为 1.25。

需注意的是，网格三方向的节点规律不能相差太大，以保证网格长细比合理。调整时需随时检查网格质量，避免出现负体积。

设置无误后，利用 Copy Parameters 功能将该参数复制到所有平等的边上，最终近壁区网格划分结果如图 5.41 所示。

（9）检查与改进网格质量。一般情况下，六面体网格主要利用 determinant（$2 \times 2 \times 2$）和 angle 指标进行质量分布检查，当发现低质量网格不是很多时，可通过 Blocking→Pre-mesh Smooth 命令对网格进行光顺处理。如果低质量网格较多则需借助所生成的质量分布图来定位低质量网格区，而后手动修改或重新生成网格。

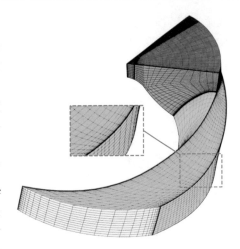

图 5.41 近壁区网格划分结果

另外，为检查流体域内部网格分布情况，还可使用 Blocking→Pre-Mesh→Cut Plane 命令来制作不同位置切面。图 5.42 为网格质量检查云图。ICEM-CFD 对于网格检查主要基于其几何特性，是否能满足计算要求还需借助 CFD 手段进行网格无关性检查，甚至进行更加严格的网格收敛性分析。

（10）整体网格生成。在生成叶轮单流道网格后，需要利用 Blocking→Pre-mesh→Convert to Unstruct Mesh 命令将其转化成非结构网格，而后根据叶片数，利用 Edit Mesh→Transform Mesh 中的旋转复制功能生成叶轮整体网格，且复制时需要注意合并节点、消除重复单元。最终生成的叶轮整体网格如图 5.43 所示。

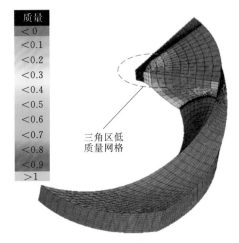

图 5.42 网格质量检查云图

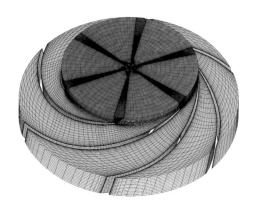

图 5.43 叶轮整体网格

5.5.2 导叶六面体网格划分

与叶轮网格划分策略一样，导叶六面体网格划分策略同样以单流道为基础，等完成单流道网格后通过周期性阵列复制生成全流道网格。其中，关键点在于应避免在导叶进口边附近出现尖角。其次，在 CAD 软件中建立单流道实体模型时，应提前建立一些辅助线，这些辅助线应尽量保证与模型正交，可以保证网格划分过程中更加方便地进行块的创建与关联。

现以图 5.44（a）所示的导叶流体域实体模型为例，介绍导叶网格划分过程。

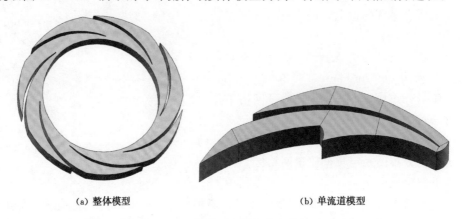

(a) 整体模型　　　　　　　　　　　(b) 单流道模型

图 5.44　导叶全流道与单流道模型

（1）导入流体域。假定前期已经通过 CAD 三维造型生成了图 5.44（b）所示的单流道模型。在 ICEM-CFD 中，导入单流道几何文件，构建拓扑，如图 5.45 所示。其中，周期面如绿色区域所示。

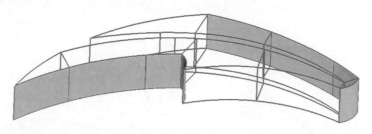

图 5.45　导叶拓扑结构

（2）定义 Part。为了后续网格划分，特别是满足局部加密的需要，将计算域中不同的几何指定为相应的 Part。在导叶单流道模型中，可创建 8 个 Part：进口（inlet）、出口（outlet）、叶片工作面（bld-p）、叶片背面（bld-s）、盖板（shroud）、叶片前缘（le）、周期面 1（periodic surface1）及周期面 2（periodic surface2），如图 5.46 所示。

（3）块的创建与关联。对于导叶几何模型，采用"自底向上"的建块策略来生成块。在 UG 建模时就需要对如何在 ICEM-CFD 中创建块有大致思路，并在模型上设置相应的辅助线。图 5.47（a）中的一些竖线则表示出了各个块的位置。从该图可以看出，计划生成 8 个块。如果以叶片为界，叶片上部有 3 个块，下部有 4 个块，右侧（导叶叶片头部）有 1 个块，这 8 个块在图 5.44（b）中看得更清楚一些，图 5.45 给出的拓扑结构图也清楚地表明了 8 个块的位置。

针对叶片上部的 3 个块，进行块的创建及关联。首先，针对处于中间位置的一个块，

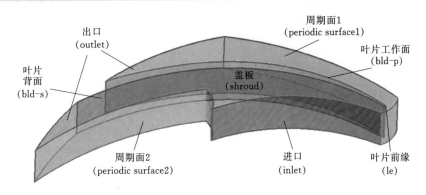

图 5.46 导叶计算域中指定的 Part

通过 Blocking→Creat Block 命令创建一个原始块，如图 5.47（a）所示。然后，参照上一小节关于叶轮网格划分的做法，将该块的顶点关联到流道上的控制点，其中两个顶点关联后的结果如图 5.47（b）所示。这个块的所有顶点与流道对应控制点关联完成后，结果如图 5.48（a）所示。

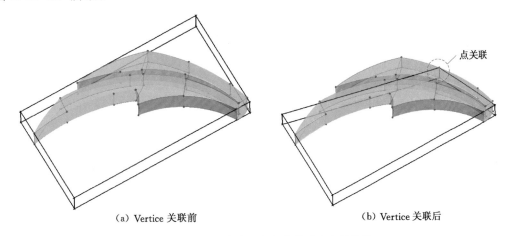

（a）Vertice 关联前　　　　　　　　　（b）Vertice 关联后

图 5.47 3D 原始块顶点与流道对应点的关联

接着，创建并关联叶片上方流道其余的两个块。过程是：选择 Blocking→Extrude Face(s) 命令，分别向左和向右拉伸图 5.48（a）所示块的左右两个红色矩形，拉伸方向如图中直线所示，拉伸距离根据导叶划分的区域长度确定，拉伸结果如图 5.48（b）所示。考虑到流道出口轮廓为三角形，左侧块应该是三角块，为此，选择 Blocking→Merge Vertices 命令合并两个点，结果如图 5.48（c）所示。然后，针对这个三角块和前面创建的右侧块，通过 Vertice 关联和 Edge 关联将块上所有顶点和线全部关联到流道对应的控制点和曲线上，关联后的结果如图 5.48（d）所示。针对左侧的三角块，选择 Blocking→Edit Block→Convert Block Type 命令，在 Set Type 中选择 Y-Block，生成如图 5.48（e）所示的 Y 形切割结果。至此，完成了叶片上部 3 个块的创建和关联。

采用同样过程，完成叶片下部的 4 个块及右侧 1 个块的创建与关联，如图 5.49 所示。需要注意的是，图 5.49 中的 1 区域轮廓为五边形，需要两个块来完成关联，为此，选择 Blocking→Split Block（Key＝s）→Split Block 命令，然后选择要切割的块即可完成切割

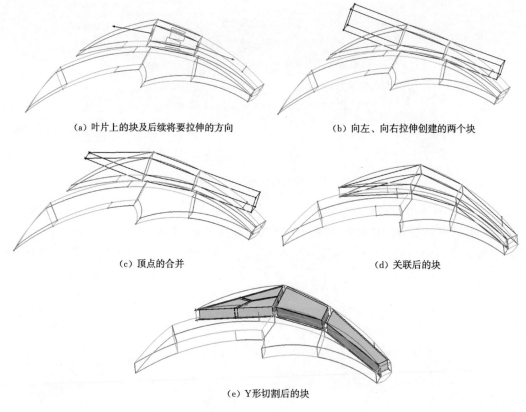

(a) 叶片上的块及后续将要拉伸的方向　　　　　　　　(b) 向左、向右拉伸创建的两个块

(c) 顶点的合并　　　　　　　　　　　　　　　(d) 关联后的块

(e) Y 形切割后的块

图 5.48　块的拉伸、顶点合并及 Y-Block 切分

操作。至此完成流道所有 8 个块的创建和关联。其中 2 区域和 3 区域的两个块进行 Y 形切割，1 个块进行了简单切割。

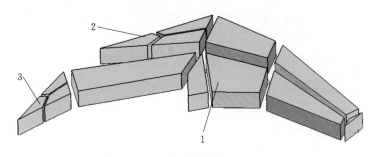

图 5.49　导叶流道块的创建结果

（4）网格参数设定。由于导叶内的流态与叶轮内流态相当，故采取与叶轮网格相同的网格参数，即最大尺寸为 12.5mm，第一层网格高度设置为 0.1mm，增长率设定为 1.25。所生成的六面体网格如图 5.50 所示。

（5）整体网格生成。在生成单流道网格后，首先利用 Blocking→Pre-mesh→Convert to Unstruct Mesh 命令将其转化成非结构网格，而后根据叶片数，利用 Edit Mesh→Transform Mesh→Rotate Mesh 命令将单流道网格阵列复制成全流道网格。复制时需要注

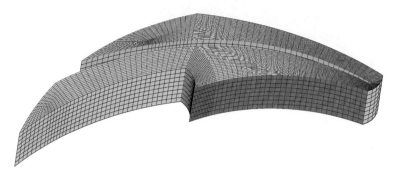

图 5.50 导叶流道六面体网格

意合并节点、消除重复单元。最终生成的导叶全流道网格如图 5.51 所示。

在上述生成网格过程中，还应按照与叶轮网格生成时相同的方法进行网格检查与改进。这里从略。

5.5.3 蜗壳六面体网格划分

蜗壳六面体网格划分方法和过程，与叶轮及导叶类似。总体来说，蜗壳六面体网格划分的难点在于隔舌区域的处理，建议此处采用 Y-Block 进行处理，其他位置采用块的拉伸即可。

针对第 4 章 4.2 节生成的圆形断面焊接蜗壳，在 ICEM-CFD 中导入几何模型后，其拓扑结构如图 5.52 所示。

图 5.51 导叶全流道网格

图 5.52 蜗壳拓扑结构

采用"自底向上"的建块策略创建块。首先在水泵蜗壳扩散管的位置创建一个原始块，然后进行块的顶点关联及线关联，关联后如图 5.53（a）所示。

后续各部位的块均采用块的拉伸操作创建，拉伸方向如图 5.53（b）所示。关联后，对最后一个块进行 Y 形切割，结果如图 5.54 所示。除了 Y-Block 部位，其余位置采用 O-Block 进行优化。

全局网格最大尺寸取叶轮直径的 1/15 左右，即 15mm。第一层网格高度取决于 y^+，假定 $y^+ \approx 30 \sim 50$，根据 5.2.3 节中的计算方法，第一层网格高度应为 0.12mm，增长率

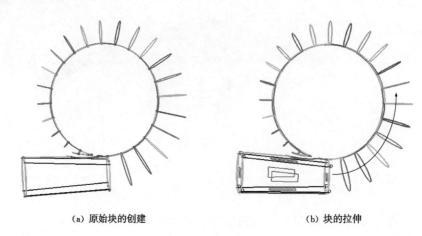

(a) 原始块的创建 (b) 块的拉伸

图 5.53 块的创建与拉伸

设定为 1.25。据此生成的六面体网格如图 5.55 所示。

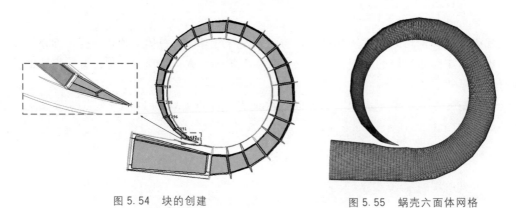

图 5.54 块的创建 图 5.55 蜗壳六面体网格

5.5.4 肘形进水流道六面体网格划分

针对 4.2 节所创建的进水流道几何模型，创建六面体网格。该创建过程相对简单，在创建原始块后，从进口至出口分成若干块，逐一进行拉伸，再划分 O-Block，便生成六面体网格。现将主要过程介绍如下。

在 ICEM-CFD 中导入进水流道几何模型后，可以看到在造型时保留的截面位置，如图 5.56 所示。在此基础上，后续可借助这 8 个断面来构造块。

首先，对进水流道第 1 段进行块的创建。关闭 Surfaces，显示 Curves。利用 Create Blocks 命令自进水流道进口开始创建块，注意勾选 Project vertices 选项，再选中从进口开始的第一个和第二个圆形，建立好的第一个块如图 5.56 所示。

进水流道结构简单，断面均是圆形，对应关系

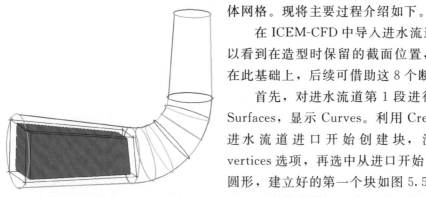

图 5.56 第一个块的创建

120

明显,所以可跳过点点关联,直接进行线线关联。在构建好第一个块后,把块的边关联到进口段曲线上。

第一个块创建并关联完成后,在其基础上通过 Blocking→Create Block→Extrude Face 命令拉伸生成第二个块及其余块。每次拉伸之后注意关联 Edges 与 Curves。划分好的第二个块及全部尺寸段分别如图 5.57 和图 5.58 所示。

接着,利用 Blocking→Split Block→Ogrid Block 命令,选中所有 Block,再选中进口面和出口面,选择 Offset 偏置量为从外向里的偏置比例,根据需要设置,本实例为 1,确认后即可生成 O-Block。如有需要,可利用 Move Vertex 功能进行调整,调整时可选择 Fix direction 沿一条边的方向进行调整,以免出现较大偏差。做好的 O-Block 如图 5.59 所示。

最后,参照与蜗壳相同的网格参数,包括边界层网格参数进行设置。生成的最终网格如图 5.60 所示。

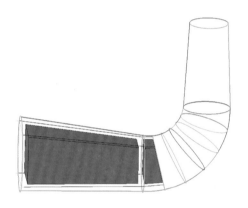

图 5.57 拉伸创建的第二个块

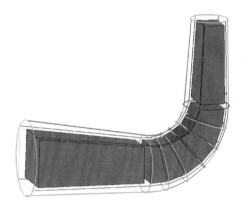

图 5.58 创建的所有块

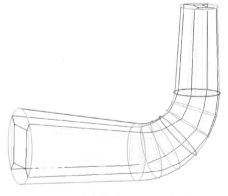

图 5.59 进水流道 O-Block 的划分

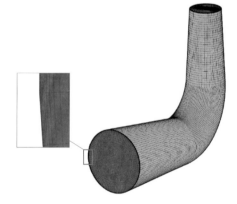

图 5.60 进水流道六面体网格

5.6 泵站进水池六面体网格划分

这里所指的泵站进水池由前池、进水池和吸水喇叭管组成。下面介绍在 ICEM-CFD 中针对泵站进水池划分六面体网格的方法和过程。

现有图 5.61 所示泵站进水池，安装 3 台水泵，进水池中间有两个隔墩。流体域尺寸为 $H_{min}=1m$，$H_{max}=3.3m$，$B_{min}=3.5m$，$B_{max}=12.2m$，$L=12m$，$M=12m$，$N=12m$，$\alpha=44°$，$i=1/5$，$m=0.4$。

考虑到泵站进水池尺度较大，故采用 RANS 模型进行模拟，假定采用 $k\text{-}\varepsilon$ 湍流模型并结合壁面函数法进行进水池数值模拟。这样，第一层网格节点必须处于对数律层，即 y^+ 应满足 30~500 的要求[67]。

泵站进水池六面体网格划分主要包括计算域分块、网格最大尺寸控制和近壁区第一层网格高度控制等 3 大部分。现分别介绍如下。

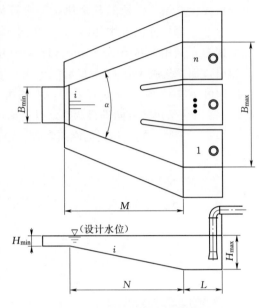

5.6.1　计算域分块

进水池可采用自顶向下的建块策略，先生成一个原始块，在进行关联之后，根据进水池整体形状和水泵台数进行块的分割。分块时，要合理安排块划分的方向和顺序，以得到符合结构特点和尽量平直的块结构。

图 5.61　进水池平面图和纵剖面图

（1）进行三段式分割。针对图 5.61 所示进水池结构，首先沿水流方向进行三段式分割，再沿垂直于水流方向进行 n 段分割（n 为水泵台数），结果如图 5.62 所示。然后，进行进水池两侧节点的映射，使得进水部分的块结构与几何体的结构特征一致，且不影响后面隔墩形状的切割。

（2）进行辅助切割。在隔墩前端与前池进口之间的位置处，添加上下两条辅助线。辅助线到隔墩头部的距离要与隔墩到前池边壁的距离大致相等，这样可避免产生偏小的锐角，从而提高网格质量。然后在辅助线位置沿垂直于长度方向上对进水池进行切割，结果如图 5.63 所示。

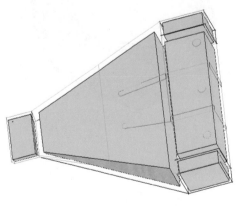

图 5.62　垂直和平行于流动方向上的
三段式分割（$n=3$）

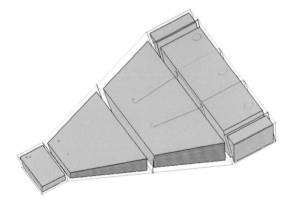

图 5.63　在隔墩前的辅助线处
进行切割

（3）对隔墩部位进行双 M 形切割。对前池隔墩所在区域进行 M 形切割，目的是删除隔墩所占据的空间后便于生成网格。对所有隔墩都进行 M 形切割，删除位于隔墩处的实体块，然后对相应的节点、线进行映射，得到图 5.64 所示的双 M 形切割效果。

（4）对吸水喇叭口部位进行分层切割。由于吸水喇叭管的过水断面面积从喇叭口向后逐渐减小，且喇叭口距进水池底有一段距离（这段距离等于悬空高），因此需要对进水池进行分层。分层的数量和位置需视吸水喇叭管形状和位置而定。共分 3 层，下面的分层面位于喇叭口底面，上面的分层面位于喇叭管的上端，最终分层切割效果如图 5.65 所示。

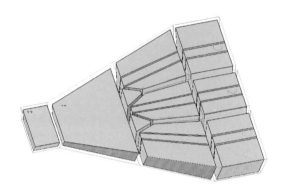

图 5.64　隔墩部位的双 M 形切割

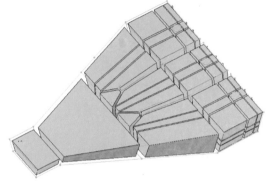

图 5.65　进水池吸水喇叭口部位的分层切割

（5）对吸水喇叭管部位的"四周双 T 形"切割。吸水喇叭管和吸水管均有一定厚度，因此需要将吸水喇叭管和吸水管管壁所占空间几何体挖空。为此，可在吸水喇叭管处做一个外 O-Block（偏移距 Offset 取 0.5），在吸水管段做一个内 O-Block，对进水池吸水喇叭管周边进行"四周双 T 形"切割后得到图 5.66 所示结果。吸水喇叭口处的细部分块结构如图 5.67 所示。

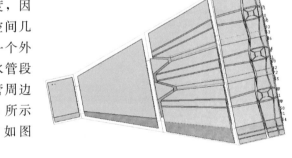

图 5.66　进水池吸水喇叭管部位的
"四周双 T 形"切割

5.6.2　网格最大尺寸控制

为了生成六面体网格，需要指定网格最大尺寸。前池、进水池网格最大尺寸 M_1 和吸水管网格最大尺寸 M_2 按下式确定[67]：

$$M_1 = \frac{\pi}{60} \frac{H_{min} B_{min} LN}{H_{max} B_{max} M} \alpha i \tag{5.17}$$

$$M_2 = KM_1 \tag{5.18}$$

式中：K 为修正系数，可取 0.5～0.7，流速大时取小值；其他参数为进水池的几何尺寸，物理意义如图 5.61 所示。

针对本节的泵站进水池算例，根据给定的进水池几何参数，由式（5.17）可计算得到前池、进水池网格全局单元最大尺寸 $M_1 = 0.160$m。考虑到吸水喇叭管流速为比较低的

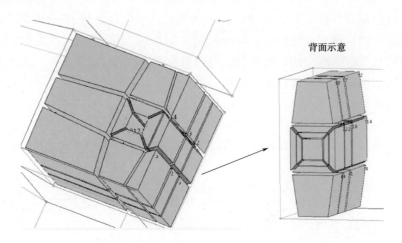

图 5.67　吸水喇叭口细部分块结果

1.02m/s，K 可取较大值（$K=0.625$），由式（5.18）计算得到管道网格全局单元最大尺寸 $M_2=0.100$m。

据此划分网格，得到如图 5.68 所示的初步网格方案，该网格方案基本满足网格无关性的要求。

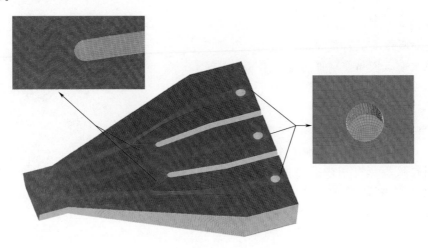

图 5.68　初步网格方案

5.6.3　近壁区第一层网格高度控制

对于上一步生成的初步网格方案，为了满足壁面函数法的要求，需要对近壁区的网格进行处理。针对 y^+ 为 30～500 的要求，近壁区第一层网格高度 y 可用下式确定[67]：

$$y=2.5m\nu^{0.9341}u^{-0.934\,1}L^{0.0659}\times10^3 \tag{5.19}$$

式中：m 为边坡系数，当 $L=\pi D$ 时，$m=1$；ν 为水的运动黏度，$\nu=1.01\times10^{-6}\,\mathrm{m^2/s}$；$u$ 为沿流动方向所在断面的平均速度；L 为块结构的最大长度，对于吸水喇叭管，$L=\pi D$。

现需对进水段、隔墩前端、吸水管和进水池后壁 4 个区域进行壁面网格的加密，见图 5.69 标记①、②、③和④的区域。根据式（5.19）计算得到这 4 部分的第一层网格高度 y 分

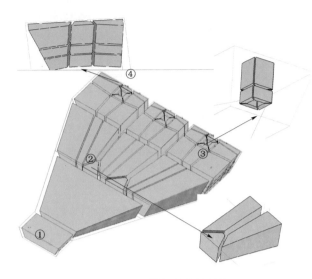

图 5.69　需加密的块结构

别为 0.006m、0.015m、0.006m 和 0.046m。下面以吸水管为例，说明近壁区网格加密方法。

　　为了对吸水管壁面网格进行加密，分别调节吸水喇叭管外部、内部和上部网格节点与吸水喇叭管壁之间的距离，使得它们第一个节点距离管壁的长度为前面指定的 y 值，如图 5.70 所示。调节网格节点时，首先可根据块结构的边长（edge）确定网格的节点个数，一般情况下满足网格无关性要求之后的网格节点不需再做改动，但可调节部分与周围网格单元大小相差较大的节点。然后通过设置 edge 两端的网格高度 y 和网格增长率来达到要求，一般保证网格增长率为 1.1~1.3，本例中网格增长率为 1.2，当达不到要求时可增加部分节点。

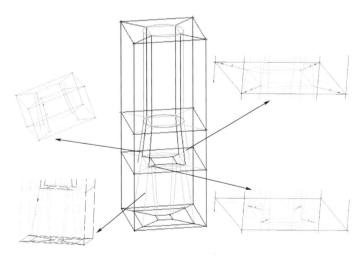

图 5.70　吸水喇叭口边界层加密区域

　　最终的网格方案如图 5.71 所示。经过 CFD 计算后，发现其进水部分的 y^+ 如图 5.72 所示。从图中可以看出，前池、进水池和吸水喇叭管的 y^+ 为 30~500，满足壁面函数对边界层网格的要求。

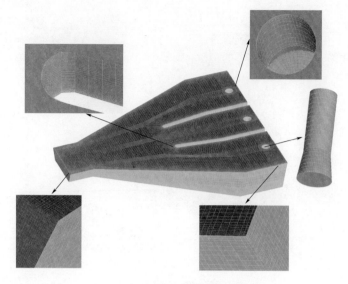

图 5.71　边界层加密后的计算网格

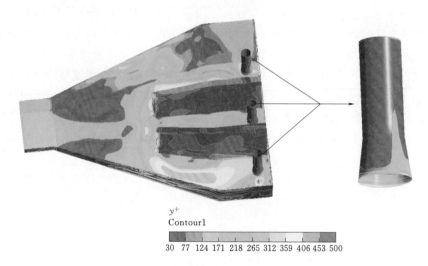

y+
Contour1

30　77　124　171　218　265　312　359　406　453　500

图 5.72　CFD 计算得到的近壁区 y^+ 分布

5.7　基于 ANSYS TurboSystem 的水泵设计与网格生成

　　ANSYS TurboSystem 是专门针对叶轮机械设计、造型、网格划分和流动分析而推出的多模块集成系统，包括水泵设计模块 Vista CPD、基于流线曲率法的通流计算模块 Vista TF、叶片造型模块 BladeGen、叶片修改模块 BladeEditor、网格划分模块 TurboGrid 等。借助这一集成系统，可以半自动地快速完成叶轮设计和 CFD 分析，而不需要像前面几节那样进行复杂的造型、网格划分、边界条件设置等工作，大大简化了叶轮分析流程，提高了网格生成精度。这些模块既可以集成使用，也可单独使用。现介绍在

Workbench 集成环境中使用这些模块进行水泵设计和分析的基本方法。相关模块的具体用法请参见 ANSYS 文档。

5.7.1 利用 Vista CPD 进行离心泵水力设计

Vista CPD 是 Vista 系列模块之一，专门用于离心泵的水力设计，可以设计各种比转速的离心泵叶轮和蜗壳。利用此模块设计出的叶轮，可以快速导入 BladeGen 软件进行叶轮三维造型，继而进行 CFD 分析。与 Vista CPD 模块相平行的其他流体机械模块还有轴流风扇模块 Vista AFD、离心压缩机模块 Vista CCD 和径流透平模块 Vista RTD 等。现以一台单级单吸离心泵为例，说明 Vista CPD 的使用过程。该离心泵设计流量 $Q=100.0\mathrm{m}^3/\mathrm{h}$，设计扬程 $H=32.0\mathrm{m}$，转速 $n=2900\mathrm{r/min}$。

1. 创建工程项目

从 Workbench 的 Toolbox 中添加 Vista CPD 模块，创建包含两个单元格的项目 A。其中，A1 单元格为 Vista CPD；A2 单元格为 Blade Design。

2. 输入设计要求

双击 A2 单元格，进入 Vista CPD 界面，如图 5.73 所示。从下拉菜单中可分别选择叶片设计和蜗壳形压水室设计。

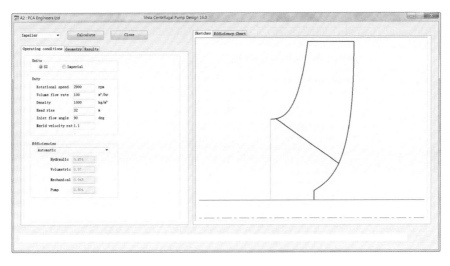

图 5.73　Vista CPD 设计面板

Vista CPD 界面左部是设计控制区域，包括 Operating conditions、Geometry 和 Results 等 3 部分；右侧是图形窗口，包括 Sketches 和 Efficiency Chart。在 Operating conditions 标签页输入离心泵设计要求，包括设计流量、扬程、转速、介质密度等。在 Geometry 标签页给定叶轮几何控制参数，如轮毂直径与轴孔直径的比例为 1.5，后盖板叶片进口边安放角为 27°，出口叶片安放角为 22.5°，叶片数为 6 片，如图 5.74 所示。

3. 设计计算

在输入设计要求及叶轮几何控制参数后，点选 Calculate 按钮后 Vista CPD 自动进行水泵设计计算，并在 Sketches 标签页对应的图形窗口中显示叶轮轴面图。在 Results 标签

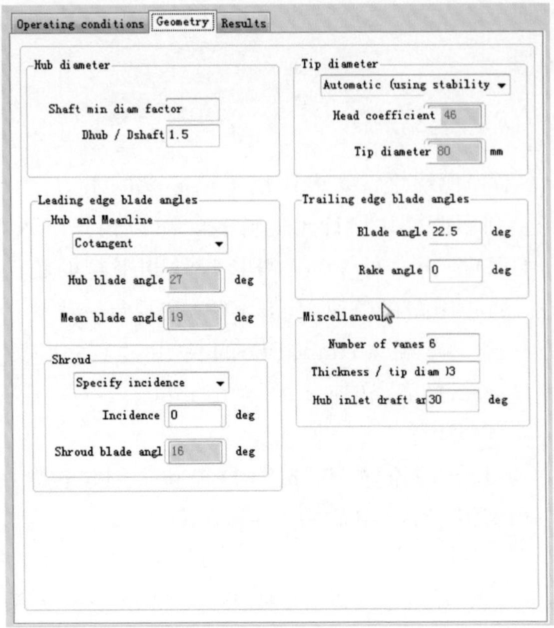

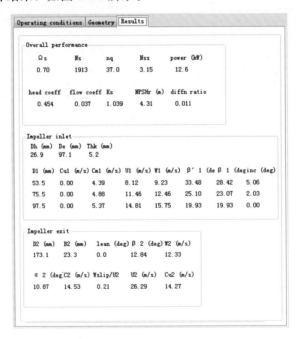

图 5.74 叶轮几何控制参数

页中，显示叶轮设计结果，如图 5.75 所示。

图 5.75 叶轮设计结果（主要几何参数）

从图 5.75 可以看出，叶轮外径为 173.1mm，叶轮出口宽度为 23.3mm。设计结果中给出了以 3 种不同单位制表示的水泵比转速，分别为无量纲比转速 Ω_s、美国单位制比转速 N_s 和欧洲单位制比转速 n_q。3 种比转速的关系如下：

$$
\begin{cases}
\varOmega_s = \dfrac{\omega\sqrt{Q}}{(gH)^{3/4}} \\[2mm]
N_s = 2733\varOmega_s \\[2mm]
n_q = 52.91\varOmega_s
\end{cases}
\tag{5.20}
$$

式中：ω 为叶轮旋转角速度，rad/s；Q 为流量，m^3/s；g 为重力加速度，m/s^2；H 为扬程，m。

3 种比转速与中国单位制比转速 n_s 的对应关系为

$$
n_s = \frac{3.65n\sqrt{Q}}{H^{3/4}} = \varOmega_s \times 193.20 = N_s/14.16 = 3.65n_q
\tag{5.21}
$$

在本例中，比转速 n_s 为 131。在 Results 标签页给出的设计结果中，还包括空化比转速 N_{ss}、必须空化余量 $NPSH_r$、扬程系数 ψ、流量系数 ϕ、稳定系数 K_s、功率 P、扩散比等 D_r。这些参数的定义如下：

$$
\begin{cases}
N_{ss} = \dfrac{\omega\sqrt{Q}}{(g \cdot NPSH_r)^{3/4}} \\[3mm]
\psi = \dfrac{gH}{U_2^2} \\[3mm]
\phi = \dfrac{Q}{0.5\omega D_2^3}
\end{cases}
\tag{5.22}
$$

$$
\begin{cases}
P = \dfrac{\rho gQH}{\eta_p} \\[3mm]
K_s = \dfrac{U_{2m} - U_{1m}}{C_{u2m}} \\[3mm]
D_r = \dfrac{W_1 - W_2}{W_1}
\end{cases}
\tag{5.23}
$$

式中：D_2 为叶轮外径；U_1 和 U_2 分别为叶片进口和出口旋转速度；W_1 和 W_2 分别为叶片进口和出口相对速度；C_{u2} 为叶片出口绝对速度的圆周分量；下标 m 表示中间流线上的参数。

式（5.22）中所定义的空化比转速 N_{ss} 与我国泵行业所使用的空化比转速 C 的物理意义相同，但值不同，对应关系是

$$
C = \frac{5.62n\sqrt{Q}}{(NPSH_r)^{3/4}} = N_{ss} \times 297.63
\tag{5.24}
$$

式（5.23）中定义的稳定系数 K_s 是指扬程曲线是否存在驼峰。当设计点的 K_s 小于 0.9 时，说明扬程曲线有驼峰，即关死点扬程将小于最高扬程。式（5.23）所定义的扩散比 D_r 一般应该在 0~0.25 之间。当 D_r 接近于 0 时，一般说明泵的效率比较高，而且不容易出现驼峰现象。

除了上述参数外，Results 标签页还给出了叶轮进口和出口的几何参数和速度三角形参数，如图 5.75 所示。

Vista CPD 模块在完成叶轮设计的同时，还完成了蜗壳的设计。从图 5.73 左上角的下拉菜单中单击"Volute"，则显示蜗壳形压水室的设计结果，如图 5.76 和图 5.77 所示。

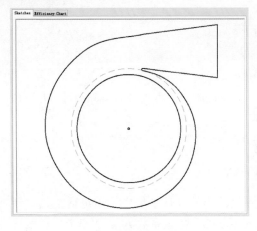

图 5.76 蜗壳设计结果

Vista CPD 设计的水泵蜗壳,断面可以是圆形、椭圆形、矩形 3 种,相关设计控制参数可以在与蜗壳对应的 Geometry 标签页中设置。本例中选择的是椭圆断面。图 5.77 给出了从隔舌断面开始每隔 45°对应一个断面的形状参数,共 8 个断面;最后还给出了蜗形体部分与扩散段部分相连接的喉部断面形状参数。图 5.77 表明,所设计的蜗壳基圆半径为 96.0mm;蜗壳进口宽度为 45mm;隔舌与叶轮间隙为 9.4mm,隔舌厚度为 3.6mm;喉部面积为 2884mm^2;扩散管出口直径为 75.9mm,面积为 4530mm^2;扩散管长度为 125.5mm;扩散角为 7.0°。

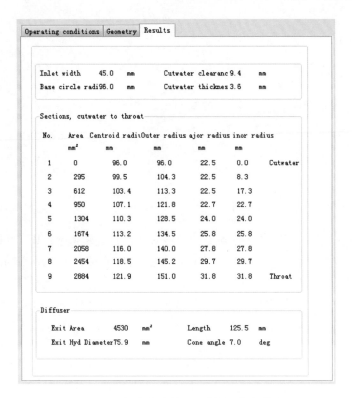

图 5.77 蜗壳设计结果(主要几何参数)

5.7.2 利用 BladeGen 进行叶片修改与造型

BladeGen 是专用于叶轮机械叶片设计的模块,包括叶轮叶片和导叶叶片的设计,叶片可以是曲面也可以是直纹面,叶片进口边和出口边可以是直线、圆弧或其他曲线。可以通过修改如叶片安放角沿轴面流线的变化规律来修改叶片形状。BladeGen 可以在 Vista CPD 设计的草图基础上设计叶片,也可以对第三方 CAD 软件设计的叶片进行修改。这里，接着 5.7.1 节 Vista CPD 的设计成果，继续进行叶片设计。

在 5.7.1 节所创建的项目 A 中，右击 A2 单元格 Blade Design，选择菜单 Create New →BladeGen，可将上一步定义的叶轮数据以 BladeGen 打开。此时，Workbench 自动生成项目 B，包含 BladeGen 和 Blade Design 两个单元格。右击 B2 单元格 Blade Design，选择菜单 Properties，可以设置叶片的某些属性，如是否创建轮毂体，创建一个叶片还是所有叶片，是否将组成叶片的 4 个曲面合并，是否创建流体域，叶片是否需要延长等。这些参数将直接关系到后续如何向 BladeEditor 传递叶片几何数据。

双击 B2 单元格 Blade Design，进入图 5.78 所示的工作界面，在不同窗口中给出了叶轮轴面图、叶片平面图、叶片安放角及包角变化规律等。还可给出叶片三维造型结果，如图 5.79 所示。可以在此对叶轮几何形状进行修改，这里假定不做修改。

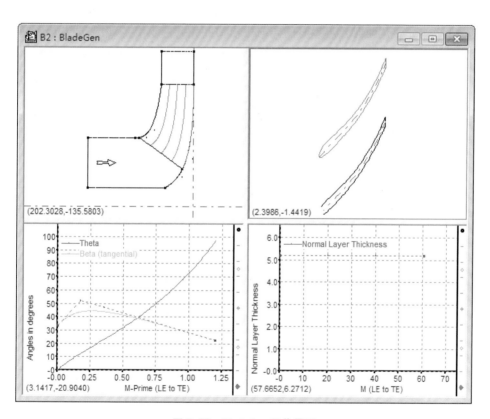

图 5.78 BladeGen 工作界面

5.7.3 利用 TurboGrid 进行叶轮网格划分

TurboGrid 是专门用来划分叶轮机械网格的软件，能在短时间内给形状复杂的叶片和叶栅通道划出高质量的六面体网格，能够处理像叶尖间隙这样的重要区域，并且有多种方式调节网格质量。软件采用交互式操作，整个流程在几分钟内即可完成。该软件将叶片的设计和分析更紧密地耦合在了一起。TurboGrid 网格划分前不需导入叶轮流体域实体模型，而是直接导入叶片、轮毂、盖板的数据点。软件只能分块构造六面体网格，即转动的

图 5.79 BladeGen 工作界面中显示的
叶片三维模型

叶轮和静止的导叶只能分别单独造型和划分
网格。

在 5.7.2 节生成的项目 B 中，右击 B2 单元
格 Blade Design，选择菜单 Transfer Data to
New→TurboGrid，向 Workbench 面板中添加
TurboGrid 模块，生成项目 C。这样，将启动
TurboGrid 并自动进入划分六面体网格状态。也
可以右击 B2 单元格后，选择菜单 Create New
Blade CFD Mesh 进行网格划分，不过采用此方
法默认是使用四面体网格划分。本例进行六面体
网格划分，双击 C2 单元格 Turbo Mesh，进入

TurboGrid 工作界面。此时，可以看到先前生成的叶轮几何模型，如图 5.80 所示。

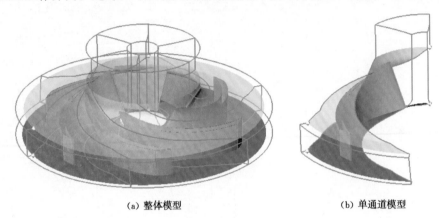

(a) 整体模型　　　　　　　　　　　　　　(b) 单通道模型

图 5.80 叶轮几何模型

调用 TurboGrid 提供的各种工具可以进行网格设置。通过树形菜单上的 Topology Set
来设置 Placement 为 Traditional with Control Points，设置 Method 为 H/J/C/L-Grid，设
置 Width Factor 为 0.25。设置完成后，右击 Topology Set，选择 Suspend Object Update
菜单，TurboGrid 会对轮毂面（hub）与盖板面（shroud）自动进行网格划分，结果如图
5.81 所示。此时，如果在树形分支 Layers 下的 hub 与 shroud 项呈现红色，则表示网格
可能不满足质量要求，需要对网格的控制节点进行调整。当网格节点调整完毕，树形
分支 Layers 下不存在红色时，选择菜单 Insert→Mesh 生成最终计算域网格，如图 5.82
所示。

5.7.4　利用 CFX 进行流场计算

在划分了计算网格后，可将网格输出到任何 CFD 软件，如 Fluent 和 CFX 等使用。
假定继续借助 Workbench 集成环境，将网格导入到 CFX 里进行叶轮流动分析。

1. 将网格文件输出至 CFX

右击前面生成的 C2 单元格 Turbo Mesh，选择菜单 Transfer Data To New→Fluid

Flow（CFX），向 Workbench 面板添加 CFX 模块，从而生成项目 D。项目 D 包含 5 个单元格：Fluid Flow（CFX）、Geometry、Setup、Solution、Results。

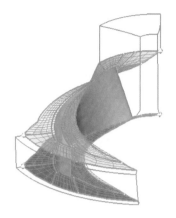
图 5.81 在轮毂和盖板划分网格

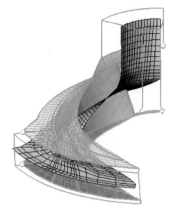
图 5.82 插入中间流面网格

2. CFX 前处理

双击 D3 单元格 Setup，进入 CFX-Pre。选择菜单 Tool→Turbo mode…可以设置叶轮机械的类型、边界条件、湍流模型等。具体来讲，首先在 Basic Setings 界面设置 Machine Type 为 Pump，旋转轴为 Z 轴。然后在 Component Definition 界面针对主要部件 R1 设置 Type 为 Rotating；Value 为水泵额定转速。在 Physics Definition 界面设置流体属性、参考压力、湍流模型、进出口边界条件等。本例给定进口总压和出口流量。在 Interface Definition 界面，一般不需要做特殊设置，因为 CFX-Pre 已经自动定义好了。施加了边界条件的模型如图 5.83 所示。最后视需要设置其他求解控制项即可。

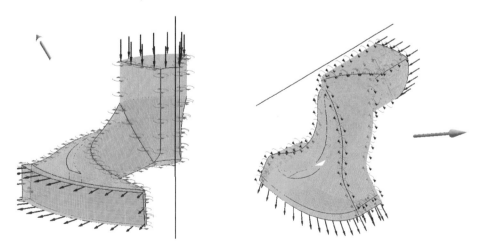
图 5.83 施加边界条件后的计算模型（不同视角查看的结果）

3. 流场求解

双击前面生成的 D4 单元格 Solution，Fluid Flow（CFX）模块将自动进行水泵流场计算，在监视窗口显示迭代步数和收敛情况，直到计算完成。

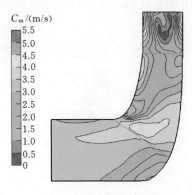

图 5.84　轴面速度分布

4. 后处理

双击前面生成的 D5 单元格 Results，通过菜单 File →Report→Report Template…选择后处理报告的模板 Pump report，单击 Load 后加载此模板，CFD-POST 会自动进行后处理工作，输出相应的计算统计数据以及图形图表。Report 生成完毕后可以点选 Report View 标签查看报告内容。图 5.84 是自动生成的叶轮轴面速度分布，图 5.85（a）是 50％翼展截面（即从前盖板到后盖板之间的中间截面）上叶片背面到工作面压力分布，图 5.85（b）是 50％翼展截面上叶片工作面与背面压力沿流线分布情况。

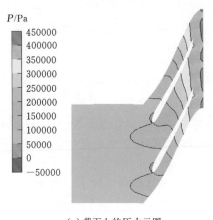

（a）截面上的压力云图

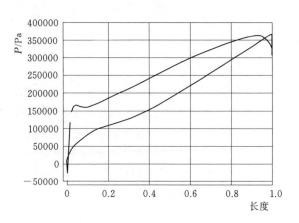

（b）工作面与背面压力沿流线分布

图 5.85　50％翼展截面上的压力分布

5.8　网格自适应技术

5.8.1　网格自适应技术概述

网格自适应是指依据计算域几何特征或流场计算结果对原有非结构网格进行细化/粗化的过程，目的是提高计算精度或收敛速度。例如，在图 5.86 所示的带有底坎的 2D 槽道流中，自由水面在底坎前后是有变化的，当采用 VOF 方法进行两相流计算时，如果采

图 5.86　带有底坎的槽道流

用均匀网格，则水和空气的分界面不能很准确地模拟出来，而采用网格自适应技术后，原来的均匀网格被自动沿自由水面加密，形成图 5.87 所示的新网格，计算精度得到显著提高[18,22]。

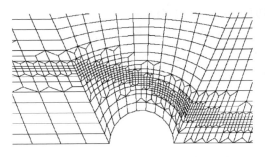

图 5.87　网格自适应处理后的网格（局部）

近年来，网格自适应技术引起学术界和 CFD 软件研发机构的高度重视，并且正在成为网格方法研究的热点之一，使得可以在快速生成非结构网格的同时取得较理想的计算结果。网格自适应技术在高速流体机械激波分析、复杂条件下水力过渡过程分析、自由水面波动分析等领域得到越来越广泛应用。在水泵与泵站流动分析中，应注意采用网格自适应技术来提高非结构网格下的计算效率或计算精度。

CFX 和 Fluent 所采用的网格自适应技术有较大差异，本节分别进行介绍。

5.8.2　CFX 网格自适应技术

在 CFX 中，网络自适应技术只能用于稳态计算，未来版本有可能会提供用于瞬态计算的网格自适应技术。CFX 所提供的自适应模式也比 Fluent 要少一些，且只能用于 3D 网格或 2.5D 网格，其中 2.5D 网格是指厚度方向只有一个单元的 3D 网格，图 5.87 实为 2.5D 网格。

在 CFX 中，网格自适应操作将根据指定的自适应标准来决定是否执行。系统在流场求解过程中，将对所有单元进行检测，当检测到某个区域内指定变量的变化量超过自适应标准时，则自动对该区域进行网格细化，即自动在已有网格中增加节点，然后将已有的解通过插值方式作用到新的网格上，然后进入流场的下一次迭代计算，并在下次迭代计算中重复这一过程。

CFX 采用的自适应标准有两种：①解的变化量（solution variation）；②解的变化量与单元边长的乘积（solution variation * edge length）。对于所指定网格单元的第 i 条边，解的变化量 A_i 按下式计算[18]：

$$A_i = \sum_j \frac{|\Delta\phi_{ji}|}{N_{\phi_j}|\Delta\phi_j|} \tag{5.25}$$

式中：ϕ_j 为第 j 个指定自适应变量（如压力、密度等）；$\Delta\phi_j$ 为变量 ϕ_j 在该单元所有节点上的取值范围；$\Delta\phi_{ji}$ 为单元第 i 条边上两个端点间 ϕ_j 差值；N_{ϕ_j} 为关于 ϕ_j 的缩放因子，目的是保证所有 A_i 都落在 $0\sim1$。

对于所指定网格单元的第 i 条边，解的变化量与单元边长的乘积按下式计算：

$$A_i = \sum_j \frac{l_i|\Delta\phi_{ji}|}{N_{\phi_j}|\Delta\phi_j|} \tag{5.26}$$

式中：l_i 为单元第 i 条边的长度。

在检查自适应标准的过程中，CFX 将把拥有最大自适应标准的边进行细化。如果该边已经达到所规定的最小值，则不再进行细化。

CFX 采用两种方法进行网格细化：①增量自适应；②网格重生成。增量自适应是指对已有网格进行修改，以满足规定的自适应标准。网格重生成是指在每个自适应步根据自适应标准对整个网格进行重新生成。增量自适应方法速度较快，是 CFX 的缺省方法。该方法也叫做分层细化，在每个自适应步要进行若干层网格细化。分层细化时，每一条被标记为自适应的边均被一分为二，共享该边的所有单元被细化。

在细化过程中，不会在壁面垂直方向上增加单元，也不会在初始几何边界上增加新的节点，只能在原有两个节点之间的连线上增加节点。网格自适应还受新增节点空间限制，只能生成最多 8000 万单元的六面体网格或 2 亿单元的非结构网格单元。网格自适应不能用于带有区域交界面的多区域网格、滑移网格、动网格和粒子传输问题等，不能很好地适用于大长宽比单元较多的网格，也不能改善现有网格的质量，因为细化是在各向同性的基础上进行的。在分层细化过程中，CFX 可能根据流场解的变化量对网格进行粗化，但粗化只限于已进行过细化的区域。

在使用网格自适应功能时，需要指定一个特殊的收敛判据，即自适应收敛判据，当网格细化一次后，系统会检查该收敛判据是否得到满足，如果不满足，则继续新的细化，直到满足要求为止。注意该收敛判据与 CFD 计算的整体收敛判据是完全不相关的。为了避免对某些特殊问题，如使用了先天不足的原始网格的流动计算问题，产生接近于死循环的细化，应该指定最大细化次数在 1~5 为宜。

5.8.3　Fluent 网格自适应技术

1. Fluent 提供的网格自适应技术

Fluent 提供的网格自适应技术，多数情况下既可以用于稳态计算也可以用于瞬态计算，包括两种自适应方法：悬挂节点自适应（hanging node adaption，HNA）和多面体非结构网格自适应（polyhedral unstructured mesh adaption，PUMA）。其中 HNA 是默认方法，按预定模板来细化各种单元类型，例如，一个三角形单元被分割成 4 个小三角形单元，一个四边形单元被分割成 4 个小四边形单元，如图 5.88 所示[17]。由该方法所产生的细化网格以悬挂节点为特征。悬挂节点是指 2D 边或 3D 面上的特殊节点，即共享这些边或面的所有单元顶点之外的节点。该方法可以细化三角形、四边形、四面体、六面体、棱柱体、楔形体单元，但不能细化多面体单元。该方法需要更大附加内存空间来维护网格细化层级，以备细化之后再通过粗化恢复先前的网格。该方法不能对初始网格进行粗化。

PUMA 方法将所有类型的单元都当做多面体，可以细化任意 3D 类型的网格（多面体、四面体、六面体等），并采用单一细化策略，在多面体网格单元内部形成更多多面体

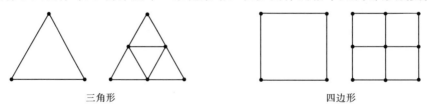

三角形　　　　　　　　　　　　　　　四边形

图 5.88　2D 单元的 HNA 细化

单元，如图 5.89 所示。该方法不创建悬挂节点，比 HNA 方法需要的内存容量低，但只能用于 3D 和 2.5D 算例。在细化后，网格还可以粗化回来。与 HNA 一样，粗化只能恢复到初始网格，不能再对初始网格进行粗化。采用这种方式生成的自适应网格，与后续要介绍的动态分层细化方法不兼容。PUMA 方法只支持将自

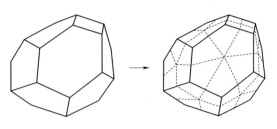

图 5.89 多面体网格单元的 PUMA 细化

适应层级和细化历史写入 HDF 格式的文件中，不支持其他格式的文件，因为其他格式的文件将丢失层级信息，无法进行后续粗化操作。

2. 在 Fluent 中使用网格自适应的流程

在 Fluent 中使用网格自适应技术时，首先需要选择自适应模式，或者说构造自适应函数；其次，针对该自适应函数在流场中的分布确定网格细化或粗化阈值；再次，对阈值以内或以外的单元进行标记，创建细化寄存器；最后，对标记区域内的网格进行细化或粗化。

3. Fluent 提供的自适应模式

Fluent 提供的自适应模式主要包括[17,23]：边界自适应、梯度自适应、动态梯度自适应、等值线自适应、区域自适应、体积自适应、y^+/y^* 自适应、各向异性自适应和几何自适应。其中，在水泵与泵站流动分析中，使用最多的是梯度自适应和 y^+/y^* 自适应。

（1）边界自适应。边界自适应是指对那些边界上分布单元比较少的网格进行细化操作，如图 5.90 所示的后台阶流动，采用边界自适应后，边界上的网格被加密。这种自适应模式主要用于靠近壁面的边界层内存在较大的速度梯度的场合，且网格不足够的情况下。在指定需要细化的边界后，可基于如下 3 种方式来实施边界自适应：单元数、垂直距离和目标单元体积。单元数方式是指以单元数量的方式来度量从边界起算的单元距离，该值为 1 则意味着只有那些有边（2D）或面（3D）落在指定边界上的单元被标记或自适应，该值为 2 则意味着边界单元距离为 2 的单元也被标记或自适应。垂直距离方式是指根据单元到壁面法向距离来确定自适应单元，当单元到指定边界的垂直距离小于或等于指定的距离阈值时，单元被标记或自适应。目标单元体积方式是指根据单元的体积来确定自适应单元，当单元体积大于指定的目标单元体积时，单元被标记或自适应。目标单元体积 V 由 3

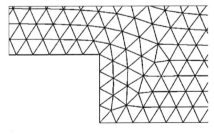

(a) 自适应之前

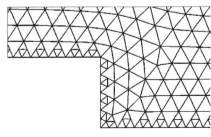

(b) 自适应之后

图 5.90 边界自适应网格

个参数确定，一是用户直接输入的边界体积值 V_b，二是指数增长因子 α，三是单元中心到所选边界的垂直距离 d，按 $V=V_b e^{ad}$ 进行计算。

（2）梯度自适应。梯度自适应是指根据所选流场物理量的梯度、曲率或等值线对流场部分区域进行网格细化。在流场数值计算过程中，很难通过严格数学理论来直接估算某一网格下的数值误差，因此，通常假定最大误差发生在高梯度区域，这样就有了通过加密这个区域网格的方式来提高计算精度的梯度自适应模式。这种模式需要用到梯度函数和阈值，当单元的实际梯度函数大于指定的阈值时，单元被标记或自适应。

在开展梯度自适应时，任何可以生成等值线的场变量都可以用来构造梯度函数，可以是物理特征参数，如速度、压力，还可以是几何参数，如单元体积，采用单元体积进行自适应可以避免单元体积突变。图 5.91 是超音速流动遇到钝形障碍物时的网格，由于实施了梯度自适应，在激波处的网格被加密，激波计算精度显著提高[17]。

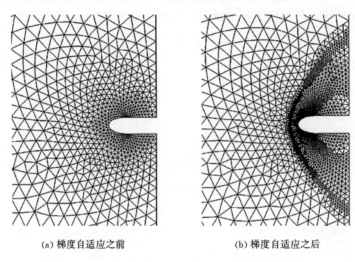

(a) 梯度自适应之前　　　　　　　　　(b) 梯度自适应之后

图 5.91　超音速流动遇到钝形障碍物时的网格

（3）等值线自适应。有些流动可包含比较容易识别的流动特征，例如尾迹射流流动，尾迹区是总压亏缺区域，射流区是高速流体区域，这些区域往往包含重要物理量（如湍动能和耗散率）的大梯度，在这些区域实施等值线自适应要比实施单一物理量的梯度自适应方便得多。

等值线自适应是指根据所指定场变量的指定范围内或之外的网格进行细化的操作。网格可基于几何数据或解的矢量数据进行细化。在场变量列表中显示的任何量均可用于进行等值线自适应。Fluent 将针对指定区域内的每个单元计算指定值，如速度、二次函数、中心坐标等，然后标识那些计算值落在指定范围内的单元。例如，图 5.92 是冲击射流实例，流动是轴对称的，在喷嘴出口处流速较大，其轴向速度等值线如图 5.92（a）所示，根据轴向流速实施等值线自适应前后的网格如图 5.92（b）和图 5.92（c）所示。可以看出，在喷嘴处的网格被细化[17]。

（4）区域自适应。区域自适应是指针对所定义的区域之内或之外的网格进行细化的操作。所定义的区域可以是六面体（二维是四边形）、球（二维是圆）或圆柱。这种方法适

(a) 轴向速度等值线分布

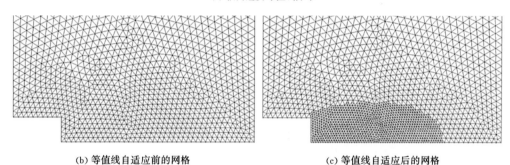

(b) 等值线自适应前的网格　　　　　(c) 等值线自适应后的网格

图 5.92　冲击射流流动及其网格

合于直观地可以看到需要精细求解的区域,例如钝体流动中的尾迹区域。

(5) 体积自适应。体积自适应是指针对体积大小或体积变化超过指定阈值的单元进行细化的操作。该操作可避免网格中出现单元体积过大或体积变化不够平滑的问题。

(6) y^+/y^* 自适应。每一种湍流模型对近壁区网格 y^+/y^* 都有相应要求,而在创建网格之初很难保证网格 y^+/y^* 满足要求,因此,y^+/y^* 自适应根据指定的 y^+/y^* 阈值范围,在流场计算过程中对超过范围的近壁区网格进行适当细化或粗化,以使网格 y^+/y^* 落在指定范围内。

(7) 各向异性自适应。各向异性自适应是指针对三维网格中的六面体和棱柱体层单元进行细化,细化将在单一方向上进行,将一个单元按指定比例分割为两个单元。该操作主要用于细化靠近壁面的边界层单元。在使用各向异性自适应之后,边界层网格一般不会满足最初设定的增长率要求,为此,可借助 TUI 命令 mesh/redistribute-boundarylayer 来恢复所希望的增长率。Fluent 将对边界层区域内的节点进行重分布,从而使边界层网格增长率满足要求或者达成其他条件为止。

(8) 几何自适应。上述各种自适应模式,虽然也都在细化网格,但均不改变几何边界形状,或者说不能使细化后的网格更加逼近曲率较大的几何边界,而几何自适应则完全不同。几何自适应(geometry-based adaption)则是通过对几何进行重构的方式细化几何边界信息。在该自适应过程中,用到了节点投射技术,从而使新增加的节点及新的网格更加逼近实际几何形状。例如,在网格较稀疏时,一个圆形区域的网格看起来像一个多边形区域的网格,而经过几何自适应之后,则圆形区域的网格特征得以恢复。

在使用几何自适应模式时,需要指定投射传播层数及投射方向。投射传播层数用以说明几何重构过程中节点层穿过的数量，一般可选 3。对于投向方向，可以明确指定，也可以不指定。当不指定投射方向时，节点投射将发生在新创建节点的最近点处。

4. Fluent 自适应技术应用要点

在 Fluent 中进行网格自适应操作时，需要用到寄存器。一个寄存器是指为了进行细化/粗化而被标记出来的一组单元。寄存器分为自适应寄存器和屏蔽寄存器，一般需要通过这两组寄存器确定要进行自适应操作的单元。

为了保证在 Fluent 内使用网格自适应技术取得较好结果，需要注意以下几点：

（1）计算域表面网格必须足够细密以充分体现重要几何特征，这是因为绝大多数自适应模式在网格细化过程中不会在几何边界上增加节点，所有新增节点只能落在已有网格单元边界上。

（2）初始网格须包含足够多的单元以捕获流场本质特征。这是因为后续网格细化是在已有网格基础上进行的。

（3）在实施自适应前，应获得一个合理的收敛结果，否则，在一个不正确的结果基础上进行自适应，极有可能导致新增加的单元落在错误的流动区域内。

（4）在实施梯度自适应时，应注意选择合适的变量，例如，对于不可压流动，可以选择平均速度梯度；对于强剪切流动，可以选择湍动能梯度和耗散率梯度。

（5）在实施自适应前，应注意保存当前网格文件和数据文件，如果出现不希望的网格，则可以重新启动先前保存的文件。当然，这不适用于动态梯度自适应模式。

（6）不要对求解域的特殊区域做过于细化的自适应，否则，可能引起单元体积上的梯度过大，这种错误的自适应可能导致求解精度反而更低。

5. y^{+}/y^{*} 自适应模式使用方法

在近壁区使用不同类型的壁面处理模式时，所要求的 y^{+}（或 y^{*}）是不一样的，例如，标准壁面函数通常只能与 k-ε 模型或 Reynolds 应力模型相匹配，这时第一层网格所在的 y^{+} 值必须保证第一层网格线处于对数律成立的范围内，即 $11.2\sim30\leqslant y^{+}\leqslant200\sim400$。也就是说，靠近壁面的底层网格并不是越密越好。而在计算开始时，因为速度是未知的，所以 y^{+} 并不知道，这就需要在计算过程中不断检查和调整 y^{+}，这就必须进行网格自适应操作。具体来讲，通过 y^{+}/y^{*} 自适应来自动调整网格，以使 y^{+} 满足要求。在 Fluent 中可通过如下步骤实现这一功能：

（1）启动 Yplus/Ystar Adaption 对话框。

（2）在 Type 栏决定调整的是 y^{+} 还是 y^{*}。如果在前面的计算中采用的是增强型壁面处理方式，则只能选择 y^{+}。

（3）在 Wall Zones 列表框中选择所要进行网格自适应的壁面区域。实际上，Fluent 是通过一组寄存器来对需要做自适应的边界区域进行标记和保存的。当单击 Compute 后，系统会自动计算出所有壁面中的最小和最大 y^{+} 值，并显示在 Min 和 Max 编辑框中。

（4）通过 Min Allowed 和 Max Allowed 编辑框，设置所要进行自适应处理的 y^{+} 下限与上限。也就是说，y^{+} 值低于 Min Allowed 的单元将被粗化处理，而 y^{+} 值高于 Max Allowed 的单元将被细化处理。

（5）单击 Controls 按钮，打开一个新的对话框，用以设置网格自适应的有关控制参数。例如，自适应处理的单元区域（缺省条件下所有单元区域都被选中），细化网格时所允许的最小单元尺寸，整个网格中需要保留的最少单元数目，整个网格中允许的最大单元数目，对单元进行细化的最大次数。

（6）单击 Adapt 按钮，立即进行自适应操作。也可通过单击 Mark 按钮来标记所要进行自适应的单元，并将他们保存到一个专门的寄存器中，供查看、删除、显示等。

6. 梯度自适应模式使用方法

梯度自适应的目的，是通过细化梯度大的流场局部网格，降低数值计算误差，提高计算精度；当然，通过粗化梯度小的网格，来提高计算效率。梯度自适应操作在瞬态计算中更加常用，特别是当泵内存在游移涡、脱流、动静耦合作用时，这种自适应就显得非常必要。当然，自适应操作，也是需要在初步获得流场的解之后，根据压力梯度的分布来决定是否需要实施。

所谓的"压力梯度"有 3 种定义，或者称为 3 种计算方法，即梯度、曲率和等参值。其中，"等参值"更加接近于通常意义上的梯度定义，即压力等值线间的差值。"梯度"和"曲率"在 Fluent 中有专门的数学定义和计算公式，这里不详细阐述。在执行梯度自适应操作时，可根据所求解的问题，来选择用哪种方法。一般来讲，对于比较平滑的流场解，应该首先选择曲率方法，这也是 Fluent 提供的缺省方法；对于带有强烈冲击的流动，应该选择梯度方法；对于采用前两种方法不合适，或者希望自己定义自适应标准时，可以采用等参值方法。

在采用上述 3 种方法之一计算得到梯度后，可以制订具体的细化和粗化的阈值。但是，直接给定阈值，往往比较困难。为此，Fluent 提供了一种叫做正交化的功能，针对计算得到的梯度值进行正交化处理，便可比较方便地制订具体的细化和粗化的阈值。在正交化功能中，Fluent 将上述计算得到的梯度值称为标准值，将标准值除以全场平均梯度的结果称为折算值，将标准值除以最大梯度的结果称为正交值。这样，在进行梯度自适应操作时，针对折算值，粗化的阈值可定在 0.3～0.5，细化的阈值可定在 0.7～0.9。就是说，对于折算梯度小于 0.3～0.5 的单元，进行粗化处理，对于折算梯度大于 0.7～0.9 的单元，进行细化处理。针对梯度的正交值，上述标准变为 0.2～0.4 和 0.5～0.9。

在执行梯度自适应操作时，除了以压力、速度值为场变量来检查梯度分布外，还可用单元体积等几何变量为场变量，根据体积大小的分布进行梯度自适应。

在 Fluent 中实施梯度自适应操作的步骤如下：

（1）启动 Gradient Adaption 对话框。

（2）参考上述讨论，在 Method 栏决定用于计算梯度的方法，包括梯度、曲率和等参值 3 种方法。

（3）在 Normalization 栏中选择所要对梯度值进行正交化处理的方法，包括标准、折算和正交。

（4）从 Gradients of 列表栏中选择所需要的场变量（如压力）。

（5）单击 Compute 按钮，则系统会计算当前流场中（压力）梯度最小值、最大值，并显示在 Min 和 Max 编辑框中。

（6）单击 Contours 按钮，在打开的等值线对话框中进行某些设置后，可显示梯度的等值线云图，以便观察计算结果，留意梯度大或小的区域。

（7）通过 Coarsen Threshold 和 Refine Threshold 编辑框，设置所要进行粗化和细化的阈值。例如，在指定了 Normalize 方式对梯度值进行正交化处理后，所有的梯度值将在 [0，1] 之间。这时，可设置粗化和细化阈值分别为 0.2 和 0.6。这就意味着梯度值（实际上梯度的正交值）在 0.2～0.6 之间的单元，将不被处理，而小于 0.2 的单元将被粗化，大于 0.6 的单元将被细化。

（8）还可设置某些选项，如只想进行细化，而不进行粗化，则可在 Options 栏中选中 Refine，而不选 Coarsen。当不同的计算区域存在着不同的流动条件时，可以选中 Normalize per Zone 选项。

（9）像实施 y^+/y^* 自适应那样，单击 Controls 按钮，设置网格自适应的有关控制参数。

（10）单击 Adapt 按钮，立即进行自适应操作。也可通过单击 Mark 按钮来标记所要进行自适应的单元，并将它们保存到一个专门的寄存器中，供用户查看、删除、显示等。

上述梯度自适应操作是按用户设定的参数执行的，也称为静态自适应。除此之外，Fluent 还提供了动态梯度自适应，即每隔若干迭代步（对于稳态问题）或时间步（对于瞬态问题）自动执行梯度自适应。只要在 Gradient Adaption 对话框中激活 Dynamic 选项，并给定自动执行自适应的间隔，则启动动态梯度自适应。对于稳态问题，两次执行梯度自适应的间隔建议取为 100 个迭代步；对于瞬态问题，两次执行梯度自适应的间隔建议取为 10 个时间步。在使用动态梯度自适应时，应该注意激活粗化、细化和按区域进行归一化选项，同时最好使用缩放方式进行归一化处理，这样不仅可以较好地解决大梯度区域的计算问题，还可提高小梯度区域的计算精度；细化阈值和粗化阈值的起始值建议分别设为 1e10 和 0。在自适应控制项中，建议将 Max Level of Refine 设置为 2，此时意味着在自适应区域单元增加 16 倍。

5.9　网格相关问题探讨

5.9.1　什么是好网格

虽然可以通过网格生成软件所输出的网格质量报告来判断网格质量，但这只是对网格好坏的最基本判断，真正的高质量网格是与所求解的物理问题直接相关的。好网格没有统一的标准，如果有的话，网格生成软件会在第一时间将这些规律融入，自动就替用户修正网格了。因此，网格生成不存在可以依赖的简明准则，必须用智慧去想象和创造。但是，好网格应该具有以下特征：

（1）与所求解的流场及算法匹配。心里先有了流场才知道网格如何分布，网格使用者需要对网格是否适用于自己的物理问题做出自己的判断。例如，一个边界层没有分离的流动，流线是平行线，平行的细长网格就是最好的匹配。如果有分离的旋涡流动，流动在各个方向回转，网格最好接近正方形，如果再使用那个平行的细长网格，就很难得到高精度的计算结果。再如壁面第一层网格的厚度，如果使用壁面函数，则要求第一层网格的 y^+

要大于 10；如果不使用壁面函数，则第一层网格的 y^+ 最好小于 2。在 CFD 开始前，只能基于自己对流动的认知或想象来画网格，仿真获得初步流场后，逐步对着流场修正网格，几次循环后得到准确的流场，这时才知道最好的网格应当是什么样。

（2）满足求解器要求。网格的形状是由求解器决定的，或者更准确地说是由求解器的离散算法所决定。如 Fluent 支持使用多面体网格，而 CFX 则不支持这种类型的网格。

（3）尺度合理。如果不考虑成本，最好的网格是每个网格单元都小于流场最小结构，每个网格单元是一样大小的正方形，这样，一个简单的算例也要用过亿的网格。网格数量的选择，要考虑电脑可以接受的程度，如在 2008 年一个算例用 50 万～100 万网格，如今用 500 万～1000 万网格。在调试算例初期，用很少的网格快速调试参数设置，用最少时间成本取得最多信息，等相关设置调试合理后，加密网格享受豪华网格。一般而言，网格过大会造成"分辨率不足"。网格过小会造成总量过大，计算开销就会极大。网格大小也不需要均一化，几何外形精细的地方、流场变化精细的地方，网格也应该随之精细，其他区域粗一些无妨。大体上，网格应该比其所在位置的"宏观尺度"低一个数量级，例如对于一个细长管道，管道断面上至少应该有 10 个以上的网格，才能对于管流有足够的"分辨率"。

（4）疏密有间。网格应至少有一条边大致沿着流线方向，也就是说，在可以顺着流动方向划分网格的时候，尽可能顺着来。关于网格分布，需要首先明确你真正关心的区域，把网格重心投入到核心区域，不关心的区域尽可让网格稀疏。如果没有舍弃的勇气，高居不下的总量会让你无法承受；如果抓不住重点区域集中投入网格，网格会失去品质。网格不是独立的，单个网格与其周围网格要很好地过渡，面积不要相差太大，形状不要差太远。在粗网格向密网格过渡时，网格增长率不能太大，一般应在 1.1～1.3 之间。一般而言，相邻网格的体积（或二维网格的面积）相差一倍，就比较夸张了。当然某些时候很难保证过渡自然，但特征长度（例如两个相邻正方体网格的边长）的变化不要超过 2:1。

（5）匀称端庄。一套好的网格，一定是看起来赏心悦目的。最美丽的网格都是如正三角形、正四边形、正四面体、正六面体这种类型。虽然网格形状各异，但大致来说，单个网格各条边应尽可能保持长度接近，各个面的面积也尽量差不多。如果长宽比大于 2:1，就比较走样了，如果大于 5:1，这网格就属于劣质网格。网格除了要求"方"之外，还要求"正"，不要出现某一个角伸出去很远或塌下去很深的情况，或某个角的度数与其他的角差别很大。

5.9.2 如何生成好网格

（1）选用合适的网格类型。选用网格类型需要考虑两个主要问题：离散精度和几何适应性[20]。而这两方面却是相互矛盾的，某种网格离散精度高，其几何适应性往往不好。四边形网格和六面体网格的离散精度好，这主要得益于其正交性好及相邻节点数较多。具体来讲，完美的四边形网格，其网格边具有完美的正交性（夹角 90°），而完美的三角形网格夹角为 60°，正交性会影响插值精度和计算收敛性。再说相邻节点数，四边形网格拥有 4 个相邻节点，六面体网格有 8 个相邻节点，而三角形网格及四面体网格相邻节点数分别为 3 个和 4 个，相邻节点数越多，插值精度越高，在网格数量相当的情况下，四边形网格和六面体网格拥有比三角形网格和四面体网格更高的精度。四边形网格和六面体网格的缺点是几何适应性弱。对于复杂的几何模型，生成四边形网格或六面体网格常常需要花费极大的时间开销，有时甚至无法生成。还有一种情况不适合使用四边形网格和六面体网格，那就是当流动与网格流向不一致的时候，此时使用四边形网格或六面体网格可能会造成较大的伪扩散，严重影响计算精度。

实际上，对于复杂的工程模型，往往同时存在多种类型的计算网格，常见的做法是：分割计算域几何，在简单区域或精度要求高的区域生成四边形网格或六面体网格，而在复杂区域或精度要求不高的区域生成三角形网格或四面体网格，不同类型网格之间采用五面体网格进行过渡。

（2）选择合适的疏密度。在 CFD 计算之前，需要根据流体力学理论和流动分析经验来判断流场分布，比如说流体流经障碍物的时候，在障碍物的上游及下游必定会出现较大扰动，物理量变化剧烈，因此在这些区域需要布置更多的网格。网格的疏密跟流场物理量梯度直接相关，一般来说，在如下区域流场梯度较大：①障碍物上下游附近区域，如叶片进口边、出口边、导叶进口边、出口边、蜗壳隔舌、口环间隙进出口、叶轮导流锥、泵站进水池中进水管喇叭口、导流墩头部和尾部等；②边界层区域，如叶片表面、导叶表面、吸水管壁等；③流动分离区域，如小流量工况下叶轮进口前的肘形进水流道容易出现涡带的区域、叶道间容易出现叶道涡的区域、叶片尾部容易出现卡门涡的区域、叶片背面靠近进口边易出现空化的区域、叶片背面容易出现失速涡的区域、进出水管道上的弯头区域、流道突扩/突缩位置等。

一套好的网格是有疏密分布的，在粗网格向密网格过渡或反向过渡时，网格增长率不能太大，一般在 1.1～1.3 之间。

（3）选择合适的数量。从理论上讲，在满足网格分布合理的前提下，网格尺度越小，CFD 计算精度越高，但是，精细的网格并不意味着好网格。网格划分的目的是为了获取离散位置的物理量，好网格是为计算目的服务的网格，因此，当计算结果具有以下特征时：①物理真实；②对于项目来讲足够精确，就已经是好网格了。在网格生成时，一定要注意总结网格生成经验，注意减少网格总量，在关心的区域密，在不关心的区域疏。网格生成前，要首先明确为什么要做这个算例，为了求壁面摩擦阻力贴近壁面的网格当然要密，为了捕捉旋涡流动要在可能发生旋涡流动的区域的各个方向加密。

此外，一定注意近壁区的边界层网格一定要与所采用的湍流模型相匹配。例如，如果打算在 CFD 计算中使用标准壁面函数，则所有放置于黏性底层内的网格都会失效，黏性底层内的网格不仅会浪费计算时间，也可能造成非物理解。虽然商用 CFD 软件的最新版本已经通过一定措施避免这种问题的发生，但边界层网格大小仍然是需要高度重视的网格问题。

（4）选择合适的校验方式。CFD 软件本身具有一定容错能力，总能给出一个看起来合理的流动计算结果，即使网格质量非常差。这样，就容易给 CFD 使用者造成错觉，在得到一个貌似合理的流场解之后，自认为网格是合理的。对于一个 CFD 初学者，如果没有太多经验对网格好坏进行判断，最好的方法是将流场与网格同时显示出来，当发现流动结构与网格整体上是匹配的，流动梯度大的地方网格细密、流动梯度小的地方网格稀疏，则说明网格总体上是合理的。图 5.93 是微信公众号"ANSYS 学习与应用"给出的一个不合理的网格实例。在该例中，虽然计算发现了回流现象，但流向网格只有 5 个，怎么可能提供这么高的解析分辨率呢？这说明，流动结构与网格不匹配，应该修改网格。

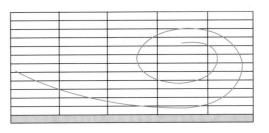

图 5.93　流场与网格的同时显示

（5）翼型网格。在流面上，水泵、水轮机、风机的叶片都可简化为翼型。翼型绕流分析是水力机械流动计算中经常遇到的问题，那么，对于翼型到底需要什么样的网格？在回答这个问题之前，首先看看机翼的普适性网格要求以及物理特征。

对于一个机翼来说，如果进行 RANS 模拟，通常翼身需要布置 300～400 个网格点。对于有限厚度的后缘，需要约 20～30 个网格点，点的布置需要在 0.1% 个弦长左右。在壁面边界层附近，至少需要 20～40 层边界层网格，且网格尽可能是正交的。第一层边界层网格的高度尽可能满足 y^+ 为 1 左右。网格增长率建议小于 1.25。边界层的网格正交性越好，CFD 的结果越好。在使用非结构笛卡尔网格的时候，需要注意不同 block 之间的跳跃层级，尽可能使每一次越级在 2。对于无限远场中的翼型绕流分析，外围网格要尽可能伸展的足够远，以确保边界条件不会影响到内部流域。对于机翼的模拟，计算域起码要是弦长的 30 倍，NASA 官网建议采用 500 倍弦长。好在水力机械流动分析中，翼型受叶轮室等壁面的限制，并不是处于一个无限大的开放流场中。

5.9.3　ICEM-CFD 二次开发

当需要对同一系列不同型号的水泵，或对一种水泵的不同设计方案进行对比分析时，经常需要在网格划分阶段进行大量重复性劳动，如果采用 ICEM-CFD 的二次开发功能，可做到事半功倍，大大缩短分析周期。

实现 ICEM-CFD 二次开发的基础是 ICEM-CFD 自身提供的脚本录制工具。该工具可把用户在使用 ICEM-CFD 交互进行网格划分时的所有操作过程录制下来，生成一个脚本文件。在交互完成后，修改这个文本格式的脚本文件，将原来的几何尺寸或网格尺寸用新的尺寸代替后，重新执行脚本文件，则可以自动完成新的模型的网格划分。在此基础上，通过如 VB、VC 等编程语言定制对话框，将实体模型的相关几何或网格尺寸参数化，则可实现整体模型网格划分的自动实现。现以一个图 5.94 所示的 2D 矩形区域为例，介绍二次开发过程。

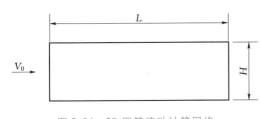

图 5.94　2D 圆管流动计算网格

（1）在 ICEM-CFD 中手动完成造型和网格划分，并录制操作全过程脚本。在脚本录制前，利用 ICEM-CFD 菜单 File→Replay Scripts→Replay Control 打开脚本录制控制对话框，对相关设置（如拟生成脚本文件的文件名）进行修改。脚本录制完毕后可以选择 save 保存脚本文件。脚本文件扩展名为 rpl，可以用文本编辑器（如记事本）打开进行编辑。

如下是针对图 5.94 所创建的 4 个点及由此生成表面的 rpl 文件内容，♯后面为注释：

```
ic_undo_group_begin
ic_geo_new_family GEOM
ic_boco_set_part_color GEOM
ic_empty_tetin
ic_point {} GEOM pnt.00 0,0,0; # 创建点 pnt.00,其坐标为(0,0,0)
ic_undo_group_end

ic_undo_group_begin
ic_point {} GEOM pnt.01 0,10,0; # 创建点 pnt.01,其坐标为(0,10,0)
ic_undo_group_end

ic_undo_group_begin
ic_point {} GEOM pnt.02 30,10,0; # 创建点 pnt.02,其坐标为(30,10,0)
ic_undo_group_end

ic_undo_group_begin
ic_point {} GEOM pnt.03 00,0,0; # 创建点 pnt.03,其坐标为(30,0,0)
ic_undo_group_end

ic_undo_group_begin
ic_surface 4pts GEOM srf.00 {pnt.01 pnt.00 pnt.03 pnt.02}; # 创建 surface
ic_set_dormant_pickable point 0 {}
ic_set_dormant_pickable curve 0 {}
ic_undo_group_end
```

如果重新运行该脚本文件，则可重复创建 4 个点及对应的表面。

（2）在外部修改脚本文件，将相关几何/网格参数常量改为变量。对于简单的模型，可直接在文本编辑器中修改刚刚生成的脚本文件中部分尺寸参数，如将图 5.94 所对应的 H 由 10 改为 18，L 由 30 改为 50。如果参数修改较多或重复次数较多，可利用 C＋＋语言或 VB 语言设计一个对话框界面，在对话框中要用户输入相应的尺寸参数，然后借助程序用这些参数替换脚本文件中对应的常量，并保存脚本文件。

（3）在 ICEM-CFD 中调用脚本，回放网格划分过程，从而生成新的网格。可通过或后台进程调用 ICEM-CFD，并运行刚刚修改生成的 rpl 文件，即可生成新的网格。

第6章　叶轮旋转参考系模型

叶轮旋转参考系模型可以看成是水泵叶轮旋转处理模式，与旋转参考系的设定、相对速度与绝对速度的选择等密切相关，常用的旋转参考系模型包括单参考系模型、多参考系模型、混合面模型、滑移网格模型和动网格模型等。本章对这些模型进行分析，并给出在水泵流动分析中应用这些旋转参考系的实例。

6.1　叶轮旋转参考系模型概述

单一坐标系下的流动分析系统难于描述水泵叶轮旋转造成的"复合"流动，因此需要研究水泵叶轮旋转参考系模型，为泵内旋转流动分析提供有效解决方案。

6.1.1　运动参考系中的速度表达式及控制方程

包含旋转部件的流动分析需要借助运动参考系来完成。当激活运动参考系后，流场的求解未知量和流体运动方程需要进行一定修改，以适应由静止参考系到旋转参考系的变换。

1. 速度表达式

假定有一个做旋转运动的广义运动参考系，相对于静止参考系（惯性参考系）以角速度 ω 做旋转运动，运动参考系的原点由位置矢量 r_0 确定，如图 6.1 所示。

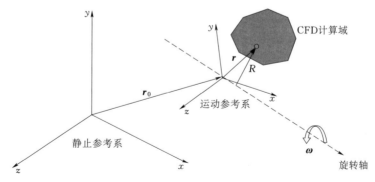

图 6.1　静止参考系和运动参考系[17]

考虑到除了启动和停机工况外的正常工况运行时，水泵以匀速转动，故引入如下假定：

（1）运动参考系没有平移（$\mathrm{d}r_0/\mathrm{d}t = 0$）。

（2）转动是稳态的（$\omega=$ 常数），且转轴通过运动参考系原点。

定义流体质点的速度：

（1）绝对速度 V，从静止参考系观察到的流体质点运动速度。

（2）相对速度 W，从运动参考系观察到的流体质点运动速度。

假定运动参考系相对于静止参考系的运动（转动）速度为 U，则根据水泵叶轮速度三角形有

$$V = U + W \tag{6.1}$$

$$U = \omega \times r \tag{6.2}$$

当在运动参考系中求解运动方程时，可采用两种速度形式来构造控制方程的具体表达式：

（1）相对速度形式（relative velocity formulation，RVF）。通过将静止参考系下的 Navier-Stokes 方程转换到旋转参考系而得到计算所用的控制方程。在动量方程中，使用相对速度作为基本未知量，在能量方程中使用相对总内能作为基本未知量。

（2）绝对速度形式（absolute velocity formulation，AVF）。直接通过相对速度表达式推导得到控制方程。在动量方程中，使用绝对速度作为基本未知量，在能量方程中使用绝对总内能作为基本未知量。

上述两种形式对应的控制方程不同，计算过程和计算效果也不一样。一般来讲，选择哪种速度形式，要看哪种速度形式将导致计算域大部分的速度具有更小的值，这样可减小计算过程中的数值扩散，得到精度更高的解。具体来讲，如果整个计算域内相对运动区域所占比例小于固定区域时，如包含水泵在内的泵站进水池流动分析，采用绝对速度形式更为合理。如果整个计算域的大部分在做相对运动时，如水泵内部的流动分析，采用相对速度形式更为合理。

2. 相对速度形式的控制方程

根据上述分析，当整个计算域的大部分在做相对运动时，如水泵内部的流动分析，推荐采用相对速度形式的控制方程进行流场求解。此时，在第 2 章给定的静止参考系下流体流动控制方程的基础上，在运动参考系中流体流动控制方程（即 RVF 形式的控制方程）可写为[17]

连续方程：

$$\frac{\partial \rho}{\partial t} + \nabla \cdot (\rho W) = 0 \tag{6.3}$$

动量方程：

$$\frac{\partial (\rho W)}{\partial t} + \nabla \cdot (\rho W W) + \rho (2\omega \times W + \omega \times \omega \times r) = -\nabla p + \nabla \cdot \tau + S_m \tag{6.4}$$

能量方程：

$$\frac{\partial (\rho E_r)}{\partial t} + \nabla \cdot [W(\rho E_r + p)] = \nabla \cdot (k_{eff} \nabla T) + \nabla \cdot (\tau \cdot W) + S_h \tag{6.5}$$

需要注意，动量方程包含了两个附加项，分别为科氏力项（$2\omega \times W$）和离心力项（$\omega \times \omega \times r$）。此外，黏性应力项（$\tau$）与式（2.7）相同，只是使用了相对速度导数，即

$$\boldsymbol{\tau} = \mu \left[\nabla \boldsymbol{W} + (\nabla \boldsymbol{W})^T - \frac{2}{3} (\nabla \cdot \boldsymbol{W}) \boldsymbol{I} \right] \tag{6.6}$$

在能量方程中，使用了相对总内能来表示能量：

$$E_r = h - \frac{p}{\rho} + \frac{1}{2} (W^2 - \omega^2 R^2) \tag{6.7}$$

需要注意的是，RAV 只能用于压力基求解器，而不能用于密度基求解器。

3. 绝对速度形式的控制方程

当整个计算域内相对运动区域所占比例较小时，如包含水泵在内的泵站进水池流动分析，推荐采用绝对速度形式的控制方程进行流场求解。此时，对于一个稳态旋转参考系中流体流动，AVF 形式的控制方程可写为[17]

连续方程：

$$\frac{\partial \rho}{\partial t} + \nabla \cdot (\rho \boldsymbol{W}) = 0 \tag{6.8}$$

动量方程：

$$\frac{\partial (\rho \boldsymbol{V})}{\partial t} + \nabla \cdot (\rho \boldsymbol{W} \boldsymbol{V}) + \rho [\boldsymbol{\omega} \times \boldsymbol{V}] = -\nabla p + \nabla \cdot \boldsymbol{\tau} + \boldsymbol{S}_m \tag{6.9}$$

能量方程：

$$\frac{\partial (\rho E)}{\partial t} + \nabla \cdot [\boldsymbol{W} (\rho E + p)] = \nabla \cdot (k_{eff} \nabla T) + \nabla \cdot (\boldsymbol{\tau} \cdot \boldsymbol{V}) + S_h \tag{6.10}$$

其中，黏性应力项（$\boldsymbol{\tau}$）与式（2.7）相同，使用绝对速度导数，即

$$\boldsymbol{\tau} = \mu \left[\nabla \boldsymbol{V} + (\nabla \boldsymbol{V})^T - \frac{2}{3} (\nabla \cdot \boldsymbol{V}) \boldsymbol{I} \right] \tag{6.11}$$

在能量方程中，使用了绝对总内能来表示能量：

$$E = h - \frac{p}{\rho} + \frac{1}{2} V^2 \tag{6.12}$$

注意，科氏力项和离心力项被集成到动量方程中的（$\boldsymbol{\omega} \times \boldsymbol{V}$）项。

6.1.2 水泵旋转参考系模型

描述水泵叶轮旋转作用对整体流场影响的数学模型称为旋转参考系模型。根据流动计算的目的及方式，旋转参考系模型可分为如下几种[17]：

（1）单参考系模型（single reference frame，SRF）。

（2）多参考系模型（multiple reference frame，MRF）。

（3）混合面模型（mixing plane model，MPM）。

（4）滑移网格模型（sliding mesh model，SMM）。

（5）动网格模型（dynamic meshing model，DMM）。

SRF 是指将整个计算域都在一个旋转参考系内进行描述和计算，其性质属于稳态计算。SRF 只适合于分析叶轮内的流动，整个计算域内只有旋转部件，而没有静止部件。当关心的重点是叶轮内的流动，例如水泵叶轮的空化性能，则可以忽略导叶或蜗壳的影响，采用相对简单的叶轮通道进行流动分析。SRF 的计算域既可以是整个叶轮，也可以是一个叶片通道。在各种旋转参考系模型中，SRF 是计算效率最高的一种。

MRF 是指整个计算域中存在两个或多个不同参考系，至少有一个是旋转参考系，用于描述叶轮等旋转部件内的流动，固定参考系用于描述蜗壳或导叶等固定部件内的流动。每两个计算域之间靠特殊定义的"界面"联系起来，但界面两侧的相互影响是被忽略的。例如，叶轮与导叶的动静耦合效应是不予考虑的。因此，同 SRF 一样，MRF 也只能用于稳态计算。MRF 是目前水泵稳态流场计算应用最为广泛的模型。

MPM 是与 MRF 相类似的一种模型，严格地说，是属于 MRF 的特例。MPM 通过在转动区域与静止区域的界面上使用混合面来考虑相邻区域之间的影响。但是，MPM 忽略流动在圆周方向上的不均匀性。因此，MPM 也同样只能用于稳态计算。MPM 的计算复杂程度和计量都比 MRF 大。

SMM 通过网格运动算法来考虑特定区域的运动，即借助一个滑移面来考虑有相对运动的两个区域间的流动变化，通过插值的方式确定界面两侧的变量变化。在 SMM 中，网格节点在空间（相对于固定参考系）是运动的，但由节点所定义的网格单元是不变形的。SMM 是属于典型的瞬态计算，可以完整地捕捉区域之间的相互作用和干扰。在需要进行水泵叶片脱落涡分析、压力脉动分析、动静耦合分析时，需要采用 SMM。这是目前水泵瞬态流场计算应用最为广泛的模型。SMM 的计算复杂程度和计算量是上述各种模型中最大的。

DMM 是通过网格变形来模拟计算域的形状随时间改变的流动问题，其性质属于瞬态计算。计算域边界的运动可以是刚体运动，如活塞泵的活塞运动、齿轮泵的齿轮运动、蝶阀的阀板转动等；也可以是变形的，如泵站水锤防护用的气囊式空气罐里的隔膜。DMM 与前面介绍的其他模型相比，最大区别在于适用对象不同，普通离心泵、混流泵和轴流泵一般无须采用 DMM 模型进行计算。这里的 DMM 模型是广义动网格模型，近年出现的重叠网格模型（over-set）也可归入广义 DMM 的范畴。

上述名词采用的是 Fluent 软件中的约定，而在 CFX 软件[18]中，术语有所不同。CFX 中的冻结转子模型（frozen rotor）对应于 MRF；分级模型（stage）对应于 MPM；瞬态转子-静子模型（transient rotor-stator）对应于 SMM。CFX 软件中相应模型定义、使用方法与 Fluent 基本相同，为叙述方便，后续采用 Fluent 中的术语。

6.2　基于 SRF 的叶轮流动分析

6.2.1　SRF 设置

SRF 是一种最简单、最快速、对计算机资源占用最少的一种水泵流动分析工具。SRF 将整个计算域当做一个旋转体来看待，绕同一个旋转轴旋转。因此，只能用于叶轮流场分析，不能用于吸水室和压水室等静止部件内的流动分析。在使用 SRF 时，所有静止的部件只能是壁面，且壁面必须是绕水泵旋转轴的回转面，如轴流泵的叶轮室内表面。SRF 的性质属于稳态计算，但当泵轴的旋转速度可变时，如水泵启动过程流动模拟，也可采用 SRF 进行类瞬态计算[21]。当关心的重点是叶轮的性能，如叶轮的空化性能和叶轮的效率时，则可以采用这种模式只进行叶轮的流动分析。

现将 SRF 对 Fluent 环境设置的一些特殊要求简介如下。

1. 计算域

SRF 的计算域既可以是整个叶轮,又可以是单个叶片通道。计算域通常包含进口、出口、旋转壁面、静止壁面和旋转周期性边界。其中,与流体域一起转动的边界可以是任意形状,如叶片曲面形状;而静止的边界只能是绕泵轴的回转面,这对壁面和流体流动边界(进口和出口)都是适用的。

2. 求解器

对于 SRF 分析,推荐采用压力基求解器。对于压力与速度的解耦算法,推荐选择 Coupled 算法,除非在网格数量很大的情况下因计算机内存受限不得已才选择 SIMPLE、SIMPLEC 或 PISO 算法。这是因为,Coupled 算法虽然比其他算法多占用一倍内存,但算法更稳健、更容易收敛。在求解稳态问题时,建议激活伪瞬态(pseudo transient)选项。

3. 单元域条件设置

单元域条件(cell zone condition)设置的目的是为 SRF 指定流体域旋转属性。在 Fluent 中,需要勾选 Frame Motion 选项,在 Reference Frame 标签页中输入流体域的旋转轴位置(原点)、旋转轴方向和旋转速度。

4. 边界条件设置

SRF 模型的边界条件主要包括 4 种:进口边界、出口边界、壁面边界和周期性边界。SRF 模型特色除了体现在单元域条件设置方面,还体现在壁面边界设置方面。

(1)进口边界。对于进口边界,如果已知水泵进口处的流速或流量,应该在域进口上设置速度进口或质量流量进口边界条件。如果不知道流速或流量,可以设置进口总压。总压是静压和速度头之和。进口总压值可根据水泵实际工作条件,借助伯努力方程从水泵进水池表面推算至水泵进口得到。

(2)出口边界。对于出口边界,在 SRF 模型中应设置为压力出口。这里的压力是指静压,需要根据水泵的实际工作条件来估算。在进行 SRF 分析时,出口边界是叶轮出口,而不是泵出口,此处流动不是充分发展的,无法使用均匀出流边界条件,这与用其他旋转模型(如 MRF 或 SMM 模型)在水泵出口设置 outflow 边界条件是有很大区别的。

(3)壁面边界。水泵壁面分为旋转壁面和静止壁面两种。一旦在前面的“单元域条件设置”中将运动参考系(Frame Motion 选项)作用于流体域,则所有壁面在缺省状态下均被认为是以旋转坐标系的速度旋转,也就是说相对于静止(绝对)坐标系来说是运动的,所有壁面的运动属性必须是 Moving Wall。因此,对于非旋转的静止壁面来讲,用户必须在绝对坐标系下指定其速度为 0。

在 SRF 中进行壁面边界条件设置时,对于所有壁面,均将 Wall Motion 选择为 Moving Wall,而不是 Stationary Wall;运动方式是 Rotational,运动速度为 0。对于实际静止的壁面,如离心泵进水管的壁面,将运动方式(Motion)选择为 Absolute,旋转速度(Rotational Speed)设为 0;对于做旋转运动的壁面,如叶片表面,同样将旋转速度(Rotational Speed)设为 0,但运动方式(Motion)选择为 Relative to Adjacent Cell Zone。

（4）周期性边界。周期性边界的设置比较简单，只需要将具有旋转周期性的一对边界具体指明即可，Periodic Type 为 Rotational。

6.2.2　SRF 计算实例

现以一台离心泵为例，介绍在 Fluent 中开展 SRF 计算的过程[21,71]。水泵进口直径 300mm，叶轮进口直径 278mm，叶片数 5，转速 2160r/min，设计流量 210m³/h。假定水泵出口压力为 500kPa（根据水泵设计扬程推算，此时在水泵叶片进口处可能会产生空化），水的饱和蒸汽压为 3540Pa。现对泵内空化流动进行分析。

1. 计算域的选择

SRF 要求计算域中所有静止壁面必须为绕泵轴的旋转面，因此，将螺旋形压水室中靠近叶轮出口的圆环取出来，作为计算域的一部分，这样，由进水管、叶轮、压水室所组成的整体计算域如图 6.2 所示。为了加快计算速度，选择其中的一个通道，即叶轮的 1/5 区域为实际使用的计算域，如图 6.3 所示。

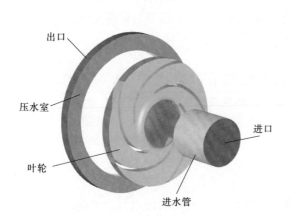

图 6.2　离心泵计算域

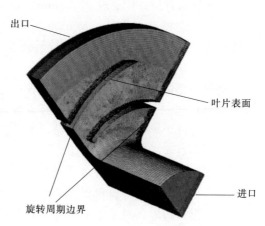

图 6.3　实际计算域、网格及边界条件

2. 网格及域定义

采用六面体单元进行网格划分，如图 6.3 所示。离心泵单通道模型共包含 44028 个单元。

3. 总体设置

求解器类型选择压力基求解器，速度形式选择 AVF，时间项选择稳态计算。

4. 模型设置

该算例中的模型主要包括湍流模型和用于空化计算的多相流模型，其他模型无须激活。湍流模型采用 Relizable k-ε 模型和标准壁面函数，采用 Mixture 多相流模型进行空化计算。

5. 材料定义

为了进行离心泵空化计算，需要定义流体材料为 water-liquid，其密度和黏度分别为 1000kg/m³ 和 0.001kg/(m·s)；定义流体材料为 water-vapor，其密度和黏度分别为 0.01927kg/m³ 和 8.8×10⁻⁶kg/(m·s)。

6. 空化模型设置

空化模型设置的目的是定义所有的"相"及相间作用方式，设置结果见表 6.1。

表 6.1   空 化 模 型 设 置

项　　目	设 置 结 果
定义相	将 phase-1（主相）设置为 water-liquid 将 phase-2（第二相）设置为 water-vapor
定义相间作用方式	在"Phase Interaction"面板中激活 Cavitation。选择 Schnerr-Sauer 空化模型。 将 Vaporization Pressure 设置为 3540Pa

7. 单元域条件设置

运动参考系的有关参数需要通过 Cell Zone Conditions 面板来进行设置。针对所定义的流体域，即选择 Zone name 为 fluid，勾选 Frame Motion 选项，打开 Reference Frame 标签页，按表 6.2 输入相关信息。

表 6.2   单 元 域 条 件 设 置

参　　　数	设 置 结 果
Motion Type	Frame Motion
Relative Specification，Relative to Cell Zone	absolute
Rotation-Axis Origin	(0，0，0)
Rotation-Axis Direction	$X=0$，$Y=0$，$Z=1$
Speed	2160r/min
Translation Velocity	$X=0$，$Y=0$，$Z=0$

此外，将 Operating Pressure 设置为 0，意味系统内的所有压力均为绝对压力。

8. 边界条件设置

需要针对每一种域边界，分别进行边界条件设置。

（1）水泵进口。在水泵进口边界，需要针对 mixture 和 phase-2 分别设置边界条件，见表 6.3。

表 6.3   水泵进口边界条件设置

相	参　　数	设 置 结 果
mixture	Velocity Magnitude	7.0445m/s
	Velocity Specification Method	Magnitude，Normal to Boundary
	Turbulence Specification Method	Intensity and Hydraulic Diameter
	Turbulence Intensity	5%
	Hydraulic Diameter	103mm
phase-2	Volume Fraction	0

（2）水泵出口。在水泵出口边界，需要针对 mixture 和 phase-2 分别进行设置，见表 6.4。

表 6.4　　　　　　　　　　　　水泵出口边界条件设置

相	参　　数	设　置　结　果
mixture	Gauge Pressure	500000Pa
	Turbulence Specification Method	Intensity and Viscosity Ratio
	Backflow Turbulence Intensity	5%
	Backflow Turbulent Viscosity Ratio	10
phase-2	Backflow Volume Fraction	0

（3）旋转壁面。在 SRF 中，旋转壁面被认为是与流体域一起旋转，即壁面运动属性必须是 Moving Wall，运动参考系是 Relative to Adjacent Cell Zone，运动方式是 Rotational，运动速度为 0。本例中的旋转壁面包括叶片、前盖板、后盖板（包括轮毂）三组，需要针对每一种边界上的 mixture 相，按表 6.5 进行设置。假定粗糙度高度为 0，代表壁面处于水力光滑区。

表 6.5　　　　　　　　　　　　旋转壁面边界条件设置

项　　目	设　置　结　果
Zone Name	blade
Phase	mixture
Adjacent Cell Zone	fluid
Wall Motion	Moving Wall
Motion 参考系	Relative to Adjacent Cell Zone
Motion→Relative to Adjacent Cell Zone→Speed	0
Motion 方式	Rotational
Motion→Rotational→Rotation Axis Origin	(0, 0, 0)
Motion→Rotational→Rotation Axis Direction	$X=0$, $Y=0$, $Z=1$
Shear Condition	No Slip
Wall Roughness→Roughness Height	0

（4）静止壁面。离心泵的静止壁面包括进水管表面、压水室的两个侧面，必须将其运动属性设置为 Moving Wall，而不是 Stationary Wall，只是"旋转"是相对于 Absolute 参考系来讲的，旋转速度为 0。需要针对 mixture 相，分别为每一种边界按表 6.6 进行设置。

（5）周期性边界。流道两侧是周期性边界，需要设置 Rotational 类型的周期性边界。

表 6.6   静止壁面边界条件设置

项　　目	设置结果
Zone Name	inlet-shroud
Phase	mixture
Adjacent Cell Zone	fluid
Wall Motion	Moving Wall
Motion 参考系	Absolute
Motion→Absolute→Speed	0
Motion 方式	Rotational
Motion→Rotational→Rotation Axis Origin	(0，0，0)
Motion→Rotational→Rotation Axis Direction	$X=0$，$Y=0$，$Z=1$
Shear Condition	No Slip
Wall Roughness→Roughness Height	0

9. 求解控制参数设置

（1）求解方法。求解方法主要涉及压力-速度耦合算法和空间离散格式等。为提高收敛性，选择 Coupled 算法作为压力-速度耦合算法。考虑到水泵流动的旋转性较强，压力离散格式选择"PRESTO!"；动量方程的离散格式选择二阶迎风格式。体积分数、湍动能和耗散率均采用一阶迎风格式。为了加快离心泵计算的收敛性，激活 Pseudo Transient 选项和 High order term relaxation 选项。

（2）求解控制。求解控制主要涉及欠松弛因子等，按表 6.7 进行设置。

表 6.7   求解控制中的欠松弛因子设置

项　　目	设置结果
Courant Number	200
Explicit Relaxation Factors（both values）	0.5
Density	1
Body Forces	1
Vaporization Mass	1
Volume Fraction	0.5
Turbulence Kinetic Energy	0.5
Turbulence Dissipation Rate	0.5
Turbulent Viscosity	0.1

（3）求解监视。将连续方程的收敛判据定为 1×10^{-6}，动量方程等其他方程的收敛判据定为 0.001，每隔 10 个迭代步绘制一次残差值。为进口边界上的面积平均静压创建一

个表面物理的监视，用于确定泵的压力上升何时收敛。

（4）求解初始化。这里选择标准初始化。考虑到本例的计算网格并不很多，计算时间也不很长，故没有选择求解插值的辅助方法进行初始化。

10. 求解

根据水泵进口条件对整个流场进行初始化之后，设置最大求解迭代步数为 1500。由于在第 9 步的求解控制参数设置中激活了 Pseudo Transient 选项，则在此需要指定时间步长的确定方法。这里选择由系统自动确定，将 Conservative 作为长度尺度方法，将时间尺度因子设置为 1。

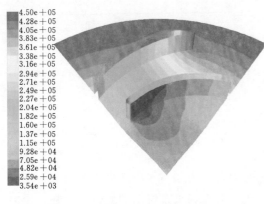

图 6.4 后盖板及叶片表面的压力分布

可以发现，在计算达到 1500 个迭代步后，监视器显示水泵进口静压将不再随着迭代而变化，表示迭代已收敛。

11. 计算结果后处理

计算后得到的后盖板（轮毂）及叶片表面的压力如图 6.4 所示[71,21]。

为了更清楚地表示压力分布，将单通道模型扩展为整个叶轮通道，叶轮中位面上的压力和空泡体积分数分布如图 6.5 所示。

从图 6.5（a）中可以看出，在叶片背面靠近进口边的位置存在一个明显低压区，从图 6.5（b）可以看出，在叶片背面靠近进口边的位置出现了空泡区，尽管区域很小。

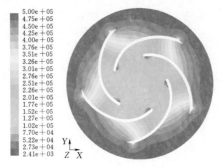

（a）压力分布

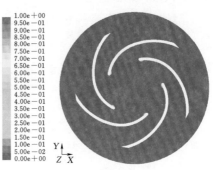

（b）空泡体积分数分布

图 6.5 叶轮中位面上的压力和空泡体积分数分布（叶轮出口压力＝500kPa）

图 6.6 是将水泵出口压力改为 300kPa 后，重新计算得到的水泵叶轮中位面压力及空泡体积分数分布。

对比图 6.5 和图 6.6 可以发现，随着水泵出口压力下降，叶片背面靠近进口边处的低压区逐渐扩大，空泡区面积逐渐增大，表明空化越来越严重。

图 6.7 是出口压力为 300kPa 时空化所引起的流动分离结果，图中不同颜色代表不同体积分数值。

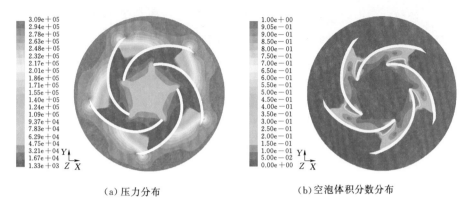

（a）压力分布　　　　　　　　　　　（b）空泡体积分数分布

图 6.6　叶轮中位面上的压力和空泡体积分数分布（叶轮出口压力＝300kPa）

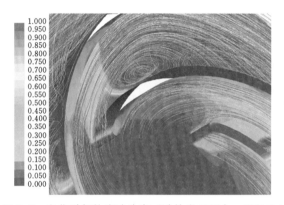

图 6.7　空化引起的流动分离（叶轮出口压力＝300kPa）

6.3　基于 MRF 的水泵流动分析

6.3.1　MRF 简介

MRF 在 CFX 软件中被称为冻结转子模型（frozen rotor），由至少一个旋转参考系和一个固定参考系组成。

6.2 节介绍的 SRF 不能用于描述非旋转曲面，也不能描述旋转和静止部件同时存在的问题，因此出现了 MRF。MRF 中的旋转参考系用于描述叶轮等旋转部件流动，固定参考系用于描述蜗壳或导叶等固定过流部件流动。每两个计算域之间靠特殊定义的"网格界面"（mesh interface）联系起来，但界面两侧的相互影响是被忽略的，例如叶轮与导叶的动静耦合效应是不予考虑的。因此，同 SRF 一样，MRF 也只能用于稳态计算。MRF 是目前水泵稳态流动计算应用最为广泛的旋转参考系模型。

1. MRF 的特点

MRF 的特点如下：

（1）整个计算域被分成若干个运动的和静止的流体域，每两个相邻域之间放置一个网格界面。

157

（2）处于旋转区域内的边界，必须是回转几何体，这与 SRF 一致。

（3）对于旋转区域，网格界面必须是一个绕水泵轴的回转曲面。

（4）计算域可以是全流道，也可以是部分流道。在部分流道模型中，需使用旋转周期性边界条件。在 Fluent 14.5 版本以前，部分流道模型中叶轮通道的节距角与导叶通道的节距角必须相等，即节距比为 1，而 14.5 版本以后提供了节距缩放模型（pitch scale model）允许各区域具有不同的节距角，但此时的计算量比较大，而且应该使节距比接近 1。

（5）只能用于稳态计算。

（6）在网格界面处进行速度矢量和速度梯度的近似变换，并确定局部质量通量、动量、能量和其他标量。

（7）不考虑一个区域对于另一个区域的相对运动。这意味着，网格不随时间而动。这种处理方式因此常被称为冻结转子法（frozen rotor approach）。可将 MRF 想象成为转子处在固定区域内的瞬态（非定常）流动的近似。

（8）必须用于非轴对称流动区域，如离心泵叶轮/蜗壳，轴流泵叶轮/导叶，水轮机/尾水管等。

（9）主要优点是计算稳定，计算效率高，适合叶片数比较多的水力机械。主要缺点是对局部物理量的预测精度稍低，且不能用于分析叶轮与导叶之间的动静耦合作用。

2. 网格界面的放置

如前所述，"网格界面"必须是一个绕水泵轴的回转曲面或平面。对于封闭的系统（如带有蜗壳的离心泵），可以选择运动区域（叶轮流体域）上的最外一点与最近的静止壁面（蜗壳隔舌）之间的中位面作为网格界面。例如，离心泵叶轮外围的圆环面（曲面）或者轴流泵叶轮导叶之间的圆环面（平面），均可以作为网格界面。对于大的开放式的空间，如水池内的轴流式搅拌器，可以将网格界面选在流动条件相对均匀的回转曲面上，不要选在有交叉流动的位置。MRF 中网格界面选择方式与 SMM 中滑移界面选择方式相同，相关约定见 6.5.2 节。

3. 网格界面类型

根据网格界面处的网格是否对应，网格界面分为共形界面和非共形界面。共形界面（conformal interfaces）是指两个相邻流体域在界面上的网格节点是一一对应的；而非共形界面（non-conformal interfaces）是指两个相邻流体域在界面上的网格节点不是一一对应的，如图 6.8 所示。

非共形界面的单元域彼此之间在物理上不是连接在一起的，界面由两个重叠的曲面所组成，CFD 软件采用界面算法将通量（包括质量、动量、能量等）按守恒原则从一个界面传送给另一个界面。界面可以是周期性重复边界。

4. MRF 设置

对于共形界面，则设置比较简单。只需要通过 Setup→Mesh Interfaces 打开 Create/Edit Mesh Interfaces 设计网格界面，给定网格界面名称，并指定形成该网格界面的两组域界即可。

对于非共形界面，特别是周期性重复边界，设置相对复杂一些。这时，网格界面可能

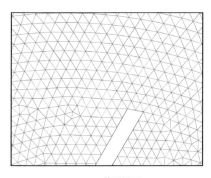
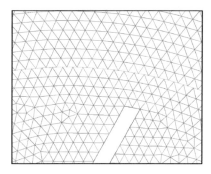

(a) 共形界面　　　　　　　　　　　　(b) 非共形界面

图 6.8　网格界面的两个类型[21]

会包含重叠区域和非重叠区域，如图 6.9 所示。重叠区域被直接处理为网格界面，即流体穿过界面流动，而每一侧界面上的非重叠区域需要设置成独立的壁面边界。在进行网格界面设置时，同样需要通过 Setup→Mesh Interfaces 打开 Create/Edit Mesh Interfaces 面板，给定网格界面名称，并指定形成该网格界面的两组域界。但有几个选项需要注意：Periodic Repeats 表示界面是周期性重复的；Coupled Wall 表示强制创建一个 wall 区域，而不是 interior，当有一个或两个单元域是 solid 时，缺省状态下界面类型将直接为 coupled；Matching 表示即使界面域不是严格对齐，也会强制创建一个匹配的网格界面，这时如果界面偏差较大，可能会出现警告信息；Mapped 是 Coupled Wall 选项的另一种替代，当界面区域有穿透或有间隙时，该选项采用一种更加稳健但精度稍差的算法来处理界面流动。

　　在通过 Create/Edit Mesh Interfaces 面板指定了网格界面之后，还需要通过 Cell Zone Conditions 面板指定单元域条件。对于每一个旋转流体单元域，需要激活 Frame Motion 选项，并按 SRF 模型的相同方式输入有关参数；对于静止区域，不要激活 Frame Motion 选项。边界条件、数值离散格式、求解器设置等与 SRF 模型相同。

5. MRF 总结

（1）MRF 是一种简单的水泵流动分析工具，但 MRF 模型忽略了网格界面处两个流体区域之间的相对运动，因此也就无法考虑两个部件之间的相互作用，即动静耦合。

（2）MRF 计算结果与部件的"冻结"位置有关。例如，对于同一台离心泵，分别用两个不同计算方案进行造型，区别在于叶片出口边与蜗壳隔舌的相对位置不同，则两个计算方案得到的流场结果可能有差异，在叶片数较少时这种差异更加明显。

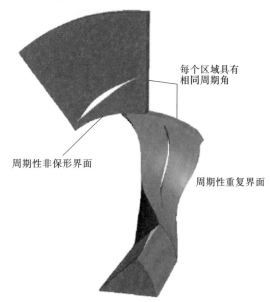

每个区域具有相同周期角

周期性非保形界面

周期性重复界面

图 6.9　导叶式离心泵的旋转周期性界面

（3）如果在动静交界的网格界面上流动非常均匀或混合的较为理想，则 MRF 应用效果最佳。如果在网格界面上同时存在流体的流出和流入，则 MRF 应用效果比较差。也就是说，最好在设计工况下使用 MRF，对于偏离设计工况，特别是小流量工况的流动分析，MRF 的误差较大。

（4）对于因旋转导致存在较大流动梯度的场合，与 SRF 一样，MRF 可能难于求解，这时可以考虑使用比缺省值更小的欠松弛因子以及 Courant 数。

（5）对于一些难于求解的问题，在使用 MRF 时，一定保证网格的高质量，要求最大单元偏斜度小于 $0.9 \sim 0.95$，特别在网格界面附近这一条件更加重要。

（6）对于 MRF 不能给出合理计算结果的算例，很可能是动静耦合效应比较明显，建议改换 SMM 模型进行计算，将稳态计算改为瞬态计算。

6.3.2 MRF 计算实例

现以图 6.10 所示二维离心泵为例，介绍在 Fluent 中开展 MRF 计算的具体过程[72,13]。该泵由水泵进口、叶轮和蜗壳 3 部分构成。已知叶轮进口直径 120mm，出口直径 220mm，水泵进口直径 220mm，出口直径 180mm。叶轮进口流速 2.2m/s，旋转角速度 1470r/min。图 6.10 中表示水泵进口的圆未画出，因为该圆与叶轮进口距离过近。

1. 计算域及计算网格设置

选择从水泵进口到出口的所有区域作为计算域，进行 2D 流场计算。计算域由进口流体域、叶轮流体域和蜗壳流体域 3 部分组成，名称分别为 fluid-inlet、fluid-impeller 和 fluid-casing。为了下一步更合理地设置动静区域之间的网格界面，造型时需注意将叶轮流体域适当取大一些，即叶轮流体域的内圆与外圆直径分别选为 118mm 和 222mm，同时需要保留 3 个流体域在界面处的各自边界圆。

采用三角形单元进行网格划分，结果如图 6.11 所示。网格模型中所定义的域共 9 个，

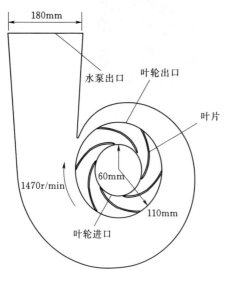

图 6.10 二维离心泵示意图

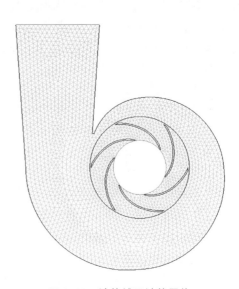

图 6.11 计算域及计算网格

其中包括 3 个流体域和 6 组域边界，见表 6.8。需要注意的是，在图 6.11 中，进口流体域 fluid-inlet 因过小而没有示出。

表 6.8　　　　　　　　　　　　　域 的 定 义

域名称	描述	域名称	描述
fluid-inlet	进口流体域	casing	蜗壳外边界
fluid-impeller	叶轮流体域	interfaces - 1	进口流体域的外边界（圆）
fluid-casing	蜗壳流体域	interfaces - 2	叶轮流体域的内边界（圆）
pump-inlet	水泵进口边界	interfaces - 3	叶轮流体域的外边界（圆）
pump-outlet	水泵出口边界	interfaces - 4	蜗壳流体域的内边界（圆）
blades	所有叶片的各个表面		

2. 求解器和分析类型设置

在 General 对话框中，Solver 的各个选项设置如下：选择 Type 为 Pressure-Based，选择 Velocity Formulation 为 Absolute，选择 Time 为 Steady，选择 2D Space 为 Planar。

3. 模型设置

在 Model 模型树下，只需要激活 Viscous 模型，不需要激活其他模型。对于湍流模型，选择比较简单的 RNG k-ε 模型及增强型壁面函数，模型常数采用缺省值即可。

4. 材料定义

针对所抽送的介质，选择 Fluent 材料数据库中已有的 water-liquid。

5. Cell Zone Conditions 设置

Cell Zone Conditions 设置是使用 MRF 的关键之一，目的是设置 MRF 运动参考系的有关参数。为此，需要打开 Cell Zone Conditions 面板，双击旋转流体域 fluid-impeller，在 Fluid 对话框中激活 Frame Motion 选项，在 Reference Frame 标签页中，保持 Rotation-Axis Origin 的缺省设置（0，0），即以此位置为旋转区域的边界圆中心。在 Rotational Velocity 组中，输入 Speed 的值为 -1470rpm。负值表示叶轮顺时针旋转，也就是说按右手法则在坐标系中绕 Z 轴反向旋转。

对于静止的流体域 fluid-inlet 和 fluid-casing，不需要进行任何设置。

对于参考压力的设置，由于本例使用的边界条件没有指定任何压力值，因此，需要指定参考压力的大小和位置。可根据水泵运行条件（特别是其安装高程），对参考压力的大小和位置进行设置。对于本例，可在 Operating Conditions 对话框中，设置 Operating Pressure 为 101325Pa，设置 Reference Pressure Location 的位置为（0，0）。这样设置的目的是表明 Fluent 流场计算中的静压均为相对于大气压力的表压。

6. 边界条件设置

对于本例，需要针对表 6.8 所列的各个域边界分别进行边界条件设置。

（1）水泵进口。水泵流量为已知，将进口边界的类型设置为 velocity-inlet，按已知条件给定流速。

在进口边界上，指定 Supersonic/Initial Gauge Pressure 的值为 0，这表示在后续对流场进行初始化时，采用 0 值作为初始压力。这个值也只对流场初始化起作用。注意，由于前面已经设置参考压力为 101325Pa，故所有的压力值均表示相对于大气的压力。

（2）水泵出口。水泵出口处的流动可以看作为均匀流动，因此将出口边界条件类型设置为 outflow。

（3）壁面。对于旋转的叶片表面，其边界条件类型为 wall。这些壁面被认为是与流体域一起旋转，即壁面运动属性是 Moving Wall，运动参考系是 Relative to Adjacent Cell Zone，运动方式是 Rotational，运动速度为 0。设置结果见表 6.9。

表 6.9　　　　　　　　　　　　旋 转 壁 面 边 界 条 件

项　　目	设 置 结 果
Zone Name	blade
Adjacent Cell Zone	fluid-impeller
Wall Motion	Moving Wall
Motion 参考系	Relative to Adjacent Cell Zone
Motion→Relative to Adjacent Cell Zone→Speed	0
Motion 方式	Rotational
Motion→Rotational→Rotation Axis Origin	（0，0）
Shear Condition	No Slip

对于蜗壳等不旋转的壁面，其边界条件类型同样为 wall，只需要按静止壁面的缺省属性处理即可。

7. 网格界面设置

网格界面设置是 MRF 模型使用的关键。对于本例，需要在叶轮流体域前后各设置一个网格界面。对于进口流体域和叶轮流体域之间的网格界面，可按下过程设置：通过 Setup→Mesh Interfaces 打开 Create/Edit mesh Interfaces 面板后，在 Mesh Interface 编辑框输入 int1，代表网格界面名称。然后从 Interface Zone 1 下的域边界中选择进口流体域外边界 interfaces-1，从 Interface Zone 2 下的域边界中选择叶轮流体域内边界 interfaces-2。单击 Create 后，则创建了网格界面 int1。在这个选择过程中，可以借助 Draw 按钮来帮助识别界面处的域边界。然后，按同样过程创建叶轮流体域与蜗壳流体域之间的网格界面 int2。

8. 求解控制参数设置

求解控制参数主要包括：求解方法、求解控制、求解初始化、求解监视等方面的参数。这些参数及其设置方法与 SRF 相同。这里不再重复。

9. 计算结果后处理

计算得到的速度矢量分布如图 6.12（a）所示，湍流强度分布如图 6.12（b）所示。

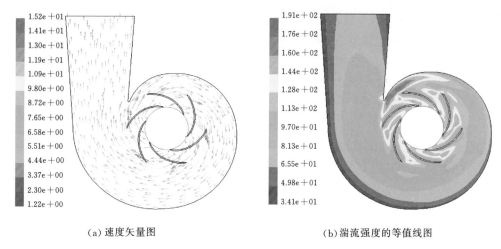

（a）速度矢量图　　　　　　　　　（b）湍流强度的等值线图

图 6.12　计算结果

6.4　基于 MPM 的水泵流动分析

6.4.1　MPM 简介

MPM[17]通过在转动区域与静止区域的界面上使用"混合面"来考虑相邻区域之间的影响，如图 6.13 所示。该模型属于稳态流动分析模型，在 CFX 中称为 Stage 模型[18]。

1. MPM 的特点

MPM 的特点如下：

（1）MPM 借助混合面在旋转区和静止区之间进行物理量周向平均，即忽略流动在圆周方向上的不均匀性，只能用于稳态计算。

（2）MPM 的提出，主要是为了将多级问题简化为单级问题进行计算，因此该模型也常被称为 Stage 模型。

（3）对于轴流泵，混合面是叶轮出口与导叶进口之间的圆环面，几何上是一个平面，其形状特征是"radial"；对于离心泵，混合面是围绕叶轮出口的圆柱面，也是蜗壳或导叶的进口边界面，其形状特征是"axial"。

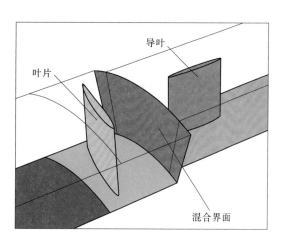

图 6.13　轴流泵叶轮与导叶间的混合界面

（4）MPM 避免了 MRF 中的"转子冻结"，也就不存在造型时因叶轮叶片相对于导叶（蜗壳）位置变化而导致的计算结果差异。

（5）MPM 更多地用于求解单通道模型。无论叶轮叶片数和导叶叶片数是多少，也不管叶轮通道与导叶通道的周期角或节距是否接近，该模型都可直接使用，这一点与 MRF 有较大区别。当然，从 Fluent 14.5 版本开始，引入了节距缩放模型（pitch scale model，

PSM）对节距比大于 1 的单通道模型进行处理，使算法更加稳定、精度更高。

（6）MPM 在轴流泵和轴流水轮机中的应用要多于其他型式的水力机械。

（7）MPM 不适用于动静耦合作用较强的问题。当叶片尾迹效应较强时，可能无法得到较准确的预测。该模型计算量大于 MRF，但远小于 SMM。

2. 转子域与静子域

在 MPM 中，每一级（如果是单级泵，则只有一级）由两个域组成：转子域（rotor domain）和定子域（stator domain）。转子域按预定角速度旋转，其后的定子域则是静止不动的。二者的顺序是可变的，对于前置导叶式水泵，则转子域在定子域之后。

转子域和定子域单独造型、划分网格，二者的叶片数是任意的。在数值计算时，分别对混合面前后的两个流体域进行稳态计算，在混合面上对流动变量的分布进行圆周方向上的平均。流动变量的分布是作为边界条件传入相邻计算域的。

需要注意的是，转子通道和定子通道是各自独立的单元域（cell zone），各自有各自的进口边界和出口边界。可以将这个系统看成是一组 SRF 模型，它们通过混合界面模型所提供的边界条件进行耦合。

3. 混合面算法

转子域和定子域是单独进行稳态计算的。在计算过程中，在混合面上对流动变量（如压力、速度、温度等）的分布进行圆周方向上的平均。一个流动变量的分布（profile）是作为边界条件传入相邻计算域的。随着迭代计算的推进，混合面上相邻边界的物理量分布逐渐趋于一致，直到计算收敛。

在混合面上，上游出口边界与下游进口边界组成一个混合面对（mixing plane pair）。为了在边界条件设置环节创建合理的混合面对，上游出口边界与下游进口边界必须满足表6.10 所列的边界条件类型。

表 6.10　　　　　　　　　　混合面对的上、下游边界条件类型

区　域	上　　游	下　　游
类型	pressure outlet	pressure inlet
	pressure outlet	velocity inlet
	pressure outlet	mass flow inlet

其中，下游的 velocity inlet 类型只能用于不可压缩流动。CFD 软件根据用户所设置的边界条件类型决定传递哪些物理量的分布。例如，对于由 pressure outlet 和 pressure inlet 组成的混合面对，CFD 软件将静压和总压、流动方向、标量场分布从上游传送给下游；将静压、回流量分布从下游传送给上游。

混合面上物理量分布的平均化方法主要有面积平均化、质量平均化和混合平均化 3种。对于绝大多数流动，特别是像水泵这种不可压缩流动，面积平均化方法都可以给出比较合理的物理量分布，但是，计算得到的压力和温度有可能不满足动量和能量守恒关系，因此，对于可压缩流动一般选择质量平均化方法或混合平均化方法。质量平均化方法对物理量分布结果的处理总体上优于面积平均化方法，但混合面上存在较严

重的回流时则会出现收敛问题。因此，建议先按面积平均化方法进行初始化，在计算若干迭代步发现回流基本消失后切换为质量平均化方法。混合平均化方法由质量守恒、动量守恒和能量守恒方程推导而来，因此，在平均化过程中，对物理量的近似效果最好，这是因为这种方法反映了因流动分布不均匀性所带来的损失。但是，同质量平均化方法一样，当有回流穿过混合面时，计算将难于收敛。因此，最好的方法是先借助面积平均化方法计算若干步，在回流基本消失后切换到混合平均化方法。混合平均化方法不能用于计算多相流。

4. MPM 设置

在使用 MPM 时，有如下两个方面需要做特殊处理：一是混合面的定义；二是组成混合面对的两个边界的边界类型定义。

混合面需要按下述过程定义：

（1）指定组成混合面对的上游流体域和下游流体域。

（2）指定混合面几何形状。对于轴流泵，混合面为"radial"；对于离心泵，混合面为"axial"。

（3）设置混合面上物理量插值点的数量。该值应与同方向（轴面或径向）网格分辨率基本相同。

（4）设置混合面上的相关参数，主要包括平均化方法和欠松弛因子。平均化方法需要从面积平均化方法、质量平均化方法和混合平均化方法中选择一种，对于不可压缩流动，混合平均化方法无效。欠松弛因子用于迭代过程中计算界面上物理量分布的变化，在 0～1 之间选择。

除了混合面的定义之外，使用 MPM 时还需要在边界条件设置环节分别指定混合面对的上下游边界条件类型。

5. MPM 说明

（1）混合面算法提供了一些选项，以保证物理量在混合面上下游的严格质量流量守恒、动量守恒和总焓守恒。其中，只要用户为混合面对的下游边界选择了 mass flow inlet 边界条件类型，则质量守恒关系自动得到满足。

（2）MPM 虽然可以用于处理混合面上存在较轻微回流的流动，但当存在大量回流时，应该尽量避免使用 MPM。

（3）由于 MPM 在混合面上对物理量进行了平均化处理，因此，引入了附加损失，精度上受到一定影响。特别是当叶轮与导叶距离较近时，这种误差进一步增大。

（4）不能用 MPM 来分析叶片尾迹影响、波的相互作用等，这时应该选择 SMM。

（5）MPM 不能与下述模型同时使用：LES 湍流模型、组分传输与燃烧模型、VOF 多相流模型和离散相模型等。

（6）由于 MPM 包含了在混合面处的边界条件修改，因此，混合面处的流动条件迅速改变或许会导致收敛困难，这时可尝试将欠松弛因子改为 0～0.5，以增强计算稳定性。

（7）对于一些难于求解的问题，一定保证网格的高质量，要求最大单元偏斜度小于0.9～0.95。此外，还可考虑使用 FMG 初始化方法进行流场初始化，这种初始化方法与 MPM 是兼容的。

6.4.2　MPM 计算实例

现以图 6.14 所示前置导叶式轴流泵为例，介绍在 Fluent 中开展 MPM 计算的具体过程[21,72]。该泵前置导叶（inlet guide vanes，IGV）由 13 个叶片组成，弦长 0.18m，叶片最大厚度为弦长的 11.6%，转轮直径 0.54m，轮缘直径 1.06m；叶轮由 7 个叶片组成，轮毂弦长 0.29m，轮缘张长 0.27m，轮毂叶片最大厚度为弦长的 17.8%，轮缘叶片最大厚度为弦长的 10.0%，轮毂直径 0.54m，轮缘直径 1.06m，轮缘间隙 3.35mm。叶轮旋转速度为 260r/min；设计工况下水泵进口流速为 10.7m/s。

1. 计算域

选择单通道几何模型，即由一个导叶叶片和一个叶轮叶片组成的通道为计算域，如图 6.15 所示。该计算域由导叶段、叶轮段和下游扩散段 3 部分组成，其中，叶轮段和扩散段的流体域均为旋转区域，故组合成一个流体域。

图 6.14　前置导叶式轴流泵

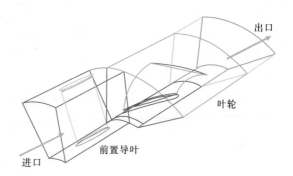

图 6.15　计算域

需要注意的是，由于该轴流泵的导叶叶片数和叶轮叶片数都比较少，在圆周方向上没有重叠，因此，计算域通道的周期性边界是直面。如果叶片数较多时，周期性边界则是曲面。

2. 计算网格

分别对导叶和叶轮进行网格划分。采用三角形面网格对计算域的表面进行网格划分，这样可以较精确地表示叶片表面、倒角、间隙等部位。边界层内使用楔形单元进行网格划分，靠近壁面的第一层单元高度为 0.5mm，这样得到的 y^+ 接近 50；边界层外使用四面体单元进行网格划分。水泵叶轮下游区域使用协调的楔形网格。整个计算域共由 1172532 个单元组成，如图 6.16 所示。网格模型中所定义的域共 16 个，其中包括两个流体域和 14 组域边界，见表 6.11。

表 6.11　　　　　　　　　　　　域 的 定 义

域 名 称	描 述
fluid-IGV	导叶流体域
fluid-rotor	叶轮流体域（包括下游扩散段流体域在内）
periodic－11	导叶流体域的两个周期性对称面

续表

域 名 称	描 述
periodic－22	叶轮流体域的两个周期性对称面
inlet	水泵进口边界面
outlet	水泵出口边界面
pressure-outlet-IGV	导叶流体域的出口边界面
pressure-inlet-rotor	叶轮流体域的进口边界面
IGV-blade	导叶叶片的各个表面
IGV-hub	导叶轮毂表面
IGV-shroud	导叶体的外围回转曲面
rotor-blade	叶轮叶片的各个表面
rotor-hub	叶轮轮毂表面
rotor-shroud	叶轮室外围回转曲面
rotor-downstream-hub	叶轮下游扩散段的轮毂表面
rotor-downstream -shroud	叶轮下游扩散段的外围回转曲面

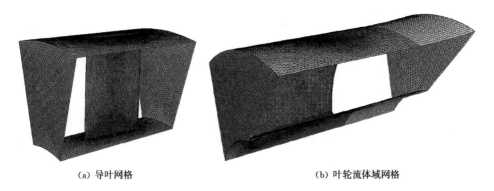

(a) 导叶网格　　　　　　　　　　　　　(b) 叶轮流体域网格

图 6.16　计算网格

3. 总体设置

求解器类型选择压力基求解器，速度形式选择 AVF，时间项选择 Steady，水按不可压缩介质对待。

4. 模型设置

该算例比较简单，只需要激活湍流模型即可，不需要激活多相流模型、能量模型和热交换模型等。对于湍流模型，选择比较简单的 Spalart-Allmaras 模型。模型常数采用缺省值即可。

5. 混合面设置

为了在前置导叶出口（在造型时已经指定该边界的类型为 pressure-outlet）与叶轮进口（在造型时已经指定该边界的类型为 pressure-inlet）之间设置混合面，需要首先激活

Mixing Plane 面板，然后从 Upstream Zone 列表中选择 pressure-outlet-IGV，从 Downstream Zone 列表中选择 pressure-inlet-rotor，从 Mixing Plane Geometry 列表中选择 Radial，从 Averaging Method 列表中选择 Area，则创建了混合面。混合面的名称是由 Fluent 根据上下游流体域的名称自动组合而成。混合面创建以后，可以在 Profiles 对话框中查看到导叶出口和叶轮进口边界上需要进行平均化计算的物理量名称。

6. 材料定义

针对所抽送的介质，从材料数据库中复制流体 water-liquid。

7. 单元域条件设置

单元域条件设置是使用 MPM 的关键之一，目的是设置 MPM 运动参考系的有关参数。为此，需要激活 Cell Zone Conditions 面板，对前面所定义的旋转流体域 fluid-rotor 进行设置。首先，勾选 Frame Motion 选项，然后在 Reference Frame 标签页中按表 6.12 输入信息。

表 6.12　　　　　　　　　　　轴流泵旋转流体域条件设置

项　目	设置结果
Relative Specification，Relative to Cell Zone	absolute
Rotation-Axis Origin	$(0，0，0)$
Rotation-Axis Direction	$X=0$，$Y=0$，$Z=-1$
Speed	260r/min
Translation Velocity	$X=0$，$Y=0$，$Z=0$

这里，在输入旋转轴方向时，$Z=-1$ 代表按右手法则，叶轮反向旋转。

在对旋转流体域 fluid-rotor 进行了设置以后，还需要对导叶中的静止流体域 fluid-IGV 进行设置。这时，不要勾选 Frame Motion 选项，在 Reference Frame 标签页中按表 6.13 输入信息。

表 6.13　　　　　　　　　　　轴流泵静止流体域条件设置

项　目	设置结果
Rotation-Axis Origin	$(0，0，0)$
Rotation-Axis Direction	$X=0$，$Y=0$，$Z=-1$

这里，同设置流体域 fluid-rotor 一样，也要给静止流体域 fluid-IGV 设置旋转轴的位置和方向，这是出于两个流体域要保持协调的需要。

8. 边界条件设置

对于 MPM 模型，边界条件的设置要比其他模型相对复杂一些，因为多了混合面的上下游边界类型的设置。

（1）进口。水泵流速为已知，故将水泵进口边界的类型设置为 velocity-inlet，按已知条件给定进口速度值。

（2）出口。水泵出口处的流动可以看作为静压为 0 的流动，即水泵出口直接通大气。如果泵后出水管较长，可以根据伯努力方程反推出口截面处的静压值。为此，设置 Gauge Pressure 为 0。需要注意的是，要激活 Radial Equilibrium Pressure Distribution 选项，意味着按等螺距原则考虑出口断面上压力沿径向的分布：

$$\frac{\partial p}{\partial r} = \frac{\rho v_\theta^2}{r} \tag{6.13}$$

式中：v_θ 为切向速度。

（3）周期性对称边界。周期性边界的设置比较简单，只需要将具有旋转周期性的一对边界具体指明即可。本算例中，周期性边界共有两组，分别是 periodic – 11 和 periodic – 22，只需要分别将它们的 Periodic Type 指定为 Rotational 即可。

（4）混合面上下游边界。这是 MPM 特有的边界设置，需要在此对组成混合面对的两个边界的边界类型进行定义。为此，选择下游边界，即叶轮流体域的进口边界面 pressure-inlet-rotor，将其边界条件类型设置为 pressure-inlet，所有设置保持缺省值即可。Fluent 将计算得到的导叶出口的流场分布用于更新此进口边界的值。在混合面创建之后，这些分布将自动被设置，因此，不需要用户手工设置。

此外，还需要选择组成混合面对的上游边界，即导叶流体域的出口边界面 pressure-outlet-IGV，将其边界条件类型设置为 pressure-outlet，所有设置保持缺省值即可。一旦混合面创建之后，Backflow Direction Specification Method 被自动设置成 Direction Vector，且坐标系被自动设置成 Cylindrical（与导叶进口边界相同），方向矢量的值自动取自于叶轮的安放位置。

（5）旋转壁面。此例中的旋转壁面包括叶轮叶片表面（rotor-blade）和叶轮轮毂表面（rotor-hub），边界条件类型为 wall。对于旋转参考系，Fluent 默认这些壁面与流体域一起旋转，因此，相对于旋转系来说可以看成是静止的。因此，壁面运动属性为 Stationary Wall，运动参考系是"Relative to Adjacent Cell Zone"。以叶轮叶片表面（rotor-blade）为例，设置结果见表 6.14。

表 6.14　　　　　　　　　旋转壁面（rotor-blade）边界条件

项　　目	设置结果
Adjacent Cell Zone	fluid-rotor
Wall Motion	Stationary Wall
Motion	Relative to Adjacent Cell Zone
Shear Condition	No Slip
Wall Roughness→Roughness Height	0
Wall Roughness→Roughness Constant	0.5

（6）静止壁面。静止壁面分为两类：一类与叶轮流体域相关的壁面，包括叶轮室外围回转曲面（rotor-shroud）、下游扩散段的轮毂表面（rotor-downstream-hub）和下游扩散段的外围回转曲面（rotor-downstream-shroud）；另一类与静止的导叶流体域相关的壁面，包括导

叶叶片的各个表面（IGV-blade）、导叶轮毂表面（IGV-hub）和导叶体的外围回转曲面（IGV-shroud）。对于第一类壁面，由于它们与叶轮流体域相关，因此，均按绝对速度为 0 的旋转运动壁面处理即可，见表 6.15。对于第二类壁面，由于它们均与导叶内的流体域相关，因此，均按静止壁面处理即可，见表 6.16。

表 6.15　　　　与叶轮流体域相关的静止壁面（rotor-shroud）边界条件

项　目	设置结果
Adjacent Cell Zone	fluid-rotor
Wall Motion	Moving Wall
Motion 参考系	Absolute
Motion→Absolute→Speed	0
Motion 方式	Rotational
Motion→Rotational→Rotation Axis Origin	(0, 0, 0)
Motion→Rotational→Rotation Axis Direction	$X=0$, $Y=0$, $Z=-1$
Shear Condition	No Slip
Motion-Speed	0
Wall Roughness→Roughness Height	0
Wall Roughness→Roughness Constant	0.5

表 6.16　　　　与导叶流体域相关的静止壁面（IGV-shroud）边界条件

项　目	设置结果
Adjacent Cell Zone	fluid-IGV
Wall Motion	Stationary Wall
Motion	Relative to Adjacent Cell Zone
Shear Condition	No Slip
Wall Roughness→Roughness Height	0
Wall Roughness→Roughness Constant	0.5

9. 求解控制参数设置

求解控制参数主要包括：求解方法、求解控制、求解初始化、求解监视等方面的参数。设置方法与 SRF 基本相同。这里不再重复。

10. 计算结果后处理

计算后得到的表面压力分布如图 6.17 所示，图 6.18 给出了叶轮叶片表面流线分布情况。所有计算结果均取自文献 [21]。

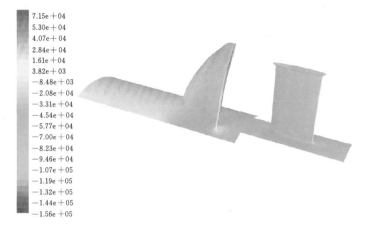

图 6.17 轴流泵壁面压力分布

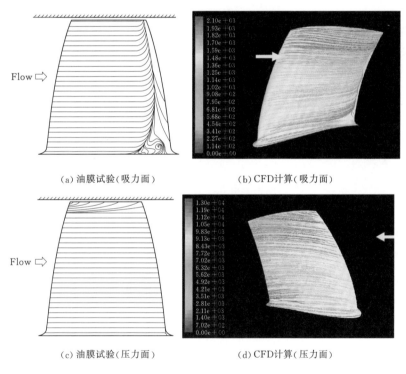

(a) 油膜试验(吸力面)　　　　　　(b) CFD计算(吸力面)

(c) 油膜试验(压力面)　　　　　　(d) CFD计算(压力面)

图 6.18 叶片表面流线分布

6.5 基于 SMM 的水泵流动分析

6.5.1 动静干涉作用及 SMM 简介

在水泵等旋转机械中,转动部件与静止部件的相对运动导致非定常相互作用,流场呈现周期性变化特征,这种作用称为旋转机械的动静干涉作用,简称动静干涉。动静干涉对水力机械的振动、噪声、结构疲劳特性等具有重要影响，因此，常是水力机械流动分析的重点之一。参考图 6.19 所示汽轮机导叶与转轮动静干涉作用示意图，动静干涉可分成如下几类[17]：

（1）势干涉（potential interaction）：指由于上游与下游间压力波传播所导致的流动不稳定，也称为压力波干涉或位差干涉。

（2）尾迹干涉（wake interaction）：指由于上游叶片组的尾迹通过对流方式传至下游所引起的流动不稳定。

（3）激波干涉（shock interaction）：指在跨音速或超音速可压缩流动中，由于激波冲击下游叶片组所导致的流动不稳定。

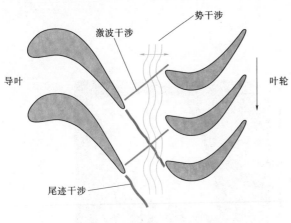

图 6.19　动静干涉作用示意图

前面各节介绍的 SRF、MRF 和 MPM 模型，忽略了上述非定常干涉作用，因此只能用于稳态计算，不能用于瞬态计算。在考虑动静干涉作用时，则需要使用滑移网格模型。

SMM 用来模拟存在区域相对运动的流场。SMM 是 Fluent 中的名称，在 CFX 中称为瞬态转子-静子模型（transient rotor-stator）。

该模型使用两个或两个以上的单元域，每个单元域与相邻单元域间至少存在一个分界面，即"网格界面"（mesh interface），也称"滑移界面"（sliding interface）。两个单元域沿着网格界面做相对运动。在相对运行过程中，尽管有转动或平移发生，但界面上网格节点并不需要对齐。与 MRF 相同的是，SMM 同样需要将计算域划分成旋转和不旋转区域，两个区域之间的界面也必须是绕水泵轴的回转面，需要遵从与 MRF 相同的限制。与 MRF 不同的是，首先，SMM 界面必须是非共形（non-conformal）的；其次，由于一个单元域相对于另一个单元域做旋转运动，故流动总是非定常的。对于每一个时间步，网格均是移动的，滑移界面上的通量也总是被重新计算。

对于 SMM，需要在创建初始网格时就将运动区域和静止区域分别标记出来，且单独创建，并在网格面或单元域上指定运动方式。各单元域间的界面不需要共形，使用非共形界面在最终的模型中将各区域连接起来。随着网格运动随时间更新，非共形界面也同样地更新以反映每个单元域的新位置。需要强调的是，如果用户想让流体从一个单元域流入另一个单元域，网格运动必须是事先预设的，以保证通过非共形界面连接起来的区域在运动过程中总是保持接触的，也就是沿着界面边界滑动。界面上不接触的部分区域总是被处理成壁面。

6.5.2　滑移界面设置原则

滑移界面的设置是 SMM 计算的核心内容。许多 SMM 算例之所以失败，是由于所设置的滑移界面不合理。由于滑移界面必须是非共形的，因此，界面两侧的区域不一定完全重叠，即出现部分重叠的情况。此时，重叠的部分被当作真正意义上的滑移界面（interior）来对待，而非重叠区域被当作壁面区域（wall）为对待。可以为非重叠区域指定壁面边界条件。但在实际操作中，应该尽量避免出现这种情况，也就是说尽量在两个流体域之间设置滑移界面，这样可使计算变得相对稳定。在某些特殊情况下，如需要考虑热交换的流场计算，可以在流体域边界与固体域边界之间设置滑移界面。

SMM 中的滑移界面与 MRF 中的非共形界面及 MPM 中的混合界面具有相同设置原则。这里为了显示界面的通用性，以"界面"代替"滑移界面"，介绍界面设置原则如下[17,18,23]：

（1）水泵中的界面总是绕旋转轴的回转面。对于三维问题，界面包括喇叭面、锥面、圆柱面、圆环面或一个简单的圆面。对于二维问题，界面是圆或直线。对于部分流道模型而言，界面是上述形状的一部分。

（2）界面应设置在动静区域的中间位置。图 6.20 所示的离心泵叶轮/蜗壳方案，界面应该设置在叶轮出口至蜗壳隔舌的中间位置，而不是紧靠叶轮外圆或紧靠隔舌。

（3）界面上单元长度与宽度不要相差太大。单元长宽比应为 0.1∶1～10∶1，以避免产生较大数值误差。

（4）界面不应位于流道突变的区域。对于动静区域在流道高度或宽度方向上有变化时，如图 6.21 所示，如果将界面设置在 1 的位置，是不合理的。这是因为，该位置包含了动静区域在界面上的不重叠的区域，而这一不重叠区域应该指定为 wall 类型，这样增加了界面的复杂度。最好将界面设置在上游或下游某个位置，如设置在 2 或 3 的位置。

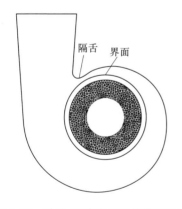

图 6.20 叶轮/蜗壳方案下的界面设置

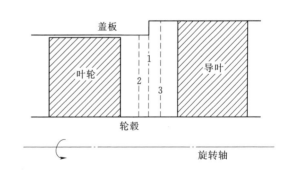

图 6.21 动静区域的流道高度不一致时界面设置

（5）离心泵叶轮出口的界面可适当向压水室延伸，并由多条边界来界定。如图 6.22 所示，如果将 CD（叶轮出口边）设置为界面是最方便的，但这样可能导致不真实的计算结果，原因在于界面上因叶轮盖板厚度和叶片厚度占据一定空间，导致界面两侧区域的匹配度出现问题。叶轮出口的尾迹射流比较强烈，在这一位置设置界面也不合理。因此，最好的方法是将叶轮旋转区域从叶片出口边向外延伸，将 $CC'D'D$ 的连线作为界面。

（6）界面应考虑离心泵进口密封环（口环）间隙泄漏影响。由于压差的存在，泵腔内的高压水会沿着密封环间隙泄漏到吸水室，如图 6.23 所示。如果密封环间隙相对尺寸很

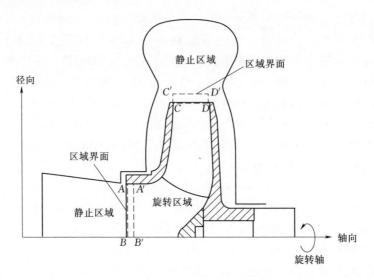

图 6.22　离心泵叶轮出口的界面设置

小，在流动计算时可以忽略这个间隙，但多数情况下不能忽略。为了考虑间隙处的流动，可在泄漏区域附近设置两个界面（图中 1 和 2 的位置），也可以在泄漏的下游只设置一个界面（图中 3 的位置）。前一种方案的物理意义清晰、几何造型较直接，意味着界面 1 将吸水室流体域与叶轮流体域分开；界面 2 将压水室流体域与叶轮流体域分开。后一种方案的界面结构相对简单，但在造型时需要在吸水室流体域和压水室流体域之间再单独设置一个分界面，除非二者直接相形成一个静止区域。

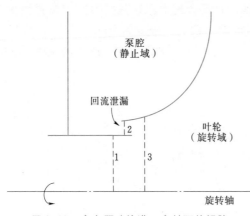

图 6.23　离心泵叶轮进口密封环处间隙泄漏区的界面设置

图 6.22 所示离心泵给出了叶轮进口界面的设置结果。图中 $A'B'$ 位置是合理的进口界面位置，而 AB 位置并不合理，原因在于 A 点附近有泄漏流动，泄漏涡与主流相互作用使得 A 点附近的流态比较复杂，不宜在此外设置界面。

（7）界面应躲开回流较严重的区域。对于叶轮出口具有回流的流动，例如水泵在小流量工况或发生失速时的流动，如果界面距离回流区太近，则可能出现计算失真的结果，特别是采用 MRF 或 MPM 时更容易出现这种问题。此时，应将界面向回流区下游移动。

6.5.3　SMM 应用技术要点

（1）对于水泵内部非定常动静耦合流动问题，SMM 可以提供最精确的解。SMM 不仅可以计算单级泵，还可以计算多级泵及带有多个叶轮的多旋转区域流动问题，每个旋转区域可以有不同的旋转轴和转速。借助非共形网格界面的特性，用户可以在 SMM 和 MRF 之间较容易地进行切换，也就是在瞬态计算和稳态计算计算之间切换。

（2）SMM 的主要不足在于，它总是进行非定常计算，即使流动已经趋于稳定。因此，相比于稳态计算而言，SMM 需要更多的 CPU 时间和磁盘空间。当只需要关心流动的时间平均特性时，可对瞬态计算结果做时间平均处理，或者直接激活某些 CFD 软件中的时间平均选项。

（3）滑移界面的选择是使用 SMM 的关键之一。滑移界面是比较简单的非共形界面，在网格运动过程的每个时步都要进行更新。如果在滑移界面上遇到问题，首先需要检查滑移界面上的网格质量是否足够好，其次可采取"化繁为简"的原则修改界面，即将复杂界面转换为一系列单独的小界面进行处理。

（4）SMM 应用属于瞬态分析，时间步长应按第 2 章 2.3 节相关要求确定。一般而言，可按水泵叶轮旋转 1 个叶道所用时间的 1/20 左右来确定时间步长是比较合适的，也就是说，对于 5 叶片的叶轮，将叶轮旋转一周用 100 个时间步来计算是可以接受的。如果泵内流动比较复杂，如出现旋转失速，则应该选择更小的时间步长。

（5）计算的总时间步数（或水泵叶轮旋转持续时间）一定要足够长，以使计算达到稳定的时间周期状态，即压力、速度和其他物理量的瞬时值具有比较明显的时间重复性。通常需要让水泵叶轮旋转若干圈，如 3 圈以上，而不是一两圈。

（6）合理的初始条件，可以减少达到时间周期状态的总时间步数。为此，可采用 MRF 或 MPM 先进行初期计算，将计算结果作为初始条件进行后续 SMM 计算。

（7）如果需要让 Fluent 收集某些数据以进行时间域上的统计分析，如时间平均值、均方根（RSM）、均方根误差（$RMSE$）、水泵扬程（H）等，则需要激活 Data Sampling for Time Statistics 选项，并在该选项对应面板中指定采样间隔（即获取瞬态变量采样点数据的间隔）、采样物理量（如速度、压力、自定义的水泵扬程等）、采样时间等。其中，水泵扬程等物理量并非 CFD 软件直接处理的物理量，需要通过 TUI 界面编写代码进行设置。在对若干步的物理量进行了统计后，用户可重置统计，即重新开启针对新的计算步的统计。统计分析功能对计算如水泵扬程、叶片某个部位的压力、速度整体量级时特别有用，在瞬态计算时应该尽量考虑激活该功能，这可减轻很大的后处理工作量。

（8）SMM 除了可以用于计算恒定转速的水泵流场之外，还可用于计算水泵启动/停机过程中叶轮加速/减速条件下的流场。此时，需要借助 UDF 来指定转速随时间变化情况。

例如，计划用 SMM 模拟水泵启动时转速在 1.3s 内由 0 加速到 2160r/min 的过程，则可以通过下面的 UDF 程序计算出某个具体时刻的水泵旋转角速度：

```
#include "udf.h"
DEFINE_TRANSIENT_PROFILE(speed, time)
{
    real rotspd=2160;
    real omega;
    if(time<1.3){
        rotspd=2160*time / 1.3
    }
    else{
```

```
        rotspd=2160;
    }
    omega=2.0*PI*rotspd;
    return omega;
}
```

其中，物理时刻（time）出现在上述宏的列表中，宏函数返回非定常的变量，即给定时刻的转速 speed。

通过 Zone Motion Function 选项可激活 Fluent 定义的 UDF 宏 DEFINE_ZONE_MOTION（rotor，omega，axis，origin，velocity，time，dtime），从而实现瞬态转速的设置。这比单独编写宏函数要方便一些。

（9）如果 SMM 计算遇到困难，需要首先检查网格质量，确保 Max Cell Skewness 小于 0.9～0.95。如果模型中存在较多长宽比大或偏斜严重的单元，建议采用双精度模式进行求解。其次，可考虑减少欠松弛因子或 Courant 数。再者，可考虑减小时间步长或增加每个时间步内的迭代子迭代次数。当然，使用 MRF 的解来作为 SMM 计算的初始条件，永远是必要的。

图 6.24　离心泵流体域

6.5.4　SMM 计算实例

现以图 6.24 所示离心泵为例，介绍在 Fluent 中开展 SMM 计算的具体过程。该泵由直锥形吸水室、叶轮和螺旋形压水室等 3 部分组成。已知离心泵设计流量 25.0m³/h；设计扬程 32.0m，转速 2900r/min，水泵进口直径 65mm，出口直径 50mm。

1. 计算域

计算域由 3 个流体域构成：吸水室、叶轮和压水室流体域。除吸水室流体域外，叶轮和压水室的流体域随着选用的叶轮与压水室间滑移界面方案不同而有所变化。把泵腔中滑移界面内部的流体划归到叶轮流体域，滑移界面外部的流体划归到压水室流体域。这需要在几何建模时就处理完成。

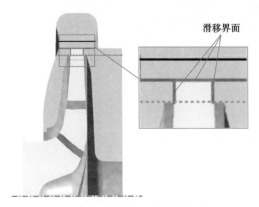

图 6.25　叶轮出口的滑移界面

2. 滑移界面

本例共设置了两组滑移界面，分别是吸水室与叶轮之间的滑移界面、叶轮与压水室之间的滑移界面。为简单起见，吸水室与叶轮之间的滑移界面直接设置在叶轮进口断面，这是因为本例未考虑叶轮进口处的口环间隙。叶轮与压水室之间的滑移界面在轴面图中的形状如图 6.25 所示。从右侧的放大图可以看出，该滑移界面位于叶轮出口（水平虚线）与隔舌（最顶端深色实线）中间，并在左右两侧各补充了一段竖线，以使旋转域内的流体封闭。这种滑移界面设置方案与图 6.22 中的 $CC'D'D$ 吻合。

3. 总体设置

求解器类型选择压力基求解器，速度形式选择 AVF，时间项选择 Transient。

4. 模型设置

该算例比较简单，只需要激活湍流模型即可，不需要激活多相流模型、能量模型和热交换模型等。对于湍流模型，选择比较简单的 RNG k-ε 模型及增强型壁面函数。模型常数采用缺省值即可。

5. 材料定义

选择材料数据库中的 water-liquid。

6. Cell Zone Conditions 设置

这里共有 fluid-impeller、fluid-suction、fluid-casing 等 3 个单元域，其中泵腔中的流体被归入 fluid-casing。需要分别对其运动特性（旋转速度）进行设置，具体过程如下：

（1）对于旋转流体域 fluid-impeller，激活选项 Mesh Motion，而不是像 MRF 那样激活选项 Frame Motion。在 Mesh Motion 标签页中，设置选项 Relative To Cell Zone 为 Absolute；设置 Rotation-Axis Origin 为（0，0，0），注意与造型时使用的坐标系相匹配；设置 Rotation-Axis Direction 为（0，0，1），Z 轴为旋转轴；设置 Rotational Velocity/Speed 为 2900rpm。按右手法设置正负号，正值表示叶轮绕 Z 轴逆时针方向旋转。

（2）对于静止流体域 fluid-suction 和 fluid-casing，不需进行任何设置，即不需要激活任何选项，但需要注意旋转轴的方向，应该与前面设置旋转流体域时保持一致，即设置 Rotation-Axis Direction 为（0，0，1）。这是为了满足界面设置合理性的要求。

7. Boundary Conditions 设置

需要针对各个域边界，分别进行边界条件设置。

（1）进口。水泵流量为已知，故将进口边界的类型设置为 velocity-inlet，数值为 2.2m/s，同时给定进口处的湍流强度和水力直径，详见第 2 章 2.2 节。

在进口边界上，指定 Supersonic/Initial Gauge Pressure 的值为 0，这表示在后续对流场进行初始化时，采用 0 值作为初始压力。这个值也只对流场初始化起作用。

（2）出口。水泵出口处的流动可以看作为均匀流动，因此，将出口边界设置为 outflow。该条件的设置非常简单，只需要指定边界类型为 outflow 即可，不需要输入任何参数。

（3）壁面。本例中的壁面分为 3 类：一是与旋转域一起转动的壁面，如叶片表面；二是相对于静止域旋转的壁面，如盖板；三是静止域中的壁面，如蜗壳表面。

对于第一类壁面，即与旋转域一起旋转的壁面，壁面运动属性是 Moving Wall，运动参考系是 Relative to Adjacent Cell Zone，运动方式是 Rotational，运动速度为 0。设置结果见表 6.17。

对于第二类壁面，即相对于静止域的旋转壁面，对 Adjacent Cell Zone 采用系统默认的结果即可，设置 Wall Motion 为 Moving Wall，激活 Relative to Adjacent Cell Zone 选项和 Rotational 选项，设置 Speed 为 2900rpm。

对于第三类壁面，即静止域中的壁面，设置 Wall Motion 为 Stationary Wall，其余采用默认值即可，除非壁面粗糙度需要特别指定。

表 6.17　　　　　　　　　　旋转壁面边界条件设置

项　　目	设 置 结 果
Zone Name	blade
Adjacent Cell Zone	fluid-impeller
Wall Motion	Moving Wall
Motion 参考系	Relative to Adjacent Cell Zone
Motion→Relative to Adjacent Cell Zone→Speed	0
Motion 方式	Rotational
Motion→Rotational→Rotation Axis Origin	(0, 0)
Shear Condition	No Slip
Wall Roughness→Roughness Height	0

8. 参考压力设置

从 Cell Zone Conditions 面板或 Boundary Conditions 面板打开 Operating Conditions 对话框，设置 Operating Pressure 为 101325Pa，设置 Reference Pressure Location 的位置为 (0, 0, 0)。这样设置的目的是表明 Fluent 流场计算中的静压均为相对于大气压力的表压。

9. 滑移界面设置

这里共有两组滑移界面，分别位于叶轮进口和叶轮出口，两组滑移界面设置方法一致，现以叶轮出口区域的滑移界面为例进行说明。

打开 Create/Edit Mesh Interfaces 面板，设置 Mesh Interface 为 int1，代表滑移界面名称。从 Interface Zone side 1 下的域边界中选择代表叶轮流体域出口边界的 interfaces-41，从 Interface Zone side 2 下的域边界中选择代表压水室流体域上部边界 interfaces-42。需要注意的是，这两个边界均是由多个面组成的边界，是在 CAD 造型和网格划分时就要指定的面。然后单击 Create，则创建了滑移界面 int1。在这个选择过程中，可以借助 Draw 按钮来帮助识别界面处的域边界。

在 Create/Edit Mesh Interfaces 面板中，还有一些选项需要注意。Periodic Boundary Condition 和 Periodic Repeats 均是与周期性边界有关的选项，在采用部分流道模型时，需要用到这两个选项；Coupled Wall 表示该界面作为一个热耦合壁面使用，只用于热传导计算；当界面两侧的网格区域存在不一致的情况时，例如两侧区域采用不同的网格划分软件生成了不同拓扑结构的网格，或者二者之间存在间隙或不对齐的情况时，Matching 选项可使界面较好地规避上述问题；在热耦合壁面之间创建滑移界面时，借助 Mapped 选项可以提高计算的稳定性，虽然计算精度有所下降；Static 只用于界面两侧的流体域均为静止域的情况，对于界面两侧存在较多区域时可简化创建界面的计算工作量。

此外，还有一些用于显示滑移界面设置结果的辅助信息。其中，Boundary Zone 1 和 Boundary Zone 2 显示 Fluent 在创建非周期性界面时所生成的壁面边界区域的名称；Interface Interior Zone 显示所创建的内部界面的名称，用于嵌入式 LES 模拟，当需要将内部界面转换为 RANS-LES 分界面时才用得到。Interface Wall Zone 1 和 Interface Wall

Zone 2 是在热分析中激活 Coupled Wall 选项时显示壁面界面区域的名称。

10. 求解控制参数设置

求解控制参数主要包括求解方法、求解控制、求解初始化、求解监视等方面的参数。第 2 章对求解控制参数的设置进行了比较详细的分析，这里只给出具体设置结果。

（1）求解方法。求解方法设置主要涉及压力-速度耦合算法、空间离散格式和时间离散格式等。双击模型树节点 Solution 下面的 Methods，在右侧面板中按表 6.18 进行设置。

表 6.18　　　　　　　　　求 解 方 法 设 置

项　　目	设 置 结 果
Pressure-Velocity Coupling/Scheme	Coupled
Spatial Discretization/Gradient	Least Squares Cell Based
Spatial Discretization/Pressure	Second Order
Spatial Discretization/Momentum	Second Order Upwind
Spatial Discretization/Volume Fraction	First Order Upwind
Spatial Discretization/Turbulence Kinetic energy	First Order Upwind
Spatial Discretization/Turbulence Dissipation Rate	First Order Upwind
Transient Formulation/First Order Implicit	选中

（2）求解控制。求解控制主要涉及库朗数、欠松弛因子等。双击模型树节点 Solution 下面的 Controls，在右侧面板中按表 6.19 进行设置。

表 6.19　　　　　　　　求解控制中的欠松弛因子设置

项　　目	设 置 结 果
Courant Number	200
Explicit Relaxation Factors/Momentum	0.5
Explicit Relaxation Factors/Pressure	0.5
Under-Relaxation Factors/Density	1
Under-Relaxation Factors/Body Forces	1
Under-Relaxation Factors/Turbulence Kinetic Energy	0.5
Under-Relaxation Factors/Turbulence Dissipation Rate	0.5
Under-Relaxation Factors/Turbulent Viscosity	0.5

（3）监测设置。对于水泵瞬态问题计算，通常可监测残差变化情况、出口界面上的流量变化情况、滑移界面上的压力变化情况、泵轴转矩变化情况。

残差变化情况是判定计算是否朝着收敛方向发展的主要途径之一。为了监测残差变化，需要打开 Residual Monitors 对话框。激活 Scale 选项，表示选择全局折算残差进行监测；在 Convergence Criterion 中选择 relative，表示使用残差相对值作为收敛标准，即把一个时间步内每次迭代的残差与该时间步开始时的残差进行对比，以决定该时间步的计算是否达到收敛；在 Relative Criteria 中针对所有方程均输入 0.01，作为收敛标准值；激活 Plot 选项，并在 Iterations to Plot 中输入 1000，表示只显示迭代计算过程中最后 1000 次迭代的收敛曲线。有关残差收敛标准的设置原则见 2.5 节。

为了监测滑移界面上的压力变化，可通过与上面流量变化相近的方式进行设置。为此，在 Surface Report Definition 对话框中，设置 Name 为 surf - 2，从 Report Type 中选择 Area-Weighted Average，从 Field Variable 中选择 Pressure···→Static Pressure，从 Surfaces 中选择压水室流体域边界 interfaces - 42，从而完成关于滑移界面上压力输出的报告图表设置。

（4）求解初始化。这里选择标准初始化。从 Compute from 列表中选择 pump-inlet，在 Reference Fram 中选择 Absolute，Initial Values 可以用水泵进口边界上的缺省值，也可以根据需要适当调整。

（5）时间参数设置。在 Run Calculation 对话框中，选择 Time Step Size 为 0.0001724s，相当于叶轮每旋转一圈用 120 个时间步来进行计算，即在每个时间步里叶轮旋转 3°。选择 Number of Time Steps 为 120，相当于对叶轮旋转 1 圈的流动进行分析。选择 Max Iteration/Time Step 为 20。

11. 迭代计算

在完成上述设置后，可开始迭代计算，直到计算完成。

需要注意的是，SMM 计算是瞬态计算，流场初值最好通过稳态计算而得。为此，可在上述设置过程中，在第 3 步选择稳态计算，其他设计不变，然后开始计算，待计算收敛后，保存 Case & Data 文件。然后，重新读入刚刚生成的 Case & Data 文件（如果未退出系统，则不必重新读入），回到第 3 步，将稳态计算改为瞬态计算，重新计算即可。

12. 计算结果

图 6.26（a）给出了在 $t = 0.2069$s 时水泵轴面流线分布。从图中可以看出，叶轮出口处和前后盖板近壁区的流速较大，后泵腔的拐角处有明显的死水区，蜗壳断面内分布着两个对称旋涡。这说明该泵流态并不理想，需要对几何尺寸进行优化。图 6.26（b）给出了隔舌处的压力脉动时域图，对该时域信号进行 FFT 变换后得到频域结果，主频为叶频及其倍频，这与常规离心泵测试结果是一致的。

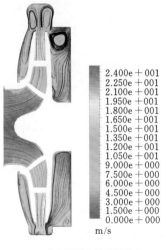

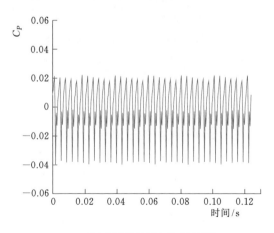

（a）轴面内的流线分布　　　　　　　（b）隔舌处的压力脉动时域图

图 6.26　离心泵流场计算结果

第7章 瞬态流动与压力脉动分析

从本质上讲，泵内的流动都是瞬态流动，存在比较明显的压力脉动。本章首先介绍在瞬态流动计算方面具有一定优势的分离涡模拟方法，然后针对叶片边界层转捩问题介绍转捩流动分析方法，最后介绍泵内压力脉动分析方法。泵内旋转流动分离虽然也属于瞬态流动范畴，但在第 8 章作为专题进行分析。

7.1 瞬态流动特性及分析方法

7.1.1 瞬态流动及其对流场和结构的影响

1. 瞬态流动现象

从本质上讲，泵内流动都是瞬态流动，或者说是非定常流动。泵内瞬态流动主要表现在如下 3 个方面：

（1）动静耦合特性。叶轮在旋转过程中，即使水泵转速恒定，叶轮出口与蜗壳隔舌/导叶进口边也在周期性地做着相对运动，叶轮及压水室内部的流场也是周期性交变的，即瞬态变化的。这一特性称为动静耦合特性。这是水泵的固有特性之一。

（2）脱流现象。当水泵在偏离设计工况下运行时，由于液流角与叶片安放角不同，叶片进口边附近区域都会存在脱流区；即使在设计工况下，叶片出口也可能存在射流尾迹现象；在失速工况下叶道内会出现失速涡，在叶轮叶片和导叶叶片尾部出现卡门涡。这些现象都具有非定常流动特征，即瞬态流动。

（3）湍流脉动。泵内湍流度比较高，因此脉动特性比较强烈。

瞬态流动给流场带来的直接影响是比较突出的压力脉动，压力脉动又会产生噪声及结构振动，使结构产生交变应力，甚至疲劳破坏。流场噪声与流致振动之间还存在某种相互作用，一般而言，流场噪声会加剧流致振动。如果压力脉动频率或流致噪声频率与流场中的结构固有频率相接近，还可能出现共振等严重问题。

流场中的压力脉动还可能使水泵更容易产生初生空化，降低泵的空化性能。对于泥沙两相流而言，压力脉动还加剧泥沙颗粒与水之间的相间作用，导致泵内磨损加剧。

2. 流致振动特性

对于水泵机组、管道、基础及泵房楼板等的振动，通常分为机械导致的振动和流动导致的振动两种类型。

机械导致的振动可通过管道传递，也可通过支撑结构传递。如果转动设备动平衡较差，则振动频率是旋转轴的转动频率；如果转动设备没有牢固固定在基础上，比如某个螺栓松动，也会以旋转轴的频率振动；如果设备振动频率接近管道/泵房楼板固有频率，管道/泵房楼板发生振动，同时会放大泵的机械振动。预防和缓解机械导致的振动的主要措施包括：通过增加刚性支撑和防振支撑来消减振动；在管道法兰处改用软连接，如波纹管或编织软管（受流体性质和压力的限值）；通过改变结构形状或尺寸避免发生共振。

流动导致的振动简称流致振动（flow-induced vibration，FIV），是泵房运行过程中普遍存在且难于根治的问题之一。流致振动的频率比较丰富，除了转频、叶片通过频率及其倍频之外，还可能存在因旋涡脱落、旋转失速等造成的低频振动。流致振动分析通常包括如下 3 个方面：

（1）流动瞬态分析。流动瞬态分析的主要目的是确定压力脉动分布，找出激振位置、激振频率。

（2）声学特性分析。声学特性分析的目的是确定因压力脉动引起的流场内部及外部声波频率与幅值。当流场内涡流脱落频率与流体声学固有频率相同或接近时，流体便发生共振，流体压力的不均匀度会达到一个极大值，这也是声学特性分析需要解决的问题。

（3）结构特性分析。结构特性分析的主要目的是明确在给定压力脉动及声波作用下的水泵、管道、基础、泵房楼板的固有频率及结构动态响应，确定交变应力、变形、振动幅值、振动频率、疲劳特性等。结构特性分析需要借助流固耦合分析来实现，有的时候还需要包括声振耦合分析。

预防和缓解流致振动的主要措施包括：改进水泵过流部件结构与尺寸，尽量减少脉动的产生；在管道或泵站进水池中设置导流板，减小或消除大尺度涡流；保证机组、管道、基础等结构固有频率与流体激振频率错开，同时与流场内外的声场固有频率错开。

7.1.2　瞬态流动计算方法概述

对于瞬态流动及其引起的压力脉动等非定常特性的分析，必须采用合理方法才能有效捕捉瞬态流动特征。例如，对于圆柱绕流问题，采用稳态 RANS（steady RANS，RANS）和瞬态 RANS（unsteady RANS，URANS）进行分析，可得到不同结果，如图 7.1 所示，在瞬态分析中可以看到的存在于圆柱后面的动态摆动涡街，在稳态计算中消失了。

目前，瞬态流动计算方法主要包括瞬态雷诺时均方法（URANS）、大涡模拟方法（LES）和 RANS-LES 混合方法（hybrid RANS-LES）。

URANS 方法是指采用雷诺平均方法求解瞬态 N－S 方程的方法，将湍流信息分解为时间无关的定常部分和时间相关的脉动部分，即

$$\phi(x,\ t) = \overline{\phi}(x) + \phi'(t) \tag{7.1}$$

所形成的 N－S 方程不仅增加了时间项，还在源项中增加了与脉动量相关的附加项，即雷诺应力项。对于不可压流体 URANS 的控制方程为

$$\frac{\partial(\overline{\rho}\,\overline{u_i})}{\partial t} + \frac{\partial(\overline{\rho}\,\overline{u_i}\overline{u_j})}{\partial x_j} = -\frac{\partial \overline{p}}{\partial x_i} + \mu\frac{\partial^2 \overline{u_i}}{\partial x_j\partial x_j} - \frac{\partial \overline{\rho u_i' u_j'}}{\partial x_j} \tag{7.2}$$

式（7.2）最后一项为雷诺应力项，根据对其模化方式不同，URANS 主要包含一方

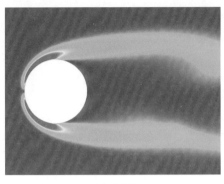 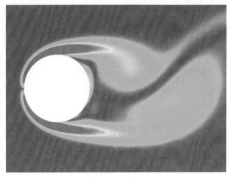

(a) RANS   (b) URANS

图 7.1 采用 RANS 和 URANS 模拟得到的圆柱绕流流场涡量分布

程 Spalart-Allmaras 模型、两方程 $k-\varepsilon$ 系列模型和两方程 $k-\omega$ 系列模型。

计算量小，能够快速给出预测结果，是 URANS 的重要优点，因此 URANS 在叶轮机械领域被广泛应用。然而 URANS 在模拟大分离流动时存在固有缺陷：URANS 采用的湍流模型，无论是 Spalart-Allmaras 模型、$k-\varepsilon$ 模型还是 $k-\omega$ 模型，都是基于各向同性假设提出的，可以较好地预测附着流动，但对于远离壁面剪切层的大分离流动，湍流存在较强的各向异性，这些湍流模型无法对该类问题进行准确预测，在模拟高频压力脉动时问题更为突出[74]。适用面窄、经验性强、对大分离流动的预测能力差，难以精细预测复杂流动是 URANS 方法存在的主要问题。

LES 方法采取部分模化的思路，通过设置某种过滤器，将流场信息分解成随时间变化的低频波动和高频脉动。大尺度湍流的能量及行为直接解析得到；小尺度湍流脉动通过统一的方法来模化，如经典的 Smagorinsky 模型。在用于瞬态计算时，通过对更小尺度涡的直接解析，可较 URANS 得到更加精确的流场，提供更加丰富的瞬态流动结构信息，特别在求解大规模分离流动时优势明显。图 7.2 给出了采用 URANS 与 LES 模拟翼型绕流时计算结果对比。从图中可以看出，LES 在减少了湍流模化（增加了直接求解项）之后显著提高了计算精度。但是，在边界层内大部分湍流能量集中在高频小尺度涡，采用 LES 方法求解需要的计算量与 DNS 相当，大量的网格需求主要来自于壁面边界层内的网格加密[74]，故实际应用中不得不引入经验性较强的壁面模型以模拟边界层内的 LES 附加应力分布。即便如此，在将 LES 用于模拟高雷诺数的边界层流动时，要求在壁面法向、壁面平行方向及展向均具有极其细密的网格，通常至少应该保证网格在壁面法向、流向和展向分别达到 $y^+ \approx 1$，$x^+ \approx 50$，$z^+ \approx 10$ 的量级。因此，较大的计算量使得 LES 应用到叶轮机械的计算中还存在较大困难。虽然目前有一些文献报道采用 LES 计算 3D 泵内瞬态流动，但从严格意义上讲，计算模型（如网格 y^+，x^+，z^+）是没有完全达到要求的。

RANS 方法在边界层内的计算效率高但不适应于大分离区域，而 LES 方法与之恰好相反，因此，近年出现了将二者结合起来的做法，即 RANS-LES 混合方法（hybrid RANS-LES）[54,55]。该方法采用 RANS 模型模拟边界层内小尺度湍流信息，可有效减少边界层内网格数量，采用 LES 模型模拟分离区内稍大尺度湍流结构。虽然 RANS 与 LES 产生模化应力的机制有所不同，但二者的模化应力和湍流黏度在数学形式上是统一的，因此

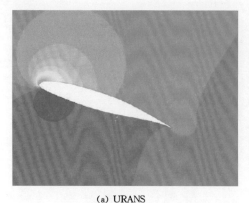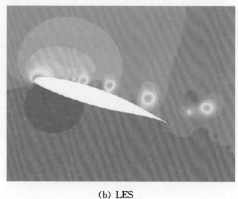

(a) URANS　　　　　　　　　　(b) LES

图 7.2　采用 URANS 和 LES 模拟得到的翼型绕流压力场[17]

RANS-LES 混合方法的构建并不具有太大困难。RANS-LES 混合方法使 RANS 和 LES 达到了强强联合的效果，因此近年来得到了重视和应用[54]。

　　针对雷诺数为 $10^6 \sim 10^7$ 的瞬态湍流模拟问题，Spalart[75]估计了不同湍流模拟方法计算所需的资源和时间，见表 7.1。RANS-LES 混合方法在计算量上相对 URANS 方法略有增加，但相对于 DNS 和 LES 具有相当大的优势。在未来相当长的一段时间内，RANS-LES 混合方法可能是极少数能够满足工程应用需求的高精度湍流预测手段，是水泵与泵站高精度湍流模拟最具生命力的一类方法，值得进行深入的研究。

表 7.1　　　不同湍流预测方法所需资源、时间及达到工程实用化时间

方　法	雷诺数依赖程度	经验性	网格数量	时间步数	实用化年份
2D URANS	弱	强	10^5	$10^{3.5}$	1980
3D URANS	弱	强	10^7	$10^{3.5}$	1995
LES	弱	弱	$10^{11.5}$	$10^{6.7}$	2045
DNS	强	无	10^{16}	$10^{7.7}$	2080
DES（RANS-LES）	弱	强	10^8	10^4	2000

　　到目前为止，RANS-LES 混合方法发展出了非常多的分支，如湍流量混合模型、RANS-LES 界面模型、PANS 方法、植入式方法等，其中归属于 RANS-LES 界面模型的 DES 方法是目前应用最为广泛的 RANS-LES 混合方法。7.2 节对此类方法做重点介绍。

7.2　分离涡模拟方法

　　分离涡模拟（detached eddy simulation，DES）是典型的 RANS-LES 混合方法，是专门用于瞬态流动分析的方法。因其构造形式简单、对复杂外形适应能力强而得到广泛应用。

　　DES 方法通过网格尺度过滤达到求解区域的区分，在不同的区域采用不同的湍流

模型，而区域分界面是动态变化的，在壁面附近用 RANS 来模拟小尺度的湍流，在分离区域则用 LES 解析稍大尺度的湍流。DES 方法在垂直于壁面方向要求 y^+ 接近 LES 的要求，但在壁面平行方向和展向可以使用达 10^3 量级的 x^+ 和 z^+，因此，在获得与 LES 相接近的计算精度的前提下，可显著提高瞬态流动计算效率。图 7.3 给出了采用 URANS 和 DES 模拟圆柱绕流时的计算结果。从图中可以看出，DES 方法可以给出较 URANS 方法更加细致的流动结构。Spalart[76] 在 2009 年对各种 DES 方法进行了比较全面的综述。

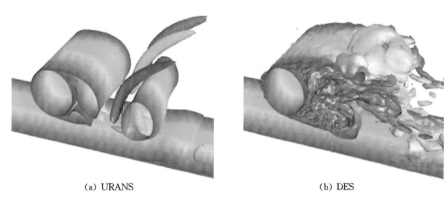

(a) URANS   (b) DES

图 7.3   采用 URANS 和 DES 模拟得到的圆柱绕流瞬时涡量场[77]

DES 方法最早由 Spalart 等[57]于 1997 年提出，当时使用的 RANS 基底模型是单方程 Spalart-Allmaras 模型，简称 SA-DES。后来出现了以 Realizable k-ε 模型、标准 SST k-ω 模型及 SST 转捩模型等为基底的 DES 方法，但这些 DES 方法基本都延续了 Spalart 等[57]1997 年的 SA-DES 相同的处理模式，因此统称为原始 DES 方法。其中，使用最广泛的是以标准 SST k-ω 模型为基底的 DES 方法[36]。

针对原始 DES 方法存在的缺陷，近几年陆续提出了多种修正方法，如 DDES 方法和 IDDES 方法。

每一种方法的提出都是针对特定问题，本节将介绍原始 DES 方法、DDES 方法和 IDDES 方法的特点及构造思路。

7.2.1   原始 DES 方法

1. 基于 Spalart-Allmaras 模型的 DES 方法

Spalart 等[57]最早提出的 DES 方法就是基于单方程 Spalart-Allmaras 模型所建立的。由于提出时间是 1997 年，故后来该方法多被称为 DES-97。DES-97 的基本思想是：考虑到很多时候人们更关心远离壁面区域的流场非定常信息，如尾迹、脱落涡、涡破碎等，因此在近壁区域采用 RANS 模型 Spalart-Allmaras 对"附着涡"进行模拟，在壁面区域的外围采用 LES 模型对"分离涡"进行解析，如图 7.4 所示。具体做法是，对原来湍流模型中混合长度进行修改，通过嵌入模型开关来控制 RANS 和 LES 的求解区域。现将实现过程介绍如下。

Spalart-Allmaras（SA）模型的黏度输运方程为

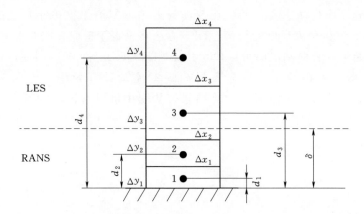

图 7.4　DES 分区示意图[74]

δ—边界层厚度；d_i—网格中心点到最近壁面距离；Δx_i，Δy_i—网格单元尺度

$$\frac{\partial(\rho\tilde{\nu})}{\partial t}+\frac{\partial(\rho\tilde{\nu}u_i)}{\partial x_i}=\underbrace{\frac{1}{\sigma_{\tilde{\nu}}}\left\{\frac{\partial}{\partial x_j}\left[(\mu+\rho\tilde{\nu})\frac{\partial\tilde{\nu}}{\partial x_j}\right]+C_{b2}\rho\left(\frac{\partial\tilde{\nu}}{\partial x_j}\right)^2\right\}}_{\text{扩散项}}+\underbrace{C_{b1}\rho\tilde{S}\tilde{\nu}}_{\text{生成项}}-\underbrace{C_{w1}\rho f_w\left(\frac{\tilde{\nu}}{d}\right)^2}_{\text{耗散项}}$$

(7.3)

式中：$\tilde{\nu}$ 为 Spalart-Allmaras 模型的输运变量，湍流运动黏度；d 为当前网格单元中心到壁面的法向距离，对于 Spalart-Allmaras 模型而言，d 即为 SA 混合长度；其他参数详见文献［31］。

式 (7.3) 右端共有 3 项，第一项为扩散项，第二项为生成项，第三项为耗散项。DES 方法只对耗散项进行修改，即将其中的 d 改为 l_{DES}，使得计算出的流场与网格尺度关联，起模型开关作用的 DES 长度尺度 l_{DES} 为

$$l_{\text{DES}}=\min(d,\ C_{\text{DES}}\Delta)$$

(7.4)

式中：C_{DES} 为经验系数，简单的做法是直接取 0.65，后续将给出按混合函数计算的公式；Δ 为亚格子模型滤波尺度，通常指单元最大尺度，参见图 7.4，$\Delta_i=\max(\Delta x_i,\ \Delta y_i,\ \Delta z_i)$。

假定在接近壁面时有 $d_1 < C_{\text{DES}}\Delta_1$，$d_2 < C_{\text{DES}}\Delta_2$，即该位置的壁面法向网格尺度较小，根据式 (7.4) 有 $l_{\text{DES}}=d$，DES 方法与原始湍流模型一致，表现为 RANS 方法；在远离壁面时，$d_3 > C_{\text{DES}}\Delta_3$，$d_4 > C_{\text{DES}}\Delta_4$，$l_{\text{DES}}$ 被替换为 $C_{\text{DES}}\Delta$，相当于增大了耗散，减小了湍流黏度，此时湍流运动黏度 $\tilde{\nu}$ 的衰减由当地网格尺度 Δ 决定；当输运方程中生成项和耗散项达到平衡时，有

$$C_{b1}\rho\tilde{S}\tilde{\nu}\approx C_{w1}\rho f_w\left(\frac{\tilde{\nu}}{C_{\text{DES}}\Delta}\right)^2$$

(7.5)

对式 (7.5) 进行变换，有：$\tilde{\nu}\propto\tilde{S}(C_{\text{DES}}\Delta)^2$，相当于湍流运动黏度与变形率幅值和过滤尺度的平方成正比，这正是 Smagorinsky 涡黏模型的要求，从而实现了类似 LES 隐式滤波的效果。这也就是说，虽然 RANS 和 LES 对控制方程的处理完全不同，即 RANS 要进行系综平均处理，LES 要进行滤波处理，但因 RANS 和 LES 方程在数学上的高度统一，在编程实现上并没有困难，因此 DES‐97 被广泛运用。

2. 基于 SST k-ω 模型的 DES 方法

参照 DES-97 的建立思想，Strelets[78] 将上述 Spalart-Allmaras 模型用 SST k-ω 模型替代，于 2001 年提出了基于 SST k-ω 模型的 DES 方法，后被称为 DES-2001。该方法将 SST k-ω 模型中 k 方程耗散项 $\beta^* \rho k \omega$ 用湍流长度尺度 l_{RANS} 表示为 $\rho k^{3/2}/l_{RANS}$，然后引入起模型开关作用的 DES 长度尺度 l_{DES}，实现 RANS 与 LES 计算的切换。Menter 等[36] 在 2003 年对这一方法的细节进行了完善，使该方法得到了更加广泛的应用。

该方法也常被简称为 SST-DES。为清楚起见，下面先介绍 SST k-ω 模型，然后介绍 SST-DES 方法。

SST k-ω 模型是 Menter[38] 将 Wilcox k-ω 模型与标准 k-ε 模型结合在一起的产物，保留了 Wilcox k-ω 模型在近壁区、k-ε 模型在自由剪切层中各自的优势，是目前用于湍流计算的经典 RANS 方法之一。为了实现结合的目的，一方面，Menter 对标准 k-ε 模型进行了修改，以比耗散率 ω 来表示耗散率 ε，因此有时也将 SST k-ω 模型说成是 Wilcox k-ω 模型与修正的 k-ε 模型结合的产物；另一方面，引入了两个混合函数 F_1 和 F_2。现将 SST k-ω 模型介绍如下。

SST k-ω 模型的 k 方程和 ω 方程如下（未包含用户自定义源项）[38,18]：

$$\frac{\partial(\rho k)}{\partial t} + \frac{\partial(\rho k u_i)}{\partial x_i} = \frac{\partial}{\partial x_j}\left[\left(\mu + \frac{\mu_t}{\sigma_{k3}}\right)\frac{\partial k}{\partial x_j}\right] + P_k - \beta^* \rho k \omega \tag{7.6}$$

$$\frac{\partial(\rho\omega)}{\partial t} + \frac{\partial(\rho\omega u_i)}{\partial x_i} = \frac{\partial}{\partial x_j}\left[\left(\mu + \frac{\mu_t}{\sigma_{\omega3}}\right)\frac{\partial\omega}{\partial x_j}\right] + \alpha_3\frac{\omega}{k}P_k - \beta_3\rho\omega^2 + 2(1-F_1)\rho\frac{1}{\omega\sigma_{\omega2}}\frac{\partial k}{\partial x_j}\frac{\partial\omega}{\partial x_j} \tag{7.7}$$

其中

$$\mu_t = \rho\frac{a_1 k}{\max(a_1\omega,\ SF_2)} \tag{7.8}$$

$$P_k = \mu_t\left(\frac{\partial u_i}{\partial x_j} + \frac{\partial u_j}{\partial x_i}\right)\frac{\partial u_i}{\partial x_j} - \frac{2}{3}\frac{\partial u_k}{\partial x_k}\left(3\mu_t\frac{\partial u_k}{\partial x_k} + \rho k\right) \tag{7.9}$$

式中：P_k 为由于黏性力引起的湍流生成项。

由于式（7.6）和式（7.7）是通过混合函数将 Wilcox k-ω 模型与标准 k-ε 模型的对应方程结合在一起的，因此，式中带有下标 3 的各个常数（例如通用常数 Φ），按式（7.10）计算[18]：

$$\Phi_3 = F_1\Phi_1 + (1-F_1)\Phi_2 \tag{7.10}$$

式中：Φ_1 为 Wilcox k-ω 模型常数；Φ_2 为标准 k-ε 模型常数；F_1 为混合函数，在近壁处 $F_1 = 1$，意味着这个区域使用 Wilcox k-ω 模型，在远离壁面处 $F_1 = 0$，意味着这个区域使用标准 k-ε 模型。

F_1 的表达式为

$$F_1 = \tanh(\xi^4) \tag{7.11}$$

$$\xi = \min\left[\max\left(\frac{\sqrt{k}}{\beta^*\omega d_w},\ \frac{500\mu}{\rho d_w^2\omega}\right),\ \frac{4\rho k}{D_\omega^+\sigma_{\omega2}d_w^2}\right] \tag{7.12}$$

$$D_\omega^+ = \max\left[2\rho\frac{1}{\sigma_{\omega2}}\frac{1}{\omega}\frac{\partial k}{\partial x_j}\frac{\partial\omega}{\partial x_j}, 10^{-10}\right] \tag{7.13}$$

F_2 也是混合函数，其功能与 F_1 类似，在边界层内为 1，在剪切层为 0：

$$F_2 = \tanh(\eta^2) \tag{7.14}$$

$$\eta = \max\left\{\frac{2k^{1/2}}{\beta^* \omega d_w}, \ \frac{500\mu}{\rho d_w^2 \omega}\right\} \tag{7.15}$$

上述各式中：β^* 为经验系数，常取 0.09；d_w 为计算点到壁面的距离，相当于 Spalart-Allmaras 模型中的 d；a_1 为经验系数，取 0.31；S 为应变率张量的值；其他相关常数为：$\alpha_1 = 5/9$，$\beta_1 = 0.075$，$\sigma_{k1} = 1.176$，$\sigma_{\omega 1} = 2$，$\alpha_2 = 0.44$，$\beta_2 = 0.0828$，$\sigma_{k2} = 1$，$\sigma_{\omega 2} = 1/0.856$。

在上述 SST k-ω 模型基础上，引入湍流长度尺度 L_t：

$$L_t = \frac{k^{1/2}}{\beta^* \omega} \tag{7.16}$$

然后重写 k 方程中的耗散项 $\beta^* \rho k \omega = \rho k^{3/2}/L_t$，SST k-ω 模型的控制方程变为

$$\frac{\partial(\rho k)}{\partial t} + \frac{\partial(\rho k u_i)}{\partial x_i} = \frac{\partial}{\partial x_j}\left[\left(\mu + \frac{\mu_t}{\sigma_{k3}}\right)\frac{\partial k}{\partial x_j}\right] + P_k - \rho k^{3/2}/L_t \tag{7.17}$$

$$\frac{\partial(\rho \omega)}{\partial t} + \frac{\partial(\rho \omega u_i)}{\partial x_i} = \frac{\partial}{\partial x_j}\left[\left(\mu + \frac{\mu_t}{\sigma_{\omega 3}}\right)\frac{\partial \omega}{\partial x_j}\right] + \alpha_3 \frac{\omega}{k} P_k - \beta_3 \rho \omega^2 + 2(1 - F_1)\rho \frac{1}{\omega \sigma_{\omega 2}} \frac{\partial k}{\partial x_j} \frac{\partial \omega}{\partial x_j} \tag{7.18}$$

采用构造 SA-DES 时相同的方法，对耗散项进行修改，将其中的 L_t 改为 l_{DES}，使得计算出的流场与网格尺度关联，起模型开关作用的 DES 长度尺度 l_{DES} 为

$$l_{\text{DES}} = \min(l_{\text{RANS}}, l_{\text{LES}}) \tag{7.19}$$

$$l_{\text{RANS}} = \frac{k^{1/2}}{\beta^* \omega} \tag{7.20}$$

$$l_{\text{LES}} = C_{\text{DES}} \Delta \tag{7.21}$$

$$\Delta = \max\{\Delta x, \ \Delta y, \ \Delta z\} \tag{7.22}$$

$$C_{\text{DES}} = F_1 C_{\text{DES1}} + (1 - F_1) C_{\text{DES2}} \tag{7.23}$$

式中：l_{RANS} 为湍流长度尺度，等同于 L_t；l_{LES} 为 LES 亚格子模型滤波尺度，与网格尺度相当；Δ 为单元在三个方向上网格尺度最大值；C_{DES} 为通过混合函数计算得到的模型系数；C_{DES1} 和 C_{DES2} 需针对不同物理问题进行研究后确定具体值，通常可采用各向同性湍流衰减或槽道流动 DNS/LES 算例进行标定，常取 $C_{\text{DES1}} = 0.78$，$C_{\text{DES2}} = 0.61$，有时为简单起见，可直接取 C_{DES} 为 0.65。

在近壁区，$l_{\text{DES}} = l_{\text{RANS}}$，式（7.17）中湍动能 k 的耗散项表达式与常规 RANS 相同，即 DES 采用 RANS 模型求解；在远离壁面的时候，$l_{\text{DES}} = l_{\text{LES}}$，输运方程的耗散项为 $\dfrac{\rho k^{3/2}}{C_{\text{DES}} \Delta}$，系数 C_{DES} 的作用类似于 Smagorinsky 亚格子尺度应力模型中的系数 C_S，DES 采用 LES 模型求解。

7.2.2　DDES 方法

原始的 DES 方法对 RANS 区域和 LES 区域的划分仅依赖于当地网格尺度，即对网格有强烈的依赖性。当加密边界层区域内流向和展向网格，使得这两个方向的网格尺度小到接近法向网格尺度时，即 $l_{\text{RANS}} > \Delta \gg l_{\text{LES}}$ 时，根据式（7.22）和式（7.23），可能出现

RANS 提前转换到 LES 的现象，即 LES 计算在边界层内被提前激活，但此时的网格并不足以提供 LES 计算湍流边界层所需的网格密度，LES 无法在粗的网格上正确解析雷诺应力，出现模化应力损耗（modeled stress depletion，MSD）的现象，MSD 的直接后果是导致网格诱导分离（grid induced separation，GIS），即分离更早发生的问题。

为解决此问题，Spalart 等[58]于 2006 年通过引入一个延迟函数，重新构造了 DES 长度尺度 l_{DES}，在湍流尺度中考虑黏性的影响，从而延迟了 RANS 模型过早向 LES 转换，使得 RANS 和 LES 之间的分界面随时间动态变化，有效减弱了混合长度对网格的依赖，极大避免了 MSD 问题，形成了 DDES 方法（delayed detached eddy simulation，DDES）。现以基于 SST k-ω 模型的 DES 方法为例，写出 DDES 模型的湍流输运方程：

$$\frac{\partial(\rho k)}{\partial t} + \frac{\partial(\rho k u_i)}{\partial x_i} = \frac{\partial}{\partial x_j}\left[\left(\mu + \frac{\mu_t}{\sigma_{k3}}\right)\frac{\partial k}{\partial x_j}\right] + P_k - \rho k^{3/2}/l_{DDES} \tag{7.24}$$

$$\frac{\partial(\rho \omega)}{\partial t} + \frac{\partial(\rho \omega u_i)}{\partial x_i} = \frac{\partial}{\partial x_j}\left[\left(\mu + \frac{\mu_t}{\sigma_{\omega 3}}\right)\frac{\partial \omega}{\partial x_j}\right] + \alpha_3\frac{\omega}{k}P_k - \beta_3\rho\omega^2 + 2(1-F_1)\rho\frac{1}{\omega\sigma_{\omega 2}}\frac{\partial k}{\partial x_j}\frac{\partial \omega}{\partial x_j} \tag{7.25}$$

$$\mu_t = \rho\frac{a_1 k}{\max(a_1\omega,\ SF_2)} \tag{7.26}$$

式中来自于 SST k-ω 模型的混合函数 F_1 和 F_2 可表示为

$$F_1 = \tanh(\xi^4) \tag{7.27}$$

$$\xi = \min\left[\max\left(\frac{\sqrt{k}}{\beta^*\omega d_w},\ \frac{500\mu}{\rho d_w^2\omega}\right),\ \frac{4\rho k}{D_\omega^+ \sigma_{\omega 2} d_w^2}\right] \tag{7.28}$$

$$D_\omega^+ = \max\left[2\rho\frac{1}{\sigma_{\omega 2}}\frac{1}{\omega}\frac{\partial k}{\partial x_j}\frac{\partial \omega}{\partial x_j}, 10^{-10}\right] \tag{7.29}$$

$$F_2 = \tanh(\eta^2) \tag{7.30}$$

$$\eta = \max\left\{\frac{2k^{1/2}}{\beta^*\omega d_w},\ \frac{500\mu}{\rho d_w^2\omega}\right\} \tag{7.31}$$

式中：d_w 为计算点到壁面的距离；P_k 为由于黏性力引起的湍流生成项，定义与 DES 模型相同。

下标为 3 的常数，仍然按建立 SST k-ω 模型时所使用的 k-ω 模型和 k-ε 模型相应参数通过混合来计算：

$$\Phi_3 = F_1\Phi_1 + (1-F_1)\Phi_2 \tag{7.32}$$

式中：Φ_1 为 Wilcox k-ω 模型常数；Φ_2 为修正后的标准 k-ε 模型常数；$\alpha_1 = 5/9$，$\beta_1 = 0.075$，$\sigma_{k1} = 1.176$，$\sigma_{\omega 1} = 2$，$\alpha_2 = 0.44$，$\beta_2 = 0.0828$，$\sigma_{k2} = 1$，$\sigma_{\omega 2} = 1/0.856$；$a_1 = 0.31$，$\beta^* = 0.09$。

虽然式（7.24）～式（7.26）组成的 DDES 模型在形式上与 DES 模型相同，但其中的 DDES 长度尺寸 l_{DDES} 计算方法有本质不同：

$$l_{DDES} = l_{RANS} - f_d\max(0,\ l_{RANS} - l_{LES}) \tag{7.33}$$

$$l_{RANS} = \frac{k^{1/2}}{\beta^*\omega} \tag{7.34}$$

$$l_{LES} = C_{DES}\Delta \tag{7.35}$$

$$C_{\mathrm{DES}} = F_1 C_{\mathrm{DES1}} + (1 - F_1) C_{\mathrm{DES2}} \qquad (7.36)$$

$$\Delta = \max\{\Delta x, \ \Delta y, \ \Delta z\} \qquad (7.37)$$

$$f_d = 1 - \tanh[(C_{d1} r_d)^{C_{d2}}] \qquad (7.38)$$

$$r_d = \frac{\nu_t + \nu}{\sqrt{\dfrac{1}{2}(S^2 + \Omega^2)\,\kappa^2 d_w^2}} \qquad (7.39)$$

式中：f_d 为延迟函数；r_d 为延迟因子；S 为应变率张量的值；Ω 为旋度张量的值；Δ 为单元最大边长；常数 $\kappa = 0.41$，$C_{\mathrm{DES1}} = 0.78$，$C_{\mathrm{DES2}} = 0.61$，$C_{d1} = 8$，$C_{d2} = 3$。

从 DDES 的构造可见，在近壁面区域，$r_d = 1$，$f_d = 0$，流动采用 RANS 计算；在远离壁面的 LES 区，$r_d \ll 1$，$f_d = 1$，转化为原始 DES 方法。f_d 其实就是一个无量纲化的壁面距离的函数，取值在 0～1 之间。在原始 DES 中，从 RANS 到 LES 的转换完全依靠网格尺度大小；而 DDES 在转换判据中引入了当地流动变量的影响，与湍流黏度 ν_t 有关。在比较靠近壁面的地方，无论 l_{RANS} 和 l_{LES} 哪个小，始终都用 l_{RANS}。只有当 $f_d = 1$ 的时候，才回到原始 DES 方法。通过这个方法保护了在附着边界层的 RANS 区域计算，而不会影响其他区域的 DES 计算。也就是说，避免了 RANS 到 LES 的切换太过靠近壁面，也防止了模型预测出"过早的"分离。

通过上述分析可以看到，混合长度 l_{DDES} 不再像 DES 那样完全由网格尺度所决定，而是随流场对速度梯度的影响大小而改变，这样，RANS 和 LES 之间的分界面不再是固定的，而是随着时间变化，有效减弱了计算方法对网格的依赖性。2009 年 Spalart[76] 建议将 DDES 作为标准 DES 方法来使用。

还有一点需要注意，式（7.38）中的常数 $C_{d1} = 8$、$C_{d2} = 3$，是出于建立 f_d 表达式的需要而借助平板边界层试验得到的经验常数[58]，该值保证了即使在 Δ 远小于边界层厚度 δ 的情况下所得到的解与 RANS 解完全一致。C_{d1} 取大于 8 的值，将保证在更大区域内延迟 LES 的介入，虽然对于避免 MSD 和 GIS 是安全的，但整体来讲是有一定问题的。需要注意的是，根据 DDES 模型的创建者 Spalart[58] 的说明，式（7.38）是针对以 Spalart-Allmaras 模型为基底的 DDES 模型来建立的，而对于以 SST $k-\omega$ 模型为基底的 DDES 来讲，模型常数的有效性需要进一步研究。因此，今后需要根据所研究的对象几何和流场特征，寻求更加合理的延迟函数 f_d。实际上，Fluent 中 DDES 模型的常数 C_{d1} 即为 20，而不是 8，常数 C_{d2} 仍为 3[17]。

除了式（7.38）之外，本节前面介绍的混合函数 F_1 和 F_2 也可作为延迟函数。杜若凡等[79] 考察了上述 3 种不同延迟函数在超声速分离流动中的作用效果，认为不同延迟函数作用范围与求解能力存在差异，其中选择混合函数 F_1 作为延迟函数能够在起到保护作用的同时不损害模型的求解精度，对所研究的流动更为有效。

7.2.3　IDDES 方法

DDES 方法虽然解决了原始 DES 方法中的 MSD 和 GIS 问题，但在边界层外缘的 RANS 与 LES 的交界面上，由于建模的雷诺应力不是平滑过渡的，模化的涡黏系数偏大，使得解析湍流衰减，总的雷诺应力在切换处偏低，导致对数层不匹配（log-layer mismatch，LLM）问题[49]，即内部对数层（由 RANS 计算得到）和外部对数层（由 LES 计算得到）的速度型不匹配，对数层分成了不能吻合的内外两部分。LLM 将导致预测的表面摩擦降低 $15\%\sim20\%$[74]。另外，当来流存在较强非定常特性时，可能希望以非定常方式对边界层进行求解，但这时 DES 或 DDES 方法中的 RANS 模型无法满足要求[17]。

为了解决这些问题，俄罗斯圣彼得堡国立工业大学的 Shur 和 Travin 联合美国波音公司的 Spalart 等[49]，于 2008 年提出了 IDDES（improved DDES）方法，Gritskevich 等[80]于 2012 年对此做了进一步完善。该方法将 DDES 方法与 WMLES（wall-modeled LES）模型相结合，修改了网格尺度的定义，改进了滤波尺度 Δ，还引入了混合函数 $\tilde{f}_d$，将流场分为核心区、近壁区和混合区，并采用不同的混合长度进行各区域的计算，保证 RANS 和 LES 模型在各自特定的网格条件下开展计算，较好解决了 LLM 问题和对非定常来流条件的适用性问题。

以基于 SST k-ω 的 IDDES 方法为例，控制方程仍然是式（7.24）~式（7.26），但需要用 l_{IDDES} 代替 l_{DDES}。式（7.24）中的 IDDES 长度尺度在形式上与 DDES 接近，但修改了混合加权函数的定义[49,80]：

$$l_{\text{IDDES}} = \tilde{f}_d (1 + f_e) l_{\text{RANS}} + (1 - \tilde{f}_d) l_{\text{LES}} \tag{7.40}$$

$$l_{\text{RANS}} = \frac{k^{1/2}}{\beta^* \omega} \tag{7.41}$$

$$l_{\text{LES}} = C_{\text{DES}} \Delta \tag{7.42}$$

$$C_{\text{DES}} = F_1 C_{\text{DES1}} + (1 - F_1) C_{\text{DES2}} \tag{7.43}$$

RANS 长度尺度 l_{RANS} 和 LES 长度尺度 l_{LES} 与 DDES 定义相同，但对网格尺度 Δ 做了修改：

$$\Delta = \min[\max(0.15 d_w, 0.15 h_{\max}, h_{wn}), h_{\max}] \tag{7.44}$$

式中：h_{wn} 为垂直壁面方向的网格尺度；d_w 为计算点到壁面的距离；$h_{\max}$ 为单元最大边长。

新构造的滤波尺度 Δ 将流场分为 3 部分：远离壁面时，$\Delta = h_{\max}$，回归到了与 DES 相同的形式；非常靠近壁面时，$\Delta = 0.15 h_{\max}$；其他位置则是二者的一个线性混合[74]。

式（7.40）中的混合函数 $\tilde{f}_d$ 按下式计算：

$$\tilde{f}_d = \max[(1 - f_{dt}), f_b] \tag{7.45}$$

$$f_{dt} = 1 - \tanh[(C_{d1} r_{dt})^{C_{d2}}] \tag{7.46}$$

$$r_{dt} = \frac{\nu_t}{\sqrt{\frac{1}{2}(S^2 + \Omega^2)} \kappa^2 d_w^2} \tag{7.47}$$

$$f_b = \min[2\exp(-9\alpha^2), 1.0] \tag{7.48}$$

$$\alpha = 0.25 - d_w / h_{\max} \tag{7.49}$$

式中：f_{dt} 反映当地流动影响，f_b 反映几何影响。

式（7.40）中的增益函数 f_e 是为了防止在 RANS 和 LES 区域交界面附近出现 RANS 模化应力损耗的问题（也就是 MSD 问题）引入的一个正函数：

$$f_e = f_{e2} \max[(f_{e1} - 1.0),\ 0.0] \tag{7.50}$$

$$f_{e1} = \begin{cases} 2e^{-11.09a^2}, & \alpha \geqslant 0 \\ 2e^{-9.0a^2}, & \alpha < 0 \end{cases} \tag{7.51}$$

$$f_{e2} = 1.0 - \max(f_t,\ f_l) \tag{7.52}$$

$$f_t = \tanh[(C_t^2 r_{dt})^3] \tag{7.53}$$

$$f_l = \tanh[(C_l^2 r_{dl})^{10}] \tag{7.54}$$

$$r_{dl} = \frac{\nu}{\sqrt{0.5(S^2 + \Omega^2)}\,\kappa^2 d_w^2} \tag{7.55}$$

对于探测器函数 r_{dl} 和 r_{dt}，相当于把 DDES 当中的 r_d 拆成黏性底层和对数区两部分。在实际应用过程中，如果将函数 f_e 取为 0，则 IDDES 回退到 DDES，IDDES 长度尺度简化为

$$l_{\mathrm{IDDES}} = \tilde{f}_d l_{\mathrm{RANS}} + (1 - \tilde{f}_d) l_{\mathrm{LES}} \tag{7.56}$$

上述模型中的常数分别为 $C_{d1}=20$，$C_{d2}=3$，$C_l=5.0$，$C_t=1.87$，这里的系数 α 相当于式（7.25）中的 α_3。

IDDES 修改了网格尺度的定义，根据式（7.44），若流向网格尺寸为法向第一层的 $10\sim1000$ 倍，当壁面 $y^+\approx1$、法向网格增长率 1.15 时，在 $y^+=10\sim100$ 区域（即对数区）内网格尺度减小，亚格子黏性也相应减小，消除了 LLM 现象。

IDDES 的一个重要特性是引入了 WMLES 机制，当 $\tilde{f}_d = f_b$ 时，IDDES 长度尺度写作：

$$l_{\mathrm{IDDES}} = f_b(1 + f_e) l_{\mathrm{RANS}} + (1 - f_b) l_{\mathrm{LES}} \tag{7.57}$$

WMLES 机制的引入，使得 IDDES 能够响应来流湍流信息，附着边界层从 RANS 到分离区 LES 的转换加快了，从而缓解了 DES 方法的灰区问题。当上游缺乏湍流脉动信息时，IDDES 则退回到 DDES。文献 [81] 对 IDDES 与 DDES 在串列双圆柱绕流算例中的应用效果进行了对比，表明 IDDES 预测结果几乎与有转捩带的实验值完全一致。IDDES 受到工业界广泛认可，目前正在成为"标准"的 DES 模型。

目前常用的 IDDES 主要包括基于 SA 模型的 SA-IDDES 和基于 SST $k\text{-}\omega$ 模型的 SST-IDDES 两种。Bhushan 等[82]将由不同 RANS 模型构成的 DES 模型在潜艇外流场研究中进行对比，表明不同的混合模型所采用的 RANS 湍流模型在区分 RANS 计算区和 LES 计算区的处理方式及时间步长选择等方面的需求有所差异，特别是对较大尺度的流动计算，采用何种 RANS 湍流模型以及如何处理近壁区网格和时间步长对计算精度及效率影响重大。

DES 方法在三维分离流动预测中得到了较广泛应用，但是，如何选择合适的近壁区 RANS 模型与近壁区网格控制方式，以及如何对 RANS 计算域与 LES 计算域进行动态分区，是在利用 DES 方法计算水泵三维非定常分离流动时需要深入研究的问题。此外，由于添加的人工参数和公式过多，对经验的依赖较强，IDDES 还不能算是一个完美的模型，许多参数需要针对水泵流动特点进行改进。

7.2.4 DES 方法存在的灰区问题及解决方案

工程中经常有沿流向附着边界层向分离剪切层快速转换的流动，例如，后台阶流动，水泵叶片或导叶尾部的流动，进水池底坎或导流墩尾部的流动等。在将上述各种 DES 方法用于这类流动的模拟时，前端边界层由 RANS 模拟，而尾部分离后的剪切层由 LES 模拟，当边界层突然转换到剪切层时，这个区域内网格密度不足以解析大部分雷诺应力，导致此处解析和模化的应力都不足，此处成为 RANS 与 LES 的过渡区，既不是 RANS，也不是 LES，该区域称为灰区（gray area）[83]。理想的 DES 模拟结果应该如图 7.5（a）所示，即边界层处于 RANS 模式，具有大尺度湍流特征的分离剪切层处于 LES 模式，而实际模拟结果如图 7.5（b）所示，从 RANS 区域到 LES 区域之间出现一个灰色地带，原本在这个区域应该由 LES 进行解析，但因上游边界层 RANS 模化的湍流黏度通过对流进入 LES 区域时，对湍流脉动的解析带来较大的抑制，使得灰区内的小尺度分离涡被抹平，没有向 LES 区提供充足的湍流脉动信息，产生了灰区。灰区效应的重要表现是分离区 RANS/LES 交界面附近湍动能分布不足，灰区的存在增大了 DES 计算误差。

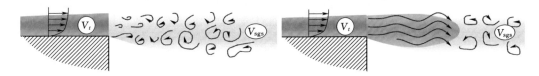

(a) 理想DES模拟结果   (b) 实际DES模拟结果

图 7.5 DES 模拟中 RANS 与 LES 交界面处出现的灰区

灰区问题对于大分离流动的影响并不是特别显著，但对于浅台阶分离、射流自由混合层等依赖于剪切层内湍流脉动特性的算例，影响比较明显。分离越弱，RANS/LES 交界区域受上游边界层 RANS 影响越大，灰区效应越明显。灰区问题对水泵设计工况下模拟影响要大于小流量工况，因此需要得到重视。

对灰区问题的解决思路，是尽可能缩短灰区范围，加速 RANS 到 LES 的转变。改进措施主要包括两类：一是人工湍流注入；二是混合模型改进。

人工湍流注入方法主要用于在分区模型中，对人为设定的 RANS-LES 分区位置施加人工湍流，以提高 LES 区域入口湍流发展水平，增加 LES 解析湍流成分[84]。图 7.6 是一 2D 驼峰壁面分离流计算实例[83]，图 7.6（a）是原来 IDDES 计算结果，图中虚线三角形区域为灰区，采用在分离流上游施加人工湍流后，得到图 7.6（b）所示结果，明显提升了分离区自由剪切层湍流发展水平，在分离区上方自由剪切层区域出现了丰富的湍流涡结构，减弱了灰区的影响效应。表现在外特性上，其流动分离再附着点相对提前，壁面摩擦系数有所增大，分离区湍流发展水平提高。这类方法虽然简单有效，但无法事先确定合适的人工湍流函数，不能保证 LES 解析湍流区域立即转变为真实湍流状态，且分区位置是人为设定，对复杂几何的适用性较差。

混合模型改进方法是目前解决灰区问题的主要方法，通过修改 RANS 或 LES 模型保证 LES 在灰区所在区域的计算。该类方法通过降低早期自由剪切层中涡黏性水平，或提

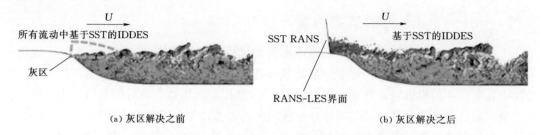

（a）灰区解决之前　　　　　　　　　　　　　（b）灰区解决之后

图 7.6　灰区对 2D 驼峰壁面分离流模拟结果的影响[83]

高该区域湍流发展水平，或在该区域引入额外的能量等措施，促使湍流发展来降低灰区的影响。Yan 等[85]针对基于 SST $k\text{-}\omega$ 模型的 DES 方法，在涡黏系数的定义中引入长度尺度的限制，即 $l_{\text{LES}} = \min[k^{1/2}/(\beta^*\omega), C_{\text{DES}}\Delta]$，从而加快剪切层处 RANS 到 LES 的转换。2015 年，Shur 等[86]提出了一个对 DES 模型的改进版，修改了亚格子尺度的定义，通过定义开关，在流场比较像平行剪切流的时候进一步减小涡黏系数，从而促进 RANS 到 LES 的转换。在一定程度上解决了在自由和分离剪切层中存在的 Kelvin-Helmholtz 不稳定性和模化到求解湍流变换被大大延迟的问题，这是到目前为止对灰区问题解决较好的一个例子。在此基础上，Shur 等[87]在 2016 年通过考虑涡轴的方向修改网格尺度，最大效率地利用网格的解析能力，定义新的滤波尺度解决了喷嘴喷射流动问题中的灰区问题。Fuchs 等[88]在 2016 年对灰区问题的改进方法进行了综述，并提出了一种改进 LES 模型 SGS 网格滤波尺度的灰区抑制方法，命名为 $\sigma\text{-}$DDES，图 7.7 是针对喷嘴射流运动采用改进前后的方法计算得到的涡量分布结果，图 7.7（a）是原始 DDES 计算结果，图 7.7（b）～（d）是改进后基于不同网格滤波尺度的计算结果，其中 D 为喷嘴直径，可以看出，该方法对自由剪切层湍流的发展促进有较好的效果，提高了分离流等具有自由剪切层边界

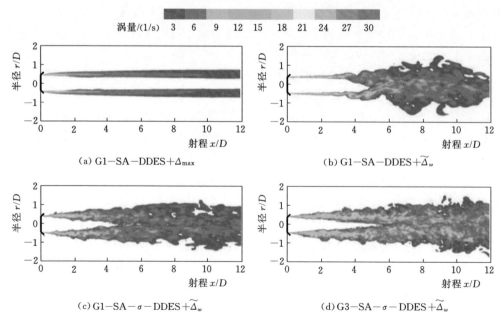

图 7.7　原始 DDES 模型及改进的 $\sigma\text{-}$DDES 模型计算结果对比

的流动 DES 模型计算精度。朱文庆等[89]在 2018 年采用类似方法，通过改进网格滤波尺度较好地减缓了灰区。

7.2.5 DES 方法的应用

1. 时间推进格式与空间离散格式

（1）时间推进格式。时间推进格式包括显式推进和隐式推进两种。显式时间推进形式简单，易于实现，但受数值稳定性的限制，统一时间步长必须很小，影响计算效率。隐式时间推进有交错对角迭代、近似因子和上下高斯赛德尔迭代等，可采用较大的时间步长，效率较高，工程实用性更强，但需要借助双时间步子迭代等方法减小近似分解误差，一般具有二阶精度[81]。

对于传统 LES 方法，隐式和显式两种时间推进格式都可满足预测精度的要求，而对于 DES 方法，建议采用含子迭代（LU-SGS）的隐式时间推进格式，这种格式在足够子迭代的情况下，可实现二阶精度，可以满足绝大多数工程计算效率和精度需求[89]。

（2）空间离散格式。空间离散格式总体上分为中心型和迎风型两大类。基于 N-S 方程组的特点，扩散项一般采用中心格式离散，而对流项则有多种离散格式，可采用中心型也可采用迎风型。

中心型格式最大的问题是其本身不具备格式耗散，容易造成计算不稳定，甚至发散。中心型格式主要适用于低速流动模拟，如水泵流场模拟；对于如跨音速压气机等高速流动模拟，为了捕捉激波及在光滑区提供背景耗散，需要在中心型格式中添加人工黏性项，但人工黏性系数的选取具有很强的经验性[81]。

迎风型格式物理意义相对明确，在高速流动中应用广泛，常见的迎风型格式是矢通量微分的 Roe 格式和矢通量分裂的 van Leer 格式[90]。对于 LES 区域内需要解析的小尺度湍流而言，常规迎风型格式耗散过大，抑制对小尺度结构的解析，Bui 等[91]通过增加一个小于 1 的常数来降低 Roe 格式中的耗散，提高了计算精度[81]。

虽然降低格式耗散有利于解析小尺度流动结构，然而整个流场统一降低格式耗散常引起数值振荡。事实上，在流动的不同区域需要不同的数值耗散，即上文提到的 Bui 耗散常数 ϕ 应该随当地流动自适应变化。在这种背景下，出现了自适应耗散格式[92]：即发挥中心型和迎风型格式各自的优势，引入加权混合的概念，使得在流场的不同区域采用不同的离散格式：

$$F = (1-\phi)F_{\text{central}} + \phi F_{\text{upwind}} \tag{7.58}$$

其中，自适应耗散函数 ϕ 在 LES 控制的分离区域趋近于 0，使得该格式的耗散与中心格式持平，达到尽可能解析小尺度湍流结构的目的；自适应耗散函数 ϕ 在壁面及远场无旋区域趋近于 1，该格式还原为稳定的迎风型格式，可消除物面边界和远场边界带来的数值误差和振荡，保证数值计算的稳定性。借鉴 SST 模式中的混合函数，可以构造双曲正切形式（图 7.8）的自适应耗散函数[93]：

$$\phi = \phi_{\max} \tanh A^3 \tag{7.59}$$
$$A = \max\{[(C_{\text{DES}}\Delta/l_{\text{turb}})/g - 0.5],\ 0\} \tag{7.60}$$
$$l_{\text{turb}} = [(\nu_t + \nu_l)/(C_\mu^{3/2}K)]^{1/2} \tag{7.61}$$

$$K = \max\{[(S^2 + \Omega^2)/2]^{1/2},\ 0.1\} \qquad (7.62)$$

$$g = \tanh B^4 \qquad (7.63)$$

$$B = 2\Omega \max(\Omega,\ S)/\max[(S^2 + \Omega^2)/2,\ 10^{-20}] \qquad (7.64)$$

式中：ν_t 和 ν_l 分别为湍流和层流的运动黏度；$S = \sqrt{2S_{ij}S_{ij}}$，$\Omega = \sqrt{2\Omega_{ij}\Omega_{ij}}$，$S_{ij}$ 为剪切张量，Ω_{ij} 为旋转张量；常数 $\phi_{\max} = 1$。在远场无旋区域，$C_{\text{DES}}\Delta > l_{\text{turb}}$，$S > 0$，$\Omega \ll 1$，则 B 为小值，g 接近 0，A 为较大值，函数 ϕ 接近于 1；对于分离区域，函数 ϕ 接近于 0；壁面附近函数 ϕ 也接近于 1。

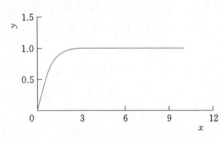

图 7.8　双曲正切函数 $y = \tanh(x)$ 曲线

数值计算中的总黏度由分子黏度 μ、湍流黏度 μ_t 和数值黏度 μ_n 组成，其中数值黏度是由对无黏项离散格式的数值耗散引入。在 RANS 方法中，无黏项离散格式一般优先考虑收敛性和复杂外形适用性等因素，这样经常采用数值耗散较大的低阶迎风格式。由于在 RANS 方法中湍流黏性本身较大，格式耗散对模拟结果的影响比较小。但是，LES 输运方程中耗散项减小，湍流黏度 μ_t 也相应减小，如果仍采用相同离散格式，总黏度中数值黏度占据主导作用，最终给计算带来较大误差。所以，LES 计算域需采用高精度、低耗散的数值格式，最好采用上述自适应耗散格式。同样，对于 DES 方法，在可能的条件下，也应该优先选用自适应耗散格式。需要注意的是，格式耗散并非越低越好，过低的数值耗散会带来明显的非物理数值噪声[81]。

从目前应用情况看，DES 方法在叶轮机械中应用时多采用 2 阶或 3 阶精度的空间离散格式，如 2 阶 MUSCL＋Roe 等，详见表 7.2[74]。Marty 等[94]研究了格式精度对 DES 方法数值计算结果的影响，发现格式精度与涡结构的解析精度有一定关系，但目前尚未形成系统性结论。另外，在 DES 方法的 LES 区域，湍流输运方程中的耗散项被降低了，使对流项的作用更加突出，对流项离散精度对计算结果影响加剧，但目前对该问题的关注不够，需要今后进一步研究[74]。

表 7.2　　　　　　　　　　　DES 方法在叶轮机械中的应用情况[74]

文献作者	对　象	网格数量/($\times 10^6$)	格式精度
Mahmoud	涡轮叶栅	0.23	2nd MUSCL＋VanAlbada＋AUSM
苏欣荣	涡轮叶栅	20.46	5th 迎风＋HLLC
Ma	压气机叶栅	7.32	2nd 迎风
顾春伟	低速单级压气机	6.15	2nd MUSCL＋Roe
Yamada	低速单级压气机	4.09	3rd MUSCL＋Roe
Yamada	7 级压气机	200.00	3rd MUSCL＋VanAlbada＋AUSM

2. 网格依赖性问题

随着网格数量的增加，RANS 方法可以满足网格无关性要求，但 DES 方法就会出现问题。DES 网格尺度与滤波尺度直接相关，网格加密后所得到的涡结构更加丰富，因此，很难找到一个无关性的网格。表 7.2 总结了 DES 方法在用于叶轮机械流场模拟时所需的网格数。从表中可以看出，即使针对相同问题，所用网格数目也存在较大差异，如同样针对涡轮叶栅，Mahmoud 和苏欣荣所用网格相差 3 个量级。因此，网格数量和规模问题仍然是今后 DES 方法需要深入研究的课题。

DDES 方法虽然较好地解决了网格诱导分离问题，但在 LES 区域仍然选用网格最大尺度作为滤波尺度，即 $\Delta = \max\{\Delta x, \Delta y, \Delta z\}$，此时并未利用网格短边信息，而网格长宽比对预测结果有很大影响，因此，人们提出了多种滤波尺度定义的新方法，例如，Chauvet 等[95]提出 $\Delta = (\Delta x \Delta y \Delta z)^{1/3}$ 及 $\Delta = (N_x^2 \Delta y \Delta z + N_y^2 \Delta x \Delta z + N_z^2 \Delta x \Delta y)^{1/2}$，其中 (N_x, N_y, N_z) 表示单位涡矢量。这些滤波尺度的提出，均为了解决模型应力损耗问题，但同时也考虑了网格不同方向的尺度，从另一方面可以减少对网格的依赖性。

在叶轮机械内使用的 DES 和 DDES 方法均采用最大网格尺度作为滤波尺度，而 IDDES 方法构造复杂，增加了计算量，因此可以考虑采用综合 3 个方向网格尺度的滤波尺度，减少对网格的依赖性。

3. DES 方法在叶轮机械中的应用情况

相比于 RANS 方法，DES 方法的有效性已经在翼型绕流计算中得到证明，但在叶轮机械的实际应用中，由于几何形状复杂，且存在多种复杂涡系的干涉作用，应用仍然是初步的，主要难点在于三维角区分离的准确预测；对于跨音速叶轮机械，还需要解决激波对边界层干扰问题。

(1) DES 方法在 2D 叶栅中的应用。DES 方法在 2D 叶栅流场中的应用源于 2007 年，当时主要采用基于 S-A 模型的 DES 方法分析压气机叶栅内流场。后来，日本名古屋大学 Mahmoud 等[96]采用基于 S-A 模型的 DES 和 DDES 方法分析涡轮叶栅尾迹分离机理，并指导了低损失叶型的设计。随着 DES 方法的发展，研究人员逐渐尝试将其应用于激波/边界层干扰问题。随着商用软件 Fluent、NUMECA 等嵌入了 DES 方法，很多基于商用软件的研究工作随之展开，如马威[97]通过 DDES 方法成功捕捉到实验中出现的角区分离"双峰"现象，这是 RANS 方法无法捕捉到的。

(2) DES 方法在转子或级环境下应用。压气机流动分析先于水泵流动分析使用了 DES 方法。为了揭示压气机旋转失速前流动非定常特性，在设计中更好地预测失速边界，国内外专家从 2008 年开始利用 DES 方法对压气机转子或级环境进行非定常流动分析，包括动静叶之间的耦合分析[74]。

2015 年，Yamada 等[98]对 7 级亚声速压气机进行全环、非设计工况数值模拟，计算量达到 DES 方法在内流场应用的顶峰，通过与实验对比，发现 DES 对前面级的预测精度较高，对后面级逊于 RANS。在 DES 方法在跨声速叶轮机械中应用研究方面，主要以美国迈阿密大学的 Zha 团队[99]及清华大学符松团队[100]为主，他们针对单级跨音速压气机在近失速工况下的预测，取得了良好效果，在对间隙泄漏流、角区分离等二次流动的捕捉更为精细，获得了与 URANS 结果不同的失速特性，证明了 IDDES 方法在近失速工况对效率预测的准确程度[99,100]。

7.3　转捩流动分析方法

转捩（transition）是指边界层由层流到湍流的过渡。水泵等叶轮机械在运行过程中，叶片前端的边界层属于层流，而叶片后部的边界层受逆压梯度影响经常呈湍流状态，中间存在层流到湍流的过渡区，即转捩区。转捩是一个具有强烈的非定常、非线性、对干扰极其敏感的复杂过程，边界层转捩将导致壁面摩擦力急剧增加，同时对边界层的分离状态产生决定性影响。准确预测转捩对控制失速、优化叶型设计具有重要意义。而现有的水泵内部流动数值模拟，由于受到湍流模型和计算机硬件水平等的限制，大多采用不具备预测边界层转捩能力的湍流模型。

7.3.1　边界层转捩特性概述

Hamid 等在水翼失速特性的研究中发现，边界层转捩是水翼表面的主要流动状态，是影响水翼性能的重要因素，边界层的转捩对其流动分离位置及分离涡增长等都存在显著的影响。Almohammadi 等[101]在风力机的失速研究中发现，失速的发展对转捩模型十分敏感，只有考虑边界层转捩影响才能精确预测分离泡结构，在不引入转捩模型的前提下进行失速计算，计算结果至少相差 20%。在气动翼型动态失速研究[102,103]中发现，失速初生

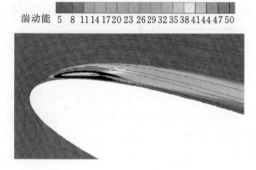

湍动能 5　8　11 14 17 20 23 26 29 32 35 38 41 44 47 50

图 7.9　带有 LSB 的翼型表面湍动能分布

源自于翼型前缘分离涡（leading edge vortex，LEV），而分离涡则源自于层流边界层分离泡（laminar separation bubble，LSB）。对于接近 0° 攻角的翼型绕流，流动几乎是贴合叶片的，叶片表面边界层完全处于层流状态。在攻角增大到某个值以后，翼型前缘在吸力面出现 LSB[102,103]。LSB 内部的湍流强度增大，导致 LSB 后面出现湍流边界层，如图 7.9 所示[103]。随着翼型攻角进一步增大，LSB 变大并向翼型出口边移动，变为 LEV，成为动态失速涡，直到动态失速涡在翼型尾部脱落，在翼型前缘重新形成失速涡。LEV 向下游传播速度一般约为 0.25 倍来流速度，第一和第二 LEV 脱落频率可以按 $S_t = f_s c \sin\alpha_{LEV}/U_\infty$ 计算[104]。

转捩受来流湍流度、压力梯度、壁面粗糙度和壁面曲率等因素影响，流动条件不同，转捩的机制也不尽相同。Mayle[105]根据对燃气轮机的研究，将边界层转捩分为自然转捩、跨越转捩和分离转捩，并认为叶轮机械中的转捩主要是跨越转捩。符松等[106]在对转捩进行综述后认为，在来流湍流度较低（<0.1%）时，层流中的 Tolmien-Schlichting 波或横流不稳定波的非线性指数增长将导致湍斑的出现，之后流动迅速发展为完全湍流状态，这种过程称为自然转捩或横流转捩；叶轮机械中来流湍流度较高（>1%），这时边界层内扰动呈代数增长，不再服从指数规律，这种转捩过程称为跨越转捩（bypass transition）[107]；逆压梯度会导致层流边界层与壁面分离，从而引发分离转捩，反过来，顺压梯度会使湍流

边界层再层流化。

由于边界层转捩是在流场的非常薄的边界层内部发生的，因此，对此类问题的研究，除了转捩实验外，主要依靠转捩模型。2018 年，李存标和陈十一[108]对高超声速边界层转捩研究进展进行综述，介绍了北京大学在高超声速风洞的边界层转捩研究方面的硬件条件和软件成果。

到目前为止，转捩研究工作基本上都是针对翼型或叶栅绕流展开的，对水泵三维叶片绕流研究，还几乎是空白，并不清楚实际叶片绕流的具体分离特性，包括流量工况与分离点位置、分离涡及失速涡的关系等。因此，水泵叶片转捩特性将是未来水泵研究的重点之一。

7.3.2　边界层转捩计算方法

边界层转捩的研究，一直是流体力学中一个具有基础性研究意义的领域，但由于转捩机理的复杂性，还没有找到能够很好解决这个问题的方法。从理论上讲，直接数值模拟（DNS）和大涡模拟（LES）方法是能够用于转捩预测的，但这两种方法计算量太大，难以应用到工程实际，因此，只能寻求其他方法。目前常用的方法包括 e^N 方法、低雷诺数模型方法、层流动能模型方法、间歇因子模型方法和 $\gamma\text{-}Re_{\theta t}$ 模型方法。其中，层流动能模型方法可以看成是低雷诺数模型方法的一种，间歇因子模型方法和 $\gamma\text{-}Re_{\theta t}$ 模型方法可统称为考虑间歇性的计算方法。除了 e^N 方法外，其他方法都需借助不同形式的 RANS 湍流模型来完成计算。

（1）e^N 方法。e^N 方法是 Ingen[109]基于线性稳定性理论提出的一种半经验转捩预测方法，主要应用于不可压缩二维流动下的边界层的自然转捩预测。该方法需要通过试验确定 N 值，并且只能预测转捩开始而无法预测转捩的整个区域。该方法或者需要特定的求解器，或者采用自由流动中的湍流度等非局部变量，与目前主流的 CFD 计算软件难以耦合，因此，目前已较少使用。

（2）低雷诺数模型方法。低雷诺数模型方法是指直接利用湍流模型来求解包含转捩的流动。低雷诺数模型，既能够用于求解充分发展的湍流，又能够求解黏性效应起重要作用的近壁流动。这种模型摒弃了传统的壁面函数，减少了对特定流动的依赖性和人为因素影响，有较广的适用性[106]。其中，Wilcox 在这方面做了大量工作[14]，他阐述了低雷诺数两方程模型预测转捩的原理，所提出 Wilcox $k\text{-}\omega$ 模型（也称标准 $k\text{-}\omega$ 模型)[14]就是能够同时用于充分发展的湍流和低雷诺数层流的模型。

利用 Wilcox $k\text{-}\omega$ 模型预测转捩的过程是[106]：在起始段，边界层区域和自由流区域中的湍动能都很小，$k\approx 0$，且湍动能开始通过分子扩散从自由流区域进入边界层。在输运方程中，此时湍动能 k 和比耗散率 ω 的耗散均超过生成，边界层保持为层流状态。而在临界雷诺数对应的位置，由于阻尼项的作用，湍动能生成项等于耗散项，此后生成项将超过耗散项，于是湍动能 k 开始增大，紧接着湍动黏度 μ_t 迅速增大，相应位置就被认为是转捩起始位置。随着湍动能 k 继续增大，ω 方程中的生成项与耗散项相同，之后 ω 被放大并最终使 k 方程中的生成与耗散达到平衡。这意味着流动发展为完全湍流状态，转捩过程结束。

这一预测过程并无任何物理背景，纯粹是由模式的数值特性引起的。这类模式预测得到的转捩起始位置普遍提前，且转捩区长度过短。后来出现了一些修正方法。20 世纪 90 年代，欧洲启动了联合研究项目"TransPerturb"，其主要目的是针对叶轮机械中的转捩进行预测，项目研究报告认为"只应用湍流模式而不考虑间歇性，对转捩过程的模拟是很脆弱且不可靠的"[106]。因此，目前较少采用这种方法预测转捩。

（3）层流动能模型方法。层流动能模型方法通过输运方程来计算动能在层流中的发展。该模型建立基础是[110,106]：通过实验发现，压力脉动是导致来流以扰动进入边界层的主要原因，而以往认为那是由扩散导致的。在转捩前，层流脉动被放大，其强度为来流湍流度的数倍。这种脉动与湍流脉动的差异很大，在结构上，它们的全部能量几乎都包含在注射分量中；在动力学性质上，经典的由大尺度结构向小尺度结构的能量级串过程并不存在。这种脉动是在由边界层决定的某个特定尺度上被放大的，其频率相对较低，因此除了非常靠近壁面的位置，其耗散也是较低的，因此，可以采用"层流动能"来描述流向脉动，并建立相关输运方程。

Walters 等[110,111]假设近壁区的能谱可以分解成受壁面限制的大尺度部分和不受壁面限制的小尺度部分，并采用有效长度尺寸来划分，在此基础上，用 k_T、k_L 和 ω 分别表示湍流动能、层流动能和比耗散率，并建立了相关的输运方程，从而形成一个三方程涡黏形式的 $k_T - k_L - \omega$ 转捩模型。该模型也可看作是一种低雷诺数模型。

该模型能实现计算的当地化，但模型中包含大量经验参数，很难反映不同因素对转捩的影响，其应用效果往往不如间歇因子模型。在 Fluent 等软件中使用该模型时，虽然表面上并不需要输入任何参数，但实际上，许多经验参数被设置成了默认值，且不允许用户改变。因此，目前应用不够广泛。

（4）间歇因子模型方法。在转捩过程中，流动在一段时间内是湍流的，在另一段时间内是非湍流或层流的，这种在同一空间位置的湍流和层流交替变化的现象称为间歇。一般地，定义一个间歇函数 $I(x,y,z)$，其值在层流时为 0，在湍流时为 1，则间歇因子 γ 为此函数的时间平均值：

$$\gamma = \frac{1}{T} \int_0^T I(x,y,z)\mathrm{d}t = \gamma(x,y,z) \tag{7.65}$$

1958 年，Dhawan 和 Narasimha[112]根据实验数据拟合出了间歇因子 γ 沿流向的分布：

$$\gamma = \begin{cases} 1 - \exp\left[-(x-x_t)^2 n\sigma/U\right] & x \geqslant x_t \\ 0 & x < x_t \end{cases} \tag{7.66}$$

式中：n 为湍斑生成率；σ 为湍斑传播速度。

将式（7.66）无量纲化，有

$$\gamma = 1 - \exp\left[-\left(\frac{x-x_t}{\theta_t}\right)^2 \frac{N}{Re_{\theta t}}\right]$$
$$N = n\sigma\theta_t^3/\nu \tag{7.67}$$

式中：N 为无量纲的破碎参数；θ_t 为转捩起始位置的动量厚度；$Re_{\theta t}$ 为转捩起始位置动量厚度雷诺数。

然而，由经验公式得到的间歇因子仅仅决定于来流条件和物面条件，与流场结构无关，所以无法应用于复杂流动，于是通过建立关于间歇因子的输运方程解决了这一问题：

$$\frac{\partial(\rho\gamma)}{\partial t} + \frac{\partial(\rho u_j \gamma)}{\partial x_j} = P_\gamma - E_\gamma + \frac{\partial}{\partial x_j}\left[\left(\mu + \frac{\mu_t}{\sigma_f}\right)\frac{\partial\gamma}{\partial x_j}\right] \tag{7.68}$$

式中：P_γ 为转捩源项；E_γ 为消失/再层流项。

后来，将该方程与 SST $k-\omega$ 湍流模型、基于 SST 的 SAS 湍流模型和基于 SST 的 DES 湍流模型耦合使用，形成了间歇因子模型方法。

在上述间歇因子模型方法中，转捩起始位置的确定是计算间歇因子的前提条件。为此，一般通过对比以动量厚度为底的雷诺数 Re_θ 来进行判断：根据经验公式确定转捩起始位置处的相应值 $Re_{\theta t}$，然后以每步计算所得相同数值的位置作为转捩起始位置。这些经验公式取决于来流条件和物面条件。然而，动量厚度在实际的 CFD 程序中并不容易得到。若计算采用非结构网格，要确定垂直于物面的网格线是很困难的；若程序是并行的，同一边界层可能被不同的 CPU 分别计算，从而导致在边界层内的积分十分复杂。因此上述含有非局部变量的公式与现代 CFD 方法并不协调，这是间歇因子模型方法存在的主要问题。此外，无法考虑壁面粗糙度的影响，也是该方法存在的问题之一。

（5）$\gamma-Re_\theta$ 模型方法。为了解决间歇因子模型方法存在的问题，近些年发展了完全由局部变量构造的新模型，从而使转捩的预测与流场结构直接相关，其中代表性的模型是 Menter 等[113] 提出的 $\gamma-Re_\theta$ 模型。该模型由间歇因子 γ 输运方程和转捩动量厚度雷诺数 $\widetilde{Re}_{\theta t}$ 输运方程所组成，可与基于 SST 的各种湍流模型，如 SST $k-\omega$、SST SAS 和基于 SST 的 DES 系列湍流模型耦合使用。例如，SST $\gamma-Re_\theta$ 模型就是在 SST $k-\omega$ 湍流模型的基础上耦合了间歇因子输运方程和转捩动量厚度雷诺数输运方程而实现的。间歇因子输运方程与 SST 湍流模型耦合，用以开启转捩点下游的湍动能产生项，从而触发当地的转捩；转捩动量厚度雷诺数输运方程用来捕捉非当地湍流强度的影响，将经验性的关联式与间歇因子输运方程中的转捩起始准则联系起来。

$\gamma-Re_\theta$ 模型通过经验关联函数，也就是转捩动量厚度雷诺数来控制边界层内间歇因子的生成，再通过间歇因子来控制湍流模型中湍流的生成。该模型回避了动量厚度的计算和经验关联函数的非当地计算，因此具有较好的可实现性，为把经验关联方法融入 CFD 程序提供了一个有效途径。该模型能够涵盖不同的转捩机制，不依赖于初始流场，不影响基础湍流模型在完全湍流区的行为，但该模型所用到的几个经验关联函数在不同的 CFD 软件平台之间并不一样。这是在使用时需要注意的。

为验证 $\gamma-Re_\theta$ 模型，Menter 等[113] 针对自然转捩、跨越转捩和分离转捩在内的多个算例进行了数值计算，算例覆盖了翼型绕流、圆柱分离流动及透平机械内部流动，结果表明该模型对转捩起始位置的预测比较准确，但得到的转捩区长度、摩阻及热传导系数与实验值有一定偏差。

SST $\gamma-Re_\theta$ 转捩模型现已成为模拟转捩问题应用最为广泛的模型。7.3.3 节将对此模型进行系统介绍。

7.3.3 SST $\gamma-Re_\theta$ 转捩模型

SST $\gamma-Re_\theta$ 转捩模型是 SST $k-\omega$ 湍流模型与另外两个输运方程（转捩因子的输运方

程，转捩动量厚度雷诺数的输运方程）的耦合，共包含 4 个输运方程。该模型是 Menter 和 Langtry 等[113]于 2004 年提出的，后来他们[107,114]进一步完善，是目前使用最广泛的转捩模型。

1. SST k-ω 湍流模型

由 Menter 提出的 SST k-ω 湍流模型的 k 方程和 ω 方程如下（未包含用户自定义源项，相比于式（7.6）和式（7.7），在形式上做了简化）[38,17]：

$$\frac{\partial(\rho k)}{\partial t}+\frac{\partial(\rho u_i k)}{\partial x_i}=\frac{\partial}{\partial x_j}\left[\left(\mu+\frac{\mu_t}{\sigma_k}\right)\frac{\partial k}{\partial x_j}\right]+P_k-Y_k \tag{7.69}$$

$$\frac{\partial(\rho\omega)}{\partial t}+\frac{\partial(\rho u_i\omega)}{\partial x_i}=\frac{\partial}{\partial x_j}\left[\left(\mu+\frac{\mu_t}{\sigma_k}\right)\frac{\partial\omega}{\partial x_j}\right]+P_\omega-Y_\omega+2\rho(1-F_1)\sigma_{\omega2}\frac{1}{\omega}\frac{\partial k}{\partial x_j}\frac{\partial\omega}{\partial x_j} \tag{7.70}$$

湍动黏度由下式确定：

$$\mu_t=\rho\frac{a_1 k}{\max(a_1\omega,\ SF_2)} \tag{7.71}$$

式中：P_k 和 Y_k 分别为湍动能生成项和耗散项；P_ω 和 Y_ω 分别为比耗散率生成项和耗散项；F_1、F_2 为混合函数；S 为应变率的模；其他项的物理意义见文献［38］或文献［17］，其中，系数 $\sigma_{\omega2}$ 采用了文献［38］中的表达式，与式（7.7）有所不同。

2. γ-Re_θ 转捩模型

γ-Re_θ 转捩模型由间歇因子输运方程和动量厚度雷诺数输运方程组成，最终目的是求解间歇因子（即空间某点的流态是湍流的概率，$0\leqslant\gamma\leqslant1$），并通过它与湍流模型的联合来控制转捩的发生。

（1）间歇因子输运方程。间歇因子 γ 输运方程为[113]

$$\frac{\partial(\rho\gamma)}{\partial t}+\frac{\partial(\rho u_j\gamma)}{\partial x_j}=P_{\gamma1}-E_{\gamma1}+P_{\gamma2}-E_{\gamma2}+\frac{\partial}{\partial x_j}\left[\left(\mu+\frac{\mu_t}{\sigma_\gamma}\right)\frac{\partial\gamma}{\partial x_j}\right] \tag{7.72}$$

式中：$P_{\gamma1}$ 和 $E_{\gamma1}$ 分别为转捩源项；$P_{\gamma2}$ 和 $E_{\gamma2}$ 分别为消失/再层流项。

$$P_{\gamma1}=F_{\text{length}}\rho S\left[\gamma F_{\text{onset}}\right]^{C_{a1}} \tag{7.73}$$

$$E_{\gamma1}=C_{e1}P_{\gamma1}\gamma \tag{7.74}$$

$$P_{\gamma2}=C_{a2}\rho\Omega\gamma F_{\text{turb}} \tag{7.75}$$

$$E_{\gamma1}=C_{e2}P_{\gamma2}\gamma \tag{7.76}$$

函数 F_{onset} 用于触发间歇生成项，F_{turb} 用于禁用层流边界层外的消失/再层流项。

$$F_{\text{onset}}=\max(F_{\text{onset2}}-F_{\text{onset3}},0) \tag{7.77}$$

$$F_{\text{turb}}=e^{-\left(\frac{R_t}{4}\right)^4} \tag{7.78}$$

有关参数按下式计算：

$$Re_V=\frac{\rho y^2 S}{\mu} \tag{7.79}$$

$$R_T=\frac{\rho k}{\mu\omega} \tag{7.80}$$

$$F_{\text{onset1}}=\frac{Re_V}{2.193\,Re_{\theta c}} \tag{7.81}$$

$$F_{\text{onset2}} = \min\left[\max(F_{\text{onset1}},\ F_{\text{onset1}}^4),\ 2.0\right] \tag{7.82}$$

$$F_{\text{onset3}} = \max\left[1 - \left(\frac{R_T}{2.5}\right)^3,\ 0\right] \tag{7.83}$$

式中：S 为应变率的模；Ω 为涡量的模；y 为到壁面的距离；F_{length} 为转捩区长度；$Re_{\theta c}$ 为边界层内间歇因子开始增加位置的临界动量厚度雷诺数；R_T 为黏性比；Re_V 为涡量雷诺数。

模型常数为 $C_{a1} = 0.5$，$C_{e1} = 1$，$C_{a2} = 0.03$，$C_{e2} = 50$，$\sigma_\gamma = 1.0$。需要注意的是，Fluent 和 CFX 所使用的模型常数均与此有所不同。式中的 F_{length} 和 $Re_{\theta c}$ 是经验关联函数，都是转捩动量厚度雷诺数 $\tilde{Re}_{\theta t}$ 的函数。

对于间歇因子 γ 的边界条件，在壁面处为 0，在进口为 1。

（2）转捩动量厚度雷诺数输运方程[18]。根据相关实验结果，转捩动量厚度雷诺数 $Re_{\theta t}$ 是边界层外自由流湍流度 Tu、流向压力梯度 λ_θ 等的函数，$Re_{\theta t} = f(Tu,\ \mathrm{d}p/\mathrm{d}s)$，不同文献中的形式略有不同，Langtry[115] 推荐的形式是

$$Re_{\theta t} = \begin{cases} \left(1173.51 - 589.428Tu + \dfrac{0.2196}{Tu^2}\right)F(\lambda_\theta) & Tu \leqslant 1.3 \\ 331.50\,(Tu - 0.5658)^{-0.671}F(\lambda_\theta) & Tu > 1.3 \end{cases} \tag{7.84}$$

$$F(\lambda_\theta) = \begin{cases} 1 + (12.986\lambda_\theta + 123.66\lambda_\theta^2 + 405.689\lambda_\theta^3)\mathrm{e}^{-(Tu/1.5)^{1.5}} & \lambda_\theta \leqslant 0 \\ 1 + 0.275(1 - \mathrm{e}^{-35.0\lambda_\theta})\mathrm{e}^{-Tu/1.5} & \lambda_\theta > 0 \end{cases} \tag{7.85}$$

$$\lambda_\theta = \frac{\rho \theta^2}{\mu}\frac{\mathrm{d}U}{\mathrm{d}s} \tag{7.86}$$

式中：U 为边界层外自由流当地速度；θ 为动量厚度；s 为流线的弧长；$F(\lambda_\theta)$ 代表了压力梯度的影响。

在式（7.84）中，$Re_{\theta t}$ 是用边界层外自由流湍流度 Tu 和压力梯度参数 λ_θ 计算的，如果要在边界层内使用 $Re_{\theta t}$ 的值，则必须找到一种方法将自由流的信息传递到边界层内。为此，Menter 等[113] 专门构造了一个输运方程，即 $\tilde{Re}_{\theta t}$ 方程。使用上述经验关联式来计算 $Re_{\theta t}$ 在边界层外自由流中的值，并将此值作为 $\tilde{Re}_{\theta t}$，然后允许自由流中的 $\tilde{Re}_{\theta t}$ 值扩散到边界层，即边界层之内的 $\tilde{Re}_{\theta t}$ 通过输运方程从边界层以外的 $\tilde{Re}_{\theta t}$ 扩散而来。关于 $\tilde{Re}_{\theta t}$ 的输运方程如下[113]：

$$\frac{\partial(\rho \tilde{Re}_{\theta t})}{\partial t} + \frac{\partial(\rho u_j \tilde{Re}_{\theta t})}{\partial x_j} = P_{\theta t} + \frac{\partial}{\partial x_j}\left[\sigma_{\theta t}(\mu + \mu_t)\frac{\partial \tilde{Re}_{\theta t}}{\partial x_j}\right] \tag{7.87}$$

式中：$\tilde{Re}_{\theta t}$ 为局部转捩动量厚度雷诺数；$P_{\theta t}$ 为转捩控制源项。

$$P_{\theta t} = C_{\theta t}\frac{\rho}{t}(Re_{\theta t} - \tilde{Re}_{\theta t})(1.0 - F_{\theta t}) \tag{7.88}$$

$$t = \frac{500\mu}{\rho U^2} \tag{7.89}$$

$$F_{\theta t} = \min\left\{\max\left[F_{\text{wake}}\mathrm{e}^{\left(-\frac{y}{\delta}\right)^4},\ 1.0 - \left(\frac{\gamma - 1/50}{1.0 - 1/50}\right)^2\right],\ 1.0\right\} \tag{7.90}$$

$$\theta_{\text{BL}} = \frac{\tilde{Re}_{\theta t}\mu}{\rho U},\quad \delta_{\text{BL}} = \frac{15}{2}\theta_{\text{BL}},\quad \delta = \frac{50\Omega y}{U}\delta_{\text{BL}} \tag{7.91}$$

$$Re_\omega = \frac{\rho \omega y^2}{\mu} \tag{7.92}$$

$$F_{\text{wake}} = e^{-\left(\frac{Re_\omega}{1 \times 10^5}\right)^2} \tag{7.93}$$

模型常数为：$C_{\theta t} = 0.03$，$\sigma_{\theta t} = 2.0$。

源项 $P_{\theta t}$ 的功能是强迫 $\tilde{R}e_{\theta t}$ 与边界层以外依经验关联式计算得到的 $Re_{\theta t}$ 相匹配，也就是说，让 $\tilde{R}e_{\theta t}$ 等于边界层外的 $Re_{\theta t}$。混合函数 $F_{\theta t}$ 用来关闭边界层内的生成项 $P_{\theta t}$，从而使得 $\tilde{R}e_{\theta t}$ 从边界层外扩散得到，这样，经验公式（来流条件对于转捩的影响）就与当地流场有机地结合了起来，所以设计 $F_{\theta t}$ 的原则是在边界层内为 1，而在边界层外（自由流）为 0。F_{wake} 的作用是保证混合函数在尾迹区不被激活。

对于 $\tilde{R}e_{\theta t}$ 的边界条件，在壁面处为 0，在进口需要借助经验公式依据湍流强度来估算。

需要说明的是，上述模型包含 3 个经验关联函数：$Re_{\theta t}$、F_{length} 和 $Re_{\theta c}$：

$$Re_{\theta t} = f(Tu, \lambda_\theta) \tag{7.94}$$

$$F_{\text{length}} = f(\tilde{R}e_{\theta t}) \tag{7.95}$$

$$Re_{\theta c} = f(\tilde{R}e_{\theta t}) \tag{7.96}$$

式（7.84）给出了 $Re_{\theta t}$ 估算公式，其中局部湍流度 Tu 按下式计算：

$$Tu = \frac{100}{U} \sqrt{\frac{2}{3} k} \tag{7.97}$$

F_{length} 和 $Re_{\theta c}$ 均为转捩动量厚度雷诺数 $\tilde{R}e_{\theta t}$ 的函数，计算式见文献［113］或文献［18］。

3. 分离转捩修正

当转捩发生在层流分离点附近时，由于分离剪切层的湍动能较小，预测湍动能发展至湍流再附着的位置与实验获得的实际湍流再附着位置相差较大。为了解决这一问题，γ - Re_θ 转捩模型对间歇因子 γ 进行了修正[113]：

$$\gamma_{sep} = \min\left(s_1 \max\left[0, \frac{Re_v}{2.193 Re_{\theta c}} - 1\right] F_{\text{reattach}},\ 2\right) F_{\theta t} \tag{7.98}$$

$$F_{\text{reattach}} = e^{-(R_T/20)^4},\ R_T = \frac{\rho k}{\mu \omega} \tag{7.99}$$

$$\gamma_{eff} = \max(\gamma,\ \gamma_{sep}) \tag{7.100}$$

式中：s_1 为控制层流分离泡（LSB）尺寸的常数，一般取 8；F_{reattach} 为湍流雷诺数的函数，用于一旦涡黏比足够大到引起边界层再附着时使模型修正失效；$F_{\theta t}$ 为 $\tilde{R}e_{\theta t}$ 输运方程中混合函数，它限制修正只在边界层型的流动上发生。k 方程中的破坏项现在受到限制以使它在任何时候都不能超过完全湍流的值。

需要说明的是，为了提高分离流动转捩预测精度，Fluent[17] 采用了与上述分离转捩修正系数略有不同的值，用于控制 Re_V 与 $Re_{\theta c}$ 之间关系的常数不是 2.193，而是 3.235；此外 s_1 取为 2。

4. SST γ -Re_θ 转捩模型

将 γ -Re_θ 转捩模型与 SST k - ω 湍流模型耦合，得到 SST γ -Re_θ 转捩模型。其中对

SST k-ω 湍流模型中的 k 方程进行了修改[113]：

$$\frac{\partial(\rho k)}{\partial t} + \frac{\partial(\rho u_i k)}{\partial x_i} = \frac{\partial}{\partial x_j}\left[\left(\mu + \frac{\mu_t}{\sigma_k}\right)\frac{\partial k}{\partial x_j}\right] + \widetilde{P}_k - \widetilde{Y}_k \tag{7.101}$$

$$\widetilde{P}_k = \gamma_{eff} P_k \tag{7.102}$$

$$\widetilde{Y}_k = \min\left[\max(\gamma_{eff},\ 0.1),\ 1.0\right]Y_k \tag{7.103}$$

式中：P_k 和 Y_k 分别为 SST k-ω 湍流模型 k 方程中的生成项和耗散项。

γ-Re_θ 转捩湍流模型对 SST k-ω 湍流模型的混合函数 F_1 进行了修正。修正的原因是：在层流边界层的中间，F_1 倾向于从 1.0 切换到 0，而这与在层流和转捩边界层中 k-ω 模型总是处于激活状态的愿望是相悖的，因此，需要重新定义 F_1，使其在层流边界层内永远为 1：

$$F_1 = \max(F_{1orig},\ F_3) \tag{7.104}$$

$$F_3 = e^{-\left(\frac{R_y}{120}\right)^8} \tag{7.105}$$

$$R_y = \frac{\rho y \sqrt{k}}{\mu} \tag{7.106}$$

式中：F_{1orig} 为 SST k-ω 湍流模型中的原始混合函数 F_1。

5. SST γ-Re_θ 转捩模型对网格的要求

现有研究认为[113,18]，SST γ-Re_θ 转捩模型对网格敏感性极强。Menter 在文献 [107] 中详细分析了平板绕流、不同类型的透平机械叶栅、风力机 3D 叶片、3D 直升机等算例的计算结果后认为：

（1）为了有效捕捉层流和转捩边界层，必须保证 y^+ 约为 1，最好不超过 1。图 7.10 给出了平板算例 y^+ 对计算得到的表面摩擦系数的影响。可以看出，如果 y^+ 增大（如 $y^+ > 5$），则转捩位置将向上游移动；当 $y^+ = 25$ 时，边界层几乎是全湍流状态。y^+ 在 $0.001 \sim 1$ 范围内，对计算结果不存在明显影响；当 $y^+ < 0.001$，转捩位置将向下游移动，这可能是由特定湍流频率的较大表面值引起的，该频率与第一个网格节点高度成比例。因此，应该避免非常小的值（低于 0.001）。

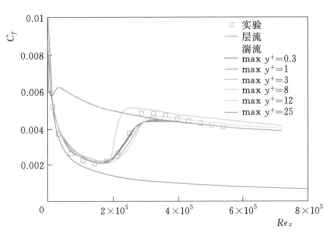

图 7.10　y^+ 对平板转捩计算结果的影响

（2）从第一层网格开始，沿壁面法向的网格增长率应小于 1.1。如果网格增长率达 $1.2 \sim 1.4$，则存在转捩位置向上游移动的现象，尽管移动量不很大。

（3）在流向应该保证有 $75 \sim 100$ 个网格节点。如果存在分离转捩，则在流向需要适当增加节点数量。

（4）对于水泵等叶轮机械的叶片，在流向和展向上应该分别有 $100\sim150$ 个网格节点，无论工作面还是吸力面均如此。

（5）建议对平均流动、湍流和转捩方程采用有界二阶迎风格式进行空间离散。

6. 入口湍流水平的指定

研究发现，入口处指定的湍流强度 Tu 随入口涡黏比 μ_t/μ 的变化而迅速衰减[17]。因此，入口下游的局部湍流强度可能比入口值小得多。通常情况下，入口涡黏比越大，湍流衰减率越小。但是，如果指定涡黏比过大（如大于 100），则表面摩擦会明显偏离层流值。有实验证实了这种物理影响的存在，然而，目前尚不清楚转捩模型对这种行为的预测精度。因此，可能的话，最好利用一个相对较低的入口涡黏比（为 $1\sim10$），并估计湍流强度的入口值，以便在叶片/翼型的前缘处，湍流强度已经衰减到预期值。湍动能的衰减可以用下列解析解来计算：

$$k = k_{\text{inlet}} \ (1 + \omega_{\text{inlet}}\beta_t)^{-\beta^*/\beta} \tag{7.107}$$

常数 $\beta=0.09$，$\beta^*=0.828$。时间尺度由下式确定：

$$t = \frac{x}{V} \tag{7.108}$$

x 为从入口起算沿流动方向的距离，V 为平均对流速度。涡黏度 μ_t 定义如下：

$$\mu_t = \frac{\rho k}{\omega} \tag{7.109}$$

根据入口湍流强度（Tu_{inlet}）和入口涡黏比（μ_t/μ），湍流强度的衰减可重写为

$$Tu = \left\{ Tu_{\text{inlet}}^2 \left[1 + \frac{3\rho V x \beta (Tu_{\text{inlet}}^2)}{2\mu \ (\mu_t/\mu)_{\text{inlet}}} \right]^{-\beta^*/\beta} \right\}^{0.5} \tag{7.110}$$

应该保证叶片或翼型周围的 Tu 值总体上大于 0.1%。如果 Tu 较小，SST 模型的生成项对转捩起始的反应太慢，转捩可能被推迟到物理正确位置后面。

7. 壁面粗糙度修正

壁面粗糙度对边界层转捩有重要影响。当使用 SST γ-Re_θ 转捩模型时，要体现粗糙度对计算结果的影响，则需要在两个环节做出修正[116]：一是在湍流模型中考虑粗糙度对湍流边界层的影响，即修改湍流模型；二是在转捩模型中考虑粗糙度对转捩位置的影响，即修改转捩模型。

（1）湍流模型的修改。对湍流模型进行修改的目的是体现粗糙度对湍流边界层的影响。其实，这项工作与转捩并无直接关系，目前有许多这方面的成果，代表性的成果是 Hellsten 等[117]提出的对 SST k-ω 湍流模型的粗糙度修正方法。该方法通过对壁面处湍动能 k 和比耗散率 ω 的修正来模拟粗糙度的影响，具体方法如下：

$$\omega_W = \frac{u_\tau^2}{\nu} S_R \tag{7.111}$$

式中：ω_W 为壁面位置的湍动能比耗散率；$u_\tau = \sqrt{\tau_W/\rho}$ 为摩擦速度，τ_W 为壁面剪切应力；ν 为运动黏度；S_R 为无量纲系数。

S_R 定义为

$$S_R = \begin{cases} (50/K_s^+)^2 & K_s^+ \leqslant 25 \\ 100/K_s^+ & K_s^+ > 25 \end{cases} \tag{7.112}$$

K_s^+ 为无量纲的表面沙粒粗糙度，其定义为

$$K_s^+ = \frac{u_\tau K_s}{\nu} \tag{7.113}$$

式中：K_s 为表面等效沙粒粗糙度，其物理意义如图 3.6 所示。

为准确模拟边界层内的流动，还需要在 SST $k\text{-}\omega$ 湍流模型的涡黏表达式中增加一个掺混函数 F_3，具体表达式见文献 [117]。

（2）转捩模型修改。转捩模型修改的目的是在转捩模型中体现表面粗糙度对转捩位置的影响。原始 $\gamma\text{-}Re_\theta$ 模型中的经验关联公式是基于光滑平板低速绕流实验数据拟合得到的，其中最为重要的是起始位置边界层转捩动量厚度雷诺数与当地湍流度、速度梯度、压力梯度等的经验关联公式。现需要在此基础上对公式进行改写，使模型具备预测粗糙表面流动转捩的能力。

Stripf 等[118]重新定义了一个粗糙表面的转捩动量厚度雷诺数 $Re_{\theta t\_Rough}$，该变量与等效沙粒粗糙度 K_s 和边界层的位移厚度 δ^* 有关，其表达式为

$$Re_{\theta t\_Rough} = \begin{cases} Re_{\theta t} & K_s/\delta^* \leqslant 0.01 \\ \left[\dfrac{1}{Re_{\theta t}} + 0.0061 f_A \left(K_s/\delta^* - 0.01 \right)^{f_{\sigma_{Tu}}} \right]^{-1} & K_s/\delta^* > 0.01 \end{cases} \tag{7.114}$$

式中：函数 f_A 用于描述粗糙单元几何结构，即形状、排列规律等的影响；$f_{\sigma_{Tu}}$ 为当地自由流湍流的函数。

$f_{\sigma_{Tu}}$ 定义为

$$f_{\sigma_{Tu}} = \max \left[0.9, \ 1.61 - 1.15 \mathrm{e}^{(-\sigma_{Tu})} \right] \tag{7.115}$$

式中：σ_{Tu} 为当地湍流度。

式（7.114）虽然给出了基于实验数据拟合得到的转捩动量厚度雷诺数与表面等效沙粒粗糙度的关系，但该关系式与 $\gamma\text{-}Re_\theta$ 转捩模型中的经验关联公式不同，其中的边界层位移厚度和转捩动量厚度是全局变量，进行数值模拟时需要进行积分求解。为克服这个问题，李虹杨等[116]引入流场当地位移厚度，重新建立形如式（7.114）的表达式，并与 $\gamma\text{-}Re_\theta$ 转捩模型中的输运方程相结合，进而得到粗糙表面转捩动量厚度雷诺数 $Re_{\theta t\_Rough}$ 的分布，较好地预测了涡轮叶片流动转捩特征，有关公式详见文献 [116]。

在 Fluent 和 CFX 等软件中，也提供了考虑壁面粗糙度的转捩模型修正。其修正思路与上面介绍的过程基本相同，只是未公开转捩模型修正的具体公式。在使用时，必须激活湍流模型设置界面中的粗糙度修正选项，其次需要指定几何粗糙高度 k 作为输入参数。详见文献 [17] 和文献 [18]。

8. 模型的不足

SST $\gamma\text{-}Re_\theta$ 转捩模型通过经验关联函数来控制边界层内间歇因子的生成，而后再通过间歇因子与湍流模型联合来控制转捩的发生。然而，间歇因子模型中的经验公式最初源于不同湍流度和不同逆压梯度下平板边界层的转捩实验[119]，水泵的叶型一般为具有一定程度弯曲的弧形且曲率较大，依赖平板边界层实验所获得的间歇因子模型中的经验关联函数在水泵中并不完全适用，需要针对水泵的结构特点，修正现有间歇因子模型中关联函数的经验公式。

总体而言，SST γ-Re_θ 转捩模型以实验拟合公式为基础，对转捩机理考虑得过少，试图完全用数值试验来模拟各种类型的转捩过程，其代价是模式中参数过多。读者可根据自己的实验结果自行更改经验公式中的系数。只要经验公式能够达到足够精度，这个模型就可以较准确地预测转捩过程。

7.3.4　边界层转捩计算实例

吴钦等[120]采用 SST γ-Re_θ 转捩模型对绕振荡水翼的转捩流动进行了计算，并将计算结果与不带转捩模型的单纯 SST k-ω 模型计算结果进行了对比。现将主要研究成果介绍如下。

1. 计算对象

计算对象为 NACA 66 型水翼。水翼弦长 $c = 150$mm，按图 7.11 所示规律以速度 $\dot{\alpha} = 6°/s$ 绕支撑轴做振荡运动，支撑轴位于距水翼前缘 $x/c = 0.5$ 弦长处。振荡过程中，水翼攻角从 $0°$（振荡的起始位置）向上振荡到 $15°$（振荡的最大幅度），再从 $15°$ 回转到 $0°$。现分析水翼在振荡过程中水翼表面和周围流场变化情况。计算域如图 7.12 所示。计算采用速度入口和压力出口作为边界条件，计算工况与实验[121]一致，雷诺数 $Re = 7.5 \times 10^5$，空化数 $\sigma = 8.0$，即无空化条件。

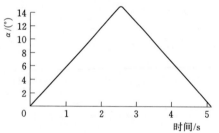

图 7.11　水翼转角随时间的变化情况

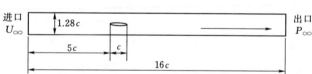

图 7.12　水翼绕流计算域与边界条件设置

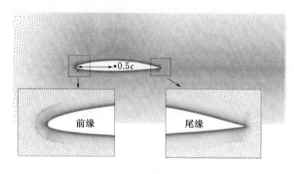

图 7.13　水翼绕流计算网格

2. 计算模型

采用动网格技术模拟水翼振荡，采取六面体网格与四面体网格相结合的方法进行网格划分，计算网格如图 7.13 所示。为了实现水翼振荡运动，水翼周围的随体网格采用六面体网格，远离壁面的流域采用非结构化网格，水翼前缘、尾缘和尾迹区域进行了网格加密，网格总数 1.2×10^5，水翼近壁边界层区域布置 50 个节点，保证 $y^+ \approx 1$。

本节使用了雷诺数、升力系数、阻力系数、翼型吸力面载荷系数等无量纲参数，相关定义见文献［120］。

3. 计算结果与讨论

采用 SST k-ω 模型（以 without transition model 标记）和 SST γ-Re_θ 转捩模型（以

with transition model 标记）分别完成了水翼在不同攻角下的绕流计算[120]。图 7.14 给出了计算得到的水翼升力系数和吸力面载荷系数随着攻角变化情况。图 7.15 给出了计算得到的流场流线分布和 Q 涡量分布。

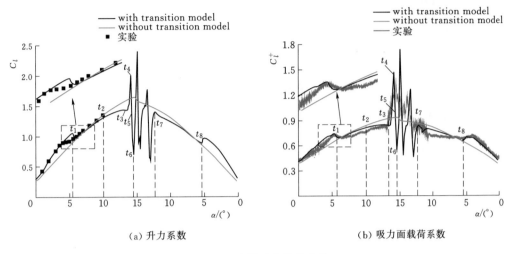

（a）升力系数　　　　　　　　　　　　　（b）吸力面载荷系数

图 7.14　水翼动力特性曲线

根据图 7.14 可以看出，水翼动力特性随转角变化可划分为以下 5 个特征阶段：

（1）初始阶段（$\alpha^+ = 0° \sim 4°$）。这时升力系数和吸力面载荷系数均随着攻角变大而线性增长，采用两种湍流模型计算得到的结果相差不大。

（2）转捩阶段（$\alpha^+ = 4° \sim 6°$）。这一阶段的来流攻角较小，转捩模型预测得到的水动力特性曲线出现了转折点，而非转捩模型并未预测到这个转折点，如图 7.14 所示，说明在水翼前缘发生层流向湍流的转捩现象。图 7.15 的局部放大图可以看到这种现象。

（3）发展阶段（$\alpha^+ = 6° \sim 13.5°$）。随着水翼旋转角度增大，顺时针尾缘涡逐渐形成并向水翼前缘发展，如图 7.15 所示。两种湍流模型预测结果相差不大。

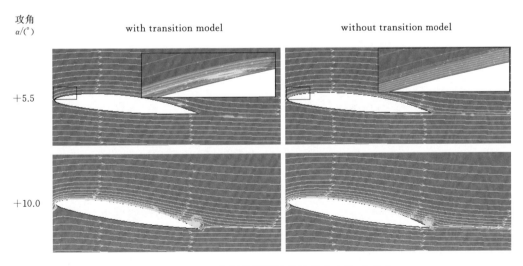

图 7.15（一）　绕振荡翼型流场流线分布和 Q 分布

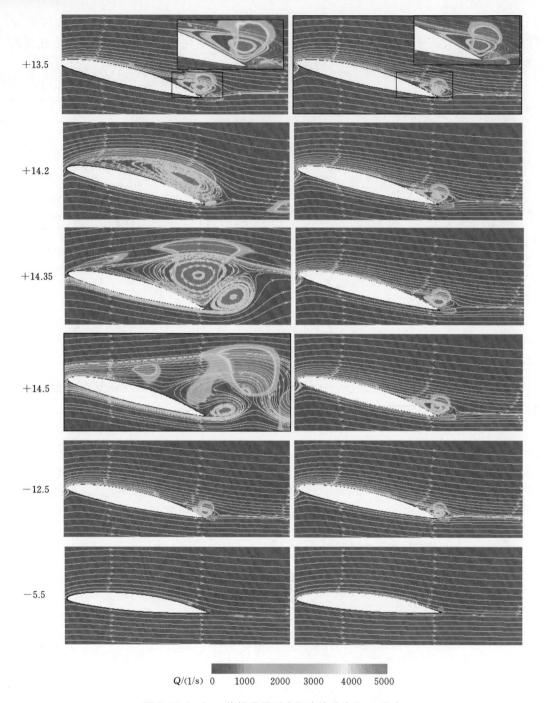

$Q/(1/s)$　0　1000　2000　3000　4000　5000

图 7.15（二）　绕振荡翼型流场流线分布和 Q 分布

（4）失速阶段（$\alpha^{+}=13.5°\sim\alpha^{-}=12.5°$）。在这一阶段，前缘涡发生分离，如图 7.15 所示。采用非转捩模型计算得到的升阻力系数和吸力面载荷系数发展较平缓，而采用转捩模型计算得到的动力曲线出现了明显波动，如图 7.14 所示。这说明水翼进入失速状态。

（5）恢复阶段（$\alpha^{-}=12.5°\sim0°$）。当水翼顺时针向下旋转时，流动逐渐由湍流过渡为层流。

上述研究表明，转捩导致水翼动力特性曲线出现拐点，水翼前缘涡的流动分离是导致水翼动力失速的主要原因。带有转捩的湍流模型可以有效预测水翼转捩现象。

7.4 水泵瞬态流动及压力脉动分析

叶轮和蜗壳的动静耦合作用、旋转失速、空化及来流扰动等因素都可导致水泵内部流动呈现瞬态特性，而离心泵的稳态计算是将瞬态流动简化为叶轮在某一位置处的流动，叶片相对于蜗壳隔舌的初始位置对最终模拟得到的流场有直接影响，稳态计算不能模拟出随着叶轮旋转泵内流动特性的变化，因此，需要借助瞬态计算来模拟泵内瞬态流场，预测泵内压力脉动。与稳态计算相比，瞬态计算需要更大的计算资源和计算时间。

7.4.1 水泵瞬态流动计算方法

与稳态流动计算相比，瞬态流动计算有如下变化：

（1）需要选择体现瞬态流动特点的旋转参考系模型。常用模型是滑移网格模型SMM，也称为瞬态转子-静子模型（transient rotor-stator model）。该模型的核心任务是设置滑移界面。

（2）需要选择与瞬态流动相适应的湍流模型。为了体现瞬态流动特征，应该选择与瞬态流动相适应的湍流模型，详见7.1节。

（3）需要给定流场初始条件。流场初始条件是瞬态计算的必备输入值，通常可先对流场进行稳态计算，然后将稳态计算结果作为瞬态计算的初始值。对于某些随时间变化的边界条件，也可视为初始条件之一，可采用UDF等功能加以输入。

（4）需要设置时间相关项。包括时间步长及计算持续时间（时间步数）等，详见第2章2.3节。

（5）需要设置压力脉动等瞬态信息监测点或监测面。设置监测点或监测面主要是为了观察特定位置的流场瞬态特性变化情况。监测点可设置在流场中，也可设置在壁面上，如叶片表面。

（6）需要设置每隔一定时间间隔保存的物理量信息。一方面需要了解瞬态问题持续过程中流场演变情况；另一方面，由于瞬态计算持续时间较长，为避免计算机断电或其他计算中断现象导致数据丢失，可每隔若干时间步在硬盘上保存瞬态计算结果。

（7）在后处理方面可能需要增加动画，来表征压力、速度、流线等随着时间变化情况。

接下来通过一个实例来介绍水泵瞬态计算实例。

7.4.2 离心泵瞬态流动计算模型设置

本节以一台双吸离心泵为例，介绍如何使用Fluent进行流场瞬态流动计算，并重点介绍如何得到泵内部的压力脉动特性。

所采用对研究对象是一台双吸离心泵，如图7.16所示，水泵转速2910r/min，在设计工

况下水泵出口平均流速 4.14m/s。为了使泵内产
生比较显著的瞬态流场，假定进口压力按正弦波
变化，即总压（静压与速度水头之和）为 $P_{total}=$
$128590+2452.5\times\sin(308.92t)$（Pa）。实际上，
即使采用稳定的来流条件，由于叶轮与蜗壳的动
静耦合作用，泵内流场（特别是蜗壳隔舌附近）
也是非定常的，也可通过瞬态计算得到这个非定
常结果。

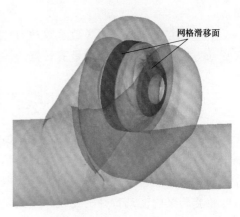

图 7.16　网格滑移面示意图

　　叶轮为旋转部件，采用旋转坐标系进行描
述。对于转子部件和定子部件之间的交界面，
引入滑移网格技术进行处理，如图 7.16 所示。
计算网格满足第 5 章的相关要求。

　　这里只给出与稳态计算有区别的设置环节。

1. 总体设置

　　选择模型树节点 General，激活选项 Pressure-Based、Transient、Absolute。激活
Gravity 选项，设置 Gravitational Acceleration 的 Y 方向分量为$-9.81m/s^2$（Y 方向垂直
向上为正）。

2. 模型设置

　　模型树节点 Models→Viscous→Viscous Model 对话框，从 Model 中选择 Detached
Eddy Simulation 湍流模型，从 RANS Model 中选择 Spalart-Allmaras，其他保持默认值。

3. 边界条件设置

　　（1）进口总压条件。进口边界为总压条件，需要使用 UDF 功能来完成。为此，借助
DEFINE_PROFILE 宏，在 pump.c 程序中指定水泵进口边界上的总压，程序如下。

```
#include "udf.h"
DEFINE_PROFILE(unsteady_pressure,thread,position)
{
  face_t f;
  real t=CURRENT_TIME;
  begin_f_loop(f,thread)
    {
      F_PROFILE(f,thread,position)=128590+2452.5*sin(308.92*t);
    }
  end_f_loop(f,thread)
}
```

　　在程序中，face_t 为一整型数据，用来标识一个面线程中某个特定面的标号；real t
定义实型变量，表示当前时刻的值；begin/end_f_loop 为在一个 face 线程中遍历所有的
face，本例中为遍历进口断面的所有面网格；F_PROFILE（f，thread，position）为宏函
数，将计算得到的压力分配到进口断面上。

选择模型树节点 User Defined Functions→Interpreted···→Interpreted UDFs 对话框，添加 UDF 源文件 pump.c，激活 Display Assembly Listing 选项，单击 Interpret 生成解释型 UDF 文件，此后文件内容将自动保存在 case 文件中。

接着，选择模型树节点 Boundary Conditions→pump_inlet，设置 Type 为 pressure-inlet，在展开的 Pressure Inlet 面板中，选择 Momentum 标签页，设置 Gauge Total Pressure 为 udf unsteady_pressure（该值等于水泵进口总压值），设置 Supersonic/Initial Gauge Pressure 为 125514.8Pa（该值只用于流场初始化，即采用该值对初始流场压力进行设置，一般可取与水泵进口实际工作压力相当的一个值），选择 Turbulence Specification Method 为 Intensity and Hydraulic Diameter，设置 Turbulence Intensity 为 5%（一般可按此设置），设置 Hydraulic Diameter 为 0.2m。

（2）出口速度条件。在水泵出口设置速度边界条件。由于 Fluent 并未提供速度出口条件，这里借助速度入口条件来完成。选择出口边界 Type 为 velocity-inlet，在 Momentum 标签页的 Velocity Magnitude 中填入−4.414（负值表示流出）。

4. 滑移网格模型设置

参照第 6 章 6.5 节进行设置。选择叶轮流体区域 r1，在 Type 列表选中 fluid，在展开的 Fluid 对话框中，选择 Motion Type 为 Moving Reference Frame，输入旋转速度，本例为−2950r/min，方向根据右手螺旋定则判断。

5. 数据监测点的设置

监测点和记录面通常设定在流道中具有代表性的位置。在本例中，为了得到泵内的压力脉动特性，在压水室表面和叶片表面分别设置了压力脉动监测点，如图 7.17 和图 7.18 所示。同时为了得到扬程和功率随叶轮旋转的变化规律，在泵的进出口设置了记录面，并记录转子的扭矩。

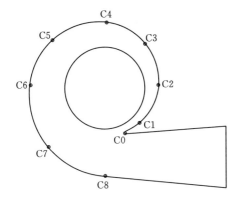

图 7.17 压水室壁面压力脉动监测点

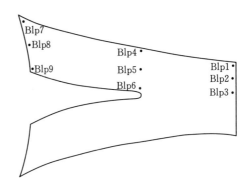

图 7.18 叶片表面压力脉动监测点

（1）压水室监测点的生成。选择菜单项 Setting Up Domain→Surface→Create→Point···，激活 Point Surface 对话框。可以看到，监测点的生成有两种方法：一是直接输入点坐标，即在 Coordinates 下面的列表框分别输入坐标值；二是单击 Select Point with Mouse，在网格显示窗口中直接点选。本例采用直接输入坐标的方式生成压水室监测点。在输入 New Surface Name 编辑框输入点的名称（如 C0）即可。

（2）叶片表面监测点的生成。由于叶轮是旋转部件，故其监测点生成相对麻烦一些，需要通过在监测点相应位置处的叶片上分离一个面网格，然后由系统自动取该面网格的平均值作为监测点的压力值。

第一步为标记网格单元：选择 Setting Up Domain→Adapt→Mark/Adapt Cells→Region…，打开 Region Adaption 对话框，在要生成的监测点附近确定一个很小的区域，标记区域内部的面网格。Options 栏目中 Inside 和 Outside 分别对应标记该区域内部或者外部的面网格，这里选择 Inside；Shapes 栏目对应区域的形状，分别为 Hex（六面体）、Sphere（椭圆）和 Cylinder（圆柱）3 种，这里选择 Cylinder，对话框右边的 Input Coordinates 区域会展开相应的确定区域大小的参数，分别为 X、Y 和 Z 方向的最大值、最小值及圆柱半径。这里不需要手动输入各参数的值，可以通过在要分离的面网格附近单击三次鼠标左键，程序会根据自动计算各参数。具体操作为单击 Select Point with Mouse，在显示叶片的窗口用鼠标右键点选网格，如图 7.19 所示，然后单击 mark 图标，如显示已标记 1 个网格则结束标记，否则重新标记网格。

第二步将标记的网格单元从叶片中分离出来：选择 Setting Up Domain→Zones→Separate→Faces…，打开 Separate Face Zones 对话框。在 Options 选项中选择 Mark，在 Registers 中选择上一步标记的网格，Zones 为标记的网格所在的边界，然后单击 Separate 将网格单元分离出来。

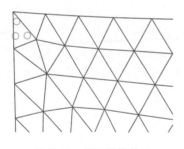

图 7.19　标记网格单元

（3）监测点数据实时输出设置。在 Fluent 18.0 以前的版本中单击 Solve/Monitors/Surface 选项可打开 Surface Monitors 对话框，在新版本中需要选择 Solution→Montors→Report Plots 打开 New Report Plot 对话框。以老版本为例，在 Every 栏中输入的数据表示为每隔多少时间步输出监测点的信息，在 When 栏的下拉列表中有 Time Step 和 Iteration 两种情况，表示按时间步或者迭代步输出。单击 Define 图标，打开 Define Surface Monitor 对话框，在 Report of 列表框中选择要记录的变量，Report Type 设置变量的求解方法。本例中，为了得到泵内的压力脉动特性，将记录变量（Report of）选为 Static Pressure，积分方法（Report Type）选为 Facet Average，然后从 Surfaces 列表中选择一个点（如 C0）即可。同时，可以指定 X 轴坐标为 Time Step，指定输出文件为 monitor-C0.out，这样，在 Fluent 计算过程中将把 C0 点的压力脉动数据输出到指定文件中。

为了得到泵的扬程，需要监测泵进出口位置的总能量。为此，借助 Define Surface Monitor 对话框，将记录变量改为 Total Pressure，积分方法为 Mass-Weighted Average 即可。

还可以得到叶轮在某一方向上所受到的力及转矩。单击 Solve/Monitors/Force 选项，打开 Force Monitors 对话框。以记录叶轮对转轴的转矩为例，在 Wall Zones 选中叶轮所有的旋转壁面，转矩计算的中心为双吸离心泵的中心，About 选择泵转轴所在的坐标轴，Coefficient 下拉列表中选择 Moment，选中 Polt 和 Write 复选框，就可以在计算中实时显示并在硬盘上输出转矩系数。

6. 求解器的设置

选择模型树节点 Solution→Methods，打开 Solution Methods 面板。选择 Pressure-Velocity Coupling 为 PISO，对 Momentum 和 Modified Turbulent Viscosity 分别选择 Bounded Central Differencing（有界中心差分格式）和 First Order Upwind（一阶迎风格式），其余用默认值。

7. 初始流场的设置

为了节省计算时间，瞬态计算的初始流场通常为稳态计算收敛的流场。为此，可以先让 Fluent 进行稳态计算，收敛后生成结果文件（Data 文件）。注意稳态结果的文件名必须与瞬态计算的 Case 文件名一致。单击 Rade/Date 选项，读入该文件即可。当然，进口的 UDF 文件在稳态计算时不需要激活，可采用 t 为 0 时的进口总压条件进行稳态计算。

8. 中间计算数据的自动保存

水泵瞬态计算往往需要较长的计算时间，为防止断电等意外事情导致计算数据丢失，在计算过程中数据的自动保存很重要。选择 Solution→Calculation Activities→Edit…，打开 Autosave 对话框，设置 Case 和 Data 文件自动保存的频率。由于计算采用了滑移网格技术，叶轮区域的网格是旋转的，每一时间步的 Case 是不同的，因此需要同时保存 Case 和 Data 文件，并设置相同的保存频率。

9. 瞬态流动的动画显示

为了显示叶轮和蜗壳动静耦合作用等造成的瞬态流动特性，例如，观察压水室内部的流动随着时间变化情况，需要对叶轮旋转过程中压水室内的压力场的变化情况进行监控或者称为录像。单击 Solving→Activities→Create→Solution Animations…，打开 Animation Definition 对话框。在 Name 中输入录像的名称，在 Record after every 中指定的数值作为间隔的时间步数记录录像的一帧。Storage Type 表示录像的类型。本例是做压力场的动画，所以在 Animation Objects 区域选择 Contour Pressure，就会弹出 Contours 对话框，需要给定要显示压力分布的表面，这里选择叶片表面和压水室对称面，然后单击 Save/Display 按钮，原本空的窗口出现如图 7.20 所示的图形。在迭代求解时，这一个窗口中的图形不断变化，从而演示了叶轮和蜗壳的动静耦合作用。

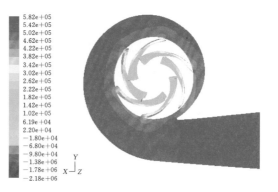

图 7.20　录像显示窗口

10. 时间步长及迭代求解的设置

非定常计算体现的是流场随时间变化的特性，要在时间域上进行求解，需要对时间域进行离散。合理地选择时间步长以保证算法的稳定性，取得收敛速度和计算精度的平衡是非常重要的。水泵的时间步长场采用叶轮旋转周期的 $1/40 \sim 1/360$，本例中选为 $1/80$。相关讨论见第 2 章。

在 Run Calculation 面板中，选择 Time Stepping Method 为 Fixed（固定时间步长），

设置 Time Step Size 为 0.00025s，设置 Number of Time Steps 为 800，表示要求解的时间步数，与前者的乘积即为求解流动的时间。设置 Max Iterations/Time Step 为 40，表示每一时间步最大的迭代次数为 40。如果 Fluent 在未达到该次数前就已达到收敛标准，则停止该时间步的计算，转入下一时间步的求解。用户可根据经验设置较小的收敛残差标准，在 Max Iterations/Time Step 框中键入一个稍大的迭代次数，通过观察残差和监测点变量的变化情况，不断调整这个迭代次数的限制值以提高计算效率，并保证计算精度。

在完成上述设置之后，便可开始进行瞬态流动计算。在常规计算机上，计算 800 个时间步，大约需要 80 个小时。

7.4.3　离心泵瞬态流动计算结果

在完成了上述设置和计算后，便得到了离心泵在设计工况下瞬态流动计算结果。选择叶轮一个旋转周期内的 5 个典型时刻，分析吸水室、叶轮和压水室内的压力和速度分布情况。如图 7.21 所示，所选取的典型时刻 $t1$、$t2$、$\cdots$、$t5$ 是随着叶轮旋转根据叶片 1 与蜗壳隔舌的相对位置确定的。5 个时刻的持续时间是一个叶片的旋转周期。另外，在吸水室和压水室中设置了不同的截面，来分析曲面上的速度和压力分布。由于在流场后处理时截取曲面存在一定难度，在吸水室内流场分析时选取了图 7.21 显示的轮廓面作为截面 1。

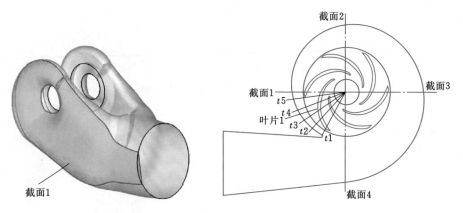

图 7.21　吸水室和压水室截面设置

1. 吸水室内流场特性

图 7.22 为设计工况下 $t1\sim t4$ 时刻吸水室截面 1 的压力分布。可以看到，随着叶轮旋转 60°（对应于一个叶片的通过周期），吸水室截面 1 上的压力分布趋势变化不大，在远离隔舌的一侧靠近轴孔位置区域存在一个低压区。

2. 叶轮内流场特性

图 7.23 表示设计工况下 $t1\sim t5$ 时刻叶片 1 工作面压力分布。可以看到，在各个时刻下，叶片工作面的压力分布比较均匀。随着叶轮的旋转，叶片头部和中部的压力变化并不明显，但叶片出口区域压力变化则比较大。当叶片位于隔舌附近时，对应于 $t1$ 和 $t2$ 时刻，叶片出口区域的压力值较低；当叶片离开隔舌区后，对应于如 $t3$ 和 $t4$ 时刻，叶片出口区域的压力基本不发生变化，如 $t3\sim t5$ 时刻。叶片头部压力增加的较快，说明压力梯

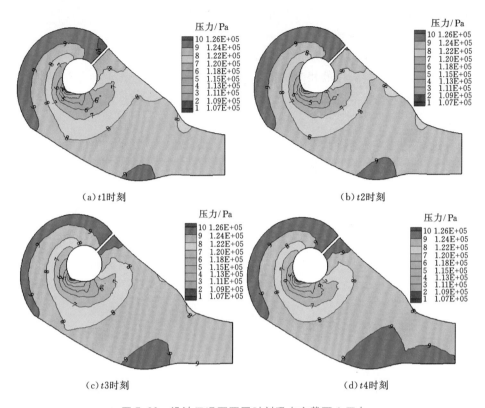

图 7.22 设计工况下不同时刻吸水室截面 1 压力

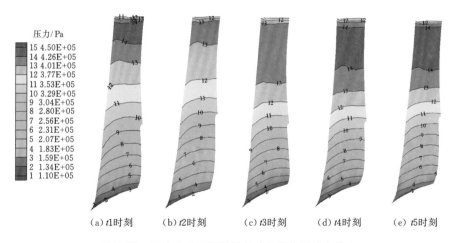

图 7.23 设计工况下不同时刻叶片工作面压力分布

度较大，而叶片尾部压力梯度变小，叶片出口附近还出现了小范围内的压力降低。

3. 压水室内流场特性

图 7.24 表示设计工况下 $t1 \sim t4$ 时刻叶轮和压水室对称面上的压力分布。可以看到，叶轮区域对称面上的压力分布较均匀，基本随时间无变化。不同时刻下，压水室对称面上的压力分布相似，但压水室锥管段的压力值相差较大。在靠近叶片出口区域存在一个低压

区，且随着叶片的旋转而旋转。当叶片出口边与隔舌距离较近时，如图 7.24（a）所示，压水室扩散管内的压力相对较小。在叶片出口边与隔舌距离较远时，如图 7.24（b）～（d）所示，扩散管内的压力较大。这一结果与稳态计算结果有明显差异，这说明当采用稳态数值计算时，叶片与隔舌的相对位置不变，所得到的计算扬程值会存在一定的偏差。

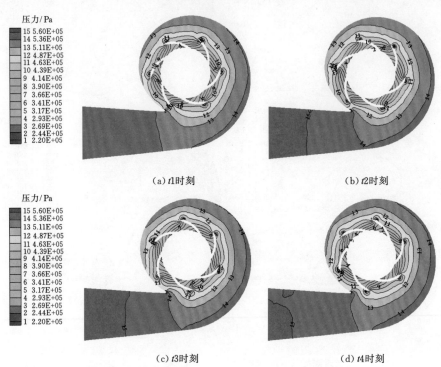

(a) $t1$ 时刻　(b) $t2$ 时刻
(c) $t3$ 时刻　(d) $t4$ 时刻

图 7.24　不同时刻叶轮和压水室区域对称面压力分布

7.4.4　离心泵压力脉动计算结果

在 7.4.2 节设置计算模型时，分别在压水室和叶片表面设置了若干个压力脉动监测点，如图 7.17 和图 7.18 所示。在瞬态计算完成后，这些监测点的压力脉动数据文件已单独生成，如 C0 点的压力脉动数据文件 monitor-C0.out 如下：

```
"Convergence history of Static Pressure on C0 (in SI units)"
"Time step" "Facet Average Static Pressure"
1 446954.91
2 519234.19
3 462136.53
4 507185.28
6 514154.24
7 512178.59
......
```

第一列数据为时间步，第二列为压力值。据此可直接生成压力脉动时域图，即压力脉动与时间的关系曲线。由于瞬态计算中初始阶段的解是不稳定的，建议将前几个旋转周期的数据去掉，然后剩下的压力脉动数据进行 FFT 变换，可以得到压力脉动的频域特性。

如果直接用绝对值表示压力脉动，则很难发现压力脉动的变化情况，因此，一般采用如下两种方式来表示离心泵压力脉动：一是峰值 ΔP；二是压力系数 C_P。压力系数具有如下 3 种不同表达式：

$$C_P = \Delta P / (0.5 \rho u_2{}^2) \tag{7.116}$$

$$C_P = \Delta P / \overline{P} \tag{7.117}$$

$$C_P = \Delta P / H \tag{7.118}$$

式中：ΔP 为压力与其平均值之差；$\overline{P}$ 为平均压力；H 为该工况下的扬程；ρ 为密度；u_2 为叶轮出口的圆周速度。

除此之外，有时还采用峰峰值表示压力脉动。峰峰值是指一定时间段内压力最高值与最小值之差，就是最大与最小之间的范围。为了剔除干扰信号影响，有时需要引入置信度来表示压力脉动峰峰值。

本例采用第一种方式，即式（7.116）来表示压力脉动。

1. 叶片表面压力脉动

图 7.25 给出了设计工况下叶片表面部分监测点的压力脉动时域图。通过对各测点压力脉动的时域图分析发现，在叶片表面压力脉动波形稳定，周期性明显，但各监测点的变化规律有较大差别。从叶片进口到出口，一个脉动周期内各监测点压力脉动的变化规律相差较大。在叶片进口边，叶片工作面测点的脉动值要大于叶片背面。在叶片出口边位置，叶片背面测点的脉动值要大于叶片工作面。

图 7.26 表示设计工况下叶片表面各监测点的压力脉动频域图。可以看到，各测点压力脉动频率的主频均为叶轮转频及其谐频。

对于靠近叶片进口正背面的监测点，如图 7.26（a）所示，压力脉动的主频均为叶轮转频，且叶片中间测点的主频幅值大于前后盖板两侧的测点。叶片正背面前盖板侧的测点 Blp7 和 Bls7，频率分布一致，主频幅值比较接近，幅值相对较大的频率分别为 3 倍和 2 倍的叶轮转频。叶片中间测点 Blp8 和 Bls8，主频幅值比较接近，Blp8 测点幅值相对较大的频率分别为 2 倍和 3 倍的叶轮转频，Bls8 测点幅值相对较大的频率为 3 倍的叶轮转频。叶片正背面后盖板侧的测点 Blp9 和 Bls9，两测点频率的分布情况一致，Bls9 测点的主频幅值较大，幅值相对较大的频率为 2 倍的叶轮转频。

对于靠近叶片出口位置正背面的监测点，如图 7.26（b）所示，由于叶片出口与蜗壳隔舌的间距最小，叶片出口测点的频率成分较多，且各频率成分的幅值也相对较大。叶片背面测点的幅值大于叶片正面测点，且叶片中间测点的主频幅值大于前后盖板两侧的测点。叶片正面 3 个测点的频率分布规律不同，从前盖板到对称面测点的主频分别为 1 倍、4 倍和 6 倍的叶轮转频。叶片背面测点的幅值由大到小分别为 3 倍、2 倍、4 倍、5 倍和 1 倍叶轮转频，其中 3 倍叶轮转频占据主导地位。

综合分析可知，在叶片进口边区域，叶片工作面的脉动幅值与背面比较接近。在叶片出口边，背面脉动幅值值大于工作面。叶片正面从进口到出口，主频幅值逐渐较小。叶片背面进口边主频幅值最大，中间部位最小。

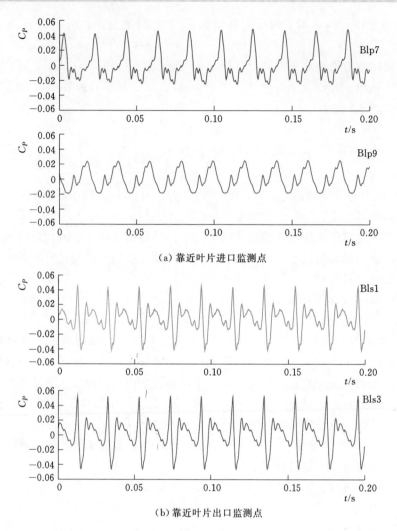

（a）靠近叶片进口监测点

（b）靠近叶片出口监测点

图 7.25　设计工况下叶片表面压力脉动时域图

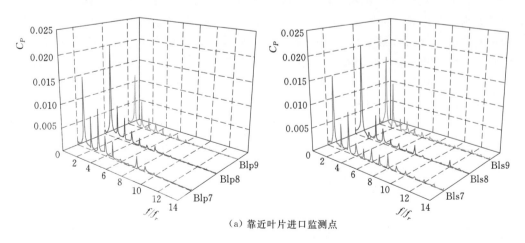

（a）靠近叶片进口监测点

图 7.26（一）　叶片表面部分监测点压力脉动频域图

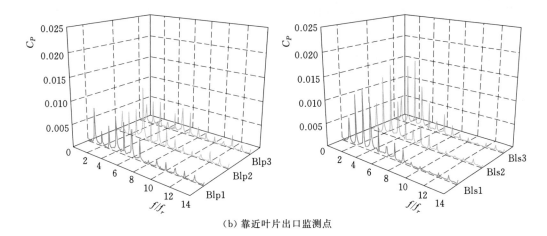

（b）靠近叶片出口监测点

图7.26（二）　叶片表面部分监测点压力脉动频域图

2. 压水室压力脉动

　　图7.27给出了设计工况下压水室壁面上部分监测点的压力脉动时域图。通过对各测点压力脉动的时域特性分析发现，各测点压力脉动波形稳定，周期性明显。随着水流向下游流动，压力脉动的峰峰值逐渐减小。

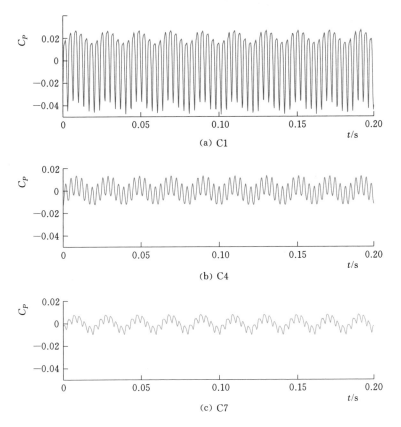

（a）C1

（b）C4

（c）C7

图7.27　压水室壁面部分监测点压力脉动时域图

　　图 7.28 为设计工况下压水室对称面壁面上监测点 C0～C8 的压力脉动频域特性，可以看出压力脉动的主要频率成分为叶轮转频和叶片通过频率。由于叶轮和压水室间动静干涉作用，压水室内压力脉动存在显著的叶片通过频率成分，在 C0 和 C1 测点处还存在明显的叶片通过频率的谐频成分。隔舌区域 C0～C2 测点的压力脉动的幅值较大，其中 C1 测点压力脉动幅值最大。当测点与隔舌位置有一定距离后，如测点 C3，压力脉动幅值显著降低。

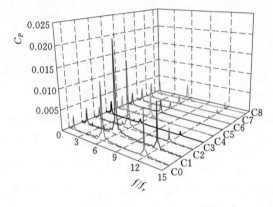

图 7.28　压水室壁面 C0～C8 监测点压力脉动频域图

第8章 旋转分离流动分析

离心泵内部流动具有强旋转、大曲率特征，在小流量工况下经常存在比较突出的流动分离现象，LES 方法和 RANS-LES 混合方法是有效捕捉分离流动特征的主要数值方法。本章首先介绍 LES 方法中常用的 SGS 模型，并探讨这些模型在模拟叶轮分离流动时的适用性，然后引入一种改进的 SGS 模型，并用改进的 SGS 模型来分析离心泵叶轮失速现象。

8.1 SGS 模型适用性分析

由于可以通过滤波尺度来控制求解的湍流尺度，因此从理论上讲大涡模拟（LES）方法可以达到 DNS 的求解精度，只要滤波尺度足够小。LES 方法和 RANS-LES 混合方法（如第 7 章介绍的 DES 方法）正在成为模拟强旋转大曲率分离流动，特别是失速流动的主要方法。

8.1.1 LES 方法

LES 是 large eddy simulation 的简称，是 Smagorinsky[45] 在 1963 年提出的一种湍流模型方法。该方法的实现过程是，首先通过空间滤波将湍流中的小尺度涡滤掉，然后对剩下的大尺度涡采用动量方程和连续方程直接进行求解，在求解时通过亚格子尺度应力（subgrid stress，SGS）模型描述小尺度涡对大尺度涡运动的影响。在上述过程中有两个关键环节：①选择数学滤波函数滤掉小尺度涡，建立描述大尺度涡的求解方程；②选择合适的 SGS 模型来模化小尺度涡对大尺度涡运动的影响。

1. 滤波函数的选择

将湍流分解为大尺度运动和小尺度运动是通过滤波运算得到的。从本质上讲，滤波就是在空间域上进行某种平均，在数学上通过一个滤波函数 $G(x-x';\Delta)$ 与空间变量 $\phi(x)$ 进行卷积后再积分，从而消除小扰动。滤波算子定义为[122]

$$\overline{\phi}(x) = \int G(x-x';\Delta)\phi(x')\mathrm{d}x' \tag{8.1}$$

式中：Δ 为滤波尺度，即滤波器宽度。

经过滤波后，湍流物理量 ϕ 便可分解为大尺度量 $\overline{\phi}$ 和小尺度量 ϕ'。

$$\phi' = \phi - \overline{\phi}, \quad \Delta = (\Delta_1\Delta_2\Delta_3)^{1/3} \tag{8.2}$$

常用滤波函数有盒式滤波（box filter）、高斯滤波（Gaussain filter）和 Top-hat 滤波等。

（1）盒式滤波。

$$G(\boldsymbol{x}-\boldsymbol{x}';\Delta)=\begin{cases}1/\Delta^3 & \mid x_i-x_i'\mid<\Delta_i/2\\0 & \text{其他}\end{cases} \tag{8.3}$$

式中：Δ_i 为 x_i 方向上的滤波尺度。

（2）高斯滤波。

$$G(\boldsymbol{x}-\boldsymbol{x}';\Delta)=\left(\frac{6}{\pi\Delta^2}\right)^{3/2}\exp\left[-6\mid\boldsymbol{x}-\boldsymbol{x}'\mid^2/\Delta^2\right] \tag{8.4}$$

（3）Top-hat 滤波。

$$G(\boldsymbol{x}-\boldsymbol{x}';\Delta)=\begin{cases}1/V & \boldsymbol{x}-\boldsymbol{x}'\in V\\0 & \text{其他}\end{cases} \tag{8.5}$$

高斯滤波在上述 3 种滤波方法中性能最好，但计算烦琐；盒式滤波相对简单，应用较广；Top-hat 滤波主要用于非结构网格，计算精度较高，应用也比较广泛。

一般要求计算中的网格尺度要小于滤波尺度，通常采用格子隐式滤波作为一次滤波，即有限体积法离散计算域可以看做是一次 Top-hat 滤波的过程，其滤波尺度就是网格尺度，在计算过程中并不显式地进行滤波运算。在各种动态 SGS 模型中引入检验滤波（test filter），检验滤波采用显式滤波，在计算过程中需要滤波运算，检验滤波所用滤波尺度要大于格子滤波尺度。

2. LES 控制方程

将滤波运算施加到式（2.1）和式（2.8）所表示的连续方程和动量方程，得到 LES 控制方程（假定水不可压，忽略广义源项）[45]：

连续方程：

$$\frac{\partial(\bar{u}_i)}{\partial x_i}=0 \quad i=1,2,3 \tag{8.6}$$

动量方程：

$$\frac{\partial(\bar{u}_i)}{\partial t}+\frac{\partial(\bar{u}_i\bar{u}_j)}{\partial x_j}=-\frac{1}{\rho}\frac{\partial\bar{p}}{\partial x_i}+\frac{\partial}{\partial x_j}\left[\nu\left(\frac{\partial\bar{u}_i}{\partial x_j}+\frac{\partial\bar{u}_j}{\partial x_i}\right)\right]+\frac{\partial\tau_{ij}}{\partial x_j} \tag{8.7}$$

式中：$\bar{u}_i$ 为滤波后的速度在 x、y、z 方向上的分量；$\bar{p}$ 为滤波后的压力。

经过滤波处理后，方程中增加了与 τ_{ij} 有关的一项，τ_{ij} 称为 SGS 应力，它反映了小尺度运动对大尺度运动的影响，其定义为

$$\tau_{ij}=\bar{u}_i\bar{u}_j-\overline{u_iu_j} \tag{8.8}$$

τ_{ij} 是一个对称张量，有 6 个独立未知变量。为了使方程（8.6）和方程（8.7）封闭，需要补充方程，即进行 τ_{ij} 建模，从而对应于不同的 SGS 模型。需要注意的是，这里的 τ_{ij} 与某些文献[13,17]中的表述方式不同，相差一个正负号。

3. SGS 模型

根据 SGS 应力建模过程中所采用的思想不同，现有 SGS 模型可划分为涡黏模型、尺度相似模型、混合模型和非线性模型等[123]。

涡黏模型依据涡黏性假设而建立，即认为小尺度涡的作用与分子黏性的作用类似，因此，在所建立的 SGS 模型中，将 SGS 应力表达成模型系数（涡黏度）与可解应变率的乘积。这种模型的理论依据是，小尺度涡主要是由于大尺度涡之间的非线性相互作用间接产

生的，受平均流动或流场边界形状影响小，接近各向同性，对流场平均运动影响小，只起能量耗散作用。涡黏模型假设能量产生与能量耗散相互平衡，即大尺度涡传递给小尺度涡的能量与小尺度涡耗散的能量处于平衡。依据确定涡黏系数的方法不同，涡黏模型分为代数涡黏模型、单方程模型和双方程模型[16]。代数涡黏模型是最常用的 SGS 模型，其中最典型的是 Smagorinsky 模型和动态 Smagorinsky 模型。单方程模型引入了 SGS 湍动能，双方程模型引入了 SGS 湍动能和耗散率，这两种 SGS 模型在原理上考虑了能量传递的时间效应，似乎更加合理，但都未显示出比简单的代数涡黏模型有显著的改善，而引入额外的求解方程，增加了计算量，在工程上的应用很少。

尺度相似模型基于如下假定：可解尺度中的最小尺度脉动和不可解尺度脉动具有相似性，这样，便可直接用可解尺度中的最小尺度脉动代替不可解尺度脉动，从而简化了数值计算。尺度相似模型能够较准确地表达可解尺度和不可解尺度间的动量输送关系，实现双向能量传递，既可以由可解尺度湍流向不可解尺度湍流输送能量，也可以由不可解尺度湍流向可解尺度湍流输送能量。但是，耗散不足是尺度相似模型的主要缺点。此外，由于存在不可解尺度湍流向可解尺度湍流输送能量，这就相当于涡黏系数为负值，从而使得数值计算稳定性变差，因此工程应用受到限制。

混合模型可以看做是涡黏模型与尺度相似模型的叠加，保持了涡黏模型具有的能量耗散特性，还包含了反映可解尺度与不可解尺度湍流之间输送能量的过程[51]。由于对涡黏部分建模选用的是动态方式，因此，这种模型多为动态混合模型。

非线性模型是指将 SGS 应力分解为关于可解应变率与旋转率的级数，然后选用级数的前几阶部分来构建 SGS 应力[52]。在此类模型中最常见的是截取二阶以下的项建立的 SGS 模型[53]。在此类模型中 SGS 应力表达为可解应变率和旋转率的函数，对计算旋转流动具有优势。

综上所述，现在最常用的或最具有应用前景的 SGS 模型有 Smagorinsky 模型、动态 Smagorinsky 模型、动态混合模型和动态非线性模型。本章后续将评估这 4 种 SGS 模型在离心泵内部流动分析中的表现，为提高水泵大涡模拟计算精度提出指导性意见。

8.1.2 常用的 SGS 模型

SGS 模型直接影响着 LES 计算的精度和效率。这里选择目前应用最为广泛的 Smagorinsky 模型、动态 Smagorinsky 模型、动态混合模型及动态非线性模型，分析 SGS 模型的结构[123]，8.1.3 节将探讨 SGS 模型在离心泵流动分析中的适用性。

1. Smagorinsky 模型（SM）

Smagorinsky 模型是目前应用最广泛的 SGS 模型，本书将该模型简记为 SM。通过能量产生与能量耗散相互平衡假设，Smagorinsky[45] 建立了 SGS 应力与涡黏度之间的关系：

$$\tau_{ij} - \frac{1}{3}\delta_{ij}\tau_{kk} = 2\nu_t \overline{S}_{ij} \tag{8.9}$$

其中

$$\nu_t = (C_s\overline{\Delta})^2 \mid \overline{S} \mid \tag{8.10}$$

$$\overline{S}_{ij} = \frac{1}{2}\left(\frac{\partial \overline{u}_i}{\partial x_j} + \frac{\partial \overline{u}_j}{\partial x_i}\right) \tag{8.11}$$

$$|\overline{S}| = \sqrt{2\overline{S}_{ij}\overline{S}_{ij}} \tag{8.12}$$

式中：C_s 为 Smagorinsky 模型常数，其值在 $0.1 \sim 0.27$ 之间；$\overline{\Delta}$ 为滤波尺度，可取 $\overline{\Delta} = (\Delta_x \Delta_y \Delta_z)^{1/3}$，$\Delta_i$ 代表 i 方向的网格尺度。

　　由于该模型在近壁区耗散过大，为了使其正确描述湍流近壁区渐近行为，常常会添加一个壁面衰减函数，最常用的有 Van Driest 指数函数，可表示为

$$L = C_s(y)\Delta[1 - \exp(-y^+/A^+)]^{0.5} \tag{8.13}$$

$$y^+ = \frac{u_w y}{\nu} \tag{8.14}$$

式中：$A^+ = 25$；y 为网格距壁面的法向距离；u_w 为壁面摩擦速度。

　　该模型在 LES 中能取得成功，其优势在于模型简单、计算量小，能较准确地描述亚格子耗散特性，是一种纯耗散模型，数值稳定性好。但该模型同时存在一定缺陷：为描述近壁区渐近行为，模型使用了壁面衰减函数，从而引入了更多的人为因素；需要人为给定一个模型系数，对经验依赖性强；不能反映能量的逆传。

2. 动态 Smagorinsky 模型（DSM）

　　为消除选取经验常数的人为因素，Germano 等[47]提出了动态 Smagorinsky 模型。这是目前使用最为广泛的 SGS 模型之一。为便于后续引用，本书将该模型简记为 DSM。该模型的基本思想是通过二次滤波把湍流局部信息引入到 SGS 应力中，进而实现计算过程中模型系数的自动调整。具体过程如下。

　　对原始动量方程和经过一次滤波之后的式（8.7）分别施以尺度为 $\widetilde{\Delta}$ 的检验滤波（$\widetilde{\Delta}$ 为检验滤波尺度，其值大于滤波尺度 $\overline{\Delta}$）后得[46,47]

$$\frac{\partial(\widetilde{u}_i)}{\partial t} + \frac{\partial(\widetilde{u}_i\widetilde{u}_j)}{\partial x_j} = -\frac{1}{\rho}\frac{\partial\widetilde{p}}{\partial x_i} + \frac{\partial}{\partial x_j}\left[\nu\left(\frac{\partial\widetilde{u}_i}{\partial x_j} + \frac{\partial\widetilde{u}_j}{\partial x_i}\right)\right] + \frac{\partial T_{ij}}{\partial x_j} \tag{8.15}$$

$$\frac{\partial(\widetilde{\overline{u}}_i)}{\partial t} + \frac{\partial(\widetilde{\overline{u}}_i\widetilde{\overline{u}}_j)}{\partial x_j} = -\frac{1}{\rho}\frac{\partial\widetilde{\overline{p}}}{\partial x_i} + \frac{\partial}{\partial x_j}\left[\nu\left(\frac{\partial\widetilde{\overline{u}}_i}{\partial x_j} + \frac{\partial\widetilde{\overline{u}}_j}{\partial x_i}\right)\right] + \frac{\partial\widetilde{\tau}_{ij}}{\partial x_j} + \frac{\partial L_{ij}}{\partial x_j} \tag{8.16}$$

式中：上标"～"表示变量的检验滤波。

$$T_{ij} = \widetilde{u}_i\widetilde{u}_j - \widetilde{u_iu_j} \tag{8.17}$$

$$L_{ij} = \widetilde{\overline{u}}_i\widetilde{\overline{u}}_j - \widetilde{\overline{u}_i\overline{u}_j} \tag{8.18}$$

　　由于在盒式滤波及低通谱空间滤波中会有 $\widetilde{\overline{\phi}} = \widetilde{\phi}$，对比式（8.15）和式（8.16）得

$$L_{ij} = T_{ij} - \widetilde{\tau}_{ij} \tag{8.19}$$

　　式（8.19）称为 Germano 恒等式。在检验滤波尺度中应用 Smagorinsky 模型，得

$$T_{ij} - \frac{1}{3}\delta_{ij}T_{kk} = 2(C_s\widetilde{\Delta})^2|\widetilde{S}|\widetilde{S}_{ij} \tag{8.20}$$

　　对式（8.9）进行一次检验滤波得

$$\widetilde{\tau}_{ij} - \frac{1}{3}\delta_{ij}\widetilde{\tau}_{kk} = 2(C_s\overline{\Delta})^2\widetilde{|\overline{S}|\overline{S}_{ij}} \tag{8.21}$$

　　将式（8.20）和式（8.21）代入式（8.19）得

$$L_{ij} - \frac{1}{3}\delta_{ij}L_{kk} = 2\,(C_s\tilde{\Delta})^2\,|\tilde{S}|\tilde{S}_{ij} - 2\,(C_s\overline{\Delta})^2\,\widetilde{|\overline{S}|\overline{S}_{ij}} \tag{8.22}$$

假设格子尺度和滤波尺度模型系数相同，即

$$C_s^2 = C_D \tag{8.23}$$

可将式（8.22）简化，得

$$L_{ij} - \frac{1}{3}\delta_{ij}L_{kk} = C_D M_{ij} \tag{8.24}$$

其中

$$M_{ij} = 2\,\tilde{\Delta}^2\,|\tilde{S}|\tilde{S}_{ij} - 2\overline{\Delta}^2\,\widetilde{|\overline{S}|\overline{S}_{ij}} \tag{8.25}$$

由于式（8.24）是超定方程，Lilly[46] 采用最小二乘法确定 C_D，得

$$C_D = \frac{L_{ij}M_{ij}}{M_{ij}M_{ij}} \tag{8.26}$$

DSM 对 SM 进行了一些改进，具体体现在以下几个方面：模型系数 C_D 由流动参数自动确定，消除了人为因素的影响；能满足近壁区渐近行为，无需引入壁面衰减函数。但是 SM 和 DSM 都存在一些缺陷：SGS 应力正比于可解应变率，仅为可解应变率的函数；SGS 应力的主轴与可解应变率主轴对齐，对涡黏度的依赖重；都是基于均匀各向同性湍流的能量平衡假设，未反映旋转率的影响。

3. 动态混合模型（DMM）

为了改进 DSM，Zang 等[51] 引入动态混合模型。为便于后续引用，本书中将该模型简记为 DMM。在 DMM 中，首先将 SGS 应力分解成尺度相似项和涡黏项（尺度相似项可以直接求解，而对涡黏项进行建模）：

$$\tau_{ij} = \overline{\overline{u}_i\,\overline{u}_j} - \overline{u_i u_j} = \overline{(\overline{u_i+u_i'})\,(\overline{u_j+u_j'})} - \overline{(u_i+u_i')(u_j+u_j')} = L_{ij}^m + C_{ij}^m + R_{ij}^m \tag{8.27}$$

其中

$$\left.\begin{array}{l} L_{ij}^m = \overline{\overline{u}_i\,\overline{u}_j} - \overline{\overline{u}_i\,\overline{u}_j} \\[4pt] C_{ij}^m = (\overline{\overline{u}_i\,\overline{u_j'}} + \overline{\overline{u_i'}\,\overline{u}_j}) - \overline{\overline{u_i u_j'} + u_i' u_j} \\[4pt] R_{ij}^m = \overline{\overline{u_i'}\,\overline{u_j'}} - \overline{u_i' u_j'} \end{array}\right\} \tag{8.28}$$

同理，可以分解检验滤波下的 SGS 应力：

$$T_{ij} = \widetilde{\overline{u}_i}\,\widetilde{\overline{u}_j} - \widetilde{\overline{u_i u_j}} = \widetilde{\overline{(u_i+u_i')}\,\overline{(u_j+u_j')}} - \widetilde{\overline{(u_i+u_i')(u_j+u_j')}} = L_{ij}^T + C_{ij}^T + R_{ij}^T \tag{8.29}$$

其中

$$\left.\begin{array}{l} L_{ij}^T = \widetilde{\overline{\overline{u}}}_i\,\widetilde{\overline{\overline{u}}}_j - \widetilde{\overline{\overline{u}_i\,\overline{u}_j}} \\[4pt] C_{ij}^T = (\widetilde{\overline{\overline{u}}}_i\,\widetilde{\overline{u_j'}} + \widetilde{\overline{u_i'}}\,\widetilde{\overline{\overline{u}}}_j) - \widetilde{\overline{\overline{u}_i u_j'} + u_i' u_j} \\[4pt] R_{ij}^T = \widetilde{\overline{u_i'}}\,\widetilde{\overline{u_j'}} - \widetilde{\overline{u_i' u_j'}} \end{array}\right\} \tag{8.30}$$

尺度相似项 L_{ij}^m 是直接可解的，而交叉项 C_{ij}^m 和 SGS 雷诺应力项 R_{ij}^m 通过类似 SM 的过程进行建模，得

$$\tau_{ij} - \frac{1}{3}\delta_{ij}\tau_{kk} = 2\,(C_s\Delta)^2\,|\overline{S}|\overline{S}_{ij} + L_{ij}^m - \frac{1}{3}\delta_{ij}L_{kk}^m \tag{8.31}$$

$$T_{ij} - \frac{1}{3}\delta_{ij}T_{kk} = 2\,(C_s\widetilde{\Delta})^2\,|\,\widetilde{S}\,|\,\widetilde{S}_{ij} + L_{ij}^T - \frac{1}{3}\delta_{ij}L_{kk}^T \tag{8.32}$$

将式 （8.31） 和式 （8.32） 代入 Germano 恒等式， 即式 （8.19）， 得

$$L_{ij} - \frac{1}{3}\delta_{ij}L_{kk} - \left(H_{ij} - \frac{1}{3}\delta_{ij}H_{kk}\right) = C_D M_{ij} \tag{8.33}$$

其中

$$\left.\begin{array}{l} L_{ij} = \widetilde{\widetilde{u_i}}\,\widetilde{\widetilde{u_j}} - \widetilde{\widetilde{u_i\,u_j}} \\[2mm] H_{ij} = \widetilde{\widetilde{\widetilde{u_i}}}\,\widetilde{\widetilde{\widetilde{u_j}}} - \widetilde{\widetilde{\widetilde{u_i\,u_j}}} \\[2mm] M_{ij} = \widetilde{\widetilde{\Delta}}^2\,|\,\widetilde{\widetilde{S}}\,|\,\widetilde{\widetilde{S}}_{ij} - \widetilde{\overline{\Delta}^2\,|\,\overline{S}\,|\,\overline{S}_{ij}} \end{array}\right\} \tag{8.34}$$

采用与 DSM 类似的最小二乘法得

$$C_D = \frac{(L_{ij} - H_{ij})\,M_{ij}}{M_{ij}M_{ij}} \tag{8.35}$$

DMM 在 DSM 的基础上有以下几点改进： 减少了建模成分， 提高了计算精度； 无需 SGS 应力主轴与可解应变率主轴对齐， 更加符合物理规律； 显式求解的尺度相似项能提供能量的逆传； 考虑了各向异性效应。

4. 动态非线性模型 （DNM）

上述几种 SGS 模型只包含了应变率， 并未充分考虑旋转率的影响， 这也就意味着不太适合旋转流动。 Lund 和 Novikov[52] 将 SGS 应力表示为关于应变率和旋转率的三阶表达形式， 具体形式如下：

$$\tau_{ij} - \frac{1}{3}\delta_{ij}\tau_{kk} = c_1\overline{\Delta}^2\,|\,\overline{S}\,|\,\overline{S}_{ij} + c_2\overline{\Delta}^2\,(\overline{S}_{ik}\,\overline{R}_{kj} - \overline{R}_{ik}\,\overline{S}_{kj}) + c_3\overline{\Delta}^2\,(\overline{S}_{ik}\,\overline{S}_{kj})$$

$$+ c_4\overline{\Delta}^2\,(\overline{R}_{ik}\,\overline{R}_{kj}) + c_5\overline{\Delta}^2\,\frac{1}{|\,\overline{S}\,|}\,(\overline{S}_{il}\,\overline{S}_{kl}\,\overline{R}_{lj} - \overline{R}_{ik}\,\overline{S}_{kl}\,\overline{S}_{lj}) \tag{8.36}$$

Lund 和 Novikov[52] 指出上述的三阶 SGS 模型中， 方程右边前三项作用显著。 Wang 和 Bergstrom[124] 选取了方程 （8.36） 右边前三项构建 SGS 模型， 采用动态过程确定 3 个模型系数。 龚洪瑞等[53] 选取了方程 （8.36） 右边前两项构建 SGS 模型， 也采用动态过程确定模型系数。 考虑到本书主要探讨 SGS 模型中引入旋转率对计算水泵内部流动的影响， 又同时考虑到模型的计算量问题， 因此选用龚洪瑞等[53] 提出的动态非线性模型， 为便于引用， 将该模型简记为 DNM。 该模型中 SGS 应力是应变率张量和旋转率张量的函数：

$$\tau_{ij} - \frac{1}{3}\delta_{ij}\tau_{kk} = c_1\overline{\Delta}^2\,|\,\overline{S}\,|\,\overline{S}_{ij} + c_2\overline{\Delta}^2\,(\overline{S}_{ik}\,\overline{R}_{kj} - \overline{R}_{ik}\,\overline{S}_{kj}) \tag{8.37}$$

与式 （8.37） 类似， 在检验滤波尺度下的 SGS 应力表达形式为

$$T_{ij} - \frac{1}{3}\delta_{ij}T_{kk} = c_1\widetilde{\overline{\Delta}}^2\,|\,\widetilde{\overline{S}}\,|\,\widetilde{\overline{S}}_{ij} + c_2\widetilde{\overline{\Delta}}^2\,(\widetilde{\overline{S}}_{ik}\,\widetilde{\overline{R}}_{kj} - \widetilde{\overline{R}}_{ik}\,\widetilde{\overline{S}}_{kj}) \tag{8.38}$$

将式 （8.37）、 式 （8.38） 代入 Germano 恒等式， 即式 （8.19）， 得

$$L_{ij} - \frac{1}{3}\delta_{ij}L_{kk} = c_1 M_{ij} + c_2 N_{ij} \tag{8.39}$$

其中
$$M_{ij} = \widetilde{\widetilde{\Delta}^2} |\overset{\approx}{S}| \widetilde{\widetilde{S}_{ij}} - \overline{\widetilde{\Delta^2 |\bar{S}| \bar{S}_{ij}}} \tag{8.40}$$

$$N_{ij} = \widetilde{\widetilde{\Delta}}^2 (\widetilde{\widetilde{S}_{ik} \widetilde{R}_{kj}} - \widetilde{\widetilde{R}_{ik} \widetilde{S}_{kj}}) - \overline{\widetilde{\Delta}^2 (\overline{S_{ik} R_{kj}} - \overline{R_{ik} S_{kj}})} \tag{8.41}$$

$$L_{ij} = \widetilde{\bar{u}_i \bar{u}}_j - \widetilde{\bar{u}_i \bar{u}_j} \tag{8.42}$$

采用与 DSM 类似的最小二乘法得

$$c_1 = \frac{(L_{ij}M_{ij})(N_{kl}N_{kl}) - (L_{ij}N_{ij})(M_{kl}N_{kl})}{(M_{ij}M_{ij})(N_{kl}N_{kl}) - (M_{ij}N_{ij})(M_{kl}N_{kl})} \tag{8.43}$$

$$c_2 = \frac{(L_{ij}N_{ij})(M_{kl}M_{kl}) - (L_{ij}M_{ij})(M_{kl}N_{kl})}{(M_{ij}M_{ij})(N_{kl}N_{kl}) - (M_{ij}N_{ij})(M_{kl}N_{kl})} \tag{8.44}$$

其中"（　）"表示统计平均，将系数 c_1、c_2 代入式（8.37）就得到非线性模型的 SGS 应力表达式。

从原理上讲，DNM 在 DSM 的基础上有以下几点改进：在 SGS 应力表达中引入旋转率的影响；无需 SGS 应力主轴与可解应变率主轴对齐；显式求解的旋转项能提供能量的逆传；考虑了各向异性效应。

8.1.3　常用 SGS 模型在离心泵中的适用性分析

为了研究 SM、DSM、DMM 和 DNM 等 4 种 SGS 模型在用于离心泵内部流动模拟时的表现，选取一台低比转速离心泵，开展 SGS 模型的对比研究。离心泵叶轮进口直径 71mm，出口直径 190mm，转速 725r/min，设计流量 3.06L/s，设计扬程 1.75m。Pedersen 等[125]对该泵进行了试验研究，给出了 PIV 试验结果。

1. 计算域及网格

叶轮由 6 个叶片组成，选取叶轮的一个通道为计算域。采用六面体网格进行网格划分，近壁区采用完全求解模式，将第一层网格布置在距壁面 $10\mu m$ 的位置以保证 $y^+ < 3$；在流动核心区网格尺度大约为 1.5mm，整个计算域网格单元数 40 万。为了便于对 4 种 SGS 模型的计算结果进行比较，在计算过程中针对 4 种 SGS 模型采用同一套网格。计算域及网格如图 8.1 所示。

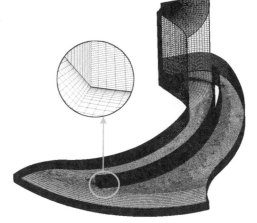

图 8.1　叶轮计算域及网格图

2. 边界条件及求解方法

叶轮进口采用速度进口，该速度由平均速度和脉动速度组成。其中平均速度方向沿进口面法向，其大小为 0.914m/s。速度脉动根据估算的湍流强度 I 和湍流长度尺度 l 计算得到，详见第 2 章 2.2 节中的计算公式，湍流强度 I 为 4%，湍流长度尺度 l 为 0.00497m。展向采用旋转周期边界；出口给定压力，值为 0；壁面采用无滑移壁面边界条件。

在时间域上采用二阶隐式格式对控制方程进行离散，时间步长取为 0.001s。在空间域，扩散项采用二阶中心差分，对流项采用有界中心差分格式，速度压力解耦采用 SIMPLE 算法。收敛残差设置为 2×10^{-5}，每个时间步长内最大迭代 20 次。

为了给瞬态计算提供合理的初值，在进行 LES 瞬态计算前，先通过 SST k-ω 模型进行稳态流场计算，对所得流场施加一定的脉动量后作为 LES 瞬态计算的初始流场。这里选择 SST k-ω 模型的理由是 LES 与 SST k-ω 模型对近壁区网格 y^+ 的要求非常接近，两者在 $y^+ < 3$ 的网格下都可以正常工作。

在上述计算模型、边界条件、初始解和求解方法下，分别采用 4 种 SGS 模型对离心泵叶轮内部流场进行求解。为了研究各种 SGS 模型在计算离心泵内部流动中的表现，从以下 3 个方面分析计算结果：流场中的平均量、瞬时脉动量和 SGS 模型参数。其中分析的平均量有平均速度和平均压力。准确地预测流场中的平均量是对 SGS 模型最基本的要求，能否准确预测平均量是衡量 SGS 模型能否准确描述能量传递及耗散最直接的标准。分析的瞬时脉动量主要是可解雷诺应力。捕获瞬时脉动量是大涡模拟的优势所在，能否充分获得流场瞬时脉动是衡量 SGS 模型优劣的另一个重要指标。分析的 SGS 模型参数有湍动黏度、SGS 应力中的尺度相似项和旋转项。分析模型参数可以从理论上分析 SGS 模型的建模原理及适用场合，为建立新模型提供指导。为了显示更加直观，在后处理时将单个叶轮流道流场按叶片数圆周阵列 6 个，以补充成为整个叶轮。研究最关注的是离心泵叶轮中叶片对流动的作用，因此在后处理中主要对叶轮中间截面（前后盖板中间的截面）处的变量进行分析。

3. 平均速度计算结果

图 8.2 给出了采用不同 SGS 模型预测的设计工况下叶轮中间截面（前盖板至后盖板的中间截面，即 $Z/b_2 = 0.5$）上 4 个半径（$0.65R_2$、$0.75R_2$、$0.9R_2$ 和 $1.01R_2$）处的平均相对速度及 LDV 实验结果[125]。此处的平均相对速度定义为

$$\bar{u}_i = \frac{1}{T} \int_{t=0}^{T} u_i \, \mathrm{d}t \qquad (8.45)$$

式中：u_i 为瞬时相对速度。

准确预测平均相对速度是衡量 SGS 模型能否准确描述能量传递及耗散的重要指标之一。

从图 8.2 所示的 LDV 实验结果可以看出，在上游（$0.65R_2$、$0.75R_2$）平均相对速度值从吸力面到压力面逐渐减小，符合叶轮内部滑移理论，在流动流向下游过程中，逐步趋于均匀。从图中可以看出，4 种 SGS 模型都预测到了上述 LDV 所测流动趋势，而结果中都存在一个低速区域，该低速区域位于叶轮径向中间位置靠近吸力面处，4 种模型对该低速区的位置和大小的预测都有一些差别。该低速区出现的原因是在流体经过沿叶片吸力面很长距离的流动后，流体的动能消耗较大，但是该部分流体又不能及时得到叶片作用产生

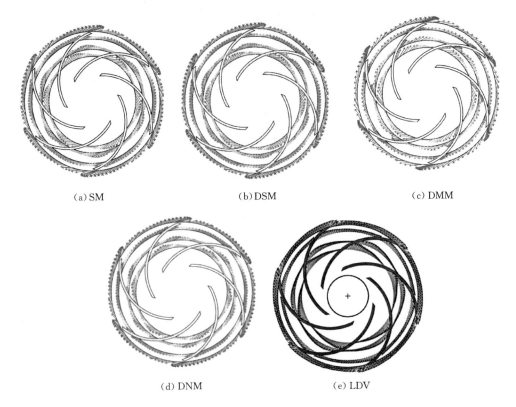

(a) SM　　　　　　　　(b) DSM　　　　　　　　(c) DMM

(d) DNM　　　　　　　　(e) LDV

图 8.2　叶轮中不同半径 $(0.65R_2$、$0.75R_2$、$0.9R_2$ 和 $1.01R_2)$
处的平均相对速度及 LDV 实验结果

的能量。因此，该低速区域的预测是计算模型能否正确反应能量传递较为关键的部分。在
SM 计算结果中，由于模型系数 C_s 是定值，在近壁区处计算得到较大的湍动黏度，有较
大的能量消耗而阻止旋涡的发展，所以预测的低速区较小。在 DSM 计算结果中，因模型
系数 C_s 是动态的，所以在壁面附近计算得到较小的湍动黏度，预测的低速区比 SM 稍大，
且偏离叶片轮廓趋势小。在 DMM 计算结果中，因模型系数 C_s 更小，得到的湍动黏度更
小，再加上 DMM 模型中有尺度相似项产生的能量逆传，加剧了旋涡的发展，因此得到的
低速区最大，同时速度方向偏离叶片轮廓的趋势明显。在 DNM 计算结果中，平均相对
速度值大于 SM，但是小于 DMM，平均相对速度的方向基本没有偏离叶片轮廓的趋势。
将上述 4 种模型计算的平均相对速度矢量与 LDV 结果比较后发现，SM 模型结果与试验
结果相差最大，DSM 结果相对于 SM 有所改善，DMM 和 DNM 计算结果更加接近实
验值。

　　上文分析了典型半径处 4 种 SGS 模型预测的平均相对速度值，为了进一步分析 4 种
模型预测的平均相对速度，图 8.3 给出了叶轮中间截面的平均相对速度云图。从图中可以
清楚地看到上述的低速区域的分布。SM 预测结果中低速区域出现靠近上游，而 DNM 预
测结果中低速区域最靠下游，且不明显。

　　为了进一步从量化角度分析 4 种 SGS 模型预测叶轮内部流动的表现，图 8.4 给出了
采用 4 种 SGS 模型预测的叶轮中间截面（$Z/b_2=0.5$）上径向 $r/R_2=0.5$ 位置的径向速度

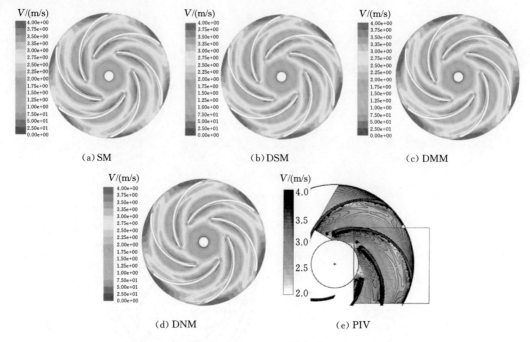

(a) SM　　(b) DSM　　(c) DMM

(d) DNM　　(e) PIV

图 8.3　叶轮中平均相对速度

和切向速度分布情况及实验值。从图中可以看出，4 种 SGS 模型在径向速度和切向速度的预测上都得到了较好的结果，但在靠近叶片工作面的区域出现较大偏差，相比较而言，DNM 模型的结果较接近实验值。

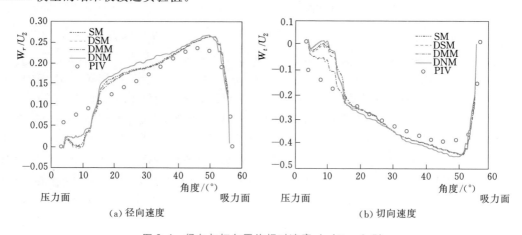

(a) 径向速度　　(b) 切向速度

图 8.4　径向与切向平均相对速度（$r/R_2 = 0.5$）

4. 可解雷诺应力分布

图 8.5 给出了 4 种 SGS 模型在叶轮中间截面（$Z/b_2 = 0.5$）上的可解雷诺应力（resolved Reynolds stress）的分布情况。之所以给出可解雷诺应力，是因为它是衡量模型求解脉动能力的重要指标，表征了计算方法可以求解到的流场中速度脉动量的多少。可解雷诺应力由 $\langle u''v'' \rangle$、$\langle u''w'' \rangle$ 和 $\langle v''w'' \rangle$ 等 3 部分组成，其中 u''、v'' 和 w'' 分别代表 3 个相对速度分量的脉动值，"$\langle \rangle$" 代表均方根值。

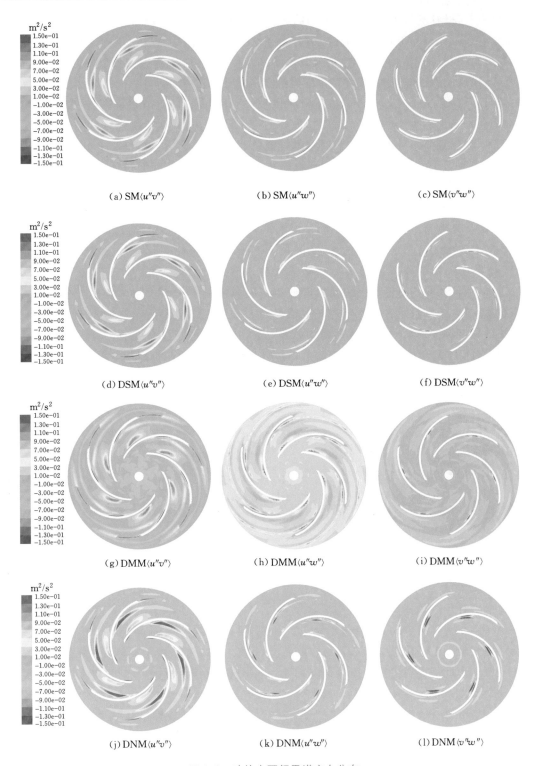

図 8.5 叶轮中可解雷诺应力分布

从图中可以看出，在 4 种 SGS 模型的计算结果中，可解雷诺应力分量 $\overline{u''v''}$ 大于其他两个分量 $\overline{u''w''}$ 和 $\overline{v''w''}$，3 个可解雷诺应力分量在整个叶轮流道中都处于接近 0 的水平，只有在叶片进水边及其下游、叶片出水边及其下游和叶片中间位置靠近吸力面出现明显非 0 值。4 种 SGS 模型预测结果相比，SM 结果中可解雷诺应力值较小，DNM 结果中最大，DMM 的高值分布区域大。由此可以看出，在 DMM 和 DNM 计算中，可获得更多的脉动信息。

5. SGS 模型参数分布

图 8.6 给出了 4 种 SGS 模型预测的叶轮中间截面（$Z/b_2 = 0.5$）上的湍动黏度分布情况。4 种 SGS 模型都得到了类似的分布规律，如湍动黏度的大值都出现在叶片附近，在叶片进口边和出口边及其下游更加明显。但是在细节上存在差异，在叶片进口边下游 SM 结果中湍动黏度最小，DMM 结果最大。在整个叶轮内部流场中，SM 计算结果中湍动黏度处于低值，并且在空间上分布光滑；DSM 结果中高值范围宽广，值较 SM 结果更大；DMM 结果中极值最大，而高值的分布区域范围没有 DSM 大；DNM 结果中高值分布范围最大，但是最大值小于 DSM 和 DMM 结果。

上述 4 种 SGS 模型得到的湍动黏度分布情况与其模型的建模原理有关。在 SM 中模型系数 C_s 是一个常数（在本次研究中取值为 0.1），因此 SM 中的湍动黏度只是取决于当地流体的应变率的模，因此，计算得到的湍动黏度较小且在空间上光滑。DSM 中模型系数 C_s 在空间上是变化的，在湍流旺盛的地方区域值大，因此，叠加产生更大的湍动黏度。在 DMM 结果中，由于有显式求解的尺度相似项提供能量的逆传，而湍动黏度产生能量耗散，因此，湍动黏度在空间上出现大值。DNM 与 DMM 有类似的作用，只是显式求解项是旋转项，而不是尺度相似项。

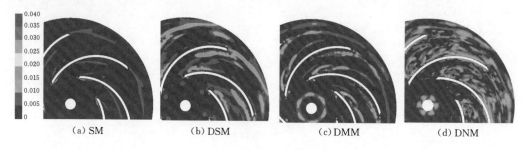

| (a) SM | (b) DSM | (c) DMM | (d) DNM |

图 8.6　叶轮中湍动黏度分布

在 DMM 中除湍动黏度外，SGS 应力还包含了尺度相似项。图 8.7 给出了中间截面（$Z/b_2 = 0.5$）上某时刻的 SGS 应力中尺度相似项的 6 个独立变量的分布情况。在整个流场中尺度相似项处于接近 0 值，只有在叶片进口边、出口边等湍流强度大的位置出现较大的非 0 值。由此可以看出，尺度相似项的作用主要体现在叶片附近、叶片进水边和出水边等高曲率的地方，这与 Zang 等[51] 的观点是一致的。

DNM 的 SGS 应力包含了旋转项，图 8.8 给出了叶轮中间截面上 SGS 应力的旋转项的 6 个独立变量分布情况。与 DMM 中尺度相似项类似，在整个流场中旋转项各个分量接近 0 值，只有在叶片进口边、出口边等湍流强度大的位置出现较大的非 0 值。由此可以看出旋转项的作用也是主要体现在叶片附近、叶片进水边和出水边等高曲率的地方，与尺度相似项有类似的作用。

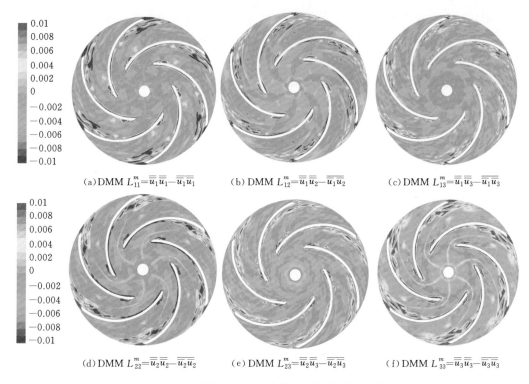

图 8.7　叶轮中 SGS 应力的尺度相似项的分布

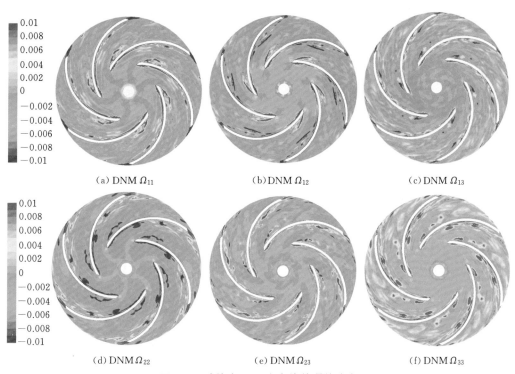

图 8.8　叶轮中 SGS 应力旋转项的分布

综上所述，4 种 SGS 模型都较准确地预测了叶轮中的平均速度，主要差别出现在两个区域，一是叶片进口边下游靠近压力面位置上的低速区；二是叶片中间靠近叶片吸力面位置的低速区。相比较而言，DMM 和 DNM 预测结果更接近实验值。4 种 SGS 模型计算得到的湍动黏度差别较大，由于 DMM 和 DNM 中 SGS 应力具有更多自由度，使得湍动黏度在空间上变化更为复杂。DMM 的 SGS 应力包含了尺度相似项，尺度相似项在流动高曲率位置（如叶片进口边、出口边等）起作用。DNM 的 SGS 应力中包含了旋转项，旋转项在叶片附近起作用。可以看出，DMM 和 DNM 能更充分反映流动中高曲率的作用，更适合计算叶轮内部流动。

8.2 动态混合非线性 SGS 模型

为了在有限数目网格条件下提高离心泵叶轮分离流动计算精度，本节将动态混合模型和动态非线性模型结合在一起，构建一种新的动态混合非线性 SGS 模型。该模型最早由杨正军等[126,123]提出，后来周佩剑[127]对其进行了完善。

8.2.1 动态混合非线性 SGS 模型表达式

8.1 节所介绍的 DMM 和 DNM 虽然能较为充分地反映能量传递和旋转效应的影响，但建模侧重点不同，DMM 实现了 SGS 应力分解，可以对尺度相似项和涡黏项分别进行处理，DNM 考虑了旋转率的影响，但对于离心泵叶轮这种强旋转、大曲率分离流动，仍然需要更加有效的计算模型。为此，Yang 等[126]综合 DMM 和 DNM 的优点提出了一种动态混合非线性 SGS 模型，本书简记为 DMNM，现介绍如下。

DMNM 的建模思想是：在新的 SGS 应力中，保留 DMM 中的尺度相似项，引入 DNM 中的交叉应力项和 SGS 雷诺应力项。具体来讲，首先采用与 Germano 等[47]类似的方法将 SGS 应力分解为尺度相似项、交叉应力项及 SGS 雷诺应力项，然后采用显式求解方法直接求解尺度相似项，将交叉应力项及 SGS 雷诺应力项进行动态非线性建模，在模型系数确定过程中采用适用较广的动态过程。建模过程如下。

首先，采用类似于 DMM 中的方法，将 SGS 应力分解为尺度相似项、交叉项和雷诺应力项等 3 部分：

$$\tau_{ij} = \overline{u_i u_j} - \overline{u_i}\, \overline{u_j} = \overline{(\overline{u_i} + u_i')(\overline{u_j} + u_j')} - \overline{(\overline{u_i} + u_i')}\,\overline{(\overline{u_j} + u_j')} = L_{ij}^m + C_{ij}^m + R_{ij}^m$$

(8.46)

其中

$$\left.\begin{array}{l} L_{ij}^m = \overline{\overline{u_i}\,\overline{u_j}} - \overline{\overline{u_i}}\,\overline{\overline{u_j}} \\[4pt] C_{ij}^m = (\overline{\overline{u_i}\,u_j'} + \overline{u_i'\,\overline{u_j}}) - \overline{\overline{u_i}\,u_j'} + \overline{u_i'\,\overline{u_j}} \\[4pt] R_{ij}^m = \overline{u_i'\,u_j'} - \overline{u_i'}\,\overline{u_j'} \end{array}\right\}$$

(8.47)

尺度相似项 L_{ij}^m 由流场中可解变量表达，是可以直接求解的，无需建模；而交叉项 C_{ij}^m 和 SGS 雷诺应力项 R_{ij}^m 都包含了不可解变量 u_i'，需要通过建模表达。

同理，针对检验滤波下的 SGS 应力，也同样可以分解为 3 部分：

$$T_{ij} = \widetilde{\widetilde{u}_i}\,\widetilde{\widetilde{u}_j} - \widetilde{\widetilde{u_i u_j}} = \overline{\widetilde{(\overline{u}_i + \overline{u}'_i)}\,\widetilde{(\overline{u}_j + \overline{u}'_j)}} - \overline{\widetilde{(\overline{u}_i + \overline{u}'_i)(\overline{u}_j + \overline{u}'_j)}} = L_{ij}^T + C_{ij}^T + R_{ij}^T$$

(8.48)

其中

$$\left. \begin{aligned} L_{ij}^T &= \widetilde{\widetilde{\overline{u}}_i}\,\widetilde{\widetilde{\overline{u}}_j} - \widetilde{\widetilde{\overline{u}_i\,\overline{u}_j}} \\ C_{ij}^T &= (\widetilde{\widetilde{\overline{u}}_i}\,\widetilde{\overline{u}'_j} + \widetilde{\overline{u}'_i}\,\widetilde{\widetilde{\overline{u}}_j}) - \overline{\widetilde{\overline{u}_i \overline{u}'_j + \overline{u}'_i \overline{u}_j}} \\ R_{ij}^T &= \widetilde{\widetilde{\overline{u}'_i}}\,\widetilde{\widetilde{\overline{u}'_j}} - \widetilde{\widetilde{\overline{u}'_i \overline{u}'_j}} \end{aligned} \right\}$$

(8.49)

式中：$\widetilde{\phi}$ 为广义项 ϕ 的检验滤波；L_{ij}^T 为尺度相似项，可直接可解；C_{ij}^T 为交叉项；R_{ij}^T 为 SGS 雷诺应力项，这两项需要通过建模表达。

保留式（8.46）中可解尺度项，对交叉项和 SGS 雷诺应力项采用动态非线性建模，SGS 应力在格子滤波尺度和检验滤波尺度上分别表示为

$$\tau_{ij} - \frac{1}{3}\delta_{ij}\tau_{kk} = c_1\,\overline{\Delta}^2\,|\overline{S}|\,\overline{S}_{ij} + c_2\,\overline{\Delta}^2\,(\overline{S}_{ik}\,\overline{R}_{kj} - \overline{R}_{ik}\,\overline{S}_{kj}) + L_{ij}^m - \frac{1}{3}\delta_{ij}L_{kk}^m$$

(8.50)

$$T_{ij} - \frac{1}{3}\delta_{ij}T_{kk} = c_1\,\widetilde{\overline{\Delta}}^2\,|\widetilde{\overline{S}}|\,\widetilde{\overline{S}}_{ij} + c_2\,\widetilde{\overline{\Delta}}^2\,(\widetilde{\overline{S}}_{ik}\,\widetilde{\overline{R}}_{kj} - \widetilde{\overline{R}}_{ik}\,\widetilde{\overline{S}}_{kj}) + L_{ij}^T - \frac{1}{3}\delta_{ij}L_{kk}^T$$

(8.51)

根据 Germano 恒等式[47]，有

$$L_{ij} = T_{ij} - \widetilde{\tau}_{ij}$$

(8.52)

将式（8.50）和式（8.51）代入式（8.52）中，有

$$L_{ij} - \frac{1}{3}\delta_{ij}L_{kk} - \left(H_{ij} - \frac{1}{3}\delta_{ij}H_{kk}\right) = c_1 M_{ij} + c_2 N_{ij}$$

(8.53)

其中

$$M_{ij} = \widetilde{\overline{\Delta}}^2\,|\widetilde{\overline{S}}|\,\widetilde{\overline{S}}_{ij} - \widetilde{\overline{\Delta}^2\,|\overline{S}|\,\overline{S}_{ij}}$$

(8.54)

$$N_{ij} = \widetilde{\overline{\Delta}}^2\,(\widetilde{\overline{S}}_{ik}\,\widetilde{\overline{R}}_{kj} - \widetilde{\overline{R}}_{ik}\,\widetilde{\overline{S}}_{kj}) - \widetilde{\overline{\Delta}^2\,(\overline{S}_{ik}\,\overline{R}_{kj} - \overline{R}_{ik}\,\overline{S}_{kj})}$$

(8.55)

$$H_{ij} = \widetilde{\widetilde{\overline{u}}_i}\,\widetilde{\widetilde{\overline{u}}_j} - \widetilde{\widetilde{\overline{u}_i\,\overline{u}_j}}$$

(8.56)

借助与 Lilly[46] 类似的方法，采用最小二乘法对式（8.53）最小化误差，得

$$\frac{\mathrm{d}}{\mathrm{d}c_l}\sum_i\sum_j (K_{ij} - c_1 M_{ij} - c_2 N_{ij})^2 = 0$$

(8.57)

其中

$$K_{ij} = L_{ij} - \frac{1}{3}\delta_{ij}L_{kk} - \left(H_{ij} - \frac{1}{3}\delta_{ij}H_{kk}\right)$$

(8.58)

求解式（8.57），可以得到

$$\begin{bmatrix} M_{ij}M_{ij} & M_{ij}N_{ij} \\ M_{ij}N_{ij} & N_{ij}N_{ij} \end{bmatrix} \begin{bmatrix} c_1 \\ c_2 \end{bmatrix} = \begin{bmatrix} K_{ij}M_{ij} \\ K_{ij}N_{ij} \end{bmatrix}$$

(8.59)

最后得到动态混合非线性 SGS 模型系数：

$$c_1 = \frac{(K_{ij}M_{ij})(N_{kl}N_{kl}) - (K_{ij}N_{ij})(M_{kl}N_{kl})}{(M_{ij}M_{ij})(N_{kl}N_{kl}) - (M_{ij}N_{ij})(M_{kl}N_{kl})}$$

(8.60)

$$c_2 = \frac{(K_{ij}N_{ij})(M_{kl}M_{kl}) - (K_{ij}M_{ij})(M_{kl}N_{kl})}{(M_{ij}M_{ij})(N_{kl}N_{kl}) - (M_{ij}N_{ij})(M_{kl}N_{kl})}$$

(8.61)

式中的"（ ）"代表空间的局部平均，这样平均化的处理可以使系数 c_1 和 c_2 在空间上分

布光滑，有利于提高计算稳定性。

8.2.2　动态混合非线性 SGS 模型在 Fluent 中的实现方式

动态混合非线性 SGS 模型可通过二次开发在任意 CFD 软件中实现，以 Fluent 为例，介绍如何通过二次开发工具 UDF 在 Fluent 中加入该 SGS 模型。

动态混合非线性 SGS 模型的 UDF 程序实现流程如图 8.9 所示[123]。

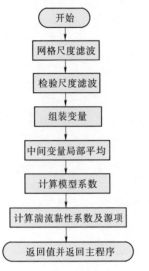

图 8.9　动态混合非线性 SGS 模型的 UDF 程序实现流程图

该流程将程序的计算过程分为以下几步：

（1）对变量 $\overline{u}_i$，$\overline{u_i u_j}$ 进行网格尺度的滤波，求得 $\overline{\overline{u}}_i$ 和 $\overline{\overline{u_i u_j}}$。

（2）对变量 $\overline{u}_i$，$\overline{u_i u_j}$，$\overline{\overline{u}}_i$，$\overline{\overline{u}_i\,\overline{u}_j}$，$\overline{\Delta}^2\,|\overline{S}|\,\overline{S}_{ij}$，$\overline{\Delta}^2\,(\overline{S_{ik}\,R_{kj}}-\overline{R_{ik}\,S_{kj}})$ 进行检验尺度滤波，得到 $\widetilde{u}_i$，$\widetilde{\overline{u}}_i$，$\widetilde{\overline{u}}_j$，$\widetilde{\overline{\overline{u}}}_i$，$\widetilde{\overline{\overline{u}_i\,\overline{u}_j}}$，$\widetilde{\overline{\Delta}^2\,|\overline{S}|\,\overline{S}_{ij}}$，$\widetilde{\overline{\Delta}^2\,(\overline{S_{ik}R_{kj}}-\overline{R_{ik}S_{kj}})}$。

（3）根据步骤（2）中的变量计算各个单元体上的 $K_{ij}M_{ij}$、$K_{ij}N_{ij}$、$M_{ij}M_{ij}$、$M_{ij}N_{ij}$、$N_{ij}N_{ij}$。

（4）对步骤（3）中的变量进行局部平均计算 $(K_{ij}M_{ij})$、$(K_{ij}N_{ij})$、$(M_{ij}M_{ij})$、$(M_{ij}N_{ij})$、$(N_{ij}N_{ij})$。

（5）根据步骤（4）中结果，按式（8.60）和式（8.61）计算单元上的模型系数 c_1、c_2。

（6）根据上述步骤中的结果，按式（8.62）计算湍动黏度及自定义源项：

$$\mu_t = c_1\,\overline{\Delta}^2\,|\overline{S}|\,\rho \tag{8.62}$$

$$S_i = \rho\,\frac{\partial\left(c_2\,\overline{\Delta}^2\,(\overline{S_{ik}\,R_{kj}}-\overline{R_{ik}\,S_{kj}})+L_{ij}^m-\dfrac{1}{3}\delta_{ij}L_{ij}^m\right)}{\partial x_j} \tag{8.63}$$

编写好 UDF 程序后，需要将其与 Fluent 主程序做适当关联。Fluent 计算流程如图 8.10 所示。在关联过程中需要关注的问题是，在求解流程中需要在什么位置取 Fluent 主程序中的变量并且计算自定义模型的参数，需要在什么位置将 UDF 计算的模型参数返回给 Fluent 主程序。具体关联过程是：在求解标量方程位置上完成图 8.9 所示计算过程，并且将计算湍动黏度和源项所需的变量存储于用户自定义内存（UDM）中，在更新流体属性位置将计算的湍动黏度返回给 Fluent 主程序，而在求解动量方程位置将源项返回给 Fluent 主程序。

在 Fluent 中的操作过程：将上述 UDF 源程序在 Fluent 中进行编译、载入，开启用户自定义标量（UDS）和 UDM，将不需要求解标量的方程关掉。在 Cell Zone Conditions 设置环境中打开 Source Terms 和 Fixed Values 选项，在 Fixed Values 标签页上将前面编译好用以计算滤波等操作的 UDF 程序进行关联。在 Source Terms 标签页将编译好用以计算源项的 UDF 程序进行关联。在 Viscous Model 对话框中将编译好用以计算湍动黏度的

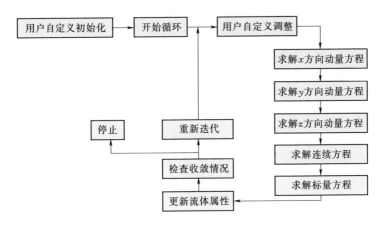

图 8.10　Fluent 计算流程图

UDF 程序进行关联。

经过上述操作，就将建立的动态混合非线性 SGS 模型嵌入到 Fluent 中。杨正军在文献［123］中描述了详细实现过程，并通过槽道流算例和正方体绕流算例验证了该模型在求解分离流动中的有效性。

8.3　LES 的近壁区处理模式

近壁区流动，如紧贴水泵叶片表面的薄层流动是一种低雷诺数流动，此区域内流动特征尺度非常小，如何对近壁区流动进行处理，直接影响到 LES 计算精度和计算效率，甚至决定模拟的成败。本节对 LES 方法所适配的完全求解模式、壁面函数模式和 RANS-LES 混合模式等 3 种近壁区处理模式进行分析，评价每种近壁区处理模式在水泵内部流动模拟时的效果。

8.3.1　常用的近壁区处理模式

LES 是针对湍流核心区流动所建立的流动求解方法，由于近壁区内的流动是低雷诺数流动，并且该区域内涡的特征尺度很小，因此，需要构建特殊的近壁区处理模式。已有的近壁区处理模式主要包括：完全求解模式、壁面函数模式和 RANS-LES 混合模式[123]，现介绍如下。

1. 完全求解模式

完全求解模式的基本思想是，在壁面层（即边界层）内部和外部都采用 LES 方法进行求解。在此模式中没有多余的建模等处理，原则上具有较高的计算精度。采用此模式必须满足两个条件：①在壁面层内要求网格足够精细以保证可以求解到足够小的涡结构，即壁面法向 $y^+=O(1)$、流向 $x^+=O(50)$、展向 $z^+=O(10)$；②合理处理壁面层内尤其是黏性底层和缓冲层内的非充分发展湍流，如果采用 SM 进行计算，需要一个黏滞函数来满足湍流的近壁区行为，如果采用动态类模型（例如 DSM、DMM、DMNM 等），则模型自身会调整模型系数以适合近壁区湍流，无需额外的处理。

在完全求解模式中，在近壁区需要布置大量网格，如图 8.11 所示。

完全求解模式优势在于计算精度高，无需特殊建模处理，实施简单方便，能求解近壁区流动的细节信息。但是该模型需要较高的计算资源处理近壁区的流动，计算成本大，在中高雷诺数流动中，将会花费 50% 以上的计算资源来求解占计算域空间不到 5% 的近壁区流动。

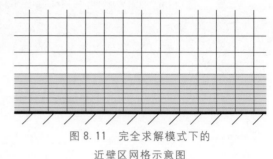

图 8.11　完全求解模式下的
近壁区网格示意图

2. 壁面函数模式

在壁面函数模式中，采用壁面函数来建立壁面物理量和核心物理量的关系，壁面函数是半经验公式，其形式一般都是以 u^+ 和 y^+ 之间数学关系出现。广泛应用的有对数律关系、1/7 次率等。例如，对数律三层模型如下：

$$u^+ = \begin{cases} y^+ & y^+ \leqslant 3 \\ \mathrm{e}^{\varGamma} y^+ + \mathrm{e}^{1/\varGamma} \dfrac{1}{\kappa} \ln(Ey^+) & 3 < y^+ \leqslant 10 \\ \dfrac{1}{\kappa} \ln(Ey^+) & y^+ > 10 \end{cases} \tag{8.64}$$

式中：κ 为 von Kármán 常数；常数 $E = 9.793$。

$\varGamma$ 表达式如下：

$$\varGamma = \frac{0.01\,(y^+)^4}{1 + 5y^+} \tag{8.65}$$

不同 CFD 软件所采用的壁面函数也不尽相同。Fluent 采用了 Werner-Wengle 壁面函数模式，所使用的对数律关系也与式（8.64）有一定差别，详见文献 [17] 和文献 [61]。要激活壁面函数模式，需要输入文本命令 define/models/viscous/nearwall-treatment/werner-wengle-wall-fn?。

在壁面函数模式中采用了一组经验公式来连接壁面与核心区的物理量，所以在壁面层区可以采用较粗的网格，如图 8.12 所示。在工程中常常将第一层网格布置 $y^+ > 10$ 的位置上，一般使网格满足 y^+ 在 10～100 范围即可，只用一层粗大的网格即可处理近壁区的流动。

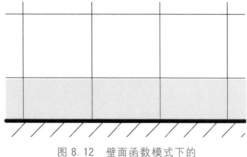

图 8.12　壁面函数模式下的
近壁区网格示意图

壁面函数模式的优势在于需要计算资源少，同时也具有一定的精度，但该模式计算精度低，尤其在存在分离流等场合误差甚大。由于 LES 本身的算法特点决定了必须使用精细网格，特别是近壁区第一层网格应该满足 $y^+ \approx 1$ 的要求，因此，使用壁面函数并不是 LES 的合适选择，应该尽量避免。这里只是为了比较，才提供了这种近壁区处理模式。

3. RANS-LES 混合模式

RANS-LES 混合模式，既能得到较精确的求解精度，又能适当节省计算资源。该模式的思想是在壁面层采用低雷诺数的 RANS 方法进行计算，而在湍流核心区域采用 LES 方法进行计算。由于在特征尺度较小的壁面层采用了 RANS 方法，所以此处网格在壁面法向可以适当地加大，最主要是在流向及展向上网格间隔的要求降低很多。例如，第 7 章介绍的 DES 方法就属于这类模式，具体公式见 7.2 节。

RANS-LES 混合模式中近壁区采用低雷诺数 RANS 方法，对网格尺寸可以在流向和展向适当放大；如果想要求解较准确的近壁区区域流动，壁面法向网格间隔仍需足够精细，如图 8.13 所示。

RANS-LES 混合模式优势在于，计算量小于完全求解模式，而在精度上又高于壁面函数模式；由于在近壁区进行了求解，所以可以获得近壁区的流动细节。但是，该模式在近壁

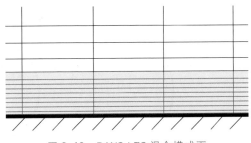

图 8.13 RANS-LES 混合模式下的近壁区网格示意图

区采用 RANS 方法模化而造成脉动量的丢失，在两区域的交界面上变量传递也会引入误差。

8.3.2 常用近壁区处理模式在离心泵中的适用性分析

这里采用 LES 方法，分别基于上述 3 种近壁区处理模式对一台低比转速离心泵叶轮进行流动模拟，其中 RANS-LES 混合模式在 RANS 区域使用 S-A 模型。为了便于对比，3 种近壁区处理模式下在湍流核心区采用的 SGS 模型均为动态 Smagorinsky 模型。研究对象与 8.1 节中的低比转数离心泵叶轮相同，计算域、边界条件及求解方法与 8.1 节相同。

1. 计算网格

3 种近壁区处理模式对网格的要求是不同的，分别为每种计算模式构造一套计算网格，满足对应的近壁区处理模式要求。3 套网格都采用六面体网格，网格划分时对近壁区等流动参数变化较大的区域进行局部加密。在完全求解模式中，将壁面第一层网格布置在距壁面方向 $5\mu m$ 处，对应 y^+ 在 3 左右，同时流向和展向网格也适当加密使得在流向及展向满足 $x^+=O(50)$、$z^+=O(10)$，整个计算域划分网格单元数为 1150000。在 RANS-LES 混合模式中，将壁面第一层网格布置在距壁面 $10\mu m$ 处，对应 y^+ 在 5 左右，而流向和展向网格并未做进一步加密，整个计算域划分网格单元数为 220000。在壁面函数模式中，将壁面第一层网格布置在距壁面 $100\mu m$ 处，对应 y^+ 为 $10\sim300$，整个计算域划分网格单元数为 120000。计算域及计算网格情况如图 8.14 所示。

在上述计算模型、边界条件和求解方法下，采用 3 种近壁区处理模式对离心泵内部流场进行求解，得到了 3 种近壁区处理模式预测的流场结果。下面将对计算结果进行分析。

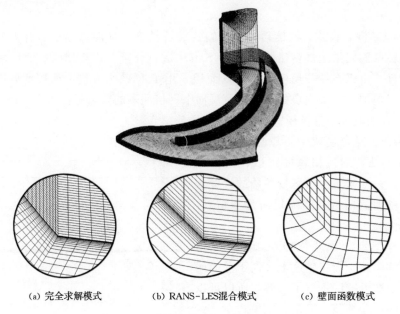

(a) 完全求解模式　　　　(b) RANS-LES混合模式　　　　(c) 壁面函数模式

图 8.14　叶轮计算域及计算网格示意图

2. 平均相对速度分布

图 8.15 给出了采用 3 种不同近壁区处理模式预测的设计工况下水泵叶轮中间截面 ($Z/b_2 = 0.5$) 处的平均相对速度及 PIV 实测结果。从图中可以看到在半径方向大约 $0.75R_2$ 处出现低速区域。在完全求解模式和壁面函数模式结果中,平均相对速度值从压

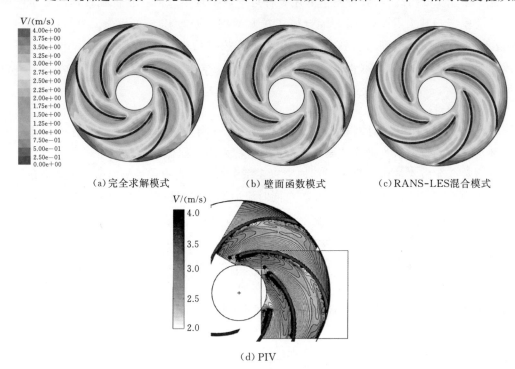

图 8.15　叶轮内平均相对速度及 PIV 实测结果

力面到吸力面先增加然后减小，如图 8.15（a）和（b）所示，中间位置出现最大值；而在 RANS-LES 混合模式结果中，平均相对速度的最大值出现在靠近吸力面处，如图 8.15（c）所示。与 PIV 结果对比发现，完全求解模式所得到的结果最接近试验结果。

在叶片出口边靠近压力面位置，3 种近壁区处理模式结果中都有一个高速区域，这与 PIV 结果一致，但 3 种近壁区处理模式对该高速区域形状的预测有所区别。完全求解模式和 RANS LES 混合模式结果中该高速区域形状更接近 PIV 结果，其面积小于壁面函数模式的结果。这是由于完全求解模式和 RANS-LES 混合模式在近壁区都有足够精细的网格来精确计算壁面切应力，而壁面函数模式在近壁区采用了经验公式，对壁面切应力预测有一定误差。

图 8.16 给出了采用 3 种近壁区处理模式预测的径向 $r/R_2 = 0.5$ 和 $r/R_2 = 0.9$ 处的径向平均相对速度和切向平均相对速度分布情况。比较而言，完全求解模式结果与试验结果更加接近，混合 RANS-LES 模式结果次之。在 $r/R_2 = 0.9$ 位置，如图 8.16（c）和（d）所示，完全求解模式得到与试验值非常接近的结果，然而壁面函数模式结果与试验值偏差甚大。

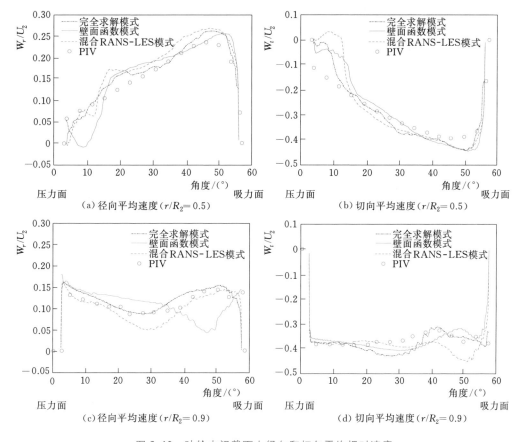

图 8.16　叶轮中间截面上径向和切向平均相对速度

由于边界层流动的预测精度对整个流场的预测精度影响很大，尤其是在叶片进口靠近压力面位置和叶片中间部分靠近吸力面位置，平均相对速度预测精度直接依赖于边界层的预测精度。因此，要想精确预测主流的流动，必须对边界层进行足够精细的求解。由于完全求解模式和 RANS-LES 混合模式都对边界层进行了足够精细的求解，因此，这两个近壁区处理模式得到的平均相对速度更加准确，而壁面函数模式对边界层采用了经验性的对数律进行描述，因此造成计算结果与试验值有较大的偏差。

3. 流线分布

为了分析流动中的瞬时特性，图 8.17 给出了叶片进口边/出口边附近的瞬时速度流线图。在叶片压力面靠近进口边位置及其下游，存在一个旋涡区。这是由于流体流经叶片进口边产生冲击，在其下游形成脱流区域进而产生旋涡。3 种近壁区处理模式都捕捉到了这个旋涡区，而形态上存在一些差别。在完全求解模式结果中，该区域有两个涡结构与叶轮表面平行排列。在 RANS-LES 混合模式结果中，在该区域只捕捉到一个附着于叶片壁面的涡结构。在壁面函数模式结果中，没有明显的涡结构，只是流线呈弯曲摆动状。在叶片吸力面靠近进口边位置，只有完全求解模式得到一个尺度很小的旋涡区。3

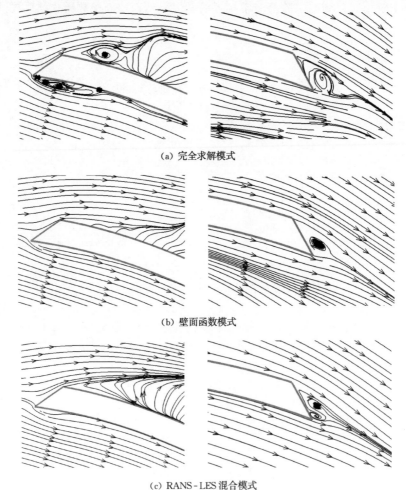

(a) 完全求解模式

(b) 壁面函数模式

(c) RANS-LES 混合模式

图 8.17　叶片进口边/出口边附近瞬时速度流线

(左为进口边区域，右为出口边区域)

种近壁区处理模式都捕捉到了在叶片出口边附近的涡结构。

经过以上分析可以看出，完全求解模式能捕捉流场中更多的涡结构，而壁面函数模式将丢失流场中大部分小尺寸的涡结构，尤其在靠近壁面处壁面函数模式捕捉不到流场中任何的涡结构。

为了更清楚地分析流场瞬时特性，去除平均流动对分析的影响，图 8.18 给出了叶轮中间截面（$Z/b_2=0.5$）的脉动流线。此处脉动流线定义为流场中的脉动速度形成的流线，而脉动速度定义为瞬时速度与平均速度的差。从图中可以看到，在 3 种近壁区处理模式结果中都包含了多尺度的涡结构。完全求解模式结果中包含了更多、更细小的涡结构，靠近壁面位置涡结构尺度小，远离壁面处涡结构尺度大。壁面函数模式也捕捉到很多的涡结构，但是在尺度上大于完全求解模式结果中的涡结构，数量上也相对少一些。RANS-LES混合模式中丢失了大部分的小涡结构，只捕捉到一些尺度较大的涡，这是因为在 RANS-LES 混合模式中近壁区采用了 RANS 求解，从而丢失很多流场中的瞬时信息。在壁面函数模式中，由于对近壁区的对数律层采用近似处理，因此也必然造成流场中的瞬时特性的丢失。而在完全求解模式中，近壁区进行了足够精细的瞬态求解，能很好地捕捉流场中的瞬态特性。

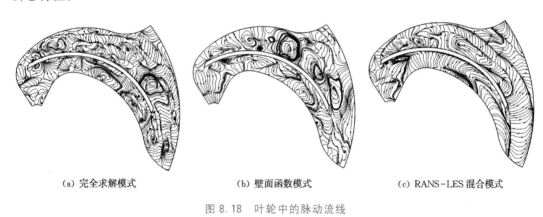

(a) 完全求解模式　　　　　(b) 壁面函数模式　　　　　(c) RANS-LES 混合模式

图 8.18　叶轮中的脉动流线

4. 涡量分布

图 8.19 给出了某时刻瞬时涡量分布。在完全求解模式下，涡量的大值区域出现在叶

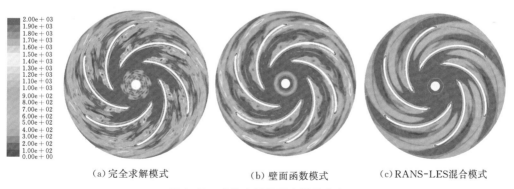

(a) 完全求解模式　　　　　(b) 壁面函数模式　　　　　(c) RANS-LES 混合模式

图 8.19　叶轮中间截面上涡量分布

片周围，并且涡量大、小值在空间上交替出现，构成尺度较小的涡结构。而在 RANS-LES 混合模式和壁面函数模式预测的涡量分布中，丢失了小尺度涡结构，类似于完全求解模式结果在空间上的某种平均。虽然 RANS-LES 混合模式在近壁区进行了求解，但是却比壁面函数模式丢失了更多的小尺度涡。因此可以看出，完全求解模式在捕捉小尺度涡方面具有突出的优势。

5. 压力分布

图 8.20 给出了 3 种近壁区处理模式预测的叶轮中间截面上（$Z/b_2=0.5$）的平均压力分布。可以看出，3 种模式所预测的结果在细节上存在一些差异，但是整体上非常相似，尤其是叶片进出口位置的压力分布基本一致。由此可以推断，3 种计算模式所预测的泵外特性（如扬程等）基本一致。因此，在关注水泵外特性等综合因素的场合下，可以采用节省计算资源的壁面函数模式进行研究。

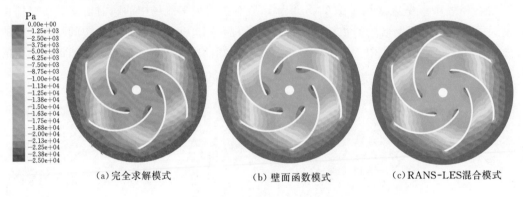

(a) 完全求解模式   (b) 壁面函数模式   (c) RANS-LES 混合模式

图 8.20　叶轮平均压力分布

图 8.21 给出了 3 种近壁区处理模式预测的叶轮中间截面上（$Z/b_2=0.5$）的脉动压力均方根分布。从图中可以看出，3 种近壁区处理模式预测的脉动压力均方根在叶片附近出现高值，流动中的扰动源主要是由叶片引起的。完全求解模式结果中的脉动压力均方根值远大于其他两种模式，RANS-LES 混合模式结果中的脉动压力均方根值最小。因此，完全求解模式得到了较多的湍流脉动信息，更适合于研究流动中的瞬时特征。

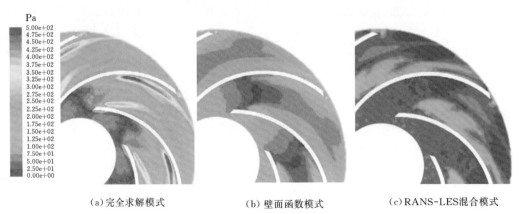

(a) 完全求解模式   (b) 壁面函数模式   (c) RANS-LES 混合模式

图 8.21　叶轮脉动压力均方根分布

6. 湍动能分布

图 8.22 给出了叶轮中间截面（$Z/b_2 = 0.5$）上的二维湍动能分布。二维湍动能 k_{2D} 定义为脉动速度的 x 分量和 y 分量的平方和的一半。在完全求解模式结果中，由于叶片的扰动而形成湍动能高值区，此高值出现在叶片进出口边及叶片中间靠近吸力面位置上。壁面函数模式预测的二维湍动能高值区域分布与完全求解模式类似，只是其值小于完全求解模式结果。而在 RANS-LES 混合模式结果中，除靠近叶片进口边外，基本没有明显的二维湍动能生成。从 PIV 结果中可以看到，叶片附近二维湍动能有高值出现，尤其是在对流场扰动大的地方，如叶片进出口边等。所以，完全求解模式在预测流场中的瞬时特性方面，较其他两种模型具有优势。

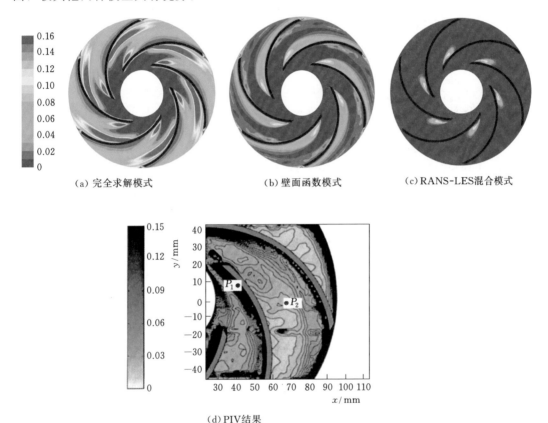

（a）完全求解模式　　　（b）壁面函数模式　　　（c）RANS-LES混合模式

（d）PIV结果

图 8.22　叶轮中的二维湍动能分布

叶轮流道中的湍动能由两部分组成：一是随流体流动从上游转移过来的部分；二是在当地由于流场中的扰动源而生成的部分。前者主要依赖于上游的流动，在此处不做进一步讨论。后者直接依赖于流场中边界层流动状态。由于完全求解模式对边界层做了足够的求解，因此，它较为精确地预测了流道中湍动能的生成。虽然 RANS-LES 混合模式也对流场中边界层进行了求解，但是由于它在边界层中是采用了 RANS 方法，并没有很好地获得湍动能的生成。壁面函数模式采用较为粗略的对数律公式来模化边界层流动，必将丢失近壁区的湍动能生成信息。值得指出的是，采用壁面函数模式预测的湍动能生成量要比

RANS-LES 混合模式更接近试验值。如果采用 LES 方法,着重预测流动中的湍动能等瞬态特性,最好选用完全求解模式,虽然 RANS-LES 混合模式也能求解边界层流动,但是对研究瞬态特性并未表现出优势。当然,这也可能与 RANS-LES 混合模式在 RANS 中采用了一方程的 SA 模型而不是两方程的 SST $k-\omega$ 模型有关。

8.4 离心泵旋转失速分析

8.4.1 失速特性简介

失速(stall)是离心泵在小流量工况下存在的一种不稳定流动现象。失速一般发生在小流量工况,一部分叶道内出现分离涡,另一部分叶道可能并无分离涡,这种各叶道之间的不均衡流动现象,将会造成泵的不稳定运行,扬程-流量曲线可能出现拐点。

水泵失速产生机制多采用 Emmons 于 1955 年针对压缩机所做的经典解释[128]:在最优工况时,来流方向与叶片进口安放角接近相等,冲角几乎为 0,离心泵运行平稳,如图 8.23(a)所示;当流量减小后,叶片进口冲角较大,叶片吸力面产生流动分离,分离涡聚集在叶道进口附近,如图 8.23(b)所示;由于某种扰动因素的影响,某个或某几个叶道的流动分离现象加剧,产生失速涡并堵塞叶道,如图 8.23(c)中的叶道 2,流动介质不得已只能从相邻叶道通过,如图 8.23(c)中的叶道 1,从而出现失速现象。失速涡所形成的失速团会破坏流场原有的均匀性,在叶轮上产生额外交变载荷,诱发低频压力脉动,使离心泵噪声增强、振动加剧、扬程阶跃,严重时甚至会引发叶片疲劳破坏。

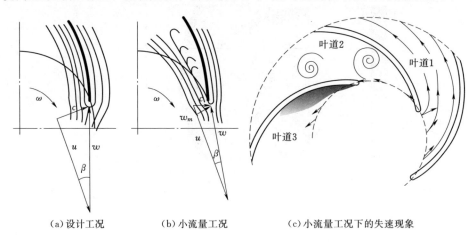

(a)设计工况　　　(b)小流量工况　　　(c)小流量工况下的失速现象

图 8.23　离心泵叶轮中的失速现象[129]

对于离心泵失速的实验研究,在最近 10 多年才逐渐增多。2005 年,Krause 等通过 PIV 发现了失速状态下失速团在叶道内交替变化[129],Johnson 等采用 LDV 给出了离心泵失速状态下叶轮内速度分布[130]。这两个实验是迄今为止被认为最权威的离心泵失速实验成果。从 2008 年开始,瑞士洛桑联邦理工大学 Avellan 和 Farhat 团队[131-133]通过高速摄影、PIV 和 LDV 观测到了水泵水轮机在水泵工况下失速团从初生到发展的全过程,并通过在叶片上安置微型压力脉动传感器获得了离心泵失速时不同叶道内压力脉动分布规律,并确认失速是水泵特殊振动的主要原因[133]。现有实验研究证实，离心泵内存在交替失速和旋转失速[129,130]。交替失速多发生在叶片数为偶数的叶轮中，而旋转失速可发生在任何叶片数的叶轮中。总体而言，旋转失速是普遍的，交替失速可以看成是旋转失速的特例。

8.4.2 失速计算模型及其验证

离心泵失速流场具有典型的三维分离流动特征，包含不同尺度的分离涡。对于离心泵失速特性的数值模拟研究，目前尚处于起步阶段。单纯的 URANS 方法对于瞬态性较强的分离流动难以给出令人满意的结果，而 LES 方法能更好地分辨流动过程中不同尺度的涡结构，因此，在离心泵失速流动中得到了相对广泛的应用。

对于 LES 方法的应用，目前有两种模式：一是直接采用 LES 进行叶轮失速分析；二是为了避免 LES 在近壁区边界层因划分网格过细导致计算效率低的问题，而采用混合 RANS-LES 方法，如 DES 方法。但无论哪种模式，湍流核心区只能靠 LES 求解。LES 求解成功的关键在于 SGS 模型的使用，不同的 SGS 模型对计算结果影响很大，在 8.2 节所给出的动态混合非线性 SGS 模型保留可解的雷诺应力项，对交叉项和 SGS 雷诺应力项建模，可充分体现应变率和旋转率的影响，是一种适合于包含大面积流动分离的复杂流动的较理想计算模型。为此，选择基于动态混合非线性 SGS 模型的 LES 方法对离心泵失速过程进行模拟。

本节选择的研究对象是一台离心泵，叶轮进口直径 103.25mm，出口直径 278.0mm，叶片数 5，额定转速 600r/min，泵的设计流量 47.5m³/h，设计扬程 4.3m。德国马格德堡大学流体力学实验室的 Krause 等[129]采用 PIV 对该叶轮在旋转失速条件下的内部流场进行了试验研究。该离心泵是 2011 年"IEEE 可视化比赛"所用的计算对象，有丰富的试验数据以及 PIV 测试图像，已经有很多学者使用该泵的试验数据进行数值模拟方法验证[127]。

为减弱进出口边界条件对计算精度的影响，对叶轮的进出口进行了适当延伸。计算域包括叶轮、进出口延长段、盖板与叶轮室的间隙。采用六面体网格对计算域进行网格划分，并对近壁面等流动参数变化较大的区域进行局部加密，将距壁面的第一层网格布置在距壁面 0.02mm 的位置，保证 y^+ 满足 LES 的总体要求，同时提前进行了网格无关性验证。计算域及所生成的计算网格如图 8.24 所示[127,134]。

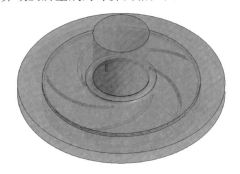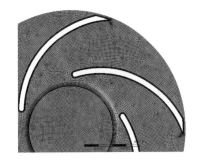

图 8.24 叶轮计算域及网格

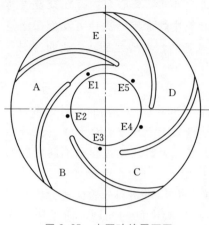

图 8.25　水泵叶轮平面图

图 8.25 为水泵叶轮的平面图，将 5 个流道分别命名为 A、B、C、D、E，并在流道 A 的进口处设置一个截面监测 A 处的流量变化。在叶轮前盖板上设置 E1、E2、…、E5 共 5 个监测点，用于记录压力脉动随时间变化情况。

叶轮进口边界条件设置为速度进口，流速大小根据流量给定。根据 Krause 等[129]对该叶轮进行试验研究的成果，发现该叶轮在流量小于 $0.41Q_d$（Q_d为设计流量）以后出现失速，因此选择深失速工况 $0.3Q_d$ 进行计算。出口给定压力，值为 0。在时间域上采用二阶隐式格式进行离散，时间步长取为 2.778×10^{-4} s，即转动周期的 1/360。

图 8.26 是计算得到的叶轮失速流道和非失速流道的速度场，以及 PIV 试验结果[129]。从图中可以看出，计算结果与试验结果基本一致，在失速通道内，可以看到明显的失速团存在，而非失速流道流动比较均匀。

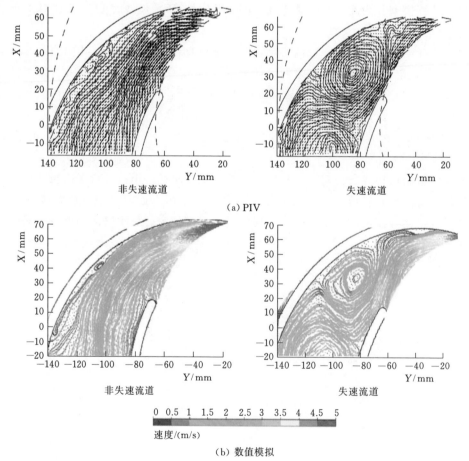

图 8.26　叶轮的失速流道和非失速流道速度场

预测的扬程和试验结果的对比如图 8.27 所示，可以看到预测值和试验值的趋势基本一致，并且可以看到扬程曲线在小流量处有"驼峰"现象存在。

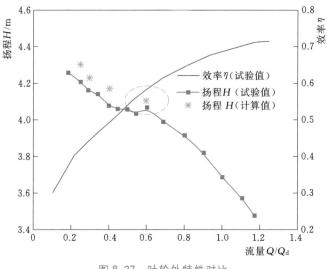

图 8.27　叶轮外特性对比

8.4.3　失速团特征参数

失速团特征参数主要包括失速团个数、失速团转速和失速频率。通过对所记录的 5 个监测点的压力脉动数据进行时域和频域分析来计算失速团特征参数。

首先对瞬态压力值进行无量纲化处理[134]，压力系数为 $C_P = (p_i - \bar{p})/0.5\rho u_2^2$，其中，$u_2$ 为叶轮出口圆周速度；p_i 为瞬态静压值；$\bar{p}$ 为平均静压值；ρ 为水的密度。

为便于计算失速团的个数和旋转方向，将监测点 E1～E5 所记录的压力脉动信号放在同一个坐标下，横坐标为时间，纵坐标为压力系数，注意对 5 个监测点的纵坐标做了平移，如图 8.28 所示。可以看到，E1～E5 点所记录的压力脉动随时间的变化曲线形状类似，并存在一定的相位差。采用以下方法判别失速团个数[135]：T_{CR} 为 1 个失速团在叶轮中旋转一周所用的时间，T_{OSC} 为单个监视点测得的压力脉动波动周期，因此失速团的个数为 $N = T_{CR}/T_{OSC}$。由图 8.28 可知，$T_{CR} = 3T_{OSC}$，失速团数目为 3，失速团的旋转方向都是从 E1 点经过 E2、E3、E4 传到 E5 点，即在静止坐标系内，失速团是沿着和叶轮相同的方向旋转的；而如果在相对叶轮静止的坐标系内来看，由于失速团的转速小于叶轮的旋转速度，失速团是沿着与叶轮相反的旋转方向旋转的。

由图 8.28 可以看到，E1～E5 点所记录的压力脉动曲线基本相同，只是存在一定的相位差。选择其中的 E1 点所记录的压力脉动进行 FFT 变换，得到如图 8.29 所示的频域图，其余测点 E2～E5 所得到的结果与之相类似。从图 8.29 可以看到，主频 2.4 Hz，是转频的 0.24 倍，该频率就是叶轮失速的特征频率，因此 $f_{stall} = 2.4$ Hz。而在相同工况下，PIV 实测得到该叶轮失速涡频率为 2.55 Hz，两者十分接近，进一步验证了数值模拟的准确性。失速团的转速为

$$\omega_S = \Delta\theta/\Delta t = 2\pi f_{stall}/N = 5.03 \text{rad/s} \tag{8.66}$$

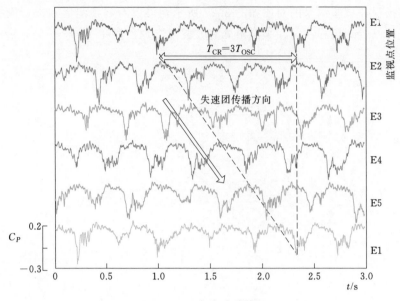

图 8.28　压力脉动时域图

该转速是叶轮转速的 8％。该叶轮内的旋转失速传播速度远低于压缩机中所统计的 50％～70％叶轮转速。这可能是因为压缩机与水泵相比，叶轮的叶片数较多，影响了失速团的传播速度。

8.4.4　失速状态下的流动结构

参照文献 [136] 中的方法，通过压力场中的低压区来分析失速团的运动。图 8.30 给出了压力随时间变化情况。该结果是 $0.3Q_d$ 工况下一个失速周期 T 内叶轮上的瞬时压力分布，颜色较深的区域是低压区，可

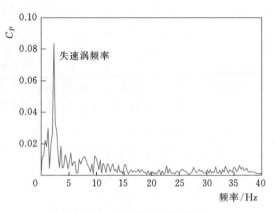

图 8.29　压力脉动的频域图

以看成是流动发生分离后的旋涡中心。在叶轮中可以看到 3 个失速团，分别为失速团 1、失速团 2、失速团 3。3 个失速团随着叶轮的旋转也在周向运动，只不过运动速度比较低。在 $t=0$ 时刻，失速团 1、2、3 的初始位置是流道 A、C、E。其中失速团 2 的面积相对较大，占据了整个流道 C 的进口区域，而流道 D 是完全通畅流道。在 $t=T/4$ 时刻，失速团 1 明显变小，并向着流道 B 的方向运动，流道 A 进口处原来较低的压力开始升高，流道 D 出现部分阻塞现象。在 $t=2T/4$ 时刻，失速团 1 到达流道 B，流道 A 退出阻塞状态，流道 D 成为新的无阻塞流道。同时，失速团 3 开始进入 A 流道，并出现在叶轮进口吸力侧，并从趋势上看逐渐向压力面移动。在 $t=3T/4$ 时刻，原来的变化趋势进一步加剧，流动更为紊乱。在 $t=T$ 时刻，各个失速团大体位置与 $t=0$ 时刻基本相当，虽然形状和大小变化较大。这说明失速具有周期性和一定的随机性，叶轮中每个失速团都经历产生—发展—衰减—脱落的周期性过程，相对于叶轮做反向旋转运动。

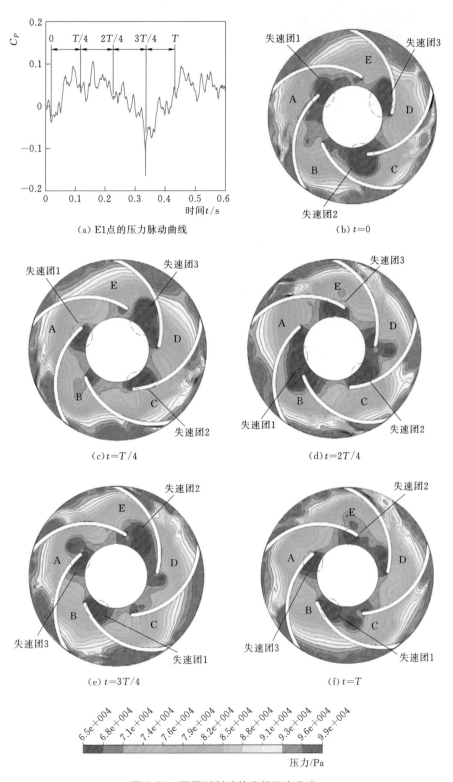

图 8.30　不同时刻叶轮内静压力分布

253

随着失速团的旋转，各个流道不断发生"阻塞"和"退出阻塞"现象，导致不同流道的质量流量也呈现出与压力脉动相似的周期性变化，如图 8.31（a）所示。选取 5 个不同时刻叶轮速度场，显示在图 8.31（b）～（f）中。可以看到，在 $t=0$ 时刻，整个流道 A 的

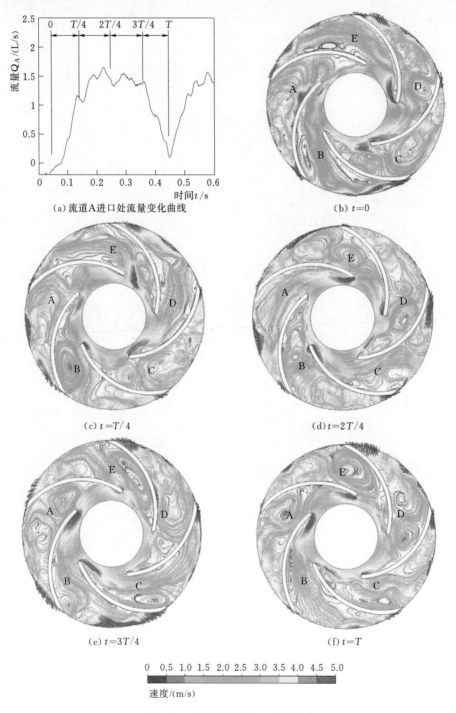

（a）流道A进口处流量变化曲线

（b）$t=0$

（c）$t=T/4$

（d）$t=2T/4$

（e）$t=3T/4$

（f）$t=T$

0 0.5 1.0 1.5 2.0 2.5 3.0 3.5 4.0 4.5 5.0

速度/(m/s)

图 8.31　不同时刻叶轮内流线分布

进口几乎被失速团塞满，此时流道 A 的流量处于最低水平。在 $t=T/4$ 时刻，水流只能从相邻的流道 B 和 E 流过，受叶轮转动的影响，流道 E 进口冲角减小，流动变得顺畅，而流道 B 进口冲角增大，加剧了叶片吸力面的脱流，从而产生分离涡，并发展成为失速团，此时流道 A 中的流量开始增大，其中的流动状态得到改善。在 $t=2T/4$ 时刻，失流道 A 退出阻塞状态，流量达到最高值，流动顺畅。在 $t=3T/4$ 时刻，流道 E 的冲角继续变大，流道被完全阻塞，而流道 A 中的进口冲角增大，开始产生失速团，流量减小。在 $t=T$ 时刻，流道 A 再次被阻塞，与 $t=0$ 时刻的情况相当，流量再次回到最低值，一个旋转失速周期结束。这一过程再次证明失速团在与叶轮相反方向传播。这种失速团沿周向的传播过程与 Emmons[128] 给出的失速机理解释是一致的。

8.4.5 不同工况下的失速特性

$0.25Q_d$ 和 $0.40Q_d$ 工况下压力脉动随时间变化曲线如图 8.32 所示。注意该图对 E1～E5 共 5 个点的压力脉动信号进行了纵向移动。对两图进行比较可知，E1～E5 点所记录的压力脉动随时间的变化曲线形状类似，但幅值和周期不同。两种工况下，失速团个数都是 3 个，失速团沿着与叶轮相反的旋转方向传播，但是失速涡频率和失速团传播的速度不同。

对压力脉动时域结果进行频谱变换后得到频域图，如图 8.33 所示。由图可以看出，在 $0.25Q_d$ 和 $0.40Q_d$ 工况下，失速涡频率分别为 2.37rad/s 和 1.05rad/s，相当于叶轮转速的 3.8% 和 1.68%。也就是说，随着流量减小，失速涡频率增大，压力脉动幅值增大，传播速度增大，但失速团个数保持不变。

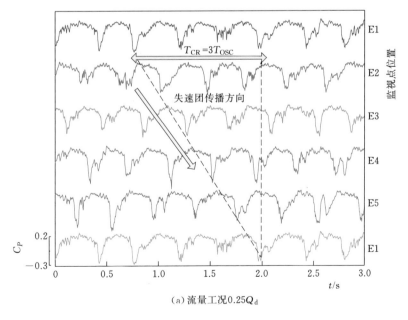

(a) 流量工况 0.25Q_d

图 8.32（一）　不同工况下压力脉动时域图

255

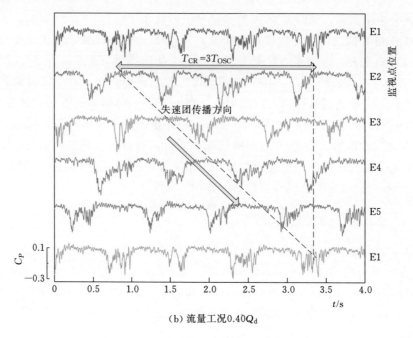

（b）流量工况 0.40Q_d

图 8.32（二） 不同工况下压力脉动时域图

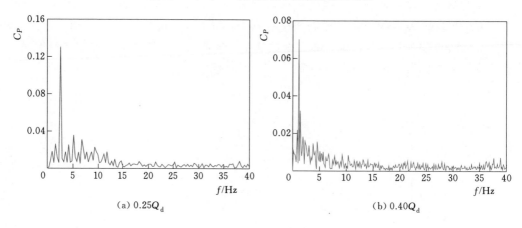

（a）0.25Q_d　　　　　　　　　　　　　（b）0.40Q_d

图 8.33 不同工况下压力脉动频域图

8.4.6 失速状态下的压力脉动特性

为了分析失速状态下叶片表面压力脉动特性，在叶片压力面上从进口到出口设置了 P1、P2 和 P3 监测点，在叶片吸力面上从进口到出口设置了 S1、S2 和 S3 监测点。在对这些监测点的压力脉动数据进行处理之后，图 8.34 给出了各监测点频域图。可以看到，S1~S3 点的主频是 2.4Hz，是转频的 0.24 倍，该频率就是叶轮失速的特征频率。P1~P3 点也具有类似特征。在叶轮进口处的主频幅值最大，沿着流动方向幅值逐渐降低[137]。

针对主频幅值最大的 S1 点，图 8.35 给出了不同流量工况下 S1 点压力脉动情况。从时域图可以看到，在 0.6Q_d 工况下，由于没有失速存在，压力脉动波形没有明显的周期性，

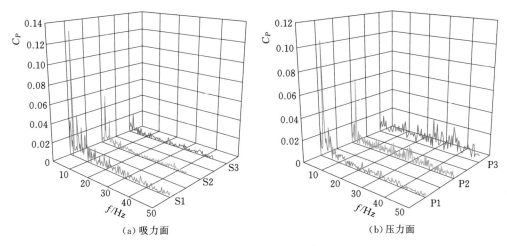

（a）吸力面 （b）压力面

图 8.34 叶片表面压力脉动频域图

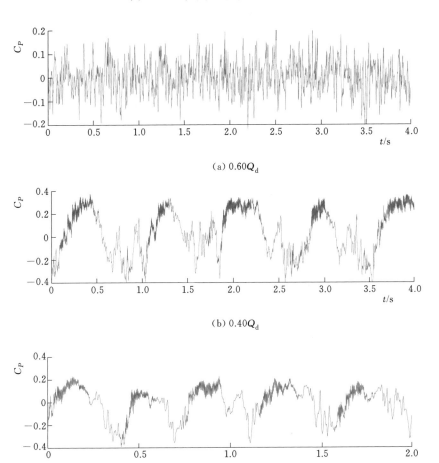

（a）0.60Q_d

（b）0.40Q_d

（c）0.25Q_d

图 8.35 不同工况下 S1 点压力脉动时域图

幅度变化较小；而在 $0.40Q_d$ 和 $0.25Q_d$ 工况，都有失速存在，因此压力脉动波形都呈现出明显的失速团传播的周期性，幅度变化较大。对上述时域信号进行 FFT 处理，得到频域结果，如图 8.36 所示。可以看到，在 $0.60Q_d$ 工况下，主频率为轴频的倍数，各种频率下的脉动幅值都非常低。而当失速发生以后，压力脉动幅值远大于非失速工况。随着流量进一步减小，叶轮进入深失速工况，压力脉动幅值有所降低，而失速涡频率逐渐增大，在 $0.30Q_d$ 和 $0.25Q_d$ 工况下，压力脉动主频幅值分别为 $0.40Q_d$ 的 67% 和 63%；失速涡频率分别为 $0.40Q_d$ 的 2.1 倍和 2.3 倍。这说明，在离心泵流量减小过程中，在某个流量工况下出现失速初生时，压力脉动幅值达到最大，在此之后的流量减小过程中，虽然失速涡频率有所增大，但压力脉动幅值逐渐降低。

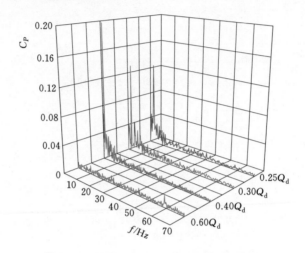

图 8.36　不同工况下 S1 点压力脉动频域图

第9章 多相流与空化分析

本章重点围绕欧拉-拉格朗日方法中的离散相模型、欧拉-欧拉方法中的混合模型、VOF 模型和欧拉模型，介绍开展水泵与泵站泥沙多相流、空化和磨蚀分析的方法及实例，给出基于 UDS 的沉淀池固体污染物浓度分布模拟方法。

9.1 多相流数值计算方法简介

9.1.1 多相流概述

多相流（multiphase flow）是指由至少两相所组成的混合介质流动，其中至少一相为流体（一般是液态水），另一相是固体（如泥沙颗粒）、气体（如空化泡）或液体（如密度不同的液滴）。水沙两相流是水泵与泵站领域最典型的多相流之一。

空化（cavitation）也称汽蚀，是指液体压力降低到液体饱和蒸汽压以下时，液体汽化的过程。空化是一个比较复杂的物理化学变化过程，对水泵、阀门和管道安全稳定运行有重要影响。空化发生时，在空化区会出现密度改变，存在液相与汽相之间的质量交换，因此，其计算过程要比没有相互质量交换的水沙两相流更加复杂。

我国许多泵站都建在泥沙含量较高的河流沿岸，如黄河两岸的宁夏红寺堡泵站、山西尊村泵站、陕西东雷泵站等长期运行在水沙两相流状态。黄河年均泥沙含量约 37.5kg/m^3，每年 7—9 月汛期泥沙含量可达 400kg/m^3。虽然经过沉沙池或其他技术措施处理后，过泵泥沙含量降低，但多数情况下仍然达 3~5kg/m^3，高时达 30kg/m^3。黄河不同河段的泥沙含量、颗粒级配差异较大，如山西中部引黄工程水源泵站所在的天桥电站库区河段年均泥沙含量为 4.16kg/m^3，中值粒径为 0.038mm，平均粒径为 0.040mm，泥沙矿物成分中石英占 37.7%，黏土矿物总量占 24.2%。

泵的过流部件在遭受泥沙磨蚀后，表面出现类似波纹或鱼鳞坑的磨蚀形貌[138]。由于磨蚀在一定程度上改变了过流部件表面的过流条件，对流态产生负面影响，引起水泵性能下降，有时还可能加剧水泵空化，从而造成比较大的经济损失。

在开展多相流计算时，因涉及不同的数学模型，多相流经常被区分为高浓度和低浓度两类。以水沙两相流为例，通常有如下 3 种分类途径[139,140]：

（1）按颗粒运动机理区分。从颗粒的运动机理出发，颗粒运动受流体动力和颗粒间相互碰撞力所支配，若颗粒运动是由当地流体动力所支配，并且颗粒间碰撞对两相流的流动影响可以忽略时，两相流即为低浓度两相流，反之为高浓度两相流。

（2）按两相流的特征时间区分。若固液两相流中颗粒平均弛豫时间远大于颗粒间碰撞时间，即两者之比远大于 1 时，则为高浓度两相流；若两者之比远小于 1 时，则为低浓度两相流。

（3）按颗粒浓度区分。从颗粒浓度出发，把固体颗粒的体积浓度大于 5% （有时将此值放大到 10%）的两相流称为高浓度两相流；反之，为低浓度两相流。

在水泵与泵站领域，除了专门抽送水泥砂浆等特殊介质的泥浆泵之外，常规水泵内的固体颗粒体积浓度总体上都小于 5%；水泵流道内多相流流速较快，颗粒粒径一般处于微米级，颗粒运动是由当地流体动力所支配，并且颗粒间的碰撞对两相流的流动影响整体上可以忽略，因此，水泵与泵站的两相流总体上属于低浓度两相流。

9.1.2 多相流数值计算方法分类

相比于单相流模拟，多相流模拟并不很成熟，原因在于多相流的复杂性和计算方法的多样性。现对多相流数值计算方法分类如下。

1. 按所关注的多相流尺度分类

Sundaresan 等[141]根据所关注或求解的多相流尺度将气固多相流数值计算方法分为微尺度（microscale）、介尺度（mesoscale）及宏尺度（macroscale）3 类，相应的尺度分别为 mm 级、cm 级和 m 级，如图 9.1 所示。图中粒子图片是借助高速相机拍摄的。

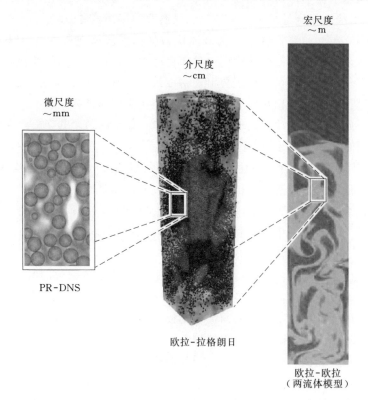

图 9.1 气固多相流的多尺度特性及计算方法[141]

微尺度方法以粒子解析直接数值模拟方法（particle resolved direct numerical simulation，PR-DNS)[142]为代表，是最近几年出现的新方法，对系统中每个粒子运动在拉格朗日框架下直接求解牛顿第二定律方程，对流场进行基于 Navier-Stokes 方程的全尺度求解，粒子与粒子间的相互作用通过球接触模型加以考虑。该方法的解析尺度为 mm 级，所能求解的粒子数量有限，一般是 10^5 量级[141]。

介尺度方法以欧拉-拉格朗日（Euler-Lagrange）方法[139]为代表，对系统中每个粒子运动在拉格朗日框架下直接求解牛顿第二定律方程，对流体相运动在欧拉框架下进行局部平均方程的求解，解析尺度为 cm 级，可以处理百万级的粒子，但需要给定相间作用力模型等[141]。

宏尺度方法以欧拉-欧拉（Euler-Euler）方法[139]为代表，比较突出的模型是两流体模型（two-fluid model，TFM），对两相流中的流体相和固体相在欧拉框架下进行局部平均变量输运方程的独立求解。这类方法需要引入表征相间作用力和两相中的有效应力的本构模型，解析尺度为 m 级。

2. 按所依赖的数学和物理原理分类

车得福、李会雄[140]根据所依赖的数学和物理原理，将多相流数值模拟方法归为经典连续介质力学模拟、分子动力学模拟和介观层次模拟三类。

经典连续介质力学模拟方法从宏观层次上研究多相流迁移规律，多相流由建立在连续介质假定基础上的 Navier-Stokes 方程组所控制。针对不同问题，这种方法又分为欧拉-拉格朗日方法和欧拉-欧拉方法，现今使用比较广泛的多相流模型都属于连续介质力学模拟方法。

分子动力学模拟方法在微观层次上研究多相流，将多相流看做是大量离散分子的集合，通过对这些离散分子相关特性的统计平均来决定流体运动特性。这类方法需要对计算区域内每个分子进行力学行为描述与计算，计算量非常大，无法应用到复杂流场计算中。

介观层次模拟方法是在宏观和微观之间的介观尺度上研究多相流，是在分子运动理论基础上建立起来的另一类简化动力学模型，代表性方法是格子 Boltzmann 方法。该方法对计算区域内的许多格子进行计算，这些格子的尺度远比分子平均自由度大，又比有限体积法中的控制体积宽度小，介质粒子在格子之间按一定规律运动。粒子的尺度比分子级别大得多，质量比有限体积法中控制体积内的流体质量小得多。可通过对这些粒子的有关特性进行特殊平均计算而获得流体在宏观层次上的密度、速度等参数。

3. 按所采用的坐标系分类

在多相流工程应用研究中，根据所采用的坐标系将多相流数值模拟方法分为两类：欧拉-拉格朗日方法和欧拉-欧拉方法，如图 9.2 所示。

欧拉-拉格朗日方法把流体作为连续相，在欧拉坐标系内通过 Navier-Stokes 方程对流体流动进行描述，而将颗粒视为离散相，在拉格朗日坐标系内用牛顿

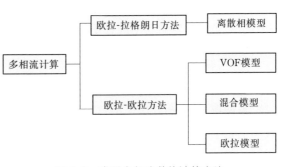

图 9.2　常用多相流数值计算方法

第二定律对颗粒运动进行描述。这里的欧拉坐标系是固定在空间上的，在流体运动过程中不随流体质点运动；拉格朗日坐标系是嵌在颗粒质点上，随颗粒一起运动的。这类方法关注的重点是颗粒的运动。代表性的方法是 Fluent 中的离散相模型。

欧拉-欧拉方法把连续相和颗粒相均看做是连续介质，并同时在欧拉坐标系中考察连续相和颗粒相的运动。欧拉坐标系是固定在空间上的，在多相流运动过程中不随流体质点而改变。这类方法既关注颗粒的运动，又关注多相流整体特性。目前使用比较广泛的 VOF 模型、混合模型和欧拉模型都属于欧拉-欧拉方法。根据对相间是否存在相对速度的假定不同，该方法又分为均相模型和非均相模型。本节后面将对此进行介绍。

早期研究主要集中在流场中颗粒的受力及运动，忽略颗粒对流场的作用，随着近代多相流理论的发展，数值模拟方法已经能够较全面考察相间质量、动量与能量的相互作用。多相流的数值模拟也由单向耦合发展到双向耦合。但无论用什么样的多相流数值计算方法，在数学模型中表达相间作用力是模拟成功的关键。

在许多商用软件[18]中，将欧拉-欧拉方法和欧拉-拉格朗日方法称为完全多相流分析，此外还有若干种简化的多组分分析方法，如代数滑移模型（algebraic slip model）[18]等。近几年针对一些特殊的流动出现了专用模型，如用于计算不同泥沙级配颗粒分布的群体平衡模型（在 Fluent 中对应于 Population Balance Model，在 CFX 中对应于 MUSIG 模型），是在欧拉-欧拉模型基础上发展起来的特殊版本，在此不做专门介绍，读者可参见文献[144]。

9.1.3　欧拉-拉格朗日方法

欧拉-拉格朗日方法（Euler-Lagrange approach）是一种出现较早、应用比较广泛的多相流计算方法，主要用于求解颗粒多相流问题。这里的颗粒（particle）可以是泥沙颗粒、水滴或气泡。一般用于颗粒体积浓度低于 10%、颗粒外观较清晰、颗粒与流体的相互作用比较明确的场合。该方法在早期的水泵水沙两相流计算中应用非常广泛，目前仍然是水泵水沙两相流分析的主要手段之一。

在欧拉-拉格朗日方法中，连续相（通常为液体或气体）遵从 Navier-Stokes 方程，在欧拉坐标系中进行运动描述和求解，与常规单相流 CFD 计算基本相同；离散相（颗粒、水滴或气泡）遵从牛顿第二定律，在拉格朗日坐标系中进行位置矢量和速度矢量的描述和求解。

为使用该方法，一般引入如下假设：

（1）颗粒被看做移动的有质量的点来处理。尽管颗粒有相应的直径，但它不侵占连续相的体积，只被看做移动的点来处理。因此该模型仅在离散相体积分数较小时适用。

（2）颗粒周围的流场细节被忽略，如颗粒的尾涡、流动分离、边界层等。

（3）离散相的局部信息通过沿颗粒轨迹的空间平均得到。

在欧拉-拉格朗日方法中，通过对整个离散域内颗粒路径的积分实现追踪。对于计算域中的每个颗粒，从其在某个面上"发射"到脱离计算域或因满足某种限定条件，被完全跟踪。为了获得所有颗粒跟踪的平均值，并生成流体连续方程、动量方程和能量方程的源项，需要源源不断地发射颗粒。每个粒子从其发射点到最终目的地均被跟踪，跟踪过程也适合于稳态分析。

假定用 Δt 表示时间步长，用上标 0 和 n 分别表示旧值和新值，用 u_p^0 表示颗粒初始速度，则颗粒位移可通过颗粒速度在时间步上的前向欧拉积分得出 $x_p^n = x_p^0 + u_p^0 \Delta t$。计算用到的时间步起始时的颗粒速度为上一时间步的已知值，时间步结束时的颗粒速度采用颗粒动量方程 $m_p \mathrm{d}\boldsymbol{u}_p / \mathrm{d}t = \boldsymbol{F}_{\mathrm{all}}$ 来计算。$\boldsymbol{F}_{\mathrm{all}}$ 代表作用在颗粒上的合力。流体特性参数取自于时间步开始时的值。

该方法假定颗粒相稀疏，因此一般忽略颗粒与颗粒之间的相互作用，而流体与颗粒之间的相间作用，如热交换、曳力、压力梯度力、虚拟质量力、Basset 力等，是在欧拉-拉格朗日方法重点描述和计算的对象，是在连续相与离散相的输运方程源项中得以体现的。当离散相的浓度较低且连续相流动的主要推动力不是相间作用力时，才可以忽略离散相对连续相的作用力，只考虑连续相对离散相的作用力，此为单向耦合模式。当颗粒浓度较高时，离散相对连续相的总作用力增大，逐渐变得不能忽略，必须在连续相动量方程的体积力源项中包括颗粒对连续相的作用力，此为双向耦合模式，是概念上更为合理的模型[145]。

该方法的最大优势是可以比较方便地计算出每个颗粒的速度、轨迹线等，这对于泥沙磨蚀分析是非常有利的。该方法的最大劣势也恰恰源于其优点，由于需要对每个粒子进行跟踪，颗粒运动速度也比较大，需要采用很小的时间步长来积分，因此计算量过大。这样，粒子的整体数量受到很大限制，最大数量一般为 10^5 个，颗粒最大体积浓度一般不超过 10%。实际的水泵水沙两相流系统中，泥沙颗粒数量可高达 10^{10} 个，因此，往往需要采用欧拉-欧拉方法，或者特殊的高浓度离散相模型。

欧拉-拉格朗日方法在 Fluent 软件中对应于离散相模型（discrete phase model，DPM），在 CFX 软件中对应于粒子输运模型（partical transport model，PTM）。

9.1.4 欧拉-欧拉方法

欧拉-欧拉方法（Euler-Euler approach）是目前水泵两相流和空化计算的主要方法。在泥沙浓度比较高、颗粒直径比较小的时候，这种方法优势明显。该方法的特点是把流体作为连续介质，把颗粒当做拟连续介质或拟流体，均在固定的欧拉坐标系内通过各自或公共的动量、质量和能量输运方程对流动进行描述。这种方法主要用于模拟弥散颗粒相浓度比较高的场合，这是因为，当颗粒体积浓度较低时针对弥散颗粒相所做的连续介质假定将失效，可能导致较大的计算误差。

欧拉-欧拉方法分为均相模型（homogeneous model）和非均相模型（inhomogeneous model）两大类。均相模型也称单流体模型，又叫无滑移模型，是指所有流体（全部各相）共享同一速度场、压力场、温度场以及湍流特性等，不考虑相间速度滑移，系统只针对混合物存在一套控制方程。而非均相模型也称两流体模型或多流体模型，是指每一相都有独立的速度场及其他相关物理场，压力场由各相共享，各相通过相间传输项实现相互作用，系统针对每一相均需要建立一套单独的控制方程。

欧拉-欧拉方法包括 3 个典型模型：混合模型（mixture model）、欧拉模型（Eulerian model）和 VOF 模型（VOF model）。在 CFX 软件中，3 种模型分别对应于混合模型

(mixture model)、颗粒拟流体模型（particle model）和自由界面流动模型（free surface flow model）。当然，由于各 CFD 软件对多相流模型的实现思想与目标并不完全一致，故上述对应关系并不十分准确，如 CFX 中的自由界面流动模型并非与 Fluent 中的 VOF 模型完全对应。

混合模型求解混合物的动量方程，通过相间相对速度来描述弥散颗粒相与流体相间的差异。这里的弥散颗粒是空气泡、空化泡和悬移质颗粒等。混合模型本质上属于非均相模型，但当不考虑相间速度滑移时，就变成了均相模型。该模型在水泵与泵站领域应用非常广泛，而且经常将此模型当作均相模型使用，关键是此时计算效率高。

欧拉模型是针对多相流中的每一相均建立一套动量方程和连续方程组，如果有两种介质，就有两套这样的方程组。它通过压力项和界面交换系数来实现耦合，耦合方式则依赖于所含相的情况，固液两相流与气液两相流的处理有所不同。对于固液两相流，可通过应用运动学理论来实现耦合，从而求得流动特性。不同相之间的动量交换也依赖于混合物的类别。当然，有时需要用户通过自己的方式定义动量交换的计算方法。该模型属于典型的非均相模型，也常叫做两流体模型。因计算量大，该模型在早期水泵与泵站应用中并不广泛，但其应用前景比较好，特别是当泥沙集中在计算域中某些特定区域时，建议优先使用欧拉模型。

VOF 模型是一种应用于固定的欧拉网格的表面追踪方法，不同的流体组分共用一套动量方程，在全流场每个计算单元内每种流体的体积分数都被记录下来。该模型在多数情况下属于均相模型，如果计入相间速度差异则变为非均相模型。该模型常用于求解两种互不相融流体间的交界面问题，如分层流、自由面流动、晃动、液体中大气泡流动、水坝溃堤流动等。泵站进水池表面流动分析、空气吸入涡分析、虹吸式出水流道排气过程分析、自吸泵排气过程分析等，可采用这种模型。

9.2　离散相模型及其应用

离散相模型又称颗粒轨道模型，属于欧拉-拉格朗日方法的一种，用于求解带有颗粒（泥沙颗粒、水滴或气泡）的流体流动问题。由于不考虑颗粒与颗粒之间的相互作用，故这种模型一般用于颗粒体积浓度低于 10%、颗粒外观较清晰、颗粒与流体的相互作用比较明确的场合。现以 Fluent 中的离散相模型（discrete phase model，DPM）为例进行介绍。

9.2.1　控制方程

在离散相模型中，采用不同坐标系分别对连续相和颗粒相进行描述和控制。

1. 连续相控制方程

连续相在欧拉坐标系中进行描述，与普通单相流控制方程相同，即 Navier-Stokes 方程。对于不可压流体，有

（1）连续方程。

$$\frac{\partial \rho}{\partial t} + \frac{\partial(\rho u_j)}{\rho x_j} = 0 \tag{9.1}$$

（2）动量方程。

$$\frac{\partial(\rho u_i)}{\partial t} + \frac{\partial(\rho u_i u_j)}{\partial x_j} = -\frac{\partial p}{\partial x_i} + \frac{\partial}{\partial x_j}\left[\mu\left(\frac{\partial u_i}{\partial x_j} + \frac{\partial u_j}{\partial x_i}\right)\right] + \rho g_i + F_i \tag{9.2}$$

式中：u_i 为坐标 x_i 方向上的流体速度；ρ 为流体密度；μ 为流体动力黏度；p 为压力；g_i 为重力加速度；F_i 为体力。

（3）其他方程。其他方程包括能量方程和湍流方程。除非考虑能量交换和温度场分布，一般无须考虑能量方程。湍流方程取决于多相流计算所采用的湍流模型，如采用标准 $k\text{-}\varepsilon$ 方程则需要引入关于湍动能 k 和耗能率 ε 的控制方程。

2. 颗粒相控制方程

颗粒相在拉格朗日坐标系中进行描述，其形状被假定为球形（2D 时为圆形）。控制方程为广义牛顿第二定律[17]：

$$m_p \frac{\mathrm{d}\boldsymbol{u}_p}{\mathrm{d}t} = \boldsymbol{F}_\mathrm{D} + \boldsymbol{F}_\mathrm{B} + \boldsymbol{F} \tag{9.3}$$

$$\boldsymbol{F} = \boldsymbol{F}_\mathrm{VM} + \boldsymbol{F}_\mathrm{P} + \boldsymbol{F}_\mathrm{R} + \boldsymbol{F}_\mathrm{M} + \boldsymbol{F}_\mathrm{S} + \boldsymbol{F}_\mathrm{BA} \tag{9.4}$$

式中：下标 p 代表颗粒的参数；m_p 为颗粒质量；$\boldsymbol{u}_p$ 为颗粒速度；$\boldsymbol{F}_\mathrm{D}$ 为曳力；$\boldsymbol{F}_\mathrm{B}$ 为重力造成的浮力；$\boldsymbol{F}$ 为颗粒受到的除曳力和重力造成的浮力之外的其他力；$\boldsymbol{F}_\mathrm{VM}$ 为虚拟质量力；$\boldsymbol{F}_\mathrm{P}$ 为压力梯度力；$\boldsymbol{F}_\mathrm{R}$ 为旋转系统中存在的哥氏力和离心力；$\boldsymbol{F}_\mathrm{M}$ 为 Magnus 升力；$\boldsymbol{F}_\mathrm{S}$ 为 Saffman 升力；$\boldsymbol{F}_\mathrm{BA}$ 为 Basset 力。

9.2.2　颗粒受力分析

颗粒相所受到的力可以分为两类：第一类是与流体-颗粒相对运动无关的力，如重力造成的浮力、压力梯度力和惯性力；第二类是与流体-颗粒相对运动有关的力，其中沿着相对运动方向的力称为切向力，如曳力、虚拟质量力和 Basset 力，而垂直于相对运动方向的力称为法向力，如 Magnus 升力和 Saffman 升力。

1. 曳力

曳力（drag）是颗粒在流体中运动受到的拖曳力，也称阻力，与颗粒的性质、形状、大小及颗粒-流体相对速度直接相关。对于球形颗粒，可按式（9.5）计算[17]：

$$\boldsymbol{F}_\mathrm{D} = m_p \frac{\boldsymbol{u}_f - \boldsymbol{u}_p}{\tau_r} \tag{9.5}$$

式中：下标 f 代表流体的参数；$\boldsymbol{u}_f$ 为流体速度；τ_r 为颗粒弛豫时间。

$$\tau_r = \frac{\rho_p d_p^2}{18\mu_f} \frac{24}{C_\mathrm{D} Re_p} \tag{9.6}$$

$$Re_p = \frac{\rho_f d_p |\boldsymbol{u}_p - \boldsymbol{u}_f|}{\mu_f} \tag{9.7}$$

式中：ρ_p 和 d_p 分别为颗粒密度和直径；ρ_f 为流体密度；μ_f 流体动力黏度；Re_p 为颗粒雷诺数；C_D 为曳力系数。

根据不同的实验统计结果，现有多种曳力系数计算模型。Fluent 提供了 8 种曳力系数计算模型[17]：Spherical、Non-spherical、Stokes-Cunningham、High-Mach-Number、Ddynamic-drag、Dense Discrete Phase Model、Bubbly Flow 和 Rotational。其中，前 4 种模型是最常见的曳力系数模型，在各种条件下均可使用；Ddynamic-drag 只用于瞬态跟踪时使用了液滴破碎模型的特定条件；Bubbly Flow 模型中包括 Grace 和 Ishii-Zuber 两个模型，只用于气液两相流中具有不同形状的气泡模拟；Dense Discrete Phase Model 包含 Wen-Yu、Gidaspow 和 Syamlal-O'Brien 3 个模型，只用于固液两相流，且只当用户在欧拉模型中激活 Dense Discrete Phase Model 选项时才可使用。

在上述各种曳力系数模型中，Spherical 模型是最简单、最常见的模型，将颗粒当作球形粒子对待，曳力系数为[17]

$$C_D = a_1 + \frac{a_2}{Re_p} + \frac{a_3}{Re_p^2} \tag{9.8}$$

式中：a_1、a_2 和 a_3 均为经验常数，详见 Morsi 的推荐值[146]。

此外，Schiller-Naumann 模型也是一种常见的曳力系数模型：

$$C_D = \begin{cases} 24(1 + 0.15Re_p^{0.687})/Re_p & Re_p \leqslant 1000 \\ 0.44 & Re_p > 1000 \end{cases} \tag{9.9}$$

2. 重力造成的浮力

由于重力而导致颗粒本身受到的浮力按式（9.10）计算[17]：

$$\boldsymbol{F}_B = m_p \left(1 - \frac{\rho_f}{\rho_p}\right) g = \frac{\pi d_p^3}{6} (\rho_p - \rho_f) g \tag{9.10}$$

式中：ρ_f 为流体密度；g 为重力加速度。

3. 虚拟质量力

颗粒在液相中作加速运动，带动周围流体一起加速，这样，原本促使运动的力不仅增加了颗粒的动能，还增加了流体的动能，流体动能反过来进一步促进颗粒加速，这就相当于颗粒具有一个虚拟的附加质量，而相应的加速力就是虚拟质量力（virtual mass force）。可表示为[18]

$$\boldsymbol{F}_{VM} = C_{VM} m_f \left(\frac{\mathrm{d}\boldsymbol{u}_f}{\mathrm{d}t} - \frac{\mathrm{d}\boldsymbol{u}_p}{\mathrm{d}t}\right) = C_{VM} m_p \frac{\rho_f}{\rho_p} \left(\frac{\mathrm{d}\boldsymbol{u}_f}{\mathrm{d}t} - \frac{\mathrm{d}\boldsymbol{u}_p}{\mathrm{d}t}\right) \tag{9.11}$$

式中：C_{VM} 为虚拟质量系数，等于 0.5。

4. 压力梯度力

流场中各处压力不等造成颗粒表面所受到的压力不等，从而产生压力梯度，这个作用力称为压力梯度力（pressure gradient force）[18]：

$$\boldsymbol{F}_P = m_p \frac{\rho_f}{\rho_p} \boldsymbol{u}_p \nabla \boldsymbol{u}_f \tag{9.12}$$

5. 旋转系统中的哥氏力和离心力

在旋转系统中，必然存在哥氏力和离心力，其表达式为[18,17]

$$\boldsymbol{F}_R = m_p (-2\omega \times \boldsymbol{u}_p - \boldsymbol{\omega} \times \boldsymbol{\omega} \times \boldsymbol{r}_p) \tag{9.13}$$

式中：$\boldsymbol{\omega}$ 为粒子与流体间的相对角速度；$\boldsymbol{r}_p$ 为粒子所在位置到旋转坐标系原点的几何矢量。

6. Magnus 升力

当颗粒在有速度差的流场中运动时，不同的速度冲刷颗粒表面，造成颗粒绕通过球质心的轴旋转，从而产生一个与颗粒和流体相对速度方向垂直的力，称为 Magnus 升力。其表达式如下[17]：

$$\boldsymbol{F}_\mathrm{M} = \frac{1}{2} A_p C_\mathrm{M} \rho_f \frac{|\boldsymbol{u}_f - \boldsymbol{u}_p|}{|\boldsymbol{\omega}|} [(\boldsymbol{u}_f - \boldsymbol{u}_p) \times \boldsymbol{\omega}] \tag{9.14}$$

式中：A_p 为投影颗粒表面积；C_M 为旋转升力系数，包括 Oesterle-Bui Dinh 方案、Tsuji 方案、Rubinow-Keller 方案等[17]。

7. Saffman 升力

当颗粒与周围流体存在速度差且流体速度梯度垂直于颗粒的运动方向时，颗粒两侧速度不一样，会产生一个由低速指向高速方向的升力，称为 Saffman 升力。其表达式如下[17]：

$$\boldsymbol{F}_\mathrm{S} = m_p \frac{2K\nu^{1/2}\rho_f d_{ij}}{\rho_p d_p (d_{ik}d_{kl})^{1/4}} (\boldsymbol{u}_f - \boldsymbol{u}_p) \tag{9.15}$$

式中：K 为经验系数，取 2.594；d_{ij} 为变形张量。

8. Basset 力

当颗粒在流体中作直线变速运动时，颗粒边界层将带动一部分流体运动，而由于流体惯性，当颗粒加速时，流体并不能立即加速，同样也不能立即减速，颗粒所受到的随时间变化、与颗粒加速历程有关的流体作用力称为 Basset 力，其表达式如下[147]：

$$\boldsymbol{F}_\mathrm{BA} = \frac{3d_p^2}{2} \sqrt{\pi \rho_f \mu_f} \int_0^t \frac{\dfrac{\mathrm{d}\boldsymbol{u}_f}{\mathrm{d}\tau} - \dfrac{\mathrm{d}\boldsymbol{u}_p}{\mathrm{d}\tau}}{\sqrt{t - \tau}} \mathrm{d}\tau \tag{9.16}$$

式中：t 为当前时刻；τ 为时间变量。

9. 哪些力需要计入

在实际问题的求解中，并不一定计入上述所有的力，因为有些力对颗粒运动影响很小，可以忽略不计，从而简化两相流计算。在上述各项力中，最为关键的是曳力和重力造成的浮力，在多相流计算中不可忽略。哥氏力和离心力在旋转系统中不可忽略。一般的两相流计算可以简化为颗粒只受惯性力、曳力、重力和旋转引起的哥氏力与离心力的作用。压力梯度力在多相流系统中发挥着比较重要的作用，一般不应忽略。虚拟质量力、Saffman 升力和 Magnus 升力，仅对直径处于 $1 \sim 10\,\mu\mathrm{m}$ 的亚观颗粒有效，且只在高雷诺数条件下流动较明显，故一般忽略这三项。而对于 Basset 力，只有当 CFD 计算的关注重点是两相流中的脉动特性，且流体运动的无量纲频率（脉动频率与特征时间的乘积）大于 0.5 时才需要考虑[69]，许多商用 CFD 软件（如 CFX 和 Fluent）并未考虑 Basset 力。

9.2.3 模型特性

1. 耦合/非耦合模式

离散相模型中的耦合/非耦合模式相当于本章开头提到的双向耦合/单向耦合方式。

在非耦合模式中：只考虑连续相对颗粒相运动的影响，而不考虑颗粒相对连续相流场的影响。其计算过程是，首先迭代求解连续相流场，得到流场结果后计算颗粒相轨迹。颗粒相轨迹不需要迭代计算，只需要在获得收敛的连续相流场之后，进行一次颗粒相后处理，并输出或显示计算报告即可。

在两相流中颗粒含量较高时，应进行耦合模式计算，以将颗粒相对连续相的影响计入连续相的计算中。其计算过程是，首先计算连续相流动得到初步收敛的流场，然后选择 Interaction with Continuous Phase 选项，并继续迭代，此后颗粒相轨迹计算和连续相流场计算交替进行，直到颗粒相轨迹和连续相流场均不再变化。每次计算连续相流场时均更新前一步两相之间的流量、质量和能量交换并计入连续相的求解中。

在激活耦合模式时，会要求输入 DPM Iteration Interval，意为每进行一次颗粒相迭代所需要的连续相迭代的次数。也就是相当于颗粒相轨迹计算和连续相流动计算交替进行的频率。较大的设定值有利于改善稳态计算的稳定性，但收敛所需要的迭代次数将增加。

颗粒相和连续相之间的动量、能量和质量交换项的计算过程是欠松弛的，可通过减小松弛因子来提高耦合计算过程的稳定性。

2. 颗粒轨迹的稳态/非稳态跟踪

离散相模型中的颗粒运动方程是以瞬态方式进行求解的，但对颗粒轨迹的跟踪方式有稳态/非稳态之分。对于颗粒轨迹的稳态跟踪而言，一个颗粒一旦被释放，就被连续跟踪，也就是说连续对颗粒运动方程进行积分计算，直至颗粒达到最终状态。最终状态包括从计算域逃逸、被边界捕捉或者达到规定的迭代步数。因此，每个颗粒都无一例外地要穿过该模型的许多单元，与流体相互作用（在耦合模式下）并改变每个单元中 DPM 源项。这些源项在一定的迭代步或时间步内影响着流场的解（取决于流场求解过程是稳态还是瞬态）。然后，视需要，一组新的颗粒轨道被跟踪，DPM 源项被更新，上述过程再次重复。对于颗粒轨迹的非稳态跟踪而言，每个颗粒是在一定数量的颗粒时间步之内进行向前跟踪的，在流场计算得到更新之前并不是必须到达最终状态。颗粒轨迹的稳态/非稳态跟踪过程如图 9.3 所示。

根据上述定义，颗粒轨迹的稳态/非稳态跟踪的特点见表 9.1。

表 9.1　　　　　　　　　　颗粒轨迹的稳态/非稳态跟踪的特点

稳 态 跟 踪	非 稳 态 跟 踪
颗粒从"出生"到"死亡"一直被跟踪，获得的是所有颗粒的最终状态	颗粒从每个时间步的开始到结束被跟踪，得到的是颗粒在每个时间步的位置
颗粒不允许重新启动	颗粒须在每个时间步开始时重新启动
所有的颗粒一次释放	在一个时间步释放指定数目的颗粒
非耦合模式（单向耦合）下，颗粒在流场模拟结束时进行求解	非耦合模式（单向耦合）下，颗粒在每个时间步结束时进行求解
耦合模式（双向耦合）下，颗粒以用户指定的迭代间隔进行求解	耦合模式（双向耦合）下，颗粒以用户指定的每个时间步内迭代循环间隔进行求解
颗粒运行时间与颗粒当前时间相同	颗粒运行时间与颗粒当前时间不同

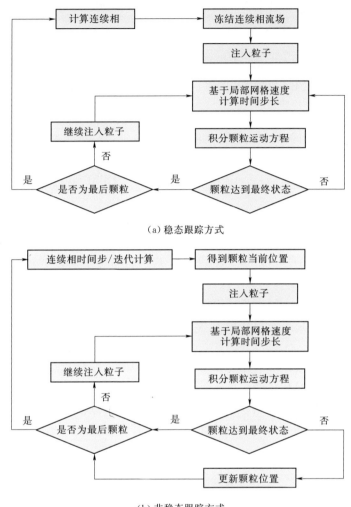

（a）稳态跟踪方式

（b）非稳态跟踪方式

图 9.3 颗粒轨迹的稳态/非稳态跟踪过程[25]

离散相模型的颗粒轨迹跟踪可以采取稳态或非稳态方式计算，而连续相的计算同样也可以采用稳态或瞬态模式计算，彼此之间并无必然联系。当多相流中的稳态流动状态是关心的重点时，可用如下不同组合算法得到数值模拟结果。

（1）稳态颗粒跟踪＋稳态流动模拟。该组合模式通过在 Discrete Phase Model 界面中同时关闭 Unsteady Particle Tracking 选项和 Update DPM Sources Every Flow Iteration 选项来实现。

当颗粒相采用稳态跟踪、连续相采用稳态模拟时，每隔一定数量的稳态连续相迭代步进行一次颗粒轨迹计算。如前所述，颗粒轨迹计算是从其被释放进入计算域后即开始被跟踪，直至达到最终状态。这个跟踪计算过程并不是在每个流场迭代步均进行，而是靠 DPM Iteration Interval 来控制其更新频率。

颗粒轨迹跟踪过程即是对颗粒运动方程进行积分的过程，积分所使用的时间步长通过

以下公式计算。如果指定了参数 Length Scale，则时间步长为[17]

$$\Delta t = \frac{\text{Length Scale}}{u_p + u_f} \tag{9.17}$$

式中：u_p 和 u_f 分别为颗粒相和流体相的速度。

如果指定了参数 Step Length Factor，则时间步长为

$$\Delta t = \frac{\Delta t^*}{\text{Step Length Factor}} \tag{9.18}$$

式中：Δt^* 为颗粒通过当前网格的估计时间。

（2）非稳态颗粒跟踪＋稳态流动模拟。该组合模式通过在 Discrete Phase Model 界面中激活 Unsteady Particle Tracking 选项、关闭 Update DPM Sources Every Flow Iteration 选项来实现。

当颗粒相采用非稳态跟踪、连续相采用稳态模拟时，与稳态颗粒跟踪相同的是，每隔一定数量的稳态连续相迭代步进行一次颗粒相迭代计算；不同的是，非稳态跟踪在每个时间步长（对应于参数 Particle Time Step Size）后进行轨迹更新，更新的迭代步数量可通过 Number of Time Steps 参数来设置。

（3）非稳态颗粒跟踪＋瞬态流动模拟。该组合模式通过在 Discrete Phase Model 界面中激活 Unsteady Particle Tracking 选项和 Update DPM Sources Every Flow Iteration 选项来实现。

当颗粒相采用非稳态跟踪、连续相采用瞬态模拟时，颗粒和流场同时更新，即在每个流场时间步内都进行颗粒相更新，虽然颗粒相和连续相采用的时间步长可能不同。

这种组合模式的优点是采用较小时间步长，每步求解过程容易收敛，可以得到真实的发展过程，但缺点是得到稳态解需要的计算时间过长。

3. 离散相模型的壁面条件

颗粒在运动过程中接触到壁面后，会有不同的运动行为，需要在壁面边界条件设置时指定 Boundary Condition Type，通常包括以下几种：

（1）reflect：颗粒直接反弹出去，通过指定法向及切向反射系数来计算颗粒反弹的角度和速度。

（2）trap：颗粒捕捉。捕捉后颗粒轨迹计算结束。

（3）escape：颗粒逃逸。颗粒可以穿过边界逃出计算域，从而结束轨迹跟踪。

（4）wall-jet：模拟颗粒冲击壁面，但不考虑液膜的形成。

（5）wall-film：模拟颗粒冲击到壁面后形成的壁面液膜。

9.2.4　离散相模型应用实例

与常规单相流计算相比，使用离散相进行两相流计算增加了以下两个主要环节：①DPM模型设置，包括是否考虑颗粒相与液相的双向耦合、颗粒跟踪采用瞬态还是稳态方式、颗粒所受到的哪些力需要计入等；②颗粒入射参数设置，包括颗粒类型、入射速度、颗粒流量、颗粒粒径等参数。下面通过一个实例说明该模型的用法。

1. 研究对象

研究对象是一弯曲管道系统，带有两个 90°转弯[19]，如图 9.4 所示。水从 inlet 口（顶

部）进入，从 outlet 口（左下部）流出，流入速度 10m/s，出口为 outflow 边界，在求解过程中考虑湍流、等温及稳态条件。颗粒密度 1500kg/m³，从入口以初速度 10m/s 进入管道，颗粒直径 200μm，质量流量 1kg/s。

本例的目的在于演示如何在 Fluent 中使用 DPM 模型计算 3D 弯曲管道中的颗粒流动现象，获得颗粒体积分数分布、速度分布等。9.6 节还将在此基础上引入磨蚀模型，进行管道壁面磨蚀分析。

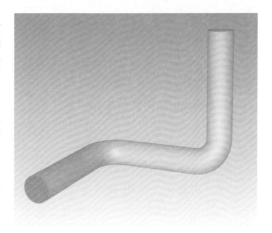

图 9.4　弯管水沙两相流计算对象

2. Fluent 设置与求解

本例为 3D 稳态计算，设置过程包括湍流模型、离散相模型、颗粒入射条件、材料属性等的设置。

（1）湍流模型设置。为简单起见，本例使用标准 k-ε 模型及标准壁面函数。

（2）DPM 模型参数设置。选择模型树节点 Models→Discrete Phase→Discrete Phase Model 对话框，激活 Interaction with Continuous Phase 选项，表示使用双向耦合机制；设置 DPM Iteration Interval 为 5，表示每进行一次分散相迭代需要对连续相迭代 5 次；设置 Max. Number of Steps 为 10000，表示最大迭代步数；切换至 Physical Models 标签页，激活选项 Saffman Lift Force、Virtual Mass Force 及 Pressure Gradient Force。由于本例拟进行稳态颗粒跟踪＋稳态流动模拟，因此，无需激活其他选项，均采用默认设置。

（3）颗粒入射条件设置。选择模型树节点 Models→Discrete Phase→Injections→Injections 对话框，单击 Create 打开 Set Injection Properties 对话框。设置 Injection Type 为 Surface，设置 Release From Surface 为 Inlet。进入 Point Properties 标签页，设置 z-velocity 为 10m/s，设置 Diameter 为 0.0002m（还可根据颗粒直径分布，分别指定颗粒最大直径、最小直径、平均直径和直径分布方式），设置 Total Flow Rate 为 1kg/s。进入 Physical Models 标签页，设置 Drag Law 为 Spherical。进入 Turbulent Dispersion 标签页，激活 Discrete Random Walk Model，设置 Number of Tries 参数为 10。

（4）材料定义。本例涉及两种材料：水和颗粒材料。

液态水可采用采用默认值，直接从材料库中复制过来即可，需将名称改为 water-liquid。

泥沙颗粒按如下过程进行定义：选择模型树节点 Materials→Inert Particle→anthracite，在 Create/Edit Materials 对话框中修改 Name 为 sand，设置 Density 为 1500kg/m³。注意 sand 的 Material Type 为 Inert particle，这是 DPM 模型专用的一种惰性颗粒材料。

此时，如果重新进入上一步曾打开的 Set Injection Properties 对话框，则所发射的颗粒 Material 已经改为 sand。

（5）单元域条件设置。选择模型树节点 Cell Zone Conditions→fluid，在 Fluid 对话框中设置 Material Name 为 water-liquid。

（6）边界条件设置。需要设置进口、出口及壁面边界条件。

设置进口边界条件：选择模型树节点 Boundary Conditions，设置进口边界 inlet 的类型为 Velocity Inlet，在 Velocity Inlet 对话框中设置 Velocity Magnitude 为 10m/s，设置 Specification Method 为 Intensity and Hydraulic Diameter，设置 Turbulent Intensity 为 5%，设置 Hydraulic Diameter 为 0.05m。切换至 DPM 标签页，设置 Discrete Phase BC Type 为 escape。其他参数保持默认值。

出口边界条件设置：设置出口边界 outlet 的边界类型为 outflow。切换至 DPM 标签页，设置 Discrete Phase BC Type 为 escape。其他参数保持默认值。

壁面边界条件保持默认值。在 9.6 节进行磨蚀分析时，需要设置颗粒反射条件。

（7）初始化。选用 Hybrid 方法进行初始化：选择模型树节点 Solution→Initialization →Initialize，系统自动进行初始化。

（8）求解。设置迭代参数并进行计算：双击模型树节点 Run Calculation，在 Run Calculation 面板中设置 Number of Iterations 为 1000，单击 Calculate 开始计算。

3. 查看计算结果

计算得到的颗粒数据可输出到 CFD-Post，然后进行颗粒轨迹、浓度分布、速度矢量等查看，也可直接在 Fluent 界面中查看。

（1）查看颗粒轨迹。选择模型树节点 Results→Graphics→Particle Tracks，在 Particle Tracks 对话框中，设置 Color by 为 Particle Velocity Magnitude，设置 Track Style 为 coarse-cylinder，选择 Release from Injections 为 injection-0（这是在进行颗粒入射条件设置时所生成的名称），选择 Save/Display。选择模型树节点 Results→Scene→New…，在 Scene 对话框中，选择 New Object→Mesh…，在新弹出的 Mesh Display 对话框中，取消选项 Edge，单击 Save/Display，回到 Scene 对话框，激活选项 particle-tracks-1 及 mesh-1，拖动滑块设置 mesh-1 的透明度为 70，单击 Save & Display 显示颗粒轨迹，如图 9.5 所示。

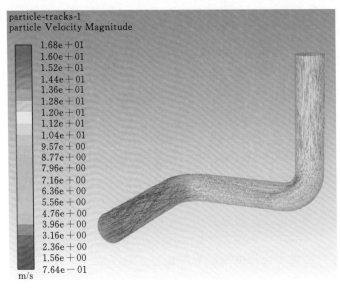

图 9.5　颗粒轨迹图

（2）查看颗粒浓度分布。选择模型树节点 Results→Graphics→Contours，在 Contours 对话框中，激活选项 Filled，选择选项 Contours of 分别为 Discrete Phase Variables…及 DPM Concentration，选择 Surface 为 Wall，则显示颗粒浓度分布，如图 9.6 所示。

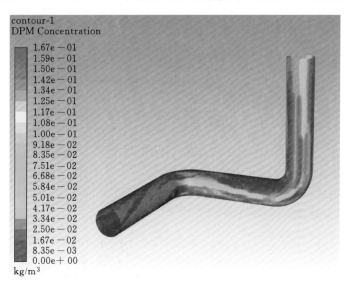

图 9.6　颗粒质量浓度分布

上述计算也可在 CFD-Post 中查看，方法是：选择菜单 File→Export→Particle History Data…→Export Particle History Data 对话框，选择 File Type 为 CFD-Post，单击 Write 输出数据。进入 CFD-Post，选择菜单 File→Import→Import FLUENT Particle Track File…，导入前面保持的颗粒文件，双击节点 FLUENT PT for Anthracite，属性窗口中切换至 Color 标签页，设置 Mode 为 Variable，设置 Variable 为 Anthracite.Particle Velocity，设置 Range 为 Local，单击 Apply 则显示颗粒轨迹图，如图 9.5 所示。

9.3　混合模型及其应用

混合模型（mixture model）是由 Manninen 等[148]提出的一种多相流计算模型，模型将多相流看成是由各相混合之后所构成的混合物，求解混合物的连续方程、动量方程、能量方程、湍流方程及各次级相的体积分数方程[148]。混合模型使用了滑移速度的概念，允许各相具有不同的速度，因此混合模型是一种非均相模型，有时也称为小滑移模型。如果假定相间无滑移，即认为相间滑移速度为 0，则混合模型就简化为均相模型。

混合模型可看成是欧拉模型的简化，在许多时候比欧拉模型具有优势，特别是泥沙相分布非常广的时候，如引黄泵站中水流含有大量以黏土为主的悬移质时，或者相间相互作用关系不清楚的时候，应优先选择混合模型。

9.3.1　控制方程

混合模型的控制方程包括[148,17]：混合物的连续方程、混合物的动量方程、混合物的能量方程（视需要使用）、混合物的湍流模型方程、各次级相的体积分数方程，以及相间滑移速度表达式（如果需要考虑相间速度差）。

（1）连续方程。混合物的连续方程为

$$\frac{\partial \rho_m}{\partial t} + \nabla \cdot (\rho_m \boldsymbol{u}_m) = 0 \qquad (9.19)$$

式中：ρ_m 为混合密度；$\boldsymbol{u}_m$ 为质量平均速度。

$$\rho_m = \sum_{k=1}^{n} \alpha_k \rho_k \qquad (9.20)$$

$$\boldsymbol{u}_m = \frac{\sum_{k=1}^{n} \alpha_k \rho_k \boldsymbol{u}_k}{\rho_m} \qquad (9.21)$$

式中：α_k 为第 k 相的体积分数；n 为总相数。

（2）动量方程。混合模型的动量方程可以通过对所有相各自的动量方程求和来获得，对于不可压流体可表示为

$$\frac{\partial (\rho_m \boldsymbol{u}_m)}{\partial t} + \nabla \cdot (\rho_m \boldsymbol{u}_m \boldsymbol{u}_m) = -\nabla p + \nabla \cdot [\mu_m(\nabla \boldsymbol{u}_m + \nabla \boldsymbol{u}_m^T)]$$
$$+ \rho_m \boldsymbol{g} + \boldsymbol{F} - \nabla \cdot \left(\sum_{k=1}^{n} \alpha_k \rho_k \boldsymbol{u}_{dr,k} \boldsymbol{u}_{dr,k}\right) \qquad (9.22)$$

式中：$\boldsymbol{g}$ 为重力加速度；$\boldsymbol{F}$ 为体力；μ_m 为混合动力黏度。

$$\mu_m = \sum_{k=1}^{n} \alpha_k \mu_k \qquad (9.23)$$

$u_{dr,k}$ 为次级相 k 的飘移速度（drift velocity），对于无滑移的均相模型，该项为 0：

$$\boldsymbol{u}_{dr,k} = \boldsymbol{u}_k - \boldsymbol{u}_m \qquad (9.24)$$

（3）能量方程。混合物的能量方程如下：

$$\frac{\partial}{\partial t} \sum_{k=1}^{n} (\alpha_k \rho_k E_k) + \nabla \cdot \sum_{k=1}^{n} [\alpha_k \boldsymbol{u}_k(\rho_k E_k + p)] = \nabla \cdot (k_{eff} \nabla T) + S_E \qquad (9.25)$$

式中：k_{eff} 为有效导热系数，$k_{eff} = \sum \alpha_k(k_k + k_t)$，其中 k_t 为湍动热传导系数。

式（9.25）右端第一项代表传导导致的能量传递。S_E 包括所有其他体积热源的贡献。对于可压缩相，$E_k = h_k - \frac{p}{\rho_k} + \frac{u_k^2}{2}$；对于不可压缩相，$E_k = h_k$。其中 h_k 是相 k 的比焓。

在水泵及泵站流动分析中，一般不需要使用能量方程，只有在关心能量交换或温度场变化时才需要使用。

（4）体积分数方程。每一个次级相 p 的体积分数方程：

$$\frac{\partial}{\partial t}(\alpha_p \rho_p) + \nabla \cdot (\alpha_p \rho_p \boldsymbol{u}_m) = -\nabla \cdot (\alpha_p \rho_p \boldsymbol{u}_{dr,p}) + \sum_{k=1}^{n} (\dot{m}_{kp} - \dot{m}_{pk}) \qquad (9.26)$$

式中：$\dot{m}_{kp}$ 为从相 k 到相 p 的传质；$\dot{m}_{pk}$ 为从相 p 到相 k 的传质。

这两项在没有相间质量传递时为 0，在空化、蒸发或凝结时不为 0，需要单独指定质量传递机制。

（5）滑移速度。滑移速度（slip velocity）又称相对速度，是指次级相（p）相对于主

相（q）的速度：

$$\boldsymbol{u}_{pq} = \boldsymbol{u}_p - \boldsymbol{u}_q \tag{9.27}$$

漂移速度和滑移速度通过以下表达式相联系：

$$\boldsymbol{u}_{dr,p} = \boldsymbol{u}_{pq} - \sum_{k=1}^{n} c_k \boldsymbol{u}_{kq} \tag{9.28}$$

式中：c_k 为第 k 相的质量分数。

$$c_k = \frac{\alpha_k \rho_k}{\rho_m} \tag{9.29}$$

在 Fluent 中，混合模型使用了代数滑移公式，因此，常称为代数滑移混合模型。该模型规定了滑移速度的代数关系，即相之间在一个非常短的空间长度尺度上达到局部平衡[148]。Manninen 等[148]给出的滑移速度表达式为

$$\boldsymbol{u}_{pq} = \frac{\tau_p}{f_{\text{drag}}} \frac{\rho_p - \rho_m}{\rho_p} \boldsymbol{a} \tag{9.30}$$

式中：$\boldsymbol{a}$ 为次级相（颗粒）加速度；τ_p 为粒子的弛豫时间；f_{drag} 为曳力函数。

$$\boldsymbol{a} = \boldsymbol{g} - (\boldsymbol{u}_m \cdot \nabla)\boldsymbol{u}_m - \frac{\partial \boldsymbol{u}_m}{\partial t} \tag{9.31}$$

$$\tau_p = \frac{\rho_p d_p^2}{18\mu_q} \tag{9.32}$$

式中：d_p 为次级相 p 的颗粒直径。

常用的曳力函数包括：Schiller-Naumann、Morsi-Alexander、symmetric、Grace、Tomiyama、universal drag laws 等，详见文献 [17]。在用户激活滑移速度的前提下，这些曳力函数将以选项方式自动出现在模型设置界面中。

（6）湍流模型方程。混合物的湍流模型方程，依据所选择的湍流模型而定。这些方程在形式上与单相流的方程是一样的，只是如 k、ε、μ 等物理量均为混合物的属性参数，按类似于式（9.20）所示的体积平均计算模式来计算。

9.3.2　混合模型的设置和使用

下面介绍在 Fluent 中设置和使用混合模型的方法。

1. 激活混合模型

选择模型树节点 Models→Multiphase→Edit…，打开 Multiphase Model 对话框，选中 Mixture，意味着激活混合模型。在该对话框中，保持 Number of Eulerian Phases 为 2，表示模拟对象为两相流，否则直接输入多相流的相数。

激活 Slip Velocity 选项，表示计入相间滑移速度，混合模型为非均相模型；不激活该选项，混合模型简化为均相流模型。在将多重参考坐标系（MRF）与混合模型一起使用时，不能使用相对速度公式，这是在水泵两相流计算时需要特别注意的。

指定 Interface Modeling 类型。选项 Dispersed 表示相间界面有贯穿；选项 Sharp/Dispersed 表示相间界面基本没有贯穿。

激活 Implicit Body Force 选项。体力（如重力和表面张力）是水泵与泵站流动模拟中需要考虑的重要因素，因此在混合模型和 VOF 模型中，除了在 General 设置中激活重力

选项并给定重力加速度数值之外，还应该在此激活 Implicit Body Force 选项，实现动量方程中压力梯度与体力的平衡，从而改善计算的收敛性。

2. 定义材料

选择模型树节点 Setup→Materials，打开 Create/Edit Materials 对话框，在对话框中定义材料名称和材料属性。

水泵与泵站多相流涉及的材料主要有：水、空气、水蒸气（空化泡）和泥沙颗粒。对于水、空气、水蒸气，可直接从材料库中复制，然后视需要对材料密度和黏度进行适当调整。对于泥沙颗粒，需要单独对材料属性进行定义。在多相流中，即使是固体颗粒材料，其 Material Type 也是 Fluid，而不是 Solid。

3. 定义相

选择模型树节点 Models→Multiphase→Phases→Edit…，然后分别在 Primary Phase 对话框和 Secondary Phase 对话框中分别对主相和次级相进行定义。

主相，通常为水或空气，只需要指定名称和对应的材料即可。

对于次级相，除了需要指定名称及对应的材料外，还需要定义其他属性。如果前面设置中没有激活 Slip Velocity 选项，则其他属性只包括次级相直径。如果前面设置中激活了 Slip Velocity 选项，则需要设置的属性还包括 Granular 和 Interfacial Area Concentration 等。对于气泡、空化泡或水滴，属于非球形颗粒（受到外力作用时会有变形），不能勾选 Granular 选项，只需输入颗粒直径。如果次级相为固体泥沙颗粒，则属于球形颗粒，需要勾选 Granular 选项，同时还需给定颗粒直径、颗粒黏度、颗粒温度、颗粒压力计算方法等信息，详见 9.5 节关于欧拉模型的介绍。

4. 设置相间界面面积计算方式

多相流的相间界面面积（interfacial area）对相间质量传递、动量传递和能量传递有直接影响，也是混合物有效黏度计算的主要参数。如果次级相是固体泥沙颗粒，则因颗粒大小不随流场压力变化而改变，相间界面面积计算相对简单，不需要单独设置相间界面面积计算方式。如果次级相是气泡或液滴，则气泡大小随流场压力变化而快速改变，从而造成相间界面面积快速改变，必须专门指定相间界面面积计算方式。所供选用的计算方式有两种：①求解界面面积浓度输运方程；②求解界面面积代数模型。现分别介绍如下。

（1）求解界面面积浓度输运方程的计算方式。为了计算出相间界面面积，引入了"界面面积浓度（interfacial area concentration）"的概念，表示单位体积内两相间的界面面积，单位是 m^2/m^3。气泡相的界面面积浓度输运方程可写为[17]

$$\frac{\partial(\rho_g\chi_p)}{\partial t} + \nabla\cdot(\rho_g\boldsymbol{u}_g\chi_p) = \frac{1}{3}\frac{d\rho_g}{dt}\chi_p + \frac{2}{3}\frac{\dot{m}_g}{\alpha_g}\chi_p + \rho_g(S_{RC} + S_{WE} + S_{TI}) \quad (9.33)$$

式中：χ_p 为界面面积浓度；$\boldsymbol{u}_g$ 为气泡速度；α_g 为气泡体积分数；方程右端的前两相分别为气泡膨胀和质量传递项；$\dot{m}_g$ 为每个单位混合体积内传递到气相的质量传递速率；S_{RC} 和 S_{WE} 分别为随机碰撞和尾流夹带所引起的气泡融合项（Coalescence）；S_{TI} 为由于湍流冲击引起的气泡破裂项（Breakage）。这 3 个源项的计算模型有 3 个[17]：Hibiki-Ishii 模型、Ishii-Kim 模型和 Yao-Morel 模型。不同模型对气泡融合与破裂的机制假定不同，文献［17］给出了 3 种模型的表达式，但对模型适用的具体条件并无详细说明。何种模型更加适合于水泵与泵站空化等分析，是需要进一步研究的课题。在现阶段，可将融合项和破裂项均取为 0。

在 Fluent 中使用该计算方式的方法：选择模型树节点 Models → Multiphase (Mixture) → Phase-2 → Edit … → Secondary Phase 对话框，激活 Interfacial Area Concentration 选项，然后在 Coalescence Kernel 和 Breakage Kernel 中分别指定融合项和破裂项的计算方法，此外还涉及 Nucleation Rate 等相关参数的设置，还需要给定 Min/Max Diameter 来限制气泡大小范围。

注意，该计算方法对固体球形颗粒无效，也就说，当激活 Granular 选项后，Interfacial Area Concentration 选项将消失。

（2）求解界面面积代数模型的计算方式。在这种计算方式下，借助描述气泡直径与界面面积密度（interphase area density）间的代数关系式来计算界面面积浓度。Fluent 提供了两种代数模型用来计算界面面积浓度：① Symmetric 模型；② Gradient 模型。Symmetric 模型对称地处理构成相间界面的两相，即利用主相与次级相的体积分数来计算界面面积，而 Gradient 模型的不同之处在于用体积分数梯度作为界面长度尺度，更多用于带有自由表面的两相流问题。

在 Fluent 中使用该计算方式的方法：选择模型树节点 Models → Multiphase (Mixture) →Phase Interactions→Edit…→Phase Interaction 对话框→Interfacial Area 标签页，从 Interfacial Area 中选择所希望的代数模型：ia-symmetric 或 ia-gradient。

Fluent 还提供了另外一种代数模型：Gradient-Symmetric 模型。该模型需要通过文本用户界面（TUI）来启用，详见文献 [23]。

注意，该计算方式对固体球形颗粒无效。也就是说，如果在 Secondary Phase 对话框中激活 Granular 选项后，则在 Phase Interaction 对话框中不会出现 Interfacial Area 标签页。同样的，在用户选择了基于界面面积浓度输运方程的计算方式后，该计算方式也会无效。

5. 设置相间作用

对于混合模型，需要设置的相间作用可能包括曳力、滑移、质量交换、表面张力，可通过 Models→Multiphase→Phase Interactions→Phase Interactions 对话框，然后分别进入 Drag、Slip、Mass、Surface Tension 标签页进行设置。

其中，质量交换项主要用于空化计算，详见 9.7 节和 9.8 节。曳力、滑移和表面张力项只在激活 Slip Velocity 选项的前提下才会出现。曳力计算模型的选择原则见 9.5 节关于欧拉模型的介绍，表面张力的设置原则见 9.4 节关于 VOF 模型的介绍。滑移速度通常按本节前面介绍的 Manninen 模型计算。

此外，Interfacial Area 标签页用于指定相间界面面积计算方式，见前面介绍。

6. 设置边界条件

对于 fluid 区域，质量源项需要分别针对主相和次级相进行设置，其他源项针对混合物进行设计。如果流体区域不是多孔介质，则所有其他条件均针对混合物进行设置。

对于 Velocity inlet 边界，需要为主相和次级相分别指定进口速度值，为次级相指定体积分数，为混合物指定湍流边界条件。

对于 Pressure inlet 边界，需要为混合物指定在该边界上采用哪种方向设定方法（Normal to Boundary 或 Direction Vector）。如果选择 Direction Vector 方法，则需要为主相和次级相指定坐标系和流动方向分量，为次级相指定体积分数。所有其他条件均针对混合物进行设置。

对于 Pressure outlet 边界，无需为主相指定任何边界条件；需要为次级相指定体积分数的设置方法（Backflow Volume Fraction 或 From Neighboring Cell）；所有其他条件均针对混合物进行设置。

对于 Wall、Outflow、Periodic、Symmetry、Axis 边界，所有边界条件均只对混合物进行设置，而对主相和次级相无需进行任何设置。需要注意的是，Outflow 条件不能用于空化计算。

7. 设置初始体积分数

设置流场初始体积分数的方法：选择模型树节点 Solution→Initialization→Patch…，然后在 Patch 对话框中进行设置。如果打算要设置体积分数的区域被定义为单独的单元域，则可直接在该区域上进行"修补"设置。否则，需要创建包含适当单元格的单元格寄存器，并在寄存器中进行设置。

8. 使用混合模型的注意事项

（1）如果在模型设置界面中不激活滑移速度选项，即不求解滑移速度，则混合模型简化为均相流模型，相的设置和相间作用的设置均大大简化。

（2）混合模型必须使用压力基求解器，而不能使用密度基（耦合式）求解器。

（3）在将多重参考坐标系（MRF）与混合模型一起使用时，不能使用相对速度公式，即不能激活 Slip Velocity 选项。这在水泵多相流分析时是应特别注意的。

（4）动量方程涉及混合物动力黏度计算，按体积平均计算模式处理的颗粒相动力黏度现在转化为剪切黏度，剪切黏度来自于因平移和碰撞所产生的颗粒动量交换，由碰撞黏度、动力黏度和摩擦黏度等 3 部分构成。其中，碰撞黏度和动力黏度建议按 Syamlal[149] 和 Gidaspow[150] 给出的模型进行计算，摩擦黏度一般可忽略，相关介绍见 9.5 节。

（5）在激活 Slip Velocity 选项的前提下，滑移速度对动量方程和湍流方程均会产生影响。如果打算计入这一效应，则需在 Viscous Model 对话框中激活 Mixture Drift Force 选项。该选项激活后，将会降低数值计算的收敛性。为解决此问题，可在开始计算时先不激活，而在取得收敛结果后激活该选项继续计算。

在 9.8 节将给出一个实例，利用混合模型分析泵内空化现象。

9.4　VOF 模型及其应用

VOF（volume of fluid）模型由 Hirt、Nichols[152] 提出，后经多方面改进，现已成为跟踪两种或多种不相溶流体界面位置的主要工具。在渠道水面波动、泵站进水池吸气旋涡演化、自吸泵排气过程计算等方面具有较好的应用前景。

该模型依赖于两种或多种流体互不渗透这一前提，对模型中的每一相引入体积分数，并以此作为求解变量。在每个控制体积内，所有相的体积之和等于 1。全部特性参数和变量的场都由各相共享并代表了体积平均值。根据控制体积内各相的体积分数，控制体积被赋予适当的特性和变量值。

在 VOF 模型中，假定在每个控制体积内，各相流体具有相同的速度、压力，由各相流体组成的混合物可看成是均相流，在整个计算域内对不相溶流体求解同一动量方程组并跟踪每种流体的体积分数来实现多相流模拟。

VOF 模型一般用于瞬态问题。但对那些关注重点在于稳态结果的问题，例如水渠中的水流，在其上方有空气，且空气有独立的入口，VOF 模型也可以利用伪瞬态算法来进行稳态计算。

9.4.1 控制方程

VOF 模型的控制方程包括：针对每个次级相的体积分数方程、各相共享的混合流体动量方程、各相共享的混合流体温度方程及其他标量方程（如湍动能方程等）。由于共享同一控制体内的速度、压力等物理量，因此待求基本物理量是 α_q（$q=1$，…，n）、p、u_x、u_y、u_z。

（1）体积分数方程。对于第 q 相，体积分数方程可写为[152,17]

$$\frac{\partial}{\partial t}(\rho_q \alpha_q) + \nabla \cdot (\rho_q \alpha_q \boldsymbol{u}) = S_q + \sum_{p=1}^{n} (\dot{m}_{pq} - \dot{m}_{qp}) \tag{9.34}$$

式中：ρ_q 和 α_q 分别为第 q 相的密度和体积分数；$\boldsymbol{u}$ 为混合流体速度；n 为多相流中流体种类数目，即相数；S_q 为源项，可以通过用户自定义方式指定，缺省条件下为 0；$\dot{m}_{pq}$ 为从相 p 到相 q 的传质，$\dot{m}_{qp}$ 为从相 q 到相 p 的传质，这两项在没有相间质量传递时为 0，而在空化、蒸汽生成或凝结时不为 0，需要单独指定质量传递机制。

在总共 n 相流体中，只需要针对各次级相构造 $n-1$ 个这样的方程，也就是说，VOF模型不求解主相的体积分数方程，主相的体积分数通过下式获得

$$\sum_{q=1}^{n} \alpha_q = 1 \tag{9.35}$$

体积分数方程可通过显式或隐式时间积分格式来求解。

（2）动量方程。混合流体的动量方程为[17]

$$\frac{\partial(\rho \boldsymbol{u})}{\partial t} + \nabla \cdot (\rho \boldsymbol{u}\boldsymbol{u}) = -\nabla p + \nabla \cdot [\mu(\nabla \boldsymbol{u} + \nabla \boldsymbol{u}^T)] + \rho \boldsymbol{g} + \boldsymbol{F} \tag{9.36}$$

式中：ρ 为混合流体密度；μ 为混合流体动力黏度；$\boldsymbol{u}$ 为混合流体速度；p 为混合流体压力；$\boldsymbol{g}$ 为重力加速度；$\boldsymbol{F}$ 为体力。

需要注意的是，在 VOF 模型中速度场、压力场均被所有相共享，即认为在每个控制体积内两相之间没有速度差和压力差。这是一种近似，这种近似在两相间存在大的速度差时会给界面附近的速度计算精度带来非常不利的影响，这也是 VOF 方法的弱点之一。

（3）能量方程。混合流体的能量方程为[17]

$$\frac{\partial(\rho E)}{\partial t} + \nabla \cdot [\boldsymbol{u}(\rho E + p)] = \nabla \cdot \left[k_{eff} \nabla T - \sum_j h_j \boldsymbol{J}_j + (\boldsymbol{\tau}_{eff} \cdot \boldsymbol{u})\right] + S_h \tag{9.37}$$

式中：密度 ρ、有效导热系数 k_{eff}、有效黏度 $\boldsymbol{\tau}_{eff}$ 等由各相共用，按各相的体积平均计算，

请参考式（9.20）计算。源项 S_h 则包括热辐射及其他体积热源的贡献。J_j 是组分 j 的扩散通量。方程右端中括号内的三项分别为传导引起的能量传输、组分扩散和黏性耗散。VOF 模型取各相能量 E_q 的质量加权平均计算能量 E（以及温度 T）：

$$E = \frac{\sum_{q=1}^{n} \alpha_q \rho_q E_q}{\sum_{q=1}^{n} \alpha_q \rho_q} \tag{9.38}$$

式中：E_q 为每一相的能量。

在水泵及泵站流动分析中，一般不需要使用能量方程，只有在关心能量交换或温度场变化时才需要使用。

（4）其他标量方程。其他标量方程包括湍流模型方程等。混合流体的湍流模型方程，依据所选择的湍流模型而定。这些方程在形式上与单相流的方程是一样的，只是如 k、ε、μ 等物理量均为混合流体的属性参数，按类似于式（9.20）所示的体积平均计算模式来计算。

9.4.2　VOF 模型设置和使用

相比于其他多相流模型，VOF 模型会更经常性地出现收敛困难问题。如何有效合理地对 VOF 模型进行设置，显得非常重要。

1. 激活 VOF 模型

选择模型树节点 Models→Multiphase→Edit…，打开 Multiphase Model 对话框，选中 Volume of Fluid，意味着激活 VOF 模型。在该对话框中，保持 Number of Eulerian Phases 为 2，表示模拟对象为两相流。

指定 Interface Modeling 类型。选项 Sharp 表示相间有清晰界面，没有贯穿，VOF 模型在多数情况下应该选择此项。

激活 Implicit Body Force 选项。在 VOF 模型中，除了在 General 设置中需要激活重力选项之外，还应该在此激活 Implicit Body Force 选项。

2. 体积分数的显式/隐式时间积分格式

在使用 VOF 模型时，需要对体积分数方程在时间域上进行离散，离散的方式包括显式格式和隐式格式两种，分别简称 VOF 显式格式和 VOF 隐式格式。

VOF 显式格式利用单元内和单元界面处前一时步的体积分数值来计算当前时步的体积分数值；VOF 隐式格式利用单元内和单元界面处当前时步和前一时步的体积分数值构造耦合方程组，然后通过解耦合方程组来计算当前时步的体积分数值。显式格式不需要迭代计算，只能用于瞬态计算。隐式格式必须采用迭代计算，可用于瞬态计算，也可用于稳态计算。

在实际计算时，到底选择 VOF 显式格式还是 VOF 隐式格式，可参考如下原则[21]：显式格式的优势是允许使用几何重构格式对界面单元进行插值，不会产生数值扩散，尤其适合于界面曲率变化较大且表面张力比较重要的场合；缺点是当网格质量不是很好时，收敛性较差，且只能求解瞬态问题。隐式格式的优势在于没有 Courant 数限制，可以采用大的时间步长，可以用于网格质量较低或流动较复杂的场合，既可以用于瞬态问题也可以用于稳态问题；缺点在于对界面曲率的预测精度不高，不能用于分析表面张力比较重要的问题。

选择 VOF 显式或隐式格式的方法是：选择模型树节点 Models→Multiphase→Edit⋯→Multiphase Model 对话框，在 Volume Fraction Parameters/Formulation 下面选择 Explicit 或 Implicit 选项。

此外，VOF 显式格式要求在每个常规时步内采用更小的子步长求解体积分数方程。Fluent 提供了两种确定子步长的方法：一对一模式和自动模式。一对一模式是指要么每个时步内进行一次体积分数方程计算，要么每个时步的每个迭代步内进行一次时间步计算。缺省方式是每个时步只进行一次体积分数计算。这种方式计算效率高、算法稳定，缺点是不能使每个迭代步内各对流项通量系数都得到更新，精度稍低。如果希望每个迭代步都对体积分数进行更新，则需要在 Fluent 命令行上输入 "define models multiphase volume-fraction-parameters"，并对后续出现的提示选择 "yes"。这种方式计算量大，且容易出现计算不稳定的情况，但计算精度高，适合于像水泵这样具有旋转部件、采用滑移网格的流场计算。自动模式是指让 Fluent 在每个时步内自动加密体积分数计算的时间步数。这时，需要指定相界面处的最大 Courant 数，Fluent 根据 Courant 数计算出用于体积分数计算的最大时间步长。在这里，Courant 数的含义是一个流体单元穿越一个有限体积所需要的时间，例如，0.25 代表体积分数计算的时间步长最大值等于界面处任何单元的最小穿越时间的 1/4。Fluent 提供了 4 种子模式用于确定供体积分数计算用的子步长，至于在水泵与泵站分析中到底选择哪种子模式，还需要通过深入研究确定。在每个时步内自动加密体积分数子时间步的做法，在 Fluent 图形界面中是不存在的，必须通过命令行方式启动。

3. 体积分数的空间离散格式

在将控制方程在计算网格上进行离散时，需要给定离散格式，如一阶迎风格式、中心差分格式等，体积分数也不例外，也需要给定其空间离散格式。除了可以选择常规的空间离散格式外，对于相间界面上的单元还可选择专门的相间界面重构格式。

传统的相间界面重构格式有两种：几何重构格式（geometric reconstruction）[153] 和施主-受主格式（donor-acceptor）[152]，如图 9.7 所示。几何重构格式用折线代表两相流体之间的界面，假定在每个界面控制体积单元中都有一个两流体之间的线性斜面，根据其斜率来计算通过界面的通量。而施主-受主格式将界面上相邻两个单元中的一个看作施主，另一个看作受主，来自施主的某一相的流体通量与受主接收的量相等，该通量取施主单元中

(a) 实际界面形状　　　(b) 几何重构格式　　　(c) 施主-受主格式

图 9.7　相界面的重构格式

流体填充量与受主单元中流体空缺量中的小值。相对而言，几何重构格式精度高一些，适应于非结构网格，而施主-受主格式只能用于四边形或六面体网格。这两种界面重构格式只能用于瞬态 VOF 计算，而稳态 VOF 计算只能采用常规的空间离散格式（如二阶迎风格式）进行界面单元插值。

为了提高体积分数的空间离散精度和效率，许多商用 CFD 软件都对传统界面重构格式进行了改进，提供了许多新格式，例如 Fluent 在几何重构格式基础上发展出了任意网格可压缩界面捕捉格式 CICSAM（compressive interface capturing scheme for arbitrary meshes），用高分辨率界面捕捉格式 HRIC（high resolution interface capturing）代替了施主-受主格式，新格式计算量更小，算法稳定性更高，适用性更广，应优先选用。

在采用 VOF 显式格式进行单元面的通量计算时，对相界面上的单元，需要选择专门设计的界面重构格式，如 HRIC、CICSAM 等，而对内部单元，则可选择有限体积法中常用空间离散格式。而在采用 VOF 隐式格式进行计算时，对单元（无论对内部单元还是相界面处的单元）界间的通量空间插值，均可采用标准差分格式、QUICK 格式、二阶迎风格式、一阶迎风格式及修正的 HRIC 格式。

设置体积分数离散格式的方法是：选择模型树节点 Solution→Methods→Solution Methods 面板→Spatial Discretion 界面，在 Volume Fraction 下面选择合适的离散格式，如 Compressive、HRIC、CICSAM 等。

4．求解稳态 VOF 问题

对于稳态 VOF 问题，Fluent 会自动激活 Pseudo Transient 选项及 Coupled 压力速度耦合格式。在这种情况下，伪瞬态时间步长的设置极其关键。如果采用 Automatic（自动时间步长），可能经常出现不收敛问题。此时，可以在时间步长设置界面将 Time Scale Factor 降低到一个比较小的值（如 0.3），有可能明显提高解的稳定性。还有些比较特殊的情况，无论如何设置，采用自动时间步长均无法收敛，这时就应该采用用户指定的固定时间步长。在选择固定时间步长后，必须同时提供一个合适的伪瞬态时间步长。如果对此没有经验，可采用 Automatic 时间步长方法来预估一个值，做法是通过设置 Verbosity 为 1 而让 Fluent 自动模拟若干迭代步，然后从 Fluent 控制台界面看到所给出的时间步长值。

对于稳态 VOF 问题，不要试图仅通过残差来评估收敛性，应该注意观察适当的场变量在某些特定位置处的变化情况，直到他们不再变化为止。

5．定义材料与相

材料的定义和相的定义，与混合模型相同。

6．相间相互作用——表面张力和壁面黏附

对于水中含有气泡或空化泡的流动，气泡或空泡的表面张力对流场的影响非常大；在气泡接近壁面时，壁面的黏附作用对表面张力的影响也必须考虑。VOF 模型可以计入相界面表面张力效应，还可以计入气泡或空泡与壁面接触角的影响。表面张力可以为常数、温度的函数或用户自定义。Fluent 是在动量方程的源项中引入体现表面张力的特殊项，名为 Marangoni 对流项。

Fluent 提供了两种模型来计算表面张力：连续表面力模型（continuum surface force model，CSF）和连续表面应力模型（continuum surface stress model，CSS）。CSF 模型

是最早用于计算表面张力的模型，由 Brackbill 等[154]提出。该模型假定表面张力为常数，仅考虑界面法向作用，认为以相界面两侧压力差表示的表面张力 F 依赖于表面张力系数σ和相界面双向曲率κ，按下式计算：

$$F_{pq} = \sigma \frac{(\alpha_p \rho_p \kappa_p \nabla \alpha_p) + (\alpha_q \rho_q \kappa_q \nabla \alpha_q)}{\frac{1}{2}(\rho_p + \rho_q)}, \quad \kappa_q = \nabla \cdot \left(\frac{\nabla \alpha_q}{|\nabla \alpha_q|}\right) \tag{9.39}$$

该式是以体积力方式表示的一个单元内的表面张力，该体积力就是动量方程中需要增加的源项。

CSS 模型[17]是近几年被引入到 Fluent 中的表面张力计算模型，避免了 CSF 模型中直接计算曲率的麻烦，而且可以适用于表面张力可变的情况。因其具有守恒性，故计算的精度也有所提高。可参考文献 [17] 了解这方面的内容。

在 VOF 流动模拟时是否需要考虑表面张力，可以通过下列公式决定：

$$Re = \frac{\rho U L}{\mu} \tag{9.40}$$

式中：U 为流场特征速度，可取进口速度；L 为流场的特征长度尺寸。

如果 $Re \ll 1$，则估算 Capillary 数 $Ca = \mu U / \sigma$；如果 $Re \gg 1$，则估算 Weber 数 $We = \sigma / (\rho L U^2)$。当 $We \gg 1$ 或 $Ca \gg 1$ 时，表面张力可不予考虑。

当流体中的气泡或气液分界面贴近壁面时，需要考虑壁面黏附作用对表面张力的影响。VOF 模型中的壁面黏附模型需要与 CSF 模型结合使用。在使用壁面黏附模型（wall adhesion model）[154]时，需要指定一个接触角。接触角是指壁面方向与壁面处界面切线方向间的夹角，如图 9.8 所示。然后，模型调整壁面处单元中的界面法向，继而改变表面张力模型 CSF 中的曲率值，达到准确计算表面张力的目的。

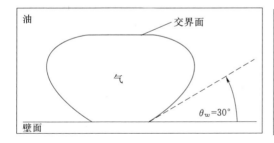
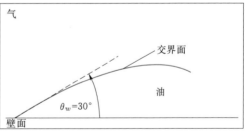

图 9.8　接触角的度量

如果打算在 VOF 计算中计入表面张力，做法是：选择模型树节点 Models→Multiphase→Phase Interaction→Phase Interaction 对话框，在 Surface Tension 标签页中，激活 Surface Tension Force Modeling 选项，然后可在 Model 中选择 CSF 或 CSS。如果希望计入表面黏附效应，则需要在刚才的界面中，从 Adhesion Options 中选择 Wall Adhesion 选项，Fluent 会在壁面的边界条件设置界面中自动出现要求用户设置接触角大小的编辑框，给定合适的接触角（如 $30°$）即可。

7. 通过耦合 Level-set 方法来改善 VOF 模型特性

Level-set 方法[155]是一种流行的界面追踪方法，与 VOF 模型中的界面追踪方法非常类似，常用于计算界面复杂的两相流。在该方法中，相界面通过一个 Level-set 函数来捕捉并追踪，而 Level-set 函数表征了到界面的距离。由于 Level-set 函数光滑而连续，其空间斜率可以准确地计算出来，因此可以准确地估计界面的曲率及曲率引起的表面张力。但是，Level-set 方法具有体积守恒性差的弱点[70]，而 VOF 方法具有天然的守恒性，在每一个单元内（而不是仅仅在界面上）计算并跟踪某相的体积分数。VOF 方法的弱点在于其空间导数计算，因为某一特定相的体积分数在界面上是不连续的。将 VOF 模型与 Level-set 方法耦合在一起使用，可规避两者的弱点，发挥两者的优势。

启用 Level-set 与 VOF 耦合的方法是：选择模型树节点 Models→Multiphase→Edit…→打开 Multiphase Model 对话框，在 Model 下面选择 Volume of Fluid，在 Under Coupled Level Set＋VOF 下面激活 Level Set。

关于 Level-set 方法的数学描述，参见文献［17］和文献［155］。在使用时需要注意，Level-set 与 VOF 的耦合，仅适用于两相流的模拟，且两相之间不能有相互贯穿，不能有质量传递，也就是说，不能用于空化模拟。

此外，根据作者的研究经验，虽然理论上两者耦合会提高计算精度，但有时可能会出现不收敛或得到的计算结果失真的情况。读者可根据自己研究问题的实际情况，选择使用 Level-set 方法与 VOF 模型的耦合策略。在第 10 章 10.4 节将给出利用 Level-set 与 VOF 的耦合方法计算泵站进水池表面空气吸入涡的实例。

8. 变时间步长

为了加快瞬态问题的求解速度，可以采用变时间步长的方式。变时间步长方式在 Fluent 19.0 以前只能用于 VOF 显式格式和欧拉模型显式格式，新版本已经支持使用隐式体积分数格式的多相流计算。

对于相间界面在密集的单元之间快速移动或者界面速度很高时，变时间步长的引入可以自动改变时间步长。时间步长的大小取决于对流时间尺度，或者说由 Courant 数决定。全局时间步长 Δt_{global} 按以下方式变化[23]：

$$\Delta t_{\text{global}} = \frac{C_{\text{global}}}{\max\left(\sum \dfrac{F}{V}\right)} \tag{9.41}$$

式中：C_{global} 为全局 Courant 数；F 为单元中向外流出的通量；V 为单元体积。

$\sum \dfrac{F}{V}$ 对每个单元都要进行计算，然后找出最大值用于计算全局时间步长。

设置变时间步长的方法是：选择模型树节点 Run Calculation→Run Calculation 界面→Time Stepping Method→Variable→Setting…，在展开的 Time Step Settings 对话框中设置相关参数。

9. 求解器设置

在使用 VOF 模型时，对于各项的空间离散方案，压力项应优先采用 "PRESTO!" 格式或 Body Force Weight 格式，动量方程可选一阶迎风格式或二阶迎风格式，这是为了避免可能出现的求解稳定性问题。但是，若各相之间存在较大速度差时，相界面附近的速度计算精度可能会比较低，当各相的动力黏度比大于 1000 时，可能存在收敛困难的问题，这时动量方程最好选用 CICSAM 格式。体积分数可优先采用几何重构格式，如果效果不理想，可尝试 HRIC 格式。

进行瞬态计算时，一般选择 VOF 显式格式，建议优先采用 PISO 算法进行压力-速度解耦，压力、密度、体积力的松弛因子可设为 1（或比 1 稍小），动量的松弛因子可设为 0.7，显式格式下无须设置体积分数的松弛因子。如果松弛因子设置为 1 时，出现不稳定或发散行为，松弛因子必须减小。此外，还可通过减小时间步长的方法来提高稳定性。VOF 隐式格式下体积分数松弛因子可设为 0.2～0.5。在进行稳态计算时，必须使用 VOF 隐式格式。

10. 运算环境设置

对于没有压力边界的流动，参考压力的设置极其重要。参考压力位置应位于流体密度最小的区域。这是因为在相同速度分布下，密度小的流体中静压变化比较小，计算中的舍入误差较小。同样，应该指定 Operating Density，并且在 Operating Density 下为最轻的相设置密度。这样做之后，排除了水力静压的积累，提高了截断误差精度。此外，还需要打开 Implicit Body Force，这样，由于压力梯度和动量方程中表面张力的部分平衡，从而提高解的收敛性。

11. 边界条件

（1）单元域条件。如果不考虑传热，则单元域只有 Fluid 一类。除质量源项需要针对主相和次级相分别指定外，其余源项均针对混合物进行设置。如果流体域不是多孔介质，则所有条件均针对混合物进行设置。

（2）边界条件。对于 Velocity Inlet、Pressure Inlet 边界，无需为主相指定任何边界条件；需要为次级相指定体积分数，体积分数必须设为 0 或 1；所有其他边界条件（如进口速度值、总压值、湍流参数等）均针对混合物进行设置。

对于 Pressure Outlet 边界，无需为主相指定任何边界条件，需要为次级相指定体积分数的设置方法（Backflow Volume Fraction 或 From Neighboring Cell），所有其他条件均针对混合物进行设置。

对于 Mass-flow inlet 边界，需要为主相和次级相分别设置质量流量，所有其他边界条件均针对混合物进行设置。

对于 Wall、Outflow、Periodic、Symmetry、Axis 边界，所有边界条件均只对混合物进行设置，而对主相和次级相无需进行任何设置。对于 Wall 边界，如果 Wall Adhesion 选项被激活，则需要为混合物设置壁面接触角。虽然 Fluent 允许使用 Outflow 边界条件，但在 VOF 计算中应慎重使用这个出口条件。

12. 初始相体积分数

无论是瞬态模拟还是稳态模拟，VOF 模型都需设置初始相的体积分数分布。对于瞬态问题，该分布即为初始条件；对于稳态问题，该分布为迭代计算的初始值。一般采用分块设置的方式，指定体积分数不为 0 的块。

设置初始体积分数的方法是：选择模型树节点 Solution→Initialization→Patch⋯→Patch 对话框，然后在 Patch 对话框中进行设置。如果打算要设置体积分数的区域被定义为单独的单元域，则可直接在该区域上进行"修补"设置。否则，需要创建包含适当单元格的单元格寄存器，并在寄存器中进行设置。在默认情况下，修补过程将对寄存器中的所有单元进行初始化，对流体-流体界面上的单元不做任何处理。如果激活 Patch Reconstructed Interface 选项，则使用分段线性界面重构来识别流体-流体界面，并在与该界面相交的单元中按实际体积分数进行修补。如果激活 Volumetric Smoothing 选项，则通过相邻单元的体积平均值来对体积分数场进行平滑处理，这有助于在初始化一开始时的计算稳定性。

13. 明渠流动选项

在将 VOF 模型用于惯性力和重力起支配地位、进口或出口液位高度已知的流动模拟时，可以使用明渠流动（open channel flow）选项。如果在已知条件中，还包括进口处波浪参数，则还可以使用造波边界（open channel wave BC）。这组选项对于船的航行、渠道、河道、水槽中的流动等非常有用，对于泵站前池和进水池的流动，也可以参考使用。

在使用明渠流动选项时，要首先计算流动的弗劳德数，据此判断流态是急流还是缓流。流态不同，需要设置的边界条件不同。这是因为，缓流的下游对上游流动产生影响，而急流则不存在这个影响。

通常来讲，对于对流驱动的流动问题，可以指定进口水位和速度；对于重力驱动的具有水位差的流动，可以指定进口与出口水位差。上游边界条件通常包括压力进口（即总压进口）和质量流量进口两类；下游边界条件主要包括压力出口和自由出流两类。

14. VOF 模型使用注意事项

（1）必须使用压力基求解器，而不能使用密度基（耦合式）求解器。

（2）不能将二阶隐式时间递推格式与 VOF 显式格式一起使用。

（3）VOF 计算对界面网格质量非常敏感，必须保证界面处的网格平滑、细致，不能存在扭曲、大长宽比及尺寸变化剧烈的单元。

（4）尽量选择四边形或六面体网格，而不是三角形或四面体网格，如果实在难以满足此要求，也最好在相界面区域采用四边形或六面体网格，以满足界面追踪的需要。

（5）在 Fluent 旧版本中要求不能使用大涡模拟湍流模型，在新版本中已没有这样的限制。

9.4.3　VOF 模型应用实例

1. 研究对象

如图 9.9 所示，封闭水箱 A 通过管道 C 与上部开口水箱 B（也可看成是调压井）相连，管道 C 的左端阀门 D 处于关闭状态，水箱 A 盛满水，水箱 B 和管道 C 均为空气。现阀门 D 突然打开，计算重力驱动下的气液两相流流动。假定水箱 A 高 3m，水箱 B 高 4.5m，管道 C 高度 0.6m，计算域从左至右长 9m。

2. 建立模型及划分网格

本例几何形式比较简单，启动 Workbench，添加 Fluent 组件，然后进入 DM 工作界面，建立一个包含图 9.9 外轮廓的 2D 几何图形。设定网格尺寸为 0.1m，划分网格。生成网格如图 9.10 所示。为水箱 B 的上边界创建名为 pressure_outlet 的压力出口，其他边界命名为 wall 的壁面边界。

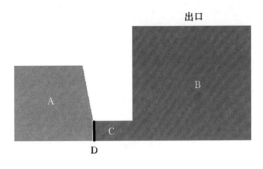

图 9.9 弯管中的水沙两相流

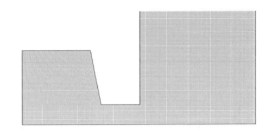

图 9.10 计算网格

3. Fluent 设置

本例为 2D 瞬态计算，需要激活 y 方向的重力加速度，并对湍流模型、多相流模型、材料属性、边界条件等进行设置。

（1）湍流模型设置。为简单起见，本例使用标准 k-ε 模型及标准壁面函数。

（2）VOF 模型激活。选择模型树节点 Models→Multiphase→Multiphase Model 对话框，选择 Volume of Fluid，设置 Number of Eulerian Phases 为 2，激活选项 Implicit Body Force，设置 Volume Fraction Parameters 为 Implicit，设置 Interface Modeling-Type 为 Sharp。其余采用默认值。

（3）材料定义。本例涉及两种材料：水和空气。水采用默认值，直接从材料库中复制，指定名称为 water-liquid；空气也是已经存在的材料，直接从材料库中复制，指定名称为 air。

（4）相的定义。本例共有两相，主相为液态水，次级相为空气。

定义主相：选择模型树节点 Models→Multiphase→Phases→Phase-1-Primary Phase→Edit···→Primary Phase 面板，设置 Name 为 water，选择 Phase Material 为 water-liquid。

采用相同的方式定义次级相为 air。

（5）相间作用设置。本例无须对相间作用力进行设置，全部采用默认值即可，即没有相间质量交换，不考虑表面张力作用。

（6）单元域条件设置。本例无须对 Cell Zone Conditions 进行设置，全部采用默认值。

（7）边界条件设置。在边界条件设置中，需要设置出口边界条件，而壁面边界条件采用默认值即可。

设置出口边界条件：选择模型树节点 Boundary Conditions → Outlet → Type → Pressure-Outlet，弹出 Pressure-Outlet 对话框，全部采用默认值。

选择模型树节点 Outlet→Air，在 Pressure-Outlet 对话框中，显示 Zone Name 为 outlet，Phase 为 air，切换至 Multiphase 标签页，设置 Backflow Volume Fraction 为 1，其他采用默认值。

（8）计算方法设置。涉及压力-速度耦合算法、空间离散格式和时间离散格式等：选择模型树节点 Solution→Methods，在 Solution Methods 面板中按表 9.2 进行设置。

表 9.2　　　　　　　　　　　　求 解 方 法 设 置

项　　目	设 置 结 果
Scheme	Coupled
Gradient	Least Squares Cell Based
Pressure	Body Force Weighted
Momentum	Second Order Upwind
Volume Fraction	Compressive
Turbulence Kinetic energy	First Order Upwind
Turbulence Dissipation Rate	First Order Upwind
Warped-Face Gradient Correction	选中
High Order Term Relaxation	选中

（9）计算控制参数设置。涉及库朗数、松弛因子等：模型树节点 Solution→Controls，在 Solution Controls 面板中按表 9.3 进行设置。

表 9.3　　　　　　　　　　　　松 弛 因 子 设 置

项　　目	设置结果	项　　目	设置结果
Courant Number	200	Volume Fraction	0.5
Momentum	0.75	Turbulence Kinetic Energy	0.8
Pressure	0.75	Turbulence Dissipation Rate	0.8
Density	1	Turbulent Viscosity	1
Body Forces	1		

（10）初始化。在 VOF 模型中，初始化的重点是设置各个区域的各相初始体积分数。

选择模型树节点 Solution→Initialization→Solution Initialization 面板，选择 Standard Initialization，从 Compute from 列表中选择 all-zones，在 Reference Frame 中选择 Relative to Cell Zone。保证 X 和 Y 方向速度初始值均为 0，保证湍动能和耗散率初始值均为 1，保证 air Volume Fraction 为 0，单击 Initialize 对整个流场进行初始化。

单击菜单 Adapt→Region…，打开 Region Adaption 对话框，选择 Options 为 Inside，选择 Shapes 为 Quad，设置 X Min 为 0.0m，X Max 为 3m，Y Min 为 −0.25m，Y Max 为 4m，单击 Mark 后对水箱 A 所在区域进行标记。控制台文本窗口将显示被标记的单元数量。通过单击 Manage…，打开 Manage Adaption Registers 对话框，选中刚才标记的区域名称 hexahedro-r0，单击 Display 显示所标记的区域，如图 9.11 所示。

返回 Solution Initialization 面板，单击 Patch…，打开 Patch 对话框，选择 Phase 下拉

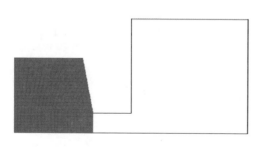

图 9.11　Mark 区域

项为 air,选择 Variable 为 Volume Fraction,设置 Value 为 0,选择区域为 hexahedron-r0。这样,前面 Mark 的区域 air 体积分数为 0。此时体积分数分布如图 9.12 所示。

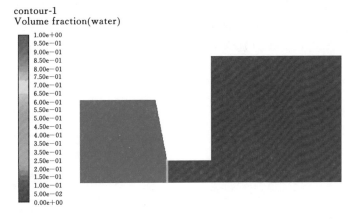

图 9.12 初始体积分数分布

(11)自动保存时间间隔设置。为了后处理的需要,每隔若干个时间步的计算数据应该保存下来。为此,选择 Solution→Calculation Activities→Autosave Every(Time Steps)→Edit…,在打开的 Autosave 对话框中,设置 Save Data File Every(Time Steps)为 200,并给出文件名前缀,这样,系统将每隔 200 个时间步保存一次计算数据。

还可通过 Solution→Calculation Activities→Solution Animations 设置保存动画文件的相关参数。

(12)计算求解。设置迭代参数并进行计算:双击模型树节点 Run Calculation,在 Run Calculation 面板中设置 Time Step Size 为 0.005s,设置 Number of Time Steps 为 1000,设置 Max Iterations/Time Step 为 40,其他参数保持默认值,单击 Calculate 开始计算。

需要说明的是,本例采用固定的时间步长。时间步长可按下式估算:

$$C = \frac{\Delta t}{\Delta x_{\text{cell}}} v \tag{9.42}$$

式中:C 为库朗数,可近似取 1;Δx_{cell} 为最小单元长度,本例前面已经设置为 0.1m;v 为速度,m/s。

考虑到本例为重力驱动流,v 可按下式估算:

$$\rho g h = \frac{\rho}{2} v^2 \tag{9.43}$$

$$v = \sqrt{2gh} \approx 10 \text{m/s} \tag{9.44}$$

从而有

$$\Delta t = \frac{\Delta x_{\text{cell}}}{v} \approx 0.01 \text{s} \tag{9.45}$$

将 Δt 适当减小一些后,取计算值的一半 0.005s,作为时间步长。

4. 查看计算结果

（1）查看各时刻水位云图。查看水位相当于查看水相体积分数分布。由于前期已经自动保存指定时刻的计算数据，故可先通过 File 菜单装入指定时刻的计算结果数据文件，然后选择模型树节点 Results→Graphics→Contours，在 Contours 对话框中，激活选项 Filled，选择选项 Contours of 分别为 Phase… 及 Volume fraction，设置 Phase 下拉项为 water，单击 Save/Display 后，则显示水相体积分数分布。在 0.1s（对应于时间步 200）及 0.25s（对应于时间步 500）时的水位云图分别如图 9.13 和图 9.14 所示。

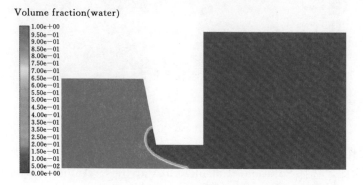

图 9.13   0.1s 时的体积分数分布

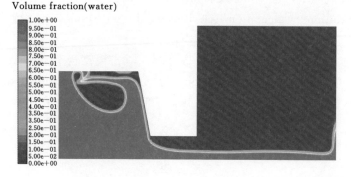

图 9.14   0.25s 时的体积分数分布

（2）导出水位数据。导出各时刻的水位数据，然后绘制水位随时间变化的 2D 曲线。选择菜单项 Postprocessing→Surface→Create→Iso surface…，在打开的 Iso-surface 对话框中，选择 Surface of Constant 下拉列表分别为 Phase… 及 Volume fraction，设置 Phase 下拉项为 water，设置 Iso-Values 为 0.5，命名为 volume-fraction-0.5，单击 Create。

接着，选择模型树节点 Results→Plots→XY Plot→Solution XY Plot 对话框，取消 Position on X Axis，选择 Y Axis Function 分别为 Mesh… 及 Y-Coordinate，设置 Phase 为 Mixture；同样选择 X Axis Function 分别为 Mesh… 及 X-Coordinate，设置 Phase 为 Mixture；选择 Surface 项为刚刚创建的曲面 volume-fraction-0.5。单击 Plot 进行显示，结果如图 9.15 所示。注意该图是 0.1s（对应时间步 200）时的水位线，即与图 9.13 相对应。

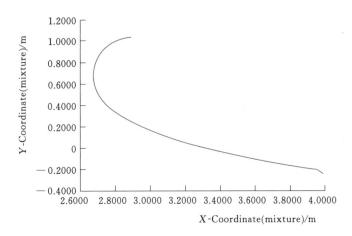

图 9.15　0.1s 时的水位线

9.5　欧拉模型及其应用

欧拉模型（Eulerian model）在两相流中又叫两流体模型（two-fluid model），在多相流中又叫多流体模型（multi-fluid model）。该模型将分散颗粒相（包括气泡、液滴、固体颗粒）与流体相均看作连续介质，对分散颗粒相的处理方法与对流体相的处理方法类似，认为颗粒相是与流体相相互渗透的一种"假想"流体，称为拟流体。

该模型认为连续相与颗粒相之间存在显著的速度滑移，每一种流体都有独立的速度场及其他相关物理场，只是压力场由各相共享，各相通过相间传输项实现相互作用，系统针对每一相均需要建立一套单独的控制方程。这也是欧拉模型与混合模型的最大不同，也就是说，欧拉模型并不针对多相流的混合物来建立动量方程。较之混合模型，欧拉模型能更完全、更充分、更精确地对流场进行计算，可以模拟包含气、液、固等任意组合的多相流及相间相互作用，一般要求分散相体积分数大于 10%，但这一要求并不是绝对的。

本节以固液两相流为主，介绍欧拉模型及其应用。

9.5.1　控制方程

欧拉模型将颗粒相看作"拟流体"，这样颗粒相就具备了与连续流体相相似的动力学特性，也就能够用相同形式的流体力学守恒方程加以描述。颗粒相在空间中的量的多少用体积分数来表示。欧拉模型控制方程包括：针对每一相的连续方程、动量方程及其他标量方程。对于固液两相流，假定不存在反应和相变，不考虑温度场能量特性，控制方程如下[17]。

（1）连续方程。

流体相：

$$\frac{\partial}{\partial t}(\rho_f \alpha_f) + \nabla \cdot (\rho_f \alpha_f \boldsymbol{u}_f) = S_f \tag{9.46}$$

颗粒相：

$$\frac{\partial}{\partial t}(\rho_s \alpha_s) + \nabla \cdot (\rho_s \alpha_s \boldsymbol{u}_s) = S_s \tag{9.47}$$

式中：下标 f 和 s 分别代表流体相和固体颗粒相；α_f 和 α_s 分别为流体相和颗粒相的体积分数；ρ_f 和 ρ_s 分别为流体相和颗粒相的密度；$\boldsymbol{u}_f$ 和 $\boldsymbol{u}_s$ 分别为流体相和颗粒相的速度矢量；S_f 和 S_s 分别为流体相和颗粒相源项，可通过自定义方式指定，缺省条件下均为 0。

对于固液两相流，某一有限单元体内各相的体积分数之和为 1：

$$\alpha_f + \alpha_s = 1 \tag{9.48}$$

（2）动量方程。

流体相：

$$\frac{\partial}{\partial t}(\alpha_f \rho_f \boldsymbol{u}_f) + \nabla \cdot (\alpha_f \rho_f \boldsymbol{u}_f \boldsymbol{u}_f) = -\alpha_f \nabla p + \alpha_f \rho_f \boldsymbol{g} + \nabla \cdot \boldsymbol{\tau}_f + \beta(\boldsymbol{u}_s - \boldsymbol{u}_f) + \boldsymbol{F}_{sf} \tag{9.49}$$

颗粒相：

$$\frac{\partial}{\partial t}(\alpha_s \rho_s \boldsymbol{u}_s) + \nabla \cdot (\alpha_s \rho_s \boldsymbol{u}_s \boldsymbol{u}_s) = (-\alpha_s \nabla p - \nabla p_s) + \alpha_s \rho_s \boldsymbol{g} + \nabla \cdot \boldsymbol{\tau}_s + \beta(\boldsymbol{u}_f - \boldsymbol{u}_s) + \boldsymbol{F}_{fs}$$

$$\tag{9.50}$$

式中：$\boldsymbol{g}$ 为重力加速度矢量；p_s 为颗粒压力；$\boldsymbol{\tau}_f$ 和 $\boldsymbol{\tau}_s$ 分别为流体应力张量和颗粒应力张量；β 为相间动量交换系数，决定曳力大小；$\boldsymbol{F}_{sf}$ 与 $\boldsymbol{F}_{fs}$ 为流体相和颗粒相之间的附加相间作用力之和，$\boldsymbol{F}_{sf}$ 与 $\boldsymbol{F}_{fs}$ 大小相等、方向相反。

动量方程左端两项分别为由流场不稳定性导致的瞬态项、由流场非均匀性导致的迁移项，右端 5 项依次为压力梯度项、重力项、黏性力项、曳力项和附加相间作用力项。其中，附加相间作用力项包括除曳力之外的虚拟质量力、升力、湍流扩散力等。

（3）控制方程的封闭要求。要使上述控制方程封闭，还需要给出流体应力张量、颗粒应力张量、曳力、附加相间作用力的表达式。

流体应力张量相对明确，可取单相流的关系式（又称流体的本构方程）：

$$\boldsymbol{\tau}_f = \alpha_f \mu_f (\nabla \boldsymbol{u}_f + \nabla \boldsymbol{u}_f^T) - \frac{2}{3} \alpha_f \mu_f (\nabla \cdot \boldsymbol{u}_f) \boldsymbol{I} \tag{9.51}$$

式中：μ_f 为流体动力黏度，标准状态下水的动力黏度为 $1.01 \times 10^{-3} \, \mathrm{Pa \cdot s}$；$\boldsymbol{I}$ 为单位张量。对于不可压流体，由连续方程可知，式（9.51）的右端第二项为 0。

颗粒应力张量表达式可看作是颗粒相内部封闭关系，曳力等相间作用力表达式可看作是流体相与颗粒相之间的封闭关系。下面分别介绍这些封闭关系。

9.5.2　颗粒相内部封闭关系

为了欧拉模型控制方程能够顺利求解，必须使颗粒相动量方程封闭，即给出颗粒应力张量和颗粒压力的表达式。

由于欧拉模型已经针对颗粒相作出了"拟流体"假设，因此颗粒相就具有了与流体相相似的动力学特性，颗粒相内部的相间作用就可通过颗粒黏度来耦合，颗粒应力张量可表达为[17]

$$\boldsymbol{\tau}_s = \alpha_s \lambda_s (\nabla \cdot \boldsymbol{u}_s) \boldsymbol{I} + \alpha_s \mu_s \left[(\nabla \boldsymbol{u}_s + \nabla \boldsymbol{u}_s^T) - \frac{2}{3} (\nabla \cdot \boldsymbol{u}_s) \boldsymbol{I} \right] \tag{9.52}$$

式中：λ_s 和 μ_s 分别为颗粒体积黏度和颗粒剪切黏度。

式（9.52）又称颗粒的本构方程，是根据稠密气体的分子动理学理论（kinetic theory）所建立的，即把离散颗粒类比为气体分子，通过颗粒压力与颗粒黏度等特征量来表达颗粒应力。在这一类比过程中，认为颗粒做类似于气体分子的无规则运动，颗粒的物理参数值可以分解为时均值和脉动值；颗粒之间存在相互碰撞，颗粒与壁面之间存在相互碰撞；颗粒总体上有两种运动状态：要么处在碰撞过程中，要么处在自由运动中，这两个阶段的作用力并不一致，颗粒运动状态也就明显不同。式（9.52）所表示的颗粒应力可以看作是颗粒黏性力，由颗粒碰撞黏度（对应于第一项）与动力黏度（对应于第二项）两部分组成。下面介绍这两部分及颗粒压力的计算方法。

1. 颗粒温度

在分子热运动中，分子随机运动的脉动动能可用温度表示，同样，固液两相流中颗粒随机运动与碰撞也可用颗粒温度（granular temperature）来表征，即把颗粒运动速度的脉动量定义为颗粒温度：

$$\Theta = \frac{1}{3}\langle\!\langle u_s' u_s' \rangle\!\rangle \tag{9.53}$$

式中：Θ 为颗粒温度，并不是颗粒真实温度，而是代表颗粒在流体中波动的能量，m^2/s^2；u_s' 为颗粒脉动速度，类似于湍流中流体脉动速度；符号"$\langle\!\langle\ \rangle\!\rangle$"代表系统平均值。颗粒温度的值正比于颗粒脉动速度平方的平均值。

2. 颗粒温度输运方程

获得颗粒温度后则可计算出颗粒应力，于是，颗粒应力计算便归结为颗粒速度脉动计算，连续方程和动量方程式（9.46）～式（9.50）便可通过颗粒温度输运方程进行封闭：

$$\frac{3}{2}\left[\frac{\partial}{\partial t}(\alpha_s\rho_s\Theta)+\nabla\cdot(\alpha_s\rho_s\boldsymbol{u}_s\Theta)\right]=(-p_s\boldsymbol{I}+\boldsymbol{\tau}_s):\nabla\boldsymbol{u}_s+\nabla\cdot(k_s\nabla\Theta)-\gamma_s+\varphi_{fs} \tag{9.54}$$

式中：$(-p_s\boldsymbol{I}+\boldsymbol{\tau}_s):\nabla\boldsymbol{u}_s$ 为因颗粒相剪切应力而产生的脉动动能；第二项 $\nabla\cdot(k_s\nabla\Theta)$ 为因脉动动能梯度产生的扩散项，其中 k_s 为扩散系数；γ_s 为颗粒间非弹性碰撞引起的能量耗散；φ_{fs} 为流体相与颗粒相之间因随机波动产生的动能交换。

式（9.54）所示的颗粒温度输运方程有多种求解方法，如果采用 Syamlal 等的方法进行求解，则式中的扩散系数 k_s 可表示为[17]

$$k_s=\frac{15d_s\rho_s\alpha_s\sqrt{\pi\Theta}}{4(41-33\eta)}\left[1+\frac{12}{5}\eta^2(4\eta-3)\alpha_s g_0+\frac{16}{15\pi}(41-33\eta)\eta\alpha_s g_0\right] \tag{9.55}$$

$$\eta=(1+e_{ss})/2$$

式中：d_s 为颗粒直径；e_{ss} 为颗粒弹性恢复系数，当碰撞为理想碰撞（完全弹性碰撞）时为1，在欧拉模型中该值一般取 0.9～1.0，即颗粒近似为理想碰撞；g_0 为颗粒径向分布函数（radial distribution），是一个修正因子，用于当颗粒密度非常大时修正颗粒碰撞概率。

$$g_0=\frac{s+d_s}{s} \tag{9.56}$$

式中：s 为颗粒之间的距离；d_s 为颗粒直径。

对稀疏颗粒相 $g_0\rightarrow1$，对稠密颗粒相 $g_0\rightarrow\infty$。由于颗粒距离很难直接计算，在 Fluent

293

中采用下式估算：

$$g_0 = \left[1 - \left(\frac{\alpha_s}{\alpha_{s,\max}} \right)^{1/3} \right] - 1 \tag{9.57}$$

式中：$\alpha_{s,\max}$ 为颗粒相填充极限（packing limit），即颗粒相最大体积分数，一般为 $0.57 \sim$ 0.63，通常取 0.6。颗粒越小，该值越大，对于细小的悬移质颗粒，可适当增加该值。

在式（9.54）中，颗粒间非弹性碰撞引起的能量耗散 γ_s 和流体相与颗粒相之间因随机波动产生的动能交换 φ_{fs} 可用下式计算：

$$\gamma_s = \frac{12(1 - e_{ss}^2)g_0}{d_s \sqrt{\pi}} (\alpha_s^2 \rho_s \Theta^{3/2}) \tag{9.58}$$

$$\varphi_{fs} = -3\beta\Theta \tag{9.59}$$

式中：β 为相间动量交换系数。

3. 颗粒压力项

在颗粒相动量方程（9.50）中，颗粒压力 p_s 表示单位时间内通过单位面积交换的颗粒动量，即颗粒法向应力。根据 Lun 模型[17]，可按下式计算：

$$p_s = \alpha_s \rho_s \Theta + 2\rho_s(1 + e_{ss})\alpha_s^2 g_0 \Theta \tag{9.60}$$

上式右端第一项为动力项，第二项为颗粒碰撞项。

4. 颗粒体积黏度

在颗粒应力张量表达式（9.52）中，λ_s 为颗粒体积黏度（bulk viscosity），代表颗粒对颗粒组压缩或膨胀的抵抗能力，通常可采用 Lun 模型计算[17]：

$$\lambda_s = \frac{4}{3} \alpha_s^2 \rho_s d_s g_0 (1 + e_{ss}) \left(\frac{\Theta}{\pi} \right)^{1/2} \tag{9.61}$$

默认状态下，Fluent 将 λ_s 按 0 对待。

5. 颗粒剪切黏度

在颗粒应力张量表达式（9.52）中，μ_s 代表颗粒剪切黏度（shear viscosity），由碰撞黏度、动力黏度和摩擦黏度构成[17]：

$$\mu_s = \mu_{s,col} + \mu_{s,kin} + \mu_{s,fr} \tag{9.62}$$

碰撞黏度（collisional viscosity）$\mu_{s,col}$ 按下式计算：

$$\mu_{s,col} = \frac{4}{5} \alpha_s^2 \rho_s d_s g_0 (1 + e_{ss}) \left(\frac{\Theta}{\pi} \right)^{1/2} \tag{9.63}$$

动力黏度（kinetic viscosity）$\mu_{s,kin}$ 可按如下两种模型计算[17]：

Syamlal 模型　　$\mu_{s,kin} = \dfrac{\alpha_s \rho_s d_s \sqrt{\Theta\pi}}{6(3 - e_{ss})} \left[1 + \dfrac{2}{5}(1 + e_{ss})(3e_{ss} - 1)\alpha_s g_0 \right] \tag{9.64}$

Gidaspow 模型　　$\mu_{s,kin} = \dfrac{10\rho_s d_s \sqrt{\Theta\pi}}{96\alpha_s(1 + e_{ss})g_0} \left[1 + \dfrac{4}{5}g_0\alpha_s(1 + e_{ss}) \right]^2 \tag{9.65}$

摩擦黏度（frictional viscosity）$\mu_{s,fr}$ 是可选项，当颗粒体积分数接近最大时才需要引入，可按下式计算：

$$\mu_{s,fr} = \frac{p_{\text{friction}}\sin\varphi}{2\sqrt{I_{2D}}} \tag{9.66}$$

式中：p_{friction} 为摩擦压力；φ 为内摩擦角，一般为 $25° \sim 30°$，多数情况下可取 $30°$；I_{2D} 是偏

应力张量的第二不变量。

Fluent 提供了 Johnson 模型、Syamlal 模型和 based-ktgf 模型等用于计算摩擦压力，通常选择 Johnson 模型即可。

需要注意的是，摩擦黏度的引入主要是为了描述摩擦流动，现有摩擦压力模型均为半经验模型，要充分体现摩擦影响机制，尚需要深入的摩擦机理研究，好在水泵与泵站泥沙两相流一般泥沙浓度并不是很高，因此，即使不考虑摩擦黏度也不至于对计算结果有明显影响。

9.5.3 流体相与颗粒相之间的封闭关系——曳力模型

流体相与颗粒相之间的相互作用力有多种，如曳力、升力、虚拟质量力等，其中最主要的是曳力（drag），又称阻力，即动量方程中的 $\beta(\boldsymbol{u}_s - \boldsymbol{u}_f)$ 项。流体相与颗粒相之间的封闭关系主要是指动量方程中相间动量交换系数 β 的表达式。

1. 流体-固体两相流曳力模型

在液固两相流或气固两相流中，动量方程中的相间动量交换系数是表征流体相与颗粒相之间动量交换的重要参数，决定了流体相对颗粒相的挟带和输运能力及颗粒在流体中的循环运动，对液固两相流模型结果有重要影响。相间动量交换系数的计算模型多为半理论半经验模型，包括 Syamlal-O'Brien 模型、Wen-Yu 模型和 Gidaspow 模型等。这些模型的共同特点是在单颗粒曳力模型的基础上引入颗粒体积分数函数描述周围颗粒的影响。还有一类模型是基于液固耦合作用理论，通过某种数学方法推导得来的，只不过这类模型应用不够广泛，本书不予介绍。

对于流体-固体两相流中的相间动量交换系数 β，一般采用下式表示：

$$\beta = \frac{\alpha_s \rho_s f}{\tau_s} \tag{9.67}$$

$$\tau_s = \frac{\rho_s d_s^2}{18 \mu_f} \tag{9.68}$$

式中：f 为曳力函数；d_s 为颗粒直径；τ_s 为颗粒弛豫时间；μ_f 为流体相动力黏度。

曳力函数 f 有多种选择，对应于多种曳力模型。

（1）Syamlal-O'Brien 模型。

$$f = \frac{C_D Re_s \alpha_f}{24 u_{r,s}^2} \tag{9.69}$$

$$C_D = \left(0.63 + \frac{4.8}{\sqrt{Re_s / u_{r,s}}} \right)^2 \tag{9.70}$$

$$Re_s = \frac{\rho_f d_s |\boldsymbol{u}_s - \boldsymbol{u}_f|}{\mu_f} \tag{9.71}$$

$$\beta = \frac{3 \alpha_s \alpha_f \rho_f}{4 u_{r,s}^2 d_s} C_D \left(\frac{Re_s}{u_{r,s}} \right) |\boldsymbol{u}_s - \boldsymbol{u}_f| \tag{9.72}$$

式中：C_D 为曳力系数；Re_s 为相对雷诺数；$u_{r,s}$ 为与颗粒相相关的末端速度。

$$u_{r,s} = 0.5 \left[A - 0.06 Re_s + \sqrt{(0.06 Re_s)^2 + 0.12 Re_s (2B - A) + A^2} \right] \tag{9.73}$$

当 $\alpha_f \leqslant 0.85$ 时，$A = \alpha_f^{4.14}$，$B = 0.8 \alpha_f^{1.28}$；当 $\alpha_f > 0.85$ 时，$A = \alpha_f^{4.14}$，$B = \alpha_f^{2.65}$。

该模型需要与用于计算颗粒黏度的 Syamlal-O'Brien 模型一起使用。

（2）Wen-Yu 模型[157]。

$$\beta = \frac{3}{4} C_D \frac{\alpha_s \alpha_f \rho_f \left| \boldsymbol{u}_s - \boldsymbol{u}_f \right|}{d_s} \alpha_f^{-2.65} \tag{9.74}$$

$$C_D = \frac{24}{\alpha_f Re_s} \left[1 + 0.15 \left(\alpha_f Re_s \right)^{0.687} \right] \tag{9.75}$$

式中：相对雷诺数 Re_s 的表达式与 Syamlal-O'Brien 模型相同。

该模型适用于浓度较低的水沙两相流，在水泵与泵站泥沙两相流分析中应用较广泛。

（3）Gidaspow 模型。

当 $\alpha_f > 0.8$ 时，有

$$\beta = \frac{3}{4} C_D \frac{\alpha_s \alpha_f \rho_f \left| \boldsymbol{u}_s - \boldsymbol{u}_f \right|}{d_s} \alpha_f^{-2.65} \tag{9.76}$$

$$C_D = \frac{24}{\alpha_f Re_s} \left[1 + 0.15 \left(\alpha_f Re_s \right)^{0.687} \right] \tag{9.77}$$

当 $\alpha_f \leqslant 0.8$ 时，有

$$\beta = 150 \frac{\alpha_s^2 \mu_f}{\alpha_f d_s^2} + 1.75 \frac{\alpha_s \rho_f \left| \boldsymbol{u}_s - \boldsymbol{u}_f \right|}{d_s} \tag{9.78}$$

式中：μ_f 为流体相剪切黏度，即动力黏度。

该模型是 Wen-Yu 模型与 Ergun 方程相结合的产物，适用于高浓度水沙两相流，如流化床模拟，以及泵站前池泥沙沉积模拟等。

（4）其他模型。常用的曳力模型还包括 Parameterized Syamlal-O'Brien 模型、Huilin-Gidaspow 模型和 Gibilaro 模型等。

Parameterized Syamlal-O'Brien 模型是一种增强型的 Syamlal-O'Brien 模型，主要变化在于模型中系数 A 和 B 中，这两个系数不再是常数，而是依赖于流动特性及所希望的最小流化速度而改变的动态参数。这样，避免了原始 Syamlal-O'Brien 模型在预测流化床反应器时存在的过预测和欠预测问题。

Huilin-Gidaspow 模型是对 Gidaspow 模型的改进，通过一个混合函数使模型适用于浓度较低的水沙两相流。

Gibilaro 模型也是适用于类似流化床的高浓度水沙两相流的模型。

2. 流体-流体两相流曳力模型

上面介绍的曳力模型只适用于液固两相流或气固两相流，如果组成两相流的每一相均为流体，如水中含有气泡的两相流，则不应选择上述曳力模型，而应选择专门用于描述流体-流体两相流的曳力模型，现将流体-流体两相流曳力模型简介如下。

Schiller-Naumann 模型[156]是对各种流体-流体两相流均有效的一种通用曳力模型。

Symmetric 模型是用于计算域中的某一区域的次级相（分散相）在另一区域变成主相（连续相）的流动。例如，一个容器的下半部是水，当空气从底部喷射进入后，容器下半部中的空气为分散相，而在容器上半部，空气又成为连续相。该模型是与欧拉模型一起使用的 Multi-Fluid VOF 模型的默认曳力计算方法。

Tomiyama 模型与 Grace 模型，是比较适合于模拟气泡形状范围比较大的气液两相流。

Ishii 模型只用于沸腾流动的模拟。

Anisotropic 模型适用于自由表面流动模拟。在与欧拉模型一起使用的 Multi-Fluid VOF 模型中用于计算相间曳力。

Universal 模型用于计算域的特征长度远大于液滴/气泡的平均直径的流动模拟，也适合于液滴/气泡形状变化范围比较大的流动模拟。该模型激活后，还需要同时设置表面张力的相关参数。

3. 曳力修正

在使用欧拉模型或混合模型时，在所选定的曳力模型的基础上还可以给曳力设置一个修正系数，相当于在相间动量交换系数的前面乘上一个系数 ξ：

$$\beta' = \xi\beta \tag{9.79}$$

修正系数 ξ 可以是常数、用户自定义值或 Brucato 修正。Brucato 修正主要用于相间曳力系数受液体相湍流度影响而增大的低浓度气液两相流和固液两相流，此时有

$$\xi = 1 + K \left(\frac{d}{\lambda}\right)^3 \tag{9.80}$$

式中：常数 $K = 6.5 \times 10^{-6}$；d 为气泡直径或颗粒直径；λ 为 Kolmogrov 长度尺度。

$$\lambda = \left(\frac{\nu_f^3}{\varepsilon}\right)^{1/4} \tag{9.81}$$

式中：ν_f 为液相的比分子黏度；ε 为平均液相湍动耗散。

9.5.4 流体相与颗粒相之间的封闭关系——附加相间作用力模型

除了曳力外，流体相与颗粒相之间的相互作用力还包括升力、虚拟质量力、湍流扩散力、壁面润滑力和表面张力等附加相间作用力，因此，要使两相流控制方程组封闭，还需要给出这些附加相间作用力的计算模型。

在含有泥沙的固液两相流中，附加相间作用力主要包括升力、虚拟质量力、湍流扩散力；在含有气泡的气液两相流中，除上述 3 种附加相间作用力之外，还包括壁面润滑力、表面张力等。

需要说明的是，组成两相流的每一相的同名相间作用力相等，方向相反。例如，对于虚拟质量力，颗粒所受到流体给予的虚拟质量力 $\boldsymbol{F}_{vm,s}$ 与颗粒反作用到流体上的虚拟质量力 $\boldsymbol{F}_{vm,f}$ 存在 $\boldsymbol{F}_{vm,s} = -\boldsymbol{F}_{vm,f}$ 的关系。

1. 升力

升力（lift）表示颗粒相所受到的来自于流体相的升力，是流动的速度差所致。颗粒所受到的升力可表示为[17]

$$\boldsymbol{F}_{lift,s} = -C_f\rho_s\alpha_s(\boldsymbol{u}_s - \boldsymbol{u}_f) \times (\nabla \times \boldsymbol{u}_f) \tag{9.82}$$

式中：C_f 为升力系数，有多种计算模型可供选择。其中，Moraga 模型适用于球形固体颗粒、液滴或气泡；Saffman-Mei 模型适用于分布不是很杂乱的球形固体颗粒、液滴或气泡；Legendre-Magnaudet 模型用于细小直径的球形流体粒子，如气泡，考虑了流体粒子内部与外部流体的速度差所导致的动量转换；Tomiyama 模型主要用于气泡变形较大的流动场合。

需要说明的是，由于升力计算公式假定颗粒直径远小于颗粒间距，且大多数情况下升力远小于相间曳力，因此对于非常细小的悬移质颗粒情况不应计算升力。由于升力计算量大，只在如下几种情况下才需要计算升力：①流场中存在粒径大的颗粒时；②各相快速分离时；③对于气泡流，只在壁面边界层附近因连续相的滑移速度较大时。

2. 虚拟质量力

虚拟质量力（virtual mass）是指当颗粒相对于流体相做加速运动时，颗粒所受到流体给予的惯性力[158]，定义为

$$F_{vm} = C_{vm}\alpha_s\rho_f\left(\frac{d_f u_f}{dt} - \frac{d_s u_s}{dt}\right) \tag{9.83}$$

式中：C_{vm} 为虚拟质量系数，常取 0.5；$\dfrac{d_q}{dt}$ 表示 q 相（q 为 f 或者 s）对时间的全微分：$\dfrac{d_q(\varphi)}{dt} = \dfrac{\partial(\varphi)}{\partial t} + (u_q \cdot \nabla)\varphi$。

需要注意的是，只有在颗粒相密度远小于流体相密度时，如气泡柱的瞬态过程，才需要计算虚拟质量力。水泵与泵站中的常规水沙两相流模拟无需考虑虚拟质量力。

3. 湍流扩散力

湍流扩散力（turbulent dispersion）是指因湍流脉动导致的相间动量传输，在流体流动中起着湍动扩散的作用，例如在加热的垂直管道中的沸腾流动，气泡虽然产生于加热的管道壁面，但在湍流扩散力的驱动下离开壁面向着管道中心运动。

湍流扩散力来自对相间曳力项的平均化，湍动曳力可表示为[17]

$$\beta(\tilde{u}_s - \tilde{u}_f) = \beta(u_s - u_f) - \beta u_{dr} \tag{9.84}$$

式中：β 为相间动量交换系数，见式（9.49）和式（9.50）；$\tilde{u}$ 和 u 分别为瞬时速度和平均速度；上式左端为瞬时曳力；上式右端第一项为两相之间的平均动量交换，第二项 βu_{dr} 为湍流扩散力。

$$F_{td,f} = -F_{td,s} = -f_{td,\text{limiting}}\beta u_{dr} \tag{9.85}$$

式中：$F_{td,f}$ 和 $F_{td,s}$ 分别为流体相和颗粒相受到的湍流扩散力；u_{dr} 为漂移速度（drift velocity），是由流体相的湍流运动引起的颗粒相弥散；$f_{td,\text{limiting}}$ 为限制函数，用于在某些算例中控制湍流扩散力的大小，是介于 0～1 之间的标准函数[17]：

$$f_{td,\text{limiting}}(\alpha_s) = \max\left[0, \min\left(1, \frac{\alpha_{s,2} - \alpha_s}{\alpha_{s,2} - \alpha_{s,1}}\right)\right] \tag{9.86}$$

默认情况下，$\alpha_{s,1} = 0.3$，$\alpha_{s,2} = 0.7$。

常用的湍流扩散力计算模型主要包括[17]：

（1）Lopez de Bertodano 模型。

$$F_{td,f} = -F_{td,s} = C_{TD}\rho_f k_f \nabla\alpha_s \tag{9.87}$$

式中：k_f 为连续相的湍动能；$\nabla\alpha_s$ 为颗粒相体积分数的梯度；C_{TD} 为用户修正系数，通常取 1。

（2）Simonin 模型。

$$F_{td,f} = -F_{td,f} = C_{TD}\beta\frac{D_{t,sf}}{\sigma_{sf}}\left(\frac{\nabla\alpha_s}{\alpha_s} - \frac{\nabla\alpha_f}{\alpha_f}\right) \tag{9.88}$$

式中：$D_{t,sf}$ 为与流体-颗粒扩散张量相关的物理量，对于下面要介绍的 Mixture 湍流模型，$D_{t,sf}$ 等于混合物的湍动黏度；σ_{sf} 为扩散 Prandtl 数，通常取 0.75；C_{TD} 为用户修正系数，通常取 1。

（3）Burns 模型。

Burns 模型与 Simonin 模型类似，但使用连续相的湍动黏度来估算 $D_{t,sf}$，并推荐 $\sigma_{sf} = 0.9$。

（4）Diffusion in VOF 模型。

湍流扩散除了可以在动量方程中以界面动量力来表征之外，还可以在体积分数控制方程（连续方程）中以湍流扩散项来表征。在引入湍流扩散项后，式（9.46）和式（9.47）表示的连续方程变为

流体相：

$$\frac{\partial}{\partial t}(\rho_f \alpha_f) + \nabla \cdot (\rho_f \alpha_f \boldsymbol{u}_f) = \nabla(\gamma_f \nabla \alpha_f) + S_f \tag{9.89}$$

颗粒相：

$$\frac{\partial}{\partial t}(\rho_s \alpha_s) + \nabla \cdot (\rho_s \alpha_s \boldsymbol{u}_s) = \nabla(\gamma_s \nabla \alpha_s) + S_s \tag{9.90}$$

式中：γ_f 和 γ_s 分别为流体相和颗粒相的扩散系数（diffusion coefficient）。

扩散项必须满足：

$$\nabla(\gamma_f \nabla \alpha_f) + \nabla(\gamma_s \nabla \alpha_s) = 0 \tag{9.91}$$

为了满足上式，颗粒相的扩散系数 γ_s 通过颗粒相湍动黏度 $\mu_{t,s}$ 来计算：

$$\gamma_s = \frac{\mu_{t,s}}{\sigma_s} \tag{9.92}$$

式中，σ_s 取 0.75。

参照 Diffusion in VOF 的做法，张自超[164]同样在连续方程中增加了扩散项，提出了一种改进的泥沙系数扩散模型 DC-PDPC（diffusion coefficient affected by particle diameter and particle concentration），新模型考虑了粒径和泥沙浓度对流体湍流结构的影响，在离心泵泥沙两相流计算中取得了较好的效果。

对于弥散多相流，如含有悬移质的泵内水沙两相流、含有气泡的泵内气液两相流，一般情况下应该在两相流模拟过程中考虑湍流扩散力的影响。

4. 壁面润滑力

壁面润滑力（Wall Lubrication）是指含有气泡（或空化泡）的两相流中气泡所受到壁面给予的润滑力，该力将气泡从壁面处推开。气泡相 p 所受到流体相 f 的壁面润滑力可表示为[17]

$$\boldsymbol{F}_{wl} = C_{wl} \rho_f \alpha_p \left| (\boldsymbol{u}_f - \boldsymbol{u}_p)_{\parallel} \right|^2 \boldsymbol{n}_w \tag{9.93}$$

式中：$|(\boldsymbol{u}_f - \boldsymbol{u}_p)_{\parallel}|$ 为相间相对速度沿壁面的切向分量；$\boldsymbol{n}_w$ 为壁面法线方向单位矢量；C_{wl} 为壁面润滑系数。

常用的壁面润滑系数计算模型如下：Antal 模型采用两个固定的经验常数来计算壁面润滑系数，只用于网格非常精细且计算处于网格无关状态时；Tomiyama 模型只用于管道内的气泡流，需要输入管道的水力直径；Frank 模型是对 Tomiyama 模型的改进，避免了

输入管道直径，只通过一个经验公式即可计算出壁面润滑系数；Hosokawa 模型通过实验进一步率定了相关系数。

壁面润滑力计算只用于含有气泡或空化泡的气液两相流。

5. 表面张力和壁面黏附

对于水中含有气泡或空化泡的流动，气泡或空化泡的表面张力对流场的影响很大；在气泡接近壁面时，壁面的黏附作用对表面张力的影响也应该考虑。欧拉模型可以计入相界面表面张力和壁面黏附（surface tension and wall adhesion）效应。通常可按如下原则决定是否考虑表面张力：如果 $We \gg 1$ 或 $Ca \gg 1$，则可以忽略表面张力影响。

关于表面张力和壁面黏附的设置方法，参见 9.4 节关于 VOF 模型的介绍。

需要说明的是，表面张力和壁面黏附计算只用于水中含有气泡或空化泡的气液两相流。

6. 相间界面面积

相间界面面积（interfacial area）对相间质量传递、动量传递和能量传递影响很大，特别是次级相为气泡的情况。在欧拉模型中，需要指定如何计算相间界面面积。对于水中的气泡或空化泡流动问题，有两种方法来计算界面面积：①直接求解界面面积浓度的输运方程；②采用代数模型。

在 9.3 节关于混合模型的介绍中给出了相间界面面积浓度的概念及界面面积计算方法，欧拉模型也采用相同的约定和设置方法。

需要说明的是，相间界面面积计算只用于水中含有气泡或空化泡的气液两相流。

9.5.5　湍流模型

在以混合模型和 VOF 模型为代表的均相模型中，只需要针对混合物建立一套湍流模型即可，而欧拉模型属于非均相模型，其湍流模型则相对复杂。针对 $k\text{-}\varepsilon$ 系列和 $k\text{-}\omega$ 系列湍流模型，在欧拉模型中有 3 种方法可以用来模化多相流中的湍流：Mixture 湍流模型、Dispersed 湍流模型和 Per Phase 湍流模型；针对雷诺应力湍流模型，有 Mixture 湍流模型和 Dispersed 湍流模型两种方法[17]。

现以 $k\text{-}\varepsilon$ 系列模型为例，介绍模化多相流中湍流的 3 种方法。

1. Mixture 湍流模型

Mixture 湍流模型是指借助混合物属性及混合速度来捕获湍流重要特征，也就是说只求解针对混合物的一组湍流模型方程，与 9.3 节介绍的混合多相流模型所采用的湍流模型类似。这种模型适用于相间分离或分层多相流及相间密度比接近 1.0 的多相流。这是 Fluent 默认的多相流湍流模型。

以标准 $k\text{-}\varepsilon$ 为例，相应的 Mixture 湍流模型如下（未包含浮力、脉动扩张力、用户自定义源项）：

$$\frac{\partial (\rho_m k)}{\partial t} + \nabla \cdot (\rho_m \boldsymbol{u}_m k) = \nabla \cdot \left[\left(\mu_m + \frac{\mu_{t,m}}{\sigma_k} \right) \nabla k \right] + G_{k,m} - \rho_m \varepsilon + \Pi_{k_m} \quad (9.94)$$

$$\frac{\partial (\rho_m \varepsilon)}{\partial t} + \nabla \cdot (\rho_m \boldsymbol{u}_m \varepsilon) = \nabla \cdot \left[\left(\mu_m + \frac{\mu_{t,m}}{\sigma_\varepsilon} \right) \nabla \varepsilon \right] + \frac{\varepsilon}{k} (C_{1\varepsilon} G_{k,m} - C_{2\varepsilon} \rho_m \varepsilon) + \Pi_{\varepsilon_m} \quad (9.95)$$

式中：ρ_m、μ_m、$\boldsymbol{u}_m$ 分别为混合物的密度、分子动力黏度、质量平均速度。

$$\rho_m = \sum_{k=1}^{n} \alpha_k \rho_k \tag{9.96}$$

$$\mu_m = \sum_{k=1}^{n} \alpha_k \mu_k \tag{9.97}$$

$$\boldsymbol{u}_m = \frac{\sum\limits_{k=1}^{n} \alpha_k \rho_k \boldsymbol{u}_k}{\rho_m} \tag{9.98}$$

$\mu_{t,m}$ 为混合物湍动黏度，按下式计算：

$$\mu_{t,m} = \rho_m C_\mu \frac{k^2}{\varepsilon} \tag{9.99}$$

$G_{k,m}$ 为湍动能生成项，按下式计算：

$$\boldsymbol{G}_{k,m} = \mu_{t,m} [\nabla \boldsymbol{u}_m + (\boldsymbol{u}_m)^T] : \nabla \boldsymbol{u}_m \tag{9.100}$$

$\varPi_{k_m}$ 和 $\varPi_{\varepsilon_m}$ 为用于模化颗粒相与连续相之间湍动相互作用的源项，有 Simonin 模型、Troshko-Hassan 模型、Sato 模型可供选择，详见文献 [17]。一般而言，如果激活湍动相互作用选项，则最好将多相流中的各对组合相均采用相同的模型进行湍动相互作用计算。激活湍动相互作用选项后，计算的收敛速度将大大降低，因此，建议先采用不包含这些选项的模式进行计算，然后打开这些选项接着往下计算。在大多数情况下，不需要激活湍动相互作用选项，Fluent 在默认状态下也是忽略湍动相互作用源项的。在 Fluent 中，湍动相互作用选项需借助 Phase Interaction 对话框的 Turbulence Interaction 标签页进行设置。

对于第 i 相的湍动黏度，按下式计算：

$$\mu_{t,i} = \frac{\rho_i}{\rho_m} \mu_{t,m} \tag{9.101}$$

模型中的其他常数，与针对单相流的标准 $k - \varepsilon$ 模型相同。

根据所使用的方程数量和特点，该模型常称为 $k_m - \varepsilon_m$ 模型。

2. Dispersed 湍流模型

Dispersed 湍流模型是指只求解连续相的湍流模型方程，而颗粒相的湍动参数借助代数关系式来计算。这种模型适用于水中泥沙颗粒浓度非常低且湍动各向同性较明显的水沙两相流。

以标准 $k - \varepsilon$ 为例，连续相 q 的 Dispersed 湍流模型控制方程如下（未包含浮力、脉动扩张力、用户自定义源项）：

$$\frac{\partial (\alpha_q \rho_q k_q)}{\partial t} + \nabla \cdot (\alpha_q \rho_q \boldsymbol{u}_q k_q) = \nabla \cdot \left[\alpha_q \left(\mu_q + \frac{\mu_{t,q}}{\sigma_k} \right) \nabla k_q \right] + \alpha_q G_{k,q}$$
$$- \alpha_q \rho_q \varepsilon_q + \alpha_q \rho_q \varPi_{k_q} \tag{9.102}$$

$$\frac{\partial (\alpha_q \rho_q \varepsilon_q)}{\partial t} + \nabla \cdot (\alpha_q \rho_q \boldsymbol{u}_q \varepsilon_q) = \nabla \cdot \left[\alpha_q \left(\mu_q + \frac{\mu_{t,q}}{\sigma_\varepsilon} \right) \nabla \varepsilon_q \right]$$
$$+ \alpha_q \frac{\varepsilon_q}{k_q} (C_{1\varepsilon} G_{k,q} - C_{2\varepsilon} \rho_q \varepsilon_q) + \alpha_q \rho_q \varPi_{\varepsilon_q}$$

$$\tag{9.103}$$

式中：下标 q 代表连续相；$\mu_{t,q}$ 为连续相 q 的湍动黏度，根据相 q 的湍动能和耗散率按下式计算：

$$\mu_{t,q} = \rho_q C_\mu \frac{k_q^2}{\varepsilon_q} \tag{9.104}$$

其他有关各项的物理含义详见文献 [17]。Π_{k_q} 和 Π_{ε_q} 是体现颗粒相对连续相湍动影响的源项，可以采用 Simonin 模型、Troshko-Hassan 模型和 Sato 模型来进行计算，在 Fluent 中需借助 Phase Interaction 对话框的 Turbulence Interaction 标签页进行设置。详见上述 Mixture 湍流模型中的介绍。

颗粒相的湍流物理量，通过针对均相湍流颗粒色散的 Hinze-Tchen 理论[30]来估算。对于水沙两相流，颗粒相 p 的湍动黏度 $\mu_{t,p}$ 求解方程为

$$\frac{\mu_{t,p}\rho_l}{\mu_{t,l}\rho_p} = \left(1 + \frac{\tau_{rp}}{\tau_{t,l}}\right)^{-1} \tag{9.105}$$

$$\tau_{rp} = \frac{D_p^2 \rho_p}{18\mu_l(1 + 0.15Re_p^{0.687})} \tag{9.106}$$

$$\tau_{t,l} = \frac{3}{2}C_\mu \frac{k_l}{\varepsilon_l} \tag{9.107}$$

式中：下标 l 代表液体相，下标 p 代表颗粒相；τ_{rp} 为颗粒弛豫时间；$\tau_{t,l}$ 为液体相湍动时间尺度；$\mu_{t,l}$ 为液体相的湍动黏度；D_p 为泥沙粒径；C_μ 为经验常数。

Hinze-Tchen 理论假设泥沙湍动是泥沙颗粒对水流湍动的响应。随着泥沙粒径的增加，泥沙的颗粒弛豫时间增加，液体相湍动时间尺度减小，泥沙相湍动黏度减小，泥沙湍动强度减小[66]。

根据所使用的方程数量和特点，该模型常称为 $k_f - \varepsilon_f - A_p$ 模型。

3. Per Phase 湍流模型

Per Phase 湍流模型是指求解每一相的湍流模型方程。该模型适用于相间湍流传输起支配作用的多相流，计算量远大于前面介绍的两种模型。

以标准 k-ε 为例，针对相 q 的 Per Phase 湍流模型控制方程如下（未包含浮力、脉动扩张力、用户自定义源项）：

$$\begin{aligned}
\frac{\partial(\alpha_q \rho_q k_q)}{\partial t} + \nabla \cdot (\alpha_q \rho_q \boldsymbol{u}_q k_q) &= \nabla \cdot \left[\alpha_q\left(\mu_q + \frac{\mu_{t,q}}{\sigma_k}\right)\nabla k_q\right] \\
&\quad + \alpha_q G_{k,q} - \alpha_q \rho_q \varepsilon_q + \sum_{l=1}^n \beta(C_{lq}k_l - C_{ql}k_q) \\
&\quad - \sum_{l=1}^n \beta(\boldsymbol{u}_l - \boldsymbol{u}_q) \cdot \frac{\mu_{t,l}}{\alpha_l \sigma_l}\nabla\alpha_l \\
&\quad + \sum_{l=1}^n \beta(\boldsymbol{u}_l - \boldsymbol{u}_q) \cdot \frac{\mu_{t,q}}{\alpha_q \sigma_q}\nabla\alpha_q + \Pi_{k_q}
\end{aligned} \tag{9.108}$$

$$\begin{aligned}
\frac{\partial(\alpha_q \rho_q \varepsilon_q)}{\partial t} + \nabla \cdot (\alpha_q \rho_q \boldsymbol{u}_q \varepsilon_q) &= \nabla \cdot \left[\alpha_q\left(\mu_q + \frac{\mu_{t,q}}{\sigma_\varepsilon}\right)\nabla\varepsilon_q\right] + \frac{\varepsilon_q}{k_q}\left\{C_{1\varepsilon}\alpha_q G_{k,q}\right. \\
&\quad - C_{2\varepsilon}\alpha_q \rho_q \varepsilon_q + C_{3\varepsilon}\left[\sum_{l=1}^n \beta(C_{lq}k_l - C_{ql}k_q)\right.
\end{aligned}$$

$$- \sum_{l=1}^{n} \beta(\boldsymbol{u}_l - \boldsymbol{u}_q) \cdot \frac{\mu_{t,l}}{\alpha_l \sigma_l} \nabla \alpha_l$$

$$+ \sum_{l=1}^{n} \beta(\boldsymbol{u}_l - \boldsymbol{u}_q) \cdot \frac{\mu_{t,q}}{\alpha_q \sigma_q} \nabla \alpha_q \bigg] \bigg\} + \Pi_{\varepsilon_q} \tag{9.109}$$

式中：下标 l 代表液体相，下标 q 代表 q 相；C_{lq} 和 C_{ql} 均为经验系数，$C_{lq}=2$，$C_{ql}=2[\eta_{lq}/(1+\eta_{lq})]$，其中 η_{lq} 是湍动相互作用系数，详见文献 [17]；β 为相间动量交换系数；Π_{k_q} 和 Π_{ε_q} 为体现相间湍动相互作用的源项，可以采用 Simonin 模型、Troshko-Hassan 模型和 Sato 模型来进行计算，在 Fluent 中需借助 Phase Interaction 对话框的 Turbulence Interaction 标签页进行设置。详见上述 Mixture 湍流模型中的介绍。

根据所使用的方程数量和特点，该模型常称为 $k_f-\varepsilon_f-k_p-\varepsilon_p$ 模型。

9.5.6 欧拉模型设置

现说明在 Fluent 中进行欧拉模型设置的方法。

1. 激活欧拉模型

通过模型树节点 Models→Multiphase 打开 Multiphase Model 对话框，选中 Eulerian，则意味着激活欧拉模型。如果所模拟对象为两相流，保持 Number of Eulerian Phases 为 2，否则直接输入多相流的相数。对于常规的两相流模拟，此对话框中的其他参数保持默认值即可。

对于一些特殊的多相流，还需要在 Eulerian Parameters 区域对一些选项进行设置。具体来讲，如果打算利用离散相模型（DPM）来模拟高浓度两相流，可激活 Dense Discrete Phase Model 选项；如果打算利用 Multi-Fluid VOF 模型来模拟带有明确分界面的自由表面流动，可激活 Multi-Fluid VOF Model 选项；如果打算模拟蒸发或沸腾两相流，可激活 Boiling Model 选项；如果打算模拟蒸气凝结过程，可激活 Evaporation-Condensation 选项。

由于体积分数方程有显式和隐式两种解法，故需要在 Volume Fraction Parameters 区域对此做出选择。该选择只出现在欧拉模型和 VOF 模型中，这是因为混合模型只能选择 Implicit Formulation。虽然在 9.4 节的 VOF 模型中对此进行了一定介绍，现再补充一些参考意见。

（1）Explicit Formulation 只能用于瞬态问题，而 Implicit Formulation 既可用于瞬态问题，又可用于稳态问题。

（2）对于瞬态问题，Implicit Formulation 可以使用更大的时间步长，但时间步长仍然受数值截断误差的限制，此时若采用一阶时间积分格式势必造成较大误差，建议采用高阶时间积分格式。

（3）在采用 Explicit Formulation 时，时间步长受基于 Courant 数的稳定性准则限制，详见第 2 章 2.3 节有关介绍。

2. 定义材料

选择模型树节点 Setup→Materials，打开 Create/Edit Materials 对话框，可设置材料名称和材料属性。

对于水、空气、水蒸气，直接从材料库中复制，然后视需要对材料名称和材料属性（如密度）进行调整即可，例如可将水的名称改为 water-liquid。对于泥沙颗粒，需要手工创建，例如可创建名为 sand 的泥沙颗粒，给定密度等基本参数即可。在多相流中，即使是固体颗粒材料，其 Material Type 也是 Fluid，而不是 Solid，这是因为在欧拉模型中颗粒也被看作是连续介质。泥沙颗粒的直径、黏度等特性并不在此给定，而是在后续定义相时给定。

3. 定义相

组成多相流的每一相都需要单独进行定义。

主相无论是水还是气体，只需要指定名称和对应的材料即可。例如，如果主相是水，可选择模型树节点 Models→Multiphase→Phases→phase-1-Primary Phase→Edit…→Primary Phase 对话框，设置 Name 为 water，从 Phase Material 下拉列表中选择 water-liquid。

次级相的定义要复杂一些，需要区分球形（Granular）和非球形（Non-Granular）两类。球形次级相是指固体颗粒，如泥沙颗粒；非球形次级相是指液滴或气泡。

如果次级相是球形颗粒，如固体泥沙颗粒，则相的定义过程要复杂一些，原因在于将泥沙颗粒当做拟流体对待后，需要指定一些类似于流体的参数，如颗粒黏度、颗粒温度等，而这些属性在通常意义的固体上是不存在的，因此，需要首先掌握拟流体的物理特性。这里，对泥沙颗粒的定义过程介绍如下：

（1）选择模型树节点 Models→Multiphase→Phases→phase-2-Secondary Phase→Edit…→Secondary Phase 对话框。设置 Name 为 sand，从 Phase Material 下拉列表中选择 sand。注意，代表泥沙颗粒的 sand 必须是提前创建好的材料。

（2）激活 Granular 选项，意味着将次级相当作球形颗粒对待。对于水沙两相流问题，必须激活此选项。而气液两相流中的气泡及液滴等可能会变形，则不能激活此选项。

（3）如果模拟带有泥沙淤积的问题，如泵站进水池一部分已经被淤积的泥沙占据一定空间，则此时可将这部分泥沙视为填充床（packed bed），需要激活 Packed Bed 选项。在激活该选项时，还应该注意将该区域内所有该相颗粒的各个速度分量均设置成值为 0 的固定速度。

（4）在 Granular Temperature Model 区域指定颗粒温度模型。温度模型是指求解本节前面给定的颗粒温度输运方程的方法。这里包含两大类方法：一类是 Phase Property 方法；另一类是 Partial Differential Equation 方法。Phase Property 方法是指忽略颗粒温度输运方程中的对流项和扩散项，只通过代数关系来确定颗粒温度。Partial Differential Equation 方法是指直接求解颗粒温度输运方程，并允许用户指定不同的特性参数。对于一般的两相流问题，可采用相对简单的 Phase Property 方法，这也是默认的方法。

（5）指定泥沙颗粒的如下特性（这些特性的物理意义见 9.5.2 节）。

Diameter 是指颗粒直径，可以是常数，也可以通过 UDF 指定。

Granular Viscosity 是指用于计算颗粒黏度中的碰撞黏度和动力黏度的方法，通常包括 Constant、Syamlal-O'Brien 模型或 Gidaspow 模型。实际上，这里所指的方法是针对动力黏度的计算方法，这是因为碰撞黏度只有一种计算方法，无须选择。

Granular Bulk Viscosity 是指颗粒体积黏度，Fluent 默认值是 0，也可以按 Lun 模型计算。

Frictional Viscosity 是指摩擦黏度。摩擦黏度只在颗粒体积分数接近最高极限时才需引入，Fluent 默认值为 0。如果选择了 Schaeffer 模型，则还需要指定其他相关参数。

Granular Conductivity 是指扩散系数［对应于式（9.54）中的 k_s］的计算方法。在 9.5.2 节中给出了 Syamlal-O'Brien 计算公式，还可选择 Gidaspow 计算公式，通常选择前者。如果在上一步的 Granular Temperature Model 中选择了 Phase Property 方法，则意味着忽略对流和扩散，Granular Conductivity 项不会出现。

Granular Temperature 是指颗粒温度。可以直接给定数值，也可以选择通过代数关系计算，一般采用后者。如果在上一步的 Granular Temperature Model 中选择了 Partial Differential Equation 方法，则意味着颗粒温度由差分方程计算得到，Granular Temperature 项不会出现。

Solids Pressure 是指计算动量方程中固体颗粒压力的方法。在式（9.60）给出了最常用的一种方法，即 Lun 方法，还可选择其他方法。

Radial Distribution 是颗粒径向分布，是一个修正系数，用于当颗粒密度非常大时修正颗粒碰撞概率，通常采用默认的 Lun 方法即可。

Elasticity Modulus 是指弹性模量，有两种选择：一是按 $\partial p_s / \partial \alpha_s$ 确定，二是按用户自定义方式确定。之所以设置此项，主要是为了给用户自定义提供方便。

Packing Limit 是颗粒相填充极限，即颗粒相最大体积分数，一般为 $0.57 \sim 0.63$，通常取 0.6。对于非常细小的悬移质颗粒，可适当增加该值。

如果次级相是非球形，如液滴、气泡等，则无须像上述过程这么复杂，只需在 Secondary Phase 对话框中取消勾选 Granular 选项，然后直接给定液滴或气泡直径即可。直径可以是定值，也可以是随着某些因素变化而改变的 UDF 表达式。

4. 设置相间作用

对于任何两相流或多相流，曳力是最基本的相间作用力，是一定要进行设置的。除此之外，可能还需要设置升力、壁面滑移力（只用于非球形颗粒流动）、湍流扩散力、表面张力、虚拟质量力、粒子碰撞恢复系数（只用于球形颗粒流动）。

要对这些相间作用进行设置，可通过 Models→Multiphase→Phase Interactions 打开 Phase Interactions 对话框，然后分别进入 Drag、Lift、Wall Lubrication、Turbulent Dispersion、Collisions、Surface Tension 及 Virtual Mass 标签页即可。对每一种相间作用的物理含义在本节前面做了说明，读者请通过文献［23］了解每种相间作用下各个选项的具体作用。

需要注意的是，由于离散相与连续相之间的湍动相互作用导致湍流方程中出现源项，如湍动能 k 的输运方程中的 Π_{k_m}，需要通过 Phase Interactions 对话框的 Turbulence Interaction 标签页指定湍流相互作用模型，详见 9.5.5 节中的介绍。

5. 指定界面面积计算方式

在将欧拉模型用于求解含有气泡的气液两相流时，与混合模型相同，也涉及如何计算气液界面面积的问题。这里有两种选择：一是界面面积浓度输运方程模型，二是代数模型。两种模型的物理含义及设置方法，见 9.3 节的混合模型相关介绍。

6. 设置湍流模型

与混合模型和 VOF 模型不同，欧拉模型可使用 3 种方式的湍流模型，分别为 Mixture 湍流模型、Dispersed 湍流模型和 Per Phase 湍流模型。可以通过模型树节点 Models→Viscous→Viscous Model 对话框进行选择和设置。

7. 设置单元域条件与边界条件

（1）单元域条件。单元域（cell zone）是为了设置计算域中介质属性而提供的。多相流中单元域的类型与单相流相同，包含 Fluid 与 Solid 两大类。如果不考虑传热，则只涉及 Fluid 一类。对于多相流而言，一般情况下无须为每一相单独指定单元域，但如果相分布具有某些独立特征，则可以利用单元域进行域条件设置。例如，本节后面的算例是水沙搅拌的例子，由于在初始状态下，水箱下部为泥沙，上部为清水，则可分成两个单元域，这样方便给定初始条件和边界条件。此外，对于起搅拌作用的叶轮所在区域，在不对叶轮区域进行造型的前提下，可根据实验结果直接给定该区域的速度值，这样就需要构造一个具有 Fixed Values 类型的单元域。

在单相流中，需要为每个单元域指定材料属性及区域属性（包含 Source Terms、Fixed Values、Frame Motion、Mesh Motion、Laminar Zone、Porous Zone 等 6 种区域属性），而在多相流中，无需为单元域指定材料属性（这是因为每一相的材料属性已经在 Phase 定义时指定完成），只需为单元域指定区域属性。在指定区域属性时，需要遵循以下原则：对于一般的源项、固定值等属性，需要为每一相单独进行指定；湍流的源项和固定值取决于正在使用的多相流湍流模型：如果正在使用 Mixture 湍流模型，则需要为混合物指定湍流源项和固定值；如果正在使用 Dispersed 湍流模型，则只需要为主相指定湍流源项和固定值；如果正在使用 Per Phase 湍流模型，则需要为每一相分别指定湍流源项和固定值。后面的水沙搅拌算例将演示为叶轮区域中的每一项指定速度固定值。

（2）边界条件。对于 Velocity Inlet 边界，需要为主相和次级相指定进口速度值；对于次级相，需要指定体积分数，如果次级相为球形泥沙颗粒，还需要指定颗粒温度。如果正在使用 Mixture 湍流模型，需要为混合物指定湍流边界条件；如果正在使用 Dispersed 湍流模型，需要为主相指定湍流边界条件；如果正在使用 Per Phase 湍流模型，则需要为主相和次级相分别指定湍流边界条件。

对于 Pressure Inlet 边界，需要为混合物指定在该边界上采用哪种方向设定方法（Normal to Boundary 或 Direction Vector）。如果选择 Direction Vector 方法，则需要为主相和次级相指定坐标系和流动方向分量。对于次级相，需要指定体积分数，如果次级相为球形泥沙颗粒，还需要指定颗粒温度。在湍流边界条件的设置方面，与上述 Velocity Inlet 边界条件采用相同约定。

对于 Pressure Outlet 边界，如果正在使用 Mixture 湍流模型，无需为主相指定任何边界条件；对于次级相，需要指定体积分数的设置方法（Backflow Volume Fraction 或 From Neighboring Cell），如果次级相为球形泥沙颗粒，还需要指定回流颗粒温度。如果正在使用 Mixture 湍流模型，需要为混合物指定湍流边界条件；如果正在使用 Dispersed 湍流模型，需要为主相指定湍流边界条件；如果正在使用 Per Phase 湍流模型，则需要为主相和次级相分别指定湍流边界条件。

对于 Outflow、Periodic、Symmetry、Axis 边界，所有边界条件均只对混合物进行设置，而对主相和次级相无需进行任何设置。

对于 Wall 边界，需要为每一相指定剪切条件，而所有其他条件均针对混合物进行设置。注意，对于颗粒相，与壁面平行的速度在壁面处不满足无滑移边界条件，故不能为 0。颗粒在壁面的剪切条件设置见稍后的 9.5.7 节。

（3）颗粒相的湍流边界条件及温度边界条件取值。湍流通过入口或出口（回流）进入流体域时，依赖于所使用的湍流模型不同，可能需要设置不同的湍流边界条件。对于主相，如水或空气，其湍流边界条件与单相流相同；对于分散相，特别是泥沙颗粒，其湍流边界条件也采用类似方式，通常有如下 4 种方法：

1）给定 k、ε、ω 或雷诺应力分量。

2）给定湍流强度和长度尺度。

3）给定湍流强度和水力直径（主要适用于内流）。

4）给定湍流强度和湍动黏度比（主要适用于外流）。

上述湍流参数的计算方法请参见单相流，即第 2 章 2.2 节。

颗粒相在进口边界上的温度 Θ_{in} 按下式计算：

$$\Theta_{in} = C\alpha_{s,in}L \tag{9.110}$$

式中：C 为常数，取 $2.5\times10^{-4}\,\mathrm{m/s^2}$；$\alpha_{s,in}$ 为颗粒相在进口的平均体积浓度；L 为进口特征长度，可取水泵进口直径。

Fluent 中 Θ_{in} 的默认值是 0.0001，有时偏大，应该按式（9.110）调整。

颗粒相在出口边界上的回流温度，可参考上述公式，取一个更小的数值。具体数值取决于所研究的问题及所取出口边界的位置。

8. 设置初始体积分数

一旦完成流场初始化后，便可以定义相的初始分布。对于瞬态模拟，该分布将作为 $t=0$ 时刻的初始条件使用；对于稳态模拟，设置一个合理的体积分数初始分布可以在计算早期阶段提供计算稳定性。

设置初始体积分数的方法是：选择模型树节点 Solution→Initialization→Patch…→Patch 对话框，然后在 Patch 对话框中进行设置。如果打算要设置体积分数的区域被定义为单独的单元域，则可直接在该区域上进行"修补"设置。否则，需要创建包含适当单元格的单元格"寄存器"，并在寄存器中进行设置。

9.5.7 欧拉模型使用注意事项

1. 欧拉模型的适用条件

欧拉模型可以模拟包含气泡、液滴和颗粒的多相流，但更多情况下用于模拟颗粒流，如水泵与泵站中的水沙两相流。通常要求分散相的体积浓度大于 10%。可参考以下原则来选择欧拉模型。

（1）当分散相分布很广时，可选择使用混合模型；若分散相只是集中于某一个区域，则选择使用欧拉模型。

（2）根据颗粒负载和颗粒间距来判断应该选用何种模型。颗粒负载 β 定义为离散相与连续相的惯性力比值，颗粒间距是颗粒相间平均距离与粒径的比值 L/d_s：

$$\beta = \frac{\alpha_s \rho_s}{\alpha_f \rho_f} \tag{9.111}$$

$$\frac{L}{d_s} = \left(\frac{\pi}{6} \frac{1+k}{k} \right)^{1/3} \tag{9.112}$$

式中：k 为颗粒负载与材料密度比的比值，$k = \beta/(\rho_s/\rho_f)$。

对于颗粒负载为 1 的气固或液固流动，颗粒间距大约为 8，可以认为是非常稀薄的颗粒流，即颗粒负载非常小的颗粒流。

对于颗粒负载很低的流动，此时相间作用为单向，即只有连续相通过曳力及湍流影响颗粒，而颗粒不会影响连续相，建议优先选择离散相模型。对于颗粒负载很高的流动，相间存在双向耦合、颗粒压力及黏性压力，则只能选择欧拉模型。对于颗粒负载中等的流动，离散相模型、混合模型和欧拉模型都可应用，但需要根据 Stokes 数进行选择。Stokes 数是颗粒弛豫时间和流体特征时间的比值：

$$St = \frac{\tau_s}{t_s}, \quad \tau_s = \frac{\rho_s d_s^2}{18 \mu_f}, \quad t_s = \frac{L_s}{u_s} \tag{9.113}$$

式中：τ_s 为颗粒弛豫时间；t_s 为系统响应时间，也可看作是颗粒间的碰撞时间；L_s 为特征长度；u_s 为特征速度。对于 $St \ll 1$ 的流动，任何模型均可使用，但最好选择经济的离散相模型；对于 $St \gg 1$ 的流动，可以选用欧拉模型或混合模型；对于 $St \approx 1$ 的流动，可以选用离散相模型、欧拉模型或混合模型，可根据其他因素确定具体模型。

2. 壁面剪切条件的设置

在采用欧拉模型进行多相流计算时，必须为每一相指定壁面剪切条件。水和气体等流体的壁面剪切条件比较简单，按壁面无滑移处理即可，而颗粒相在壁面的剪切条件不能按无滑移处理，通常有 3 种处理方式：输入剪切应力值、输入 Specularity Coefficient、输入 Marangoni Stress。

输入剪切应力值的做法只适应于剪切应力明确的场合，如剪切应力为 0 的光滑壁面，或剪切应力依赖于表面张力梯度的自由表面等。Marangoni Stress 条件允许用户指定表面上相对于温度的表面张力梯度，只在激活能量控制方程的条件下才会出现。Specularity Coefficient 是指固体球形颗粒与壁面之间的镜面反射系数，用于表征碰撞时颗粒与壁面的动量交换，其值在 0~1 之间，当颗粒与壁面为完全弹性碰撞时取 1，Fluent 根据给定的镜面反射系数 φ，按下式计算壁面剪切应力 $\boldsymbol{\tau}_s$[17]：

$$\boldsymbol{\tau}_s = -\frac{\pi}{6} \sqrt{3} \, \varphi \, \frac{\alpha_s}{\alpha_{s,\max}} \rho_s g_0 \sqrt{\Theta} \boldsymbol{U}_s \tag{9.114}$$

式中：$\boldsymbol{U}_s$ 为平行于壁面的颗粒滑移速度；其他参数的物理意义见 9.5.2 节。

Messa 等[151]借助标准壁面函数的思想，提出了能够适用于不同粒径大小的剪切应力计算公式：

$$\boldsymbol{\tau}_s = \rho_s f_s |\boldsymbol{U}''_s| \boldsymbol{U}''_s \tag{9.115}$$

式中：$\boldsymbol{U}''_s$ 为第一层网格的中心位置处平行于壁面的颗粒速度；f_s 为颗粒相的摩擦系数。

$$f_s = \Lambda f_1 + (1 - \Lambda) f_2 \tag{9.116}$$

$$f_1 = \left[\frac{\kappa}{\ln(E \cdot Re_{w,s} \sqrt{f_1})} \right]^2, f_2 = 0.3105 Re_s^{-0.25} \left(\frac{d_s}{l} \right)^{0.75} \left(\frac{\mu_m}{\mu_f} \right)^{0.3} \quad (9.117)$$

$$Re_{w,s} = \frac{\varrho_s |\boldsymbol{U}_s''| y}{\mu_s}, \quad Re_s = \frac{\varrho_s |\boldsymbol{U}_s''| d_s}{\mu_f} \quad (9.118)$$

$$d_s^+ = \frac{\varrho_f d_s u_f^*}{\mu_f} \quad (9.119)$$

式中：Λ 为一斜坡函数，当 $d_s^+ \leqslant 30$ 时为 1，当 $d_s^+ \geqslant 50$ 时为 0；d_s^+ 为颗粒无量纲直径；u_f^* 为流体的摩擦速度，是流体壁面剪切应力与流体密度比值的平方根；$Re_{w,s}$ 和 Re_s 分别为局部雷诺数；y 为第一层网格中心到壁面的距离；κ 为 von Karman 常数，取 0.4；E 为粗糙度参数，对于光滑壁面取 8.6；d_s 为颗粒直径；l 为湍流长度尺度，对于圆管，可近似取圆管直径的 1/10；μ_f、μ_s 和 μ_m 分别为流体、颗粒和混合物的动力黏度，相关参数的计算方法见文献 [151]。

3. 高浓度离散相模型 DDPM

高浓度离散相模型（dense discrete phase model，DDPM）采用离散相模型（DPM）求解高浓度颗粒两相流，结合了欧拉模型和离散相模型的优势。

要使用 DDPM 模型，需在 Multiphase Model 对话框中选中 Dense Discrete Phase Model 选项，此时 DPM 模型被自动激活，可以在 Discrete Phase Model 对话框中看到 Interaction with Continuous Phase 被激活。此时参照 DPM 模型进行相关设置即可。

DDPM 模型只能与欧拉模型结合起来使用，DPM 模型的一些局限性在 DDPM 模型中同样存在。关于 DDPM 模型的原理见文献 [17]，其用法见文献 [23]。

4. Multi-Fluid VOF 模型

Multi-Fluid VOF 模型将 VOF 模型与欧拉模型耦合在一起，用于模拟带有尖锐和分散界面的气液两相流，克服了 VOF 模型中由于共享速度和温度公式而产生的一些局限。

要使用 Multi-Fluid VOF 模型，需在 Multiphase Model 对话框中选中 Multi-Fluid VOF Model 选项，此时会出现 Interface Modeling Options 界面，可以选择 Sharp、Dispersed 或 hybrid Sharp/Dispersed 等 3 种类型的界面模化机制来离散气液界面，还可以指定一些与时间推进相关的选项。详见文献 [23]。

9.5.8 水沙搅拌计算实例

1. 问题描述

水箱内有一个起搅拌作用的叶轮，初始状态上部为水，下部为沉淀的泥沙颗粒（体积分数假定为 0.3），颗粒直径为 $111\mu m$，相关几何尺寸及水沙初始状态如图 9.16 所示。假定叶轮以一固定速度旋转，为了简化叶轮造型和模拟，忽略叶轮的存在，直接借助实验数据给定叶轮所在区域的平均速度和湍流参数。

该算例取自 Fluent 算例库[72]，对应的网格文件名为 mixtank.msh，用于定义叶轮流场速度的 UDF 文件为 fix.c。

2. 数学模型

考虑到水沙搅拌系统为轴对称结构，现采用二维轴对称模型进行计算，取系统的左半部为计算域，相应的计算网格如图 9.17 所示（网格同时显示了计算域的右半部），x 轴为旋转轴，在 x 方向考虑重力影响。

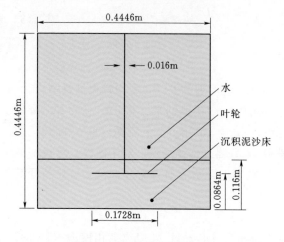

图 9.16　水沙搅拌模拟系统　　　　　　　　　　图 9.17　计算网格

　　计算为瞬态模拟，采用 $k\text{-}\varepsilon$ 模型及标准壁面函数，多相流采用欧拉模型，体积分数的积分格式为隐式格式。多相流湍流模型为 Dispersed。

3. UDF 程序设计

　　这里采用 UDF 程序给定叶轮区域的固定流速及湍流参数，这样可避免直接对叶轮进行造型和模拟，从而简化建模和计算。这些流动数据来自于实验，按多项式拟合方式确定不同位置的速度 u 与 v、湍动能 k 和耗散率 ε：

$$variable = A_1 + A_2 r + A_3 r^2 + A_4 r^3 + A_5 r^4 + A_6 r^5 \tag{9.120}$$

其中，多项式的各系数见表 9.4。

表 9.4　　　　　　　　　　　　叶轮流场分布特性参数

变量	A_1	A_2	A_3	A_4	A_5	A_6
速度 u	-7.1357×10^{-2}	54.304	-3.1345×10^{3}	4.5578×10^{4}	-1.966×10^{5}	—
速度 v	3.1131×10^{-2}	-10.313	9.5558×10^{2}	-2.0051×10^{4}	1.186×10^{5}	—
湍动能	2.2723×10^{-2}	6.7989	-424.18	9.4615×10^{3}	-7.725×10^{4}	1.8410×10^{5}
耗散率	-6.5819×10^{-2}	88.845	-5.3731×10^{3}	1.1643×10^{5}	-9.120×10^{5}	1.9567×10^{6}

　　借助 DEFINE _ PROFILE 宏，可在 fix.c 程序中指定边界表面区域上的流场分布特性参数，程序如下。

```
#include "udf.h"
#include "sg.h"

#define FLUID_ID 1
#define ua1 -7.1357e-2
#define ua2 54.304
```

```
#define ua3 -3.1345e3
#define ua4 4.5578e4
#define ua5 -1.9664e5

#define va1 3.1131e-2
#define va2 -10.313
#define va3 9.5558e2
#define va4 -2.0051e4
#define va5 1.1856e5

#define ka1 2.2723e-2
#define ka2 6.7989
#define ka3 -424.18
#define ka4 9.4615e3
#define ka5 -7.7251e4
#define ka6 1.8410e5

#define da1 -6.5819e-2
#define da2 88.845
#define da3 -5.3731e3
#define da4 1.1643e5
#define da5 -9.1202e5
#define da6 1.9567e6

DEFINE_PROFILE(fixed_u, thread, np)
{
  cell_t c;
  real x[ND_ND];
  real r;

  begin_c_loop (c,thread)
    {
      /*centroid is defined to specify position dependent profiles*/
      C_CENTROID(x,c,thread);
      r= x[1];
      F_PROFILE(c,thread,np)= ua1+(ua2*r)+(ua3*r*r)+(ua4*r*r*r)
                              +(ua5*r*r*r*r);
}
  end_c_loop (c,thread)
}

DEFINE_PROFILE(fixed_v, thread, np)
{
  cell_t c;
  real x[ND_ND];
  real r;
```

311

```
begin_c_loop (c,thread)
  {
    /*centroid is defined to specify position dependent profiles* /
    C_CENTROID(x,c,thread);
    r=x[1];
    F_PROFILE(c,thread,np)= va1+(va2*r)+(va3*r*r)+(va4*r*r*r)
                          +(va5*r*r*r*r);
}
  end_c_loop (c,thread)
}


DEFINE_PROFILE(fixed_ke, thread, np)
{
  cell_t c;
  real x[ND_ND];
  real r;

  begin_c_loop (c,thread)
    {
      /*centroid is defined to specify position dependent profiles*/
      C_CENTROID(x,c,thread);
      r= * x[1];
      F_PROFILE(c,thread,np) = ka1+(ka2*r)+(ka3*r*r)+(ka4*r*r*r)
                             +(ka5*r*r*r*r)+(ka6*r*r*r*r*r);
    }
  end_c_loop (c,thread)
}

DEFINE_PROFILE(fixed_diss, thread, np)
{
  cell_t c;
  real x[ND_ND];
  real r;
  begin_c_loop (c,thread)
    {
      /*centroid is defined to specify position dependent profiles*/
      C_CENTROID(x,c,thread);
      r=x[1];
      F_PROFILE(c,thread,np)=da1+(da2*r)+(da3*r*r)+(da4*r*r*r)
                           +(da5*r*r*r*r)+(da6*r*r*r*r*r);
    }
  end_c_loop (c,thread)
}
```

4. Fluent 设置

本例为 2D 轴对称瞬态计算，需要加载网格文件 clarifier. msh，采用压力基求解器，激活 x 方向的重力加速度，并对湍流模型、多相流模型、材料属性、边界条件等进行设置。

(1) 模型设置。选择模型树节点 Models→Multiphase，在弹出的 Multiphase Model 对话框中选择 Eulerian。保持 Number of Eulerian Phases 为 2，其他参数保持默认值。

选择模型树节点 Models→Viscous，在弹出的 Viscous Model 对话框中选择 Standard k-epsilon 湍流模型，从 Near-Wall Treatment 中选择 Standard Wall Functions，从 Turbulence Multiphase Model 列表中选择 Dispersed。其他保持默认值。

(2) UDF 程序装入。选择模型树节点 User Defined Functions→Interpreted…→ Interpreted UDFs 对话框，添加 UDF 源文件 fix.c，激活 Display Assembly Listing 选项，选择 Interpret 生成解释型 UDF 文件，此后文件内容将自动保存在 case 文件中。

(3) 材料定义。本例涉及两种材料：水和泥沙颗粒。水采用默认值，直接从材料库中复制过来，将名称设为 water-liquid；泥沙颗粒创建过程：在 Create/Edit Materials 对话框中，在 Name 栏输入 sand，删除 Chemical Formula 中的内容；设置 Density 为 2500kg/m³，单击 Change/Create 创建名为 sand 的泥沙颗粒材料。注意 sand 的 Material Type 为 fluid。

(4) 相的定义。本例共有两相，主相为液态水，次级相为泥沙颗粒。

定义主相：选择模型树节点 Models→Multiphase→Phases→phase-1-Primary Phase→ Edit…→Primary Phase 面板，设置 Name 为 water，选择 Phase Material 为 water-liquid。

定义次级相：选择模型树节点 Models→Multiphase→Phases→phase-2-Secondary-Phase→Edit…→Secondary Phase 面板，设置 Name 为 sand，选择 Phase Material 为 sand，激活 Granular 选项，保持 Granular Temperature Model 列表中 Phase Property 被选中，设置 Diameter 为 0.000111m，从 Granular Viscosity 列表中选择 syamlal-obrien，从 Granular Bulk Viscosity 列表中选择 lun-et-al，设置 Packing Limit 为 0.6，从而完成次级项设置。

(5) 相间作用设置。本例只需要设置相间曳力和湍流相互作用模型，其余相间作用均用默认值即可。

设置相间曳力：选择模型树节点 Models→Multiphase→Phase Interactions→Phase Interactions 面板，在 Drag 标签页从 Drag Coefficient 列表中选择 gidaspow。

设置湍流相互作用：选择模型树节点 Models→Multiphase→Phase Interactions→ Phase Interactions 面板，在 Turbulence Interaction 标签页从 Turbulence Interaction 列表中选择 simonin-et-al。

(6) 单元域条件设置。本例共有 3 个流体单元域：fix-zone、fluid-water 和 initial-sand，分别代表叶轮区域、初始流体区域和初始泥沙颗粒区域，需要指定各个区域的属性。fluid-water 区域和 initial-sand 区域是常规 fluid 区域，不需要进行任何设置；fix-zone 区域是各相的速度、湍动能、耗散率均为固定值的区域，需对这个区域进行固定值设置，这里需要使用 UDF 指定水和泥沙颗粒的相关参数。由于速度分量不属于湍流参数，因此，需要为主相和次级相分别进行速度固定值设置；由于湍动能和耗散率属于湍流参数，而该算例采用的是 Dispersed 湍流模型，因此只需要为主相指定湍流固定值，对次级相不需要指定湍流固定值，具体设置过程如下。

为 fix-zone 区域的主相设置区域条件：选择模型树节点 Cell Zone Conditions→fix-zone，从 Phase 下拉列表中选择 water，单击 Edit… 打开 Fluid 对话框。激活 Fixed Values，对话框自动扩展显示相关输入区域。选择 Fixed Values 标签页，按表 9.5 进行设置。

表 9.5　　　　　　　　　　　　叶轮区域主相参数设置

参　　数	值	参　　数	值
Axial Velocity	udf fixed_u	Turbulence Kinetic Energy	udf fixed_ke
Radial Velocity	udf fixed_v	Turbulence Dissipation Rate	udf fixed_diss

为 fix-zone 区域的次级相设置区域条件：选择模型树节点 Cell Zone Conditions→fix-zone，从 Phase 下拉列表中选择 sand，单击 Edit… 打开 Fluid 对话框。激活 Fixed Values，对话框自动扩展显示相关输入区域。选择 Fixed Values 标签页，按表 9.6 进行设置。

表 9.6　叶轮区域次级相参数设置

参　　数	值
Axial Velocity	udf fixed_u
Radial Velocity	udf fixed_v

（7）边界条件设置。本例没有流体流入与流出，边界共有 3 类：壁面、旋转轴和内部边界（不同区域间的连接面）。对于旋转轴和内部边界，无论在单相流还是多相流中均无需进行专门设置。对于壁面边界，在多相流中需要给定剪切条件，默认的主相和次级相均为无滑移壁面条件，这里假定所有壁面的镜面反射系数均为 0.5，按如下过程设置：选择模型树节点 Boundary Conditions→wall→sand，进入 Momentum 标签页，在 Shear Condition 中选择 Specularity Coefficient，输入数值 0.5。

（8）求解参数设置。本例需要设置相关变量的松弛因子。

选择模型树节点 Solution→Controls，打开 Solution Controls 面板，设置 Pressure、Momentum 和 Turbulent Viscosity 的松弛因子分别为 0.5、0.2 和 0.8。

（9）Report Definitions 设置。为了监视残差变化情况，选择模型树节点 Solution→Monitors→Residual→Edit…→Residual Monitors 对话框，激活 Print to Console 选项和 Plot 选项，对于连续方程、动量方程等各项的收敛判据可按需设置，这里采用 0.001。其余采用默认值。

（10）初始化并设置不同区域的泥沙体积分数。本例初始化的主要目的是给 initial-sand 区域设置高泥沙体积分数，因此，需要采用 Patch 功能进行初始泥沙体积分数设置，而 fluid-water 区域和 fix-zone 区域初始状态下为清水，则采用默认条件即可。具体过程如下。

选择模型树节点 Solution→Initialization，在打开的 Solution Initialization 面板中，系统将自动给出各参数的默认初值，如主相和次级相的各速度分量均为 0，次级相的体积分数为 0，次级相的颗粒温度为 0.0001。假定直接使用这些默认值，单击 Initialize，系统开始初始化。

选择模型树节点 Solution→Initialization→Patch…→Patch 对话框，从 Phase 下拉列表中选择 sand，从 Variable 列表中选择 Volume Fraction，设置 Value 为 0.3，从 Zones to Patch 列表中选择 initial-sand，单击 Patch，就完成了对水箱下部泥沙沉积区域的体积分数设置。

选择 File→Write→Case & Data···保存相关设置，至此设置完成。

（11）求解设置及初步计算。由于本例涉及叶轮区域速度固定值的 UDF 计算，因此应该在正式计算开始前，先计算一个时间步，除了为后续计算提供 UDF 速度值之外，还需要检查泥沙床的初始分布情况。

选择模型树节点 Solution→Run Calculation→展开 Run Calculation 面板，设置 Time Step Size 为 0.005s，设置 Number of Time Steps 为 1，设置 Max Iterations/Time Step 为 40，单击 Calculate 进行计算。

接着，按下述过程检查叶轮区域（fix-zone）的初始固定速度。

（a）调用 Surface→Zone···为 fix-zone 创建一个面，同样命名为 fix-zone。

（b）调用 Results→Graphics→Vectors→Edit···，打开 Vectors 对话框，从 Vectors of 下拉列表中选择 Velocity，从 Phase 下拉列表中选择 water，从 Color by 下拉列表中分别选择 Velocity··· 和 Velocity Magnitude，从该条目下面的 Phase 下拉列表中仍然选择 water，在 Surfaces 列表中选择 fix-zone，选择 Display 后则显示叶轮区域主相水的初始速度矢量分布。按类似办法可显示次级相泥沙颗粒的初始速度矢量分布。

为了显示泥沙颗粒体积分数分布，可调用 Results→Graphics→Contours→Edit···，在打开的 Contours 对话框中，激活选项 Filled，选择选项 Contours of 分别为 Phase··· 及 Volume fraction，设置 Phase 下拉项为 sand，单击 Save/Display 后，则显示泥沙颗粒体积分数分布，如图 9.18 所示。

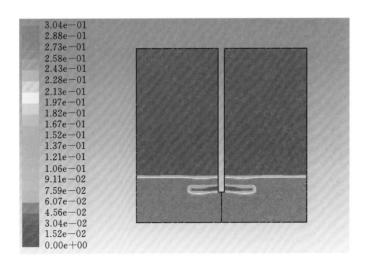

图 9.18 初始泥沙体积分数分布

（12）正式计算。在检查初始设置为合理设置后，可先进行持续时间 1s（对应 200 时间步）的计算，查看计算结果合理后，再进行后续 99s（对应 20000 时间步）计算。图 9.19 是 1s 时主相水的速度矢量分布，图 9.20 是 1s 时次级相泥沙的速度矢量分布，图 9.21 是 1s 时泥沙颗粒体积分数分布情况，图 9.22 是 100s 时泥沙颗粒体积分数分布情况。

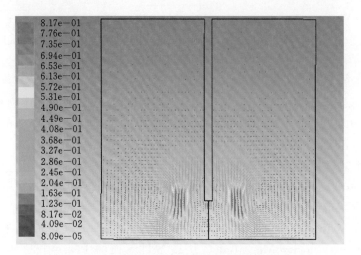

图 9.19　时间为 1s 时水的速度矢量分布

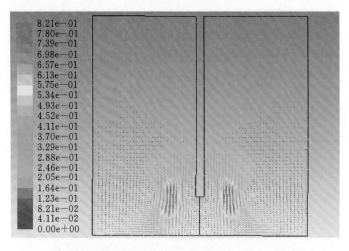

图 9.20　时间为 1s 时泥沙速度矢量分布

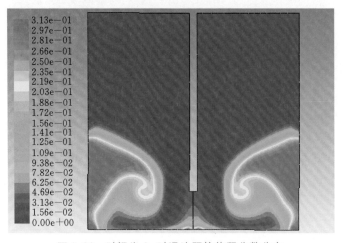

图 9.21　时间为 1s 时泥沙颗粒体积分数分布

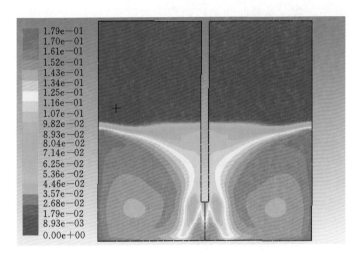

图 9.22 时间为 100s 时泥沙颗粒体积分数分布

9.6 泥沙磨蚀计算方法及其应用

多相流中的固体颗粒运动会对水泵及管道壁面造成磨蚀（erosion），连续重复的弹塑性变形导致壁面剥落或裂纹，特别是当固体颗粒与壁面间的冲击角度在 20°～30°时，磨蚀最为严重。

固体壁面受泥沙磨蚀的因素主要包括：颗粒冲击速度、颗粒冲击角度、材料的机械性能、壁面温度、颗粒与壁面间的摩擦系数、弹回颗粒造成的屏蔽效应等。通过积分颗粒运动方程可以获得颗粒运动轨迹，进而统计得到单位时间内与单位面积上壁面发生碰撞的颗粒总质量流量，然后调用磨蚀模型可计算出磨蚀率，即单位时间单位面积上的损失材料质量。当然，也可用磨蚀深度来表示磨蚀率。

现有研究表明，磨蚀计算具有很大不确定性，采用不同磨蚀模型预测得到的磨蚀率有很大差异。Fluent 提供了通用磨蚀模型，也提供了一些专用磨蚀模型。所谓通用磨蚀模型是指允许用户根据自己的需要定制的磨蚀模型，专用磨蚀模型是指 Fluent 直接提供的已经定制好的计算模型。这些模型可直接与 DPM 模型联合使用，也可与混合模型和欧拉模型联合使用。

需要说明的是，有些文献将泥沙磨损造成的壁面材料减少称为磨损，将泥沙磨损和汽蚀联合造成的壁面材料减少称为磨蚀，本书用"磨蚀"代指泥沙磨损。

9.6.1 通用磨蚀模型

Fluent 提供的通用磨蚀模型名称为 Generic Model。可直接使用该模型，也可在此基础上通过引入新的磨蚀计算公式来定制专署磨蚀模型。在通用模型中，颗粒对壁面的磨蚀率（erosion rate）定义如下[17]：

$$R_{erosion} = \sum_{p=1}^{N_p} \frac{\dot{m}_p C(d_p) f(\theta) U^{b(U)}}{A_{face}} \tag{9.121}$$

317

式中：$R_{erosion}$ 为磨蚀率，表示单位时间单位面积上的壁面材料损失质量，$kg/(m^2 \cdot s)$；d_p 为颗粒直径；$C(d_p)$ 为颗粒直径函数；θ 为碰撞角，表示颗粒轨迹与壁面上单元面之间的夹角；$f(\theta)$ 为碰撞角函数；U 为相对颗粒速度；$b(U)$ 为相对颗粒速度函数；A_{face} 为壁面上计算网格单元的表面积；$\dot{m}_p$ 为计算过程中颗粒 p 所代表的质量流量；N_p 为在单元面积 A_{face} 上发生碰撞的颗粒总数。

在 Fluent 中，$C(d_p)$ 默认值为 1.8×10^{-9}，$f(\theta)$ 默认值为 1，$b(U)$ 默认值为 0。需要注意的是，这些函数需要通过壁面边界条件加以定义，而不是通过材料属性进行定义，因此，不能通过更新材料而反映这些参数的变化。通用模型中的函数过于简单，因此经常需要引入新的磨蚀模型进行完善。目前，有多位学者提出了相关计算模型，如 Finnie 模型[159]、McLaury 模型[160]、Tulsa Angle Dependent 模型[161]、Haugen 模型[162]等。现以 Tulsa 大学磨蚀研究中心的 Tulsa Angle Dependent 模型为例，介绍如下。

该模型包括碰撞速度和碰撞角度、材料的布氏硬度以及颗粒形状的影响。方程的一般形式如下[161]：

$$ER = C(BH)^{-0.59}F_S U_P^n f(\theta) \tag{9.122}$$

式中：ER 为磨蚀率，代表颗粒碰撞使壁面材料损失的质量与碰撞颗粒总质量的比，kg/kg；C 为经验常数，$C=1.559 \times 10^{-6}$；BH 为材料的布氏硬度；F_S 为颗粒形状系数，对于具有尖锐棱角的颗粒取 1.0，半圆形颗粒取 0.53，圆形颗粒取 0.2；n 为碰撞速度经验常数，常取 1.73；U_P 为颗粒碰撞速度；$f(\theta)$ 为碰撞角函数，是一分段多项式，对于颗粒与碳钢之间的碰撞有

$$f(\theta) = \begin{cases} 0 + 22.7\theta - 38.4\theta^2 & \theta \leqslant 0.267 rad \\ 2.00 + 6.80\theta - 7.50\theta^2 + 2.25\theta^3 & \theta > 0.267 rad \end{cases} \tag{9.123}$$

该模型可在 Wall 边界条件中利用 UDF 功能指定。对于更加复杂的模型，例如 $f(\theta)$ 不能表示为分段多项式的情况，则不能通过 UDF 在 Wall 边界条件中指定，而需要通过 DPM 模型专用的用户自定义函数（DEFINE_DPM_EROSION 宏）来实现。壁面磨蚀深度可以通过 $R_{erosion}$ 除以壁面材料密度而获得。

在 Fluent 中，积淀率（Accretion rate）由下式定义[17]：

$$R_{accretion} = \sum_{p=1}^{N_p} \frac{\dot{m}_p}{A_{face}} \tag{9.124}$$

为了模拟磨蚀和积淀，必须进行耦合模式的分散相计算。

9.6.2　专用磨蚀模型

专用磨蚀模型是指 Fluent 提供的已经定制好的磨蚀模型，包括如下 3 个。

（1）Finnie 模型。对于低浓度固液两相流，磨蚀变化量与碰撞角度和速度的关系式为[159]

$$E = kU_P^n f(\theta) \tag{9.125}$$

式中：E 为无量纲磨蚀质量；k 为模型常数；U_p 为颗粒碰撞速度；指数 n 的数值在 $2.3 \sim 2.5$ 弧度之间变化；$f(\theta)$ 为无量纲的碰撞角函数。

对于泥沙颗粒与碳钢碰撞的情况有

$$f(\theta) = \begin{cases} \dfrac{1}{3}\cos^2\theta & \theta > 18.5° \\ \sin(2\theta) - 3\sin^2\theta & \theta \leqslant 18.5° \end{cases} \qquad (9.126)$$

（2）Oka 模型。Oka 等[163]以大量磨蚀实验为基础提出了一个磨蚀预测模型，所考虑的影响磨蚀的因素主要包括颗粒碰撞速度、碰撞角度、目标材料的硬度、颗粒直径和不同颗粒类型。在 Oka 模型中，磨蚀率 E 定义为[163]

$$E = E_{90}\left(\frac{U}{U_{ref}}\right)^{k_2}\left(\frac{d}{d_{ref}}\right)^{k_3}f(\theta) \qquad (9.127)$$

式中：E_{90} 为 90°条件下垂直碰撞的参考磨蚀率；U 为颗粒碰撞速度；U_{ref} 为参考速度；d 和 d_{ref} 分别为颗粒直径和颗粒参考直径；k_2 和 k_3 分别为速度指数和直径指数；$f(\theta)$ 为碰撞角函数。

$$f(\theta) = (\sin\theta)^{n_1}[1 + H_v(1 - \sin\theta)]^{n_2} \qquad (9.128)$$

式中：H_v 为壁面材料维氏硬度；n_1 和 n_2 为角度函数常数。

该模型中的常数详见文献［17］和文献［163］。

（3）McLaury 模型。Fluent 提供的 McLaury 模型为意大利 Tulsa 大学的 McLaury 等[160]在 1996 年研发的模型，与前面通用模型中的 Tulsa Angle Dependent 模型[162]并不完全相同。该模型主要用于泥浆磨蚀分析。McLaury 磨蚀率 E 定义为

$$E = F(BH)^k U^n f(\theta) \qquad (9.129)$$

式中：F 为经验常数；U 为颗粒碰撞速度；BH 为壁面材料布氏硬度；指数 k 对于碳钢取 -0.59，对于其他材料取不同值；$f(\theta)$ 为碰撞角函数。

$$f(\theta) = \begin{cases} b\theta^2 + c\theta & \theta \leqslant 15° \\ x\cos^2\theta\sin(w\theta) + y\sin^2(\theta) + z & \theta > 15° \end{cases} \qquad (9.130)$$

式中：相关系数的取值见文献［160］和文献［17］。

9.6.3　磨蚀分析方法

壁面磨蚀分析的一般方法，是首先使用两相流模型完成两相流计算，在得到液相与颗粒相的计算结果后，再借助专门的后处理过程，通过磨蚀模型计算得到壁面磨蚀率。Fluent 在 DPM 模型中集成了磨蚀模型，在欧拉模型中借助高浓度离散相模型（DDPM）集成了磨蚀模型，这样便不需要用户通过专门后处理过程就可在两相流计算结束后自动实现磨蚀分析。但多数情况下，例如使用多相流的混合模型时，或者使用自编 CFD 软件时，则需要单独编制后处理程序来实现磨蚀分析。现介绍几种常用的磨蚀分析方法。

（1）基于壁面颗粒参数的简单预估法。这种方法的基本思想是，壁面磨蚀率与壁面颗粒参数成正相关性，直接根据壁面颗粒速度、颗粒浓度、壁面切应力来判断磨蚀率，即认为颗粒相速度大、浓度高、切应力大的地方磨蚀最严重。更简单的做法，直接将颗粒浓度（即颗粒体积分数）大的区域视为磨蚀率大的区域，或者直接根据壁面颗粒

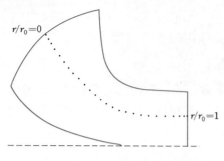

图 9.23   叶片工作面监测点布置

切应力的大小估算磨蚀率。这种方法无须复杂的磨蚀模型，简单易用，但磨蚀预测精度较低。

（2）针对指定监测点的磨蚀量计算法。这种方法是指在要研究磨蚀的区域设置监测点，根据监测点处颗粒相速度、浓度等参数，调用磨蚀模型计算得到监测点处的磨蚀量。例如，有学者在叶片工作面上设置了 25 个监测点，如图 9.23 所示，然后得到了从叶片进口到出口的各监测点处磨蚀量变化情况。

（3）直接计算法。该方法是指通过用户二次开发的程序，直接在两相流计算结果中取出壁面（如叶片工作面）第一层网格的泥沙浓度、冲击速度和冲击角度，然后将这些参数代入磨蚀模型，计算出磨蚀率分布。这种方法精度高、实用性强，是目前磨蚀分析的主要方法。

9.6.4   基于离散相模型的弯管泥沙磨蚀计算实例

1. 磨蚀模型设置方法

在基于离散相模型（DPM 模型）的多相流计算中，Fluent 已经集成了磨蚀模型，可直接激活磨蚀模型来进行磨蚀分析。相比于单纯的离散相计算，激活磨蚀模型后需要增加 3 个环节。

（1）在模型设置环节的 Discrete Phase Model 对话框中，确保激活耦合模式的离散相计算，确保激活了 Erosion/Accretion 选项。

（2）在边界条件设置环节的 Wall 对话框中，设置壁面边界反射条件，选择拟使用的磨蚀模型。

（3）设置磨蚀模型的相关参数。

2. 磨蚀模型设置实例

现仍然以 9.2 节的圆管颗粒流动为例，说明在 DPM 模型中如何使用磨蚀模型来进行磨蚀计算。假定颗粒在壁面上的法向及切向反弹系数定义为颗粒冲击角的多项式函数。在建立磨蚀模型时，冲击角函数被用于定义管道壁面的塑性磨蚀（不同的冲击角造成的管道壁面的损伤不同）。假定该算例已经按 9.2 节的常规 DPM 模型设置完毕，接着进行以下补充设置。

在 Discrete Phase Model 对话框中，保证 Interaction with Continuous Phase 选项被激活，这意味着使用耦合模式来进行离散相计算，即考虑颗粒相与液相的双向作用。切换至 Physical Models 标签页，激活 Erosion/Accretion 选项，这意味着在离散相模型中调用磨蚀模型进行磨蚀分析。

当 Erosion/Accretion 选项被激活后，便可在边界条件设置环节的 Wall 对话框中激活 DPM 标签页，否则该标签页是不可激活状态。在 DPM 标签页，需要首先设置颗粒在壁面上的反射条件。为此，在 Boundary Condition Type 中可选择 reflect，在 Discrete Phase Reflection Coefficients 中的 Normal 和 Tangent 栏中分别选择 polynomial，代表用多项式

输入法向反弹系数和切向反弹系数。本例定义法向反弹系数为

$$\varepsilon_N = 0.993 - 0.0307\theta + 4.75 \times 10^{-4}\theta^2 - 2.61 \times 10^{-6}\theta^3 \tag{9.131}$$

选择 Normal 后面的 Edit…，可在弹出的 Polynomial Profile 对话框中设置 Coefficients 为 4，然后在前 4 个编辑框中分别输入上式中的 4 个系数值。

本例定义切向反弹系数为

$$\varepsilon_T = 0.998 - 0.029\theta + 6.43 \times 10^{-4}\theta^2 - 3.56 \times 10^{-6}\theta^3 \tag{9.132}$$

选择 Tangent 后面的 Edit…，可在弹出的 Polynomial Profile 对话框中设置 Coefficients 为 4，然后在前 4 个编辑框中分别输入式（9.132）中的 4 个系数值。

接着，选择磨蚀模型，本例拟借助通用模型来自定义磨蚀模型。为此，在 DPM 标签页中勾选 Generic Model，然后单击后面的 Edit…，在弹出的 Generic Erosion Model Parameters 对话框中输入以下 3 组参数：

（1）Impact Angle Function：冲击角函数，本例采用分段线性方式进行定义，数据见表 9.7。

表 9.7　　　　　　　　采用分段线性方式定义的冲击角函数

Point	Angle	Value	Point	Angle	Value
1	0	0	4	45	0.5
2	20	0.8	5	90	0.4
3	30	1			

在 Impact Angle Function 对应的下拉列表中选择 piecewise-linear，表示使用分段线性方式来定义冲击角函数。然后，选择其后的 Edit…，在弹出 Piecewise-Linear Profile 对话框中直接输入表 9.7 中的数据。

（2）Diameter Function：粒径函数，本例取 1.8×10^{-9}。

（3）Velocity Exponent Function：速度指数函数，本例取 2.6。

3. 磨蚀计算结果

在完成上述设置后，对算例进行初始化，进行 1000 步迭代计算，可得到颗粒轨迹、壁面磨蚀率等结果。查看颗粒轨迹的方法与 9.2 节相同。查看壁面磨蚀率的方法是，选择模型树节点 Results→Graphics→Contours，弹出 Contours 对话框，激活 Filled 选项，选择 Contours of 分别为 Discrete Phase Variables…及 DPM Erosion Rate（Generic），选择 Surface 为 wall，选择 Save/Display 后

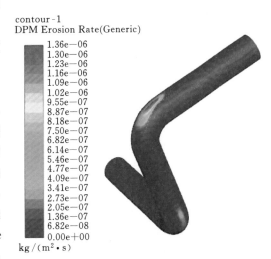

contour-1
DPM Erosion Rate(Generic)

1.36e-06
1.30e-06
1.23e-06
1.16e-06
1.09e-06
1.02e-06
9.55e-07
8.87e-07
8.18e-07
7.50e-07
6.82e-07
6.14e-07
5.46e-07
4.77e-07
4.09e-07
3.41e-07
2.73e-07
2.05e-07
1.36e-07
6.82e-08
0.00e+00

kg/(m²·s)

图 9.24　管道磨蚀率云图

则显示填充后的磨蚀率云图，如图 9.24 所示。

如果要在其他后处理软件中观察磨蚀情况，则需要通过菜单 File→Export→Particle History Data…输出颗粒数据。

9.6.5　基于欧拉模型的离心泵泥沙磨蚀计算实例

在基于欧拉模型的两相流计算中使用磨蚀模型有两种途径：一是在多相流计算过程中直接引入磨蚀模型，二是在两相流计算完成后通过后处理引入磨蚀模型。第一种途径的应用前提是 CFD 软件已经集成了磨蚀模型，在 Fluent 中可借助 Dense Discrete Phase Model 模型来调用磨蚀模型，其设置过程与上述基于 DPM 模型的磨蚀计算基本相同，这里不再重复。需要注意的是，这里需要将多相流当作高浓度多相流对待，即考虑颗粒之间的碰撞影响。第二种途径是在完成两相流计算的基础上，通过后处理取出壁面第一层网格的泥沙浓度、冲击速度和冲击角度等参数，然后代入磨蚀模型得到磨蚀量。

现以一台双吸离心泵为例，采用第二种途径来计算叶片表面磨蚀率。研究对象为山西尊村引黄工程二级泵站使用的双吸离心泵，设计扬程 32m，设计流量 $3m^3/s$，额定转速 490r/min，叶轮直径 1.1m，叶轮两侧叶片呈交错布置方式，单侧叶片数为 6。

1. 计算模型

两相流计算采用欧拉模型求解；多相湍流采用 Dispersed 湍流模型（$k_f - \varepsilon_f - A_p$ 湍流模型）进行求解，对于水相湍流采用 $k - \varepsilon$ 模型求解；对于颗粒相的湍流物理量通过 Hinze-Tchen 理论来估算；相间曳力采用 Wen-Yu 模型计算；磨蚀采用 Tulsa Angle Dependent 模型计算。计算域进口为速度进口，给定进口泥沙体积分数；出口采用压力出口，压力值为双吸离心泵的额定扬程；过流部件内壁面，对水相采用无滑移壁面边界条件，对泥沙相采用自由滑移壁面边界条件，近壁区采用标准壁面函数。

2. 计算网格

采用 ICEM-CFD 对水泵计算域进行网格划分，计算域网格如图 9.25 所示，进口段和出口段采用六面体网格，吸水室、叶轮和蜗壳等结构复杂的区域采用空间适应性好的四面体网格，在叶轮中叶片壁面处设置棱柱形边界层。经过网格无关性检查，确定计算总网格单元数为198 万，其中，进口段 7 万，吸水室 48 万，叶轮91 万，蜗壳 43 万，出口段 9 万。在叶轮的叶片壁面处设置边界层网格，首层网格高度 0.5mm，边界层内网格层数为 8，高度以 1.2 的指数增长。

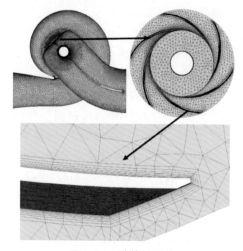

3. 计算结果

为了考察含沙量对水泵叶片磨蚀的影响，计算了泥沙中值粒径 $50\mu m$，平均泥沙含量 $5kg/m^3$、$15kg/m^3$、$30kg/m^3$ 时的离心泵流场及叶片磨蚀情况。

图 9.25　计算域网格

　　图 9.26 是平均泥沙含量 $5kg/m^3$ 时叶片表面泥沙体积分数分布情况[164]，单位为％。从图中可以看出，叶轮表面各处的泥沙体积分数分布差异并不大，基本在 0.19％左右，即相当于泥沙含量 $5kg/m^3$ 左右。图 9.27 是泥沙含量 $5kg/m^3$ 时的叶片表面磨蚀率分布情况，单位是 $kg/(m^2 \cdot s)$。从图中可以看出，整体上讲，叶片工作面的磨蚀量大于叶片背面，磨蚀从叶片头部到尾部逐渐加重，主要磨蚀区位于叶片背面的尾部以及叶片工作面的中部和尾部。

图 9.26　叶片表面泥沙体积分数分布

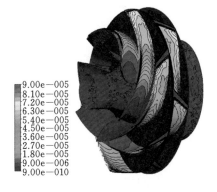
图 9.27　叶片表面磨蚀率分布

　　取出一个叶片，在图 9.28 给出了磨蚀随泥沙含量变化的情况，图中右侧为叶片进口，左侧为叶片出口。从图中可以看出，随着泥沙含量增大，严重磨蚀部位面积由叶片尾部向叶片头部逐渐增大。

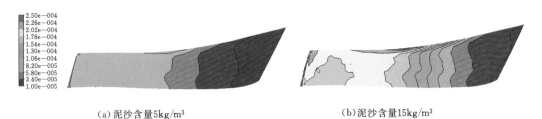
　　　　（a）泥沙含量 $5kg/m^3$　　　　　　　　　　（b）泥沙含量 $15kg/m^3$
图 9.28　不同浑水含量条件下叶片表面磨蚀率分布

　　图 9.29 是不同材料的耐磨性能分析结果。可以看出，304 铸钢的叶片最大磨蚀率为 $8.7 \times 10^{-5} kg/(m^2 \cdot s)$，Cr26 高铬白口铸铁的叶片最大磨蚀率仅为 $3.6 \times 10^{-5} kg/(m^2 \cdot s)$，比 304 铸钢减小了近 60％。

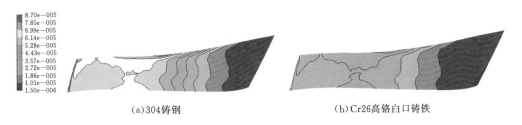
　　　　（a）304 铸钢　　　　　　　　　　（b）Cr26 高铬白口铸铁
图 9.29　不同材料的叶片表面磨蚀率分布

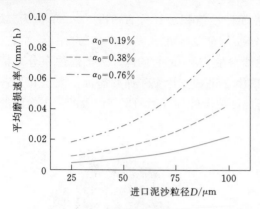

图 9.30　叶片平均磨蚀速率随泥沙粒径变化图

图 9.30 是计算得到的水泵进口泥沙体积分数 α_0 分别为 0.19％、0.38％、0.76％（对应于含沙量 5kg/m^3、10kg/m^3、20kg/m^3）时叶片吸力面平均磨蚀速度（单位时间内磨蚀深度）随泥沙粒径变化的规律。由图中可知，随着泥沙粒径增大，泥沙在叶片吸力面出口附近聚集，磨蚀速率加快，叶片平均磨蚀速率与泥沙粒径呈非线性关系。体积分数较高时的平均磨蚀速率随泥沙粒径增加的曲线明显大于体积分数较低时的曲线。

9.7　空化计算方法

空化是指当液体压力降低到饱和蒸汽压力以下时液体汽化的过程，也称汽蚀。液体中包含不可凝结气体的微气泡（又称气核），这些微气泡在压力降低过程中会膨胀并形成气穴，因此在空化过程中，在低压/空化区会发生非常大的密度改变。空化数值计算就是在多相流控制方程的基础上，引入描述液相与汽相之间相互转化的附加控制方程，然后进行流场控制方程组求解的过程。空化数值计算涉及空化模型、多相流模型和湍流模型，本节对这 3 类模型及其用法进行介绍。

9.7.1　空化模型分类

空化模型是描述液相与汽相之间相互转化或质量输运的数学模型，空泡形成（液相蒸发）与溃灭（汽相凝结）都需要在空化模型中加以考虑。

现有的空化模型主要分为两大类[165]：一是以界面追踪思想为基础，二是以汽液混相介质为基础，如图 9.31 所示。

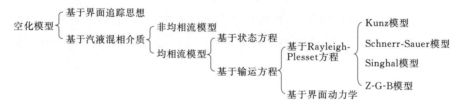

图 9.31　空化模型分类

以界面追踪思想为基础的空化模型，认为空泡内是连续的汽相，汽相和液相之间存在清晰的界面，通过在界面上给出运动学和动力学边界条件，即可采用迭代方法获得界面位置。这类模型更适合计算具有明显空泡边界的片状空化等现象，但很难处理云状空化等非定常流动行为。

以汽液混相介质为基础的空化模型，是从全局出发在整个计算域内将 Navier-Stokes

方程作为求解对象。这类模型又分为两种：非均相流模型和均相流模型。非均相流模型把汽、液两相独立看待，每一相都有独立的控制方程，因此也称为两流体模型。在空化流动计算过程中，要考虑相间质量、动量传输过程，以及相间作用力和滑移系数等。均相流模型认为整个空化流场由可变密度的单一流质组成，应用均质平衡流模型建立一组偏微分方程来控制流体运动和状态。在这类模型中，由于对可变密度场的定义不同，又分为基于状态方程和基于输运方程的模型。

基于状态方程的模型也称为混合密度-压力耦合模型，最初由 Delannoy 等[165] 提出，应用状态方程来描述汽液混合物的密度，即认为是压力与密度的函数。此模型不需要额外的空化模型，但本身没有体现相变过程，密度项和压力项具有相同的变化梯度，在捕捉空化流动细节时存在一定缺陷，特别是在捕捉空化流场中旋涡流动结构方面有较大局限性。

基于输运方程的模型（transport equation-based model，TEM）采用质量输运方程来控制汽液两相之间的质量传输过程，其特点是拥有额外的输运方程。由于该类模型的对流特性，可以用来模拟惯性力对空穴的伸长、附着和漂移的影响。根据所采用的输运方程不同，这种模型又分为基于 Rayleigh-Plesset 方程的空化模型和基于界面动力学的空化模型。基于 Rayleigh-Plesset 方程的空化模型利用 Rayleigh-Plesset 方程来描述汽液相间质量传递，可以较好地描述空化初生和发展时空泡体积变化。Kubota 等[166] 较早采用这种模型实现了空化计算，后来这类模型得到快速发展，成为目前应用最广泛的空化模型，代表性的模型包括 Kunz 模型、Schnerr-Sauer 模型、Singhal 模型、Zwart-Gerber-Belamri 模型等。这类模型涉及蒸发与凝结源项的经验常数，且经验常数的取值并不相同，对物理问题具有一定依赖性，这也是在使用这类模型时应该注意的问题。后来，Senocak 等[167] 提出了基于空泡界面动力学的界面动态模型，理论上消除了经验系数对空化模型的影响，对空穴交界面的预测具有较高精度。

9. 7. 2 基于 Rayleigh-Plesset 方程的空化模型

基于 Rayleigh-Plesset 方程的空化模型是目前应用最广泛的空化模型，利用汽相或液相体积分数输运方程来描述相变时的质量传输过程，利用 Rayleigh-Plesset 方程来描述空化气泡在内外压差作用下体积膨胀或溃灭的速度。商用 CFD 软件集成的空化模型基本上都属于这类空化模型。

在这类模型中，大多忽略热传输和非平衡相变效应，采用组分传输方法来描述汽相体积分数的输运方程为

$$\frac{\partial (\rho_v \alpha_v)}{\partial t} + \nabla \cdot (\rho_v \alpha_v \boldsymbol{u}) = \dot{m}^+ - \dot{m}^- \tag{9.133}$$

式中：α_v 为汽相体积分数；ρ_v 为汽相密度；$\boldsymbol{u}$ 为混合流体速度；$\dot{m}^+$ 为流体蒸发速率；$\dot{m}^-$ 为流体凝结速率。

当流场中某处压力 p 低于饱和蒸汽压 p_v 时，液体会蒸发（汽化）变成汽泡，源项 $\dot{m}^+$ 代表该点处在单位时间内从单位体积中蒸发的液体质量，即由液相转为汽相的流体质量。当流场中某处压力 p 高于饱和蒸汽压 p_v 时，汽泡会凝结为液体，源项 $\dot{m}^-$ 代表该点处在单位时间内从单位体积中凝结的汽体质量，即由汽相转为液相的流体质量。在空化计算

中，正向质量传递是指由液相到汽相的质量交换，因此质量传输速率 $\dot{m}$ 的上角标为"＋"。

为了构造 $\dot{m}^{+}$ 和 $\dot{m}^{-}$ 的表达式，现引入 Rayleigh-Plesset 方程。Rayleigh-Plesset 方程是用来描述一个空化汽泡在内外压差作用下体积膨胀或溃灭速度的空泡动力方程，其形式为[168]

$$R_B \frac{\mathrm{d}^2 R_B}{\mathrm{d}t^2} + \frac{3}{2}\left(\frac{\mathrm{d}R_B}{\mathrm{d}t}\right)^2 = \left(\frac{p_v - p}{\rho_l}\right) - \frac{4\nu_l}{R_B}\frac{\mathrm{d}R_B}{\mathrm{d}t} - \frac{2S}{\rho_l R_B} \tag{9.134}$$

式中：R_B 为空泡半径；p_v 为空泡内压力（环境温度下的饱和蒸汽压）；p 为液体压力；ν_l 为液体运动黏度；S 为表面张力系数；ρ_l 为液体密度。

若忽略二阶项、表面张力、流体黏性、不可凝结气体的影响，可得到空泡半径变化与压力之间的关系[17]：

$$\frac{\mathrm{d}R_B}{\mathrm{d}t} = \pm\sqrt{\frac{2}{3}\frac{|p_v - p|}{\rho_l}} \tag{9.135}$$

假定液体中空泡数密度（单位体积中的空泡数）为 n_b，单个空泡体积为 V_B，空泡为球形，则汽相体积分数为

$$\alpha_v = n_b V_B = n_b\left(\frac{4}{3}\pi R_B^3\right) \tag{9.136}$$

这样，汽液相间质量传输速率（在单位时间内从单位体积中蒸发/凝结的流体质量）可表示为

$$\dot{m} = \frac{\mathrm{d}m}{\mathrm{d}t} = n_b\frac{\mathrm{d}}{\mathrm{d}t}\left(\rho_v\frac{4}{3}\pi R_B^3\right) = 4\pi\rho_v n_b R_B^2\frac{\mathrm{d}R_B}{\mathrm{d}t} \tag{9.137}$$

将式（9.135）和式（9.136）代入式（9.137），得

$$\dot{m} = \pm 4\pi\rho_v n_b R_B^2\sqrt{\frac{2}{3}\frac{|p_v - p|}{\rho_l}} \tag{9.138}$$

式（9.138）中的正负号取决于具体的相变过程，蒸发时取正，凝结时取负。该式建立了空泡膨胀或收缩过程中质量传输速率与压力的关系，并成为多个基于质量输运方程的空化模型的源项基础。

这里需要说明的是，在基于输运方程的空化模型建立过程中，有一个重要假定：在无空化的常规液体中，存在一定量的不可凝结气体（non-condensable gas，NG），如空气便是一种最常见的不可凝结气体。这些不可凝结气体以尺寸极小的气泡方式存在于液体中，这些细小气泡被称为气核，也称为空化核子，是产生空化的基石（nucleation site）。当空化发生时，空化区由若干个直径相同的球形空泡组成，而每一个空泡均源自于一个空化核子。在液体压力下降过程中，空化核子不断膨胀，空化核子数量也相应减少。如图 9.32 所示。这个假定是使用空化模型的前提。在该假定下，涉及如下一些参数：空泡数密度 n_b，表示单位体积中的空泡数；不可凝结气体的体积分数 α_g 和质量分数 f_g；空化核子的体积分数 α_{nuc}。其中 α_{nuc} 与 α_g 经常是等同的。考虑到水的固有特性，在常温下，这些参数往往是定值[23]：如 $n_b = 1\times10^{11}$，$\alpha_g = 7.8\times10^{-4}$，$f_g = 1\times10^{-6}$，$\alpha_{nuc} = 5\times10^{-4}$。

这样，式（9.133）与式（9.138）共同构成了空化模型。其中，式（9.133）作为流

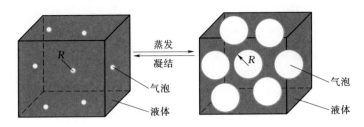

图 9.32 空化蒸发与凝结过程中的气泡与球形空泡

场计算的附加质量输运方程，用于描述汽液相间的质量转换；式（9.138）作为质量输运方程（9.133）的源项来描述质量变化速度。式（9.138）只是给出了相间质量传输的总体形式，根据传输机制的不同、对相关参数的假定不同，将对应不同的空化模型。下面简要介绍几种常见的空化模型。

（1）Kunz 模型。基于式（9.138），Kunz 等[169]于 1999 年提出了基于质量输运方程的空化模型。在该模型中，将液相到汽相的传输速率 $\dot{m}^+$ 取为正比于汽化压力和流场压力之差，将汽相到液相的传输速率 $\dot{m}^-$ 用 Ginzburg-Landau 势函数的简化形式来表达：

$$\dot{m}^+ = -\frac{C_{\text{dest}}\rho_v(1-\alpha_v)\min(p-p_v,0)}{\left(\frac{1}{2}\rho_l u_\infty^2\right)t_\infty} \quad p \leqslant p_v \tag{9.139}$$

$$\dot{m}^- = \frac{C_{\text{prod}}\rho_v\alpha_v(1-\alpha_v)^2}{t_\infty} \quad p > p_v \tag{9.140}$$

$$t_\infty = L/u_\infty$$

式中：α_v 为汽相体积分数；ρ_v 和 ρ_l 分别为汽相密度和液相密度；C_{dest} 为蒸发系数，是用于校正蒸发计算结果的经验常数，与物理问题相关，一般可取 100；C_{prod} 为凝结系数，也是一个经验常数，一般可取 100；u_∞ 为参考点的速度，在水泵流动计算中可取进口来流速度；L 为特征长度，在水泵流动计算中可取水泵进口直径；t_∞ 为特征时间尺度。

需要注意的是，本书并没有采用该模型的原始形式[169]，而是使用了 Senocak 等[170]所给出的形式。同时为了与式（9.133）所示的汽相体积分数输运方程相兼容，也为了与后续将要介绍其他空化模型在形式上兼容，对 $\dot{m}^+$ 和 $\dot{m}^-$ 的表达式进行了改写。实际上，该模型的原始形式[169]及 Senocak 等给出的形式[170]均是针对液相体积分数输运方程所建立的，液相体积分数输运方程为

$$\frac{\partial(\rho_l\alpha_l)}{\partial t} + \frac{\partial(\rho_l\alpha_l u_i)}{\partial x_i} = R_v + R_c \tag{9.141}$$

式中：R_v 和 R_c 分别为蒸发质量传输率和凝结质量传输率。

与汽相体积分数输运方程（9.133）中的对应项相比较可以发现，R_v 与 $\dot{m}^+$ 相差一个正负号，R_c 与 $\dot{m}^-$ 同号。有一部分文献采用了液相体积分数输运方程来建立空化模型，在引用这些文献来表述蒸发质量传输率、凝结质量传输率时，注意不要将其与汽相体积分数输运方程进行不合理匹配，即不要将正负号搞错。

此外，在 Kunz 模型的原始形式[169]中，引入了不可凝结气体体积分数，也就相当于

考虑了不可凝结气体对空化初生的影响。

目前，Star CCM＋等商用 CFD 软件已经引入了 Kunz 模型，而 CFX 和 Fluent 未引入 Kunz 模型，但可通过自定义程序来使用 Kunz 模型。

（2）Zwart-Gerber-Belamri 模型。Zwart-Gerber-Belamri 模型简称为 Z-G-B 模型，是 Zwart 等[171] 于 2004 年提出的空化模型。该模型假定系统中的所有空泡大小相同，借助空泡数密度和单泡质量变化率来计算单位体积的质量传输速率 $\dot{m}$[17]：

$$\dot{m} = n_b \left(4\pi R_B^2 \rho_v \frac{\mathrm{d}R_B}{\mathrm{d}t} \right) \tag{9.142}$$

式中：n_b 为空泡数密度，表示单位体积中的空泡数。

空泡数密度 n_b 与汽相体积分数 α_v 及空泡半径 R_B 存在如下关系：

$$\alpha_v = n_b \left(\frac{4}{3}\pi R_B^3 \right) \tag{9.143}$$

式（9.142）变为

$$\dot{m} = \frac{3\alpha_v \rho_v}{R_B} \sqrt{\frac{2}{3} \frac{p_v - p}{\rho_l}} \tag{9.144}$$

从式（9.144）可以看出，相间质量传输速率的主体部分（根号左侧部分）只与汽相密度有关，而与液相密度无关。将式（9.144）用于凝结过程计算时并不存在问题，但用于蒸发过程计算时就会出现问题，这是因为式（9.144）是建立在空泡不存在相互作用的假定基础之上的。这在空化初期是适用的，也就是说，当空化泡从空化核子开始向空化泡生长的时候是适用的。随着汽相体积分数增大，空化核子的密度必然相应减小。为了在模化过程中反映这一特点，Zwart 等提出用 $\alpha_{\mathrm{nuc}}(1-\alpha_v)$ 代替 α_v，从而有

$$\dot{m}^+ = F_{\mathrm{vap}} \frac{3\alpha_{\mathrm{nuc}}(1-\alpha_v)\rho_v}{R_B} \sqrt{\frac{2}{3} \frac{p_v - p}{\rho_l}} \quad p \leqslant p_v \tag{9.145}$$

$$\dot{m}^- = F_{\mathrm{cond}} \frac{3\alpha_v \rho_v}{R_B} \sqrt{\frac{2}{3} \frac{p - p_v}{\rho_l}} \quad p > p_v \tag{9.146}$$

式中：α_{nuc} 为空化核子的体积分数，取 5×10^{-4}；F_{vap} 为蒸发系数，是一个用于校正蒸发计算结果的经验常数，常取 50；F_{cond} 为凝结系数，也是一个经验常数，取 0.01。

蒸发系数和凝结系数之所以不相等，是因为凝结过程通常要比蒸发过程慢得多[172]。空泡半径可取 $R_B = 1 \times 10^{-6}$ m。

通过利用该模型对水翼空化、诱导轮空化及文丘里管空化的数值模拟，表明该模型较好地捕捉到了空化流动细节[173]。该模型是目前空化模拟中应用最广泛的空化模型。

（3）Schnerr-Sauer 模型。Schnerr 和 Sauer 于 2001 年[174] 推导出了水到蒸汽的净质量传输精确表达式，从而提出了不需要经验常数的基于质量输运方程的空化模型。

与 Zwart-Gerber-Belamri 模型和 Singhal 模型不同的是，该模型利用下式将汽相体积分数与单位体积内的空泡数 n_b 联系在一起：

$$\alpha_v = \frac{n_b \dfrac{4}{3}\pi R_B^3}{1 + n_b \dfrac{4}{3}\pi R_B^3} \tag{9.147}$$

这样，可得

$$\dot{m} = \frac{\rho_v \rho_l}{\rho_m} \alpha_v (1-\alpha_v) \frac{3}{R_B} \sqrt{\frac{2}{3} \frac{p_v - p}{\rho_l}} \tag{9.148}$$

$$R_B = \left(\frac{\alpha_v}{1-\alpha_v} \frac{3}{4\pi} \frac{1}{n_b} \right)^{1/3} \tag{9.149}$$

从而形成该模型的汽液质量传输速率[17]：

$$\dot{m}^+ = F_{vap} \frac{\rho_v \rho_l}{\rho_m} \alpha_v (1-\alpha_v) \frac{3}{R_B} \sqrt{\frac{2}{3} \frac{p_v - p}{\rho_l}} \quad p \leqslant p_v \tag{9.150}$$

$$\dot{m}^- = F_{cond} \frac{\rho_v \rho_l}{\rho_m} \alpha_v (1-\alpha_v) \frac{3}{R_B} \sqrt{\frac{2}{3} \frac{p - p_v}{\rho_l}} \quad p > p_v \tag{9.151}$$

式中：ρ_l 为液相密度；ρ_m 为混合相密度 $\rho_m = \alpha_v \rho_v + (1-\alpha_v)\rho_l$；$F_{vap}$ 为蒸发系数，取 50；F_{cond} 为凝结系数，取 0.2。

需要说明的是，该模型虽然在理论上无须借助经验常数来确定质量输运方程的源项，但实践中发现，使用蒸发系数和凝结系数对结果进行校正后更能够反映实际情况，因此 Fluent 等软件中的 Schnerr-Sauer 模型使用了经验系数。式（9.150）和式（9.151）就是增加了经验系数 F_{vap} 与 F_{cond} 的结果。

与 Zwart-Gerber-Belamri 模型和 Singhal 模型不同的是，该模型中的质量传输速率正比于 $\alpha_v(1-\alpha_v)$。函数 $f(\alpha_v, \rho_v, \rho_l) = \frac{\rho_v \rho_l}{\rho_m} \alpha_v (1-\alpha_v)$ 使得当 $\alpha_v=0$ 或 $\alpha_v=1$ 时自身为 0，而当 α_v 在 0 和 1 之间时达到最大值。该模型中唯一要确定的参数是空泡数密度 n_b，研究表明该值约为 1×10^{11} [23]。

（4）修正 Schnerr-Sauer 模型。标准 Schnerr-Sauer 模型并未考虑不可凝结气体对空化的影响，导致在模拟云状空化及非稳定空化流动时存在局限性，因此，不断有学者对此问题进行修正。参照 Singhal 等提出的全空化模型[175]推导过程，将空化流场看作液相、汽相和不凝结气体组成，则混合相的密度为

$$\frac{1}{\rho_m} = \frac{1-f_g}{\alpha_v \rho_v + (1-\alpha_v-\alpha_g)\rho_l} \tag{9.152}$$

式中：α_g 和 f_g 分别为不可凝结气体的体积分数和质量分数，二者的关系如下：

$$\alpha_g = f_g \frac{\rho_m}{\rho_g} \tag{9.153}$$

用 $(1-\alpha_v-\alpha_g)$ 代替 $(1-\alpha_v)$，根据式（9.147）与式（9.148）可得修正的 Schnerr-Sauer 模型如下：

$$\dot{m}^+ = \frac{\rho_v \rho_l}{\rho_m} \alpha_v (1-\alpha_v-\alpha_g) \frac{3}{R_B} \sqrt{\frac{2}{3} \frac{p_v - p}{\rho_l}} \quad p \leqslant p_v \tag{9.154}$$

$$\dot{m}^- = \frac{\rho_v \rho_l}{\rho_m} \alpha_v (1-\alpha_v-\alpha_g) \frac{3}{R_B} \sqrt{\frac{2}{3} \frac{p - p_v}{\rho_l}} \quad p > p_v \tag{9.155}$$

修正 Schnerr-Sauer 模型，体现了不可凝结气体对蒸发及凝结过程的影响。在计算中，不可凝结气体的质量分数和体积分数可分别取 $f_g = 1 \times 10^{-6}$ 和 $\alpha_g = 7.8 \times 10^{-4}$。$f_g$ 直接影响混合密度的改变，进而决定湍动黏度和饱和蒸汽压的改变，从而影响空化初生。α_g 直接

决定空化速率的改变，进而影响空化范围。

需要说明的是，该修正模型是在原始 Schnerr-Sauer 模型基础上得出的，因此，未包含蒸发校正系数和凝结校正系数，在实际应用中，建议参考 Fluent 中的 Schnerr-Sauer 模型，即式（9.150）和式（9.151），引入校正系数。

（5）Singhal 模型。Singhal 等[175] 于 2002 年提出了全空化模型（full cavitation model，FCM），是 Fluent 引入的第一个空化模型。其源项定义为[175,17]

$$\dot{m}^+ = F_{\text{vap}} \frac{\max\ (1.0,\ \sqrt{k})\ (1-f_v-f_g)\ \rho_v\rho_l}{S} \sqrt{\frac{2}{3}\frac{p_v-p}{\rho_l}} \qquad p \leqslant p_v \tag{9.156}$$

$$\dot{m}^- = F_{\text{cond}} \frac{\max\ (1.0,\ \sqrt{k})\ f_v\rho_v\rho_l}{S} \sqrt{\frac{2}{3}\frac{p-p_v}{\rho_l}} \qquad p > p_v \tag{9.157}$$

式中：f_v 为汽相质量分数；f_g 为不可凝结气体质量分数；k 为湍动能；$F_{\text{vap}}=0.02$ 为蒸发系数；$F_{\text{cond}}=0.01$ 为凝结系数；S 为表面张力系数；p_v 为考虑湍动压力脉动影响的饱和蒸汽压。

$$p_v = p_{\text{sat}} + \frac{1}{2}p_{\text{turb}} \tag{9.158}$$

$$p_{\text{turb}} = 0.39\rho_m k \tag{9.159}$$

式中：p_{sat} 为流体在当前温度下的常规饱和蒸汽压力，如 25℃时水的饱和蒸汽压力 $p_{\text{sat}}=3169\text{Pa}$；$p_{\text{turb}}$ 为湍流引起的脉动压力；ρ_m 为混合相密度；k 为湍动能。

需要注意的是，该模型所使用的质量传输方程并非式（9.133），而是采用汽相质量分数代替体积分数：

$$\frac{\partial}{\partial t}(f_v\rho_m) + \nabla\boldsymbol{\cdot}(f_v\rho_m\boldsymbol{u}_v) = \nabla\boldsymbol{\cdot}(\Gamma\nabla f_v) + \dot{m}^+ - \dot{m}^- \tag{9.160}$$

式中：Γ 为扩散系数。

式（9.156）和式（9.157）与所给出的源项与方程（9.160）相对应，而不是与方程（9.133）相对应。

需要说明的是，在该模型中，综合考虑了流场流动特性对汽液相间质量传输的影响，如当地湍流脉动、表面张力、不可凝结气体等影响都被考虑在内，因而得名为全空化模型。该模型数值模拟结果与试验吻合良好，如 Singhal 等[175]利用该模型对绕 NACA66 水翼空化流动、浸没式圆柱空化绕流、锐边圆孔空化流进行了数值计算，与实验的对比验证了该模型的有效性。

该模型的主要缺点是收敛性差，只能用于一种液体的空化过程分析，即主相为液体，次级相为汽体，只能在混合多相流模型中使用，不能在欧拉多相流模型中使用，且与 LES 湍流模型不兼容。在 Fluent 空化模型的图形界面中并不包含此模型，此模型只能通过控制台命令来启用。

（6）考虑热力学效应的修正空化模型。上述空化模型中的质量传输方程都是在等温条件下推导得到的，计算得到的空化区域是由当地汽化压力决定的，忽略了温度对空泡的影响。由于流体汽化时吸热，导致空泡附近流体温度降低，使得泡内和泡外形成一个温度差 ΔT，从而对气泡产生和发展造成影响。由空化带来的这种热力学效应，需要在空化模型中加以考虑。时素果等[176]在传统空化模型的基础上，考虑了热力学效应，在质量传输方程的既有源项中添加了热力学效应项，提出了考虑热力学效应的修正空化模型。现就其主要思想介绍如下。

任意时刻 t 的热流量 q 为

$$q = K \frac{\Delta T}{\sqrt{at}} \tag{9.161}$$

$$K = a\rho_l c_p$$

式中：K 为热传导率；a 为热扩散率；c_p 为定压比热。

空泡界面上的热平衡可表示为

$$q4\pi R_B^2 = \rho_v L_{ev} \frac{\mathrm{d}}{\mathrm{d}t}\left(\frac{4}{3}\pi R_B^3\right) \tag{9.162}$$

式中：L_{ev} 为蒸发潜热。

综合上述式（9.161）和式（9.162）可得

$$\frac{\mathrm{d}R_B}{\mathrm{d}t} = \frac{\rho_l c_p \sqrt{a}}{\rho_v L_{ev} \sqrt{t}} \Delta T \tag{9.163}$$

用式（9.163）去修正原始空化模型（如 Zwart-Gerber-Belamri 模型）中的液相到汽相蒸发速率 $\dot{m}^+$ 和汽相到液相凝结速率 $\dot{m}^-$ 计算式，同时考虑液体中不可凝结气体含量，得到考虑热力学效应的质量传输速率：

$$\dot{m}^+ = F_{\text{vap}} \frac{3\rho_v}{R_B}\left(\sqrt{\frac{2}{3}\frac{p_v - p}{\rho_l}} + \frac{\rho_l c_p \sqrt{a} \max(T_l - T_\infty, 0)}{\rho_v L_{ev}\sqrt{t}}\right)(1 - \alpha_v - \alpha_g) \quad p \leqslant p_v \tag{9.164}$$

$$\dot{m}^- = F_{\text{cond}} \frac{3\rho_v}{R_B}\left(\sqrt{\frac{2}{3}\frac{p - p_v}{\rho_l}} + \frac{\rho_l c_p \sqrt{a} \max(T_\infty - T_l, 0)}{\rho_v L_{ev}\sqrt{t}}\right)\alpha_v \quad p > p_v \tag{9.165}$$

在液氮低温介质的绕流计算中应用后[176]，修正模型计算获得的蒸发量减小、凝结量增大、空穴长度减小、空穴界面呈黏模糊状态，与实验结果更加接近。证明修正模型更加适用于模拟低温流体中的空化流动。

此外，张瑶等[177]也提出了类似的考虑热力学效应的改进空化模型，并采用改进空化模型对离心泵在 25℃ 和 100℃ 下的空化流场进行了模拟。结果表明在高温环境下空化的热力学效应不可忽略，在高温时空化的热力学效应在某种程度上抑制了泵的空化。

9.7.3 空化计算中的多相流模型与湍流模型

空化是包含汽液相间质量传输的非定常可压缩多相湍流过程，因此，空化流动计算不仅涉及空化模型，还涉及多相流模型和湍流模型。现就与空化模型配合使用的多相流模型与湍流模型做一说明。

1. 多相流模型

空化属于多相流，至少由一个液相和一个汽相组成，因此在空化数值计算时需要激活多相流模型。在进行多相流模型设置时，应将液相设置为主相，将汽相设置为次级相。在 Fluent 中，液相和汽相均可设置为不可压或可压。对于可压的液相，流体密度需要通过用户自定义函数功能加以描述。

前述介绍的各种空化模型均可在多相流混合流模型中使用，Kunz 模型、Schnerr-Sauer 模型、Zwart-Gerber-Belamri 模型还可在多相流欧拉模型中使用，但 Singhal 模型不能在欧拉模型中使用。

在 Fluent 中，最好不要将空化模型与多相流 VOF 模型一起使用，特别是不要与显式 VOF 模型一起使用，否则将导致过低的计算精度，直接影响到两相分界面的计算结果。

2. 多相流空化模型

本节所介绍的常见空化模型都是两相流空化模型，即只能用于分析水和水蒸气的相互转化。虽然模型中也涉及了不可凝结气体，但不可凝结气体只是作为空化核子使用，只对空化起始位置起作用，并不是多相流意义上的气相，实际工程中经常同时存在多种气体，例如，通入空气的气升泵，在发生空化时流动是一种液体与多种气体组分的混合物。为了完成这种多相流计算，有两种选择：一是使用多相空化模型，二是使用多相组分传输空化模型。

（1）多相空化模型。多相空化模型是指直接使用基本的两相流空化模型，但在主相（液相）和次级相（汽相）之外借助多相流模型引入更多的次级相，也就是相当于不改变空化模型，只增加多相流模型中的次级相数量。

在使用这种模型时，需要注意：①相间质量传递（空化）只发生在液相与汽相之间；②只有一种次级相可被定义为可压缩气相，而其他气相的密度变化可通过 UDF 功能来定义；③对于已经包含有不可凝结气体的空化模型，如 Singhal 模型，为了将不可凝结气体从系统中剔除，其质量分数必须设为 0，同时通过一个独立的可压缩气相来模化不可凝结气体；④对于非汽化相，在 Schnerr-Sauer 模型和 Zwart-Gerber-Belamri 模型中用于控制蒸汽相的输运方程是体积分数方程，而在 Singhal 模型中是一个特殊的质量传输方程，且蒸汽相必须是次级相。

（2）多相组分传输空化模型。多相组分传输空化模型是指在处理含有多个可压缩气相的流动时，假定只包含一个可压缩气相，但这个气相由多组分构成。

在使用这种模型时，上述关于多相空化模型的假定和限制也都是适用的，主相仍然只能是单一组分的液体，液相与汽相/组分间的质量传输通过基本的空化模型来模化，而主相或组分间的质量传输借助标准质量传输工具来模化。每一相与其他相共享相同压力值，但每一种组分有其自身的压力值。这样一来，式（9.157）等类似表达式中汽相密度和压力是多组分中的蒸汽部分密度和压力。

3. 湍流模型

Schnerr-Sauer 模型和 Zwart-Gerber-Belamri 模型与 Fluent 提供的所有湍流模型兼容，但 Singhal 模型比较特殊，与大涡模拟模型不兼容。

不同湍流模型对不同空化流动的适用性也有区别。Kim 等[178] 分别应用 RANS、LES 和 RANS-LES 混合模型对绕水翼的空化流动进行了模拟，结果表明 LES 和 RANS-LES 混合模型对预测空泡团脱落等非定常特性有较大优势。由于原始湍流模型是针对单相流建立的，对相变和介质可压缩特性考虑并不十分完善，在模拟空化流动时会过渡预测空穴尾部的湍流黏度，导致在空穴尾部区域产生了比实际大的黏滞力，并阻碍流场中回射流结构因能量不足而无法向上游运动。因此，为了提高对近壁面处空化流动的预测精度，近年有多位学者研究了湍流黏度过预测问题，Coutier 等[179]考虑到空化多相流可压缩特性，在传统的湍流黏度中引入了水和蒸汽混合密度函数，对 RANS 模型的湍动黏度 μ_t 进行了修正：

$$\mu_t = f(\rho_m) C_\mu k^2 / \varepsilon \tag{9.166}$$

$$f(\rho_m) = \rho_v + \left(\frac{\rho_m - \rho_v}{\rho_l - \rho_v}\right)^n (\rho_l - \rho_v) \tag{9.167}$$

式中：指数 n 为经验系数，一般为 $2\sim10$，通常可取 3。

该修正方法在 RNG k-ε 模型中取得了较好效果。根据 Coutier-Delgosha 等[179]的推荐，该式也可用于修正 SST k-ω 模型中湍动黏度。

针对 SST k-ω 模型，文献［180］给出了与上述修正思想相一致的湍动黏度 μ_t 修正公式。

9.7.4　使用空化模型的技术要点

在空化计算中，大的压力梯度、大的液相与气相密度比和大的相变速率等多个因素对计算收敛性与计算精度有重要影响，不合理的初始条件也会造成错误计算结果，因此，需要注意以下几点。

（1）湍流脉动效应。在 Kunz 模型、Schnerr-Sauer 模型和 Zwart-Gerber-Belamri 模型中，空泡表面的压力 p_v 按相应温度下的液体饱和蒸汽压力 p_{sat} 选取，但湍流脉动对该值是有影响的，因此 Fluent 提供了选项，允许用户按类似于 Singhal 模型的处理方式对液体饱和蒸汽压力 p_{sat} 进行修正[17]：

$$p_v = p_{\text{sat}} + \frac{1}{2} C \rho_l k_l \tag{9.168}$$

式中：ρ_l 和 k_l 分别为液相密度和湍动能，这与 Singhal 模型中使用混合物的密度和湍动能的做法有所不同；C 为经验系数，建议取 0.39。

（2）不可凝结气体。液体中一般都会存在一定量的不可凝结气体，如空气。有的空化模型，直接将不可凝结气体中的气核作为空化核子，这样导致空化计算结果及计算收敛性直接受不可凝结气体数量影响。Singhal 模型考虑了不可凝结气体对空化的影响，但假定不可凝结气体的质量分数是已知的常数，在 $1.5\times10^{-5}\sim7.8\times10^{-4}$ 之间。对于这类模型，不应将不可凝结气体的量设置为零。如果对某些经过气泡净化处理的液体开展空化计算，可以采用更小的值（如 1×10^{-8}）来代替 Fluent 中默认的 1.5×10^{-5}。实际上，不可凝结气体的质量分数经常可以强化计算的稳定性，并给出更真实的计算结果，尤其是在某一温度下液体饱和蒸汽压力接近于 0 或很小时，不可凝结气体的存在对于算法稳定和计算精度都至关重要。因此，在使用 Singhal 模型时要特别注意这一特殊要求。

原始的 Schnerr-Sauer 模型和 Zwart-Gerber-Belamri 模型未考虑不可凝结气体的影响，因此，无须在相关参数设置上进行特别考虑。但是，正如本节前面所述，考虑不可凝结气体影响的修正 Schnerr Sauer 模型，可以提供更加理想的空化计算结果。而在 Zwart-Gerber-Belamri 模型中，空化核子体积分数 α_{nuc} 的引入也相当于间接考虑了不可凝结气体的影响。

（3）空化模型的选择。在 Fluent 中，Schnerr-Sauer 模型和 Zwart-Gerber-Belamri 模型采用了与 Singhal 模型完全不同的数值计算策略，Schnerr-Sauer 模型和 Zwart-Gerber-Belamri 模型更加稳定、更加容易收敛，因此，建议优先选用这两个模型。

（4）求解器的选择。在 Fluent 中，分离式压力基求解器（SIMPLE、SIMPLEC、PISO）和耦合式压力基求解器均可用于与各种空化模型配合使用，但耦合求解器的鲁棒性和收敛性更佳，特别适用于水泵等旋转机械的空化分析。如果选用 Singhal 模型，则只能选择分离式求解器，因为该空化模型与耦合式求解器的配合不理想。

（5）网格。所有空化模型均可用于常规网格、带有 interface 的非共形网格和动网格。

（6）初始条件。虽然不需要针对空化计算进行特别的初始条件设置，但仍然建议将汽相分数值设置成水泵进口值，将压力值设置成接近进口至出口间的最大值，以避免出现不合理的低压和空化斑点。由于 Schnerr-Sauer 模型和 Zwart-Gerber-Belamri 模型的鲁棒性和收敛性足够好，通常不需要对初始条件给予特殊考虑，但对于某些较为复杂的算例，建议在初始化之前最好先进行单独液相的计算，在达到或接近收敛后激活空化模型，对于 Singhal 模型就更有必要这样做。

（7）压力离散格式。在进行空化计算时，建议按以下优先顺序选择压力离散格式：PRESTO! 格式、带有权重的体力格式、二阶格式。对于复杂空化流动计算，应避免选用标准格式或线性格式。

（8）松弛因子。在 Fluent 中，对于 Schnerr-Sauer 模型和 Zwart-Gerber-Belamri 模型，为了使数值计算更加高效，建议汽相松弛因子设置为 0.5 或更大值，除非计算发散或残差振荡严重；建议将密度和蒸发质量松弛因子设置为 1.0；对于分离式求解器，压力松弛因子不小于动量方程松弛因子；对于耦合式求解器，当求解某些复杂 3D 问题时，缺省的 Courant 数（200）或许要减小到 20～50。

对于 Singhal 模型，推荐采用较小的动量方程松弛因子，如 0.05～0.40；压力修正方程松弛因子应该比动量方程大，如 0.2～0.7；为了改进收敛性，对于附加质量输运方程源项中的密度和蒸发质量也可做欠松弛处理，推荐密度松弛因子 0.3～1.0，蒸发质量松弛因子 0.1～1.0，对于一些极端情况，所有方程的松弛因子可适当取小一些。

9.8　水泵空化计算实例

本节采用多相流模型、空化模型和湍流模型，针对一台导叶式离心泵进行空化分析。

9.8.1　计算模型

本节的研究对象是一台导叶式离心泵，几何模型见 4.2 节，网格模型见 5.5 节。已知水泵进口直径 300mm、叶轮进口直径 210mm、叶轮出口直径 380mm。叶片表面、吸水管表面等所有壁面的等效粗糙度均为 $25\mu m$。工作介质为常温清水，饱和蒸汽压 3169Pa。水泵设计流量 $573m^3/h$，设计扬程 37.3m，转速 1490r/min。

计算采用多相流混合模型、Zwart-Gerber-Belamri 空化模型和 SST $k-\omega$ 湍流模型，不考虑汽相与液相之间的滑移，所需要的控制方程为混合物的连续方程、动量方程、汽相体积分数质量输运方程、湍动能 k 方程和比耗散率 ω 方程。

Zwart-Gerber-Belamri 空化模型假定相间质量传输速率只与汽相密度有关，而与液相密度无关。该模型计算时需要输入的主要参数为：成核体积分数取为 5×10^{-4}，蒸发系数取为 50，凝结系数取为 0.01，空泡半径取为 $R_b = 1 \times 10^{-6}$ m。

按如下关系式计算水泵有效空化余量（装置空化余量）和空化系数：

$$NPSH_a = \frac{p_s - p_v}{\rho g} + \frac{v_s^2}{2g} \tag{9.169}$$

$$\sigma = \frac{NPSH_a}{H} \tag{9.170}$$

式中：$NPSH_a$ 为有效空化余量；σ 为空化系数；H 为水泵扬程；p_v 为水流在工作温度时的汽化压力；p_s 为水泵进口处压力；v_s 为水泵进口处水流速度；ρ 为液体密度；g 为重力加速度。

对于边界条件，进口采用总压进口条件，出口采用质量流量出口条件，叶片及泵体壁面均采用无滑移壁面边界条件。计算中采用多重坐标系，在叶轮与吸水室之间、叶轮与导叶之间分别采用交界面连接两边的流体。

在设计流量下针对不同水泵进口压力共进行 9 个计算工况的空化计算。表 9.8 给出了 9 个计算工况的参数。

表 9.8 计 算 工 况 表

计算工况	1	2	3	4	5	6	7	8	9
质量流量/(kg/s)	159.2	159.2	159.2	159.2	159.2	159.2	159.2	159.2	159.2
水泵进口速度/(m/s)	2.25	2.25	2.25	2.25	2.25	2.25	2.25	2.25	2.25
水泵进口总压/m	66.19	12.46	9.38	7.34	5.30	3.35	3.21	3.04	2.85

9.8.2 计算过程与结果

本例为 3D 稳态计算，需要激活 z 方向的重力加速度，并对湍流模型、多相流模型、空化模型、材料属性、边界条件等进行设置。下面以表 9.8 中的计算工况 8 为例，介绍开展水泵空化计算的方法与过程。

（1）模型设置。设置多相流模型：选择模型树节点 Models→Multiphase→Multiphase Model 对话框，选择 Mixture，设置 Number of Eulerian Phases 为 2，取消选项 Slip Velocity。

设置湍流模型：选择模型树节点 Models→Viscous→Viscous Model 面板，选择 SST $k-\omega$ 模型，模型常数用默认值。

（2）材料定义。本例涉及两种材料：水和水蒸气。液态水采用默认值，直接从材料数据库复制，将名称设为 water-liquid；水蒸气材料也是材料库已经存在的材料，但需修改属性：选择模型树节点 Materials→Fluid→water-vapor→Create/Edit Materials 面板，修改 Density 为 0.01927kg/m³，修改 Viscocity 为 8.8×10^{-6} Pa·s。

（3）相的定义。本例共有两相，主相为液态水，次级相为水蒸气。

定义主相：选择模型树节点 Models→Multiphase（Mixture）→Phase→phase-1-Primary Phase→Primary Phase 面板，设置 Name 为 water，选择 Phase Material 为 water-liquid。

次级相采用类似方式进行定义，次级相名称取为 vapor。

（4）相间作用设置。相间作用是指相间质量传输方式，这是激活并设置空化模型的关键一步。

设置空化模型：选择模型树节点 Models→Multiphase（Mixture）→Phase Interactions，进入 Phase Interactions 对话框，切换至 Mass 标签页，设置 Number of Mass Transfer Mechanisms 为 1，设置 From Phase 为 water，设置 To Phase 为 vapor，选择 Mechanism 为 cavitation，选择 Edit…后出现 Cavitation Model 对话框，选择 Zwart-Gerber-Belamri 空化模型，设置水的饱和蒸气压为 3169Pa，设置 Bubble Diameter 为 0.001mm，成核体积分数 Nucleation Site Volume Fraction 设置为 0.0005，蒸发系数 Evaporation Coefficient 设置为 50，冷凝系数 Condensation Coefficient 设置为 0.01。

（5）单元域条件设置。选择模型树节点 Cell Zone Conditions→fluid_impeller→Type→fluid，出现 Fluid 区域设置面板，激活选项 Frame Motion，设置 Rotational Velocity 为 1490rpm，设置 Rotation Axis Origin 为（0，0，0），设置 Rotation-Axis Direction 为（0，0，−1）。其他参数保持默认设置。

注意：旋转方向采用右手法则确定。

（6）边界条件设置。本例共有 4 组边界需要设置，分别为：①水泵进口（pump_inlet）：给定总压，同时设定用于初始化时使用的进口静压条件；②水泵出口（pump_outlet）：给定质量流量；③静止壁面（static_wall，包括吸水室壁面、压水室壁面等）：设为静止壁面；④旋转壁面（rotating_wall，包括叶轮所有表面，如叶片表面、盖板表面等）：设为旋转壁面。此外，还需要进行 Operating Conditions 设置，以使用绝对压力。

设置水泵进口边界：模型树节点 Boundary Conditions→pump_inlet，选择 Phase 为 mixture，设置 Type 为 pressure-inlet，在展开的 Pressure Inlet 面板中，选择 Reference Frame 为 Absolute，设置 Gauge Total Pressure 为 30400Pa（该值等于表 9.8 中的水泵进口总压值），设置 Supersonic/Initial Gauge Pressure 为 30000Pa（该值只用于流场初始化，即采用该值对初始流场压力进行设置，一般可取与水泵进口实际工作压力相当的一个值即可），选择 Turbulence Specification Method 为 Intensity and Hydraulic Diameter，设置 Turbulence Intensity 为 5%，设置 Hydraulic Diameter 为 0.26m。选择模型树节点 Boundary Conditions→pump_inlet→vapor，在 Pressure Inlet 面板中，确保 Volume Fraction 为 0。

设置水泵出口边界：模型树节点 Boundary Conditions→pump_outlet，选择 Phase 为 mixture，设置 Type 为 mass-flow-outlet，在展开的 Mass-Flow Outlet 面板中，选择 Mass Flow Specification Method 为 Mass Flow Rate，设置 Mass Flow Rate 为 159.2kg/s（与已知的流量条件相对应）。选择模型树节点 Boundary Conditions→pump_outlet→vapor，在 Mass-Flow Outlet 面板中，确保 Backflow Volume Fraction 为 0。其他参数采用默认值。

设置静止壁面：模型树节点 Boundary Conditions→static_wall→Wall 面板，自动选

择 Zone Name 为 static_wall，自动选择 Phase 为 mixture。在 Momentum 标签页中，激活 Moving Wall 选项，在 Motion 组中选择 Absolute 及 Rotational，并设置 Speed 为 0（表示绝对速度为 0 的静止壁面）。选择 Roughness Models 为 Standard，设置 Roughness Height 为 0.000025m（已知条件），设置 Roughness Constant 为 0.5（表示粗糙度基本是均匀的），其余用默认值。

设置旋转壁面：模型树节点 Boundary Conditions→rotating_wall→Wall 面板，自动选择 Zone Name 为 rotating_wall，自动选择 Phase 为 mixture。在 Momentum 标签页中，激活 Moving Wall 选项，在 Motion 组中选择 Relative to Adjacent Cell Zone 及 Rotational，并设置 Speed 为 0（表示相对于周边旋转流体域的速度为 0，即与叶轮一并旋转）。选择 Roughness Models 为 Standard，设置 Roughness Height 为 0.000025m，设置 Roughness Constant 为 0.5，其余用默认值。

设置绝对压力：模型树节点 Boundary Condtions→Operating Conditions…，设置 Operating Pressure 为 0。这样设置的目的是使所有要用到的压力为绝对压力，这在空化计算中比较重要。

（7）计算方法设置。涉及压力-速度耦合算法、空间离散格式和时间离散格式等：模型树节点 Solution→Methods，在 Solution Methods 面板中按表 9.9 进行设置。

表 9.9 计 算 方 法 设 置

项　目	设 置 结 果
Scheme	Coupled
Gradient	Least Squares Cell Based
Pressure	PRESTO!
Momentum	Second Order Upwind
Volume Fraction	QUICK
Turbulence Kinetic Energy	First Order Upwind
Turbulence Dissipation Rate	First Order Upwind
Warped-Face Gradient Correction	选中

（8）计算控制参数设置。涉及库朗数、松弛因子等：模型树节点 Solution→Controls，在 Solution Controls 面板中按表 9.10 进行设置。

表 9.10 松 弛 因 子 设 置

项　目	设置结果	项　目	设置结果
Courant Number	200	Vaporization Mass	1
Momentum	0.5	Volume Fraction	0.5
Pressure	0.5	Turbulence Kinetic Energy	0.5
Density	1	Turbulence Dissipation Rate	0.5
Body Forces	1	Turbulent Viscosity	0.1

（9）初始化。对流场进行初始化：模型树节点 Solution → Initialization → Solution Initialization 面板，选择 Standard Initialization，从 Compute from 列表中选择 pump_inlet，在 Reference Frame 中选择 Absolute。这样，即可利用水泵进口边界上的数值对全场进行初始化。由于初始状态下认为整个流场汽相体积分数为 0，故不需要专门对汽相体积分数进行设置。

（10）求解。启动迭代计算：模型树节点 Solution→Run Calculation→Run Calculation 面板，设置 Number of Iterations 为 1200，然后即可开始计算，直到计算收敛或达到规定迭代步数。

（11）后处理。查看压力分布：选择模型树节点 Results→Graphics→Contours→contours 面板，激活选项 Filled，在 Coloring 中选择 Banded，选择 Contours of 为 Pressure 及 Static Pressure，在 surface 列表中选择除 default_interior-1 外的所有表面，单击 Save/Display 显示压力分布，结果如图 9.33 所示。

查看汽相体积分数分布：选择模型树节点 Results→Graphics→Contours，弹出新建 contours 对话框，激活选项 Filled，选择 Contours of 为 Phases… 及 Volume fraction，选择 Phase 为 vapor，在下方 surface 列表中选择除 default_interior-1 外的所有表面，单击 Save/Display 按钮显示压力分布，如图 9.34 所示。

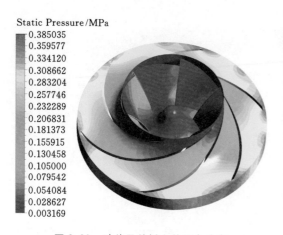

图 9.33　叶片及盖板上的压力分布

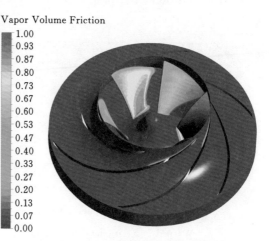

图 9.34　叶轮上水蒸气分布（空化区分布）

通过在 surface 列表中只选择叶片表面，可以只显示叶片表面的空化区分布，如图 9.35 所示。

查看临界空化余量 $NPSH_a$：根据上述计算结果，可以计算得到水泵水力效率 η_h，根据式（9.169）还可以得到有效空化余量 $NPSH_a$。然后，可以针对表 9.8 中的其他计算工况，重复上述计算过程，得到其他工况下的水力效率 η_h 和有效空化余量 $NPSH_a$。最后可以绘制出 $\eta_h - NPSH_a$ 曲线，如图 9.36 所示。

根据图 9.36，可找出水力效率下降 1% 时对应的 $NPSH_a$ 为 2.80m，这说明该泵的临界空化余量为 2.80m。根据该工况下的扬程，可计算出临界空化系数为 0.075。

此外，根据第 2 章 2.6.5 节给出的计算公式，针对无空化的计算工况 1（表 9.8），根

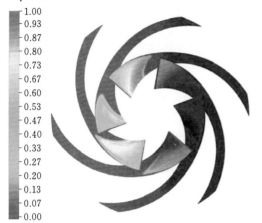

图 9.35 叶片表面空化区

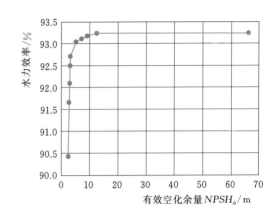

图 9.36 水泵水力效率与有效空化余量关系曲线

据已知条件可知有效空化余量 $NPSH_a$ 为 66.19m，计算后发现叶片上压力最低值为 562400Pa，换算成水柱高度为 57.39m，二者相减得到的 8.8m 即为水泵初生空化余量 $NPSH_i$，相应的初生空化系数为 0.236。

9.9 基于 UDS 的固体污染物浓度分布模拟

Fluent 提供了自定义标量输运方程的功能（user-defined scalar transport equation，UDS），允许用户在所定义的每个标量方程中单独指定扩散系数、通量以及瞬态项。该功能对单相流和多相流均是开放的，为模拟多相流提供了另外的途径。本节将水沙两相流看成单相流，在此基础上引入泥沙浓度的输运方程，通过 UDS 功能模拟泥沙浓度分布。

9.9.1 沉淀池多相流问题概述

1. 问题描述

某污水处理厂圆柱形二次沉淀池，如图 9.37 所示。沉淀池半径 20m，侧壁水深 2m，底板呈倾斜状，中央处水深 4m。中央进水口下面有两个挡板：一个是竖直方向的圆筒，半径 2.8m，高 1.6m，使流入的流体以相对较低的位置进入沉淀池；另一个是水平布置的偏转板，半径约 3.2m，防止入口的流体直通污泥回收口。流体从上部半径 2.8m 的圆形入口进入，入口速度 $u_{in}=0.19\text{m/s}$，入口颗粒浓度 $C_{in}=3.2\text{kg/m}^3$。出口有两个，上部的出口为主出口，下部是污泥（颗粒）出口，循环比（底部与上部出流量之比）$R=0.86$，相应地上部出流速度 $u_{out-top}=0.04\text{m/s}$。干颗粒密度 $\rho_p=1450\text{kg/m}^3$；清水密度 $\rho_w=1000\text{kg/m}^3$。该算例取自微信公众号"CFD 之道"，算例中涉及的物理模型及有关计算公式见文献 [181]。

2. 数学模型

考虑到沉淀池为轴对称结构，现采用二维轴对称模型进行计算，计算网格如图 9.38 所示。

339

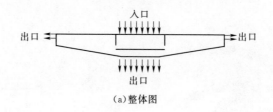

（a）整体图

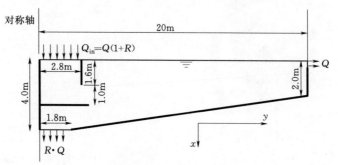

（b）主要尺寸（计算域的右半部分）

图 9.37　沉淀池结构与尺寸

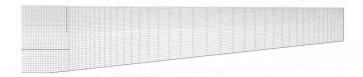

图 9.38　沉淀池计算域及计算网格

该算例的控制方程包括连续方程、动量方程、k-ε 湍流模型方程及泥沙浓度方程。悬移质颗粒浓度与颗粒沉降速度的关系通过泥沙浓度方程来确定。因泥沙颗粒带来的密度差异所引起的浮力效应通过动量方程的重力源项来考虑。与此类似，对于因分层而对湍动能生成所产生的阻尼影响，在湍动能 k 方程和耗散率 ε 方程的源项中加以考虑。这样，在圆柱坐标系下，假定 x 轴为旋转中心线，y 轴为半径方向，则二维轴对称不可压缩流动的控制方程可表达为（忽略湍流方程中脉动扩张项和自定义源项）[181]

（1）连续方程：

$$\rho \frac{\partial u_x}{\partial x} + \rho \frac{\partial u_y}{\partial y} + \frac{\varrho u_y}{y} = 0 \tag{9.171}$$

（2）x 方向动量方程：

$$\rho \frac{\partial u_x}{\partial t} + \rho \frac{\partial u_x^2}{\partial x} + \rho \frac{\partial (u_x u_y)}{\partial y} = -\frac{\partial p}{\partial x} + \frac{\partial}{\partial x}\left(2\mu_t \frac{\partial u_x}{\partial x}\right) + \frac{1}{y}\frac{\partial}{\partial y}\left[y\mu_t\left(\frac{\partial u_x}{\partial y} + \frac{\partial u_y}{\partial x}\right)\right]$$
$$+ \frac{gC(\rho_p - \rho_w)}{\rho_w} \tag{9.172}$$

（3）y 方向动量方程：

$$\rho \frac{\partial u_y}{\partial t} + \rho \frac{\partial u_y^2}{\partial y} + \rho \frac{\partial (u_x u_y)}{\partial x} = -\frac{\partial p}{\partial y} + \frac{1}{y}\frac{\partial}{\partial y}\left(2y\mu_t \frac{\partial u_x}{\partial y}\right) + \frac{\partial}{\partial x}\left[\mu_t\left(\frac{\partial u_x}{\partial y} + \frac{\partial u_y}{\partial x}\right)\right] - 2\mu_t \frac{u_y}{y^2}$$
$$\tag{9.173}$$

（4）湍动能 k 方程：

$$\rho \frac{\partial k}{\partial t} + \rho \frac{\partial (ku_x)}{\partial x} + \rho \frac{\partial (ku_y)}{\partial y} = \frac{\partial}{\partial x}\left[\left(\mu + \frac{\mu_t}{\sigma_k}\right)\frac{\partial k}{\partial x}\right] + \frac{1}{y}\frac{\partial}{\partial y}\left[y\left(\mu + \frac{\mu_t}{\sigma_k}\right)\frac{\partial k}{\partial y}\right] + G_k + G_b - \rho\varepsilon$$

$$(9.174)$$

（5）耗散率 ε 方程：

$$\rho \frac{\partial \varepsilon}{\partial t} + \rho \frac{\partial (\varepsilon u_x)}{\partial x} + \rho \frac{\partial (\varepsilon u_y)}{\partial y} = \frac{\partial}{\partial x}\left[\left(\mu + \frac{\mu_t}{\sigma_\varepsilon}\right)\frac{\partial \varepsilon}{\partial x}\right] + \frac{1}{y}\frac{\partial}{\partial y}\left[y\left(\mu + \frac{\mu_t}{\sigma_\varepsilon}\right)\frac{\partial \varepsilon}{\partial y}\right]$$
$$+ C_{1\varepsilon}\frac{\varepsilon}{k}(G_k + C_{3\varepsilon}G_b) - \rho C_{2\varepsilon}\frac{\varepsilon^2}{k}$$

$$(9.175)$$

（6）浓度方程（标量方程）：

$$\rho \frac{\partial C}{\partial t} + \rho \frac{\partial (u_x + u_s)C}{\partial x} + \rho \frac{\partial (u_y C)}{\partial y} = \frac{\partial}{\partial x}\left(\frac{\mu_t}{\sigma_c}\frac{\partial C}{\partial x}\right) + \frac{1}{y}\frac{\partial}{\partial y}\left(y\frac{\mu_t}{\sigma_c}\frac{\partial C}{\partial y}\right)$$

$$(9.176)$$

式中：C 为浓度；ρ 为混合物（污水）的密度；ρ_p 为颗粒密度；ρ_w 为清水密度；$\dfrac{gC(\rho_p - \rho_w)}{\rho_w}$ 为浮力；σ_c 为湍动 Schmidt 数；u_s 为沉降速度。

u_s 按下式计算[181]：

$$u_s = u_{s0} \times \exp[-r_h(C - C_{ns})] - u_{s0} \times \exp[-r_p(C - C_{ns})]$$

$$(9.177)$$

式中：u_{s0} 为参考沉降速度；r_h 为絮凝沉降参数；r_p 为胶体沉降参数；C_{ns} 为非沉降浓度。

模型参数为：Schmidt 数 $\sigma_c = 0.7$；参考沉降速度 $u_{s0} = 0.005\text{m/s}$；絮凝沉降参数 $r_h = 0.7\text{m}^3/\text{kg}$；胶体沉降参数 $r_p = 5\text{m}^3/\text{kg}$；非沉降浓度 $C_{ns} = 0.01\text{kg/m}^3$；最大沉降速度 $u_{s\max} = 0.002\text{m/s}$。

9.9.2 UDS 程序设计

在 UDS 中，可以利用 UDF 为流体指定瞬态项、扩散系数、通量、源项和边界条件，对应的 UDS 宏分别为DEFINE_UDS_UNSTEADY、DEFINE_DIFFUSIVITY、DEFINE_UDS_FLUX、DEFINE_SOURCE 和 DEFINE_PROFILE。详细用法见文献［23］和文献［17］。

根据 UDS 宏的相关约定，写出与本例相对应的 UDS 程序如下（Fluent 不允许使用汉字，故程序采用原文献中的英文注释）。

```
/************************************************/
/*Secondary Settling Tank Modeling Solids Concentration UDS */
/************************************************/

#include "udf.h"
#include "turb.h"

/*Schmidt number */
#define SC_T 0.7

/*Material properties (SI units) */
#define RHOP 1450. /*dry particle density */
#define RHOW 1000. /*clean water density */
```

```
/*Gravity (SI units) */
#define GX 9.81 /*gravity force (m/s-2) */

/*Tackacs settling velocity */
/*US= US0 x exp[- RH(C- Cmin)] - US0 x exp[- RP(C- Cmin)] */
/*Constants (SI units) */
#define US0 0.005/*reference settling velocity (m/s) */
#define RH 0.7/*floc settling parameter (m3/kg)*/
#define RP 5/*colloidal settling parameter (m3/kg) */
#define CMIN 0.01/*nonsettleable concentration (kg/m3) */
#define USMAX 0.002/*maximum settling velocity (m/s) */

static real settling_velocity(real C)
{
  real US;

  if(C<CMIN)
    US=0.;
  else
    US=US0*(exp(-RH*(C-CMIN))-exp(-RP*(C-CMIN)));

  if(US>0.002)
    US=0.002;


  return US;
}

/*Convective UDS concentration term */
DEFINE_UDS_FLUX(settling_flux,f,tf,i)
{
  cell_t c0=F_C0(f,tf),c1=F_C1(f,tf);
  Thread *t0= THREAD_T0(tf),*t1= THREAD_T1(tf);
  real face_concentration;
  real gravity_vector[]={1,0,0},area[ND_ND];/*Gravity vector (1,0,0)*/

  if ((t1==NULL)||(THREAD_TYPE(tf)==THREAD_F_WALL))
    /*if this is a boundary zone or a 0-thickness wall */
    face_concentration=F_UDSI(f,tf,0);
  else
    /*if this an interior face, the face value is the average of the upstream and downstream
cells */
  face_concentration=.5*(C_UDSI(c0,t0,0)+C_UDSI(c1,t1,0));
  /*F_AREA macro stores the components (Ax,Ay) of the area vector on the array area */
  F_AREA(area,f,tf);

  if (THREAD_TYPE(tf)==THREAD_F_WALL)
```

```
      return 0.;
    else
      return F_FLUX(f,tf)+C_R(c0,t0)*settling_velocity(face_concentration)*
NV_DOT(gravity_vector,area);
/*if the face is parallel to the gravity_vector, NV_DOT(gravity_vector,area)= 0*/
/* if the face is perpendicular to the gravity_vector, NV_DOT(gravity_vector,area)=1*/
}


/*Diffusivity UDS concentration term */
DEFINE_DIFFUSIVITY(turbulent_diff,c,tc,i)
{
  /*UDS Diffusivity is defined as the turbulent dynamic viscoisty over the Schmidt number */
  return 1e-10+C_MU_T(c,tc)/SC_T;
}


/*Gravity source term to account for particle-fluid density differences */
DEFINE_SOURCE(X_mom_src,c,tc,ds,eqn)
{
  /*UDM-0 retrieves settling velocity and it is accesible during standard post- processing */
  C_UDMI(c,tc,0)=settling_velocity(C_UDSI(c,tc,0));

  /*UDM-1 retrieves UDS Diffusivity term */
  C_UDMI(c,tc,1)=C_MU_T(c,tc)/SC_T;

  /*UDM-2 retrieves  gravity  source  term  and  it  is  accesible  during  standard  post -
processing */
  C_UDMI(c,tc,2)=GX*C_UDSI(c,tc,0)*(RHOP- C_R(c,tc))/RHOP;

  return C_UDMI(c,tc,2) ;
}


/*Turbulent kinetic energy equation source term */
DEFINE_SOURCE(turb_k_source,c,tc,ds,eqn)
{
  real beta=(RHOP-RHOW)/(RHOP*RHOW);
  /*UDM-3 retrieves k source term and it is accesible during standard post- processing */
  /*C_UDSI_G accesses the UDS gradient */
  C_UDMI(c,tc,3)=- GX* beta* C_MU_T(c,tc)/SC_T* C_UDSI_G(c,tc,0)[0];
  ds[eqn]= - 2*GX*beta*0.09*C_K(c,tc)/(C_D(c,tc)*SC_T)*
C_UDSI_G(c,tc,0)[0];

  return C_UDMI(c,tc,3);
}


/*Turbulent energy dissipation equation source term */
DEFINE_SOURCE(turb_e_source,c,tc,ds,eqn)
{
```

```
    real C3_eps= 0. ;
    /*C3_eps is calculated according to equation of Fluent manual */
    C3_eps= tanh(fabs(C_U(c,tc)/C_V(c,tc))+fabs(SMALL_VP));
    /*UDM- 4 retrieves eps source term and it is accesible during standard post- processing */
    C_UDMI(c,tc,4)= C3_eps*1. 44*C_D(c,tc)/C_K(c,tc)*C_UDMI(c,tc,3);

    return C_UDMI(c,tc,4);
}

/*Viscosity is defined as specified in reference:*/
/*Computing Shear Flow and Sludge Blanket in Secondary Clarifiers*/
/*Djamel Lakehal, Peter Krebs, Johan Krijgsman, and Wolfgang Rodi*/
DEFINE_PROPERTY(viscosity,c,tc)
{
  if (C_UDSI(c,tc,0)> 0. 7)
    return 0. 00327*pow(10. ,0. 132*C_UDSI(c,tc,0));
  else
    if (C_UDSI(c,tc,0)> 0. 01)
      return 0. 00404527222+ 0. 00304527222*(C_UDSI(c,tc,0)- 0. 7)/0. 69;
  else
    return 0. 001;
}
```

在上述程序中，利用 DEFINE_SOURCE（X_mom_src，c，tc，ds，eqn）定义 x 方向动量方程中的源项 $\dfrac{gC(\rho_p - \rho_w)}{\rho_w}$；利用 DEFINE_SOURCE（turb_k_source，c，tc，ds，eqn）定义湍动能方程中的源项 $G_b = \left(\dfrac{\rho_p - \rho_w}{\rho_p \rho_w}\right) g \left(\dfrac{\mu_t}{\sigma_c}\dfrac{\partial C}{\partial x}\right)$；利用 DEFINE_SOURCE（turb_e_source，c，tc，ds，eqn）定义耗散率方程中的源项 $C_{3\varepsilon} G_b$；利用 DEFINE_UDS_FLUX（settling_flux，f，tf，i）定义浓度方程中的对流项 $\rho \dfrac{\partial (u_x + u_s) C}{\partial x} + \rho \dfrac{\partial (u_y C)}{\partial y}$；利用 DEFINE_DIFFUSIVITY（turbulent_diff，c，tc，i）定义浓度方程中的扩散项 $\dfrac{\partial}{\partial x}\left(\dfrac{\mu_t}{\sigma_c}\dfrac{\partial C}{\partial x}\right) + \dfrac{1}{y}\dfrac{\partial}{\partial y}\left(y\dfrac{\mu_t}{\sigma_c}\dfrac{\partial C}{\partial y}\right)$。

9.9.3　UDS 程序运行及计算结果

1. UDS 程序的编译

选择模型树节点 User Defined Functions→Compiled…，打开 Compiled UDFs 对话框，单击 Add…添加 UDS 源文件 clarifier. c，设置 Library Name 为 libudf，单击 Build 编译 UDF 文件，单击 Load 加载编译好的 UDF 文件。

2. Fluent 设置

以 2D、Double Precision 方式启动 Fluent，并加载网格文件 clarifier. msh。

（1）总体设置。选择模型树节点 General→激活选项 Transient 及 Axisymmetric。

（2）模型设置。模型树节点 Models→Viscous，选择 Standard k-epsilon 湍流模型及

Standard Wall Functions。

（3）添加 UDS。选择模型树节点 User Defined Scalars→New…→User-Defined Scalars 对话框，设置 Number of User-Defined Scalars 为 1，设置 Flux Function 为 settling_flux∷libudf，其余用默认值。

（4）添加 UDM。选择模型树节点 User Defined Memory→Edit…→User-Defined Memory 对话框，设置 Number of User-defined Memory Locations 为 5，设置 Number of User-defined Node Memory Locations 为 0。

（5）材料定义。选择模型树节点 Materials→fluid→water→Creat/Edit Materials 对话框，设置 Density 为 1000kg/m³，设置 Viscosity 为 viscosity∷libudf，设置 UDS Diffusivity 为 turbulent_diff∷libudf。

（6）单元域条件设置。选择模型树节点 Cell Zone Conditions→fluid→Fluid 对话框，激活选项 Source Terms，切换至 Source Terms 标签页，选择 Axial Momentum 右侧的 Edit…，在打开的对话框中设置 Number of Axial Momentum sources 为 1，设置其值为 udf X_mom_src∷libudf。选择 Turbulent Kinetic Energy 右侧的 Edit…，在打开的对话框中设置 Number of Axial Kinetic Energy sources 为 1，设置其值为 udf turb_k_source∷libudf。选择 Turbulent Kinetic Dissipation Rate 右侧的 Edit…，在打开的对话框中设置 Number of Turbulent Dissipation Rate sources 为 1，并设置其值为 udf turb_e_source∷libudf。

（7）边界条件设置。进口边界（inlet）：选择模型树节点 Boundary Conditions→inlet→Velocity Inlet 对话框，进入 Momentum 标签页，设置 Velocity Magnitude 为 0.019m/s，设置 Turbulent Intensity 为 5%，设置 Hydraulic Diameter 为 5.6m。切换至 UDS 标签页，设置 User Scalar 0 为 Specified Value，同时设置其值为 3.2（该值表示进口颗粒浓度为 3.2kg/m³）。

上部出口边界（outlet_top）：选择模型树节点 Boundary Conditions→outlet_top→Velocity Inlet 对话框，进入 Momentum 标签页，设置 Velocity Magnitude 为 −0.04m/s（这里设置负的速度入口来表示流出），设置 Turbulent Intensity 为 5%，设置 Hydraulic Diameter 为 0.02m。UDS 标签页采用默认参数设置。

下部出口边界（outlet_bottom）：选择模型树节点 Boundary Conditions→outlet_bottom→Pressure Outlet 对话框，进入 Momentum 标签页，设置 Gauge Pressure（pascal）为 0，设置 Turbulent Intensity 为 5%，设置 Hydraulic Diameter 为 3.2m。其他参数及 UDS 标签页采用默认设置。

（8）求解设置。选择模型树节点 Solution→Method→Spatial Discretization 面板，设置 Pressure 为 PRESTO!，设置 Momentum 为 Second Order Upwind，其他选项采用 QUICK 算法。

（9）Report Definitions 设置。为了在计算过程中监测出口 outlet_bottom 上污染物（变量 Scalar-0）的质量流量，选择模型树节点 Solution→Report Definitions→New→Surface Report→Flow Rate…→Surface Report Definition 对话框，设置 Name 为 report-def-0，设置 Report Type 为 Flow Rate，设置 Field Variable 为 User Defined Scalars…，并选中 Scalar-0；从 Surfaces 列表中选择 outlet_bottom。激活 Report File 选项、Report

Plot 选项和 Print to Console 选项。

（10）初始化。选择模型树节点 Initialization，单击弹出菜单项 Initialize 开始初始化。

（11）AutoSave 设置。选择模型树节点 Calculation Activities→Autosave→Autosave 对话框中，设置 Save Data File Every（Time Steps）为 100，设置 File Name 为 D：/Test/ UDS/clarifier。

（12）求解。选择模型树节点 Run Calculation，在右侧面板中设置 Time Step Size 为 10s，设置 Number of Time Steps 为 7300，单击 Calculate 进行计算。

注：本案例中泥沙水力弛豫时间约为 7300s，计算 73000s 使其达到稳定。这里给出了 9110s 时的计算结果。

3. 计算结果

（1）颗粒浓度分布。通过 Fluent 后处理，可直接查看计算得到的浓度分布（变量 Scalar-0 分布），如图 9.39 所示。

图 9.39　变量 Scalar-0 分布

（2）沿铅垂线的浓度分布。首先通过 Iso-Surface 对话框创建 isosurface $y=4m$ 等参面（实为 $y=4m$ 的一条铅垂线）；其次，定制场函数 x-in 为 $-x$；然后设置 XY Plot 的 Y 轴为刚刚定制的场函数 x-in，X 轴为 User Defined Scalars…，且其值为 Scalar-0。最后生成的浓度纵向分布曲线如图 9.40 所示。

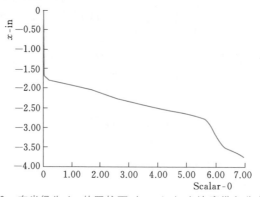

图 9.40　在半径为 4m 的圆柱面（$y=4m$）上浓度纵向分布结果

第10章　进水池与出水池流动分析

泵站前池、进水池和出水池的流态不仅影响自身水力损失，还影响水泵运行特性。本章结合典型工程实例，介绍泵站前池、进水池和出水池流动分析方法，研究内部三维流态，为评估泵站水力性能及优化水力设计提供新的途径。为叙述方便，在没有特指的前提下，将前池与进水池统称为进水池。

10.1　进水池与出水池流动研究概况

10.1.1　进水池

广义的泵站进水池包括前池和进水池两部分。前池中的不良流态主要是大尺度回流[5]，如图10.1所示；进水池中的不良流态主要是表面旋涡，分为自由表面旋涡（free surface vortex）和次表面旋涡（sub-surface vortex）两种[182]。自由表面旋涡源于进水池自由水面，呈开放漏斗状或连贯涡束状，可能从自由水面一直延伸到水泵进水喇叭口[183]，如图10.2所示。自由表面旋涡容易出现在进水池水位较低的时候。次表面旋涡一般附着在池壁，呈连贯涡带状，从池壁延伸到水泵吸水喇叭口，涡带中心可能带有气泡，如图10.3所示，也称为附壁涡或附底涡[5]。

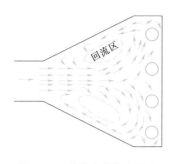

图10.1　前池中的不良流态

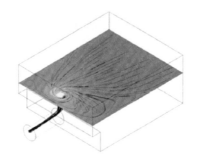

图10.2　自由表面旋涡

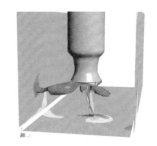

图10.3　次表面旋涡

前池中的回流和进水池中的表面旋涡看似是一种稳定的流动现象，但实际是一种强瞬态旋转流动。特别是表面旋涡，其整个涡束的旋度和外观是不断变化的，直接造成流向进水流道的水流不均匀性。表面旋涡中心是压力很低的涡核，很容易将空气泡或泥沙带入水泵吸入口，从而导致水泵进口出现预旋，叶轮载荷不平衡，水泵效率下降，振动增大[2]。

美国辛辛那提大学 Rajendran 和 Patel 研究组[184,185]被认为是最早对泵站表面旋涡进行系统研究的团队。他们利用染色法研究了表面旋涡演化规律，给出了六类自由表面旋涡特征演化过程，发现了旋涡发展过程各向异性特点[184]。同时，利用 PIV 给出了各类表面旋涡速度场定量分布，通过优化进水池几何参数与流动条件，提出了减少表面旋涡的技术措施[185]。Okamura 等[186]利用 PIV 发现进水池产生挟气旋涡的临界淹没深度几乎与流量成正比。

物理模型实验虽然可以在某种程度上模拟表面旋涡特性，但存在 3 个突出问题：①PIV 示踪粒子很难同时追踪液相及表面旋涡气泡相；②精确测量气液两相表面旋涡的旋度等参数是一件很困难的事情；③非定常旋涡经常不具有尺度相似性，因此通过物理模型实验得到的瞬态结果精度比较低。因此，对于表面旋涡演化机理的研究，目前多以理论分析和数值计算为主。

表面旋涡流动是以强瞬态和大规模分离为特点的，因此，开展这种非定常流动的数值模拟是一件具有挑战性的工作，数值模拟成功的关键是准确捕捉流动中主要结构动力学特性，因此，对数值方法特别是湍流模型的要求较高。最早的表面旋涡数值模拟基于稳态 RANS k-ε 模型，后来逐渐发展到 URANS 计算[2]。考虑到表面旋涡的非定常特性，美国爱荷华大学 Tokyay 认为，只有借助非扩散 LES 求解器、精细网格及大规模并行计算机，才能捕捉比较精细的表面旋涡。为了解决 LES 计算对计算资源要求较高的问题，德国凯撒斯劳滕工业大学 Boohle 教授团队提出了一种将格子 Boltzmann 方法与 LES 相结合的表面旋涡计算方法，该方法在保证较高计算效率的同时，也得到了比较满意的结果。传统的表面旋涡计算，多以单相流为前提，近年开始更多地采用两相流模型来计算，有学者利用 VOF 模型对进水池模拟后发现随机扰动使表面旋涡向非对称、高强度的方向发展，这是单相流计算很难发现的。

表面旋涡受浮力、表面张力及重力影响较大，气相与液相密度存在较大差异。表面旋涡的运动受角动量守恒定律支配，且具有强迫涡和自由涡的双重特点，在径向和轴向均存在较大的压力梯度，其旋度和涡带直径取决于 Reynolds 数、Froude 数和 Weber 数等。表面旋涡的演化是一个从分散流到分层流的过程，特别是当表面旋涡由离散涡系演化为涡带时，涡带边界上存在速度梯度和压力梯度都很大的强剪切界面。在强剪切面内部是涡带核心区，主要由旋度较高、压力较低且气相占比较高的"拟气相"流体组成；而强剪切面外部则由旋度较低、压力较高、液相占比较高的"拟液相"流体组成。由于涡带内外的气相占比不同，故强剪切面可以看成是一个"拟气相"和"拟液相"的相间界面。涡带的初生和发展都由强剪切面上的相间作用力所控制。表面旋涡研究需要解决的关键问题是：气液界面上的外部力和表面张力如何准确计算；悬移质对气液界面上外部力和表面张力有怎样的影响；气液界面附近的计算网格密度如何设置。

除了非定常特性以外，表面旋涡还有可能在涡带中心区存在空化，特别是在水泵吸水喇叭口淹没深度相对较小而流量较大时，更加容易产生带有空化的旋涡。为此，许多学者引入空化模型来模拟池内的旋涡，如 Kang 等[187]采用 SST k-ω 模型与 Rayleigh-Plesset 空化模型联合求解了多机组协同运行条件下进水池内的空化流动，较好地预测了自由表面旋涡和次表面旋涡。

为了控制前池中的大尺度回流及进水池中的表面旋涡，最近几年对泵站进水池除涡装置的研究成为热点。除了传统的底坎、隔墩、压水板等除涡装置外,在进水池内设置十字板除涡装置的做法越来越多,图10.4是韩国泵站采用较多的十字板除涡装置[188]。丛国辉借助流动模拟,设计了包括十字板、锥台等在内的一组除涡装置[189]。为控制泵站进水池的表面旋涡和次表面旋涡,美国水力研究所在泵站进水池设计规范 ANSI/HI9.8[182]中专门制订了最小临界淹没深度的获取方法,并给出了通过导流墩控制旋涡的具体结构和尺寸,如图10.5所示。广东永湖泵站二期工程采用了"八字形导流墩-川字形导流墩-十字形消涡板"的组合式控涡设施[191],如图10.6所示。其中,川字形导流墩专门用于对八字形导流墩尾部流场进行二次整流,消除动态涡街;十字形消涡板专门用于消除次表面旋涡。泵站按此方案改造后,消除了原有的机组压力脉动和泵房楼板振动问题,经中水北方公司现场测试取得良好效果。

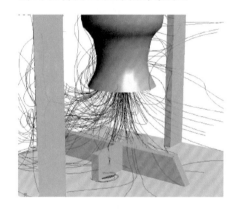

图 10.4 进水池内的十字板除涡装置

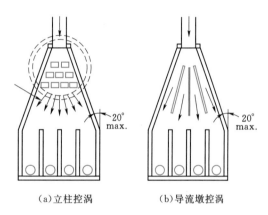

(a)立柱控涡 (b)导流墩控涡

图 10.5 美国泵站设计规范 ANSI/HI 9.8 推荐的控涡设施

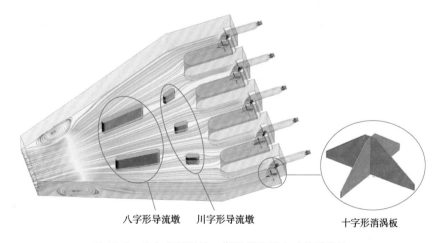

八字形导流墩 川字形导流墩 十字形消涡板

图 10.6 广东永湖泵站二期采用的组合式控涡设施

10.1.2 出水池

出水池是连接水泵出水管(出水流道)和干渠的扩散型水池,主要起消除出水管出流

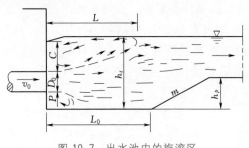

图 10.7　出水池中的旋滚区

余能，使水流平顺而均匀流入输水干渠，以及防止停机后干渠水倒流的功能。水流从出水管或出水流道出来后，呈无限空间射流状态，在池中产生较大的旋滚区[5]，如图 10.7 所示。出水池研究的主要目标是控制旋滚区大小。

由于出水池位于水泵出水管之后，虽然池内也有旋滚区，但出水池对水泵内部流动及水泵运行稳定性的影响要远小于进水池。因此，对出水池的研究远不如进水池多。在出水池流场计算模型方面，处理方式与进水池基本相同。

10.2　进水池与出水池计算模型

泵站前池与进水池是连通的，因此需要将两者结合在一起进行流动计算，经常统称为进水池，除非有特指的情况。依据泵房型式不同，有时还需要将进水管、进水流道，甚至泵段等组合一起进行计算。

10.2.1　计算域

计算域的选择与计算对象、计算工况、边界条件，甚至计算网格都密切相关。一般来讲，凡是涉及前池与进水池的流动分析，总要将前池和进水池放在一起作为整体考虑，即计算域至少包括前池与进水池。此外，考虑到进水池要么与吸水管相接，要么与进水流道相连，因此，前池与进水池的计算域还包括一段进水管或进水流道。有时，为了在计算域的进口施加速度进口边界条件、在计算域出口施加无流场梯度变化的出流边界条件，还要将计算域分别向来流和出流方向延伸，这样，泵站引渠也经常会出现在计算域中，水泵吸水管或进水流道往往较实际更长一些。

例如，图 10.8 是安徽某低扬程泵站的平面布置图和纵剖面图，该泵站安装了 3 台导叶式混流泵，泵房属于湿室型，水泵直接从进水池中吸水，直管式出水流道后接压力水箱。要进行前池和进水池流动分析时，其计算域可设置为如图 10.9 所示。真正的计算域是指根据计算工况（水位）所确定的水体部分。

需要说明的是，在湿室型泵房中，轴流泵或导叶式混流泵叶轮距离吸水管喇叭口很近，这样，叶轮的旋转作用将会直接对喇叭口的流动产生影响，因此，在进行计算域的构建时，还需要包含水泵。水泵的处理方式通常有两种：如果拥有水泵叶片木模图等所有水力尺寸，则直接对泵进行三维造型；如果没有木模图和水力尺寸，则根据水泵的性能曲线，采用 FAN 模型代表水泵。在图 10.9 中，借助 FAN 模型表征水泵。当然，如果连水泵和性能曲线也没有，则直接用圆管代替泵段，在叶轮所在位置参考实测资料直接给定速度条件和压力条件。

对于安装离心泵或蜗壳式混流泵的高扬程泵站，计算域的构建相对简单，不再像低扬程泵站那样考虑水泵对进水池的影响。因为高扬程泵站的吸水管往往较长，至少有 10 倍

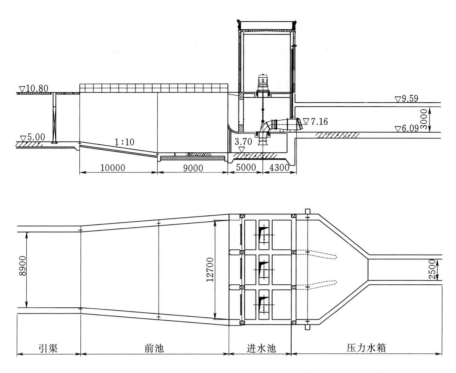

图 10.8　低扬程泵站平面布置图和纵剖面图（尺寸单位：mm，高程单位：m）

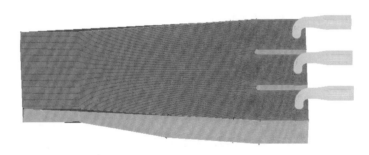

图 10.9　低扬程泵站前池和进水池计算域

管径以上，水泵叶轮的旋转作用对吸水喇叭口的反作用可以忽略，这样，可直接取泵前一段进水管作为计算域的一部分即可。例如，对于图 10.10 所示的离心泵站，在分析前池与进水池流动时，可选择图中虚线区域为计算域，即前池、进水池、吸水管（部分）。由于图中的前池和进水池是对称结构，故可选择一半为计算域，如图 10.11 所示。为了在前池进口施加速度进口边界条件，也将计算域适当向来流方向进行了延伸。

对于出水池的流动计算，其计算域的构建相对简单。一般可取水泵出水管或出水流道（部分）、出水池、干渠（部分）即可。

需要说明的是，泵站前池、进水池、出水池存在自由水面，自由水面的处理通常有 3 种方法：对称面方法、VOF 方法和 Level-set 方法。如果采用前者，则上述计算域的设置没有问题；如果采用后两者，则需要在与空气接触的水面增加空气所占据的区域，详见10.2.3 节的介绍。

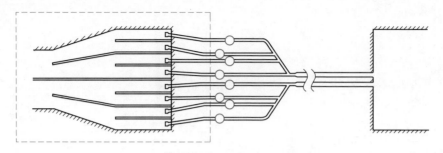

图 10.10　高扬程泵站平面布置图

10.2.2　计算网格

1. 对网格的一般描述

在确定计算域之后，便可对计算域
所占据的水体域进行三维造型。相对于
水泵而言，前池、进水池、出水池的结
构相对简单，故可参考水泵的三维造型
方法，获得前池、进水池和出水池计算
域的三维实体模型。需要注意的是，造
型时就要考虑到下一步如何划分网格、
如何进行流场后处理。例如，前池比较

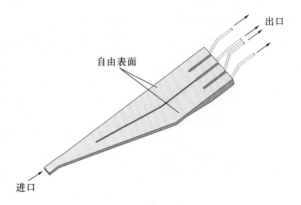

图 10.11　高扬程泵站进水池与前池计算域

规则，拟划分六面体网格，而进水池包含水泵吸水管，拟划分非结构网格，这样在造型
时，就需要将前池和进水池用两个不同的区域来构建。再比如，如果需要在后处理过程中
观察某个曲面上的流动状况，例如流线，则需要在造型时就生成该内部曲面。

在完成造型后，就需要对计算域进行网格划分。从理论上来讲，六面体网格排列整齐
有序，便于调整节点分布，同时对湍流模型和离散格式的适用性更好，求解速度更高。非

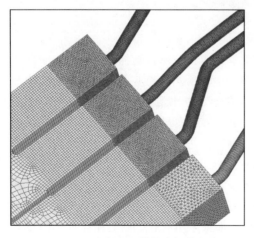

图 10.12　高扬程泵站前池与进水池
计算网格

结构网格对复杂结构具有更好的适应性，可以
减少构造复杂网格所需要的时间。因此，在针
对前池、进水池、出水池计算域划分网格时，
一般可首先尝试划分六面体网格，详细方法见
第 5 章 5.6 节。对于进口喇叭口等复杂区域，
可以采用非结构网格。例如，针对图 10.10 所
给出的算例，可生成图 10.12 所示的计算网格。
该算例采用了六面体网格与四面体网格相结合
的方法，其中最右边的边机组不工作，故网格
较粗。

关于网格的尺度到底取多少合适的问题，
理论上越密越好，但过密的网格，不仅对提高
计算精度没有明显帮助，反而会大大增加计算

量。因此，一般需要做网格无关性检查。也就是说，试着求解几组不同网格尺度的流场，然后进行比较判断，当网格加密到一定程度，计算精度不再明显提高时，即为一个比较合适的网格数。

除了网格数目之外，网格分布对计算结果的影响也十分明显。一般来讲，在流场变化比较剧烈的区域，如进水管喇叭口周边、泵段内部、出水管出口处等，应该适当加密网格。对于没有太多计算经验的新手来讲，可以先试着划分一个比较初级的网格，然后启动流动求解器，计算若干迭代步之后，停下来检查流场中压力梯度的分布，凡是压力梯度比较大的区域，就是应该对网格进行加密的区域；反之，压力梯度很小的区域，可能需要对网格进行粗化处理。这个过程，是一个不断学习、不断积累经验的过程，不必简单模仿别人的网格数量来决定自己的网格，因为两个计算所使用的边界条件（如初始速度）不同、湍流模型不同、近壁区处理模式不同，所需要的网格数目和分布也不相同。

2. 网格 y^+ 的保证值

靠近壁面的网格，特别是靠近吸水喇叭口及水泵叶片表面的网格，需要特别考虑第一层网格位置的布置，也就说要考虑 y^+ 的设置。因此，需要采用与拟使用的湍流模型相适应的近壁区处理模式。例如，如果采用 k-ε 模型模拟湍流核心区流动、采用标准壁面函数来模拟近壁区低雷诺数流动，则需要保证 y^+ 在 $20\sim500$ 之间。如果采用大涡模拟，则应该保证 y^+ 为 1 的量级。关于湍流模型与近壁区处理模式相关内容，参见本书第 3 章。

为了获得合适的网格，对于 CFD 经验不多的人来讲，可尝试使用 y^+ 计算器软件来估算与所计算的流动相对应的 y^+ 和网格尺度。这些软件可从专门的 CFD 网站找到，详见第 5 章 5.1 节。这样，可以参考估算出来的网格尺度来划分原始网格，然后再到 CFD 软件中通过流场试算来检查 y^+，接着手工修改网格或采用网格自适应技术修正网格。对此部分的介绍，请参见第 5 章。

10.2.3 自由水面的处理

泵站前池、进水池和出水池流动的一个主要特点是具有与空气接触的自由水面。对于自由水面的处理，目前主要有 3 种方法：对称面方法、VOF 方法和 Level-set 方法。其中，第一种方法主要用于稳态流动分析，后两种方法主要用于瞬态流动分析。

对称面方法也称刚盖假定方法，是指不考虑自由水面的波动，认为水面是平稳的，将水面简化成为上下对称面，水流在"对称面"上只有横向流动，没有垂直流动。这种处理模式的好处是可以大大简化计算，提高计算效率，无论对稳态流动还是瞬态流动分析，均有效。该方法很早便在泵站进水池研究中被成功应用[190]，目前国内外大部分泵站前池、进水池和出水池流动模拟多采用这种处理模式。

VOF 属于两相流中的界面捕获类方法，它将自由水面下的水和上面的空气共同纳入计算域，水和空气共用一套动量方程，在欧拉网格系统上定义一个函数 f（空气或水的体积分数，界于 0 和 1 之间），根据每个网格内所含有的水或空气的体积分数来定义在此网格上的值，然后用体积跟踪的方法求解关于 f 的方程。该方法在上一时刻重构界面，然后用代数方法算出下一时刻的 f 值。在 CFD 计算时，全流动的每个计算单元内都记录下水和空气各自占有的体积率。VOF 方法在模拟泵站前池、进水池和出水池的瞬态流动时，如水泵机组启动或停机池内水面变化过程，有其独特的优势。当然也借助瞬态分析模式来模拟机组稳态运行时池内水面波动情况，这是对称面方法所不能比的优势。有关 VOF 方法的详细介绍，见第 9 章 9.4 节。

Level-set 方法[155]与 VOF 方法类似，都属于两相流中的界面捕获类方法。Level-set 方法把随时间运动的水和空气界面看作某个函数 $\phi(x,t)$ 的 0 等值面，满足一定的方程。在每个时刻 t，只要示出函数的值，就可知道其 0 等值面的位置，也就是运动界面的位置。和 VOF 方法相比，Level-set 方法所定义的 $\phi(x,t)$ 函数在计算域上是连续的，呈规则分布，而不像 VOF 那样 f 是不连续的（在离开界面的单元中，要么为 1，要么为 0）。这样，$\phi(x,t)$ 直接隐含着界面的几何属性，不需要重构界面，描述的界面会比 VOF 法光滑，这是 Level-set 方法的优点。但是，Level-set 方法的应用不如 VOF 方法简单，在泵站自由水面模拟中应用并不普遍。目前最通用的方法是将 Level-set 与 VOF 方法耦合使用，这样可以发挥各自的优势。

本章大部分算例都采用对称面方法进行自由水面处理，在 10.4 节将采用 VOF 与 Level-set 耦合方法模拟进水池自由水面流动，重点分析空气吸入涡的发展过程。

10.2.4　边界条件

对于泵站前池、进水池与出水池的流动计算，一般不考虑两相流及空化特性，其边界条件的设置相对简单。通常，在计算域的进口设置速度进口条件，在计算域的出口设置出流条件即可。下面分别叙述如下。

(1) 进口条件。对于前池和进水池的计算，在前池的入口处，采用速度进口条件或采用总压条件，速度值由计算工况对应的流量确定。对于出水池流动计算，在连接出水池的水泵出水管或出水流道的进口断面上，设置速度进口条件，速度值由水泵流量决定。如果是多台水泵同时工作，则设置多个速度进口。

在进口边界上还需要给定湍流度等相关参数。例如，如果选择 k-ε 系列湍流模型，则需要在进口边界条件中设置湍动能 k 和湍流耗散率 ε 的值，可根据式 (2.19) 和式 (2.21) 进行计算。

(2) 出口边界。对于前池和进水池的计算，出口一般为水泵进水管出口或进水流道出口；对于出水池计算，出口边界一般是出水池末端。出口边界通常可设置自由出流或压力出口。对于前池和进水池流动计算，计算域出口处通常设置自由出流，因为这时有水泵的存在，计算域出口的压力值是不知道的；而对于出水池流动计算，既可设置压力出口，也可设置自由出流。如果设置压力出口，静压按 0 处理。如果设置自由出流，则认为沿流动方向流动没有变化。

(3) 自由水面。根据 10.2.3 节的介绍，对于泵站前池、进水池和出水池自由水面的处理，目前主要有对称面方法、VOF 方法和 Level-set 方法，而对称面方法是目前应用最为广泛的方法，因此，当前池、进水池和出水池内水面变化幅度不是很大时，建议采用对称面边界条件。此时，忽略空气对水流的影响，不存在穿过自由表面的流动。

(4) 泵段。对于安装轴流泵或导叶式混流泵的低扬程泵站，水泵叶轮距离水泵吸水喇叭口较近，因此，水泵叶轮旋转对进水池流态的反作用不可忽视，在进行进水池流动分析时，应该将泵段包含在内。如果拥有水泵叶片木模图等所有水力尺寸，则可直接对泵段进行三维造型，然后对全流道进行流动分析；当没有水泵水力尺寸时，可采用 FAN 模型（有压力阶跃的模型，类似于风扇）来代替水泵。用空的圆管代替水泵进行三维造型，然后在叶轮中心线所在断面上设置 FAN 边界，根据泵的流量扬程曲线设置 FAN 前后压力跃升值，这样，就可有效模拟水泵的作用。关于 FAN 模型的详细用法，见第 11 章 11.5 节。

另外一种处理泵段的方法是并不对泵段进行造型，也不设置 FAN 模型，而是根据实验结果直接在泵段区域给定速度场分布，详见本书第 9 章 9.5 节水沙搅拌算例。

此外，资丹[191]为了形成水泵进水管内的水流运动，并将模拟重点放到进水池表面旋涡，在进水池中远离进水管口的上游侧（进水池入口）放置一个源，在进水管中远离进水管口的下游侧（水泵所在位置）放置一个汇，这样可以让系统形成与实际泵站进水池和进水管口相类似的流动状态。

（5）壁面及粗糙度。壁面设置似乎是一个非常简单的问题，但许多 CFD 计算恰恰在这方面出现错误。例如，有些 CFD 模拟根本不考虑壁面粗糙度的影响，这样得到的结果无异于针对光滑壁面的计算结果。通常来讲，泵站进水池底板或进水流道表面经常有直径 1~2mm 的砂粒，粗糙度比较大，这时，就必须在计算模型中考虑实际粗糙度的影响。而对于粗糙壁面附近流动的求解，最准确的方法是直接构造真实的三维粗糙壁面，然后划分足够细的网格求解边界层流动。但是，对于泵站前池、进水池、出水池这样大尺度的计算对象而言，进行这种计算的工作量非常大，在目前的计算资源条件下也不太现实，因此，需要采用另外的方法。最直接的做法是，将靠近壁面网格单元的质心布置在边界层的对数律层内，然后通过修正壁面函数中对数律公式来体现粗糙度的影响[192]。

10.2.5 湍流模型及近壁区处理模式

在泵站工程中，人们更多关注的是前池和进水池流场的整体情况，因此，基于计算效率与计算精度的双重考虑，多采用 RANS 方法来求解流场，其中 k-ε 两方程模型应用最为广泛[2]。丛国辉[189]采用不同湍流模型对泵站进水池流场进行计算，认为 Realizable k-ε 模型预测得到的进水池表面旋涡和附壁涡大小、形状、强度与试验结果更为接近。因此，建议采用 Realizable k-ε 进行泵站前池与进水池的流场分析。

当然，除了 RANS 模式外，当关注重点是进水池不同尺度的旋涡时，如水泵进水管喇叭口附近的表面旋涡，采用 LES 方法进行瞬态流场模拟似乎成为必然[191]。

当确定了湍流核心区求解采用的湍流模型后，需要确定相应的近壁区处理模式。对于靠近壁面区的低雷诺数流动，虽然可以用低雷诺数模型进行完全求解，但考虑到前池与进水池尺度较大，因此多采用壁面函数进行求解，主要原因在于计算效率。这部分内容请参见第 3 章。

10.3　进水池流态研究

本节以某泵站前池和进水池为研究对象，探讨前池扩散角、前池池底坡度及隔墩变化对前池和进水池流态的影响。

10.3.1　研究对象

安徽省某泵站设计流量 $6.4\mathrm{m^3/s}$，设计扬程 13.1m，安装 3 台双吸离心泵。单泵额定流量 $2.31\mathrm{m^3/s}$，额定扬程 14.96m，配套电机功率 450kW，转速 490r/min。拟定的泵站前池与进水池总长 24.50m，前池平面扩散角 48°，前池始端接渠道，高程 53.6m，末端与进水池相接，高程 51.70m，池底坡度 1/5；引渠宽约 9.5m，进水池宽 26m；前池两侧布置浆砌石重力式挡土墙，墙后填土高程 56.0m。该算例取自文献 [193]。

采用第 5 章介绍的方法对前池和进水池进行六面体网格划分，结果如图 10.13 所示。其中，泵段部分采用 FAN 模型来模拟水泵的作用。在计算域的进口采用速度边界条件，出口采用自由出流边界条件，自由水面采用对称面假定。针对不同的前池和进水池结构参数，在 3 台机组同时工作工况下，进行前池和进水池流态分析。

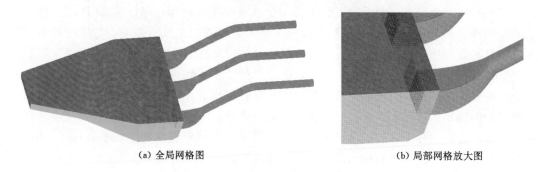

(a) 全局网格图　　　　　　　　　　　　　(b) 局部网格放大图

图 10.13　前池与进水池计算网格

10.3.2　前池池底坡度对流态的影响

在前池扩散角为 48°的前提下，分别针对池底坡度 $i=1/4$、1/5、1/6 和 1/8 时进行了流动分析，得到前池与进水池流态，如图 10.14 所示。

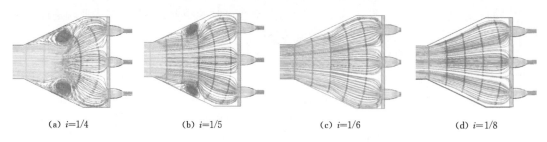

(a) $i=1/4$　　　　　(b) $i=1/5$　　　　　(c) $i=1/6$　　　　　(d) $i=1/8$

图 10.14　不同池底坡度条件下前池与进水池流态

由图 10.14 可见，在前池扩散角保持 48°条件下，当池底坡度 $i=1/4$ 时，前池存在明显脱壁流，而随着池底坡度逐渐增大，脱壁流所形成的回流区逐渐减小；当 $i=1/8$ 时，前池几乎不存在回流。

将前池内回流区所占据的面积进行统计后，绘制了回流区面积与前池整体面积的比随池底坡度的变化曲线图，如图 10.15 所示。从图中可以看出，曲线存在两个拐点，分别对应于池底坡度 0.17 和 0.25。当池底坡度大于 0.25（即 1/4）时，前池内回流区面积比非常大，而当池底坡度小于 0.17（即 1/6）时，回流区面积比很小。因此，推荐该泵站前池池底坡度不应该大于 1/6。

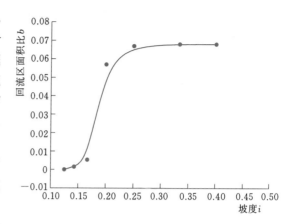

图 10.15　前池回流区面积比与池底坡度的关系

为了更好地考察速度分布，还给出了不同池底坡度下前池与进水池断面上的速度矢量图，如图 10.16 所示。该图表明，当池底坡度为 1/4 或 1/5 时，靠近前池进口断面上存在明显反向流动，而当池底坡度为 1/6 时，反向速度很小，在池底坡度为 1/8 时，前池各断面速度分布均匀。

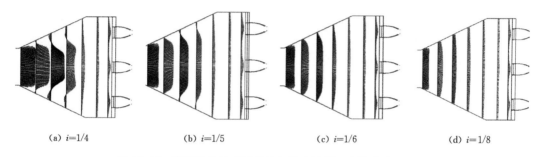

(a) i=1/4　　　　(b) i=1/5　　　　(c) i=1/6　　　　(d) i=1/8

图 10.16　不同池底坡度下前池与进水池断面上的速度矢量图

《泵站设计规范》（GB 50265）[11]规定，为了减少工程开挖量，前池的坡度一般选为 1/3～1/5。而通过本例计算表明，当前池扩散角比较大时，应该选择更小的池底坡度。这样才能更加有效地避免出现池壁脱流现象。

10.3.3　前池扩散角对流态的影响

在前池池底坡度保持 1/4 的前提下，分别针对前池扩散角 α＝20°、30°、40°、50°时进行了流动分析，得到前池与进水池流态，如图 10.17 所示。

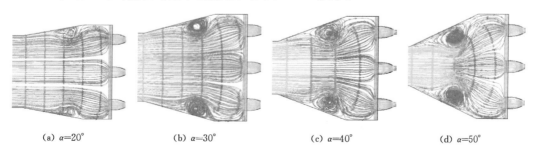

(a) α=20°　　　　(b) α=30°　　　　(c) α=40°　　　　(d) α=50°

图 10.17　不同扩散角下前池与进水池流态

由图可见，在保持前池池底坡度为 1/4 的前提下，当扩散角 $\alpha = 20°$ 时，前池内回流不明显，随着扩散角增大，回流区域增大，同时回流中心向前池进口段移动。这说明当扩散角较大时，出现了比较大的脱壁流区域。图 10.18 是回流区面积比随扩散角变化曲线，从中可以看出，当扩散角大于 30° 时，回流区均比较大。

10.3.4　隔墩对流态的影响

从上述计算可以看出，当池底坡度取较大值（如 $i = 1/4$）时，前池内部均存在一定程度的回流，虽然 $\alpha = 20°$ 时回流区较小。该泵站如果因客观条件所限，扩散角必须取 48°，池底坡度必须取 1/4，则需要采取其他技术措施，以消除池中的旋涡。为此，这里分析增设隔墩对池中流态的影响。

一般来讲，在前池中增设隔墩，可以减小流动扩散，改善流动状态。为此，这里设计了 4 种隔墩型式，经过流动分析，得到的流态如图 10.19 所示。

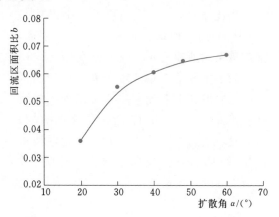

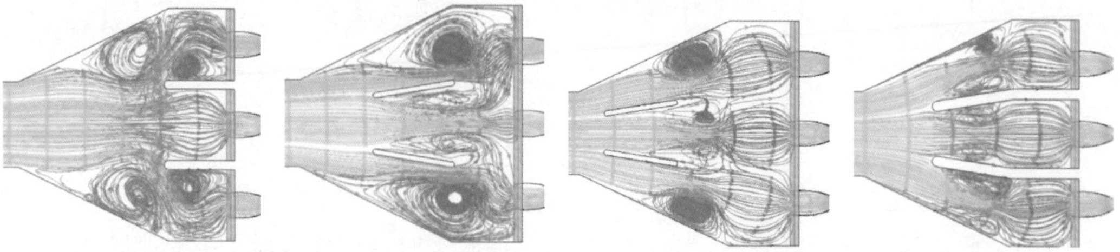

图 10.18　回流区面积比随扩散角变化曲线

![流态图] (a) 二字形隔墩　　(b) 后置八字形隔墩　　(c) 前置八字形隔墩　　(d) 组合式隔墩

图 10.19　不同隔墩型式下的前池与进水池流态

由图 10.19 可见，在各种隔墩型式中，二字形隔墩效果最差，组合式隔墩对应的流态最好。文献［193］给出了推荐的隔墩结构参数。

10.4　进水池空气吸入涡研究

无论是泵站还是水电站，当进水池/站前水库水位较低时，进水池/站前水库表面将产生空气吸入涡，如图 10.20 所示[194]。美国泵站进水池设计规范 ANSI/HI 9.8[182] 将这类旋涡分为 6 级，其中第 6 级是最严重的一级，即挟气涡带。挟气涡带将使水泵产生振动，效率下降，因此，必须想办法加以预测和控制。为此，资丹[191] 采用耦合 Level-set 和 VOF 的方法对空气吸入涡进行了分析，现选择部分成果介绍如下。

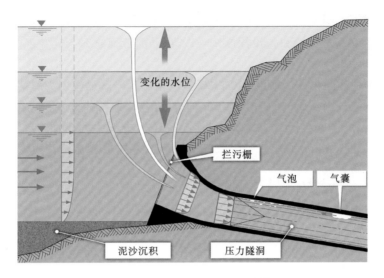

图 10.20 进水池表面旋涡[194]

10.4.1 计算模型

研究对象是一模型装置，由水箱、管道等组成的水循环系统，如图 10.21 所示。该研究对象由 Moller[194] 提出，目的是测试在不同水位条件下泵站进水池表面旋涡向水泵吸水管入口发展的过程。在图 10.21 中，左侧 a 段是水箱，用于模拟泵站进水池；右侧 b 段是泵站进水管；下部 c 段有一个小型水泵用于使水流动起来。为了仔细观察进水管入口及进水池表面旋涡，在水箱下部安装了一个可旋转的 CCD 相机。该试验水箱尺寸为 5.0m×1.6m×3.4m，进水管口直径 0.4m，管口中心比箱底高出 0.4m，管口向箱内伸进 0.8m。

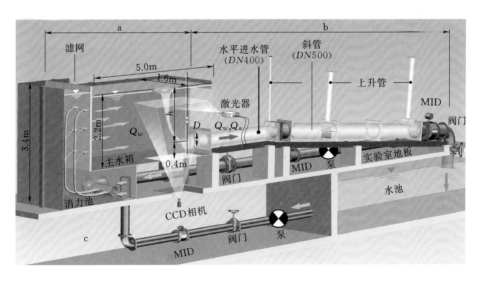

图 10.21 泵站进水池表面旋涡实验系统

现取 Moller[194] 试验中一个工况作为本书算例设置。以管口水流速度 v 为特征速度，管口直径 D 为特征长度，管口淹没深度 $h_s = 1.5D$，弗劳德数 $Fr = v/\sqrt{gD} = 0.8$，流量 $Q = Q_0/vD^2 = 0.78$。

该算例属于气液两相流，采用 LES 来模拟两相流，LES 的控制方程见第 8 章 8.1 节。水与空气交界面通过耦合 Level-set 与 VOF 的方法[195] 来追踪。

Level-set 方法[155] 是界面追踪方法之一，与 VOF 模型中的界面追踪方法非常类似。在 Level-set 方法中，相界面通过一个 Level-set 函数来捕捉并追踪，而 Level-set 函数表征了到界面的距离。由于 Level-set 函数光滑而连续，其空间斜率可以准确地计算出来，因此可以准确地估计界面的曲率及曲率引起的表面张力。但是，Level-set 方法具有体积守恒性差的弱点，VOF 方法具有体积分数在界面上不连续的弱点，将 Level-set 方法与 VOF 方法耦合在一起使用，可规避两者的弱点，发挥两者的优势。在第 9 章 9.4 节给出了 VOF 方法的控制方程及相关解法，还对耦合 Level-set 与 VOF 的方法进行了较详细说明。有关公式和算法见 9.4 节，或者直接参见文献［195］和文献［17］，这里不再重复。

所采用的计算域如图 10.22 所示。在该计算域中，空气域的高度与水深一致，也为 1.5D。右侧是水箱，左侧是进水管，水流从右侧的管口进入，左侧管口流出。为了模拟管口附近及水中自由表面旋涡，必须形成一定的流速，由于本计算域并不包含泵，故在距离管口足够远的地方分别设置源（source）和汇（sink）来模拟来流和水泵的抽吸作用。经研究发现，当源和汇距离管口断面超过 20D 时，对该管口断面的影响可忽略不计。由于源周围的流场是向四周发散的，因此为了消除源流向水箱壁面的速度对进水口产生的影响，在水槽壁面附近设置海绵层边界条件（sponge layer）。最终确定的计算域尺寸为 $26D \times 4D \times 4D$。该计算在美国明尼苏达大学的超级计算机上完成。

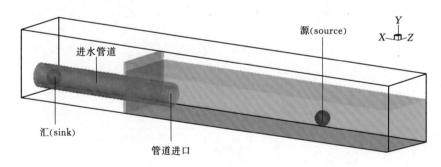

图 10.22　计算域和源/汇的设置

10.4.2　空气吸入涡演化过程

为了表征空气吸入涡的涡核，现引入 Q 准则。表征涡量等值面的不变量 Q 定义为

$$Q = \frac{1}{2}(|\boldsymbol{\Omega}|^2 - |\boldsymbol{S}|^2) \tag{10.1}$$

式中：$|\boldsymbol{\Omega}|$ 为旋转率张量的模；$|\boldsymbol{S}|$ 为应变率张量的模。

$Q > 0$ 意味着该区域速度梯度张量中旋转部分起主导作用，即涡核所在区域，其数值越大表示旋转强度越大。

图 10.23 给出了计算得到的空气吸入涡生成过程不同阶段的自由水面形状及旋涡结构，其中左图为自由水面形状，右图为旋涡结构（Q 等值面图）。浅蓝色表示水体积分数 $\alpha=0.5$ 的等值面；红色表示涡结构的 Q 等值面，其中图 10.23（a）中 $Q=0.1$，其余图中 $Q=1$。

根据图 10.23，可将进水池空气吸入涡的生成过程分为如下 4 个阶段。

（1）表面旋流。此为空气吸入涡生成的初生阶段。进水管上方的自由水面仅存在微弱的旋流，如图 10.23（a）左图所示。此时自由水面的旋涡聚集在进水管口上方，且旋涡结构向管口方向延伸，但并未延伸至管口处，如图 10.23（a）右图所示。

（2）深表面凹坑。微弱的表面旋流被拉伸成深表面凹坑，如图 10.23（b）左图所示。此时进水管口上方旋涡延伸至管口，如图 10.23（b）右图所示。

（3）空气芯阶段。在水箱中可观察到空气芯，且气泡会在空气芯的顶部脱落进入到水箱中，此时进水管口附近只有一个强度较强的旋涡结构，如图 10.23（c）左图所示。此时进水管口上方变成单方向的旋涡，如图 10.23（c）右图所示。

（4）完全发展的空气芯。空气芯的顶部已经达到进水管的进口，如图 10.23（d）左图所示，空气会通过这个完全发展的空气芯从自由水面持续地进入到进水管中，此时还是由单方向的旋涡结构控制空气芯旋涡的发展，如图 10.23（d）右图所示。

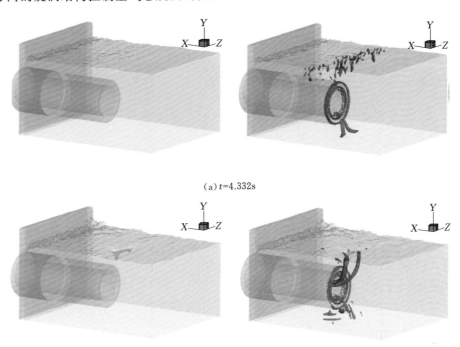

(a) $t=4.332s$

(b) $t=13.199s$

图 10.23（一）　空气吸入涡生成过程不同阶段的自由水面形状及旋涡结构
（左图为自由水面形状，右图为旋涡结构——Q 等值面图）

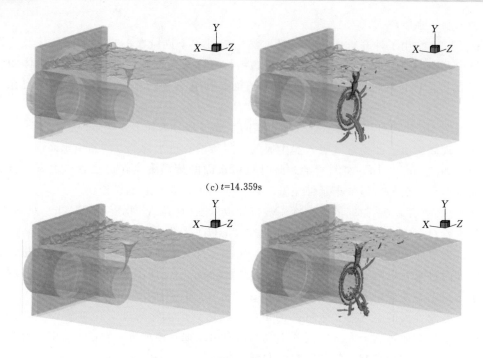

(c) $t=14.359s$

(d) $t=14.651s$

图 10.23 (二)　空气吸入涡生成过程不同阶段的自由水面形状及旋涡结构
(左图为自由水面形状，右图为旋涡结构——Q 等值面图)

10.4.3　空气吸入涡产生机理

从图 10.23 可以看出，空气吸入涡的旋涡主要分量是垂直涡量 ω_y。图 10.24 是 $t=13.199s$ 时旋涡结构由垂直涡量 ω_y 表示的云图。从图中可以看出，垂直涡量 ω_y 表示的旋涡结构与 Q 准则表示的旋涡结构基本一致，也就是说空气吸入涡的主导涡量分量为 ω_y。

以负方向的 ω_y 为例，可将旋涡的生成

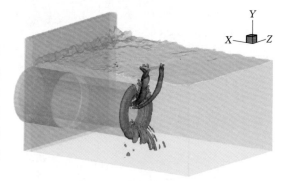

图 10.24　由垂直涡量 ω_y 表示的旋涡结构
($t=13.199s$，$|\omega_y|=2$)

原因描述如下。自由水面附近的旋涡聚集在进水管口上方的表面区域，如图 10.25 所示，在流场发展初期（$t=3.185s$），自由水面附近有垂直涡量，且在流向进水管这一主流的输运作用下向进水管口上方的自由水面移动。自由水面附近流向速度 u 沿展向是变化的，即速度梯度 $\partial u/\partial z$ 不为 0，如图 10.26 所示，图中速度梯度不为 0 的地方都有垂直涡量，且垂直涡量的涡结构与速度梯度分布的形状非常相似。这说明流向速度沿展向的波动是垂直涡量产生的原因。这些垂直涡量被流向进水管的主流输运到进水管附近。由于进水管口附近的流动向着进水口是加速的，因此进水管上方区域的速度梯度 $\partial v/\partial y$ 大于 0。这样，在进水管上方区域的垂直涡量 ω_y 会被拉

伸，其强度随着拉伸而增加，当增加到一定值时，空气会被垂直涡量吸入到水下或进水管中。

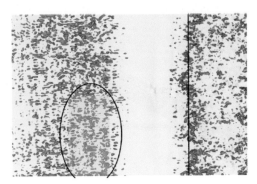 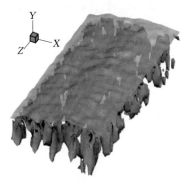

（a）自由水面上的垂直涡量(俯视图)　　　　　　（b）区域放大图

图 10.25 $t=3.185s$ 时自由水面附近的垂直涡量

（红色代表 $|\omega_y| = 0.3$ 的等值面）

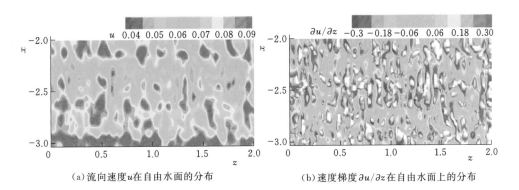

（a）流向速度u在自由水面的分布　　　　　　（b）速度梯度$\partial u/\partial z$在自由水面上的分布

图 10.26 $t=3.185s$ 时自由水面的速度场

（白色代表 $|\omega_y| = 0.3$ 的等值面）

10.5 出水池流态研究

相比于进水池而言，出水池流态并不对水泵的运行稳定性等构成直接影响，因此，对出水池的研究，往往多关注于出水池自身的流态和水力损失。本节以一高扬程泵站为例，分析出水池内的流动。

10.5.1 计算模型

本节以山西大禹渡引黄梯级泵站第二级站为例，研究出水池内基本流态并分析出水池几何参数对其水力性能的影响。该泵站出水池为正向出水形式，池宽 15m，长 9m，水位 524.74m。出水池与过渡段间设置台坎，台坎高度 0.5m。出水管直径 1.2m，淹没深度 0.5m，后壁距 2.5m。采用虹吸式出流的形式。该算例取自文献 [196]。

出水池的计算域包括出水管、出水池、连接出水池及干渠的一部分,如图 10.27 所示。计算域进口取在出水管段,出口取在干渠处,为减小边界条件对计算的影响,将进、出口位置作适当延伸。采用非结构网格对计算域进行网格划分,对出水管出口附近区域及出水管弯头处进行局部加密,结果如图 10.28 所示。

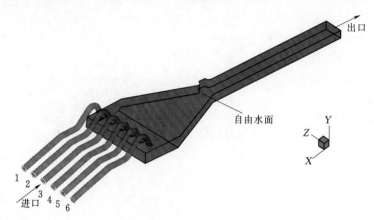

图 10.27 出水池计算域

根据泵站同时工作的机组台数,在计算域进口边界上设置了速度进口条件。由泵站资料,三泵共用一根出水管道,三泵同时工作时的流量为 $1.707\text{m}^3/\text{s}$,根据出水管断面面积可求得进口速度。在计算域出口,即干渠末端流动充分发展段设置了自由出流边界条件。对于出水池及干渠自由水面,这里采用了对称面边界条件。所有壁面采用无滑移固壁边界条件,近壁区采用壁面函数法处理。第一层网格对应的 y^+ 按 10.2 节有关规定确定。

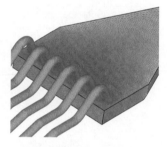

图 10.28 出水池计算网格
(局部放大)

10.5.2 出水池流态

选取 3 台、9 台、15 台机组同时运行工况进行了流动分析。图 10.29 显示了这 3 种工况下的出水池流态。

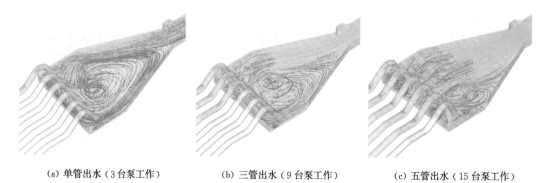

(a) 单管出水(3 台泵工作)   (b) 三管出水(9 台泵工作)   (c) 五管出水(15 台泵工作)

图 10.29 同时工作的水泵参数不同时出水池的流线

由图 10.29 可以看出，由于有不工作的出水管存在，3 种工况下的出水池均出现了一个较大的回流区，且同时工作的水泵台数越少，回流区越大。在只有一根出水管出水时，该回流区占据了出水池的大部分区域；在五管出水时，回流区靠近出水管，面积较小。下面以三管出水工况为例，对出水池流态进行具体分析。

在三管出水时，出水池不同水深处水平截面上的流态如图 10.30 所示。随着水深的变化，回流区旋涡的中心位置沿出水池横向移动。在中层和下层水域，该旋涡的中心位置靠近远离出水管的出水池侧壁；而在上层水域，旋涡中心靠近出水池中间位置。另外，在下层水域，各个出水管与出水池后壁之间有旋涡存在；当水位上升后，该旋涡减小；接近水面时，旋涡基本消失。还可以发现，出水池内下层水流速度较大；随着水位上升，过渡段和干渠内的速度逐渐增大。

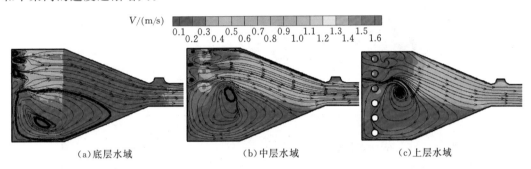

(a) 底层水域　　　　　(b) 中层水域　　　　　(c) 上层水域

图 10.30　不同水深截面上的流线

对比 3 根出水管所在出水池纵断面上的流动，如图 10.31 所示，各出水管纵断面上的流动类似。由于出水管的出口向下倾斜，出水池中下层水域水流速度较大，上层水域水流速较小，各出水管与出水池后壁之间出现了较明显的旋滚。该旋滚导致在出水池水面上产生更大面积的旋滚区，且出水池上层的水流速度方向有向下的趋势，上层水流速度较小，下层水流速度较大。

图 10.32 是垂直于整体流动方向的各截面上的流态。可以看出，在靠近出水池后壁的区域，虽然水流较为紊乱，但总体上横向流动较弱；在横跨各出水管口的截面上，由于出水管流出的水流速度较大而造成旋滚流动，从而该截面上在出水管口两侧及出水管口与死水区之间具有明显的旋涡；在顺水流方向的横截面上，横向旋涡的影响依然存在，且中央出水管与死水区间形成的旋涡有扩散趋势，旋涡中心向死水区偏移，池底的

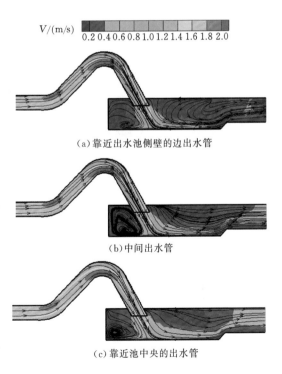

(a) 靠近出水池侧壁的边出水管

(b) 中间出水管

(c) 靠近池中央的出水管

图 10.31　各出水管纵断面上的流线

横向速度要大于池顶。

从以上分析可以看出，出水池池底的纵向流速和横向流速都比出水池表面大，池内存在多个较大的旋滚区，尤其在池底部位流态更加复杂。

$V/(m/s)$

0.1 0.2 0.3 0.4 0.5 0.6 0.7 0.8 0.9 1.0 1.1 1.2 1.3 1.4 1.5 1.6

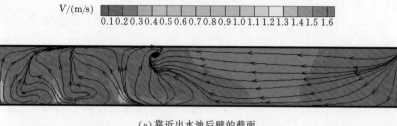

(a) 靠近出水池后壁的截面

(b) 穿过出水管口的截面

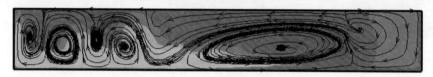

(c) 下游截面

图 10.32　垂直于整体流动方向的各截面上的流态

第11章　进水流道与出水流道流动分析

本章针对大型低扬程泵站所采用的进水流道和出水流道,讨论其内部流动分析方法。涉及进水流道与出水流道的分离式和整体式流动分析方法。将通过算例介绍网格划分、计算模型设置和流场计算结果。

11.1　进水流道与出水流道流动分析概述

11.1.1　进水流道与出水流道流动概述

泵站进水流道是大流量低扬程泵站的主要水力设施,其作用是将泵站前池内的水流引入水泵叶轮室。进水流道内的水流运动状况直接影响水泵的进水工作条件,对水泵能否高效可靠运行有直接的影响。进水流道有肘形、钟形、簸箕形等几种型式,如图 11.1 所示,应用最多的是肘形进水流道。

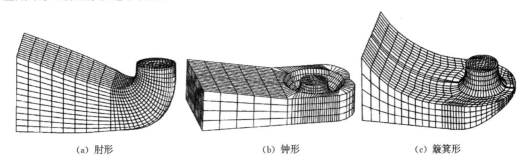

|(a) 肘形|(b) 钟形|(c) 簸箕形|

图 11.1　进水流道的 3 种典型型式

泵站出水流道是从水泵出口到出水池之间的过流通道,其主要作用是降低导叶出口的较高流速,回收旋转动能。出水流道内流态和动能回收情况直接影响整个泵站效率的高低。常用出水流道包括虹吸式和直管式两大类。

在 CFD 技术应用到泵站流动分析以前,泵站进水流道和出水流道设计主要根据工程经验,采用基于一维流动理论的半经验设计方法,即假定流道内各过水断面流速均匀变化。这种方法虽然便于在工程设计中使用,但缺点是没有考虑流道各过水断面的流速分布对装置水力性能的影响。对泵站进水流道和出水流道三维流动仿真研究始于 20 世纪 90 年代初期。

陆林广等[197]首次对肘形进水流道进行了数值计算,并引入了评价进水流道出口流态的两个参数:轴向速度均匀度和速度加权平均角度。通过数值模拟后认为,肘形、钟形和簸箕形进水流道的水力损失分别在 0.095m、0.193m 和 0.145m 左右，虹吸式和直管式出水流道的水力损失分别在 0.349m 和 0.473m 左右[198]。相关研究成果为扬程估算和水力设计提供了依据。在国外，Tokyay 和 Constantinescu[199] 采用 LES 对封闭式进水流道出口旋涡进行了研究，总结了进水流道内的流动分布特征。日本日立公司采用气液两相流理论对出水流道虹吸排气过程进行了模拟，如图 11.2 所示，取得了与试验相一致的结果。这些成果为泵站安全稳定运行提供了技术支撑。

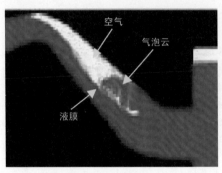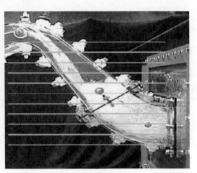

(a) 基于气液两相流的 CFD 计算　　　　　　　　(b) 虹吸试验

图 11.2　虹吸式出水流道的虹吸排气过程分析与试验

11.1.2　整体式流动分析与分离式流动分析方法

对于泵站进水流道和出水流道三维流动模拟，通常有整体式流动分析和分离式流动分析两种方法[2,12]。两种方法的主要区别在于计算域、计算量和计算精度的区别。如果要进行泵站的瞬态流动分析，包括不同过流部件之间的耦合作用分析、振动与噪声分析等，需要选择整体式流动分析方法；如果只是对进出水流道的常规水力性能（如水力损失）进行研究，可采用分离式流动分析方法。

整体式流动分析是指将前池、进水池、进水流道、泵段、出水流道和出水池作为一个整体进行流动模拟。整体式流动分析可以充分反映各组成部分之间的耦合作用，特别是进水流道出口与水泵进口之间的相互影响。这种方式需要较多的边界条件，如水泵叶轮木图和其他水力尺寸，或者采用 FAN 边界条件引入水泵性能曲线，计算量大。

分离式流动分析是指只对单独的进水流道或出水流道进行流动模拟，不考虑研究对象与其他过流部件（特别是泵段）的耦合作用。当然，在采用这种模式进行进水流道流动模拟时，应该将进水池的一部分纳入计算域，否则，进水流道进口断面的边界条件难以给定。在进行出水流道流动模拟时，应该将出水池的一部分纳入计算域，这样，不仅能准确反映出水流道出口的流动状态，还可提供出水池的流动状态作为工程设计参考。分离式流动分析具有操作简便、计算快速等特点，但难于反映泵站各组成部分之间的相互作用。

11.2　分离式流动分析方法

分离式流动分析是指只对单独的进水流道或出水流道进行流动模拟，不考虑流道与泵段的耦合作用。这种分析方法多用于稳态流动分析，如进水流道或出水流道水力损失计算等。

11.2.1　计算模型

1. 计算域

分离式流动分析的计算域通常只包含进水流道和进水池/出水流道和出水池。根据进水流道/出水流道的几何尺寸、泵站运行水位数据，可生成进水流道/出水流道计算域三维实体模型，如图 11.3 和图 11.4 所示。分离式流动分析的计算域，具有以下特点：

（1）计算域的延伸。为了在计算域上施加合理的边界条件，如速度进口条件，有时需要将实际的计算域边界向前/向后适当延伸，从而得到理论边界。图 11.3 中的左边界，比进水池的实际左边界要更靠近上游，这样做的好处是可在理论边界上更加方便地施加均匀速度进口条件，避免因计算域长度不足而导致得到不合理的解。图 11.4 的出水流道末端边界，也比实际出水池右边界向后做了延伸。

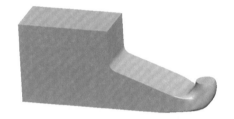 

图 11.3　进水流道计算域　　　　　　　　图 11.4　出水流道计算域

（2）整体计算域与单通道计算域。大型泵站往往安装多台水泵机组，尽管有隔墩将各机组的进水池隔开，但隔墩一般比较短，这样，在选择计算域并进行三维造型时，理论上应将共用前池和进水池的多台机组同时进行造型，并一起进行流动分析，即构建整体计算域。但是，这样处理后，会显著增加计算量。当流动分析的关注点在进水流道，且进水池有隔墩时，可以选择如图 11.3 所示的单通道计算域。出水流道也存在类似问题，出于简化目的，不考虑出水池内各出水流道出口处流动的相互影响，只选择一个出水通道作为计算域，如图 11.4 所示。

（3）计算域与计算模型相关。计算域的构建并不是一件简单的事情，需要同时考虑CFD 计算的计算模型。例如，对于进水池（或出水池）自由水面的处理，如果采用对称面假定，即刚盖假定时，可以按图 11.3 和图 11.4 构造计算域；当采用 VOF 模型来分析自由表面的流动时，则需要将进水池自由表面上部的空气也作为计算域进行考虑。

（4）在做瞬态分析时，如模拟水泵启动或停机过程，进水池和出水池水位是动态变化的，因此，初始计算域中反映进水池表面的壁面要适当加高一些，且只能选择 VOF 模型或 Level-set 模型来处理自由水面波动。

2. 计算网格

相比于水泵叶轮，泵站进水池、进水流道、出水流道、出水池在结构上相对简单，因此，在可能的情况下，应该选择六面体网格进行计算域的网格划分，这样有利于提高计算收敛性和计算精度。当然，对于流道的拐弯部分，如果难以用六面体网格描述时，也可采用非结构四面体网格来描述。

对于进水流道和出水流道，网格单元数量取为 10 万左右即可达到比较理想的计算结果。当然，这与所采用的湍流模型、近壁区处理模式是相关的。除壁面和流道拐弯处需要适当加密外，其余可采用网格生成软件自动处理。关于网格划分的具体方法、网格单元整体尺度、边界层网格 y^+、网格增长率等参数的确定方法，请参考第 5 章确定。

图 11.5 和图 11.6 是生成的进水流道和出水流道网格实例。对于进水流道，进水池和流道段分别划分了网格，其中进水池采用了六面体网格，弯肘段采用了适用性较强的四面体网格，两部分的网格单元数量分别为 2.7 万和 5.2 万。出水流道分为流道段和出水池段两部分，分别进行网格划分，全部为六面体网格，网格单元数量分别为 5.2 万和 6.4 万。

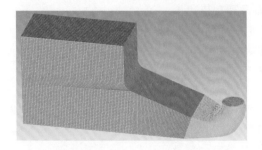

图 11.5 进水流道计算网格

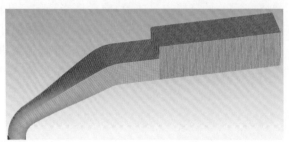

图 11.6 出水流道计算网格

3. 计算模型设置

计算模型涉及自由水面处理、湍流模型、空化模型、近壁区处理模式、控制方程的离散格式、边界条件、初始条件（只对瞬态问题有效）等。

根据第 10 章的分析，处理自由水面的方法有 3 种，分别是对称面方法、VOF 方法和 Level-set 方法。其中，第一种方法主要用于稳态流动分析，后两种方法主要用于瞬态流动分析。详细内容参见 10.2 节。关于 VOF 方法和 Level-set 方法的界面处理实例，请参考 10.4 节关于进水池空气吸入涡的算例。图 11.5 和图 11.6 所示的计算网格，是针对基于对称面方法进行自由界面处理而生成的，在许多 CFD 软件中，这种界面处理模式称为"自由水面 symmetry 边界条件"，即认为进水池和出水池内水面是恒定的。

对于湍流的处理，考虑到 RANS 模型中的 $k-\varepsilon$ 系列模型物理意义明确、计算效率高，且经实践证明能比较好地反映泵站工程中大部分湍流流动现象，故多采用 $k-\varepsilon$ 系列模型进行进水流道和出水流道流动分析。关于近壁区的处理，需要采用与湍流模型相适应的壁面处理模式，如使用 $k-\varepsilon$ 系列模型时可考虑采用标准壁面函数、尺度化壁面函数、非平衡壁面函数等。由于不同的壁面处理模式对近壁面的网格有一定要求，因此需要检查 y^+ 分布，确保符合相应湍流模型的要求，具体见第 2 章和第 5 章。

一般而言，水泵淹没深度较大，流速较低，进水流道和出水流道内不存在空化，因此无须引入空化模型。但是，对于高海拔泵站、流道结构复杂、流速高、水泵淹没深度小的进水流道，可能需要引入空化模型。

对于控制方程的离散格式，对流项多采用二阶迎风格式，扩散项和源项采用中心差分格式，数值求解方法采用 SIMPLEC 算法。

对于进水流道边界条件，可在进水池进口断面上设置总压条件（总压是指速度头和压力头的和）或速度进口条件，进口速度值根据流量和断面面积计算可得；在进水流道出口设置压力出口或自由出流边界条件；对于有固体壁面的边界，如进水池池底、进水流道壁面等，设置无滑移边界条件。对于流道表面，可视需要引入粗糙度。出水流道边界条件采用类似设置方法。无论如何，要保证进口边界条件和出口边界条件的协调性，例如，进口给总压条件，出口一定给静压条件；如果进口给速度条件，出口一定给自由出流条件，同时还要注意参考压力位置和大小的设置。

如果是瞬态问题，如涉及水泵启动或停机等瞬态工况，还需要考虑初始条件。

11.2.2　立式混流泵站流动分析实例

吉林省某调水泵站设计流量 $32.96\text{m}^3/\text{s}$，设计净扬程8.93m，安装5台1900HDQ-9.6型全调节导叶式混流泵（4用1备），单泵设计流量 $9.62\text{m}^3/\text{s}$，叶轮直径1650mm，转速250r/min。泵站采用肘形进水流道、直管式出水流道，如图11.7所示。现通过三维流动模拟，分析流道内的流动状态，评估流道设计结果。

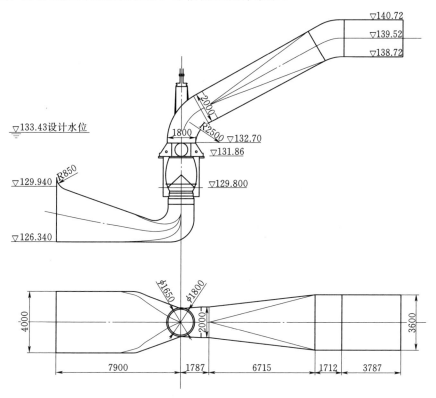

图11.7　立式混流泵装置（尺寸单位：mm；高程单位：m）

本节前面生成的进水池和出水流道网格模型就是按该泵站的流道参数制作的，故这里直接引用前面的网格模型，并按11.2.1节的要求对模型进行计算求解设置。下面简要介绍计算结果。

1. 进水流道计算结果

采用本节前面提供的计算模型，在Fluent中对泵站进水流道和出水流道进行了分离式流动分析，得到进水流道内的速度、流线分布情况，如图11.8所示。

371

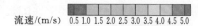

流速/(m/s)　0.5 1.0 1.5 2.0 2.5 3.0 3.5 4.0 4.5 5.0

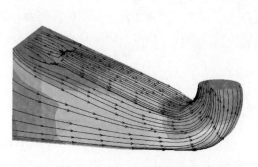

(a)近壁面的流线分布　　　　　　　　　(b)分层显示的流线

图 11.8　进水流道壁面流线及速度分层分布

从图 11.8 可以看出，肘形进水流道在设计流量工况下内部流动良好，没有不良流态。在流道进、出口断面上计算平均速度、平均压力后，可以得到两个断面间的能量差，即进水流道的水力损失，结果为 0.101m，表明进水流道水力设计结果总体上是比较理想的。但也应注意到，上述三维流动计算未考虑进水流道与泵段的耦合作用，进水流道出口的速度按均匀出流处理，这与泵站实际情况是有差异的。对此问题，将在 11.4 节通过整体式流动分析方法来解决。

2. 出水流道计算结果

计算所得到的出水流道近壁面的速度、流线分布情况如图 11.9 （a） 所示，纵剖面内的速度及流线分布如图 11.9 （b） 所示。从图中可以看出，出水流道内的流态整体优良，但在流道由上升段向平直段过渡的区域下部存在一个低速的回流区，图 11.9 （b） 更加清晰地显示了这一特性。这是需要在后续设计中进一步改进的问题。

流速/(m/s)　0.5 1.0 1.5 2.0 2.5 3.0 3.5 4.0 4.5 5.0

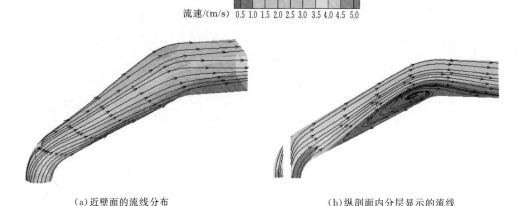

(a)近壁面的流线分布　　　　　　　　　(b)纵剖面内分层显示的流线

图 11.9　出水流道壁面流线与速度分布

在上述计算过程中，进水流道进口给定的是均匀来流条件，实际上泵段出口（即出水流道进口）是存在一定的剩余环量的。为了体现泵后剩余环量的影响，在出水流道进口施加了微量的预旋，具体为 $v_u=0.5\text{m/s}$，此值是根据泵站全流道流场分析及模型试验得到的结果，在不同工况下有所差异，需要针对具体泵站进行专门研究。加入了剩余环量之后，得到的出水流道速度分布如图 11.10 所示。

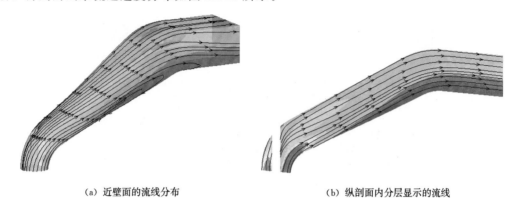

(a) 近壁面的流线分布　　　　　　　　　(b) 纵剖面内分层显示的流线

图 11.10　出水流道壁面流线与速度分布 ($v_u=0.5\text{m/s}$)

从图 11.10 可以看出，剩余环量改善了原来在上升段—平直段过渡区下部存在的低速回流区，但同时在上升段的下部出现了尺度不大的回流区。这说明泵出口剩余环量对泵站影响是一个需要深入研究的问题。

11.2.3　斜式轴流泵站流动分析实例

浙江省某泵站采用 15°斜式轴流泵装置，单泵设计流量 $50\text{m}^3/\text{s}$，设计扬程 2.65m，叶轮直径 3650mm，转速 100r/min。这种泵站的进水流道带有 15°弯曲段，出水流道为 S 形。15°斜式轴流泵装置模型如图 11.11 所示。装置模型试验现场如图 11.12 所示。现通

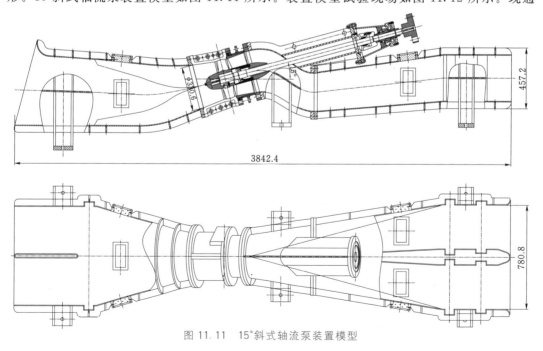

图 11.11　15°斜式轴流泵装置模型

过三维流动模拟，分析流道内的流动状态，评估流道设计结果。该成果的原始资料由浙江省水利水电勘测设计院提供，陆林广[200]完成稳态计算，王福军等[201]完成瞬态计算，相关图片取自于文献［200，201］。

图 11.12　15°斜式轴流泵装置模型试验现场

1.进水流道计算结果

采用本节提供的计算模型，对泵站进水流道和出水流道进行了分离式流动分析，得到了进水流道内的速度、流线分布情况，如图 11.13 所示。图中颜色代表速度值，整个计算域中最大速度为 5.70m/s，最小速度为 0。

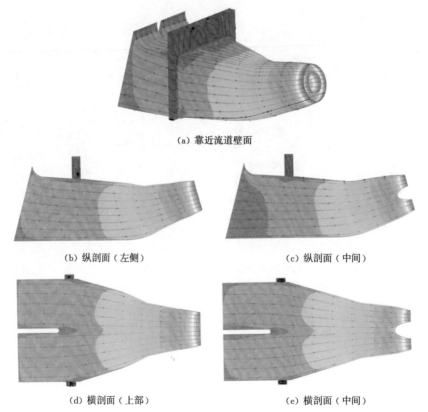

(a)靠近流道壁面

(b)纵剖面（左侧）　　　　　　　　　　　(c)纵剖面（中间）

(d)横剖面（上部）　　　　　　　　　　　(e)横剖面（中间）

图 11.13　进水流道速度与流线分布

从图11.13可以看出，斜式轴流泵进水流道在设计流量工况下内部流动良好，流道左右均无明显二次流，进口隔墩对左右两侧的流动没有造成不良影响，流道上部和下部流线均非常光滑。装置模型试验也证明了进口流态的合理性。

2. 出水流道计算结果

计算所得到的出水流道近壁面及各主要剖面上的速度、流线分布情况如图11.14所示。从图中可以看出，流道进口上下流速分布并不均匀，在流道下游区域，隔墩右侧（顺水流方向看右手边）出现较强烈的回转流动，而隔墩左侧则相对良好。这说明，斜式轴流泵装置由于出水流道的S形结构，与叶轮出口剩余环量耦合作用后，会使出水流道下游隔墩两侧出现流动不对称结构。从泵进口看叶轮逆时针旋转，在物理装置模型试验中也发现出水流道隔墩右侧存在较显明的回流，观察窗的红色丝线在向上摆动，而出水流道左侧观察窗中的丝线只有轻微向下摆动。斜式轴流泵出水流道中的回流现象是需要今后深入研究的问题之一。

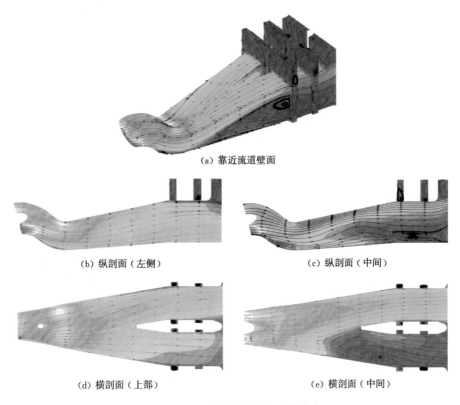

(a) 靠近流道壁面

(b) 纵剖面（左侧）

(c) 纵剖面（中间）

(d) 横剖面（上部）

(e) 横剖面（中间）

图11.14　出水流道速度与流线分布

11.3　多面体网格模型的应用

11.3.1　多面体网格模型

研究表明，决定有限体积法数值计算结果精度的最关键因素，不是单元形状而是单元边长。可以设想，如果采用多面体网格进行进出水流道计算，那么在同样网格单元边长的情况下，多面体单元数目将远远少于四面体单元数目，最终使得所求解的线性代数方程组的阶数大大降低，从而节省计算时间。为此，本节以某簸箕形进水流道为研究对象，对多面体网格的特点进行考察，为泵站流道计算提供可供参考的网格模式。

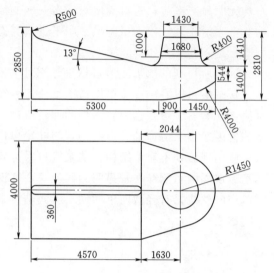

某大型泵站所使用的簸箕形进水流道[202]，如图 11.15 所示。在设计工况下，进水流道流量 $7.5 \mathrm{m}^3/\mathrm{s}$。现分别采用四面体网格和多面体网格，借助分离式流动分析方法，对进水流道进行流动分析，研究网格类型对计算结果的影响。

与 11.2 节选择进水流道计算域的方法相同，本节将计算域取为包括进水池、进水流道、吸水管等在内的区域。其中，为在计

图 11.15　簸箕形进水流道型线图

算域出口使用自由出流边界条件，将吸水管向后做了延伸。在边界条件的设置方面，基本与 11.2 节相同，即进水池进口边界设置速度进口，出口边界设置自由出流，进水池自由水面采用对称面条件。湍流模型选择对分离流有较好预测效果的 SST k-ω 模型，近壁区流动采用增强型壁面函数。

分别采用四面体单元（tetrahedral）和多面体单元（polyhedral）进行网格划分[12]，所生成的网格如图 11.16 所示。

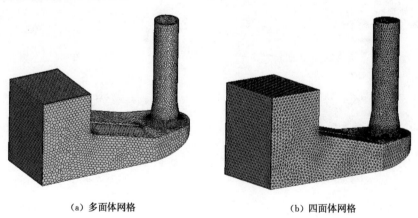

（a）多面体网格　　　　　　　　　　（b）四面体网格

图 11.16　进水流道计算网格

为了保证网格无关性，分别采用 0.020m、0.016m 和 0.012m 等 3 种网格尺度生成了 3 套不同网格。对吸水喇叭口附近区域进行了局部加密；考虑到壁面附近流动梯度比较大，选择 Prism Layer 网格模型生成边界层网格。最后生成的多面体网格和四面体网格对比情况见表 11.1。

表 11.1　　　　　　　　　　　多面体网格和四面体网格对比情况

网格类型	网格参数	网格 1	网格 2	网格 3
多面体网格	单元数（cells）	63439	89934	174414
	内部表面数（interior faces）	362375	526877	1073521
	节点数（vertices）	289289	424792	882125
四面体网格	单元数（cells）	262306	386983	829328
	内部表面数（interior faces）	533832	785602	1675135
	节点数（vertices）	62106	87893	172941

11.3.2　多面体网格模型应用

在一台内存 8GB 的双核 64 位计算机上进行了流动模拟。为便于对比，计算均采用单进程方式进行。对于每种网格条件，考察所占据的内存、每个迭代步的平均计算时间信息，结果见表 11.2。从表中可以看到，在相同的网格尺度下，多面体网格单元数目约是四面体网格单元数目的 1/4，并且所占据的计算机内存也比较少。多面体网格每次迭代消耗的时间约为四面体网格的 1/2。这是由于多面体网格单元数目远少于四面体网格单元数目，最终使得所求解的线性代数方程组的阶数大大降低，由此节省大量计算时间。

表 11.2　　　　　　　　不同网格计算占用的内存及迭代计算时间

网格类型	网格尺度/m	单元数目	计算占据的内存/MB	每个迭代步的时间/s
多面体	0.02	63439	360	1.1
	0.016	89934	420	2.7
	0.012	174414	570	4.9
四面体	0.02	262306	410	2.9
	0.016	386983	550	5.9
	0.012	829328	730	6.5

针对不同类型、不同网格单元数目的网格，将计算精度（计算得到的进水流道水力损失和实验值相比的偏差）进行了对比，结果如图 11.17 所示。从图中可以看出，两类网格的计算结果的变化规律较为一致，即计算得到的水力损失的偏差随网格数量增加而降低，并趋于平稳。当多面体网格单元数为 9 万、四面体网格单元数为 38.7 万时，可以近似认为获得网格无关解。可以看出，多面体网格获得网格无关解的单元数目大概是四面体网格的 1/4。

将收敛精度设定在 10^{-4}，对于两类不同网格，计算得到的压力分布如图 11.18 所示，两者相当。对于多面体网格，计算需要 220 步收敛；而对于四面体网格，计算需要 515 步

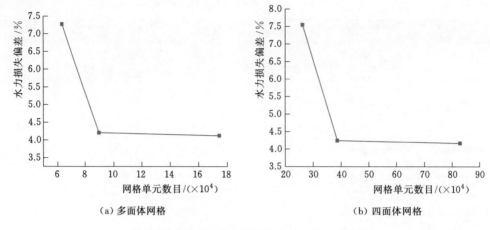

（a）多面体网格　　　　　　　　　　　　（b）四面体网格

图 11.17　计算精度与网格单元数目的关系曲线

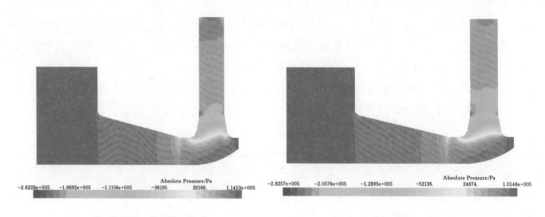

（a）多面体网格（单元数89934）　　　　　　　　（b）四面体网格（单元数386983）

图 11.18　采用不同网格计算得到的压力分布

收敛。这是因为多面体网格有很多邻居单元（通常为 10 以上），求解更稳定，能更精确地计算控制体的梯度和当地的流动状况，而且对几何变形没有四面体敏感，所以计算中的收敛速度更好。

综上所述，相比于四面体网格，多面体网格在用于泵站进出水流道的三维流动模拟时，在取得相同计算精度的前提下，计算机内存消耗更小、计算效率更高。在可能的条件下，建议优先选用多面体网格单元。

11.4　整体式流动分析方法

整体式流动分析是指将前池、进水池、进水流道、泵段、出水流道和出水池作为一个整体进行流动模拟。整体式流动分析可以充分反映各组成部分之间的耦合作用，特别是进水流道出口与水泵进口之间的相互影响。这种方式既可用于稳态分析，也可用于瞬态分析。

11.4.1　计算模型

1. 开展整体式流动分析的必要性

关醒凡等[203]对解台泵站、刘山泵站和台儿庄泵站的水泵装置模型试验和泵段模型试验成果进行对比表明，和独立泵段试验结果相比，水泵装置最优效率对应的叶片角度向小角度方向偏移 $2°\sim4°$，最优效率下的流量下降 $8\%\sim10\%$，最优效率下的扬程变化不大。这表明，进水流道与水泵之间、水泵与出水流道之间的耦合效应是不能忽略的。因此，研究和应用整体式流动分析方法，具有直接的现实意义。此外，出于压力脉动和流固耦合分析的目的，也需要开展整体式流动分析。

2. 计算域

整体式流动分析的计算域由前池、进水池、进水流道、泵段、出水流道和出水池组成。为了在流动模拟时较准确地应用均匀速度或均匀出流边界条件，有时需要将计算域适当向前和向后延伸。对于常规立式轴流泵站，基于整体式流动分析方法生成的计算域如图11.19所示。

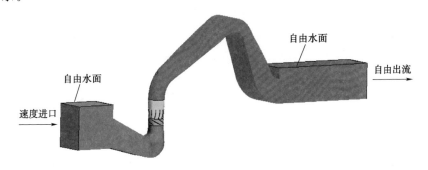

图 11.19　用于整体式流动分析的计算域

3. 计算网格

在整体式流动分析中，涉及水泵叶片等复杂结构，采用六面体网格会相对耗时费力，工程上多采用适应性较强的四面体网格。但是，四面体网格中每个单元只有 4 个相邻网格单元，在使用线性插值函数计算单元中心的变量梯度时会比较困难，而多面体网格的单元周围有多个相邻单元，可在更高的精度上近似计算梯度，并且可以和四面体网格一样简单、快速地构建。根据11.3节的研究，在同样的表面网格尺寸下，多面体网格单元数量一般只有四面体的 $1/4$，计算所需内存少、效率高。因此，这里推荐采用多面体网格对流场进行离散化处理。采用 STAR-CCM＋软件对水泵装置进行多面体网格划分。

在前面所确定的计算域中，依据水泵装置的型式和水流特点，计算域分为 4 个子域：进水区（进水池、进水流道及水泵吸水室），叶轮区，导叶及弯管区，出水区（出水流道及出水池）。4 个子域需要用交界面（interface）进行连接。如果交界面网格不一致，很容易出现质量和能量信息传递错误的情况。因此，在网格划分时，需要提前定义好交界面，这样，便可保证与交接面相连的前面两个子域上的网格一致。进水池与出水池几何形状比较规则，为了减少网格数量，对进水池和出水池生成拉伸层网格（extruder）。考虑到近壁区流动的速度梯度和压力梯度比较大，在近壁区要求网格比较细密，所以采用棱柱层网格（prism layer）对近壁区加密，即在近壁区产生两层棱柱状边界层网格。

采用 STAR-CCM＋软件对水泵装置进行网格划分的大体步骤如下：

（1）导入三维实体模型，并对模型进行检查。

（2）分割边界，以便定义进口、出口、交界面等边界条件。一般采用 Split Interactively 的方式和 Split by patch 两种方式分割边界。

（3）定义交界面，目的是保证网格划分时交界面处两个子域的网格一一对应。考虑到各子域都是直接连接，故将 4 个子域对应的 3 个交界面的类型都设为 In-place。

（4）初步生成面网格。多面体网格是通过生成面网格来创建的。生成面网络的过程也叫做表面重构（surface remesher），即针对所导入的三维实体模型，将表示模型表面的若干个三角形平面进行重新划分，生成比较规则的三角形面网格。需要注意的是，为保证网格质量和求解效率，需要对各个区域设置不同的网格尺寸，并在叶片和导叶周围进行网格加密。

（5）优化面网格。在初步生成三角形面网格后，需要检查面网格的质量和几何错误，并手动或自动修复这些低质量或错误的网格。因为面网格质量直接影响到体网格，一般要求面网格质量达到 0.3 以上。

（6）生成体网格。针对计算域，依次选择多面体网格模块（polyhedral mesher）、边界层网格模块（prism layer mesher）和拉伸层网格模块（extruder），就可以自动生成体网格。所生成的水泵装置体网格如图 11.20 所示。

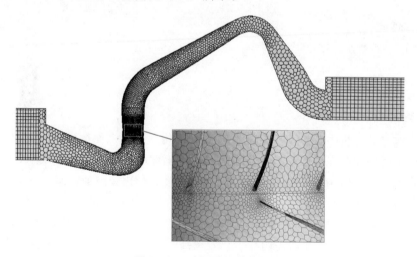

图 11.20　水泵装置整体网格

4. 边界条件及湍流模型

按下列过程设置边界条件及湍流模型：

（1）压力参考点。将参考压力为 0 的位置设置在进水池表面上任意一点。

（2）速度进口条件。在进水池进口边界设置速度进口条件，速度值根据流量与断面面积确定。进口边界上的湍动能 k 和湍流耗散率 ε 可按第 2 章 2.2 节中的常规公式计算确定。

（3）自由出流条件。在出水池出口边界设置自由出流条件。由于对出水池进行了延长，可以认为出口的流动充分发展，沿流动方向没有变化。

（4）固壁边界。固壁边界包括进水流道和出水流道边壁、水泵叶片表面、水泵轮毂、叶轮室内壁等。在近壁区内，流动不是充分发展的湍流，需要针对近壁区流动设置近壁区处理模式，而这一处理模式又与网格尺度密切相关，对此，建议选择混合壁面函数处理模式（All y^+ Wall Treatment）。混合壁面函数处理模式在计算过程中会根据 y^+ 值自动选用合适的壁面处理方式，具体来讲，在 y^+ 值大于 30 时，自动选用 High y^+ Wall Treatment，而在 y^+ 值较小时自动选用适合于精细网格的 Low y^+ Wall Treatment。

（5）自由水面。进水池和出水池的表面为自由水面，作为运动边界需要赋以边界条件。在 Star CCM＋中，对自由表面的处理方法主要有水位函数法、MAC 法、ALE 法、VOF 法和刚盖假定法等。在刚盖假定法中，认为自由水面固定不变，其法向速度为零。

（6）旋转域。在泵段三维流动计算区域中，因叶轮旋转，故采用两个坐标参考系。叶轮室内壁是静止壁面，采用静止坐标系；水泵轮毂体及叶片为旋转壁面，故使用相对旋转坐标系，其旋转方向与叶轮旋转方向一致。

（7）湍流模型。可根据需要选择，例如，文献［12］推荐选择 SST k-ω 模型作为泵站进出水流道数值模拟的主要模型。

（8）空化模型。根据泵站的实际情况进行估计，如果分析后认为有可能发生空化，则需要激活空化模型，否则可不激活空化模型。

11.4.2 立式轴流泵站流动分析实例

现以某大型轴流泵站为例，采用整体式流动分析方法进行包括泵段在内的全流道流动分析。该泵站包括进水池、肘形进水流道、泵站、虹吸式出水流道和出水池。泵站共安装 4 台大型轴流泵，单台轴流泵设计流量 35m³/s，叶轮直径 3m，转速 145r/min，叶轮叶片数 6，导叶叶片数 11，水泵装置如图 11.21 所示。肘形进水流道如图 11.22 所示，流道进口宽 6.45m、高 4.85m，出口直径 3.18m，水平方向长 12.39m。虹吸式出水流道如图 11.23 所示，流道进口直径 3.50m、出口宽 7.20m、高 4.10m，水平方向长 27.00m。

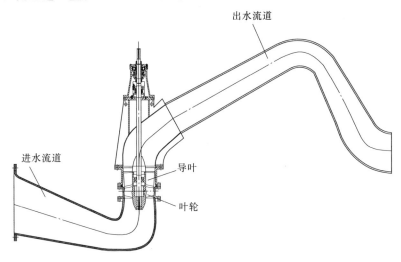

图 11.21　轴流泵装置示意图

采用 11.4.1 节给出的方法进行几何建模和网格划分，其中网格单元为多面体单元，所形成的整个计算域网格单元数为 872838，节点数为 3671246，网格参数见表 11.3。图 11.20 即为本算例的网格图。

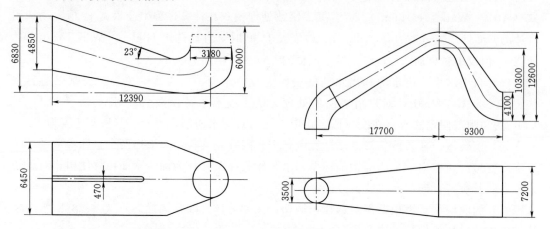

图 11.22 肘形进水流道主要尺寸 图 11.23 虹吸式出水流道主要尺寸

表 11.3 各计算区域的网格信息

网格参数	进水池及进水流道	叶轮	导叶	出水流道及出水池	总数
单元数 （cells）	135693	286944	312196	138005	872838
内部面数 （interior faces）	726250	1548493	1709607	713638	4697988
节点数 （vertices）	555419	1229724	1355168	530935	3671246

根据 11.4.1 节所给出的计算模型设置环节建立了相应的计算模型，并分别对 $0.80Q_d$、$0.9Q_d$、$1.0Q_d$ 和 $1.1Q_d$ 流量工况（对应进口速度 0.616m/s、0.693m/s、0.770m/s 和 0.845m/s）进行了整体式流动分析，得到了流场计算结果[12]，现简介如下。

1. 进水流道出口与出水流道进口流动计算结果

进水流道出口也是水泵进口，是进水流道与泵段的耦合面，该界面上的流动状态直接决定水泵效率和运行稳定性。出水流道进口也是水泵出口，是泵段与出水流道的耦合面，该界面上的流动是否均匀，一方面标志着水泵和出水流道设计质量，另一方面说明两者的匹配程度。获得这两个重要界面上的流动状态，是开展水泵装置整体式流动分析的主要目标。

为了有效描述和分析流道断面上的流动状态，这里引入两个反映断面上流场分布均匀性的量化指标——轴向速度均匀度 δ 和速度平均角 $\overline{\theta}$ [197,199,182]。轴向速度均匀度 δ 定义如下：

$$\delta = \left[1 - \frac{1}{\overline{u_a}} \sqrt{\frac{\sum_{i=1}^{n} (u_{ai} - \overline{u_a})^2}{n}} \right] \times 100\%$$

(11.1)

式中：δ 为断面上轴向速度均匀度，$\%$；u_{ai} 为断面上某个单元的轴向速度；$\overline{u_a}$ 为断面上各计算单元的平均轴向流速；n 为断面上的单元总数。

轴向速度均匀度 δ 反映了指定断面上流动的均匀程度，该值越接近 100% 说明流动分布越均匀，流动状态越理想。

速度平均角 $\overline{\theta}$ 定义如下：

$$\overline{\theta} = \frac{\sum_{i=1}^{n} u_{ai} \left[90° - \arctan \left(\frac{u_{ti}}{u_{ai}} \right) \right]}{\sum_{i=1}^{n} u_{ai}} \tag{11.2}$$

式中：u_{ti} 为断面上某个单元的切向速度。

在水泵装置中，进水流道、泵段、出水流道的各个断面上，往往都存在切向流速，水流方向不可能完全垂直于断面，速度平均角 $\overline{\theta}$ 反映了实际水流与流道中心线之间的夹角，该值为 90° 时，流动状态最理想。

在进行了 $0.8Q_d \sim 1.1Q_d$ 范围内共 4 个流量工况的流场计算后，图 11.24 给出了 $0.8Q_d$ 和 $1.0Q_d$ 两个工况下进水流道出口断面轴向速度分布情况。从图中可以看出，无论是设计工况 $1.0Q_d$ 还是小流量工况 $0.8Q_d$，进水流道出口断面的流速都不是均匀的，受叶片数影响非常明显，流动不均匀性在小流量工况 $0.8Q_d$ 下更加突出，最大与最小速度分别为 7m/s 和 1.5m/s 左右。

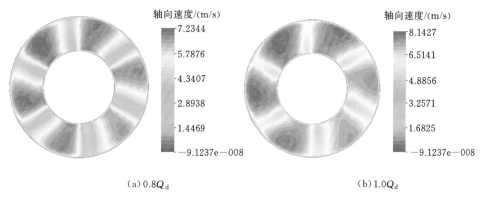

(a) $0.8Q_d$ (b) $1.0Q_d$

图 11.24 进水流道出口断面轴向速度分布

图 11.25 给出了 4 个计算工况下进水流道出口断面上轴向速度均匀度 δ 和速度平均角 $\overline{\theta}$ 的变化情况。从图中可以看出，在进水流道出口断面上小流量工况下流态最差，速度均匀度为 72.3%，速度平均角为 76.8°。随着流量增加，速度均匀度和速度平均角均增大，流态得到改善。这一计算结果也间接说明了水泵在小流量工况下运行时效率比较低的原因。

图 11.26 给出了出水流道进口（靠近导叶出口）断面在两个典型工况下的轴面速度分布。从图中可以看出，该断面上的轴面速度均匀性远低于水泵进口（即进水流道出口），特别是在小流量工况下，出现了负值，说明这个区域存在回流区。相比较而言，设计工况下的流动均匀性要稍好一些。

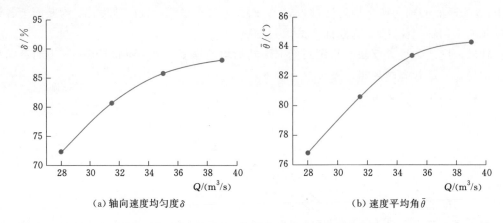

（a）轴向速度均匀度δ　　　　　　（b）速度平均角 $\bar{\theta}$

图 11.25　进水流道出口断面流速分布随流量变化情况

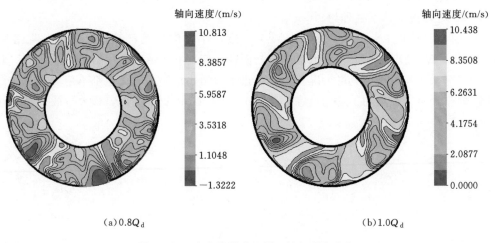

（a）0.8Q_d　　　　　　　　　（b）1.0Q_d

图 11.26　出水流道进口断面轴向速度分布

　　图 11.27 给出了各计算工况下出水流道进口断面上轴向速度均匀度δ和速度平均角 $\bar{\theta}$ 的变化情况。从图 11.27（a）可以看出，轴向速度均匀度随流量加大而提高，在设计工况下轴向速度均匀度为 71%。从图 11.27（b）可以看出，4 个计算工况下出水流道进口都有环量存在，这是造成出水流道水流不均匀的主要原因。总体而言，随着流量增大，速度均匀度和速度平均角均增大，出水流道进口流态逐渐变好。

　　2. 全流道范围内流动计算结果

　　图 11.28 和图 11.29 给出了设计工况下整个水泵装置全流道范围内的流态。可以看到，水流从进水池进入肘形进水流道的过程中水流是平顺、均匀的，无不良流态，流速保持在 2m/s 左右；随着流道断面收缩，速度逐渐增大；在叶轮里，由于叶轮的旋转作用，水流速度达到最高值，绝对速度最高值达到 20m/s 左右；导叶将水流旋转运动的动能转化为压力能，水流速度降低；进入出水流道之后，由于断面的扩散，水流的压力逐渐升高，流速逐渐降低，强烈的惯性作用迫使水流偏向流道上侧，而在流道下侧形成了较大范围的脱流，在流道出口附近形成一个体积较大的旋涡。此外，在出水池内也存在一个较大的水流旋滚区。

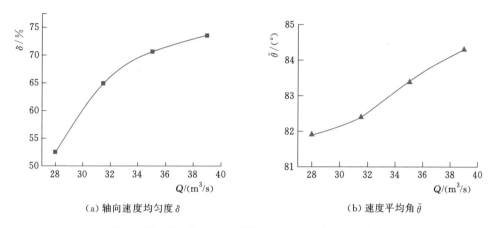

（a）轴向速度均匀度 δ　　　　　　　　（b）速度平均角 $\bar{\theta}$

图 11.27　出水流道进口断面流速分布随流量变化情况

图 11.28　全流道范围内的速度分布

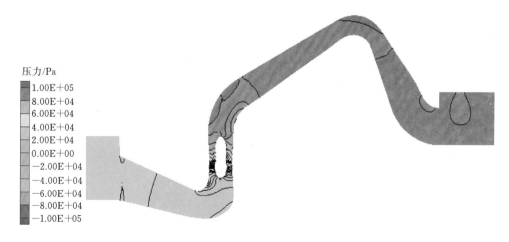

图 11.29　全流道范围内的压力分布

3. 泵内流动计算结果

在得到叶轮内的流场计算结果后，分别以 $0.1D$、$0.5D$、$0.9D$（D 为叶轮外径）为直径做圆柱形截面，观察不同工况下靠近轮毂处、流道中间以及靠近轮缘处圆柱截面上的压力分布，$0.8Q_d$ 和 $1.0Q_d$ 工况下的压力分布如图 11.30 和图 11.31 所示。可以看到，小

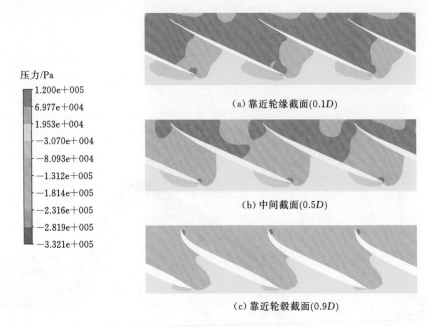

压力/Pa

| 1.200e+005 |
| 6.977e+004 |
| 1.953e+004 |
| −3.070e+004 |
| −8.093e+004 |
| −1.312e+005 |
| −1.814e+005 |
| −2.316e+005 |
| −2.819e+005 |
| −3.321e+005 |

(a) 靠近轮缘截面(0.1D)

(b) 中间截面(0.5D)

(c) 靠近轮毂截面(0.9D)

图 11.30　叶轮中不同圆柱截面的压力分布（$0.8Q_d$ 工况）

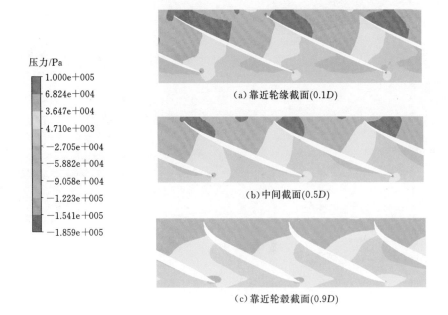

压力/Pa

| 1.000e+005 |
| 6.824e+004 |
| 3.647e+004 |
| 4.710e+003 |
| −2.705e+004 |
| −5.882e+004 |
| −9.058e+004 |
| −1.223e+005 |
| −1.541e+005 |
| −1.859e+005 |

(a) 靠近轮缘截面(0.1D)

(b) 中间截面(0.5D)

(c) 靠近轮毂截面(0.9D)

图 11.31　叶轮中不同圆柱截面的压力分布（$1.0Q_d$ 工况）

流量工况和设计工况的压力分布类似。从叶片进口到出口压力逐渐增大；从轮毂到轮缘压力也是增大的。这说明，轮缘处叶片做功大于轮毂叶片做功。在两种工况下，都发现在叶片进口处存在一个区域很小的高压区。这间接说明叶片进口处流动存在冲击。从图中还可以看到，小流量工况下叶片通道内流动的均匀性不如设计工况。

4. 外特性预测结果

在通过整体式流动分析得到泵段进出口的速度、压力结果后，对有关流动参数进行积分，可得到断面上的能量值，然后可计算出泵段的扬程；根据转子表面流场作用力的积分，可得到水泵的轴功率，从而生成泵段性能曲线，结果如图 11.32 所示。图中的试验值是单独进行泵段模型试验的结果。

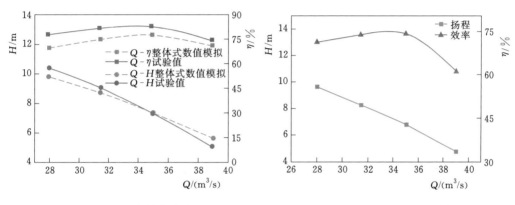

图 11.32　泵段性能曲线　　　　　图 11.33　水泵装置扬程和效率曲线

从图 11.32 可以看出，数值模拟结果和试验结果基本一致。对于泵段扬程而言，在设计工况下，模拟值与试验值十分接近；在小流量工况下，模拟值略低于试验值，大流量工况下正好相反。对于效率而言，模拟值比试验值偏低，但在大流量工况下偏差较小，最大偏差为 5.8%。导致这种偏差的原因，除了数值计算方面的因素外，可能还与机械效率、容积效率的确定方法有关。另外，还有一个重要原因，就是水泵装置中进出水流道与泵段的耦合作用，改变了泵段的性能。这也是今后需要进一步深入研究的课题。

按类似方法，在进水流道进口、出水流道出口设置计算断面，然后进行能量积分计算，从而得到水泵装置的扬程和效率曲线，如图 11.33 所示。从图中可以看出，在设计工况下，水泵装置效率为 73.9%，接近最优值，比泵段效率 77.9% 低了 4 个百分点。

通过整体式流动分析，还得到了不同工况下进水流道和出水流道水力损失情况，见表 11.4。从表中可以看出，无论进水流道还是出水流道，其水力损失均随着流量的增大而增大，总体上是二次方关系。在设计工况下，肘形进水流道的水力损失约为 0.15m，出水流道的水力损失约为 0.58m，流道水力损失之和达到了 0.73m。该结果与多数文献中的试验结果基本相当，说明整体式流动分析方法的计算精度还是比较高的。

表 11.4 　　　　　　　　不同工况下进水流道和出水流道水力损失　　　　　　　单位：m

流量工况	$0.8Q_d$	$0.9Q_d$	$1.0Q_d$	$1.1Q_d$
进水流道	0.09	0.11	0.15	0.21
出水流道	0.47	0.51	0.58	0.75
总和	0.56	0.62	0.73	0.96

11.4.3　整体式与分离式流动分析结果对比

为了对比整体式与分离式流动分析结果的差异，这里采用整体式流动分析时的算例，采用分离式流动分析方法重新进行计算。针对 11.4.2 节中的轴流泵装置，采用分离式流动分析方法，分别构建进水流道和出水流道计算域，得到的网格模型分别如图 11.34 和图 11.35 所示。

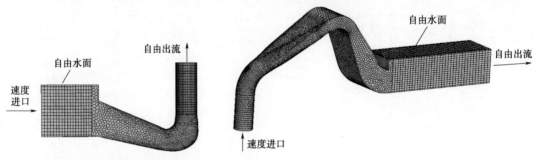

图 11.34　基于分离式流动分析
方法的进水流道计算域及网格

图 11.35　基于分离式流动分析
方法的出水流道计算域及网格

为了施加合适的边界条件，对进水流道的出口向后进行了延伸，出水流道的进口向前进行了延伸。为了便于比较，使用的网格数量、边界条件、湍流模型、壁面处理模式、控制方程离散格式等，均与 11.3 节的整体式流动分析方法相同，这里从略。

1. 进水流道计算结果对比

采用分离式流动分析方法与整体式流动分析方法计算得到的进水流道纵剖面速度矢量图如图 11.36 所示。

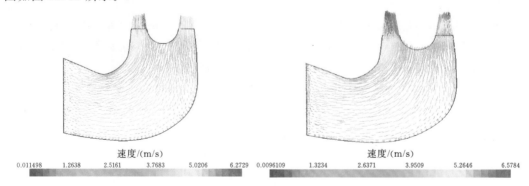

速度/(m/s)

0.011498　　1.2638　　2.5161　　3.7683　　5.0206　　6.2729

速度/(m/s)

0.0096109　　1.3234　　2.6371　　3.9509　　5.2646　　6.5784

(a) $0.8Q_d$(分离式流动分析)　　　　　　(b) $0.8Q_d$(整体式流动分析)

图 11.36　(一)　采用不同计算方法得到的进水流道纵剖面速度矢量

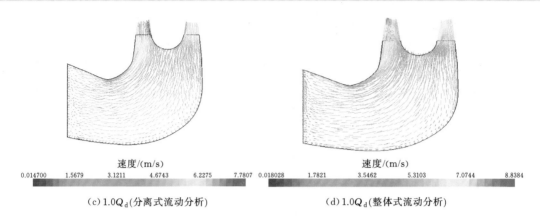

速度/(m/s)
0.014700　1.5679　3.1211　4.6743　6.2275　7.7807

速度/(m/s)
0.018028　1.7821　3.5462　5.3103　7.0744　8.8384

(c) $1.0Q_d$（分离式流动分析）　　　　　(d) $1.0Q_d$（整体式流动分析）

图 11.36（二）　采用不同计算方法得到的进水流道纵剖面速度矢量

　　由图 11.36 可以看出，虽然在分离式流动分析时对进水流道出口延长段做了出流均匀性假定，但进水流道出口处流速分布也并不是均匀的。在水流到达泵段内的导水锥之前，两者速度分布基本相同。整体式流动分析给出的弯肘内侧与外侧的速度差减小，速度值增大。这可能是由于导水锥的旋转改变了进水流道出口处的流态而造成的。

　　针对不同工况，两种方法所给出的进水流道出口断面轴向速度分布如图 11.37 所示。从图中可清楚地看到，在进水流道出口断面上，分离式流动分析方法给出了比整体式流动分析方法要均匀得多的流动计算结果。

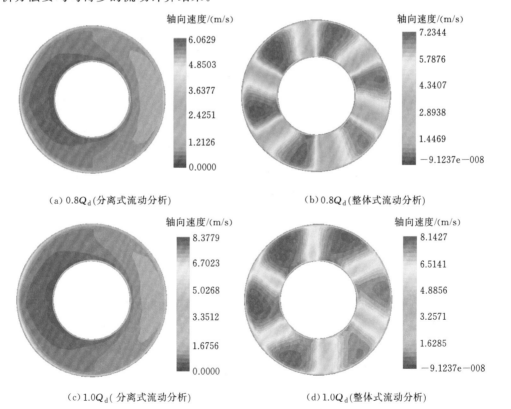

轴向速度/(m/s)
6.0629
4.8503
3.6377
2.4251
1.2126
0.0000

轴向速度/(m/s)
7.2344
5.7876
4.3407
2.8938
1.4469
−9.1237e−008

(a) $0.8Q_d$（分离式流动分析）　　　　　(b) $0.8Q_d$（整体式流动分析）

轴向速度/(m/s)
8.3779
6.7023
5.0268
3.3512
1.6756
0.0000

轴向速度/(m/s)
8.1427
6.5141
4.8856
3.2571
1.6285
−9.1237e−008

(c) $1.0Q_d$（分离式流动分析）　　　　　(d) $1.0Q_d$（整体式流动分析）

图 11.37　采用不同计算方法得到的进水流道出口断面速度云图

在进水流道出口断面上的轴向速度均匀度 δ 和速度平均角 $\bar{\theta}$ 的变化情况如图 11.38 所示。可以看到，在分离式流动分析中，随着流量增加，进水流道速度均匀度和速度平均角基本不变；而在整体式流动分析中，速度均匀度和速度平均角均比较低，且具有相同的变化趋势。其中小流量工况下计算得到的流态最差，速度均匀度为 72.3%，速度平均角为 76.8°。随着流量的增加，速度均匀度和速度平均角均增大，流态改善。造成两种计算方法有较大差异的原因，一方面是泵段内的导水锥起到一定作用，另一方面说明泵段与进水流道的耦合作用的确对这个区域的流动有比较大的影响，这也是今后使用分离式流动分析方法开展进水流道流动模拟时需要加以注意的问题。

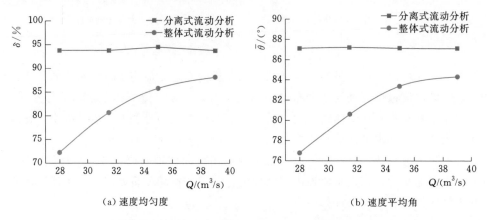

（a）速度均匀度　　　　　　　　　　　　（b）速度平均角

图 11.38　进水流道出口断面速度分布与流量关系

对采用两种方法计算得到的进水流道水力损失也做了对比，见表 11.5。总体而言，两种方法给出的进水流道水力损失均随流量加大而增加，并且整体式流动分析结果略小于分离式流动分析结果，相差 4% 左右。

表 11.5　　　　　　　　　　　　　进 水 流 道 水 力 损 失

$Q/(\mathrm{m^3/s})$	分离式流动分析/m	整体式流动分析/m
28.0	0.102	0.098
31.5	0.122	0.114
35.0	0.160	0.155
38.5	0.224	0.212

2. 出水流道计算结果对比

采用分离式流动分析方法与整体式流动分析方法计算得到的设计工况下出水流道纵剖面速度矢量图如图 11.39 所示。由图中可以看出，对于分离式流动分析，水流在弯管处急剧转向，然后产生脱流，并在虹吸流道上升段靠近壁面处形成了旋涡；对于整体式流动分析结果，可能是由于水泵出口处流动存在环量，水流经过弯管之后并未产生脱流，但是由于旋流并未消失，在流道出口产生了较大的旋涡区。

两种方法计算得到的出水流道水力损失如图 11.40 所示。从图中可以看出，两种方法得到的水力损失均随流量增大而增加。整体式流动分析中考虑到导叶出口的剩余环量，所预测的水力损失相对较大，这与进水流道的计算结果正好相反。与分离式计算结果相比，整体式流动分析给出的出水流道水力损失在 $1.1Q_d$ 工况下大 5.6%，而在 $0.8Q_d$ 工况下大 30%。

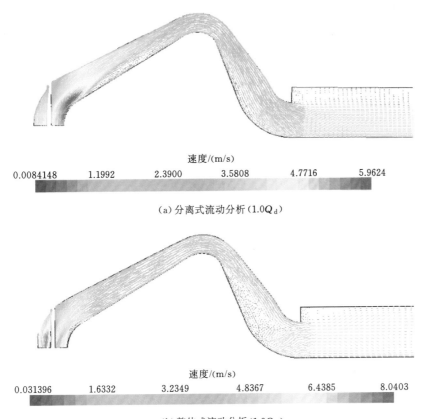

图 11.39 出水流道纵剖面速度矢量

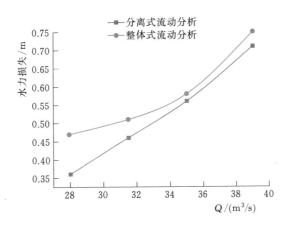

图 11.40 出水流道水力损失

11.5　流动分析中的 FAN 模型

在进行整体式流动分析时，需要用到水泵叶片木模图和水泵的其他水力尺寸，但并不是在所有情况下都可以获得这些数据的，特别是在泵站可研阶段，往往只有水泵性能曲线可供使用。为此，本节探讨如何利用水泵性能曲线来代替木模图进行泵站整体式流动分析。实际上，在分离式流动分析中，也可借助 FAN 模型来模拟水泵的作用。

11.5.1　FAN 模型简介

FAN 模型是一种用于定义流场中压力跃升的模型[23]，如图 11.41 所示。在泵站进出水流道模拟过程中，当已知水泵扬程-流量曲线时，可用 FAN 模型来表示水泵。这样，在没有水泵木模图的情况下，仍然可以实现整体式流动分析。FAN 模型是大部分 CFD 软件都提供的一种模型。与 "FAN" 对应的中文应该是 "风扇"，若使用 "风扇" 一词，在水泵与水泵站领域容易引起误解，故本书使用其英文名称。

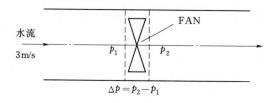

图 11.41　圆管流动中的 FAN 模型

FAN 模型本质上是一种边界条件，设置在一个无穷薄的虚拟界面上，当流体流过这个界面时，流体压力产生跃升，压力跃升值 Δp 需要人为设定。一般来讲，Δp 是该界面上法向速度 v 的函数，该函数可以是一常数，也可以是多项式。在 CFD 软件中，允许以下列方式输入 Δp 与 v 的关系：

$$\Delta p = \sum_{i=1}^{n} f_i v^{i-1} \tag{11.3}$$

式中：Δp 为压力跃升值；f_i 为压力跃升多项式系数；v 为 FAN 模型所在界面上垂直于界面的法向速度；n 为多项式的阶次。

需要说明的是，式（11.3）既可用于整个 FAN 界面，也可以针对 FAN 界面上每个单元设置不同的压力跃升多项式。此外，如果水泵是变频运行（如离心泵）或变角运行（如轴流泵）的，可通过编写用户自定义程序来设置不同运行条件下的压力跃升多项式。

在 FAN 模型中，除了可以设置压力跃升之外，还可在 FAN 界面上施加一定的速度环量，用以表示叶轮旋转的影响。该环量可用下式表示：

$$\begin{cases} v_u = \sum_{i=-1}^{n} f_i r^i & -1 \leqslant n \leqslant 6 \\ v_r = \sum_{i=-1}^{n} g_i r^i & -1 \leqslant n \leqslant 6 \end{cases} \tag{11.4}$$

式中：v_u 和 v_r 分别为 FAN 界面上的切向和径向速度；f_i 和 g_i 分别为切向和径向速度多项式系数；r 为到 FAN 中心的距离；n 为多项式阶次。

注意：在使用 FAN 模型时，式（11.3）和式（11.4）中所有物理量的单位必须遵守 SI 单位制，即速度单位为 m/s，压力单位为 Pa，长度单位为 m。

11.5.2　FAN 模型应用示例

仍以 11.4 节中的轴流泵装置为例，假定缺少水泵叶片木模图及水泵水力尺寸，但已知水泵流量-扬程曲线，其离散数据见表 11.6。

表 11.6　　　　　　　　　　水泵流量-扬程关系

流量 Q/(m³/s)	24.5	28.0	31.5	35.0	38.5	42.0
扬程 H/m	11.3	10.4	9.1	7.3	5.0	2.1

为了采用式（11.3）进行多项式拟合，需要先将流量置换为 FAN 截面上的轴向速度，然后将扬程转换为以 Pa 为单位的压差。水泵直径 3m，则轴向速度可直接计算出来。由于轴流泵进出口直径基本一致，故可近似认为压差与扬程相等。这样，可得到用于生成 FAN 模型的有关计算参数，见表 11.7。

表 11.7　　　　　　　　　用于 FAN 模型的计算参数

速度 v/(m/s)	3.47	3.96	4.45	4.95	5.44	5.94
压力跃升 Δp/Pa	11300	10400	9100	7300	5000	2100

通常来讲，水泵流量-扬程曲线可用二次抛物线来模拟。为此，用二次多项式拟合表 11.7 中的数据，得到如下结果：

$$\Delta p = 3271.56 + 5816.92v - 1011.83v^2 \tag{11.5}$$

接下来，参考图 11.19 来确定计算域。与图 11.19 不同的是，计算域中泵段部分用等长度的圆管代替。接着，在叶轮所在位置设置一个界面，在生成网格时以内部界面（interior）的方式存在于网格模型中。然后，将网格导入到 CFD 软件后，通过边界条件设置对话框，在刚才设置的内部界面上应用 FAN 模型，将式（11.5）所对应的 3 个系数输入到 FAN 模型中，则初步完成了 FAN 模型的设置。

根据轴流泵流场计算与模型试验研究经验，假定轴流泵出口剩余环量为一个常数，按 $v_u r = 0.3 \text{m}^2/\text{s}$ 处理。将此关系代入式（11.4），则得到一组 -1 阶的多项式：

$$\begin{cases} v_u = 0.3 r^{-1} \\ v_r = 0 \end{cases} \tag{11.6}$$

将式（11.6）中的系数代入 FAN 模型，则完整 FAN 模型构建结束。

最后，可直接通过 CFD 软件计算得到包含有 FAN 模型的进水流道、出水流道速度场和压力场。在所得到的计算结果中，考虑了水泵对进出水流道的影响。比起没有使用 FAN 模型的流场计算结果，新的计算结果与实际流场更为接近，更具参考价值。

11.5.3　3D FAN 模型

3D FAN 模型是对 FAN 模型的补充，功能与 FAN 类似，但将水泵所在区域看成是占有一定体积的特定空心圆柱体，而不再是一个无穷薄的薄片，这使得 3D FAN 模型更加接近于真实水泵。3D FAN 模型主要用于仿真轴流泵和导叶式混流泵，在某些情况下也可以用于仿真离心泵和蜗壳式混流泵，虽然精度受到一定影响。3D FAN 模型与 FAN 模型相同点如下：

（1）可模拟具有指定扬程-流量关系的水泵特性曲线。

（2）可以指定叶轮区域流体的轴向、径向和切向速度分量。

3D FAN 模型与 FAN 模型的不同点如下：

（1）3D FAN 模型区域不再是无穷薄的虚拟区域，而是实实在在的空心圆柱体区域。在使用时，需要指定其内径、外径、高度等参数，通常内径与叶轮轮毂直径相当，外径与叶轮轮缘直径相当，高度按叶片在工作状态时的轴向尺寸确定。此外，还可指定轮缘间隙等参数。

（2）在造型和划分网格时需要单独为 3D FAN 模型区域创建流体域，在进行 Cell Zone Conditions 设置时将这个区域设置为 3D Fan Zone 区域。同时，该流体域必须是 interior 类型的，即至少有两个边界是 interior 类型的，分别代表水泵进口和出口。还需注意 3D FAN 区域和外流场的交界面必须具有一致性网格特征，不能是两个 interface 结合起来的面。

3D FAN 模型的用法与 FAN 模型类似，其参数主要通过 Cell Zone Conditions 设置时的 Fluid 对话框进行设置，详见文献 [23]。3D FAN 模型不能与欧拉多相流模型一起使用。当通过 fan curve 选项将水泵性能曲线作为轴向动量方程的源项输入时，必须激活能量方程。

11.6　综合应用实例

11.6.1　斜式轴流泵装置的整体式流动分析模型

本节采用整体式流动分析方法，对 11.2.3 节给出的斜式轴流泵装置进行非定常流动分析，目的是揭示泵段、弯管和出水流道的相互影响[201]。整体式流动分析的计算域如图 11.42 所示。

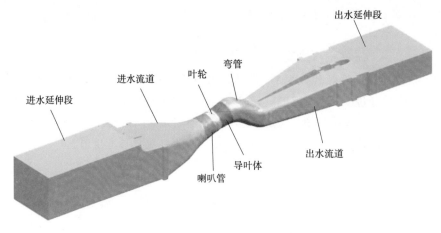

图 11.42　斜式轴流泵装置计算域

对结构相对简单的进水池（进水延伸段）、进水流道、喇叭管、导叶、弯管、出水流道、出水池（出水延伸段）区域采用六面体网格，对结构相对复杂的叶轮区域采用六面体核心混合网格以适应叶根和叶顶处不规则几何边界。网格划分时，考虑了叶轮及导叶区域近壁边界层处理，$y^+ \approx 1$，并对其他复杂几何区域进行了局部加密处理。生成的网格如图11.43所示。可以看出，叶轮区域网格外观与其他区域六面体网格外观有很大不同，这是六面体核心混合网格的特点之一。

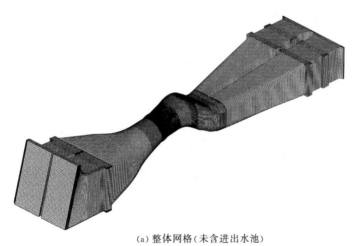

(a) 整体网格（未含进出水池）

(b) 泵段网格

图 11.43 斜式轴流泵装置网格

为保证数值计算的可靠性，这里采用基于理查德森外推法的 GCI 准则[65]进行网格收敛性分析。按比例划分三套网格 G1、G2 和 G3，网格单元数目依次为 2628450、5828130 和 12854510，网格细化比 r_{21} 与 r_{32} 均为 1.3。取水泵扬程及叶轮进口、导叶进口和出水流道进口的平均压力系数 C_p 和平均涡量 Ω 作为网格误差评价变量。其中，压力系数 C_p 的定义为

$$C_p = \frac{P - P_\infty}{0.5\rho u_2^2} \tag{11.7}$$

式中：P 为指定断面处压力；P_∞ 为水泵进口压力；ρ 为介质密度；u_2 为叶片轮缘圆周速度。另外，用于涡旋识别的 Ω 准则的核心参数 R 的定义为[143]

$$R = \frac{\|\boldsymbol{\Omega}\|_F^2}{\|\boldsymbol{D}\|_F^2 + \|\boldsymbol{\Omega}\|_F^2 + \gamma} \tag{11.8}$$

式中：$\|\boldsymbol{\Omega}\|_F$ 和 $\|\boldsymbol{D}\|_F$ 为旋转率张量和应变率张量的 Frobenius 范数；γ 为一个正小量以保证分母不为零。

通过对斜式轴流泵装置进行稳态计算，得到网格误差评价变量 $\phi_1 \sim \phi_3$、精度等级 p、误差比率 $|\varepsilon_{32}/\varepsilon_{21}|$、外推值 ϕ_{ext}^{32}、外推值相对误差 e_{ext}^{32} 和最优网格收敛指数 GCI_{fine}^{32}，见表 11.8。分析可知，对于不同的评价变量，误差比率为 $0.0305 \sim 0.5801$，即网格误差不致发散。外推值相对误差为 $0.0025\% \sim 2.07\%$，最优网格收敛指数为 $0.0031\% \sim 2.64\%$。这一结果表明，本研究中计算域网格划分结果满足收敛性要求，理论上可为后续计算和分析提供可靠的结果。因此，为平衡计算精度与计算成本，本研究取第二套网格 G2 进行数值计算。该套网格各过流部件的网格数目见表 11.9。实际上，图 11.43 即为该方案对应的网格情况。

表 11.8　　　　　　　　　　　网格收敛性分析结果

	H	$C_{p\text{I}}$	$C_{p\text{II}}$	$C_{p\text{III}}$	R_{I}	R_{II}	R_{III}
ϕ_1	6.82	-0.0852	0.1643	0.2079	0.8231	0.3433	0.3734
ϕ_2	6.95	-0.0846	0.1611	0.1967	0.8288	0.3760	0.4140
ϕ_3	6.90	-0.0846	0.1595	0.1916	0.8321	0.3638	0.4128
p	3.6419	10.9396	2.7472	3.0336	2.0758	3.7774	13.3068
$|\varepsilon_{32}/\varepsilon_{21}|$	0.3846	0.0567	0.4864	0.4512	0.5801	0.3712	0.0305
ϕ_{ext}^{32}	6.98	-0.0846	0.1626	0.2009	0.8242	0.3831	0.4141
e_{ext}^{32}	0.45%	0.0025%	0.92%	2.07%	0.56%	1.87%	0.009%
GCI_{fine}^{32}	0.56%	0.0031%	1.15%	2.64%	0.69%	2.38%	0.012%

表 11.9　　　　　　　　　　　计算域网格单元数

区　域	网格单元数	区　域	网格单元数
进水池	381728	导叶	1013628
进水流道	761663	出水流道（含弯管）	1345535
进水喇叭管	123846	出水池	632894
叶轮	1568836	合计	5828130

采用上述网格模型对斜式轴流泵装置内部流动进行瞬态模拟。湍流计算采用 SST k-ω 湍流模型；叶轮旋转参考系采用 SMM 模型；时间步长为 2.2989×10^{-4} s，即每个时间步内叶轮旋转 $2°$；在空间离散格式方面，扩散项采用中心差分格式，对流项采用高阶精度格式，瞬态项采用二阶后差分格式；进口边界采用总压进口，总压值为 1atm；出口边界采用流量出口，流量值视工况而定；各固体壁面均为无滑移壁面且根据实际模型设置相应的表面粗糙度；采用全隐式耦合求解技术，收敛残差标准设为 1.0×10^{-5}。

11.6.2   流动分析结果

图 11.44 给出了斜式轴流泵装置在最优叶片角度和最优流量工况下的流线分布情况，流线颜色采用速度值进行着色。为了更清楚地显示流线分布，图 11.45 和图 11.46 分别是泵段区域和出水流道区域流线放大图。从图 11.45（a）可以看出，叶轮区域流线平顺。这说明由于进水流道弯曲半径远小于立式轴流泵装置，斜式轴流泵叶轮区域流态较理想。从图 11.45（b）可以看出，受 S 形出水弯管的影响，导叶区域出现了少量回流。从图 11.46 可以看出，顺水流方向看，出水流道隔墩左侧存在较明显回流现象，左侧流线密度大于右侧，从速度着色图的颜色可以看出，左侧流速总体上高于右侧，且左上部流速高于左下部。这一流动现象是斜式轴流泵区别于立式轴流泵和贯流泵的主要特点之一。

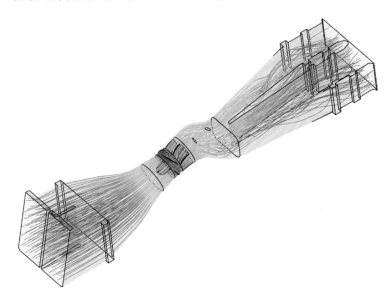

图 11.44 $1.0Q_0$ 工况装置模型整体流线分布

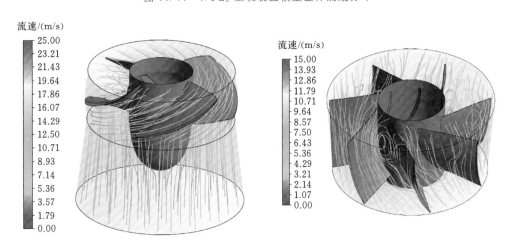

(a) 叶轮区域

(b) 导叶区域

图 11.45   泵段区域流线分布

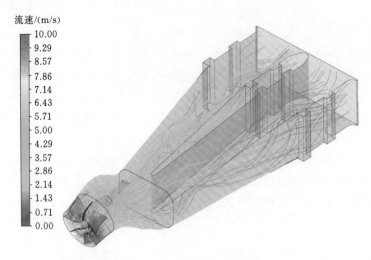

图 11.46 出水流道内的流线分布

为了进一步观察斜式轴流泵出水流道的流动特征，图 11.47 给出了出水流道涡量分布情况，该图是采用 Ω 旋涡识别准则[143]以 $R=0.75$ 作阈值得到的涡量分布，并利用旋转强度 λ_{ci} 进行等值面着色。旋转强度 λ_{ci} 定义为

$$\lambda_{ci} = \frac{\sqrt{3}}{2}\left(\sqrt[3]{\sqrt{\Delta}-\frac{1}{2}R} + \sqrt[3]{\sqrt{\Delta}+\frac{1}{2}R}\right) \tag{11.9}$$

式中：Δ 为速度梯度张量特征值方程的判别式；R 为速度梯度张量的第三不变量。

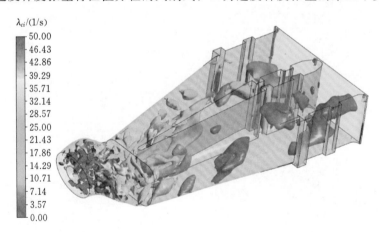

图 11.47 出水流道内的涡量分布情况（$R=0.75$ 的等值面）

分析可知，出水流道内涡旋结构的旋转强度沿流向逐渐降低。在出水弯管靠近转轴附近，涡旋尺度较小但旋转强度较高，表明出水弯管段是出水流道内水力损失的"重灾区"。在出水流道下游，隔墩左右两侧流道内的涡旋结构尺度较大，且右侧大于左侧，但就旋转强度而言，左侧流道较高，故而在现场试验中可看到左侧观察窗处红丝线的摆动更加剧烈。

为了更清楚地展示出水弯管内的流态，图 11.48 给出了出水弯管内的流线分布。可以看出，水流在出水弯管中经历了S形的两次弯曲过程，在剩余环量和二次弯曲的共同作用下，水流自导叶进入弯管后，流动不再保持为相对均匀的螺旋流，流线从导叶出口就向左侧偏转。在弯管上部，水流沿剩余环量方向向左侧偏转，但在这一过程中，水流原有的旋流"强度"明显减弱，表现为弯管上部流体不断汇聚至流道左侧并沿流向流出；在弯管下部，特别是流道右侧，水流沿剩余环量方向偏转，且水流原有的旋流"强度"并未被明显削弱，表现为弯管下部右侧仍存在局部旋流。与常规扩散相比，S形弯管扩散出流的特点在于，流道左侧水流表现出一定程度的解旋，水流沿剩余环量方向偏转至流道左侧后，周向旋流严重衰减，几乎直接沿轴向流出，原有的整体旋流被压缩至流道右下区域。该图流线采用了速度值进行着色，从颜色上可以看出，左侧流线的速度明显大于右侧，因此，形成了左侧大于右侧的偏流特性。

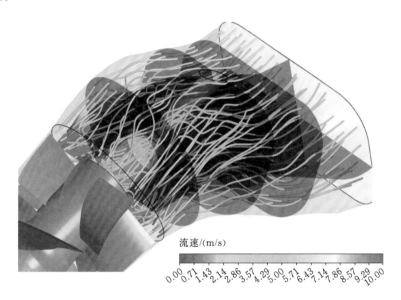

流速/(m/s)

0.00 0.71 1.43 2.14 2.86 3.57 4.29 5.00 5.71 6.43 7.14 7.86 8.57 9.29 10.00

图 11.48 出水弯管内的流线偏转现象

图 11.49 给出了出水弯管中间断面上的速度分布。可以看出，该截面上的周向速度矢量和流向速度矢量均与上述论述相符。而图 11.50 给出的出水弯管出口断面上的流线及速度矢量分布使上述偏流达到极致状态。从图中可以看出，左侧流速明显大于右侧，尤其以左上角的速度最大，右下角速度最小。从流线图可以看出，在垂直于流向的断面中，存在比较大的回流。

上述偏流现象导致出水弯管从其 40% 的流向长度开始，流道的左上、左下、右上和右下通解产生较严重的流速不等现象，如图 11.51（a）所示，该结果导致出水弯管左右两侧的偏流比流向不断增加，在出水弯管出口，也即隔墩进口达到最大值，约为 2.2，如图 11.51（b）所示。这种偏流现象是斜式轴流泵站在设计和运行方面需要注意解决的主要问题。

与11.2节提供的分离式计算结果相比，本节提供的整体式流动分析结果包含了更加丰富的流动信息，特别是各过流部件之间的耦合作用效果得以更加充分的展示。

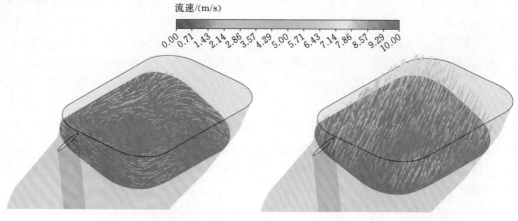

(a) 平行于断面的圆周速度　　　　　　　　(b) 垂直于断面的轴向速度

图 11.49　出水弯管中间断面上的速度分布

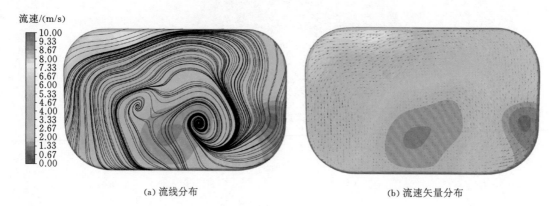

(a) 流线分布　　　　　　　　　　　(b) 流速矢量分布

图 11.50　出水弯管出口断面上的流线及速度矢量分布

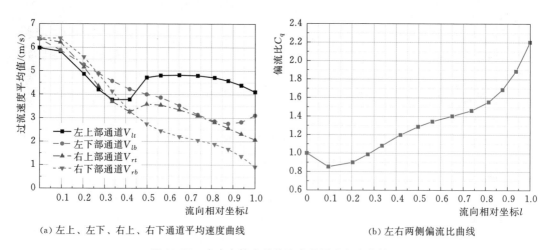

(a) 左上、左下、右上、右下通道平均速度曲线　　　　(b) 左右两侧偏流比曲线

图 11.51　出水弯管内的偏流参数沿流向变化情况

第12章 蝶阀与管道流动分析

蝶阀是泵站输水系统中用于工况调节与系统启停的主要单元，蝶阀的开度变化对整个管线的速度、压力和运行稳定性有重要影响。本章采用管网一维与蝶阀三维耦合瞬态分析思路，借助动网格模型，对蝶阀在阀板开度变化过程中的瞬态流场和水力转矩等特性进行分析。

12.1 蝶阀与管道流动分析方法

12.1.1 流动分析方法概述

蝶阀、管道、水泵组成的高扬程泵站输水系统如图12.1所示。蝶阀的功能是控制输水系统的流量变化。蝶阀阀板在转动过程中，不仅自身流场及过流量在快速变化，与蝶阀相连接的管道系统压力和流量也在相应变化。因此，蝶阀流动分析与管道流动分析是耦合在一起进行的。

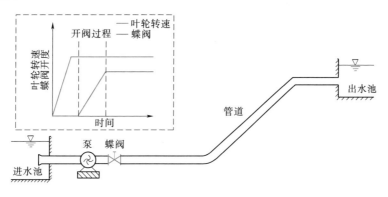

图 12.1 泵站输水系统示意图

以蝶阀开启过程为例，在蝶阀开启前，水泵处于关死点运行，转速为额定转速，蝶阀前承受着泵出口压力，蝶阀后承受着出水池静水压力。随着蝶阀开启，其阀板按预定规律做旋转运动，开度 θ 从 0°逐渐增大至 90°（由全关至全开，这一过程有时持续数十分钟），管道流量也由 0 增加到最大值。由于流量的增加，泵的工况点将发生变化，扬程随流量增加而下降，同时管道中流速增加使得沿程损失和局部损失增大，导致蝶阀前后的压力也在瞬态变化。蝶阀内部流动具有变压差变截面的特点，蝶阀前后的压力受管道水锤及水泵流量扬程特性影响非常大，蝶阀、水泵、管道流动处于高度耦合状态。

现有阀门瞬态特性的研究，大多是在管网一维水锤分析系统中完成，阀门仅作为其中的一个元件，并采用稳态条件下测试得到的开度流阻曲线作为评估管网瞬态特性的依据。一维分析方法不能给出阀门内部流动的详细信息，而这些信息对阀门结构改进和优化设计是至关重要的。

为获得蝶阀开启过程中阀内三维流动演变特征，理论上应该对图 12.1 所示整个泵站系统进行全三维建模，并在进、出口分别设置为恒定总压、恒定静压边界，但泵站管道经常长达数十公里，全系统三维建模显然不可行。为了获得蝶阀内部三维流动状态，现有研究多将蝶阀及其前后一定长度的管道取出来作为计算域，在有限计算域条件下进行三维流动分析。而有限计算域条件下的蝶阀瞬态流场分析，其进出口瞬时边界条件的精确给定是一大难点。现有关于蝶阀的数值模拟多是针对阀板处于特定角度下的稳态流动分析，即便是涉及阀板转动的瞬态分析，也多是在有限计算域进出口恒定边界条件下进行的。恒定边界条件不能反映蝶阀变压差变流量的特点。因此，需要根据泵站管道布置方式，探讨开展蝶阀三维分析的具体而有效的方法。

根据现有研究[2]，采用一维水力瞬变分析方法研究长距离管道内的流动还是唯一可靠的手段。如果借助管道一维水力瞬变分析为蝶阀三维 CFD 求解提供动态边界条件，同时将下一时刻蝶阀三维流场瞬态计算结果作管道一维水力瞬变分析的边界条件，即两套计算系统耦合迭代计算，可望为蝶阀与管道系统瞬态水力学分析提供一种有效方法。这种一维/三维耦合分析，需要解决如下关键问题：①蝶阀三维 CFD 计算域的选取；②基于一维水力瞬变分析的蝶阀前后动态边界条件的建立；③蝶阀与管道间边界上的数据更新；④阀板转动时的网格处理；⑤蝶阀三维瞬态流动分计算。

下面针对上述几个关键问题进行讨论。部分成果取自于文献［204］和文献［205］。

12.1.2 蝶阀三维计算域的选取

采用管道一维/蝶阀三维耦合求解方法研究蝶阀与管道系统相互作用问题，需要构建三个计算域：蝶阀三维计算域、上游一维管道计算域和下游一维管道计算域。

以图 12.2（a）所示的泵站输水系统为例，以断面 3—3 和断面 4—4 为界，将两个断面之间的区域作为蝶阀三维计算域，将进水池水面至断面 3—3 之间的区域作为上游一维管道计算域，将断面 4—4 至出水池水面之间的区域作为下游一维管道计算域。蝶阀三维计算域包括蝶阀段、阀前和阀后各一定长度的管道，如图 12.2（b）所示。上游和下游一维管道计算域用于借助一维水力瞬态分析程序来进行计算，然后将计算结果传给蝶阀三维计算域。其中，上游一维管道计算域用于向蝶阀三维计算域提供蝶阀进口边界条件；下游一维管道计算域用于向蝶阀三维计算域提供蝶阀出口边界条件。

蝶阀三维计算域尺寸的选择，应在保证计算域进、出口边界断面上流速分布基本均匀的前提下计算域长度尽可能小，以提高计算效率。受阀板转动影响，距离阀门较近的上游和下游处流动紊乱程度高，而远离阀板处的流动平顺程度高。Jeon 等[206]认为在上游 2D、下游 6D（D 为蝶阀公称直径，也即管道直径）的断面处，流态受阀板干扰的程度已明显减弱，因此，本研究确定采用阀前 3D、阀后 7D 作为蝶阀三维计算域的进口断面和出口断面[205]，如图 12.2（b）所示。

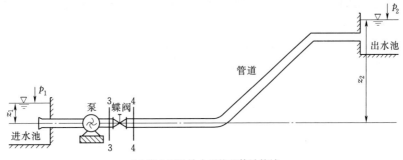

（a）离心泵站输水系统整体计算域

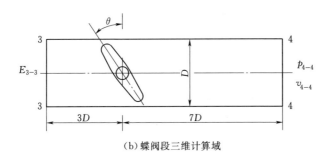

（b）蝶阀段三维计算域

图 12.2 计算域的设置[204]

12.1.3 蝶阀前后动态边界条件的建立

蝶阀的流量、阀前和阀后压力在阀板转动过程中乃至停止转动后的一段时间内是在动态变化的，这些边界条件不仅与阀板开度有关，还与整个泵站管网的水锤特性有关。因此，为保证泵站系统实现平稳水力过渡，泵站系统的蝶阀开启/关闭规律是由泵站水锤计算结果决定的。为了确定蝶阀三维流动分析的动态边界条件，理论上，应该将管道一维水力瞬变分析程序与蝶阀三维 CFD 分析程序在时间步上耦合进行，但这样设计出的计算系统较为复杂，为此，这里假定管道中的流动是准恒定的，即当蝶阀在某个时刻的阀板开度确定，并通过某个流量时，管道系统按这个流量恒定运行，管道各处的压力根据流量值按伯努利方程确定。这种处理方式忽略了水锤波引起的管道水锤压力变化，但由于一般的开阀和关阀速度比较缓慢，如此处理所引起的误差在工程上是完全可以接受的。这样，只借助伯努利方程则可实现管道的一维水力计算，避免了引入较为复杂的一维水力瞬变计算过程。

对于图 12.2 所示的输水系统，假定 z_1、z_2 为进、出水池水位，p_1、p_2 为进、出水池表面压力（通常情况下 p_1、p_2 取为大气压），蝶阀进口断面 3—3 的总能为 E_{3-3}，出口断面 4—4 的静压为 p_{4-4}、流速为 v_{4-4}。在蝶阀开启前，进口断面 3—3 的压力为泵在关死点运行的压力，出口断面 4—4 的压力为出水池的静水压力。假设在流量变化过程中，泵的瞬时扬程由泵自身的流量扬程曲线确定。

蝶阀进口断面 3—3 的总能 E_{3-3}，可根据伯努利方程按式（12.1）确定[205]：

$$E_{3-3} = \rho g \left(\frac{P_1}{\rho g} + z_1 + H - h_{f1} \right) \tag{12.1}$$

式中：h_{f1} 为进水池水面至断面 3—3 的水力损失；H 为泵扬程，是已知条件，可表示为流量 Q 的函数 $H = f(Q)$。

流量（对应于 v_{4-4}）可根据上一时间步蝶阀流场计算结果而得，初始时流量为 0。

蝶阀出口断面 4—4 的静压 p_{4-4}，可根据伯努利方程按式（12.2）确定：

$$p_{4-4} = \rho g \left(\frac{p_2}{\rho g} + z_2 - \frac{v_{4-4}^2}{2g} + h_{f2} \right) \tag{12.2}$$

式中：h_{f2} 为断面 4—4 至出水池的水力损失；v_{4-4} 为蝶阀出口断面 4—4 处的流速，是上一时间步蝶阀流场的求解结果，初始值为 0。

这里的水力损失包括沿程损失和局部损失，沿程损失可由达西-威斯巴哈公式进行计算，局部损失可根据管线的布置按沿程损失的百分比 k 计算：

$$h_f = (1+k)\lambda \frac{l}{d} \frac{v_{4-4}^2}{2g} \tag{12.3}$$

式中：λ 为沿程阻力系数；d 为管道直径；l 为管道长度。

如果在本时间步管道流量已知，则可由式（12.1）和式（12.2）确定蝶阀三维流场计算的动态边界条件。而本时步管道流量，是靠基于动网格法的蝶阀三维瞬态流场计算得到的，将在稍后进行介绍。

12.1.4　蝶阀与管道间的边界数据更新

蝶阀与管道间的边界数据更新，包括边界数据交换、耦合求解顺序、计算流程以及 UDF 实施方法四方面。

1. 边界数据交换

蝶阀三维计算域与上下游一维管道计算域是独立计算的，两者之间仅通过边界数据交换建立联系。由于一维水力学计算的边界是点，三维 CFD 求解的边界是面，两者间的数据传递需要"维数缩放"，即考虑不同维度之间数据传递时要保证参数守恒及耦合界面上参数分布的合理性。边界数据主要包括流量和压力。耦合一侧的边界有两种情形，接收流量传递压力，或者接收压力传递流量。一般流量需要考虑守恒性，压力需要考虑分布特点，通常边界面的压力按均匀分布考虑。图 12.3 为本研究中采用的边界数据交换方式，一维数据接收的是流量，它是由三维计算结果传递而来，应考虑流量的守恒性，需要对边界面上的、每个网格单元中心的流量数据进行求和，再传给一维水力学计算；而三维数据接收的是压力，需要将一维节点的压力值赋给边界面上的、每个网格单元的中心。在考虑重力的前提下，需要对三维边界面上的压力分布按高程修正。

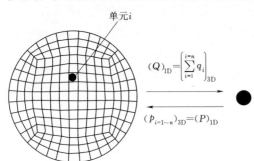

图 12.3　边界数据交换示意图

p_i—网格单元 i 的压力（三维边界）；

Q—节点流量（一维边界）；

q_i—网格单元 i 的流量（三维边界）；

P—节点压力（一维边界）

2. 耦合求解顺序

以蝶阀开启过程为例，流量从零逐渐增大，现采用图 12.4 所示顺序耦合算法进行三维 CFD 与一维水力学计算。

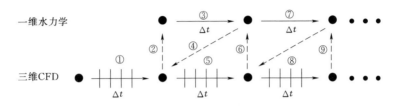

图 12.4 顺序耦合算法示意图

首先进行蝶阀三维 CFD 计算，图中时间步长 Δt 内的小竖线，代表若干次的迭代数。计算后将 CFD 流量结果作为边界条件，施加到管道一维水力学系统进行计算，一维水力学计算得到水力损失及泵瞬时扬程后，将结果（E_{3-3}、p_{4-4}）作为边界条件返回三维 CFD 计算，如此反复进行，直到三维计算结束。图中序号表明了耦合求解的顺序。

3. 计算流程

假定蝶阀开启过程持续时间为 t_open，计算总时间为 t_com，采用 Fluent 中的 UDF 功能来实现计算网格及边界条件的更新。图 12.5 为计算流程图，其中虚线框表示对上下游一维管道计算域实施的一维水力学计算，其余为对蝶阀三维计算域实施的计算。首先对三维计算域流场进行初始化，指定阀板上、下游侧的压力及流场的初始速度（一般为 0）；接着进行时步判断、基于 UDF 的网格更新，并进行三维流场计算；获得结果后，为上下游一维管道计算域提供边界条件，进行一维水力学计算，再将结果传递给三维流场作为动态边界；然后，重复上述过程进行蝶阀流场计算。

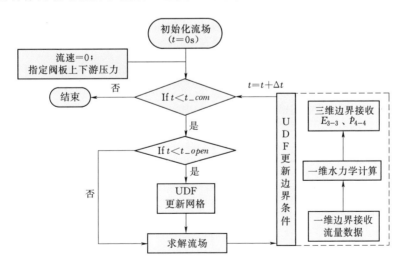

图 12.5 计算流程图

4. UDF 实施方法

该计算流程中，主要涉及 3 个需要 UDF 控制的关键步骤，具体如下：

（1）每个新时间步开始前，蝶阀三维计算域要进行边界条件更新。此操作通过宏命令 DEFINE_PROFILE 实现。DEFINE_PROFILE 宏定义变量在边界上随边界坐标或随时间的变化，如速度、压力、温度、体积分数等随实际或坐标变化的边界条件。其格式如下：

```
DEFINE_PROFILE (name, t, i);
```

这个宏有 3 个参数：name、t、i。其中 name 是函数名，当编译和链接后，函数名会出现在 Fluent 的压力边界条件设置界面中。

（2）更新边界条件后，需要进行网格更新。此操作通过宏命令 DEFINE_CG_MOTION 实现。DEFINE_CG_MOTION 宏用来定义刚体重心运动，其定义格式如下：

```
DEFINE_CG_MOTION (name, dt, vel, omega, time, dtime);
```

在该宏中，name 是函数名，*dt 是动网格线索指针；vel [] 是返回给 CG 速度的数组，x，y，z 方向分别对应 0，1，2；omega [2] 表示 z 方向角速度，是返回给 CG 的值；time 是时间；dtime 是时间步。下面是蝶阀 25s 线性绕 +z 轴旋转开启 UDF 最简代码。

```
#include "udf.h"
DEFINE_CG_MOTION(valve_plate,dt,vel,omega,time,dtime)
{
  if(time<=25.0)
    omega[2]=-0.0628318;
  else
    omega[2]=0.0;
}
```

UDF 中角速度的单位为 rad/s。当编译和链接后，函数名会出现在 Fluent 关于动网格设置的界面中。

（3）在每个时间步三维流场计算结束后，需要额外进行一维水力学计算，以获得步骤（1）所需边界条件的更新数值。此操作通过宏命令 DEFINE_EXECUTE_AT_END 实现；在瞬态计算中 DEFINE_EXECUTE_AT_END 宏在每一个时间步计算完成后自动执行，其定义格式如下：

```
DEFINE_EXECUTE_AT_END (name);
```

该宏只有一个参数，name 是函数名。当编译和链接后，函数名会出现用户自定义函数列表，供外部计算调用。

12.2 基于动网格模型的蝶阀开启过程分析

为了描述蝶阀阀板的转动，需要引入动网格模型或重叠网格模型。邹志超在文献 [204] 中对这两类动态网格模型进行了比较，认为动网格模型操作更顺畅、应用更普遍，因此，本节基于动网格模型来进行蝶阀开启过程分析。

12. 2. 1　动网格模型简介

动网格模型（dynamic mesh model）是 Fluent 提供的专门用于模拟流体域边界随时间变化的流动问题[17]。在边界运动过程中，该模型不断自动更新网格，使网格与实际边界位置相匹配。在使用动网格模型时，需要定义初始网格、设置网格更新方法、定义边界运动方式、指定运动区域等。在定义边界运动方式时，可以利用 Profile 文件或 UDF 程序进行指定。

1. 设置网格更新方法

动网格模型在处理因边界运动引起流体域形状随时间变化的流动情况时，通过拉伸、压缩网格或者增加、减少网格以及局部生成网格来适应计算域网格的改变，在各个时间步中依据边界位置的变化对网格进行更新。网格更新方法包括光顺、动态铺层及网格重构[17]。

光顺（smoothing）有两种方法：弹簧光顺和扩散光顺。弹性光顺（spring smoothing）方法通过调整已知移动边界节点和控制体积内部节点，实现网格的动态变化。在这个算法中，网格边被理想化为节点间相互连接的弹簧。这种算法在用于非四面体（2D 模型中的非三角形网格）时，需要保证边界移动为单一方向，且移动方向垂直于边界。扩散光顺（diffusion）是通过求解扩散方程得到网格运动。作为弹簧光顺的替代方法，扩散光顺适用于任何类型的网格，但其计算开销比弹簧光顺要大，但能够获得更好的网格质量。与弹簧光顺相比，扩散光顺更加适合于平移运动边界。

动态铺层（layering）方法的核心思想是根据与运动边界相邻的网格高度变化，适当合并或分裂网格，也就是说，通过添加或删除网格层以避免网格在被拉伸或压缩的过程中形成网格过稀或过密现象。该方法广泛应用于四边形、六面体和棱柱体网格。该方法有基于高度和基于比例的两种方式。基于高度的方式在拆分过度拉伸单元时，会将长单元拆分为等高的新单元，而基于比例的方式则将单元拆分为高度呈现等比数列渐变的新单元。

网格重构（remeshing）方法是指将网格畸变率非常大或尺寸变化非常剧烈的网格集中在一起重新进行网格划分。这种方法是对光顺方法在三角形网格和四面体网格应用方面的补充。这是因为，弹簧光顺算法并不改变网格节点的连接关系，当边界运动位移较大时，局部网格质量会很差，而采用网格重构方法后，则避免了局部网格质量过低的问题。这种网格更新算法改变了网格单元和节点数目，改变了网格节点连接关系，但不改变网格的拓扑结构。

2. 定义边界运动方式

可以利用 Profile 文件或 UDF 程序来定义边界运动方式。对于一些简单的运动形式，可以使用 Profile 文件进行定义，而对于较复杂的运动，则需要利用 UDF 进行描述。在 12.1.4 节中，给出了蝶阀 25s 线性绕＋z 轴旋转开启的 UDF 代码，并给出了代码装入 Fluent 之后的使用界面，这里可直接应用。

3. 指定运动区域

指定运动区域需要借助 Dynamic Mesh Zones 对话框完成。运动区域可以分为静止、刚体、变形体、用户自定义、系统耦合等类型。其中系统耦合只用于双向流固耦合计算的边界类型。运动形式的指定则由上面的 UDF 决定。在蝶阀流场分析中，阀板运动属于刚体运动，而阀腔中流体区域属于变形体。

12.2.2   蝶阀动网格模型设置

现以图 12.6 所示泵站为例，利用动网格模型计算蝶阀启动过程中蝶阀三维流场演变[204]。已知泵站特征参数及水泵性能曲线如图 12.6 所示，离心泵设计流量 3.75m³/s，流量扬程曲线可表示为 $H = -10.209Q_R^2 - 6.2668Q_R + 24.444$（m），式中 Q_R 为相对流量。管道阻力系数 λ 为 0.02，蝶阀后管道总长 206m，局部损失取为沿程损失的 5%。蝶阀公称直径 1.40m，阀板为铁饼形，阀板最大厚度 0.20m，假定阀板转角 θ 在 25.0s 内由 0°匀速转到 90°。

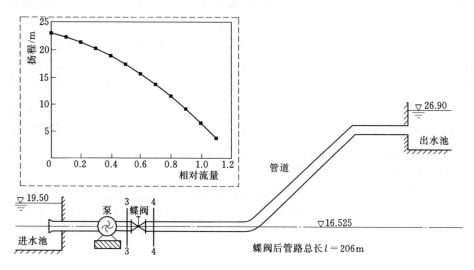

图 12.6   泵站特征参数及水泵性能曲线

1. 计算域划分及初始网格准备

根据 12.1 节的分析，选取蝶阀本身（长 2D）、上游管道（长 2D）和下游管道（长 6D）为计算域，即上游管道长 2.80m、蝶阀本身长 2.80m、下游管道长 8.40m，如图 12.7 所示。将整体区域划分为 valve_fluid、inlet_fluid、outlet_fluid 三个组成部分。此外，Valve_plate 代表阀板，需要设

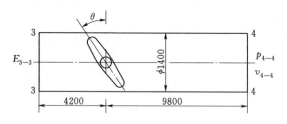

图 12.7   蝶阀计算模型示意图

置转动方式；Dynamic Zone 是蝶阀工作腔，需要将其边壁（圆柱表面）指定变形方式。

根据几何模型，对上述 3 个区域 valve_fluid、inlet_fluid、outlet_fluid 及转动的阀板分别划分计算网格。其中，上游和下游管道区域分别采用六面体网格，而蝶阀动网格区域因需进行网格光顺和重构而采用四面体网格，3 个区域通过交界面建立连接，如图 12.8 所示。经网格无关性检查、网格运动质量检查、计算效率综合考量等，最终上游段六面体

网格单元数约 8 万, 动网格域四面体网格单元数约 110 万, 下游段六面体网格单元数约 24 万。

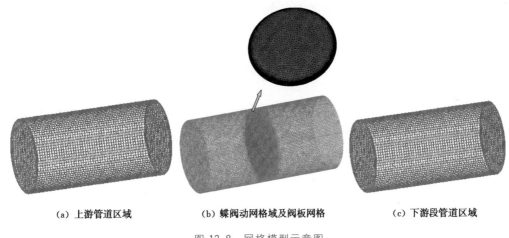

(a) 上游管道区域　　　　　(b) 蝶阀动网格域及阀板网格　　　　　(c) 下游段管道区域

图 12.8　网格模型示意图

2. 动网格设置

在 Fluent 中使用动网格模型的步骤与常规的网格模型类似, 所不同的是需要激活并设置动网格模型。现介绍如下。

(1) 激活动网格模型。选择模型树节点 Dynamic Mesh, 在右侧 Dynamic Mesh 面板中选择 Dynamic Mesh 选项, 在 Mesh Methods 区域选择 Smoothing 与 Remeshing 选项。其他参数保持默认设置。

(2) 设置网格更新方法。单击 Dynamic Mesh 面板中的 Settings… 按钮, 进入 Mesh Method Settings 对话框界面。选择 Smoothing 标签页, 设置使用弹簧光顺的方法, 设置弹簧常数因子 Spring Constant Factor 为 0.8, 设置边界节点松弛因子 Boundary Node Relaxation 为 0.8, 其他参数保持默认。

在 Mesh Method Settings 对话框界面中选择 Remeshing 标签页, 在 Remeshing Methods 中激活 Local Cell 和 Local Face 选项。接着, 设置网格重构参数: 设置网格重构频率 Size Remeshing Interval 为 1; 设置 Minimum Length Scale 为 0.009, 设置 Maximum Length Scale 为 0.02, 这两个值是指当物理时间 $t=$ ("Size Remesh Interval") $* dt$ 时, 标记出尺度低于指定最小尺度或高于指定最大尺度的网格, 然后对其进行重构。设置 Maximum Cell Skewness 为 0.8, 设置 Maximum Face Skewness 为 0.7。这两个值是指定单元或表面扭曲率超过指定最大值时标记单元, 并进行重构。最后, 在 Sizing Function 中激活 On 选项, 即激活尺寸函数, 在尺寸函数的基础上标记网格。

在上述设置过程中, 可利用 Use Defaults 按钮自动设置较为合理的参数值, 然后用户自己在此基础上根据实际情况进行微调。

(3) 指定运动区域。在 Dynamic Mesh 面板中的 Dynamic Mesh Zone 下选择 Create/Edit…, 接着在 Dynamic Mesh Zone 对话框中进行设置。

1) 设置阀板运动方式。在 Zone Names 组合框中选择 valve_plate, 选择 Type 为

Rigid Body，设置 Motion UDF/Profile 下拉框中选项为 valve_plate::libudf，设置阀板重心为（0，0，0），其他参数保持默认值。

需要注意的是，用于描述阀板运动方式的 UDF 程序需要在 Fluent 设置阶段提前装入系统中。本例 UDF 内容见 12.1.4 节。

2）设置变形边界（阀腔）参数。阀腔属于变形边界，壁面上的节点将作类似于内节点的移动，之后被投影到指定的几何面上。为此，在 Zone Names 组合框中选择 valve_house_fluid，选择 Type 为 Deforming，切换至 Geometry Definition 标签页，设置变形体类型 Definition 为 Cylinder，设置圆柱半径 Cylinder Radius 为 0.7m，设置 Cylinder Origin 为（0，0，0），设置 Cylinder Axis 为（1，0，0）。单击 Create 创建运动区域。

需要注意的是，定义变形区域时，在 Geometry Definition 标签页通常只能定义圆柱面（Cylinder）和平面（Plane）类型的变形区域。如果边界的形状较为复杂，则需要使用 DEFINE_GEOM 宏来定义其形状。

（4）预览动网格。预览动网格的目的是检查设置的正确与否，并根据预览结果进一步修正网格，提高网格质量。预览动网格包括预览运动区域及预览运动网格。在预览之前，通常需要保存文件。

在 Dynamic Mesh 面板中，单击 Display Zone Motion…按钮，弹出 Zoon Motion 对话框，设置开始时间 Start Time 为 0，时间步长 Time Step Size 为 0.005s，时间步数 Number of Time Steps 为 1000，选择区域 valve_plate，单击 Preview 进行预览。

需要说明的是，上述区域预览并不涉及网格变化，只是用于检验 UDF 或 Profile 文件描述的运动是否符合要求。

为了预览运动网格，需要在 Dynamic Mesh 面板中，单击 Preview Mesh Motion…按钮，弹出 Mesh Motion 对话框，设置 Current Time 为 0，时间步长 Time Step Size 为 0.005s，时间步数 Number of Time Steps 为 100，单击 Preview 进行预览。

需要说明的是，在预览运动网格之前，一定要保存 case 文件，因为预览网格会真正改变计算网格。

3. 边界条件设置

根据图 12.6 给定的泵站运行参数及离心泵流量扬程关系，按式（12.1）和式（12.2）建立计算域进口总能、出口静压的表达式如下。因蝶阀前管道较短，故忽略其水力损失。

$$E_{3-3} = -16846.714v_{4-4}^2 - 25191.564v_{4-4} + 268584.356 \text{（Pa）} \tag{12.4}$$

$$p_{4-4} = 928.326v_{4-4}^2 + 101325 \text{（Pa）} \tag{12.5}$$

利用 UDF 功能可将此边界条件提交给 Fluent。

4. 求解设置

将管道表面及阀板表面设置为无滑移壁面。选择 RNG $k-\varepsilon$ 湍流模型，增强型壁面函数。速度-压力的耦合计算采用 PISO 算法。时间项的离散格式采用一阶隐式，对流项采用二阶迎风格式离散，扩散项采用中心差分格式离散。阀门开启时间 $t\_open=25.0$s，计算总时间 $t\_com=27.5$s，根据网格尺寸及开启时间，选择时间步长为 0.005s。各项残差设置为 1.0×10^{-4}，每个时间步长内的最大迭代步数设置为 40。

计算前，按以下方式进行流场初始化：按式（12.4）与式（12.5）中 $t=0$ 时的压力值分别对阀板上游侧和下游侧区域设置静压,全计算域速度为零。

12.2.3　蝶阀流场计算结果

1. 外特性

图 12.9 是计算得到的蝶阀流量和蝶阀进出口压力随时间变化的情况。从图中可见,流量在阀板开度 0°~45°变化阶段增长最快,在 45°(对应时间 12.5s)时达到额定流量的 90%,之后随着阀板开度逐渐增大而增长缓慢;流量的增长滞后于阀板开度的变化,在达到最大开度前,流量已基本趋于稳定。

阀板水力转矩是作用在阀板表面每个网格单元上的力对转轴产生的力矩积分。阀板水力转矩变化曲线如图 12.10 所示。由图可见,曲线呈现先增后减,且增加的速率比减少的快。转矩在 5.58s(对应阀板转角 20°)时出现最大值,达到 7982.4N·m。

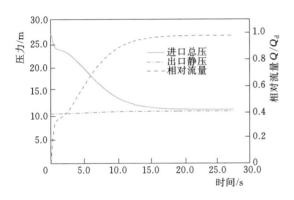

图 12.9　蝶阀流量和进出口压力变化情况　　　图 12.10　阀板水力转矩变化曲线

2. 流场演化

图 12.11 是阀板开度在 0°~90°变化过程中每隔 10°绘制的纵剖面和横剖面流场的演变过程。从纵剖面流线图可见,当阀板开度为 10°时,阀板下游处存在两个转动方向相反的旋涡,下面的旋涡逆时针旋转,与阀板转动方向相同;上面的旋涡顺时针旋转,与阀板转动方向相反。当阀板开度增大到 20°时,下部旋涡在管轴线方向被拉伸,阀板下游处上部的旋涡尺度增大。当阀板开度增大到 30°时,下部旋涡基本消失,上部旋涡进一步增长。阀板开度达到 40°时,这个旋涡的尺度反而减小,在阀板开度至 50°位置时基本消失。之后,随着阀板开度的进一步增大,流线逐渐趋于平顺。从横剖面流线图可见,流场整体上也呈现出从两个转动方向相反的旋涡向流线平顺的演变过程,但旋涡演变状态比纵剖面混乱,小尺度涡比较多。

图 12.12 是阀板开度在 0°~90°变化过程中每隔 10°绘制的阀板表面压力场的演变过程。从图中可见,阀板上游压力在开度 0°~50°变化范围内快速减少,而下游压力变化较平缓。这主要是受到蝶阀上游处泵扬程随流量变化的影响。可见,对于泵站加压输水系统而言,在开阀过程中,离心泵性能的改变对阀门内部流场具有重要影响。

3. 与稳态计算结果的对比

蝶阀流场及蝶板水力转矩分析,现有文献多是采用固定开度下的稳态计算完成的。为

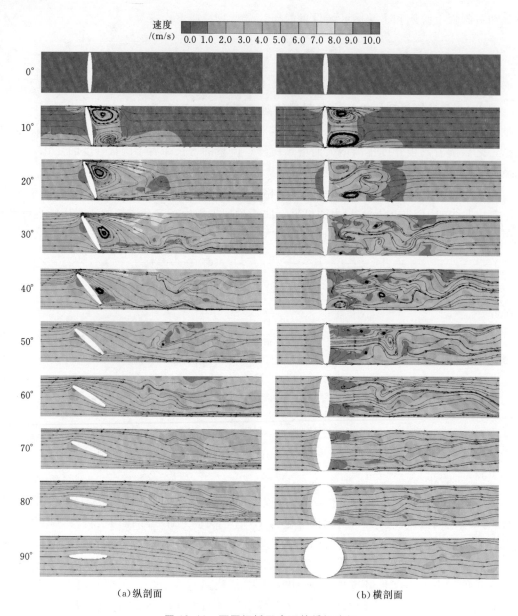

图 12.11　不同阀板开度下的蝶阀流场

了对比基于动网格及动态边界条件的瞬态计算结果与稳态计算结果的区别，图 12.13 给出了采用两种方法得到的阀板转矩系数和流阻系数。其中，固定开度下的稳态结果是该阀在阀板特定角度下稳态流动分析获得的数值。由图 12.13（a）可知，瞬态计算与稳态计算得到的转矩系数随着开度变化的趋势基本一致，最大转矩系数的峰值出现在开度 80°附近，这与 Wang 等[207] 获得的结论基本一致。但是，瞬态计算得到的转矩系数要比稳态计算高约 20%，这表明按稳态计算结果选配蝶阀驱动电动机功率时，需要引起注意。由图 12.13（b）可知，瞬态计算与稳态计算得到的流阻系数变化趋势一致，在开度 40°以上时，几乎重合；在开度 40°以下时，瞬态结果略小于稳态结果。

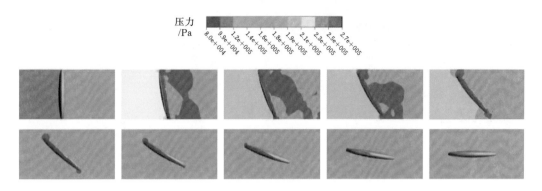

图 12.12　不同阀板开度下阀板周围压力

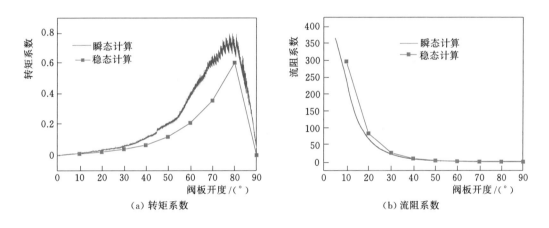

（a）转矩系数　　　　　　　　　　（b）流阻系数

图 12.13　转矩系数与流阻系数随开度变化情况

12.3　蝶阀结构型式对水力特性的影响

12.3.1　蝶阀结构型式简介

　　前两节所研究的蝶阀是经过抽象概括之后得到的简化型式，实际工程中阀板并非恰好位于阀板转轴中心线上，阀板上还带有筋板等增强刚度的附属结构，如图 12.14 所示。这样，使得实际工程蝶阀的水力转矩、三维流场分布等与前两节所得结果可能存在较大差异。为此，本节针对实际工程结构型式的蝶阀进行水力特性分析[204]。

　　本节选择两种结构型式的蝶阀作为研究对象，分别简称为"偏心阀"和"筋板阀"，如图 12.15 所示。为便于对比，蝶阀口径和阀板直径与前两节的简化型式一致。采用动网格方式进行网格更新，网格类型为四面体网格，网格数量与前两节相当，计算的边界条件、初始条件及求解设置与前两节中的设置完全相同。阀板仍在 25s 内由全关至全开。

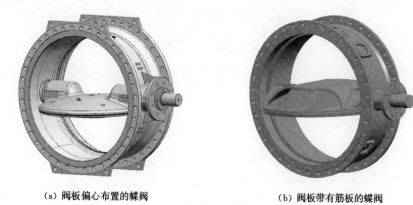

(a) 阀板偏心布置的蝶阀   (b) 阀板带有筋板的蝶阀

图 12.14　工程中常见的蝶阀结构型式

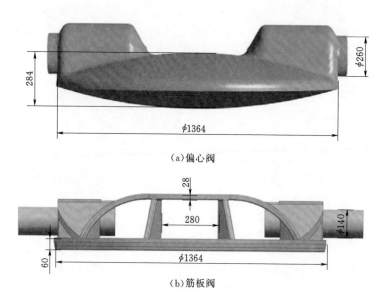

(a) 偏心阀

(b) 筋板阀

图 12.15　两种蝶阀的阀板尺寸

12.3.2　流量及阀板转矩特性

图 12.16 和图 12.17 分别是计算得到的偏心阀和筋板阀流量特性和阀板水力转矩特性。从图中可以看出，两种蝶阀的流量随时间（蝶阀开度）变化曲线基本相同，在趋势上与前两节的简化模型相同。

对比两种蝶阀的水力转矩曲线可以看出，曲线整体呈现 V 形变化特征，前期波动较大，后期基本平滑，两者趋势相近，但偏心阀在小开度阶段的波动比筋板阀大，两种蝶阀的转矩最大值比前两节的简化型式减小，转矩变化过程受开阀过程中泵、阀、管道系统共同影响较明显。

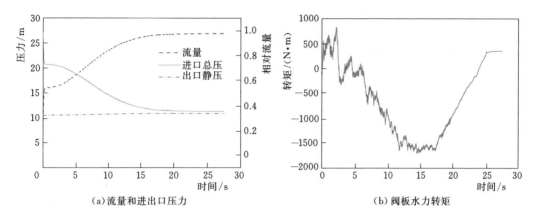

图 12.16　偏心阀水力特性

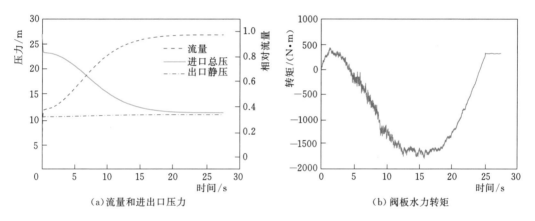

图 12.17　筋板阀水力特性

12.3.3　压力脉动特性

为了评价偏心阀和筋板阀开度变化过程中的压力脉动特性，图 12.18 给出了压力脉动测点布置方案。在偏心阀阀板表面布置 4 个测点，分别为 P1～P4；在筋板阀阀板表面布置 6 个测点，其中 P1～P4 的位置与偏心阀相同，P5 和 P6 布置在筋板表面。在管道上游距离蝶阀 1D 和下游距离蝶阀 1D、2D 和 3D 的截面上分别布置四组测点。

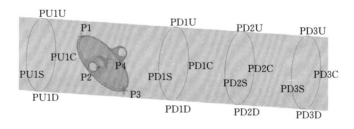

图 12.18　压力脉动测点布置方案

图 12.19 是偏心阀阀板表面及上游 $1D$ 断面上各测点压力脉动时域图[204]。从图中可以看到，对于阀板表面 P2 点，压力脉动幅值最大，压力随时间变化呈先快减后慢减的趋势，较前一节中的简化型蝶阀明显偏大，压力脉动最大幅值为 26564Pa，出现在 9.710s。阀板 P1 与 P3 点在前 10s 呈现出较剧烈的波动。测点 P1 在开启一瞬间压力迅速降低，主要由于局部区域流速过大导致，随着阀板不断转动，阀板与管壁间隙逐渐变化，流速有所降低，压力呈增高趋势，其压力脉动最大幅值为 36190Pa，出现在 4.305s。测点 P3 变化趋势与 P1 大致相同，由于阀板转动方向，决定了 P3 转向的是低压侧，因此其压力比 P1 低，其压力脉动最大幅值为 40119Pa，出现在 4.310s。相比前一节的简化型蝶阀，偏心阀每个测点的压力脉动都明显变大，这可能与阀板偏心造成的内部流动涡结构混乱有关。图 12.20 是筋板阀阀板表面及上游 $1D$ 断面上各测点压力脉动时域图[204]。从图中可以看出，各测点的压力脉动变化趋势与偏心阀基本相同，但脉动量显著下降。将两种蝶阀在管道不同断面上的压力脉动最大幅值示于表 12.1 和表 12.2，可以看出，筋板阀在不同截面处的压力脉动幅值均低于偏心阀。这说明，筋板不仅有助于提高阀板刚度，还可降低蝶阀及管道系统压力脉动。

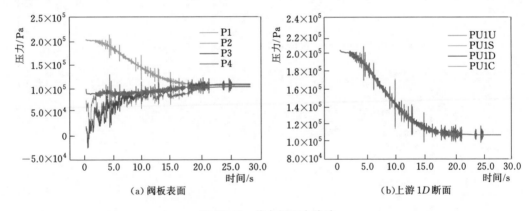

图 12.19 偏心阀压力脉动

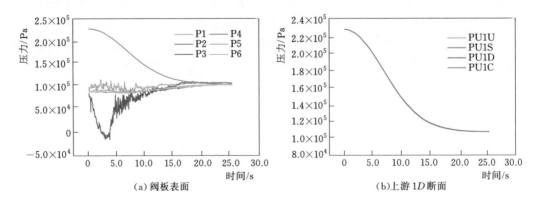

图 12.20 筋板阀压力脉动

表 12.1 偏心阀压力脉动最大幅值统计

位置	幅值/Pa	时间/s	位置	幅值/Pa	时间/s	位置	幅值/Pa	时间/s
PD1U	39882	4.305	PD2U	30114	4.305	PD3U	19246	4.305
PD1S	39528	4.305	PD2S	30189	4.305	PD3S	20374	4.305
PD1D	40368	4.305	PD2D	27595	4.305	PD3D	20261	4.305
PD1C	40783	4.305	PD2C	29445	4.305	PD3C	19250	4.305

表 12.2 筋板阀压力脉动最大幅值统计

位置	幅值/Pa	时间/s	位置	幅值/Pa	时间/s	位置	幅值/Pa	时间/s
PD1U	7981	0.370	PD2U	12009	14.130	PD3U	12754	6.180
PD1S	8013	0.480	PD2S	6241	1.590	PD3S	3677	8.120
PD1D	5048	5.465	PD2D	3280	11.970	PD3D	2057	6.795
PD1C	2621	11.555	PD2C	13369	8.220	PD3C	5712	6.195

第13章 流固耦合与疲劳分析

水泵振动和疲劳特性直接关系到泵站的安全稳定运行。本章首先介绍流固耦合问题的特点及分析方法，然后以一台双吸离心泵为例进行流固耦合分析。在此基础上，介绍结构疲劳特性分析方法、模态计算方法及转子临界转速确定方法。

13.1 流固耦合分析的基本方法

13.1.1 流固耦合分析方法

流固耦合（fluid-structure interaction，FSI）普遍存在于泵站系统中。例如，因叶轮与蜗壳的动静耦合作用引起的泵内压力脉动作用到泵体结构上，导致泵体、泵房楼板、管道系统等的振动、变形和噪声等，即属于典型的流固耦合问题。

1. 流固耦合问题控制方程

在流固耦合问题中，如不考虑温度场变化，流体域受连续方程和动量方程支配[17]：

$$\frac{\partial \rho}{\partial t} + \frac{\partial(\rho u_i)}{\partial x_i} = 0 \tag{13.1}$$

$$\frac{\partial(\rho u_i)}{\partial t} + \frac{\partial(\rho u_i u_j)}{\partial x_j} = \frac{\partial}{\partial x_j}\left[\mu\left(\frac{\partial u_i}{\partial x_j} + \frac{\partial u_j}{\partial x_i}\right)\right] - \frac{\partial p}{\partial x_i} + f_i \tag{13.2}$$

式中：i，j 为张量角标（取 1、2、3）；u_i 为流体微元体的速度；x_i 为坐标；ρ 为密度；t 为时间；p 为流体微元体上的压力；f_i 为微元体上的体力。

固体域受力的平衡方程、几何方程和物理方程支配[208]：

$$\rho\frac{\partial^2 d_i}{\partial t^2} + c\frac{\partial d_i}{\partial t} = \frac{\partial \sigma_{ij}}{\partial x_j} + F_i \tag{13.3}$$

$$\varepsilon_{ij} = \frac{1}{2}(d_{i,j} + d_{j,i}) \tag{13.4}$$

$$\sigma_{ij} = D_{ijkl}\varepsilon_{kl} \tag{13.5}$$

式中：σ_{ij} 为固体微元体上的应力；ε_{ij} 为应变；D_{ijkl} 为材料本构关系；F_i 为固体微元体所受的外力（包括水的压力、重力、离心力等）；d_i 为位移；ρ 为固体密度；c 为阻尼系数；$\rho\frac{\partial^2 d_i}{\partial t^2}$ 和 $c\frac{\partial d_i}{\partial t}$ 分别为惯性力和阻尼力。

在流固耦合界面上，需要满足几何相容性条件和力平衡条件。几何相容性条件[209]：

$$u_i^f = u_i^s \tag{13.6}$$

418

平衡条件：

$$\sigma_{ji}^f n_j^f + \sigma_{ji}^s n_j^s = 0 \qquad (13.7)$$

式中：n_j 为外法线单位矢量的分量；上标 f 和 s 分别表示流场和固体结构场。

对于流场的求解，一般采用有限体积法；对于固体结构场的求解，一般采用有限元法。对于联合求解方式，即紧耦合方式，需要制定特定的求解模式，一般以有限元法为主。

2. 求解物理量

所谓流固耦合计算，指的是同时利用流体求解器和固体求解器计算流体和固体相互作用问题。流体求解器主要负责流场压力、速度、温度、组分等物理量的计算，而固体求解器则负责位移、应力、应变等计算。在这些求解变量中，同时存在于流体和固体求解中的物理量是压力和位移，如图 13.1 所示。在流体求解器中，压力是直接解出量，而在固体求解器中，压力可作为载荷。在固体求解器中，位移是直接解

图 13.1 流固耦合计算中求解的物理量

出量，而在流体求解器中，位移可作为载荷，表现为计算域运动或变形。

流固耦合问题的核心在于共同变量的求解和传递。

3. 求解方式

流固耦合问题求解方式主要有以下两种：①分离求解，采用不同的求解器计算各自的物理变量，其中共同变量采用异步传递的方式进行更新；②联合求解，构建一个大型物理系统将流体部分和固体部分全部考虑进去，然后所有物理场变量一起求解。两种方式都可用于稳态问题和瞬态问题。

分离求解方式也称为弱耦合方式或松耦合方式，适用于流场与固体场之间不相互重叠与渗透、耦合作用仅仅发生在流体与固体交界面上的情况，其耦合作用是通过界面力起作用。这种方式的计算效率高，适用问题规模大，是目前的主流求解方式。联合求解方式也称为强耦合方式或紧耦合方式，适用于流场和固体场之间相互重叠与渗透、两者难以明显分开的情况，其耦合作用是通过改写流体、固体结构控制方程的形式，构造出统一的求解方程并直接求解来实现的。联合求解方式概念清晰，无需进行耦合界面分析，但需要统筹流体与固体的特性参数，构建统一的本构关系，编写两者兼顾的程序代码，构建流体和固体结构一致的网格，对计算机资源要求高，实用性不强，目前尚主要用于理论研究阶段。商用软件基本上都采用分离求解方式。水力机械的流固耦合问题也都采用分离求解方式[209]。

4. 数据传递方式

分离求解方式的核心在于数据传递。目前主要有以下两种数据传递方式：

（1）单向传递。流体求解器解算出压力，然后将压力数据作为载荷传递给固体求解器，如图 13.2 （a）所示。

（2）双向传递。流体求解器发送压力数据至固体求解器，同时接收固体求解器发回的位移数据，如图 13.2 （b）所示。

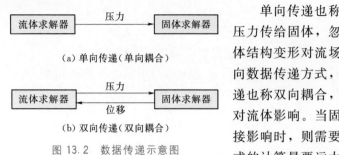

图 13.2　数据传递示意图

单向传递也称为单向耦合，只是把流体产生的压力传给固体，忽略固体变形对流场的影响。当固体结构变形对流场影响可以忽略时，就可以采用单向数据传递方式，这可显著节约计算时间。双向传递也称双向耦合，同时考虑流体对固体影响和固体对流体影响。当固体结构变形较大，对流场产生直接影响时，则需要采用双向传递方式。双向传递方式的计算量要远大于单向传递方式。

通常情况下，单向传递多用于稳态计算，双向数据传递多用于瞬态计算，但这种对应关系越来越模糊。选择单向传送方式还是双向传递方式，主要取决于耦合问题本身的性质。对于水力机械流固耦合问题，流场压力引起的结构变形通常很小，只有计算域宏观尺度千分之一的量级，因此尽管多数水力机械流固耦合问题是瞬态问题，通常采用单向传递方式。

对于瞬态流固耦合问题，无论是单向传递方式，还是双向传递方式，都需要在一个耦合时间步内，分别进行流场计算和固体结构场计算。当然，一个耦合时间步，并不一定严格限定流场计算的时间步长与结构场计算的时间步长完全相等，通常流场计算时间步长较短，故可每进行若干个（如 5 个）流场时间步进行一次固体结构场的时间步计算[210]。两种方式的计算流程如图 13.3 所示。

对于单向传递方式下的瞬态流固耦合问题计算，由于不考虑固体结构变形对流场的影响，因此，可采用一种更加简单的流程进行耦合计算，即不设置耦合时间步，全场只进行一次耦合计算，流程如图 13.4 所示。

5. 界面插值方式

流固耦合数据传递不仅涉及数值传递方向，还涉及耦合界面网格映射和数据插值方式。一般情况下，流场和结构场的网格并非一一对应，因此需要采用界面插值运算实现二者之间的数据传递。目前有多种网格映射和界面插值算法，如杨敏和王福军等[211]专门为水泵流固耦合计算编制了耦合界面模型，可以实现在不同 CFD 软件和 FEM 软件间的网格映射和界面插值，在实际应用中取得了较好效果。但是，随着商用软件的发展，许多具有流固耦合分析功能的商用软件都提供了专用的耦合面网格映射和插值算法，如 ANSYS 软件针对流场和结构场耦合分析提供了 Profile Preserving 和 Globally Conservative 两种界面插值方式[208]。Globally Conservative 方式保证载荷插值过程中通过流固耦合面的载荷总量相等；Profile Preserving 方式确保在流固耦合交界面局部位置载荷插值分布一致。位移变量只能使用 Profile Preserving 方式，而温度变量和力载荷变量可以使用这两种插值方式，但更多还是使用 Profile Preserving 方式。

6. 误差来源

目前采用分离方式求解流固耦合问题，影响计算精度的因素包括以下几点：

（1）界面插值。这是最主要的误差来源，尤其是当交界面上网格节点不对应的时候。

（2）网格重构。主要存在与双向耦合中，当边界出现大变形时，只能通过网格重构降低网格质量劣化，而在网格重构过程中，每一次重构都必须进行数据的重映射，此过程会

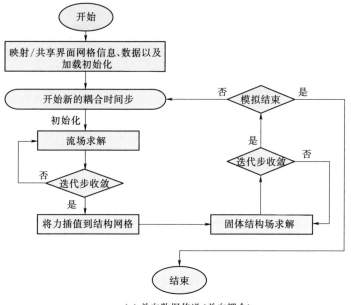

（a）单向数据传递（单向耦合）

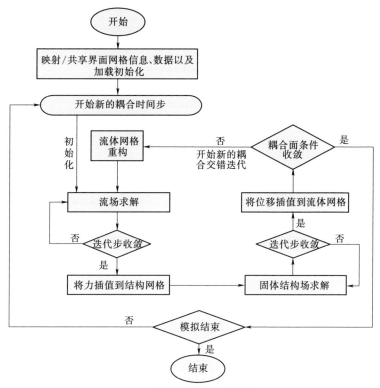

（b）双向数据传递（双向耦合）

图 13.3 计算流程图[210]

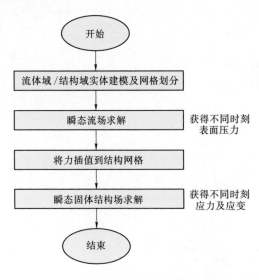

图 13.4　单向传递方式下的瞬态流固耦合
问题的简单计算流程图

导致计算误差。

（3）网格质量。由于存在网格重构，而重构后的网格质量常常较差，此过程中的误差等同于动网格计算。

因此，双向耦合计算精度总是难以保证。一般而言，单向耦合能够满足基本要求时，尽量不要做双向耦合。

7. 流固耦合分析软件

流固耦合分析涉及流场计算和结构场计算，即 CFD 和 CSD 模块的相互调用。目前许多 CAE 软件都同时提供了流场和结构场耦合计算功能，如 ANSYS 通过 Workbench 模块可实现 Fluent（或 CFX）与 Mechanical 之间的相互调用；Fluent 2019 在其自身内部也提供了流场与简单线性结构间的单向耦合计算。如果打算在完全独立的 CFD 软件和 CSD 软件之间实现流固耦合计算，除了自行设计界面插值算法和外部调用模块之外，还可借用 MpCCI 来完成这一任务。MpCCI（mesh-based parallel Code Coupling Interface）是由德国圣奥古斯丁 SCAI 研究中心开发出来的多物理场耦合工具，可处理流固耦合和流固耦合换热问题，在保证各软件独立计算的同时，实现插值传递和时间异步求解。

13.1.2　流固耦合分析过程与实例

现以一个挡板绕流模型为例，介绍在 ANSYS 软件中开展流固耦合分析的过程。这是一个稳态问题，几何模型如图 13.5 所示，流动区域长 300mm，高 100mm，厚 50mm，区域内有一个 60mm×10mm×50mm 的金属挡板，水流从左向右流动，左侧入口处的流速为 20m/s。现计算金属挡板在流体作用下的受力及变形情况。该算例选自文献 [19]。

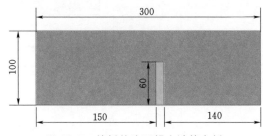

图 13.5　挡板的流固耦合计算实例

1. 创建工程项目

从 Workbench 的 Toolbox 中填加 Fluid Flow（Fluent）模块，自动生成包含 6 个单元格的项目 A；填加 Static Structural 模块，自动生成包含 7 个单元格的项目 B。然后，在 A2 单元格 Geometry 与 B3 单元格 Geometry 之间建立链接，在 A5 单元格 Solution 与 B5 单元格 Setup 之间建立链接。

2. 建立几何模型

在 A2 单元格 Geometry 中利用 SCDM 创建图 13.6 所示的几何模型。注意，需要在 A2 单元格 Geometry 中同时创建固体模型和流体模型，之后在 A3 单元格 Mesh 中去除固体几何，在 Static Structural 模块 B3 单元格 Geometry 中去除流体几何，从而保证流体和固体几何的一致。

3. 流体网格划分

流体区域采用扫掠方法划分计算网格。

(1) 去除固体几何。借助 A3 单元格进入流体网格划分模块，使用模型树节点 Geometry→FFF \Solid→Suppress Body 去除固体几何。

(2) 插入扫掠方法。通过模型树节点 Mesh→Insert→Method，在属性窗口中设置 Geometry 为流体域 3D 几何模型，设置 Method 为 Sweep，设置 Src/Trg Selection 为 Manual Source，并在图形窗口中选择图 13.7 中所示的面作为源面。其他参数保持默认设置。

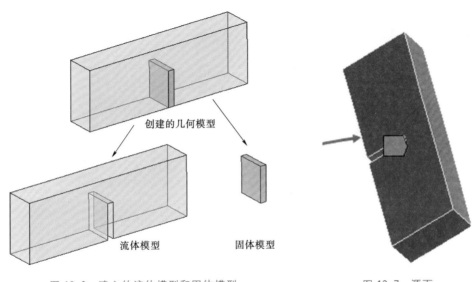

图 13.6　建立的流体模型和固体模型　　　　　图 13.7　源面

(3) 设置网格尺寸。使用模型树节点 Mesh→Insert→Sizing，在属性设置窗口中设置 Geometry 为计算域三维几何，设置 Element Size 为 2mm，设置 Behavior 为 Hard。然后通过模型树节点 Mesh→Generate Mesh 生成六面体网格。

(4) 命名边界。该算例中边界包含入口 A、出口 B、对称面 C 和 D、顶部 E、底部 F 和壁面 G，如图 13.8 所示。将两个侧面作为对称边界处理，顶部面和底部面作为壁面边界。特别需要注意的是流固耦合面的命名。然后关闭 Meshing 模块，返回至 Workbench

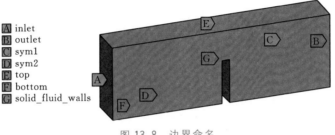

图 13.8　边界命名

423

工作界面，通过 A3 单元格 Mesh 选择弹出菜单 Update 更新计算网格。通过 A4 单元格 Setup 进入 Fluent。

4. Fluent 设置与流场求解

（1）Models 设置。选择 Realizable k-epsilon 为湍流模型。

（2）Boundary Conditions 设置。设置入口速度 20m/s，出口为压力出口，静压为 0。其他边界采用默认设置。

（3）Initialization 设置。通过模型树节点 Initialization→Initialize 进行初始化。

（4）Run Calculation。通过双击模型树节点 Run Calculation 设置 Number of Iterations 为 500，然后开始流场计算。

（5）查看计算结果。计算完毕后可关闭 Fluent，返回至 Workbench，进入 A6 单元格 Results 查看耦合面上压力分布，如图 13.9 所示。

5. 固体模块设置与固体结构场求解

（1）几何处理。通过 B4 单元格 Model 进入模型设置，使用模型树节点 Geometry →FFF\fluid→Suppress Body 去除流体几何。

（2）网格划分。通过模型树节点 Mesh →Insert→Sizing 进入网格设置界面，设置 Geometry 为三维固体几何体，设置 Element Size 为 2mm，设置 Behavior 为 Hard，其他参数保持默认设置。然后，使用模型树节点 Mesh→Generate Mesh 生成网格，如图 13.10 所示。

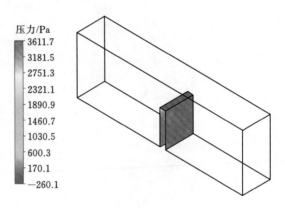

图 13.9　耦合面上的压力分布

（3）插入对称条件。使用模型树节点 Model→Insert→Symmetry→Insert→ Symmetry Region 插入对称区域，设置 Geometry 为两个侧边，设置 Symmetry Normal 为 Z Axis。

（4）设置约束。本例的固体几何需要约束其底部。选择模型树节点 Static Structural →Insert→Fixed Support，在属性窗口中设置 Geometry 为底部几何面。

（5）导入外部压力。将 Fluent 计算得到的壁面压力作为载荷加载到计算几何上，过程是：使用模型树节点 Import Load→Insert→Pressure 插入压力，设置 Geometry 为与流体几何重合的 3 个面，设置 CFD Surface 为 solid_fluid_walls 面（即图 13.8 中的 G 面），其他参数保持默认设置。然后，通过模型树节点 Import Load→Import Load 导入流体压力。此时可通过模型树节点 Import Pressure 查看导入的压力，如图 13.11 所示。

（6）计算求解。通过模型树节点 Solution→Solve 进行求解计算。此时，可插入应力、应变、位移等参数进行后处理查看。例如，使用模型树节点 Solution→Insert→Stress→E-quivalent（Von-Misses）即可插入等效应力。参数插入完毕后，可选择模型树节点 Solution→Evaluate All Results 进行结果更新。等效应力计算结果如图 13.12 所示，变形计算结果如图 13.13 所示。

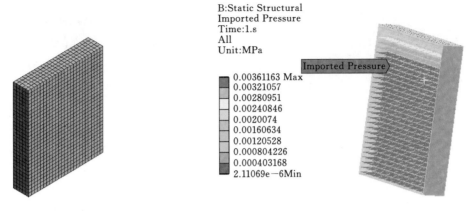

图 13.10　固体计算域网格　　　　　　图 13.11　固体壁面上的压力（单位：MPa）

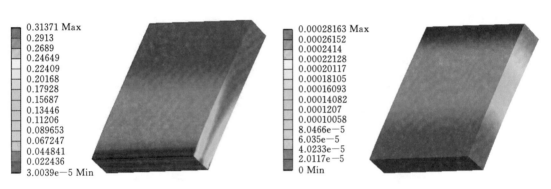

图 13.12　等效应力（单位：MPa）　　　　　图 13.13　变形（单位：m）

13.2　离心泵流固耦合分析

本节以某大型调水工程所使用的双吸离心泵为研究对象，计算在典型运行工况下的结构变形、动应力分布情况。双吸离心泵额定流量 $Q_d=10\text{m}^3/\text{s}$、扬程 $H_d=58.2\text{m}$、转速 $n_d=375\text{r}/\text{min}$，叶轮直径 $D_2=1750\text{mm}$，叶片数 $Z=7$，叶片采用交错布置方式。该算例取自文献 [212]。

13.2.1　耦合计算模型

对该泵进行流固耦合分析所采用的流场网格如图 13.14 所示。在流体场分析中，采用四面体单元进行网格划分，并进行局部加密处理，共包括 1486802 个网格单元。流场计算所采用的湍流模型为 RNG k-ε 双方程模型；在近壁区采用了壁面函数来描述边界层流动，y^+ 控制在 $20\sim300$ 之间；空间域上对流项和扩散项分别采用二阶迎风格式和中心差分格式离散；时间域上采用显式时间积分方案进行时间步上的递推计算。流场瞬态计算的初始条件为稳态 CFD 计算结果，计算时间为 15 个叶轮旋转周期。时间步长设为 0.0016s，

图 13.14　流场分析使用的网格模型

即叶轮旋转周期 1/100[212]。

在结构场分析中，分别选择叶轮和泵体为研究对象，与流体接触表面的压力通过流场计算结果而得。理论上，在进行水泵结构动力学响应分析时，应该将叶轮与泵轴共同作为转子部件进行造型，并在轴承位置处施加相应约束，但考虑到本算例的目的只是演示水泵流固耦合分析，故只取叶轮作为转子部件进行结构场分析，并在叶轮轴孔处施加固定约束边界条件。

采用四面体网格对叶轮和泵体进行网格划分，并进行局部加密。结构场网格如图 13.15 所示[212]。其中叶轮包含 124291 个单元，泵体包含 201250 个单元。叶轮和泵体材料为铸钢，弹性模量为 $2.0 \times 10^5 \mathrm{MPa}$，泊松比为 0.3，密度为 $7.8 \times 10^3 \mathrm{kg/m^3}$。

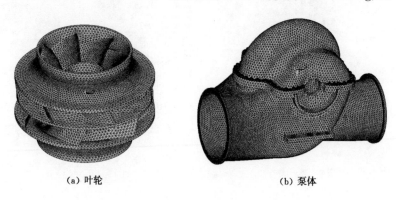

（a）叶轮　　　　　　　　　　　　　　（b）泵体

图 13.15　结构场分析使用的网格模型

结构场计算的时间步长与流场计算时相同，均为 0.0016s。结构场瞬态计算的初始条件为稳态 CFD 计算结果所对应的静态结构场，瞬态计算的叶轮旋转周期为 3 个，比流场计算时要短。这是因为，流场从定常计算结果开始进行非定常计算，要有一定时间才能得到一个比较稳定的瞬态载荷分布结果，故所需要的计算周期要比较多。提取了流场计算所得到的比较稳定的 300 个连续时间步流固耦合界面上瞬时压力，按杨敏等[211]给出的界面模型进行耦合界面插值。转化后的瞬时压力载荷施加到叶轮与泵体结构场，每个载荷步分两个子步施加载荷。

选择 4 个典型流量工况，$0.6Q_\mathrm{d}$、$0.8Q_\mathrm{d}$、$1.0Q_\mathrm{d}$、$1.2Q_\mathrm{d}$ 工况进行流固耦合分析。

13.2.2　压力脉动计算结果

使用上述计算模型进行瞬态流场计算后，得到不同工况下水泵压力瞬时分布，详细计算结果见文献 [212]。表 13.1 给出了水泵典型部位压力脉动主频及幅值。

表 13.1　　　　　典型部位压力脉动主频及幅值

位　　置	$0.6Q_d$		$0.8Q_d$		$1.0Q_d$		$1.2Q_d$	
	主频 /Hz	幅值 /kPa	主频 /Hz	幅值 /kPa	主频 /Hz	幅值 /kPa	主频 /Hz	幅值 /kPa
水泵进口	43.95	3.283	6.104	6.977	6.104	7.493	6.104	6.014
吸水室顶部	18.31	2.855	6.104	7.198	6.104	7.649	6.104	6.194
压水室顶部	43.95	3.311	6.104	6.745	6.104	7.687	6.104	6.291
隔舌头部	3.662	67.49	6.104	45.21	6.104	20.90	6.104	9.266
水泵出口	1.221	4.096	6.104	5.364	6.104	7.071	6.104	5.518
叶片工作面头部	6.104	25.87	6.104	27.26	6.104	21.59	6.104	10.59
叶片工作面尾部	6.104	65.08	6.104	54.15	6.104	35.10	12.21	10.31
叶片背面头部	12.21	22.60	6.104	21.56	6.104	12.60	6.104	11.17
叶片背面尾部	6.104	58.21	6.104	49.73	6.104	36.24	12.21	12.49

由表 13.1 可以看出，泵体隔舌和叶片出口处压力脉动较为剧烈，压力脉动幅值总体上随流量减小而增大。在流量大于 $0.8Q_d$ 的工况下，各个部位压力脉动主频基本为转频及其倍频；而在流量为 $0.6Q_d$ 的小流量工况下，压力脉动主频相对复杂一些。

13.2.3　结构应力和变形计算结果

以流场计算得到的压力脉动结果为边界条件，通过单向流固耦合计算，得到了不同工况下水泵叶轮和泵体各个位置的交变应力和变形情况。

1. 额定工况下结构应力和变形

图 13.16 给出了额定流量下叶轮在一个旋转周期的 0 和 $T/2$ 时刻的应力和变形分布图。图 13.17 给出了泵体在一个旋转周期的 0 和 $T/2$ 时刻的应力和变形分布图。

由图 13.16 可以看出，叶轮的应力和变形分布呈周期性变化。不同时刻叶轮等效应力分布规律相似，最大应力出现在叶片进、出口边与前盖板相接的区域，并交替出现在各叶片上。变形最大区域均出现在前盖板外缘，最大值交替出现在两侧不同相邻叶片之间，并

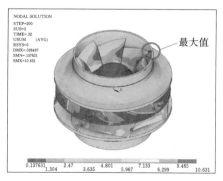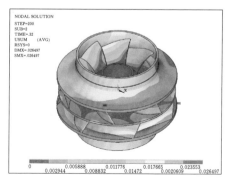

(a) $t=0$ 时刻

图 13.16 (一)　额定工况下叶轮应力和变形分布（左为应力，右为变形）

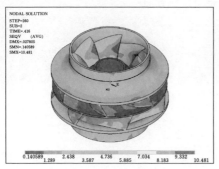
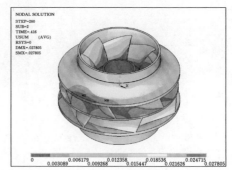

（b）$t=T/2$时刻

图 13.16（二） 额定工况下叶轮应力和变形分布（左为应力，右为变形）

且变形周向分布不均匀。叶片进口边和出口边上的压力脉动较为剧烈，且呈现出明显的周期性，故导致最大应力主要出现在叶片进、出口边与前盖板相接的区域，并交替出现在各叶片上。

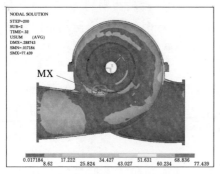
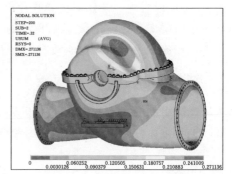

（a）$t=0$时刻

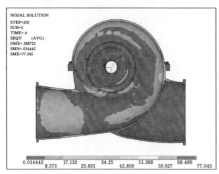
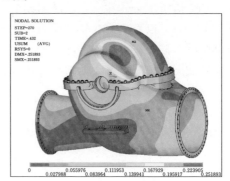

（b）$t=T/2$时刻

图 13.17 额定工况下泵体的应力和变形分布（左为应力，右为变形）

由图 13.17 可以看出，在各个时刻泵站上应力分布区别不大，最大等效应力位于隔舌头部，这是叶轮与隔舌的动静耦合作用所产生较大压力脉动所致。泵体变形较大的区域主要有 3 个：压水室第Ⅳ断面两侧（靠近吸水室隔板区域）、压水室第Ⅵ断面两侧（与吸水室共用的壁面并靠近叶轮进口部位）、泵进口底部。

2. 典型工况下结构应力和振动

图 13.18 给出了典型工况下叶片进口边与前盖板交点处的最大等效应力（Von Miss 应力），图 13.19 给出了典型工况下蜗壳隔舌处最大等效应力变化情况。

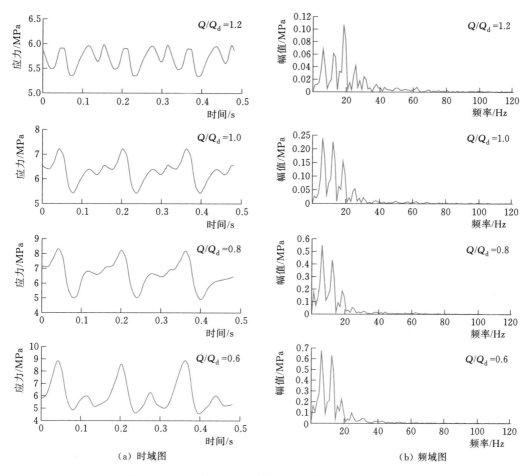

（a）时域图　　　　　　　　　　（b）频域图

图 13.18　典型工况下叶片进口边与前盖板交点的应力

由图 13.18 可以看出，各工况下的叶片应力呈现出较明显的周期性，应力幅值随流量减小而增加，其中 $0.6Q_d$ 工况的最大应力幅值为 $1.0Q_d$ 工况的 2.84 倍。由频域图可知，不同工况下的应力主频均为转频及其倍频。比较发现，叶轮最大应力点的应力特性与压力脉动结果吻合较好。

由图 13.19 可以看出，隔舌处应力主频幅值随流量减小而增大，其中 $0.6Q_d$ 工况下的应力主频幅值达 9.927MPa，为 $1.0Q_d$ 工况的 1.08 倍。不同工况下隔舌处应力主频为 159.9Hz，均为叶频倍频，该频率与该泵的第六阶固有频率（160.29Hz）相近。

图 13.20 给出了典型工况下泵体压水室顶部振动位移频域图。从图中可以看出，压水室顶部在各个工况下振动的各阶主要频率非常接近，其中主频为 152.6Hz，第二阶频率为 159.9Hz，前两阶频率比较接近，第三阶及以后各阶频率要比前两阶频率小很多。主频下的振动幅值随流量减小而增大，在 $0.6Q_d$ 工况下，主频振动幅值为 11.19μm，比 $1.0Q_d$ 工况的

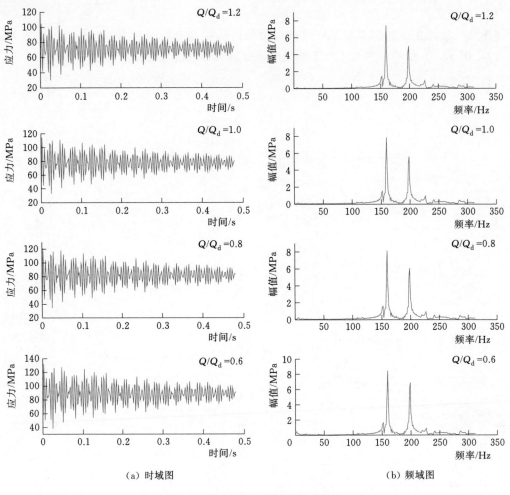

（a）时域图　　　　　　　　　　　　（b）频域图

图 13.19　典型工况下蜗壳隔舌处的应力

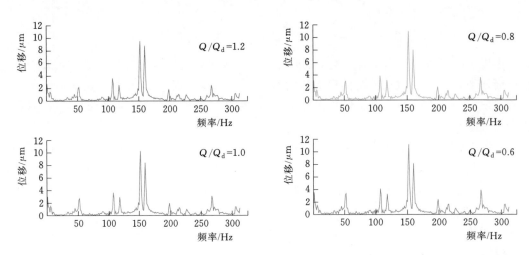

图 13.20　典型工况下泵体压水室顶部振动位移频域图

幅值 $10.27\mu m$ 高 15.9%。这一变化量，与泵体上的应力差值相当。

表 13.2 给出了不同工况下水泵各典型部位的振动位移主频和幅值。

表 13.2　　　　　　　　　　水泵各典型部位的振动位移情况

位　置	项　目	$0.6Q_d$	$0.8Q_d$	$1.0Q_d$	$1.2Q_d$
叶轮外缘	主频/Hz	6.104	6.104	6.104	6.104
	幅值/μm	2.358	1.876	1.222	0.5628
压水室顶部	主频/Hz	152.6	152.6	152.6	152.6
	幅值/μm	11.20	10.98	10.27	9.533
吸水室顶部	主频/Hz	159.9	159.9	159.9	159.9
	幅值/μm	45.02	43.33	42.02	39.92
轴封顶部	主频/Hz	159.9	159.9	159.9	159.9
	幅值/μm	84.45	81.34	78.66	74.52

由表 13.2 可以看出，叶轮和泵体各部位振动位移主频幅值随流量减小而增大，其中，$0.6Q_d$ 工况下叶轮外缘振动主频幅值是 $1.0Q_d$ 工况的 1.93 倍。吸水室顶部和轴封顶部振动位移较大，其中轴封顶部振动幅值最大，机组在 $0.6Q_d$ 小流量工况下运行时，轴封顶部振动幅值达 $84.45\mu m$。由表 13.2 还可以看出，不同工况下叶轮振动主频均为转频，而泵体各部位振动主频为叶频及其倍频。这说明水泵水力振动主要是由于叶轮与蜗壳隔舌的动静干涉作用所造成的。

13.3　水泵疲劳可靠性分析

13.3.1　疲劳可靠性分析的基本思想

水泵在运行过程中存在较大压力脉动时，水泵部件在交变载荷长期作用下有可能出现疲劳破坏，如叶片裂纹或主轴断裂等。叶片、主轴等部件的疲劳寿命受两类因素的影响[68]：一是工作载荷，二是材料内部性能分散性。根据这两类因素来预测结构疲劳寿命的过程，称为疲劳可靠性分析。

疲劳可靠性分析模型主要有累积损伤模型和剩余强度模型[213]。累积损伤模型是在累积损伤理论基础上发展起来的，通过对应力幅值及循环次数的统计分布，得到疲劳寿命的统计参数。剩余强度模型通过研究结构剩余强度在疲劳载荷下随时间变化规律，求出寿命参数。相比较而言，前者在水力机械领域应用更加广泛一些。无论采用哪种模型，疲劳可靠性分析的步骤基本一致，主要包括下面 3 个环节。

（1）应力载荷谱的编制。以叶片疲劳特性分析为例，在求得不同时刻叶片上随时间变化的交变应力后，即获得叶片疲劳应力的时间历程，包括了应力均值和应力幅值的变化情况。然后，采用雨流计数法等类似方法生成用于描述应力均值和幅值联合分布的二维应力概率密度函数。最后，根据各工况在整个生命周期所占比重的加权系数求得多工况下复合应力概率密度函数。一般来讲，水泵启动和小流量工况运动时间比较短，其复合应力概率密度函数主要由正常运行工况决定。

（2）材料疲劳强度的确定。疲劳强度是指结构在达到某一指定寿命时所能承受的载荷能力。一般情况下，通过试验测得某种材料在不同量级疲劳载荷作用下的寿命，即 $P-S-N$（可靠度-应力幅值-寿命）曲线作为这种材料的疲劳强度。由于叶片所受应力载荷范围大，因此应该计入应力均值的影响，需要在应力均值为 0 的 $P-S-N$ 曲线基础上，考虑应力均值和应力幅值影响，生成 $P-S_a-S_m-N$（可靠度-应力幅值-应力均值-寿命）二维曲面，以此作为水泵叶片疲劳强度。

（3）疲劳寿命的估算。根据上面得到的应力载荷谱与材料疲劳强度，采用累积损伤模型或剩余强度模型计算出叶片寿命。

疲劳可靠性分析是基于线性静力分析实现的，有两种实现途径：一是借助有限元结构分析软件手工完成；二是借助类似于 ANSYS Workbench 的集成环境自动完成。第一种途径计算烦琐，但适用性强，可引入多种疲劳可靠性模型，在任何有限元软件上都可实现；第二种途径的疲劳模块允许用户采用基于应力理论的处理方法来解决高周疲劳问题，在设定好几何模型、材料特性、载荷和约束后，整个过程自动完成，操作简便。本章后面介绍的分析过程及算例均采用第一种途径来实现。

13.3.2　应力载荷谱的编制

应力载荷谱是对结构局部（一般是应力最大部位）交变应力的一种描述，目的在于通过对应力时间历程的统计处理，获得应力的循环特征。交变应力的循环特征包括应力幅值、均值、循环数目等，获取应力循环特征的方法称为应力循环计数算法。编制应力载荷谱的过程如图 13.21 所示。

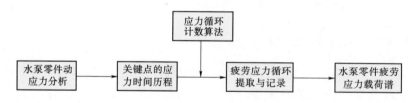

图 13.21　水泵疲劳应力载荷谱的建立过程[214]

1. 应力计数算法

常用的应力计数算法是雨流计数法，该方法是 20 世纪 50 年代由 Matsuiski 和 Endo 提出[213]。后来，在该算法的基础上出现了许多改进算法，如 Amzallag 等提出的四峰谷方法、高江永等提出的改进雨流计数方法等[215]。现以 Matsuiski 和 Endo 的原始雨流计数法为例，介绍算法的基本思想。

雨流计数法的主要功能是根据载荷（应力）时间历程得到全部的载荷循环，分别计算出循环的幅值，并根据这些幅值得到不同幅值区间内所具有的频次，绘制出频次直方图，供疲劳寿命估算使用。

对于雨流计数法的原理，可做如下解释。如图 13.22 所示，把应力-时间历程曲线旋转 90°，时间坐标轴竖直向下，应力区域历程如同一座高层建筑物，数据记录犹如一系列屋面，雨点依次由上向下顺着屋面往下流，根据雨点流动的轨迹确定出载荷循环，并计算出每个循环的幅值大小。每个载荷循环在后期用于疲劳寿命计算时，就对应于一个应力循环。

雨流计数法除了计取幅值变化外，还同时计取均值变化，以幅值和均值两个参数来描述载荷历程。

2. 应力载荷谱的生成

对以上的计数结果（循环特征数据）利用数理统计方法进行处理，可以得到用于疲劳寿命计算的应力载荷谱。应力载荷谱可用直方图或概率密度函数表示。

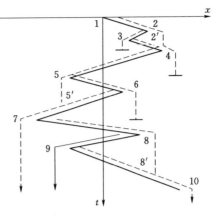

图 13.22　雨流计数法

应力载荷谱生成步骤：①对应力时间历程数据进行预处理，去除非峰谷值数据点；②把循环得到的一系列均值或幅值数据分组，一般情况下分成 10 组左右；③求出每组中均值或幅值出现的频次，生成频次直方图；④根据直方图的形状，假设均值或幅值符合某种概率分布，通过分布假设检验等统计方法生成概率密度函数。由应力时间历程生成应力概率密度函数的过程如图 13.23 所示。

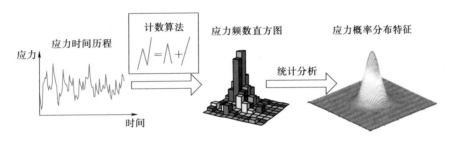

图 13.23　应力载荷谱生成过程

（1）预处理。为了提高数据处理效率，需要对应力时间历程数据进行处理，去掉一些非峰谷值数据点。假设有连续三点 x_{i-1}，x_i，x_{i+1}，那么去除非峰谷值点判断准则为

$$(x_i - x_{i-1})(x_i - x_{i+1}) > 0 \tag{13.8}$$

如果时间历程载荷数据的连续三点满足式（13.8），则说明中间点 x_i 为峰谷值点，不满足则去除。

（2）概率密度函数。应力幅值和均值在多数情况下都符合正态分布，正态分布密度函数 $f(x)$ 为

$$f(x) = \frac{1}{\sigma\sqrt{2\pi}}\exp\left[-\frac{(x-\mu)^2}{2\sigma^2}\right] \tag{13.9}$$

式中：μ 为母体平均值；σ 为母体方差；可按下式计算：

$$\mu = \frac{1}{n}\sum_{i=1}^{n} x_i v_i \tag{13.10}$$

$$\sigma^2 = \frac{1}{n-1}\sum_{i=1}^{n}(x_i-\mu)^2 v_i \tag{13.11}$$

式中：n 为组数；x_i 为第 i 组的中值；v_i 为 x_i 出现的频次。

现以 S_a 和 S_m 分别表示应力幅值和应力均值，设应力幅值和均值的概率分布密度函数分别为 $f(S_a)$ 和 $f(S_m)$，则二者的联合概率密度函数 $f(S_a, S_m)$ 为

$$f(S_a, S_m) = f(S_a) \cdot f(S_m) \tag{13.12}$$

$$f(S_a) = \frac{1}{\sigma_a \sqrt{2\pi}} \exp\left[-\frac{(S_a - \mu_a)^2}{2\sigma_a^2}\right] \tag{13.13}$$

$$f(S_m) = \frac{1}{\sigma_m \sqrt{2\pi}} \exp\left[-\frac{(S_m - \mu_m)^2}{2\sigma_m^2}\right] \tag{13.14}$$

式中：μ_a、μ_m 分别为应力幅值和均值的平均值；σ_a、σ_m 分别为应力幅值和均值的方差。

（3）多工况下的概率密度函数。水泵一般都是在多种工况下运行的，各种工况下产生的动应力也不相同，因此，需要根据各种工况出现的时间概率，建立多工况下的应力概率密度函数。

假设运行工况有 n 种，各工况占运行时间的比例为 k_1，k_2，$\cdots$，k_n，某工况下应力的幅值和均值二维概率密度函数为 $f_i(S_a, S_m)$，那么，多工况下的应力概率密度函数为

$$f(S_a, S_m) = \sum_{i=1}^{n} k_i f_i(S_a, S_m) \tag{13.15}$$

其中，权系数满足：

$$\sum_{i=1}^{n} k_i = 1 \tag{13.16}$$

13.3.3　结构疲劳强度的确定

结构自身的疲劳强度是指结构本身所能够承受疲劳作用的能力大小，或者说是结构在达到某一指定寿命时所能承受的载荷能力，与材料、结构形状、运行环境（如水的腐蚀性）等有关。

获得结构疲劳强度方法有两种：一是直接对结构进行疲劳特性试验；二是先采用尺寸较小的标准试件进行疲劳试验，获得试件疲劳强度，然后依据结构的特点，考虑多种因素后，通过修正的方法获得结构的疲劳强度。由于结构的形状、尺寸及运行环境等因素差异性太大，直接进行结构疲劳特性试验有很大困难，所以一般都选用第二种方法获得结构的疲劳强度。下面只介绍这种方法。

1. 标准试件疲劳强度——P-S-N 曲线

标准试件的疲劳强度通过试验获得。采用反映材料抗疲劳性能的应力-寿命曲线来表征标准试件疲劳强度，即 S-N 曲线，如图 13.24 所示。该曲线表示对试件施加应力级 S 下所能承受的最大循环数 N，当应力小于疲劳极限 S_{-1} 时，认为不发生疲劳破坏。

当考虑疲劳失效的概率时，采用可靠度-应力-寿命曲线表示不同概率下的疲劳强度，即 P-S-N 曲线，含义是指在指定应力 S 和循环 N 情况下，构件不发生破坏的概率为 P，如图 13.25 所示。通常所说的 S-N 曲线就是 $P = 50\%$ 情况下的 S-N 曲线。

以水泵叶轮常用材料——铸钢 ZG0Cr13Ni4Mo 为例，其标准试件在水介质环境下的 P-S-N 曲线如图 13.26 所示[214]。

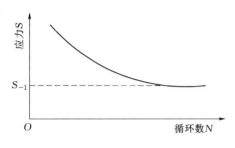

图 13.24 试件 $S-N$ 曲线

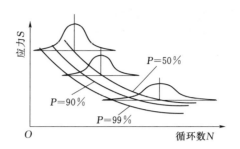

图 13.25 $P-S-N$ 曲线

2. 疲劳强度的修正

根据已有研究，结构的疲劳强度不仅与材料本身有关，还与结构状态和外界环境有关。因此，对于特定结构在特定环境下使用时，需要对已经获得的标准试件疲劳强度进行修正。对于水泵叶轮，修正时需要考虑的因素有：叶片应力集中、尺寸系数、表面状况系数、载荷类型、疲劳腐蚀等。疲劳强度的修正公式通常具有以下形式[216]：

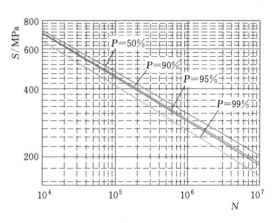

图 13.26 ZG0Cr13Ni4Mo 的 $P-S-N$ 曲线

$$\sigma_{s-1}=\frac{\varepsilon\beta C_L}{K_f}\sigma_{-1}=\frac{\varepsilon\beta C_L}{1+q(K_t-1)}\sigma_{-1} \tag{13.17}$$

式中：σ_{s-1} 为水泵叶轮的疲劳极限；σ_{-1} 为标准试件的疲劳极限；K_f 为有效应力集中系数；ε 为尺寸系数；β 为结构表面加工系数；C_L 为加载方式影响系数；K_t 为理论应力集中系数；q 为疲劳缺口敏感系数。

高江永[214]分别研究了双吸叶轮和轴流式叶轮的应力集中、尺寸效应、表面状况和载荷类型的影响，提出了相应的修正公式。例如，双吸叶轮的疲劳强度修正公式：

$$\sigma_{s-1}=\frac{\varepsilon\beta C_L}{1+q(K_t-1)}\sigma_{-1}=\frac{0.85\times0.48\times1}{1+0.9\times(3.96-1)}\sigma_{-1}=0.103\sigma_{-1} \tag{13.18}$$

轴流式叶轮的疲劳强度修正公式：

$$\sigma_{s-1}=\frac{\varepsilon\beta C_L}{1+q(K_t-1)}\sigma_{-1}=\frac{0.65\times0.48\times1}{1+0.9\times(3.80-1)}\sigma_{-1}=0.0887\sigma_{-1} \tag{13.19}$$

通过对标准试件疲劳强度曲线进行修正后就可获得水泵结构的疲劳强度曲线，即水泵结构的 $P-S-N$ 曲线。

3. $P-S_a-S_m-N$ 曲面的构建

由于 $P-S-N$ 曲线为应力均值为 0 情况下的疲劳强度曲线，不能适用于变幅疲劳应力或随机疲劳应力的疲劳特性分析，因此，需要将应力均值为 0 的 $P-S-N$ 曲线扩展成以应力均值和应力幅值表示的 $P-S_a-S_m-N$（可靠度-应力幅值-应力均值-寿命）二维曲面。

扩展所依据的理论是等寿命理论。常用的等寿命理论有多种，如 Goodman 理论、Gerber 理论、Soderberg 理论等。其中，Goodman 理论规定了如下关系[214]：

$$\frac{S_a}{\sigma_{-1}} + \frac{S_m}{\sigma_b} = 1 \tag{13.20}$$

式中：σ_b 为材料的极限强度，是一常数，可由材料性能表查得。

设材料的 $S\text{-}N$ 曲线形式按照对数表示为

$$\lg N = A + B \lg S \tag{13.21}$$

采用 Goodman 等寿命理论对 $S\text{-}N$ 曲线进行扩展，即从式（13.20）解出 σ_{-1}，然后代替式（13.21）中的 S，则得在应力水平 (S_a, S_m) 下的疲劳寿命曲面方程：

$$\lg N = A + B \lg \frac{\sigma_b S_a}{\sigma_b - S_m} \tag{13.22}$$

4. 疲劳强度二维概率分布

为了预估结构疲劳寿命，在疲劳分析领域的通用做法是：认为在给定应力水平下，疲劳寿命 N 的破坏率与给定寿命下疲劳强度的破坏率之间具有等同性。普遍认为对数疲劳寿命服从正态分布[214]：

$$f(\lg N \mid S_a, S_m) = \frac{1}{\sqrt{2\pi}\,\sigma(S_a, S_m)} \exp\left\{ -\frac{[\lg N - \mu(S_a, S_m)]^2}{2\,[\sigma(S_a, S_m)]^2} \right\} \tag{13.23}$$

令

$$u = \frac{\lg N - \mu(S_a, S_m)}{\sigma(S_a, S_m)} \tag{13.24}$$

进行积分可得疲劳强度分布函数为

$$P(S_a, S_m \mid N) = \int_{-\infty}^{\frac{\lg N - \mu(S_a, S_m)}{\sigma(S_a, S_m)}} \frac{1}{\sqrt{2\pi}} \exp\left(-\frac{u^2}{2}\right) \mathrm{d}u \tag{13.25}$$

由于为正态分布，所以当 $P=50\%$ 时有：$\lg N = \mu(S_a, S_m)$。
假设符合三参数格式：

$$N_p\left(\frac{\sigma_{bp}}{\sigma_{bp} - S_m} S_a - S_{0p}\right) = C_p \tag{13.26}$$

当 $P=50\%$ 时，不设下标。则有

$$\mu(S_a, S_m) = \lg C_p - m \lg\left(\frac{\sigma_b}{\sigma_b - S_m} S_a - S_o\right) \tag{13.27}$$

根据式（13.24），在指定概率 p 下有

$$u_p = \frac{\lg N_p - \mu(S_a, S_m)}{\sigma(S_a, S_m)} \tag{13.28}$$

通过查正态分布表[213]可得 u_p，最终可求得指定概率 p 下的 $\sigma(S_a, S_m)$ 表达式：

$$\sigma(S_a, S_m) = \frac{1}{u_p}[\lg N_p - \mu(S_a, S_m)]$$

$$= \frac{1}{u_p}\left\{ \lg\frac{C_p}{C_{p=0.5}} - m_p \lg\left(\frac{\sigma_{bp}}{\sigma_{bp} - S_m} S_a - S_{0p}\right) + m_{p=0.5} \lg\left(\frac{\sigma_{bp=0.5}}{\sigma_{bp=0.5} - S_m} S_a - S_{0p=0.5}\right) \right\} \tag{13.29}$$

值得注意的是，从严格意义上讲，式（13.29）中 σ_{bp} 与 σ_b 是不一致的，在试验条件允许的条件下应通过试验获得，但考虑到 σ_{bp} 的分散性远小于疲劳寿命的分散性，所以可认为 σ_{bp} 等于常数 σ_b。

13.3.4　结构疲劳寿命的预估

在获得结构应力载荷谱和结构疲劳强度后，便可采用合适的疲劳评价方法进行水泵结构疲劳特性评价，比如进行结构的疲劳设计、疲劳强度校核、寿命估算等。

目前有多种方法可以用于进行疲劳特性评价，如常规疲劳设计法、局部应力-应变法、损伤容限设计法、概率疲劳设计法等[214]。这些评价方法都是以疲劳损伤与应力特征关系或者疲劳强度与应力特征关系为基础的。其中疲劳损伤与应力特征关系是指在一定的应力水平和应力循环下结构疲劳损伤如何累计。目前使用最为广泛的是线性累计损伤，即线性Miner准则，该准则认为疲劳损伤与应力循环呈线性关系。

假设应力载荷的均值和幅值概率密度函数为 $f(S_a,S_m)$，在某一幅值和均值 (S_{ai},S_{mj}) 作用下的循环数为 n_{ij}，典型载荷谱总的循环数为 n_i，则有

$$n_{ij} = n_i f(S_{ai},S_{mj}) \tag{13.30}$$

在 (S_{ai},S_{mj}) 等幅加载下，在可靠度为 P 下结构发生疲劳破坏的循环数为 N_{ci} (S_{ai},S_{mj},P)，那么在 (S_{ai},S_{mj}) 的作用下，循环数为 n_{ij} 的损伤度 D_{ij} 为

$$D_{ij} = \frac{n_{ij}}{N_{ci}(S_{ai},S_{mj},P)} \tag{13.31}$$

总损伤度 D 为

$$D = \sum_i \sum_j \frac{n_{ij}}{N_{ci}(S_{ai},S_{mj},P)} \tag{13.32}$$

依据二维概率Miner准则，在典型载荷谱作用下，发生疲劳破坏的载荷周期 T_p 为

$$T_p = \frac{1}{D} \tag{13.33}$$

设典型载荷谱的时间为 t 秒，则结构疲劳寿命 L 为

$$L = T_p t \tag{13.34}$$

式（13.31）中的 $N_{ci}(S_{ai},S_{mj},P)$ 可通过疲劳强度分布函数获得。这样，式（11.34）将应力载荷谱、结构疲劳强度联系在一起，从而计算出疲劳寿命。

13.3.5　水泵疲劳寿命预估实例

现以一台轴流泵为研究对象，在前期采用流固耦合方法计算得到轴流泵叶轮交变应力的基础上，进行叶轮应力载荷谱编制、叶轮疲劳强度计算、叶轮疲劳寿命估算[214]。已知轴流泵的性能参数为：设计流量 33.4m³/s，设计扬程 7.5m，转速 125r/min，叶轮直径 2950mm，叶片数 6，导叶数 11。假设轴流泵主要在 3 个工况下运行，3 个工况分别为 $1.0Q_d$、$1.1Q_d$、$0.8Q_d$，3 个工况的工作时间比例约为 50%、30%、20%。

1. 流固耦合计算结果

图 13.27 是叶轮结构场计算网格。采用流固耦合分析方法计算得到轴流泵 3 个典型工况下的叶轮各部位变形、应力及振动情况，结果详见文献［214］。作为代表，图 13.28 (a) 给出了设计工况下叶轮某时刻表面变形，图 13.28 (b) 给出了叶轮应力分布。通过对叶轮应力分布进行分析后发现，该叶轮的最危险应力（最大应力）出现在叶片根部靠近出口边位置，其有限元节点号为 11728，该节点在设计工况下的应力时间历程（共记录了 7.2s 时长）如图 13.29 所示。

图 13.27　轴流泵叶轮网格模型

2. 应力载荷谱编制

（1）应力时间历程预处理。根据式（13.8），对应力时间历程数据进行预处理，去掉非峰谷值数据点。图 13.29 所示时间历程原包含 600 个数据点，在进行预处理后得到的时间历程包含 328 个数据点，如图 13.30 所示。

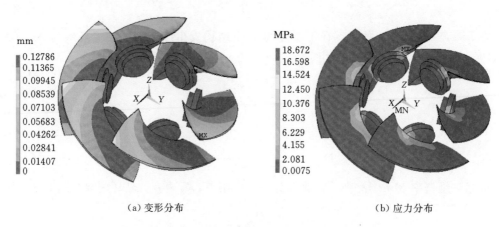

（a）变形分布　　　　　　　　　　　　（b）应力分布

图 13.28　设计工况下某时刻叶轮变形与应力分布

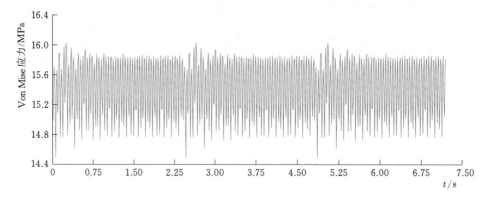

图 13.29　设计工况下叶片根部节点 11728 应力时间历程（7.2s）

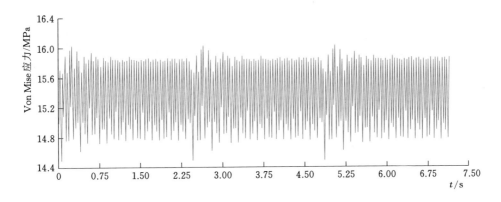

图 13.30　去除非峰谷值点后的应力时间历程

（2）载荷频数直方图。通过对图 13.30 所示应力时间历程采用雨流计数法进行计数处理，得到应力循环的均值和幅值。对幅值和均值进行排序，并将应力均值和幅值分别分成 10 组，得到二者的频数矩阵，见表 13.3。将此数据表绘制成三维柱状图，如图 13.31 所示。

（3）应力载荷谱建立。根据表 13.3，可得到应力均值和幅值各自的频数直方图，如图 13.32 所示。

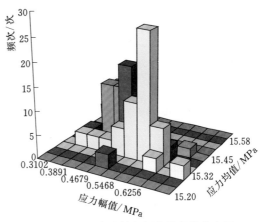

图 13.31　应力均值和幅值的频数直方图

表 13.3　　　　　　　　　　　　应 力 二 维 频 数 矩 阵

应力均值 /MPa	应力幅值/MPa									
	0.3102	0.3497	0.3891	0.4285	0.4679	0.5073	0.5468	0.5862	0.6256	0.6650
15.20	0	0	0	0	0	0	0	0	0	0
15.24	0	0	0	0	3	0	0	0	0	0
15.28	0	0	0	0	0	0	0	3	0	3
15.32	0	3	3	3	6	12	27	8	0	0
15.37	0	3	0	0	18	6	0	3	0	0
15.41	0	0	12	12	0	0	0	0	2	0
15.45	0	0	11	0	0	0	0	0	0	0
15.49	0	9	0	0	0	0	0	0	0	0
15.54	3	0	0	0	0	0	0	0	0	0
15.58	0	0	0	0	0	0	0	0	0	0

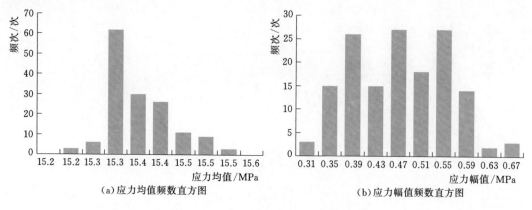

图 13.32 应力均值和幅值的频数直方图

上述应力均值和幅值近似服从正态分布，根据式（13.10）和式（13.11），可得应力均值和幅值的分布参数。进行假设检验后，根据式（13.13）和式（13.14），可得应力幅值的概率密度函数：

$$f(S_a) = \frac{1}{0.0827\sqrt{2\pi}}\exp\left[-\frac{(S_a - 0.4713)^2}{2 \times 0.0827^2}\right] \tag{13.35}$$

应力均值的概率密度函数：

$$f(S_m) = \frac{1}{0.2392\sqrt{2\pi}}\exp\left[-\frac{(S_m - 15.37)^2}{2 \times 0.2392^2}\right] \tag{13.36}$$

将应力均值和幅值的概率密度函数代入式（13.12），得应力均值和幅值的联合概率密度函数：

$$\begin{aligned}f(S_a, S_m) &= f(S_a) \cdot f(S_m)\\ &= \frac{1}{2\pi \times 0.2392 \times 0.0827}\exp\left[-\frac{(S_a - 0.4713)^2}{2 \times 0.0827^2} - \frac{(S_m - 15.37)^2}{2 \times 0.2392^2}\right]\end{aligned} \tag{13.37}$$

即

$$f(S_a, S_m) = \frac{1}{0.04\pi}\exp\left[-\frac{(S_a - 0.4713)^2}{0.0137} - \frac{(S_m - 15.37)^2}{0.1144}\right] \tag{13.38}$$

式（13.38）即为设计工况下的应力载荷谱为 $f(S_a, S_m)$，其三维曲面如图 13.33 所示。

（4）多工况下载荷谱合成。根据已知条件，该泵在 $1.0Q_d$、$1.1Q_d$、$0.8Q_d$ 工况下工作时间比例为 50%、30%、20%，依据 3 个工况下的流固耦合计算结果，按与上述设计工况相同的处理过程，得到危险点在各工况下应力幅值和均值的概率密度函数参数，见表 13.4。

表 13.4　　　　　　　　　多工况下应力幅值、均值的概率分布参数

工况	应力均值（μ, σ）	应力幅值（μ, σ）
$0.8Q_d$	（9.8821, 0.089115）	（0.5223, 0.097）
$1.0Q_d$	（15.3682, 0.239241）	（0.471337, 0.082676）
$1.1Q_d$	（18.23644, 0.394864）	（0.54946, 0.086079）

根据多工况载荷谱合成方法，即式（13.15），得到 3 个流量工况下的合成载荷谱，载荷谱空间曲面如图 13.34 所示。

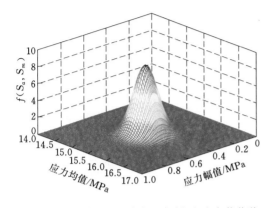

图 13.33 设计工况下轴流泵叶片根部应力载荷谱

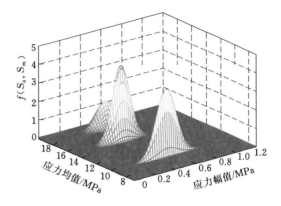

图 13.34 多工况下合成载荷谱

3. 结构疲劳强度确定

叶轮的材料为铸钢 ZG0Cr13Ni4Mo，其标准试件在水介质环境下的 P-S-N 曲线已经在图 13.26 中给出。根据叶轮实际形状和尺寸，文献［214］建立了轴流泵叶轮疲劳强度修正系数：

$$\frac{\varepsilon \beta C_L}{1 + q(K_t - 1)} = 0.0887 \tag{13.39}$$

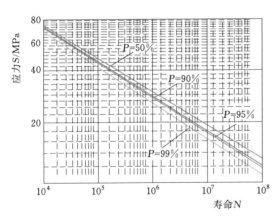

图 13.35 轴流泵叶片根部 P-S-N 曲线

据此对标准试件的 P-S-N 曲线进行修正后，得到轴流泵叶轮 P-S-N 曲线，如图 13.35 所示。

4. 叶轮疲劳寿命预测

（1）在设计工况下运行时叶轮疲劳寿命预测。将表 13.3 中各组应力水平值分别采用 Goodman 理论计算当量应力，根据雨流计数法获得各应力水平在不同可靠度下的循环数。以可靠度为 $P = 99\%$ 为例，将相关数据代入式（13.31），可获得二维应力水平 (S_{ai}, S_{mj}) 下的损伤度。各应力水平的损伤度计算结果见表 13.5，典型载荷谱所造成的总损伤度为 $D = 5.29 \times 10^{-10}$。

考虑到应力时间历程的持续时间为 $t = 7.2s$，根据式（13.34）计算得到叶轮的安全寿命为 $2.3 \times 10^9 s$，也就是说在可靠度 99% 的情况下，安全寿命为 $2.30 \times 10^9 s$。按照在设计工况下年运行 300 天计算，可运行 89.1 年。

按同样过程计算，在可靠度 $P = 50\%$ 情况下安全寿命为 $1.19 \times 10^{10} s$，在可靠度 $P = 90\%$ 情况下安全寿命为 $5.8 \times 10^9 s$。

表 13.5　　　　　　　　　　　二维疲劳应力下的损伤度　　　　　　　　单位：$\times 10^{-14}$

应力均值 /MPa	应力幅值/MPa									
	0.3102	0.3497	0.3891	0.4285	0.4679	0.5073	0.5468	0.5862	0.6256	0.6650
15.20	0.00	0.00	0.00	0.00	0.00	0.00	0.00	0.00	0.00	0.00
15.24	0.00	0.00	0.00	0.00	0.61	0.00	0.00	0.00	0.00	0.00
15.28	0.00	0.00	0.00	0.00	0.00	0.00	0.00	1.85	0.00	52894.93
15.32	0.00	0.14	0.24	0.39	1.22	5.25	16.67	4.94	0.00	0.00
15.37	0.00	0.14	0.00	0.00	3.65	2.63	0.00	1.85	0.00	0.00
15.41	0.00	0.00	0.00	0.98	1.58	0.00	0.00	0.00	1.70	0.00
15.45	0.00	0.00	0.00	0.90	0.00	0.00	0.00	0.00	0.00	0.00
15.49	0.00	0.43	0.00	0.00	0.00	0.00	0.00	0.00	0.00	0.00
15.54	0.08	0.00	0.00	0.00	0.00	0.00	0.00	0.00	0.00	0.00
15.58	0.00	0.00	0.00	0.00	0.00	0.00	0.00	0.00	0.00	0.00

（2）在多工况下运行时叶轮疲劳寿命预测。考虑到轴流泵在 $1.0Q_d$、$1.1Q_d$、$0.8Q_d$ 工况下运行时间比例为 50%、30%、20%。参考上述在设计工况下的相同计算过程，可以得到在 3 个工况下 7.2s 内形成的疲劳损伤度，分别为 $D=5.29\times 10^{-10}$，$D=1.88\times 10^{-9}$，$D=4.92\times 10^{-9}$。通过多工况下载荷合成，可以计算在 99% 可靠度情况下，叶轮可安全运行 6.75×10^8 s，相当于运行 26.1 年。

当然，受诸多因素影响，上述寿命预测的结果与实际值可能存在较大出入。这里只是提供预估叶轮疲劳寿命的基本思想，一些细节问题，如应力循环特征提取、实际的 P-S_a-S_m-N 曲面等，还需要结合最新参考文献进行完善。

13.4　模　态　分　析

13.4.1　模态分析的特征方程

模态是结构系统的固有振动特性。水泵叶轮、主轴、泵体都可看成是线性系统，组成线性系统的自由振动被解耦为 N 个正交的单自由度振动系统，对应系统的 N 个模态，或称 N 阶模态。每一阶模态具有特定的固有频率、阻尼比和振型。这些模态参数可以由试验分析获得，也可由有限元计算获得。通过有限元计算获得结构模态的过程称为模态分析。通过模态分析，可以识别出结构的各阶模态参数，为结构系统的振动特性分析、共振预测、振动故障诊断、结构动力特性优化设计提供依据。

模态分为干模态和湿模态两大类。干模态是指结构在空气（或真空）中的固有模态，湿模态是指结构在水中的固有模态，计入了周围流体对结构模态的影响。

此外，还有一种特殊模态叫作带预应力模态，即在模态分析的初始条件中，结构本身含有一定的预应力。带预应力得到的模态更加接近工程实际。这在水泵叶轮的模态分析中尤其重要。

模态分析过程相当于求解结构的无阻尼自由振动方程，即求解特征方程。下面分别介绍干模态和湿模态的特征方程。

1. 干模态

假定结构与流体是分开的，即结构位于空气中，采用有限元法离散得到的结构动力学方程：

$$M\ddot{d} + C\dot{d} + Kd = F \tag{13.40}$$

式中：M、C、K 分别为结构整体质量矩阵、阻尼矩阵和刚度矩阵；d、$\dot{d}$、$\ddot{d}$ 分别为结构各节点的位移向量、速度向量和加速度向量；F 为结构整体的外载荷向量。

该方程可看作是一个具有 n 自由度系统的振动方程。对结构固有频率和振型的分析，即转化为对该方程齐次式的求解，即取 F 为 0。由于结构阻尼较小，对结构的固有频率和振型影响可忽略不计，因此，结构的无阻尼自由振动方程为

$$M\ddot{d} + Kd = 0 \tag{13.41}$$

令该方程解的形式为

$$d = \varphi\sin(\omega t + \theta) \tag{13.42}$$

式中：ω 为振动固有频率；φ 为固有振型；θ 为初始相位。

将式（13.42）代入式（13.41），可得

$$(K - \omega^2 M)\varphi = 0 \tag{13.43}$$

式（13.43）即为结构振动特征方程，方程的根 ω_i^2（$i=1$，2，$\cdots$，n）即特征值。求解 ω_i 及相应特征向量 φ 的过程即为模态分析过程。在模态分析中，假定结构为线性系统（M 和 K 均保持常数），通过一定的模态分析方法（特征值提取方法），则可解得固有频率 ω_i 和固有振型 φ_i。

上面得到的固有模态是结构在真空或空气中的固有模态，称为干模态。

2. 湿模态

实际的水泵叶轮和泵体位于水中，而并非空气中，结构受周围流体影响，固有模态要发生变化，一般而言，固有频率有所降低。这为水泵出现振动问题提供了更大可能。因此，需要分析结构在水中的固有模态，即湿模态。

计算湿模态时，需要将结构动力学方程与流体运动方程相耦合，然后形成流体结构耦合振动控制方程，对其奇次式方程进行求解，则得到流固耦合自由振动特性的固有模态。

流体与结构的耦合振动控制方程为[217]

$$M_s\ddot{d} + C_s\dot{d} + K_s d = B^T p - f_0 \tag{13.44}$$

$$E\ddot{p} + A\dot{p} + Hp = -\rho B\ddot{d} - q_0 \tag{13.45}$$

式中：M_s、C_s、K_s 分别为结构整体质量矩阵、阻尼矩阵和刚度矩阵；B 为系数矩阵；p 为压力矢量；f_0 为除了压力之外的其他外界激励矢量；E、A、H 分别为流动控制方程中的系数矩阵；q_0 为输入激励，一般是给定边界的运动。各项的具体表达式见文献［217］。

对于不可压缩流体，若不考虑自由液面的影响，不考虑输入激励矢量，则根据上述流

体与结构的耦合控制方程可得到流固耦合系统的无阻尼自由振动方程：

$$M_s \ddot{d} + K_s d = B^T p \tag{13.46}$$

$$Hp = -\rho B \ddot{d} \tag{13.47}$$

从式（13.47）解析出 p 的表达式，代入式（13.46），可得

$$(M_s + M_a) \ddot{d} + K_s d = 0 \tag{13.48}$$

式中：M_a 为附加质量矩阵，$M_a = \rho B^T H_h^{-1} B$；各项的物理意义见文献 [217]。

可见，当考虑流固耦合问题时，无阻尼的自由振动方程中的惯性项多了附加质量的作用。当然，M_a 是一个满阵，如果耦合界面很大，$(M_s + M_a)$ 的带宽将非常大，这在求解时比干模态计算增加了很大工作量。

3. 基于干模态方法计算湿模态

对于大型工程问题，如船舶航行的流固耦合问题，由于耦合界面非常大，湿模态计算效率很低，经常的作法是先把结构系统与流体分开，求出结构在空气中的固有频率和振型，即干模态，然后根据实际需要进行模态截断，使自由度数目大大减少，接着作干模态坐标变换，再考虑流体影响，生成新的计及流体影响的特征方程，最后求出计及流体影响的结构固有频率和振型。具体过程见文献 [217]。

这种方法与传统湿模态方法相比，多了一个计算步骤，但其求湿模态特征方程式的自由度数目大大缩小。

13.4.2　模态分析方法

1. 模态分析方法

模态分析就是求解系统的无阻尼自由振动方程（13.41）或方程（13.48）。模态分析方法（模态提取方法）包括缩减法、子空间迭代法、不对称法、阻尼法、QR 阻尼法、分块兰索斯法和动力法等。

缩减法（reduced）是最常用的方法之一，其做法是在结构中选取某些重要的节点作为主自由度，用主自由度来定义结构的质量矩阵及刚度矩阵，然后求出其频率及振型，最后扩展至全部结构。这种方法速度快，但精度不高。子空间迭代法（subspace）仅探讨前几阶振动频率，所得结果较准确，不需要定义主自由度，但计算成本高，适用于大型结构。不对称法（unsymmetric）是用于水泵及水轮机转子模态分析的主要方法，其特点是能够适用于质量矩阵或刚度矩阵为非对称的情况，特别是转子系统。用此方法计算得到的特征值为复数，实数部分为自然频率，虚数部分可根据正负来度量系统稳定性。阻尼法（damped）也是水泵与水轮机转子模态分析的主要方法，适用于阻尼不可忽略的问题，特别是转子动力系统。其特征值同样为复数，含义与不对称法相同。QR 阻尼法（QR damped）能够很好地求解大阻尼系统的模态，可以输出表示频率的实部和虚部特征值，但仅输出实部特征向量，即模态振型。分块兰索斯法（block Lanczos）适用于大型结构对称特征值求解问题，采用 Lanczos 算法用一组向量来实现递归运算。精确性和收敛性均比较理想。动力法（power dynamics method）采用 PCG 迭代求解器进行计算，适用于求解

非常大结构（自由度大于100000）的起始少数阶模态。

使用何种模态分析方法主要取决于模型大小和具体应用场合。考虑到分块兰索斯法收敛速度快，适用于大型结构，故在计算水泵叶轮等转子、泵体等结构在空气中的固有模态时选择较普遍。而不对称法适用于刚度和质量矩阵为非对称的流固耦合问题，故水中模态（湿模态）分析中使用较普遍。

2. 模态分析步骤

无论采用何种模态分析方法，均需要按如下步骤进行：

（1）模型建立。采用与常规结构有限元分析几乎相同的方法生成网格模型，需要注意的是，模态分析属于线性分析，因此在有限元软件中一定选择线性单元。如果选择了非线性单元，只能是增加计算量，不能提高计算精度。材料的性质可以是线性的或非线性的，但非线性性质将被忽略。

（2）加载及求解。指对有限元模型进行约束条件、预应力、模态分析方法等进行设置，如果选用了缩减法，还需要选择主自由度。

（3）扩展模态。将缩减解扩展到完整的自由度集上。模态扩展与模态求解可对调顺序。

（4）查看结果。模态分析的结果（即模态扩展处理的结果）被写入到结构分析结果文件 Jobname.RST 中，分析结果包括固有频率、扩展振型等。可以在后处理器中观察模态分析的结果。

13.4.3 在 ANSYS 中开展模态分析的步骤

模态分析是结构动力学分析软件中的一项基本功能，可采用与常规结构分析过程类似的方式完成。为了提高分析效率，许多结构分析软件提供了图形界面方式，例如，ANSYS 可让用户借助 Workbench 快速完成模态分析。现以此为例，说明模态分析的过程。

根据不同模态（干模态、湿模态、带预应力的干模态、带预应力的湿模态）要求，在 ANSYS Workbench 中进行模态分析的方式也有所不同。

1. 干模态分析

为了完成常规不考虑预应力影响的干模态分析，可按以下步骤进行：

（1）几何建模。按常规结构分析方法进行实体建模、划分网格，注意网格单元尽量选择线性单元。如双吸叶轮的干模态有限元模型如图 13.36 所示。

（2）启动工作环境。进入 Workbench，从 Toolbox 创建一个独立的 Modal 分析模块。

（3）导入几何模型。按常规结构分析方法导入几何模型和网格。如果是从已有的流固耦合系统中导入网格，注意去除流体网格，否则将变为湿模态分析。

（4）设置材料属性。按常规的结构分析过程设置材料密度、弹性模量等参数。

（5）施加约束条件。右键选择模型树节点 Modal，选择右键菜单 Insert 下的栏目来设置约束条件。例如，希望

图 13.36 叶轮干模态
分析的有限元模型

对叶轮轴孔的上下端面施加固定约束，则可选择 Fixed Support，设置切换到边选择模式，在图形窗口中选择叶轮上下轴孔端面 4 个圆边，单击属性窗口中的 Apply 按钮添加约束。

（6）设置模态分析的阶数。进入 A5 单元格，选择 Modal 节点下的 Analysis Settings 子节点，在属性栏设置 Max Models to Find 为 6，即寻找模型的前 6 阶模态。

（7）设置模态分析方法。通过模型树节点 Analysis Settings 的属性窗口，设置 Solver Type 为 Block Lanczos，即选择分块兰索斯法进行模态分析。

（8）求解计算。通过模型树节点 Solution→Solve 进行求解计算。

（9）查看计算得到的固有频率。计算完毕后，可在结果列表中查看前 6 阶频率。

（10）查看计算提到的固有振型。选中所有的 Frequency，然后通过右击选择菜单 Create Mode Shape Results，接着通过模型树节点 Solution→Evaluate All Results 更新结果，可查看到每一阶模态振型。

2. 湿模态分析

湿模态分析与干模态分析过程基本一致，现将有区别之处介绍如下：

（1）构建流体网格。需要提前构建好流体几何，并选择一定的流体单元（如 fluid30）单元进行网格划分。例如，双吸叶轮湿模态分析的有限元模型如图 13.37 所示。如果要进行泵体的湿模态分析，只需要将泵体内部充满水即可，而并不需要像叶轮这样内外均用水包围。

（2）增加流体单元。在干模态分析的第（3）步之后，即导入结构与流体网格之后，通过 Modal 分析模块的 A5 单元格进入模态分析设置环节，通过模型树节点 Model → Geometry → Part → fluid → Insert → Commands，激活命令输入面板，并输入以下命令：

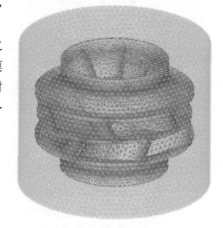

图 13.37　叶轮湿模态分析的有限元模型

```
mpdele,all,matid
mpdele,all,matid+1
et,matid,30
et,matid+1,30
mp,DENS,matid,1000
mp,SONC,matid,1497
mp,DENS,matid+1,1000
mp,SONC,matid+1,1497
```

上述命令中的含义是，为 fluid 几何赋予材料属性，定义其单元类型为 fluid30，密度为 $1000kg/m^3$，声速为 $1497m/s$。

（3）设置耦合界面。在干模态分析的第（5）步之后，即设置了约束条件之后，通过模型树节点 Modal→Insert→Commands 输入命令，在命令窗口中输入以下命令：

```
cmsel,s,interface
esel,s,enam,,30
sf,all,fsi
allsel
```

这些命令的含义是，为与结构连接的 fluid30 单元设置 FSI 交界面标记。cmsel 命令选择与名称 interface 的边界相关的所有节点，esel 命令选择所有与此节点相关的所有 fluid30 单元，sf 命令设置 FSI 交界面标记。

其他过程与干模态分析方法相同。

3. 带预应力的模态分析

带预应力的模态分析是水泵叶轮或整个转子模态分析的一种常用方式，一般需要先进行结构的静力分析，将静力分析得到的结果作为预应力后进行模态分析。如果要采用不同工况下的瞬态结构分析结果作为预应力，则需要先进行瞬态结构动力学分析，然后在所希望的时间节点下停下来，并保存计算结果，在模态分析时直接读入所保存的结果后接着进行模态分析。

带预应力的模态分析，可以是干模态分析，也可以是湿模态分析。如果是湿模态分析，则需要先进行稳态流固耦合计算，然后借助计算结果进行带预应力湿模态分析。现以带预应力湿模态分析为例，进行泵体的模态分析。分析步骤如下。

（1）几何建模。按常规流固方法进行结构和流体域的几何建模、划分网格。如双吸离心泵泵体的有限元网格模型如图 13.38 所示。注意，为了更加清楚起见，未显示泵体内部叶轮流体网格、叶轮结构网格。

（2）启动工作环境。进入 Workbench，从 Toolbox 中拖动 Pre-Stress Model 模块，系统自动装入 Static Structure 模块和 Modal 模块；然后拖动 Fluid Flow（Fluent）模块，并在 Fluid Flow（Fluent）模块下的 Solution 与 Static Structure 模块下的 Setup 之间建立链接。

（3）在 Fluid Flow（Fluent）模块中，导入 Fluent 网格文件，按 Fluent 的要求进行模型设置并开展流场计算。

（4）在 Static Structure 模块中，导入结构网格，按单向流固耦合分析的要求进行结构场设置

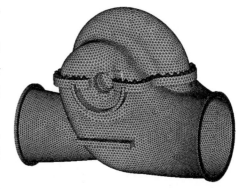

图 13.38　泵体模态分析的有限元网格模型

（包括约束条件、材料密度和弹塑性模量设置、流固耦合界面设置等），并进行结构场计算。泵体的约束是在进出口法兰面及泵体底部的两处固定约束。注意，这里自动利用了 Fluent 计算给出的耦合界面压力作为边界条件进行单向流固耦合计算。还需要注意的是，为了在计算模态过程中考虑到力的作用，最好单击 Static Structural，在下方属性栏设置中选择 Large Deflection 为 On，开启大变形设置。

（5）在 Modal 模块中进行设置。在完成结构场计算后，Workbench 系统将按工程项目中确定的链接关系自动导入结构场几何、材料属性、约束条件等基本信息，同时还会自动导入结构场的应力作为模态计算的预应力。这些参数如果没有变化，不需要重新设置。

（6）增加流体单元、设置流体单元参数、设置耦合面参数。这些环节与上述湿模态分析过程完全一致。如果是进行带预应力干模态分析，则可忽略此环节。

（7）设置模态分析的阶数、分析方法，进行模态计算等。从此开始，与上述干模态分

析过程完全一致。

需要特别强调的是，对于水泵叶轮、叶轮与主轴组成的转子等的带预应力模态分析，由于将 Modal 模块与 Static Structural 模块连接在了一起，导致所有结构分析时使用的加载条件，包括由于旋转导致的惯性力载荷在 Modal 模块中均被删除，因此，应该单独在 Modal 模块中重新施加旋转速度，以体现科氏力的影响，详见文献 [218]。

13.4.4　水泵叶轮模态分析实例

现以某大型双吸离心泵为例，介绍叶轮固有模态分析结果。

1. 单元类型及材料属性

单元类型：叶轮选用八节点四面体结构实体单元，水体选用声学单元。

水介质的力学特性由密度和水下声速这两个物理量来描述，水体单元需定义两类：一类是未和叶片相接触的单元，这些单元的节点只有压力自由度；另一类是和叶轮表面接触的单元，这些单元的节点既有压力自由度，又有位移自由度。

材料属性：叶轮的材料属性和在空气中的相同，即弹性模量为 2.1×10^5 MPa，泊松比为 0.3，密度为 7.8×10^3 kg/m^3；水介质的密度为 1.0×10^3 kg/m^3，水下声速为 1.48×10^3 m/s。

2. 约束

在水介质中的模态分析除了要和空气中一样对轴孔节点施加全约束外，还要对水体域自由表面施加压力为 0 的约束，并标识出流固耦合的交界面来约束耦合面。

3. 求解方法

水中模态分析时采用流固耦合方式进行湿模态计算，由于考虑流固耦合效应会引起单元刚度矩阵和质量矩阵的不对称性，因此模态分析方法采用 unsymmetric（非对称法）。

4. 模态计算结果

通过模态分析，分别得到了叶轮在空气中和水中的固有频率和振型。图 13.39 给出叶轮在空气中前 8 阶模态图，其中左侧用节点位移云图表示，右侧为振型图。

从图 13.39 可以看出，叶轮在空气中多数相邻阶次的固有频率成对出现，这是由于叶轮结构和边界条件都是周期对称的，因而会出现振型和频率相同，但振动方向不同的情况。此外，叶轮的第 1 阶振型表现为叶轮绕 Z 轴的扭转振动，最大位移在叶轮出口处；第 2、3 阶振型表现为叶轮在轴平面内的摆动，最大位移在前盖板出口处，两阶振型中的摆动方向近似垂直；第 4、5 阶振型表现为叶轮在轴平面内的摆动和弯曲变形，最大位移在前盖板进口，两个振型中摆动方向和弯曲的对称轴近似垂直；第 6、7 阶振型表现为叶轮在轴平面内的单侧弯曲变形，最大位移在前盖板进口处，两个振型中弯曲的对称轴近似垂直；第 8 阶振型表现为扭转和弯曲的复合振动，最大位移在前盖板出口。

图 13.40 给出了叶轮在空气中和水中前 7 阶模态计算结果。表 13.6 是叶轮在两种介质中的各阶频率对比结果，其中 f_a 为叶轮在空气中的固有频率，f_w 为叶轮在水中固有频率。

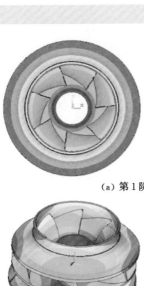

（a）第 1 阶位移图和振型图

（b）第 2、3 阶位移图和振型图

（c）第 4、5 阶位移图和振型图

（d）第 6、7 阶位移图和振型图

（e）第 8 阶位移图和振型图

图 13.39　叶轮在空气中前 8 阶模态图

空气中　　　　　　　　　　　　　　水中

(a) 第 1 阶频率分别为 279.0Hz、262.4Hz，绕 Z 轴的扭转振动

(b) 第 3 阶频率分别为 382.4Hz、326.1Hz，在轴平面内的摆动

(c) 第 5 阶频率分别为 469.6Hz、395.1Hz，在轴平面内的摆动和弯曲变形

(d) 第 7 阶频率分别为 501.5Hz、415.5Hz，在轴平面内的单侧弯曲变形

图 13.40　叶轮在空气中和水中前 7 阶振型图

由图 13.40 可以看出，叶轮在水中的各阶振型与在空气中的对应阶次的振型相似，但由于受到水介质的影响，在水中的固有频率要小于空气中的值。从表 13.6 可以看出，水介质作用对叶轮不同阶次固有频率的影响并不相同，影响由低阶向高阶有逐渐增大。对于第 1 阶固有频率，水中结果比空气中小 5.9%，而第 20 阶小 30.3%。

表 13.6　　　　　　　　　　　叶轮在空气中和水中各阶频率对比

阶次	f_a/Hz	f_w/Hz	f_w/f_a	阶次	f_a/Hz	f_w/Hz	f_w/f_a
1	279.0	262.4	0.941	11	649.3	536.5	0.826
2	382.0	325.8	0.853	12	802.1	585.0	0.729
3	382.4	326.1	0.853	13	803.2	600.2	0.747
4	469.1	394.6	0.841	14	812.5	601.8	0.741
5	469.6	395.1	0.841	15	813.4	606.6	0.746
6	501.4	415.2	0.828	16	814.3	607.8	0.746
7	501.5	415.5	0.829	17	842.7	630.9	0.749
8	586.2	491.6	0.839	18	844.0	631.7	0.748
9	629.9	491.9	0.781	19	923.8	637.0	0.690
10	630.5	523.6	0.830	20	925.9	644.9	0.697

13.5　转子临界转速分析

开展临界转速分析的目的是让由泵轴、叶轮和轴承等组成的转子系统的临界转速远离水泵工作转速，以保证系统可靠运行。通常而言，如果工作转速 n 低于一阶临界转速 n_{c1}，则应使 $n < 0.75n_{c1}$；如果工作转速 n 高于第 k 阶临界转速 n_{ck}，应使 $1.4n_{ck} < n < 0.7n_{ck+1}$。为了确定临界转速，需要先求解转子动力学方程，在得到不同转速下的模态后，生成坎贝尔图，再依据坎贝尔图确定转子系统临界转速。

13.5.1　坎贝尔图

坎贝尔图（Campbell diagram）是基于模态分析结果生成的一种图形，如图 13.41 所示，横坐标是转速，纵坐标是固有频率，包含多条有一定倾斜度的曲线（接近于直线）。其中，每个固有模态频率对应正斜率变化和负斜率变化的两条曲线，斜率为正的表示正进动曲线，斜率为负的表示负进动曲线。在该图中，还有一条特殊的直线，称为激励直线。该直线从坐标原点出发，其上转

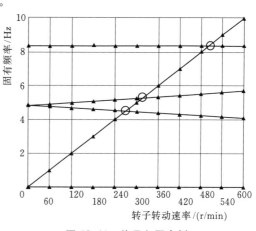

图 13.41　坎贝尔图实例

速频率与固有频率相等，即是一条倾角 45°的斜线（在横纵坐标选取合理的前提下）。通过查找这条直线和各固有模态频率线的交点，则可获得转子的各阶临界转速。因此，可以说坎贝尔图是专用于旋转机械的一种分析工具，可用来判断旋转机械转子工作时是否出现共振，以及共振的频率和阶次。

上面提到的进动是指涡动，是一种由转子自身结构和运转工况等原因引起的自激振动，不是由交变外力引起的强迫振动。当一个旋转结构振动时，转动轴上的一点会在一根轨道上运动，称为涡动，如图 13.42 所示。绕轴旋转的方向如果与转动速度方向相同，称为向前涡动（FW）或称正进动，反之称为向后涡动（BW）或后进动。

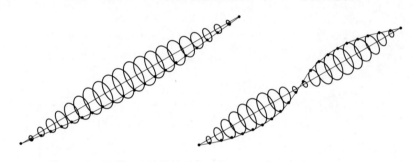

图 13.42　两种不同的旋转轴线上单元节点轨迹信息（涡动情况）

13.5.2　转子动力学方程及有限元模型

1. 转子动力学方程

对于一个 N 自由度线性弹性系统，其基本动力学方程如式（13.40）所示，而在转子动力学中，方程要增加陀螺效应项和旋转阻尼项，变为

$$M\ddot{d} + [C + G]\dot{d} + [K + B]d = F \tag{13.49}$$

式中：G 为陀螺矩阵；B 为旋转阻尼矩阵。

陀螺矩阵取决于转速，并且对转子动力学计算做主要贡献，这是转子动力学分析必不可少的一项。旋转阻尼矩阵也取决于转速，且明显地修改结构刚度，并且能够使结构产生不平稳运动。

求解上述转子动力学方程，可以获得转子在多个自转频率下的进动频率，然后才能生成坎贝尔图。

2. 有限元模型

为了求解上述转子动力学方程，需要首先建立转子的有限元模型。转子的有限元模型主要包括计算域的简化，轴承位置及刚度参数的确定，离散单元的选取与有限元计算模型的生成。现以图 13.43 为例，说明在 ANSYS 中生成转子动力学有限元模型的过程，该算例取自文献［219］。

可以将该算例看成为一台高速运转的两级离心泵的转子系统，转盘 1 和转盘 2 分别为叶轮（将叶轮和叶片等简化为圆盘）；在轴承 1 和轴承 2 处设置两个向心球轴承，对转子起支撑作用；转轴共分 4 段，粗细不等，最细处转轴 1 直径为 0.06m，最粗处转轴 3 的直径为 0.12m，整个转子系统长 2.35m。

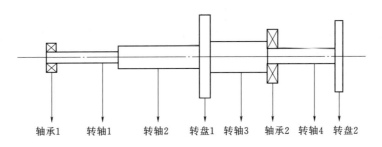

图 13.43 转子系统示意图

采用 MASS21 单元模拟刚性转盘，MASS21 为点单元，具有 x、y、z 位移与旋转的 6 个自由度，不同质量或转动惯量可分别定义于每个坐标方向，假定转盘质量均匀，可以忽略其对转子系统不平衡响应产生的影响。采用 COMBIN214 单元模拟轴承，COMBIN214 是专门用来模拟轴承力学性质的单元，可以考虑拉压，但不能考虑弯曲和扭转。使用 BEAM188 单元模拟转轴，在 BeamTool 面板中定义截面形状为圆形。BEAM188 单元是三维线性有限应力梁单元，适用于分析短粗梁结构，该单元基于 Timoshenko 梁理论，包括剪应变且具有分析屈曲、侧移和扭转的能力。转盘 1 的质量 $m_1 = 50\mathrm{kg}$，极转动惯量 $JP_1 = 4\mathrm{kg \cdot m^2}$，直径转动惯量 $JD_1 = 2\mathrm{kg \cdot m^2}$，转盘 2 的质量 $m_2 = 20\mathrm{kg}$，极转动惯量 $JP_2 = 2\mathrm{kg \cdot m^2}$，直径转动惯量 $JD_2 = 1\mathrm{kg \cdot m^2}$。轴承的平面为 YZ 平面，通过设置关键字来实现。只考虑轴承两个方向的刚度，忽略轴承阻尼，轴承 1 的刚度为 $Kyy = Kzz = 1.764 \times 10^9 \mathrm{N/m}$，轴承 2 的刚度为 $Kyy = Kzz = 3.264 \times 10^9 \mathrm{N/m}$。轴的弹性模量为 $2.1 \times 10^5 \mathrm{MPa}$，泊松比为 0.3，密度为 $7.8 \times 10^3 \mathrm{kg/m^3}$，材料阻尼为 2.0×10^{-5}。整个转子系统共包含 121 个节点，120 个梁单元，2 个轴承单元。有限元模型如图 13.44 所示。

对于该转子系统，约束轴承的 4 个方向运动：Y 和 Z 方向的平动以及绕 Y 和 Z 轴的转动。

设置分析类型为模态分析，采用 QR Damped 模态分析方法，设置模态提取阶为 20。

图 13.44 转子系统有限元模型

由于临界转速受到陀螺力矩的影响，因此进行模态分析时要打开陀螺力矩选项。陀螺力矩对临界转速的影响是，正进动时提高临界转速，负进动时降低临界转速。此外，还应该注意打开阻尼选项。

3. ANSYS 中的相关设置

现将上述主要步骤在 ANSYS 中的相关设置过程介绍如下。

（1）参照 13.4.3 节中介绍的在 ANSYS 中开展模态分析的步骤，进入 Workbench，创建 Modal 分析模块。该操作是针对干模态计算而进行的，如果打算进行带预应力的湿模态分析，则需要按 13.4.3 节中的规定设置分析模块。

（2）导入几何模型。按常规操作进行。

（3）设置材料属性。按常规的结构分析过程设置转子材料密度、弹性模量等参数。

（4）插入轴承。使用模型树节点 Modal→Geometry→Connections→Inert→Bearing，在下方的 Details of "Connections" 面板中定义轴承参数，如轴承刚度、阻力系数等 8 个参数。注意选择参考平面为 $Y-Z$ Plane；借助 Mobile 栏目下的 Body，设置轴承安装位置。

（5）设置求解参数。使用模型树节点 Modal→Analysis Settings，展开下方 Details of "Analysis Settings" 面板，设置 Max Modes to Find 为 20（进行 20 阶固有模态计算）；设置 Solver Controls / Damped 为 Yes（表示计及阻尼效应）；设置 Coriolis Effect 为 On（表示考虑科氏力，即计及陀螺效应）；设置 Campbell Diagram 为 On（表示生成坎贝尔图）；设置 Number of Points 为 5（表示为坎贝尔图求解 5 点）。

其他采用与常规模态分析相同设置即可。

13.5.3　临界转速计算

当完成上述有限元模型设置之后，便可开始进行固有模态计算。出于绘制坎贝尔图的目的，需要求出多个自转频率值对应的进动频率，因此要进行多个转速下的固有模态分析，这里假定转速分别为 0、2000、5000、8000、9000、10000、11000，单位是 r/min。

进行多次模态求解后，利用 ANSYS 命令 PRCAMP 可获转子系统坎贝尔图，

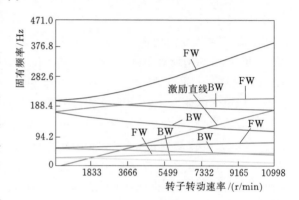

图 13.45　计算得到的坎贝尔图

如图 13.45 所示。图中 FW 为正向涡动，BW 为反向涡动。图 13.45 中激励直线与各阶固有频率曲线的交点对应的转速，即为临界转速，数值见表 13.7。

表 13.7　　　　　　　　　　与各阶固有频率曲线的交点转速

固有频率阶次	1 阶	2 阶	3 阶	4 阶	5 阶
交点转速/(r/min)	1557	1920	3259	3624	7476

在计算转子临界转速时，通常只考虑同步正向涡动时的振动频率，这是因为在实际转子运行时，由于不平衡激励力的存在，转子将做同步正向涡动，通常说的临界转速，一般是指同步正向涡动的临界转速。由图 13.45 可以看出，第 1、3、5 阶频率为反进动的频率，第 2、4 阶为正进动的频率，因此转子系统存在两阶临界转速，分别为 1920r/min 和 3624r/min。

文献［219］还利用 ANSYS 进行了谐响应分析，得到了在转盘 1 和转盘 2 上分别施加多种不平衡力时的转子系统的不平衡响应。例如，图 13.46 是在转盘 1 位置施加 10N 不平衡激励力时转盘 1 和转盘 2 位置 Y 方向频率响应曲线。从图中可以看出，转子系统在频率 31Hz（对应 1860r/min）、60Hz（对应 3600r/min）处的振动幅值最大，发生共振。由于转子在其临界转速附近的振动幅值最大，从而验证了求解转子系统临界转速的正确性。

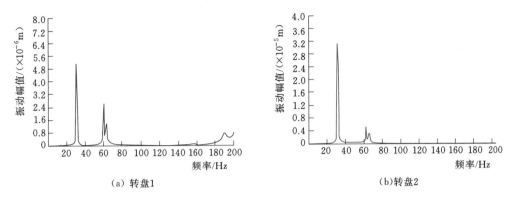

图 13.46　转盘 1 和转盘 2 在 Y 方向的频率响应曲线

13.5.4　轴承刚度计算

在上述转子临界转速计算过程中，如何准确给定轴承刚度值是计算关键之一。对于常用球轴承，推荐按下式计算轴承刚度[201]：

$$K = 0.118 \times 10^4 \sqrt[3]{F_r n^2 d \cos^5 \beta} \tag{13.50}$$

式中：K 为轴承刚度；F_r 为径向载荷；n 为滚珠数目；d 为滚珠直径；β 为滚珠接触角。

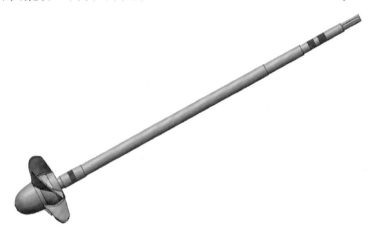

图 13.47　轴流泵转子系统及轴承位置

假定有图 13.47 所示轴流泵转子系统，叶轮直径 300mm，泵轴长 1610mm，泵轴最小直径 32mm，最大直径 55mm；泵轴上部支撑由一套推力球轴承和一套向心球轴承组成，轴承型号分别为 51000 型和 60000 型；下部支撑为一套水导轴承，轴承刚度采用 60000 型向心球轴承的等效值；轴承径向载荷均为 568N。根据式（13.50）计算可得推力轴承刚度为 1.4×10^8 N/m，两组向心球轴承刚度分别为 1.6×10^8 N/m。据此可求得轴流泵转子系统的前两阶临界转速分别为 2811r/min 和 6835r/min。实际运行转速为 1450r/min，满足稳定性要求。

参 考 文 献

［1］ Blazek J. Computational Fluid Dynamics-Principles and Applications ［M］. 3rd Edition. Oxford：Elsevier, 2015.

［2］ 王福军，唐学林，陈鑫，等. 泵站内部流动分析方法研究进展 ［J］. 水利学报, 2018, 49 (1)：47-61.

［3］ Casey M, Robinson C. A new streamline curvature throughflow method for radial turbomachinery ［J］. Journal of Turbomachinery, 2010, 132 (3)：031021.

［4］ 常近时. 叶片式水力机械水动力学计算基础 ［M］. 北京：水利电力出版社, 1989.

［5］ 王福军. 水泵与水泵站 ［M］. 2版. 北京：中国农业出版社, 2011.

［6］ 林汝长. 水力机械流动理论 ［M］. 北京：机械工业出版社, 1995.

［7］ Wu C H. A general theory of three-dimensional flow in subsonic and supersonic turbomachines of axial-radial and mixed-flow types ［R］. ASME Paper 50-A-79, 1952.

［8］ 张永学. 叶片泵流动理论 ［M］. 北京：石油工业出版社, 2013.

［9］ ANSYS Inc. ANSYS TurboSystem User's Guide ［M］. Canonsburg：ANSYS Inc., 2018.

［10］ 王福军. 流体机械旋转湍流计算模型研究进展 ［J］. 农业机械学报, 2016, 47 (2)：1-14.

［11］ GB 50265—2010 泵站设计规范 ［S］. 北京：中国计划出版社, 2010.

［12］ 周佩剑. 轴流泵装置进出水流道与泵段水力耦合特性分析 ［D］. 北京：中国农业大学, 2011.

［13］ 王福军. 计算流体动力学分析——CFD 软件原理与应用 ［M］. 2版. 北京：清华大学出版社, 2020.

［14］ Wilcox D C. Turbulence Modeling for CFD ［M］. 3rd Edition. California：DCW Industries Inc., 2006.

［15］ Tu Jiyuan, Yeoh Guanheng, Liu Chaoqun. Computational Fluid Dynamics—A Practical Approach (Second Edition) ［M］. Oxford：Elsevier, 2013.

［16］ Moukalled F, Mangani L, Darwish M. The Finite Volume Method in Computational Fluid Dynamics, An Advanced Introduction with OpenFOAM and Matlab ［M］. Oxford：Elsevier, 2015.

［17］ ANSYS Inc. ANSY Fluent Theory Guide ［M］. Canonsburg：ANSYS Inc., 2018.

［18］ ANSYS Inc. ANSYS CFX-Solver Theory Guide ［M］. Canonsburg：ANSYS Inc., 2018.

［19］ 胡坤，胡婷婷，马海峰，等. ANSYS Fluent 实例详解 ［M］. 北京：机械工业出版社, 2018.

［20］ 胡坤，胡婷婷，马海峰，等. ANSYS CFD 入门指南 ［M］. 北京：机械工业出版社, 2018.

［21］ ANSYS China. ANSYS Fluent 培训教程 ［R］. 北京：ANSYS China, 2016.

［22］ ANSYS China. ANSYS CFX 培训教程 ［R］. 北京：ANSYS China, 2016.

［23］ ANSYS Inc. ANSYS Fluent User's Guide ［M］. Canonsburg：ANSYS Inc., 2018.

［24］ 胡坤，李振北. ANSYS ICEM CFD 工程实例详解 ［M］. 北京：人民邮电出版社, 2014.

［25］ 胡坤. ANSYS CFD 疑难问题实例详解 ［M］. 北京：人民邮电出版社, 2017.

［26］ AIAA. Guide for Verification and Validation of Computational Fluid Dynamics Simulation ［R］. AIAA Paper G-077-1998, 1998.

［27］ 关醒凡. 泵的理论与设计 ［M］. 北京：机械工业出版社, 1987.

［28］ 沈阳水泵研究所，中国农业机械化科学研究院. 叶片泵设计手册［M］. 北京：机械工业出版社，1983.

［29］ Ferziger J H，Peric M. Computational Methods for Fluid Dynamics［M］. 3rd Edition. Berlin：Springer，2002.

［30］ Hinze J O. Turbulence［M］. New York：McGraw-Hill，1975.

［31］ Spalart P，Allmaras S. A one-equation turbulence model for aerodynamic flows［R］. Technical Report AIAA - 92 - 0439，AIAA，1992.

［32］ Launder B E，Spalding D B. Lectures in Mathematical Models of Turbulence［M］. London：Academic Press，1972.

［33］ Yakhot V，Orzag S A. Renormalization group analysis of turbulence：basic theory［J］. Journal of Scientific Computing，1986，1（1）：3 - 11.

［34］ Shih T H，Liou W W，Shabbir A，et al. A new $k - \varepsilon$ eddy viscosity model for high Reynolds number turbulent flows［J］. Computers and Fluids，1995，24（3）：227 - 238.

［35］ 丛国辉，王福军. 湍流模型在泵站进水池漩涡模拟中的适用性研究［J］. 农业工程学报，2008，24（6）：31 - 35.

［36］ Menter F R，Kuntz M，Langtry R. Ten years of experience with the SST turbulence model［M］// Hanjalic K，Nagano Y，Tummers M. Turbulence，Heat and Mass Transfer. Begell House Inc.，2003：625 - 632.

［37］ Wilcox D C. Multiscale model for turbulent flows［C］// 24th Aerospace Sciences Meeting，AIAA，US，1986.

［38］ Menter F R. Two-equation eddy-viscosity turbulence models for engineering applications［J］. AIAA Journal，1994，32（8）：1598 - 1605.

［39］ Spalart P R，Shur M L. On the sensitization of turbulence models to rotation and curvature［J］. Aerospace Science and Technology，1997，1（5）：297 - 302.

［40］ Shur M L，Strelets M K，Travin A K，et al. Turbulence modeling in rotating and curved channels：assessing the Spalart-Shur correction［J］. AIAA Journal，2000，38（5）：784 - 792.

［41］ Kato M，Launder B E. The modelling of turbulent flow around stationary and vibrating square cylinders［C］// 9th Symposium on Turbulent Shear Flows. Kyoto，Japan，1993.

［42］ Girimaji S S，Abdol-Hamid K S. Partially-averaged Navier-Stokes model for turbulence：Implementation and validation［C］// 43rd AIAA Aerospace Sciences Meeting and Exhibit，Reno，Nevada，2005.

［43］ 马佳媚. 局部时均化湍流计算模式研究［D］. 北京：中国农业大学，2010.

［44］ Menter F R，Schutze J，Kurbatskii K A，et al. Scale-resolving simulation techniques in industrial CFD［C］// 6th AIAA Theoretical Fluid Mechanics Conference，Hawaii，US，2011.

［45］ Smagorinsky J. General circulation experiments with the primitive equations［J］. Monthly Weather Review，1963，91（3）：99 - 164.

［46］ Lilly D K. A proposed modification of the Germano subgrid-scale closure method［J］. Physics of Fluids A：Fluid Dynamics，1992，4（3）：633 - 635.

［47］ Germano M，Piomelli U，Moin P，et al. A dynamic subgrid scale eddy viscosity model［J］. Physics of Fluids，1991，3（7）：1760 - 1765.

［48］ Nicoud F，Ducros F. Subgrid-scale stress modelling based on the square of the velocity gradient tensor flow［J］. Turbulence and Combustion，1999，62（3）：183 - 200.

［49］ Shur M L，Spalart P R，Strelets M K，et al. A hybrid RANS-LES approach with delayed-DES and wall-modelled LES capabilities ［J］. International Journal of Heat and Fluid Flow，2008，29 (6)：1638－1649.

［50］ Kim W W，Menon S. Application of the localized dynamic subgrid-scale model to turbulent wall-bounded flows ［R］. AIAA Paper 97－0210，1997.

［51］ Zang Y，Street R L，Koseff J R. A dynamic mixed subgrid-scale model and its application to turbulent recirculating flows ［J］. Physics of Fluids A，1993，5 (12)：3186－3196.

［52］ Lund T S，Novikov E A. Parameterization of subgrid-scale stress by the velocity gradient tensor ［R］. Annual Research Briefs，Centre for Turbulence Research，Stanford University，Stanford，1992.

［53］ 龚洪瑞，陈十一，何国威，等. 二阶动态亚格子尺度应力模型 ［J］. 应用数学和力学，2000，21 (2)：147－153.

［54］ Chaouat B. The state of the art of hybrid RANS/LES modeling for the simulation of turbulent flows ［J］. Flow Turbulence Combust，2017，99：279－327.

［55］ Frohlich J，Terzi D V. Hybrid LES/RANS methods for the simulation of turbulent flows ［J］. Progress in Aerospace Sciences，2008，44 (5)：349－377.

［56］ Menter F R，Egorov Y. A scale-adaptive simulation model using two-equation models ［R］. AIAA paper 2005－1095，2005.

［57］ Spalart P R，Jou W H，Strelets M，et al. Comments on the feasibility of LES for wings，and on a hybrid RANS/LES approach ［C］// 1st International Conference on DNS/LES，Ruston，US，1997.

［58］ Spalart P R，Deck S，Shur M L，et al. A new version of detached eddy simulation，resistant to ambiguous grid densities ［J］. Theoretical and Computational Fluid Dynamics，2006，20：181－95.

［59］ Launder B E，Spalding D B. The numerical computation of turbulent flows ［J］. Computer Methods in Applied Mechanics and Engineering，1974，3：269－289.

［60］ Kim S E，Choudhury D. A near-wall treatment using wall functions sensitized to pressure gradient ［C］// ASME/JSME Fluids Engineering and Laser Anemometry Conference and Exhibition，Hilton Head，US，1995.

［61］ Werner H，Wengle H. Large-eddy simulation of turbulent flow over and around a cube in a plate channel ［C］// Eighth Symposium on Turbulent Shear Flows，Munich，Germany，1991.

［62］ Wolfshtein M. The velocity and temperature distribution of one-dimensional flow with turbulence augmentation and pressure gradient ［J］. International Journal of Heat and Mass Transfer，1969，12：301－318.

［63］ ANSYS Inc. ANSYS ICEM CFD User's Manual ［M］. Canonsburg：ANSYS Inc.，2018.

［64］ Jasak H. Error analysis and estimation for the finite volume method with applications to fluid flows ［D］. London：Imperial College London，1996.

［65］ Celik I B，Chia U，Roache P J，et al. Procedure for estimation and reporting of uncertainty due to discretization in CFD applications ［J］. Journal of Fluids Engineering，2008，130 (7)：078001.

［66］ 陈鑫，余锡平. 基于两相紊流模型的非平衡输沙研究 ［J］. 水力学报，2012，44 (1)：65－70.

［67］ 王福军，资丹. 用于泵站三维流场计算的网格划分方法及装置 ［P］. 中国专利，ZL201410815689.3，2017－06－16.

［68］ 张丽霞. 混流式水轮机转轮叶片疲劳裂纹控制研究 ［D］. 北京：清华大学，2010.

［69］ 由长福，祁海鹰，徐旭常. Basset 力研究进展与应用分析 ［J］. 应用力学学报，2002，19 (2)：

31 – 33.

[70] Olsson E，Kveiss G，Zahedi S. A conservative level set method for two phase flow [J]. Journal of Computational Physics，2007，225：785 – 807.

[71] Hoffman M，Stoffel B，Friedrichs J，et al. Similarities and geometrical effects on rotating cavitation in two scaled centrifugal pumps [C] // 4th International Symposium on Cavitation，Pasedina，US，2001.

[72] ANSYS Inc. ANSYS Fluent Tutorial Guide [M]. Canonsburg：ANSYS Inc. ，2015.

[73] Spalart P R. Trends in turbulence treatments [C] // Fluids 2000 Conference and Exhibit，AIAA，Seattle，US，2000.

[74] 高丽敏，李瑞宇，赵磊，等. 分离涡模拟类方法发展及在叶轮机械内流场的应用 [J]. 南京航空航天大学学报，2017，49 (3)：301 – 312.

[75] Spalart P R. Strategies for turbulence modelling and simulations [J]. International Journal of Heat and Fluid Flow，2000，21 (3)：252 – 263.

[76] Spalart P R. Detached-eddy simulation [J]. Annual Review of Fluid Mechanics，2009，41 (41)：203 – 229.

[77] Nishino T，Roberts G T，Zhang X. Unsteady RANS and detached-eddy simulations of flow around a circular cylinder in ground effect [J]. Journal of Fluids and Structures，2008，24 (1)：18 – 33.

[78] Strelets M. Detached eddy simulation of massively separated flows [R]. AIAA Paper 2001 – 0879，2001.

[79] 杜若凡，阎超，韩政，等. DDES 延迟函数在超声速底部流动中的性能分析 [J]. 北京航空航天大学学报，2017，43 (8)：1585 – 1593.

[80] Gritskevich M S，Garbaruk A V，Schutze J，et al. Development of DDES and IDDES formulations for the $k - \omega$ shear stress transport model [J]. Flow，Turbulence and Combustion，2012，88 (3)：431 – 449.

[81] 肖志祥，罗堃宇，刘健. 宽速域 RANS-LES 混合方法的发展及应用 [J]. 空气动力学学报，2017，35 (3)：338 – 353.

[82] Bhushan S，Alam M F，Walters D K. Evaluation of hybrid RANS/LES models for prediction of flow around surface combatant and sub off geometries [J]. Computers and Fluids，2013，88：834 – 849.

[83] Mockett C，Haase W，Thiele F. Go4Hybrid：A European initiative for improved hybrid RANS-LES modelling [C] // 5th Symposium on Hybrid RANS-LES Methods，A&M University Texas，US，2014.

[84] Shur M L，Spalart P R，Strelets M K，et al. Synthetic turbulence generators for RANS-LES interfaces in zonal simulations of aerodynamic and aeroacoustic problems [J]. Flow，Turbulence and Combustion，2014，93 (1)：63 – 92.

[85] Yan J，Mockett C，Thiele F. Investigation of alternative length scale substitutions in detached-eddy simulation [J]. Flow，Turbulence and Combustion，2005，74：85 – 102.

[86] Shur M L，Spalart P R，Strelets M K，et al. An enhanced version of DES with rapid transition from RANS to LES in separated flows [J]. Flow，Turbulence and Combustion，2015，95 (4)：709 – 737.

[87] Shur M L，Spalart P R，Strelets M K. Jet noise computation based on enhanced DES formulations accelerating the RANS-to-LES transition in free shear layers [J]. International Journal of Aeroacoustics，2016，15 (6 – 7)：595 – 613.

［88］ Fuchs M，Mockett C，Sesterhenn J，et al. Recent results with grey-area improved DDES for a wide range of flows ［C］// 6th Symposium on Hybrid RANS-LES Methods. Strasbourg, France，2016.

［89］ 朱文庆，肖志祥，符松. 使用 IDDES 方法预测飞行速度对喷流噪声的影响 ［J］. 空气动力学学报，2018，36（3）：463 – 469.

［90］ Anderson W K，Thomas J L，Van Leer B. A comparison of finite volume flux vector splitting for the Euler equations ［R］. AIAA Paper 85 – 0122，1985.

［91］ Bui T T. A parallel finite-volume algorithm for large-eddy simulation of turbulent flow ［J］. Computers and Fluids，2000，29（8）：877 – 915.

［92］ Strelets M. Detached eddy simulation of massively separated flows ［R］. AIAA Paper 2001 – 0879，2001.

［93］ Mockett C. A comprehensive study of detached-eddy simulation ［D］. Berlin：Technical University of Berlin，2009.

［94］ Marty J，Lantos N，Michel B，et al. LES and hybrid RANS/LES simulations of turbomachinery flows using high order methods ［C］// ASME Turbo Expo 2015：Turbine Technical Conference and Exposition，Montreal，Canada，2015.

［95］ Chauvet N，Deck S，Jacquin L. Zonal detached eddy simulation of a controlled propulsive jet ［J］. AIAA Journal，2007，45（10）：2458 – 2473.

［96］ Mahmoud M，Mohammed K，Mor K，et al. Energy separation in high subsonic turbine cascade ［J］. Transactions of the Japan Society for Aeronautical and Space Sciences，2010，52（178）：206 – 212.

［97］ Ma W，Ottavy X，Lu L，et al. Intermittent corner separation in a linear compressor cascade ［J］. Experiments in Fluids，2013，54（6）：1546.1 – 17.

［98］ Yamada K，Furukawa M，Nakakido S，et al. Large-scale DES analysis of unsteady flow field in a multi-stage axial flow compressor at off-design condition using k computer ［C］// ASME Turbo Expo 2015：Turbine Technical Conference and Exposition，Montreal，Canada，2015.

［99］ Gan J，Im H S，Zha G C. Delayed detached eddy simulation of rotating stall for a full annulus transonic axial compressor stage ［C］// ASME Turbo Expo 2016：Turbomachinery Technical Conference and Exposition，Seoul，South Korea，2016.

［100］ Shi K，Fu S，Morris S C. IDDES study of the shock induced flow separation in a transonic compressor rotor at near stall condition ［C］// ASME Turbo Expo 2014：Turbine Technical Conference and Exposition，Dusseldorf Germany，2014.

［101］ Almohammadi K M，Ingham D B，Ma L，et al. Modeling dynamic stall of a straight blade vertical axis wind turbine ［J］. Journal of Fluids and Structures，2015，57：144 – 158.

［102］ Kim Y，Xie Z T. Modelling the effect of freestream turbulence on dynamic stall of wind turbine blades ［J］. Computers and Fluids，2016，129：53 – 66.

［103］ Wang S，Derek B I，Lin M，et al. Turbulence modeling of deep dynamic stall at relatively low Reynolds number ［J］. Journal of Fluids and Structures，2012，33：191 – 209.

［104］ Kim Y，Xie Z T. Modelling the effect of freestream turbulence on dynamic stall of wind turbine blades ［J］. Computers and Fluids，2016，129：53 – 66.

［105］ Mayle R E. The role of laminar-turbulent transition in gas turbine engines ［J］. Journal of Turbomachinery，ASME，1991，113：509 – 537.

[106] 符松，王亮. 湍流转捩模式研究进展 [J]. 力学进展，2007，37 (3)：409 – 416.

[107] Menter F R，Langtry R，Volker S. Transition modeling for general purpose CFD codes [J]. Flow，Turbulence and Combustion，2006，77 (1)：277 – 303.

[108] Lee C B，Chen S Y. A review of recent progress in the study of transition in hypersonic boundary layer [J]. National Science Review，2019，6 (1)：155 – 170.

[109] Ingen J L V. A suggested semi-empirical method for the calculation of boundary layer transition region [J]. Journal of Applied Physics，1956，9 (15)：112 – 147.

[110] Walters D K，Leylek J H. A new model for boundary layer transition using a single-point RANS approach [J]. Journal of Turbomachinery，ASME，2004，126 (1)：193 – 202.

[111] Walters D K，Cokljat D. A three-equation eddy-viscosity model for Reynolds-averaged Navier-Stokes simulations of transitional flows [J]. Journal of Fluids Engineering，ASME，2008，130 (12)：121401.

[112] Dhawan S，Narasimha R. Some properties of boundary-layer flow during transition from laminar to turbulent motion [J]. Journal of Fluid Mechanics，1958，3 (4)：414 – 436.

[113] Menter F R，Langtry R B，Likki S R，et al. A correlation based transition model using local variables part 1-model formulation [C] // ASME Turbo Expo 2004，Vienna，Austria，2004.

[114] Langtry R B，Menter F R. Correlation-based transition modeling for unstructured parallelized computational fluid dynamics Codes [J]. AIAA Journal，2009，47 (12)：2894 – 2906.

[115] Langtry R B. A correlation-based transition model using local variables for unstructured parallelized CFD codes [D]. University Stuttgart，2006.

[116] 李虹杨，郑赟. 粗糙度对涡轮叶片流动转捩及传热特性的影响 [J]. 北京航空航天大学学报，2016，42 (10)：2038 – 2047.

[117] Hellsten A，Seppo L. Extension of the $k - \omega$ SST turbulence model for flows over rough surfaces [R]. AIAA Paper 1997 – 3577，1997.

[118] Stripf M，Schulz A，Bauer H J，et al. Extended models for transitional rough wall boundary layers with heat transfer – Part I：Model formulations [J]. Journal of Turbomachinery，2009，131：031016.

[119] Gostelow J P，Blunden A R，Walker G J. Effects of free-stream turbulence and adverse pressure gradients on boundary layer transition [J]. Journal of Turbomachinery，1994，116 (3)：392 – 404.

[120] 吴钦，王国玉，黄彪. 绕振荡水翼流动及其转捩特性的数值计算研究 [J]. 力学学报，2014，46 (1)：60 – 69.

[121] Ducoin A. Etude expérimentale et numérique du chargement hydrodynamique des corps portants en régime transitoire avec prise en compte du couplage fluide structure [D]. France：Institut de Recherche de l'Ecole Navale，2008.

[122] Doris L，Tenaud C，Phuoc L T. LES of spatially developing 3D compressible mixing layer [J]. Computational Fluid Mechanics，2000，328 (7)：567 – 573.

[123] 杨正军. 离心泵三维流动大涡模拟方法研究 [D]. 北京：中国农业大学，2011.

[124] Wang B C，Bergstrom D J. A dynamic nonlinear subgrid-scale stress model [J]. Physics of Fluids，2005，17 (3)：1 – 15.

[125] Pedersen N，Larsen P S，Jacobsen C B. Flow in a centrifugal pump impeller at design and off-design conditions—part I：particle image velocimetry (PIV) and laser doppler velocimetry (LDV) measurements [J]. Journal of Fluids Engineering，2003，125：61 – 72.

[126]　Yang Z J, Wang F J. A dynamic mixed nonlinear subgrid-scale model for large-eddy simulation [J]. Engineering Computations, 2012, 29 (7): 778 – 791.

[127]　周佩剑. 离心泵失速特性研究 [D]. 北京: 中国农业大学, 2015.

[128]　Emmons H W, Pearson C E, Grant H P. Compressor surge and stall propagation [J]. Transaction of ASME, 1955, 77 (4): 455 – 469.

[129]　Krause N, Zahringer K, Pap E. Time-resolved particle imaging velocimetry for the investigation of rotating stall in a radial pump [J]. Experiments in Fluids, 2005, 39 (2): 192 – 201.

[130]　Johnson D A, Pedersen N, Jacobsen C B. Measurements of rotating stall inside a centrifugal pump impeller [C] // ASME Fluids Engineering Division Summer Conference, Houston, US, 2005.

[131]　Hasmatuchi V, Farhat M, Roth S, et al. Experimental evidence of rotating stall in a pump-turbine at off-design conditions in generating mode [J]. Journal of Fluids Engineering, ASME, 2011, 133 (5): 051104.

[132]　Berten S, Dupont P, Fabre L, et al. Experimental investigation of flow instabilities and rotating stall in a high-energy centrifugal pump stage [C] // ASME Fluids Engineering Division Summer Conference, Colorado, US, 2009.

[133]　Botero F, Hasmatuchi V, Roth S, et al. Non-intrusive detection of rotating stall in pump-turbines [J]. Mechanical Systems and Signal Processing, 2014, 48 (1 – 2): 162 – 173.

[134]　周佩剑, 王福军, 姚志峰. 离心泵叶轮旋转失速团特性分析 [J]. 水利学报, 2015, 46 (9): 1128 – 1134.

[135]　王春瑞, 岳林. 轴流压气机失速特征识别 [J]. 航空动力学报, 2011, 26 (8): 1887 – 1892.

[136]　Levy Y, Pismenny J. The number and speed of stall cells during rotating stall [C] // ASME Turbo Expo 2003: International Joint Power Generation Conference, Atlanta, US, 2003.

[137]　周佩剑, 王福军. 旋转失速条件下离心泵叶轮压力脉动特性研究 [J]. 农业机械学报, 2015, 46 (10): 56 – 61.

[138]　刘娟, 许洪元, 唐澍, 等. 固液冲蚀部件表面波纹状磨损形貌的成因探讨 [J]. 中国水利水电科学研究院学报, 2008, 6 (2): 144 – 148.

[139]　Prosperetti A. Computational Methods for Multiphase Flow [M]. Cambridge: Cambridge University Press, 2009.

[140]　车得福, 李会雄. 多相流及其应用 [M]. 西安: 西安交通大学出版社, 2007.

[141]　Sundaresan S, Ozel A, Kolehmainen J. Toward constitutive models for momentum, species, and energy transport in gas-particle flows [J]. Annual Review of Chemical and Biomolecular, 2018, 9 (1): 61 – 81.

[142]　Ozel A, Motta J C, Abbas M, et al. Particle resolved direct numerical simulation of a liquid-solid fluidized bed: Comparison with experimental data [J]. International Journal of Multiphase Flow, 2017, 89: 228 – 240.

[143]　Dong X R, Gao Y S, Lin C Q. New normalized rortex/vortex identification method [J]. Physics of Fluids, 2019, 31 (1): 011701.

[144]　ANSYS Inc. ANSYS Fluent Population Balance Module Manual. Canonsburg: ANSYS Inc., 2018.

[145]　毛在砂. 颗粒群研究: 多相流多尺度数值模拟的基础 [J]. 过程工程学报, 2008, 8 (4): 645 – 659.

[146]　Morsi S A, Alexander A J. An investigation of particle trajectories in two-phase flow systems

462

[J]. Journal of Fluid Mechanics, 1972, 55 (2): 193 – 208.

[147]　倪晋仁, 王光谦, 张红武. 固液两相流基本理论及其应用 [M]. 北京: 科学出版社, 1991.

[148]　Manninen M, Taivassalo V, Kallio S. On the mixture model for multiphase flow [R]. Technical Research Centre of Finland, 1996.

[149]　Syamlal M, Rogers W, O'Brien T J. Multiphase flow with interphase exchanges (MFIX) documentation theory guide [R]. Springfield: National Technical Information Service, 1993.

[150]　Gidaspow D, Bezburuah R, Ding J. Hydrodynamics of circulating fluidized beds, kinetic theory approach [C] // 7th Engineering Foundation Conference on Fluidization, Brisbane, Australia, 1992.

[151]　Messa G V, Malavasi S. Improvements in the numerical prediction of fully – suspended slurry flow in horizontal pipes [J]. Powder Technology, 2015, 270: 358 – 367.

[152]　Hirt C W, Nichols B D. Volume of fluid (VOF) method for the dynamics of free boundaries [J]. Journal of Computational Physics, 1981, 39: 201 – 225.

[153]　Youngs D L. Time-dependent multi-material flow with large fluid distortion [M] // Morton K W, Baines M J, Numerical Methods for Fluid Dynamics, New York: Academic Press, 1982.

[154]　Brackbill J U, Kothe D B, Zemach C. A continuum method for modeling surface tension [J]. Journal of Computational Physics, 1992, 100: 335 – 354.

[155]　Osher S, Sethian J A. Fronts propagating with curvature-dependent speed: algorithms based on Hamilton-Jacobi formulations [J]. Journal of Computational Physics, 1988, 79: 12 – 49.

[156]　Schiller L, Naumann Z. Uber die grundlegenden Berechnungen bei der Schwerkraftaufbereitung [J]. Zeitschrift des Vereines Deutscher Ingenieure, 1933, 77: 318 – 320.

[157]　Wen C Y, Yu Y H. Mechanics of fluidization [J]. Chemical Engineering Progress Symposium Series, 1966, 62: 100 – 111.

[158]　Roco M C. Particulate Two-Phase Flow [M]. Boston: Butterworth-Heinemann, 1993.

[159]　Finnie I. Erosion of surfaces by solid particles [J]. Wear, 1960, 3: 87 – 103.

[160]　McLaury B S, Shirazi S A, Shadley J R, et al. Modeling erosion in chokes [C] // ASME Fluids Engineering Summer Meeting, San Diego, California, 1996.

[161]　Edwards J K, McLaury B S, Shirazi S A. Supplementing a CFD code with erosion prediction capabilities [C] //ASME Fluids Engineering Division Summer Meeting, Washington DC, US, 1998.

[162]　Haugen K, Kvernvold O, Ronald A, et al. Sand erosion of wear-resistant materials erosion in choke valves [J]. Wear, 1995, 186: 179 – 188.

[163]　Oka Y I, Yoshida T. Practical estimation of erosion damage caused by solid particle impact, part 2: mechanical properties of materials directly associated with erosion damage [J]. Wear, 2005, 259 (1 – 6): 102 – 109.

[164]　张自超. 双吸离心泵泥沙磨损特性研究 [D]. 北京: 中国农业大学, 2016.

[165]　Delannoy Y, Kueny J L. Two phase flow approach in unsteady cavitation modelling [C] //ASME FED Cavitation and Multiphase Flow Forum, 1990, 98: 153 – 160.

[166]　Kubota A, Kato H, Yamaguchi H. A new modeling of cavitating flows: a numerical study of unsteady cavitation on a hydrofoil section [J]. Journal of fluid mechanics, 1992, 240 (1): 59 – 96.

[167]　Senocak I, Shyy W. Interfacial dynamics-based modelling of turbulent cavitating flows, Part – 1: Model development and steady-state computations [J]. International Journal for Numerical

Methods in Fluids，2004，44（9）：975 – 995.

[168] Brennen C E. Cavitation and Bubble Dynamics ［M］. Oxford University Press，1995.

[169] Kunz R F，Boger D A，Stinebring D R，et al. A preconditioned Navier-Stokes method for two-phase flows with application to cavitation prediction ［J］. AIAA Paper 99 – 3329，1999.

[170] Senocak I，Shyy W. A pressure-based method for turbulent cavitating flow computations ［J］. Journal of Computational Physics，2002，176（2）：363 – 383.

[171] Zwart P J，Gerber A G，Belamri T. A two-phase flow model for predicting cavitation dynamics ［C］// Fifth International Conference on Multiphase Flow，Yokohama，Japan，2004.

[172] Mejri I，Bakir F，Rey R. Comparison of computational results obtained from a homogeneous cavitation model with experimental investigations of three Inducers ［J］. Journal of Fluids Engineering，2006，128（6）：1308 – 1323.

[173] 季斌，程怀玉，黄彪，等. 空化水动力学非定常特性研究进展及展望 ［J］. 力学进展，2019，49（1）：201906.

[174] Schnerr G H，Sauer J. Physical and numerical modeling of unsteady cavitation dynamics ［C］// Fourth International Conference on Multiphase Flow，New Orleans，US，2001.

[175] Singhal A K，Li H Y，Athavale M M，et al. Mathematical basis and validation of the full cavitation model ［C］//ASME Fluids Engineering Division Summer Meeting，FEDSM'01. New Orleans，US，2001.

[176] 时素果，王国玉. 一种修正的低温流体空化流动计算模型 ［J］. 力学学报，2012，44（2）：269 – 277.

[177] 张瑶，罗先武，许洪元，等. 热力学空化模型的改进及数值应用 ［J］. 工程热物理学报，2010，31（10）：1671 – 1674.

[178] Kim S，Brewton S. A multiphase approach to turbulent cavitating flows ［C］// 27th Symposium on Naval Hydrodynamics，Seoul，Korea，2008.

[179] Coutier-Delgosha O，Fortes-Patella R，Reboud J L. Evaluation of the turbulence model influence on the numerical simulations of unsteady cavitation ［J］. Journal of Fluids Engineering，2003，125（1）：38 – 45.

[180] 洪锋，袁建平，周帮伦. 改进 Schnerr – Sauer 模型在水翼空化模拟中的评估分析 ［J］. 哈尔滨工程大学学报，2016，37（7）：885 – 890.

[181] Lakehal D，Krebs P，Krijgsman J，et al. Computing shear flow and sludge blanket in secondary clarifiers ［J］. Journal of Hydraulic Engineering，1999，125（3）：253 – 262.

[182] ANSI/HI9.8– 2012，American National Standard for Rotodynamic Pumps for Pump Intake Design ［S］. New Jersey：Hydraulic Institute，2012.

[183] Ahn S H，Xiao Y X，Wang Z W，et al. Numerical prediction on the effect of free surface vortex on intake flow characteristics for tidal power station ［J］. Renewable Energy，2017，101：617 – 628.

[184] Rajendran V P，Constantinescu G S，Patel V C. Experimental validation of numerical model of flow in pump-intake bays ［J］. Journal of Hydraulic Engineering，1999，125（11）：1119 – 1125.

[185] Rajendran V P，Patel V C. Measurement of vortices in model pump-intake bay by PIV ［J］. Journal of Hydraulic Engineering，2000，126（5）：322 – 334.

[186] Okamura T，Kamemoto K，Matsui J. CFD prediction and model experiment on suction vortices in pump sump ［C］// 9th Asian International Conference on Fluid Machinery，Jeju，Korea，2007.

[187] Kang W T，Yu K H，Lee S Y，et al. An investigation of cavitation and suction vortices behavior in pump sump [C] // ASME – JSME – KSME 2011 Joint Fluids Engineering Conference，Hamamatsu，Japan，2011.

[188] Kim C G，Choi Y D，Choi J W，et al. Study on the effectiveness of an anti vortex device in the sump model by experiment and CFD [C] // 26th IAHR Symposium on Hydraulic Machinery and Systems，Beijing，China，2012.

[189] 丛国辉. 双吸离心泵站水力稳定性研究 [D]. 北京：中国农业大学，2007.

[190] Constantinescu G S，Patel V C. Numerical model for simulation of pump-intake flow and vortices [J]. Journal of Hydraulic Engineering，1998，124 (2)：123 – 134.

[191] 资丹. 泵站进水池空气吸入涡水力特性研究 [D]. 北京：中国农业大学，2019.

[192] 杨敏. 双吸离心泵非定常流场与叶轮动应力特性研究 [D]. 北京：中国农业大学，2010.

[193] 柳旭. 灌溉排水泵站前池与进水池特性研究 [D]. 北京：中国农业大学，2014.

[194] Moller G. Vortex – induced air entrainment rate at intakes [D]. Zurich：Swiss Federal Institute of Technology Zurich，2013.

[195] Sussman M，Puckett E G. A coupled level set and volume of fluid method for computing 3D and axisymmetric incompressible two phase flows [J]. Journal of Computational Physics，2000，162 (2)：301 – 337.

[196] 杨真艺. 大型泵站进出水池三维流动特性研究 [D]. 北京：中国农业大学，2010.

[197] 陆林广，周济人. 泵站进水流道三维紊流数值模拟及水力优化设计 [J]. 水利学报，1995，(12)：67 – 75.

[198] 陆林广，刘荣华，梁金栋. 虹吸式出水流道与直管式出水流道的比较 [J]. 南水北调与水利科技，2009，7 (1)：91 – 94.

[199] Tokyay T E，Constantinescu S G. Validation of a large-eddy simulation model to simulate flow in pump intakes of realistic geometry [J]. Journal of Hydraulic Engineering，2006，132 (12)：1303 – 1315.

[200] 陆林广. 钱塘江海塘南排盐官下河站闸大修泵站技术改造进出水流道实施阶段研究报告 [R]. 扬州大学，2018.

[201] 王福军，王超越，谢丽华，等. 浙江省嘉兴市钱塘江海塘南排盐官下河站泵站瞬态流动研究报告 [R]. 中国农业大学，2019.

[202] 陈松山. 低扬程大型泵站装置特性研究 [D]. 镇江：江苏大学，2007.

[203] 关醒凡，伍杰，朱泉荣. 南水北调东线已招标泵站水泵模型装置试验成果及分析 [J]. 排灌机械，2006，24 (1)：1 – 7.

[204] 邹志超. 离心泵装置启动过程瞬态特性研究 [D]. 北京：中国农业大学，2018.

[205] 邹志超，王福军，王玲. 泵站有压输水系统启动过程中蝶阀非定常流场研究 [J]. 水利学报，2018，49 (6)：678 – 686.

[206] Jeon S Y，Yoon J Y，Shin M S. Flow characteristics and performance evaluation of butterfly valves using numerical analysis [J]. IOP Conference Series：Earth and Environmental Science，2010，12 (1)：012099.

[207] Wang L，Song X G，Park Y C. Dynamic analysis of three-dimensional flow in the opening process of a single-disc butterfly valve [J]. Journal of Mechanical Engineering Science，2010，224 (2)：329 – 336.

[208] ANSYS Inc. ANSYS Mechanical APDL Theory Reference [M]. Canonsburg：ANSYS

Inc.，2018.

[209] 张楚汉，王光谦. 中国学科发展战略-水利科学与工程 [M]. 北京：科学出版社，2016.

[210] 侯亚康. 双吸离心泵双向流固耦合特性研究 [D]. 北京：中国农业大学，2016.

[211] 杨敏，王福军，戚兰英，等. 流固耦合界面模型及其在水力机械动力学分析中的应用 [J]. 水利学报，2011，42（7）：819-825.

[212] 何玲艳. 南水北调大型双吸离心泵结构动力学特性研究 [D]. 北京：中国农业大学，2011.

[213] 姚卫星. 结构疲劳寿命分析 [M]. 北京：国防工业出版社，2003.

[214] 高江永. 流固耦合条件下的水泵疲劳特性研究 [D]. 北京：中国农业大学，2011.

[215] 高江永，王福军，瞿丽霞，等. 大型双吸离心泵叶轮动应力特性研究 [J]. 农业机械学报，2012，43（1）：42-47，52.

[216] Lee Y L. Fatigue Testing and Analysis：Theory and Practice [M]. Burlington：Elsevier，2005.

[217] 张阿漫，戴绍仕. 流固耦合动力学 [M]. 北京：国际工业出版社，2011.

[218] ANSYS Inc. ANSYS Mechanical User's Guide [M]. Canonsburg：ANSYS Inc.，2018.

[219] 瓮雷，杨自春，曹跃云. 转子系统临界转速计算及不平衡响应分析 [J]. 四川兵工学报，2012，33（11）：65-69.